전기기기

GORDON R. SLEMON 저
신흥교 편역

도서출판 홍릉

편역자 소개

창연 **신흥교** (滄淵 辛興敎)

• 한양대학교 학사, 석사, 공학박사(전기기기 해석)
• 한양대학교 조교, 강사
• 경상국립대학교 공과대학 전기공학과 교수
• 대한전기학회 전기기기 및 에너지변환시스템 부문회 회장
• 대한전기학회 부회장, 감사
• 현 경상국립대학교 공과대학 전기공학과 명예교수

전기기기

인 쇄: 2024년 2월 15일 초판 1쇄
발 행: 2024년 2월 23일 초판 1쇄

편역자: 신흥교
발행인: 송 준
발행처: 도서출판 홍릉
주 소: 01093 서울시 강북구 인수봉로 50길 10
등 록: 1976년 10월 21일 제5-66호

전 화: 02-999-2274~5
팩 스: 02-905-6729
e-mail: hongpub@hongpub.co.kr
http://www.hongpub.co.kr
ISBN: 979-11-5600-168-3(93560)

정 가: 20,000원

낙장 및 파본은 구입처나 본사에서 교환하여 드립니다.

Electric Machines and Drives

Gordon R. Slemon

TRANSLATOR'S PREFACE

1970년대에 대학에 진학한 후, 거의 50년에 가까운 기간 동안 전기공학, 특히 전기기기를 전공하며 교육과 연구에 종사하다 이제 정년 퇴임으로 그 생활을 접고 경상국립대학교 전기공학과의 명예교수로 있는 본 역자는 대략 35년전인 1988년에 경상대학교 공과대학 전기공학과에 부임하여 여러 전공 과목 중에서 주로 전자기학과 전기기기의 강의를 담당하였다. 이 중 전자기학은 20년간 강의한 후 학과 내의 다른 교수에게 강의를 넘겼으며, 전기기기는 정년 퇴임할 때까지 계속 강의를 맡았다. 그러면서 다른 학교에 재직하고 계시던 여러 교수로부터 학부생을 위한 전기기기 교재의 공동 집필을 요청받았으나 본인의 게으름과 무능력으로 인해 그러한 작업이 이루어질 수 없었다. 다만, 정년 퇴임 전에 본인의 주 전공 분야인 전기기기 해석과 관련된 전자장 및 전기기기 특성의 수치해석을 위한 유한요소법 응용에 관한 9권의 교재와 전기공학과 학부생을 위한 공학수학 교재 등 10권의 책을 출판한 바 있다.

그런데, 본인의 정년 퇴임 직전에 국내 모 대학교의 교수로부터 토론토 대학교의 Gordon R. Slemon 교수가 집필하여 1992년에 출판한 *Electric Machines and Drives*를 번역하면 좋겠다는 제안을 받았다. 비록 지금은 절판되었지만, 가장 잘 집필된 교재 중 하나로 평가받는 이 책을 번역서로 남기는 것도 상당한 의미가 있을 수 있다는 생각이 들어 번역을 마음먹게 되었다. 어떤 이들은 왜 이렇게 오래전에 출판된 책을 번역하느냐는 우려의 이야기를 많이 하였다. 하지만, 1800년대 후반에 Maxwell 방정식에 의해 전계와 자계에 관한 통일장 이론이 전자장으로 완성된 이후 이를 대체하는 새로운 물리 법칙의 발견이 없으며, 전기력과 자기력을 이용한 에너지 변환 장치에서의 기본 원리도 그 때 완전히 확립되어 20세기 초·중·후반에 출판된 전기기기 교재의 내용과 21세기에 들어와 출판된 교재의 내용이 거의 차이가 없다. 단지 요즈음 출판된 책은 전력전자 제어기의 성능 및 용량 향상에 따른 전기기계의 구동 측면이 매우 강조되어 상대적으로 전기기기 자체의 기본 원리와 응용에 관한 내용은 다소 부족하다는 느낌이 강하다. 그래서 오히려 출판된 지 오래된 책이 전기공학과 학부생들이 습득해야 할 전기기기에 관련된 기본 원리와 현상에 대한 해설에 더 충실하다고 생각된다. 또한 이 책의 저자인 Slemon 교수가 1966년에 집필, 출판한 *Magnetoelectric Devices–Transducers, Transformers, and Machines*의 번역서가 서울대학교의 고 이승원 교수님과 한양대학교의 고 임달호 교수님의 공동 작업에 의해 "전기기기"란 제명으로 1980년에 출판된 것을 생각하면 고 임달호 교수님의 제자인 본 편역자로서는 이 책의 번역이 더 의미가 있으며 감회가 새롭다. 다만 이 교재의 원저자께서 유명을 달리 하신 관계로 한국어판 번역권 및 출판권을 취득할 수가 없어 부득이하게 역서가 아니라 본 편역자의 편역서로 출판하게 되었음을 말씀드린다.

그런데 이 책은 이 책의 저자와 같은 대학교의 Alan Straughen 교수와의 공동 집필로 1980년에 출판된 *Electric Machines*의 개정판으로서의 성격이 강하다. 즉, 전기기기의 기본 원리 및 응용에 관한 내용 중 일부를 줄인 대신 반도체 스위칭 소자를 사용한 제어기에 의한 전기기계의 구동 특성이 보강된 것이 이 교재이다. 이로 인해 전기기기 자체에 대한 설명은 다소 부족한 것처럼 느껴지기도 한다. 이로 인해 학부생을 위한 교재로는 오히려 1980년의 교재를 번역하는 것이 더 좋을 수도 있겠다는 생각이 잠시 들기도 하였다. 하지만, 앞에서 이야기한 바와 같이, 지금은 매우 다양하게 넓어진 분야에서의 전기기계의 구동과 관련하여 이에 대한 내용의 개론적인 소개도 반드시 필요하다는 생각에 이 책의 번역을 결정하였다. 다만, 기회가 닿는다면 1980년의 교재도 번역서로 남기고 싶다는 생각을 갖고 있다.

원서에 포함된 오류나 부정확한 표현은 적절하게 수정하여 번역하였다. 또한 원저자의 서술 의도를 그대로 살리고자 가능한 한 의역은 피하고 직역하려고 노력하였다. 문맥이 매끄럽지 못하거나 내용 속에 포함되었을지도 모를 잘못되었거나 부정확한 번역은 전적으로 본 편역자의 부족한 능력 탓이다. 혹시 그런 부분이 있더라도 독자 여러분들의 너그러운 이해를 바라며, 아낌없는 지도를 부탁드린다.

이 편역서가 전기공학과 학부생들을 위한 좋은 전기기기 교재로 인정받았으면 하는 마음이 간절하다.

끝으로, 이 편역서의 출판을 결정해 주신 도서출판 홍릉에게 깊은 감사를 드린다.

2024년 2월

편역자 창연 신 흥 교

AUTHOR'S PREFACE

이 책을 집필하는데 있어서, 본인은 두 가지 기본 목표를 마음에 가졌다: 모든 전기공학 학생들이 가져야 할 것이라고 느끼는 전기기기에 대한 개론을 제공하는 것과, 주제에 대해 더 많이 알고 싶어하는 이에게 전기기기와 구동에 대한 더 깊은 취급을 제공하는 것.

1장에서 6장까지는 한 학기 과정을 위해 적당하다고 생각되는 논제의 선택으로 첫번째 목적에 주의를 기울인다. 이 입문 과정 동안에 학생은 다수의 기본 개념과 조우할 것이다:

- 강자성체가 어떻게 거동하며 왜 그들이 대부분의 유용한 전기기기의 기본 성분인가.
- 변압기가, 먼저 이상적으로, 그리고 그 다음 몇 가지 불완전성을 참작하여,어떻게 작동하는가.
- 전기 에너지원으로부터 힘과 토크를 생성하는 기본적인 유용한 기구(mechanism)은 무엇이며 어떻게 이 기구가 정류자기, 유도기, 그리고 동기기같은 유용한 형태의 전기기계를 산출하도록 개발될 수 있는가.
- 어떻게 모든 형태의 전기기계가 발전기로서 기계적 원천으로부터 전기적인 형태로 에너지를 변환하고 또한 전동기 또는 구동(drive)에서 전기 에너지를 기계적인 형태로 변환하는 것이 본질적으로 가능한가.
- 어떻게, 보통은 등가 전기회로의 형태인, 적절한 해석적 모델이 장치에 대해 전개될 수 있는가.
- 모든 모델이 실제의 근사 표현이라는 것을 인식하여, 공학자가 고려하고 있는 응용에서 필요한 것보다 더 복잡하지 않은 모델을 선택하기.

본인은 초보 전기기기 과정에 참여하는 학생이 전계와 자계 개념에 대한, 그러나 강자성체에 대해서는 많이 깊지는 않은, 약간의 사전 지식을, 그리고 또한 기본 전기회로 해석에 대한 약간의 지식을 가질 것이라고 가정하였다.

공학의 정수(essence)는 설계(design)라는 것이 본인의 신념이다. 따라서, 각 예비 검토 단계의 마지막 목표는 사회의 요구와 만나는 유용한 장치와 계통의 설계에 대한 학생의 능력을 증가시키는 것이어야 할 것이다. 이 목표에 대한 교육 노선(루트, route)은 양상의 순서에 따르는 것이다: 물리적 과정의 이해, 근사 모델의 유도, 해석적인 기법의 사용, 그리고 마지막으로 설계.

첫 6개의 장을 통하여, 자기 장치, 변압기, 그리고 기계에서 활용된 에너지 변환 과정의 확실한 물리적 이해를 발전시키려고 하였다. 이 접근법의 중요성을 강조하기 위하여, 강자성 철심에서 공극을 줄이려고 하는 힘을 고려한다. 이 힘은 에너지 보존과 가상 변위(virtual displacement)의 원리의 사용에 의해 계산될 수 있다. 이 방법은 해석적으로 간단하며 강력한 한편, 힘의 원천과 그것이 작용하는 영역에 대한 올바른 인식은 거의 제공하지 않는다. 물리적 시각화로부터 생기는 통찰력은 장치의 적절한 모델에 도달하는데 있어서 중요한 요인이다. 물리적 모델에 대한 적절한 대처가 없는 순수 수학적인 접근은 종종 심각한 오차로 이끌 수 있다.

모델링은 지식과 경험의 성장에 따라 발전할 기술이다. 이 책에서는 상당한 강조가 성능 예측을 위한 지금의 필요에 아주 적절한 모델을 자유롭게 선택하는 것에 대해 주어졌다. 이 선택은 이론적으로 만들어질 수는 없지만, 실제 수치 매개변수 값의 평가를 요구한다. 가능한 한, 지나치게 복잡하지 않게, 각 장치의 지배적인 매개변수가 모델링을 기초로 한 공학적 판단의 전개에 도움을 주는 물질의 치수(dimension)와 성질에 직접 관련되었다.

1장은 자계 개념(concept)의 재음미(review)로 시작한다. 그 다음 등가 자기 및 전기회로의 기본 모델링의 개념(idea)을 소개한다. 강자성체에 대한 이해는 자구(magnetic domain)와 어떻게 자구의 배향 경계(orientation boundary)가 공극을 포함하는 폐경로 주위에 강한 자계를 생성하도록 움직여질 수 있는지에 대한 시각화를 기초로 한다. 영구자석 물질의 취급이 증가하는 영구자석 장치와 기계의 중요성의 관점에서 이 개론에 통합된다.

2장은, 몇 가지 가장 중요한 운전 성질에 따라, 2권선 변압기의 이해와 기본 모델링을 다룬다. 누설 인덕턴스의 중요한 매개변수가 회로의 관점보다는 물리적 관점에서 다루어진다.

전기-기계적 에너지 변환 기계의 기본 원리가 3장에서 소개된다. 다시, 뒤따르는 장에서 이 기계에 대한 더 상세한 논의를 시작하기 전에 여러가지 형태의 기계에 대한 물리적 이해를 발전시키려는 시도가 이루어졌다.

정류자 또는 직류기가, 5장 및 6장의 유도 및 동기기에 비한 그들의 중요성 때문이 아니라, 오히려 전기기계 실험실에서 모든 형태의 회전기에 대한 실험에 매우 널리 사용되기 때문에, 4장에서 먼저 고려되었다. 이 실험실 용도가 중요하지 않을 때에는, 유도 및 동기기의 주요 범주의 검토가 3장 뒤에 바로 취해질 수 있다.

모든 전기기계의 대부분이 유도형이기 때문에, 특별한 강조가 회전 자계의 개념과 농형 회전자에서 유도된 전류와의 상호작용에 주어졌다. 공간 벡터 표기의 요소가 그러한 회전 자계를 나타내는 간결하고 편리한 수단으로서 도입되었다. 2중 농형 또는 심구 봉 회전자의 양상은 본질적으로 실제로 모든 유도전동기에서 만나는 특성이기 때문에 검토의 도입 단계에서 포함되었다.

6장에서의 동기기에 대한 취급은, 전압원으로서의 더 통상의 모델링과 대비하여, 교류 전류원으로서의 그러한 기계의 기본 성질을 강조한다. 이 접근법은 자연스럽게 유도전동기에 대한 앞의 모델링에 바탕을 둔다. 영구자석 기계에 대한 논의와 전자적으로 스위칭되는 구동(electronically switched drive)에서의 그들의 사용이 포함된다.

7장에서 11장까지는 전기기계와 구동 계통에 대한 더 흥미를 돋우고 중요한 특질을 추구하는 것을 선택한 학생을 위한 2번째 과정에 대한 자료의 몇 가지 선택을 위한 기초를 형성할 수 있다. 그 대신으로, 이 장들은 활동 중인 기술자가 짧은 입문 과정에서 다루어졌던 것보다 어느 정도 더 알아야 할 필요를 발견할 때 후일의 참고로 유용할 수 있다.

자기 계통과 변압기가 7장에서 다시 다루어지는데, 여기에서는 강자성 장치의 모델링에 대한 개념, 운전 한계의 이해에 있어서 사용자를 돕기 위한 약간의 설계 개념, 그리고 실제에서 종종 조우하는 몇 가지 자기를 기초로 한 장치와 변압기를 더 나타낸다. 강사는 시간이 허락한다면 이 장의 선택된 부분을 입문 과정 요목에 편입하는 것을 원할 수 있다.

빠르게 증가하는 전기 구동의 수(number)는 가변 전압, 전류, 그리고/또는 주파수의 전원을 요구한다. 그러한 전원의 대부분은 반도체 스위치의 사용을 통하여 생성된다. 8장은 일반적으로 변환기(콘버터, converter)로써 사용하는 기본적인 전력용 반도체 계통(power-semiconductor system)의 이상화된 구조와 거동에 대한 짧은 소개를 나타낸다.

9장은 정류자기를 사용하는 전기 구동의 취급을 나타낸다. 가변속 구동에 있어서의 추세는 이제 이 직류전동기에서 멀어진 한편, 그들은 여전히 실제적으로 중요하다. 또한, 그들은 속도와 위치 제어를 위한 전기-기계 계통의 과도 거동의 간단하며 유용한 평가를 제공한다.

유도기가 10장에서 다시 다루어지지만, 이 때는 정상 상태 성능은 물론 과도의 이해를 발전시키는 관점에서 다룬다. 유도기는 일정 속도 구동 응용을 계속 지배할 것인 한편, 그들은 또한 전력용 반도체 변환기로부터 가변 주파수 전원을 편입한 가변속 구동 계통에 광범위하게 사용될 것이다. 그러한 응용에서는, 과도 거동과의 관련성이 증대된다. 과도 해석은, 원통 대칭성 때문에 유도기에 대해 특히 편리한, 공간 벡터 개념을 기초로 한다.

11장에서의 동기기에 대한 논의는 전원 계통에서 사용되는 동기발전기의 중요한 종류와 제어 속도 전기 구동에서 사용되는 것이 증가하고 있는 동기전동기 둘 다를 포함한다. 다시, 과도 모델링과 성능에 대한 해석적인 강조가 주어진다. 여러가지 형태의 영구자석 기계에, 구동에 있어서의 그들의 주된 그리고 증가하는 응용 때문에, 특별한 주의가 주어진다.

7장으로부터 11장까지에서 선택된 자료는 토론토 대학교(University of Toronto)에서 제어 전기 구동에 관한 학부 고학년 선택 과정을 위한 기초로 사용되었다. 또한, 전기기계의 모델링에 관한 대학원 과정도 같은 장에서의 선택을 기초로 하였다.

이 책에서 전개된 대부분의 모델은 등가회로 형태의 모델이다. 이 선택에 대한 주된 이유는 비선형 매개변수가 제어하는 변수와 관련하여 회로 형태에서 직접 나타내어질 수 있다는 것이다. 이 모델을 해석하는 방법에 대해서는 그것이 해석적인 기법의 적절한 범위를 제공했을 전기회로, 미분 방정식, 전산기 프로그래밍, 그리고 계통 해석 등의 평행 과정(parallel course)으로 가정될 수 있기 때문에 매우 적은 지면이 주어졌다. 적합한 경우에는, 이 기법의 약간이 전형적인 운전 특성을 유도하기 위해 사용되었다.

이 책에서 유도된 대부분의 모델은 동적 및 정상 상태 성능 둘 다의 풀이(solution)를 위해 적당하다. 그들은 그러므로 계통 표현에 통합된다. 어떤 간단한 상황에 대한 과도 풀이(transient solution)가 이 책에 포함되었다. 더 복잡한 상황에 대해서는, 제어 계통에서의 동반 과정에서 전개된 해석적 및 모사법(simulation method)이 채용될 수 있다.

상당한 수의 문제가 각 장의 말미에 포함되었다. 대부분의 경우, 책의 직접 관련된 부분이 문제 설명의 끝에서 가리켜졌다. 이 문제들은 이해, 모델링, 해석, 그리고 설계의 모든 개념을 요구한다. 대부분의 문제에 대한 답이 풀이를 진행하는 독자를 안심시키기 위하여 분리된 절로 포함되었다. 시험 또는 질문(퀴즈, quiz) 과제로 이 문제 중의 어떤 것을 사용하려는 강사에게는, 매개변수 값의 새로운 조합이 사용되는 것을 제안한다.

문제의 상당한 부분은 설계와 관련된다. 이 경우, 적절한 근사화에 도달하는지와 물질, 배치, 그리고 치수(dimension)를 선택함에 어떤 공학적 판단이 검토되어야 한다. 그러한 문제에 답이 주어진 경우, 그들은 결정적인(definitive) 것이라기보다는 전형적인 것으로 간주되어야 할 것이다. 많은 공학 응용이 문제에서만 소개되었지만, 부분적으로는, 기본적인 개념의 좋은 기초로, 매우 광범위한 공학 계통이 이해되고, 해석되며, 고안될 수 있다는 것을 설명하기 위하여 도입되었다.

책에서 사용된 주된 기호의 목록이 면지(endpaper)에 인쇄되어 있다(역자주: 번역서에서는 목차의 앞에 편집되어 있다). 벡터와 페이서 양(phasor quantity)은 보통 사용하는 굵은 활자가 아니라 기호 위에 화살표가 있는 표준 문자(normal letter)의 사용을 통하여 표시되었다. 본인은 강사와 학생이 굵은 활자로 적을 수 없기 때문에 실제적으로 바람직하지 않다고 생각한다. 자료(data)의 표현에 있어서는, 국제 단위(International System of Units, SI)와 표기법이 채용되었다. 다른 단위계와의 변환 인자는 부록에 주어져 있다.

책의 상당한 부분은, Addison-Wesley Publishing Company에 의해 1980년에 출판된, Alan Straughen과 본인이 집필한 책 *Electric Machines*로부터 개정판(revised form)으로 파생되었다. 본인이 인정하듯이, 다시 이 뛰어난 출판사와 함께한 작업이 본인에게는 기쁨이었다는 것을 부언한다. 또한, 이 책의 많은 부분과 문제가, 1966년에 출판되었으며 지금은 절판된, 본인의 앞선 저서 *Magnetoelectric Devices–Transducers, Transformers, and Machines*로부터 편입되었다. 본인은 지금의 작업에 이 자료를 사용하는 것을 허락해준 것에 대해, 그 책의 출판사 John Wiley and Sons에게 감사를 표한다.

본인은 University of Toronto의 Power Devices and Systems Group에 있는 동료와 대학원생에게 많은 유익한 제안과 비판에 대하여 감사를 표한다. 마지막으로, 원고의 타자 뿐만 아니라, 주로 이 책의 집필 기간(gestation period) 동안의 그녀의 계속적인 지원에 대하여, 본인의 아내 Margaret에게 깊은 감사를 표하고 싶다.

Toronto Gordon R. Slemon

GLOSSARY OF SYMBOLS AND CONVENTIONS

GLOSSARY OF SYMBOLS

Symbol	*Description*	*Unit*
a	acceleration	[m/s^2]
a	number of parallel paths	
a	turns ratio	
A	area	[m^2]
b	viscous friction constant	[N·m·s]
b	subscript for base quantity	
B	magnetic flux density	[T]
B_r	residual flux density	[T]
c	slots/pole-phase	
C	capacitance	[F]
d	diameter	[m]
d	subscript for direct axis	
d_e	equivalent depth	[m]
e, E	induced voltage	[V]
$\mathcal{E}$	electric field intensity	[V/m]
f	frequency	[Hz]
f, F	subscript for field	
F	force	[N]
$\mathcal{F}$	magnetomotive force (mmf)	[A]
g	acceleration due to gravity	[m/s^2]
g_e	effective air-gap length	[m]
G	conductance	[S]
h	height	[m]
h	order of harmonic	
h	heat transfer coefficient	[W/m^2·°C]
H	magnetic field intensity	[A/m]
H_c	coercive force, coercivity	[A/m]
i, I	current	[A]
j	operator $= 1\angle\pi/2 = 1\angle 90°$	
J	current density	[A/m^2]
J	polar moment of inertia	[kg·m^2]

k	armature winding constant	
k_d	distribution factor	
k_i	core stacking factor	
k_p	pitch factor	
k_s	space factor	
k_w	winding factor	
K	linear current density	[A/m]
ℓ	length	[m]
ℓ_m	thickness of magnet	[m]
l	subscript for left	
l, L	subscript for leakage	
L	inductance	[H]
m	mass	[kg]
M	magnetic moment per unit volume	[A/m]
n	turns ratio	
n	conductor density	[cond/rad]
n	current ratio	
N	number of turns	
N_e	equivalent sinusoidally distributed turns	
o, O	subscript for output	
0	origin	
p, P	power	[W]
p	number of poles	
p	differential operator $= d/dt$	
p_e	eddy-current loss density	[W/m^3]
p_h	hysteresis loss density	[W/m^3]
p_M	magnetic moment	[A·m^2]
P_c	core loss	[W]
P_g	air gap power	[W]
P_w	winding loss	[W]
q	subscript for quadrature axis	
q, Q	electric charge	[C]
Q	reactive power	[VAR] or [var]
r	radius	[m]
r	subscript for right	
r, R	subscript for rotor	
R	resistance	[Ω]
$\mathcal{R}$	reluctance	[A/Wb]
s	distance	[m]
s	Laplace operator	
s	slip	

s	subscript of stator or steady-state	
S	complex or apparent power	[VA]
t	time	[s]
T	time period	[s]
T	temperature	[°C] or [K]
v, V	voltage	[V]
V	volume	[m^3]
w	energy density	[J/m^3]
w	width	[m]
W	energy	[J]
x	linear displacement	[m]
X	reactance	[Ω]
y	linear displacement	[m]
Y	admittance	[S]
z	linear displacement	[m]
z	wavelength	[m]
Z	impedance	[Ω]
α	temperature coefficient of resistance	[/°C]
α	delay angle	[deg] or [rad]
β	rotor angle	[deg] or [rad]
γ	operator $= 1\angle 120° = \epsilon^{j2\pi/3}$	
γ	half angular width of magnet	[rad]
γ	transformation ratio	
γ	angular width of phase band	[rad]
δ	angle	[deg] or [rad]
δ	lamination thickness	[m]
∂	partial differential	
ϵ	natural logarithm base $= 2.718$	
ζ	damping ratio	[/s]
η	efficiency	
θ	stator angle	[rad]
λ, Λ	flux linkage	[Wb]
μ_0	permeability of free space $= 4\pi(10^{-7})$	[T·m/A] or [H/m]
μ_r	relative permeability	
ν	linear velocity	[m/s]
π	3.1416 (3.1415926)	
ρ	resistivity	[Ω·m]
τ	time constant	[s]
ϕ	phase angle of current	[deg] or [rad]
Φ	magnetic flux	[Wb]
ω	angular frequency	[rad/s]

ω_{mech}	mechanical angular velocity	[rad/s] or [rpm]
ω_r	rotor frequency	[rad/s]
ω_s	stator frequency	[rad/s]

CONVENTIONS

Instantaneous values	v, i
Peak values	$\hat{v}, \hat{i}$
Average values	$\bar{v}, \bar{i}$
Vector quantities	$\vec{B}, \vec{J}, \vec{\mathcal{E}}$
Phasors	$\vec{V}, \vec{I}, \vec{\Lambda}$
RMS values or constant values	V, I
Conjugate of phasor	$\vec{V}^*, \vec{I}^*$
Space vectors (peak)	$\vec{v}, \vec{i}, \vec{\lambda}$
Space vectors (rms)	$\vec{V}, \vec{I}, \vec{\Lambda}$
Real part of (phasor or vector)	$\mathcal{R}e$
Imaginary part of (phasor or vector)	$\mathcal{I}m$

CONTENTS

1 MAGNETIC SYSTEMS

이 책은 기계 에너지로의 또는 기계 에너지로부터의 전기 에너지의 변환 또는, 어떤 경우에는, 전기 에너지를 더 쉽사리 사용할 수 있는 형태로 변환하기 위해 사용되는 광범위한 전자기 장치(electromagnetic device)에 관련된다. 고려된 기계 계통은 (1) 수차, 증기 또는 가스 터빈으로부터 전력(electric power)의 생산을 위한 발전기(generator), (2) 가장 통상적인 발전 전압으로부터 송전을 위해 적당한 전압 수준으로 변환하고 그 다음 배전과 사용을 위해 적절한 전압으로 변환하는 변압기(transformer), (3) 전기 에너지를 기계 에너지로 변환하는 전동기(motor), (4) 허용되는 전력을 가제어(제어할 수 있는, controllable) 전압, 전류, 또는 주파수를 갖는 다른 원하는 형태로 변환하는 전자 변환기(electronic converter), 그리고 기계적 부하(mechanical load)의 속도(속력, speed) 또는 위치(position)를 제어하는 능력이 있는 전동기와 콘버터(converter)로 이루어진 구동 계통(drive system)을 포함한다.

대부분의 전기기계는 매개로써 자계(magnetic field)의 사용에 의해 에너지를 변환한다. 그러므로, 요구되는 형태, 위치, 그리고 세기를 갖는 자계를 생성하기 위해 포함되는 개념, 물질, 그리고 구조의 논의로 시작하는 것이 적절하다. 특히, 전류가 전기 도체에 의해 향해지는 것과 많이 같은 방식으로, 자계를 향하게 하고 제어하는 수단이 검토될 것이다.

1.1 MAGNETIC FIELD CONCEPTS

자계(자(기)장, magnetic field)는 (1) 전류, (2) 영구자석(permanent magnet), 또는 (3) 시간에 따라 변화하는 전계(전(기)장, electric field)에 의해 생성된다. 첫 두 가지가 이 장의 주제이다; 마지막 것은 전자기 에너지(electromagnetic energy)를 방사하는 높은 주파수 계통에서만 중요하기 때문에 이 책의 정황에서는 무시될 수 있다.

자계를 생성하는 전류와 자계의 세기를 관련시키는 암페어의 주회 법칙(Ampère's Circuital Law)으로 시작하자. 법칙은

$$\oint \vec{H} \cdot d\vec{\ell} = \int_A \vec{J} \cdot d\vec{A} \qquad [A] \tag{1.1}$$

로 표현될 수 있다. 이와 같은 표현을 물리적 장(계)(physical field)을 가시화하는

관점에서 읽는 것이 중요하다. 그러므로, 먼저 제한된 공간 내에 비교적 균일한 자계를 생성하는 계통을 고려하자.

그림 1.1은 어떤 비강자성체(nonferromagnetic material)로 만들어진 원환체(토러스, torus) 주위에 균일하게 감긴 도체 N [turn] 코일의 단면을 보인다. 전류 i가 코일을 통과할 때, 벡터량(vector quantity) $\vec{H}$로 나타내어진 세기를 가진 자계가 토러스 내에 생성된다. 반경 r로 토러스 내에 보여진 폐경로(closed path)를 고려한다. 원대칭때문에, 자계의 세기의 크기(magnitude)는 경로를 따르는 모든 점에서 같아야 한다. 식 (1.1)에 따라, 이 경로를 따르는 방향의 자계의 세기와 폐경로의 길이의 적(곱, product)은 경로에 의해 둘러싸이는 면적을 동하여 지나가는 모든 전류의 합과 같다. 각 N [turn]의 코일은 이 둘러싸인 면을 관통한다. 따라서, 식 (1.1)의 우변은 Ni 또는, 더 일반적으로, 도체 전류밀도 J와 N개의 도체의 총 단면적의 적(곱)과 같다. 따라서, 반경 r에서,

$$H_r(2\pi r) = Ni \qquad [\text{A}] \tag{1.2}$$

또는

$$H_r = \frac{Ni}{2\pi r} \qquad [\text{A/m}] \tag{1.3}$$

이다. 토러스 내부가 아닌 어떤 반경에서 원형 경로에 대한 주회 법칙의 적용은 둘러싸인 순 전류(net enclosed current)가 없음을 보인다. 그러므로, 자계는 실제상 토러스 내부의 체적으로 제한된다.

식 (1.3)의 검토는 자계의 세기가 토러스의 내부 가장자리(inside edge)에서의 경

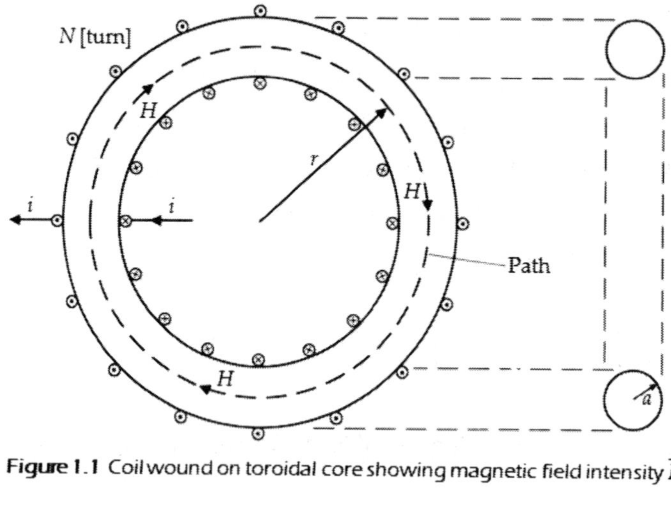

Figure 1.1 Coil wound on toroidal core showing magnetic field intensity $\vec{H}$.

로를 따라 가장 클 것이며 토러스의 바깥 변(outer side)에서 가장 작을 것임을 보인다. 토러스의 단면 반경 a가 토러스의 반경에 비해 작다면, 경로 반경 r의 평균값에서의 H의 값은 전체 단면에 걸친 자계의 좋은 근사로써 사용할 수 있다.

목적을 위하여, 자계의 가장 중요한 성질은, 벡터량 $\vec{B}$로 나타내어진, 그것의 자속밀도에 의해 설명된다. 자유공간(free space)의 경우, 그리고 실제로 모든 비강자성체의 경우, 자속밀도는

$$\mu_0 = 4\pi \times 10^{-7} \qquad [\mathrm{T \cdot m/A}] \tag{1.4}$$

의 값을 갖는 상수 μ_0에 의해 자계의 세기 벡터와

$$\vec{B} = \mu_0 \vec{H} \qquad [\mathrm{T}] \tag{1.5}$$

와 같이 관련된다. 자속밀도의 단위는 테슬라(tesla, [T])이다.

도체의 단면적에 걸쳐 적분된 전류밀도 $\vec{J}$가 전류 i를 주는 것과 똑같이, 자계의 단면적에 걸친 자속밀도의 적분은 웨버(weber, [Wb])로 측정되는 자속(magnetic flux) Φ를 준다. 따라서, 그림 1.1의 토러스의 경우,

$$\Phi = \overline{B}A \qquad [\mathrm{Wb}] \tag{1.6}$$

이다. 여기서, 그림 1.1의 토러스의 경우,

$$A = \pi a^2 \qquad [\mathrm{m^2}] \tag{1.7}$$

이며 $\overline{B}$는 면적 A에 수직으로 향하는 자속밀도의 평균 크기(average magnitude)이다. 자속은 스칼라량(scalar quantity)이며, 전류가 도전 경로(conducting path)에서 연속인 것과 같은 방식으로, 폐경로 주위에서 연속이다.

요구되는 다음 개념은 시간에 따라 변화하는 전류가 전류의 변화를 방해하는 세기 $\vec{\mathcal{E}}$의 전계를 도체의 내부와 주위 둘 다의 공간에 확립한다는 것이다. 그림 1.2는 그림 1.1의 환상 코일(toroidal coil)의 단면 주위의 이 전계를 보인다. 보통 환상 코일의 [turn] 내 또는 환상 철심(toroidal core)을 둘러싸는 어떤 다른 코일 내에 유도되는 전압에 관심을 가진다. 이 교재에서는, 유도 전압(induced voltage)은 기호 e로 주어지며 패러데이의 법칙(Faraday's Law)의 기전력(electromotive force, emf)의 부(음, negative)이다. 유도 전압은 약간 열린 루프(slightly opened loop)의 끝을 가로질러 일어날 전압으로써 구상화해도 된다. 패러데이의 법칙의 적응(adaptation)에 의해, 환상 코일의 1 [turn]과 같은 본질적으로 폐경로 주위의 유도 전압은 표현식

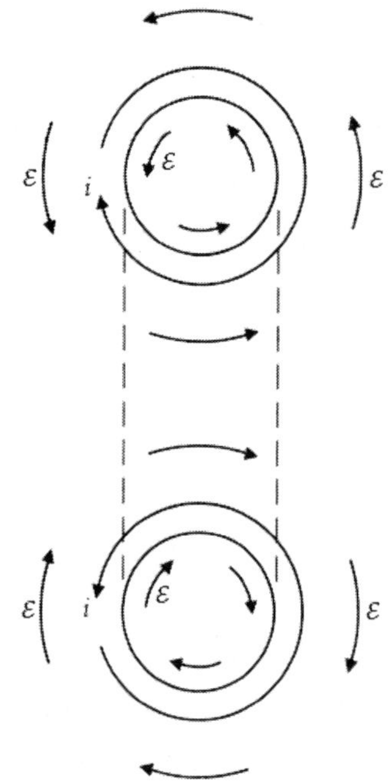

Figure 1.2 Electric field intensity $\vec{\mathcal{E}}$ caused by increasing current i in toroidal coil.

$$e_{path} = \oint \vec{\mathcal{E}} \cdot d\vec{\ell} = \frac{d\Phi}{dt} \qquad [\mathrm{V}] \tag{1.8}$$

에 의해 둘러싸인 자속 Φ와 관련된다. 경로가 환상 코일의 도체의 전체 길이를 따라 취해진다면, 각 [turn]은 거의 자속 Φ를 둘러싸는 폐경로일 것이다. 전체 코일의 경우, 유도 전압은

$$e = \oint_{coil} \vec{\mathcal{E}} \cdot d\vec{\ell} = \frac{d(N\Phi)}{dt} \qquad [\mathrm{V}] \tag{1.9}$$

일 것이다. 양 $N\Phi$는 자속 Φ 주위를 N번 감싸는 코일에 의해 쇄교되는 총 자속이며 [Wb]로 측정되는 쇄교 자속(flux linkage) λ로 나타내어진다. 환상 코일의 경우,

$$\lambda = N\Phi \qquad [\mathrm{Wb}] \tag{1.10}$$

이다. 코일 내의 유도 전압은 이제

$$e = \frac{d\lambda}{dt} \qquad [\mathrm{V}] \tag{1.11}$$

로 표현할 수 있다. 유도 전압의 방향(direction) 또는 극성(polarity)은 항상 쇄교 자속의 변화를 방해하는 방향이다.

1.2 EQUIVALENT MAGNETIC AND ELECTRIC CIRCUITS

그림 1.1의 토러스 내에서와 같이, 자계가 공간의 유한한 체적으로 제한된 상황에서는, 전기회로가 한정된 전기적 도전 경로를 나타내기 위해 사용되는 것과 똑같이, 자기회로(magnetic circuit)의 개념을 도입하는 것이 편리하다. 이것은 기자력(magnetomotive force, mmf) $\mathcal{F}$의 개념의 도입을 포함한다. 폐경로의 경우, 그것은 식 (1.1)의 주회 법칙의 양변과 같은 스칼라량이다. 따라서,

$$\mathcal{F} = \int_A \vec{J} \cdot d\vec{A} = \oint \vec{H} \cdot d\vec{\ell} \tag{1.12}$$

이다. 토러스의 경우, mmf는

$$\mathcal{F} = Ni \qquad [\mathrm{A}] \tag{1.13}$$

이다. $\mathcal{F}$의 단위는 종종 "암페어 턴(ampere turn, [AT])"으로 불리기는 하지만, 권수(감긴 회수, number of turns)는 차원이 없기 때문에 적절한 단위는 암페어(ampere, [A])이다.

기자력은 본질적으로 전위차(potential difference) 또는 전압(voltage)이 전기 도체 내의 전류와 관련되는 것과 같은 방식으로 자속과 관련시킬 수 있다. 토러스의 경우, 경로의 길이

$$\ell = 2\pi r \qquad [\mathrm{m}] \tag{1.14}$$

와 단면적 A로, 관계식은

$$\mathcal{F} = H\ell = \frac{B}{\mu_0}\ell = \Phi\frac{\ell}{\mu_0 A} \qquad [\mathrm{A}] \tag{1.15}$$

이다. $\mathcal{F}$와 Φ 사이의 비례 상수는 자기 경로의 자기저항(릴럭턴스, reluctance) $\mathcal{R}$이며 관계식

$$\mathcal{R} = \frac{\mathcal{F}}{\Phi} = \frac{\ell}{\mu_0 A} \qquad [\mathrm{A/Wb}] \tag{1.16}$$

으로 정의된다. 변수들 사이의 관계식은 이제 그림 1.3의 등가 자기회로(equivalent magnetic circuit)에 의해 모델링될 수 있다. 자기회로에서의 자기저항 $\mathcal{R}$은 전기회로에서의 저항(resistance) R과 상사(analogous)이며, 둘 다 경로의 길이에 비례하고 단면적에 반비례(역비례)한다.

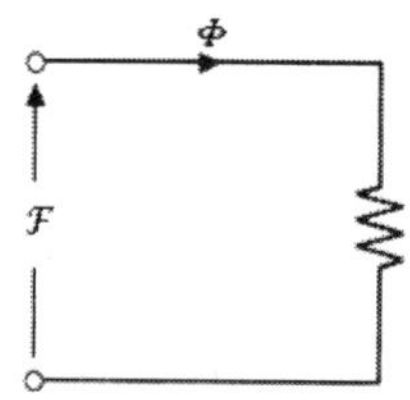

Figure 1.3 Equivalent magnetic circuit.

그림 1.1의 환상 코일의 쇄교 자속(flux linkage) λ는 식 (1.3), (1.5), (1.6)과 (1.10)을 결합함으로써 코일 전류 i와 관련될 수 있다:

$$\lambda = N\Phi = NBA = N\mu_0 HA = N^2\frac{\mu_0 A}{\ell}i \qquad [\text{Wb}] \tag{1.17}$$

쇄교 자속과 전류 사이의 비례 상수는, 헨리(henry, [H])로 표현되는, 코일의 인덕턴스(inductance) L로 나타내어진다:

$$L = \frac{\lambda}{i} \qquad [\text{H}] \tag{1.18}$$

Coil 내의 유도 전압은 이제 전류의 시간 변화율과 관련될 수 있다. 식 (1.11)과 (1.18)로부터,

$$e = \frac{d\lambda}{dt} = L\frac{di}{dt} \qquad [\text{V}] \tag{1.19}$$

이다. 전압 v가 저항 R과 인덕턴스 L인 코일의 단자에 인가된다면, 전류 i는 표현식

$$v = Ri + e = Ri + L\frac{di}{dt} \qquad [\text{V}] \tag{1.20}$$

에 의해 지배된다. 그러므로, 코일은 그림 1.4의 전기 등가회로(electric equivalent circuit)에 의해 모델링될 수 있다.

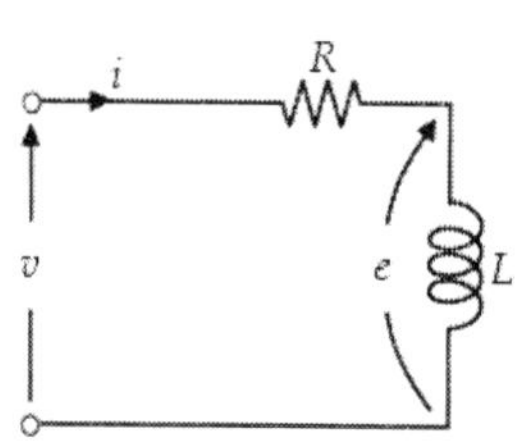

Figure 1.4 Equivalent electric circuit.

EXAMPLE 1.1 그림 1.5는 직사각형 단면의 플라스틱(plastic) 원환(링, ring)에 감긴 환상 코일을 보인다. 코일은 200 [turn]으로 감긴 직경(diameter) 3 [mm]의 구리 도선(copper wire)을 가진다.

(a) 50 [A]의 코일 전류의 경우, 링의 평균 직경(mean diameter)에서의 자속밀도를 찾아라.
(b) 코일 내에서의 자계가 균일하며 평균 직경에서의 값과 같다고 가정하여, 코일의 인덕턴스를 찾아라.
(c) 링 내에서의 균일 자속밀도를 가정했을 때의 백분율 오차(percentage error)를 결정하라.
(d) 구리의 저항률(resistivity) ρ가 1.72×10^{-8} [Ω·m]로 주어졌을 때, 그림 1.4의 전기 등가회로의 매개변수(parameter)를 결정하라.

Solution
(a) 평균 직경에서

$$H = \frac{Ni}{2\pi r} = \frac{200 \times 50}{0.35\pi} = 9095 \qquad [\mathrm{A/m}]$$
$$B = \mu_0 H = 4\pi \times 10^{-7} \times 9095 = 0.0114 \qquad [\mathrm{T}]$$

(b) $B = 0.0114$ [T]로 가정하면,

$$\Phi = BA = 0.0114 \times 0.1 \times 0.05 = 57.15 \qquad [\mu\mathrm{Wb}]$$
$$\lambda = N\Phi = 200 \times 57.15 \times 10^{-6} = 11.43 \qquad [\mathrm{mWb}]$$

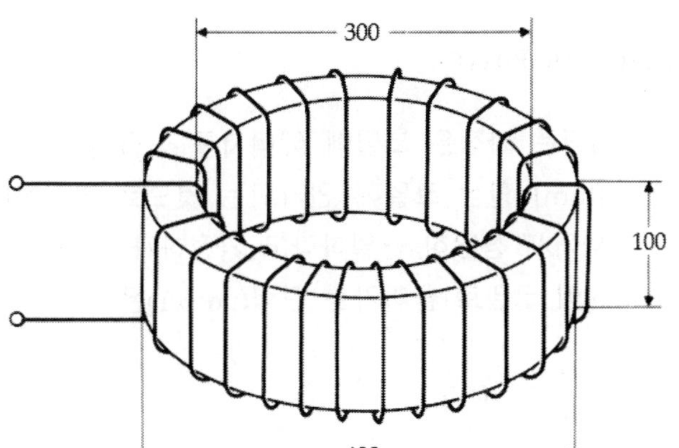

Figure 1.5 Diagram for Example 1.1.

$$L = \frac{\lambda}{i} = \frac{11.43 \times 10^{-3}}{50} = 0.229 \times 10^{-3} \qquad [\mathrm{H}]$$

그 대신으로,

$$\mathcal{R} = \frac{\ell}{\mu_0 A} = \frac{0.35\pi}{4\pi \times 10^{-7} \times 0.1 \times 0.05} = 175 \times 10^6 \qquad [\mathrm{A/Wb}]$$

$$L = \frac{N^2}{\mathcal{R}} = \frac{200^2}{175 \times 10^6} = 0.2286 \qquad [\mathrm{mH}]$$

(c) $0.15 < r < 0.2\,[\mathrm{m}]$의 경우,

$$B = \frac{\mu_0 N i}{2\pi r} = \frac{4\pi \times 10^{-7} \times 200 \times i}{2\pi r} = 4 \times 10^{-5}\frac{i}{r} \qquad [\mathrm{T}]$$

$$\Phi = \int_{0.15}^{0.2} 0.1 B\, dr \qquad [\mathrm{Wb}]$$

$$\lambda = N\Phi = 200 \times 0.1 \times 4 \times 10^{-5} i \int_{0.15}^{0.2} \frac{1}{r} dr \qquad [\mathrm{Wb}]$$

$$L = \frac{\lambda}{i} = 8 \times 10^{-4} i \ln\left(\frac{0.2}{0.15}\right) = 0.2301 \qquad [\mathrm{mH}]$$

$$Error = \frac{0.2301 - 0.2286}{0.2301} \times 100 = 0.65 \qquad [\%]$$

(d)

$$R = \rho\frac{\ell}{A} = \frac{1.72 \times 10^{-8} \times 200 \times 0.3}{\pi \times 0.0015^2} = 0.146 \qquad [\Omega]$$

$$L = 0.229 \qquad [\mathrm{mH}]$$

1.3 ENERGY IN A MAGNETIC FIELD

코일 내에 자계가 확립되는 과정은 코일에 에너지를 공급하는 것을 포함한다. 전압 v가 그림 1.1의 N [turn] 환상 코일에 인가되는 것으로 가정한다. 토러스 내부의 자계가 그 크기에 있어서 상당히 균일하다고 가정하자. 식 (1.20)으로부터, 어떤 순시(any instant in time)에 코일로 들어가는 전력(power)은

$$p = vi = Ri^2 + i\frac{d\lambda}{dt} \qquad [\mathrm{W}] \tag{1.21}$$

이다. 식 (1.21)에서 첫째 항은 코일 도체 내에서 열로 소비되는 전력이며, 남은 부분은 자계 내에 에너지 저장(energy storage)으로 흐르는 전력 p_B이다. 따라서,

$$p_B = i\frac{d\lambda}{dt} = NAi\frac{dB}{dt} = A\ell H\frac{d\lambda}{dt} \qquad [\mathrm{W}] \tag{1.22}$$

이다. 자속밀도 B가 0일 때, 자계 내에 저장된 에너지 W도 역시 0일 것이다. 따라서, 저장 에너지는

$$W = \int p_B\,dt = \int_0^B A\ell H\,dB = \int_0^B \frac{A\ell}{\mu_0}B\,dB = (A\ell)\frac{B^2}{2\mu_0} \qquad [\mathrm{J}] \tag{1.23}$$

으로 표현될 수 있다. 적(곱, product) $A\ell$이 코일에 의해 둘러싸이는 공간의 체적이기 때문에, 자계 내의 저장 에너지 밀도는

$$w = \frac{B^2}{2\mu_0} \qquad [\mathrm{J/m^3}] \tag{1.24}$$

이다.

저장 에너지는 또한 코일의 전체적인 매개변수와 변수의 항으로 표현될 수 있다. 식 (1.18)과 (1.22)로부터,

$$p_B = i\frac{d\lambda}{dt} = Li\frac{di}{dt} \qquad [\mathrm{W}] \tag{1.25}$$

이다. 저장 에너지는 그러면

$$W = \int p_B\,dt = \int_0^i Li\,di = \frac{Li^2}{2} \qquad [\mathrm{J}] \tag{1.26}$$

으로 주어진다. 이 에너지 표현식의 다른 형태는

$$W = \frac{\lambda i}{2} = \frac{\lambda^2}{2L} \qquad [\mathrm{J}] \tag{1.27}$$

이다. 저장 에너지는 또한

$$W = \frac{\mathcal{R}\Phi^2}{2} = \frac{\mathcal{F}^2}{2\mathcal{R}} = \frac{\mathcal{F}\Phi}{2} \qquad [\mathrm{J}] \tag{1.28}$$

과 같이 자기회로 변수의 항으로 표현될 수 있다.

1.4 FERROMAGNETISM

자속밀도 B가 자계의 세기 H에 상수 μ_0가 곱해진 것과 같다는 식 (1.5)의 관계식은 진공에서만 엄밀히 옳다. 하지만, 그것은 대부분의 물질의 경우 0.001 [%] 이내에서 옳다. 철(iron, Fe), 니켈(nickel, Ni), 그리고 코발트(cobalt, Co) 같은 몇 가지 기본 원소는 정상 동작 온도에서 현저히 다른 관계를 나타낸다. 이 원소와 그들의 합금(alloy)을 내포하는 철심 물질(core material)을 사용하면, 주어진 자계의 세기 또는 코일 전류에 의해 생성되는 자속 또는 자속밀도는 막대하게 증가될 수 있다. 이 현상은 **강자성**(*ferromagnetism*)으로 알려져 있다.

강자성체의 기본적인 이해는 부(음)로 대전된 전자의 정돈된 전자운(ordered cloud)에 의해 둘러싸인 정(양)으로 대전된 핵과 같은 원자의 비교적 간단한 모델의 사용을 통하여 밝혀질 수 있다. 각 전자는, 그림 1.6 (a)에서 보여진 바와 같이, 핵 주위의 궤도에 있는 것으로 고려할 수 있다. 각 전자의 전하는 -1.6×10^{-19} [C]이다. 원형 경로를 시계 방향으로 회전하는 부(음) 전하는 경로를 반시계 방향으로 향하는 전류 i와 등가로 고려될 수 있다. 그러한 전류의 루프는 전류 i와 루프에 의해 둘러싸이는 면적 A에 비례하는 자계를 생성할 것이다. 이 자계의 원천은, 그림 1.6 (b)에서 보여진 바와 같이, 크기 iA와 생성될 자계의 정방향(positive direction)이 루프의 평면에 법선인 방향을 가지는 벡터인, 자기 모멘트(magnetic moment) $\vec{p}_{mo}$로 나타내어진다.

그 궤도 자계에 더하여, 각 전자는, 그림 1.6 (c)에서 보여진 바와 같이, 전자를 그 자신의 축에서 회전하는(spinning) 전하운(charge cloud)으로 고려함으로써 구상화될 수 있는 자계를 생성한다. 그 결과는 스핀 자기 모멘트(spin magnetic moment) $\vec{p}_{ms}$이다. 전자의 자기 모멘트는 9.27×10^{-24} [A·m^2]의 크기를 가지는 기본량의 배수(multiple)로만 나타난다. 이 양자적 성질(quantum property)은 -1.6×10^{-19} [C]의 각 전자에서의 이산 전하와 상사(analogous)이다. 스핀 자기 모멘트 $\vec{p}_{ms}$는 이 기본 값의 한 단위(one unit)를 가지며, 궤도 자기 모멘트 $\vec{p}_{mo}$는 0 또는 이 값의 정수 배(integral multiple)를 가진다.

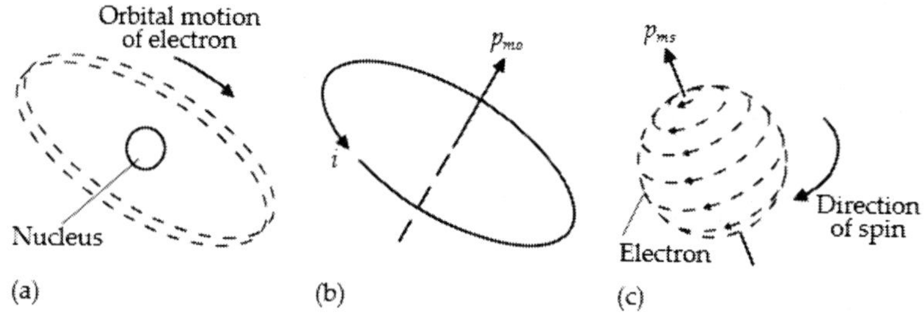

Figure 1.6 (a) Orbital motion of electron, (b) equivalent current loop and magnetic moment, and (c) electron spin and its magnetic moment.

자계의 원천으로 작용하는 각 전자로, 모든 원자와 물질이 연속적인 자계를 생성하는 것으로 기대할 수 있다. 하지만, 많은 원소의 원자에서는 그 스핀과 궤도 운동에 기인한 자기 모멘트가 상쇄되도록 전자가 핵에 대하여 대칭적으로 또는 무작위로 배열되어, 원자에서 나가는 순(net) 자기 모멘트가 없다. 그럼에도 불구하고, 알려진 원소의 3분의 1 이상의 원자는 이 대칭성이 결여되어, 그것들은 순 모멘트를 가지고 있다.

물질이 각각이 순 자기 모멘트를 갖는 원자로 이루어졌을 때조차도, 물질 내에서의 원자의 배열은 종종 한 원자의 자기 모멘트가 가까운 이웃에 있는 반대로 향하는 자기 모멘트에 의해 상쇄된다. 기본 원소인 철, 니켈, 그리고 코발트는 실온(room temperature)에서 정렬된 인접 원자의 자기 모멘트를 가진다. 희토류 계열(rare-earth series)에서 두 가지 다른 원소 디스프로슘(dysprosium, Dy)과 가돌리늄(gadolinium, Gd)은 같은 성질을 가지지만, 더 낮은 온도에서만이다.

유용한 자성체(magnetic material)의 대부분은, 풍부하며 자기적으로 잘 정렬되는, 철을 기본으로 한다. 그것은 원하는 성질에 따라 다른 원소와 합금된다. 이 다른 원소는 원래 정렬되어 있는 세 가지 또는 다섯 가지 원소로 제한되지 않고, 원자가 순 자기 모멘트를 가지는 다른 원소를 포함할 수 있다. 이것에는 바나듐(vanadium, V), 크로뮴(크롬, chromium, Cr), 그리고 망간(manganese, Mn)과 많은 희토류 같은 원소가 포함된다.

흥미로운 자성체의 대부분은 결정성(crystalline)이며, 자기 모멘트의 정렬 방향이 보통은 결정축(crystal axis)의 하나를 따른다. 그러면 각 결정이 작은 영구자석처럼 작용하는 것으로 기대할 수 있다; 이것은 어떤 철 물체에 들러붙는 경향이 있는 매우 작은 철 줄밥(iron filing)을 가진 경우로 알려져 있다. 하지만, 1.3절에서 자유공간에서 자계를 생성하기 위해서는 상당한 에너지가 요구됨을 알았다(식 (1.24)). 결정 외부의 자계로 하나의 결정축을 따르는 완전한 정렬보다 더 적은 에너지를 요구하는 결정 내의 자기 모멘트의 정렬이 있다면, 그것을 택할 것이다. 그림 1.7은

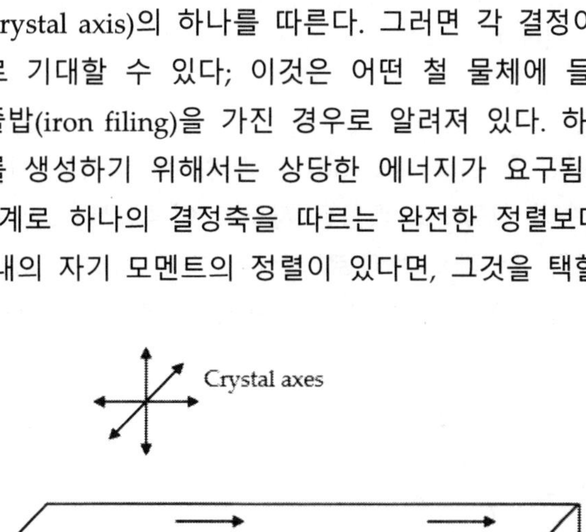

Figure 1.7 Orientation of magnetic domains in a crystal of iron.

3개의 서로 수직인 자기 정렬의 용이축(easy axis)을 가진 철 결정 내에서의 전형적인 정렬을 보인다. 자기 모멘트는, 각각이 쉬운 정렬의 결정축을 따르는 방향인, 4개의 자구(magnetic domain)로 그들 스스로 배열되었다. 정렬된 모멘트에 의해 생성된 자속은 결정 내부에서 폐경로를 찾으며, 단지 무시할 수 있는 양 만이 결정 외부의 자구 경계 가까이에서 관측될 수 있다.

자연적인 상태에서, 철 덩이는 보통은 무작위로 향해지는 많은 결정으로 이루어진다. 각 결정은, 각각이 3개의 서로 수직인 결정축 중의 하나를 따르는 방향인, 많은 이러한 자기 모멘트를 내포할 수 있다. 각 자구는 작은 영구자석으로 고려될 수 있다. 자구는 보통은, 그림 1.7에서 보여진 것과 비슷한, 자속 폐경로(flux closure path)가 결정 내에 확립되도록 형체가 이루어지며 배향된다. 대부분의 강자성체에서는, 자구가 비교적 작아, 1에서 100 [μm] 정도의 전형적인 치수(dimension)를 가진다.

1.5 MAGNETIZATION

이제 어떤 과정에 의하여 강자성체 내에서의 자구의 배향(orientation)이 외부적으로 생성된 자계의 적용에 의해 바뀌게 될 수 있는지에 대하여 조사하자. 그림 1.8에서 보여진 바와 같이, 자기 모멘트 $\vec{p}_m$이 자속밀도 $\vec{B}$의 자계 내에 위치된다고 가정한다. 모멘트는 그것이 자계와 정렬하도록 회전시키려고 하는 토크(torque)

$$\vec{T} = \vec{p}_m \times \vec{B} \qquad [\text{N}\cdot\text{m}] \tag{1.29}$$

를 겪을 것이다.

다음으로, 각각이 결정 단부(crystal end)의 바깥으로 나가는 자속이 거의 없는 작은 폭을 가지는, 다수의 평행으로 배향된 자구로 이루어진 그림 1.9 (a)에 보여진 결정의 단면을 고려한다. 두 개의 반대로 배향된 자구 사이의 미시적인 단면(microscopic cross section) y 내에서, 원자 자기 모멘트의 배향은 한 방향에서 다른 방

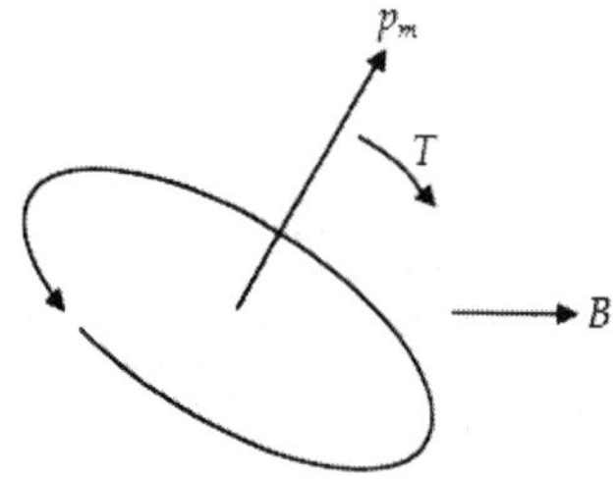

Figure 1.8 Torque on a magnetic moment in a magnetic field.

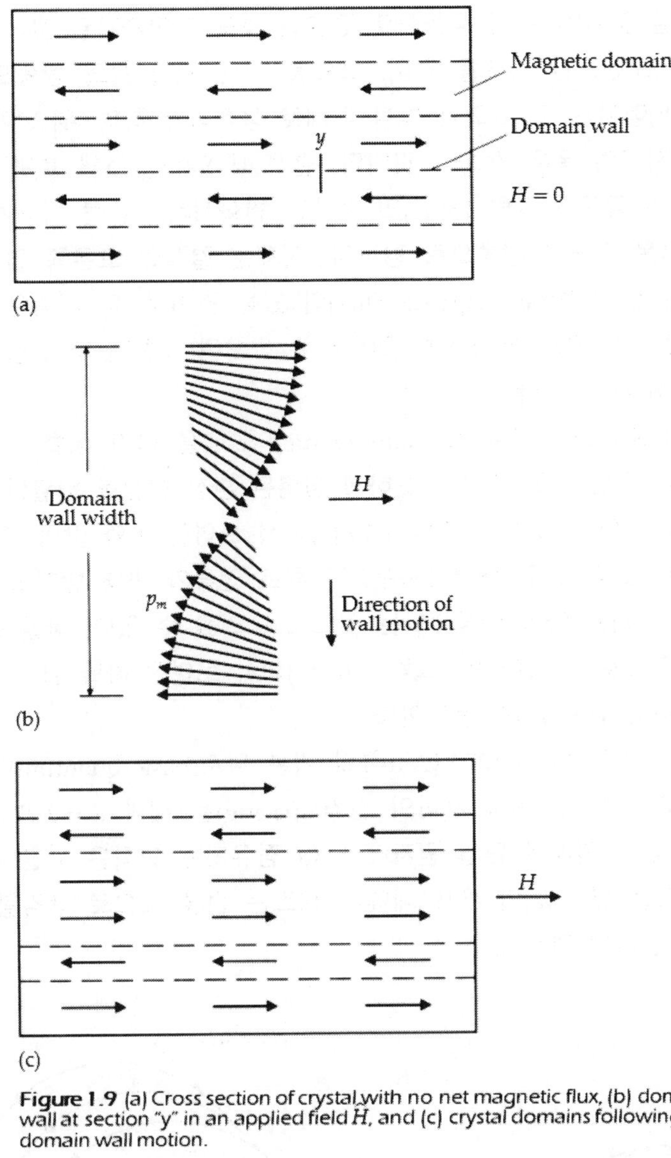

Figure 1.9 (a) Cross section of crystal with no net magnetic flux, (b) domain wall at section "y" in an applied field $\vec{H}$, and (c) crystal domains following domain wall motion.

향으로 갑자기 바뀌지 않고, 그림 1.9 (b)에서 크게 확장된 형태로 보여진 바와 같이, 전형적으로 수백 원자 직경의 폭 또는 10^{-8}에서 10^{-7} [m]의 거리에 걸친 자구벽(domain wall)에 걸쳐 점진적으로 변화한다. 이 그림에서는, 정렬의 천이(transition)가, 모멘트의 방향이 항상 띠(strip)의 폭을 가로지르는 폭이 좁은 종이 띠(narrow paper strip)가 꼬인 것과 비슷하게 묘사될 수 있다.

이제, 그림 1.9 (b)에서 보여진 바와 같이, 외부 자계 $\vec{H}$가 자구의 배향에 평행한 방향으로 이 결정에 인가된다고 가정한다. 이미 자계 $\vec{H}$에 정렬된 자기 모멘트는 토크를 겪지 않을 것이며, 반대 방향으로 정렬된 것도 마찬가지일 것이다. 천이 자구벽 내에 있는 모멘트만 토크를 겪어, 그들을 인가 자계 $\vec{H}$의 방향으로 돌리려 한다. 그림 1.9 (b)에서는, 그 효과가 벽을 아래로 움직이게 하여, 위의 자구의 폭은 증가하고 아래 자구의 폭은 감소할 것이다. 결정 내에서의 전체 효과는 그림 1.9 (a)의 원래 자구의 형태를 그림 1.9 (c)의 형태로 변화시켜, 더 큰 자구가 오른쪽으로 향하고 더 작은 자구가 왼쪽으로 향한다. 이제는 결정의 오른쪽 면(right-hand face)으로 나오는 순 자속(net magnetic flux)이 있을 것이다. 이 자속은 이제 비슷하게 배향된 인접 결정으로 통과하여 들어갈 수 있으며 그렇게 자기 철심(magnetic core) 내에서 폐경로 둘레를 따라 계속한다.

모든 결정축이 토러스의 원추축(circumferential axis)을 따라 정렬된, 그리고 모든 자기 모멘트가 같은 축을 따라 비슷하게 정렬된 환상 철심을 배열할 수 있다고 가정한다. 철심의 단면은 그러면, 그림 1.10 (a)에서 보여진 바와 같이, 미소한 전류 루프로 생각할 수 있다. 물질 내부에서는, 각 루프 전류가 반대 방향의 루프 전류와 인접하며, 그 효과는 따라서 상쇄되는 것으로 고려될 수 있다, 바깥 표면에서만 상쇄가 없다. 그러므로, 그 효과는, 그림 1.10 (b)에서 보여진 바와 같이, 가상 표면 전류(fictitious surface current)와 등가이다.

철에서는, 각 원자가 9.27×10^{-24} [A·m^2]의 기본 양자(basic quantum)의 2.2배의 자기 모멘트를 가진다. 철 원자 사이의 간격(spacing)은 대략 $d = 2.27 \times 10^{-10}$ [m]이다. 따라서, 철심 단면에서 단일 원자에 의해 점유되는 면적은 d^2일 것이다. 각 원자 자기 모멘트는 면적 d^2의 루프 내에서 흐르는 전류 i_M으로 생각할 수 있다. 따라서, 한 개의 원자에 대하여,

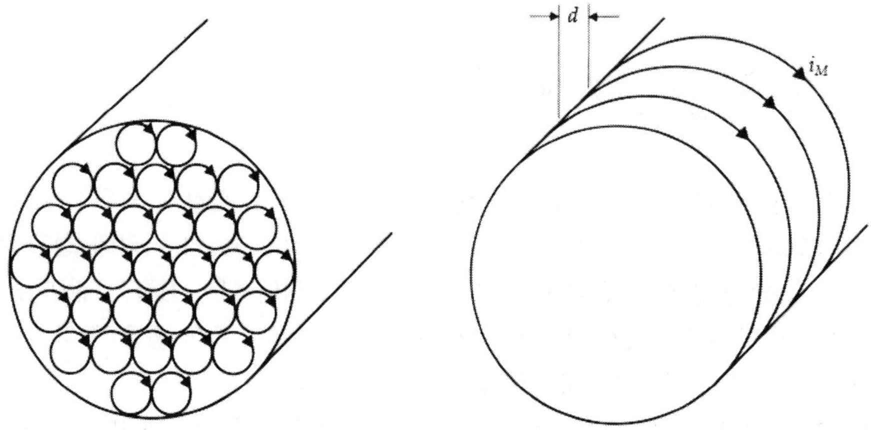

Figure 1.10 Magnetization of a ferromagnetic torus.

$$p_M = i_M\, d^2 = 2.2 \times 9.27 \times 10^{-24} \qquad [\text{A}\cdot\text{m}^2] \tag{1.30}$$

그리고

$$i_M = 0.394 \times 10^{-3} \qquad [\text{A}] \tag{1.31}$$

이다.

자기 모멘트의 완전히 정렬된 단층(single layer)의 효과는 토러스를 둘러싸는 전류 i_M과 등가인 것으로 보여진다. 각 원자 간격 d에 대하여 그런 전류가 한 개씩 있을 것이다. 토러스 내부의 등가 자계의 세기는 그러면

$$H_{equiv} = \frac{i_M}{d} = \frac{i_M\, d^2}{d^3} = \frac{p_M}{d^3} \qquad [\text{A/m}] \tag{1.32}$$

가 될 것이다. 입방 구조(cubic structure)의 경우, d^3은 한 개의 원자에 의해 점유되는 체적이다. 그러므로, 식 (1.32)는 단위 체적당 최대 가능 정렬 모멘트를 나타낸다.

이 단위 체적당 정렬 자기 모멘트는 자화(magnetization) $\vec{M}$으로 나타내어진다. 그것은 벡터 $\vec{H}$가 외부 자계에 기인한 자계의 세기를 나타내는 것처럼 물질 내에서의 자기 모멘트의 효과를 나타낸다. 철의 경우, 최대 가능 자화는

$$\widehat{M} = \frac{i_M}{d} = \frac{0.394 \times 10^{-3}}{2.27 \times 10^{-10}} = 1.73 \times 10^6 \qquad [\text{A/m}] \tag{1.33}$$

이다. 따라서, 환상 철심 내에서의 완전히 정렬된 자기 모멘트의 효과는 그 원주 둘레의 길이 [mm]당 1730 [A]의 전류가 있는 비자성 토러스(nonmagnetic torus) 주위의 코일의 효과와 등가이다. 이 이상적으로 정렬된 자기 모멘트에 의해 물질의 내부에 생성되는 자속밀도는, 식 (1.5)와 상사로,

$$\widehat{B} = \mu_0 \widehat{M} = 4\pi \times 10^{-7} \times 1.73 \times 10^6 = 2.18 \qquad [\text{T}] \tag{1.34}$$

이다. 실제로는, 이것은 매우 강한 자계이다.

온도가 증가함에 따라, 원자의 무작위 운동이 점점 더 인접 원자의 순 모멘트의 정렬을 교란시키고, 따라서 그림 1.11에서 보여진 바와 같이, 순(net) 정렬 자화 M을 감소시킨다. 큐리 온도(Curie temperature) T_C는 그 온도에서 정렬이 완전히 무작위인 것으로 간주될 수 있어서, 물질 내에 순 자계를 생성하지 않는 값이다. 철의 경우 이 온도는 770 [°C], 니켈의 경우 358 [°C], 그리고 코발트의 경우 1130 [°C]이다.

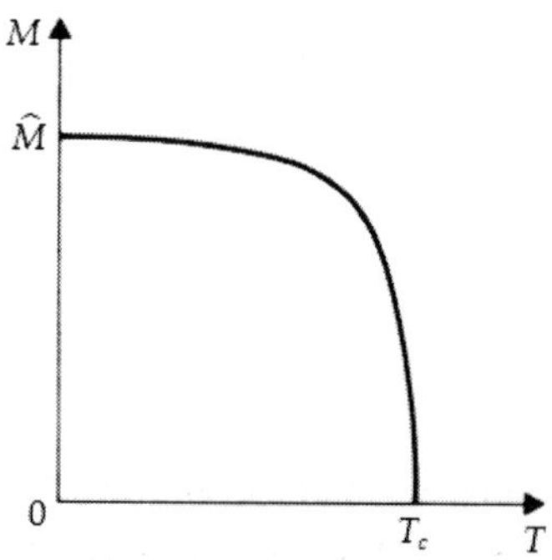

Figure 1.11 Decrease of magnetization with temperature.

실제로는, 강자성체의 두 가지 일반적인 종류에 관심을 가지는데, 한 종류는 자기 정렬이 작은 외부 자계의 사용에 의해 쉽게 바뀌어질 수 있는 것이며 다른 종류는 정렬이 외부 자계의 어떤 효과에도 강하게 저항하는 것이다. **연자성체**(*magnetically soft material*)로 나타내어지는 첫 번째 종류의 가장 빈번한 예는 규소(실리콘(silicon, Si) 같은 다른 원소가 소량 첨가된 철 합금이다. 그것은 얇은 판으로 압연될 때, 결정이 압연 방향으로 길게 늘여지고 부분적으로 정렬된다. 풀림(가열 냉각, annealing)은 내부 응력(internal stress)을 경감하고 자구벽이 외부 자계에 의해 쉽게 움직이게 되도록 만든다. 환상 철심이 이 연철(soft iron)로 만들어지고 자계의 세기 H가 균일하게 감긴 코일을 사용하여 인가된다고 가정한다. 총(total) 자속밀도는 코일에 기인한 것과 불완전하게 정렬된 자기 모멘트의 효과를 더한 것이 될 것이다:

$$\vec{B} = \mu_0(\vec{H} + \vec{M}) \qquad [\mathrm{T}] \tag{1.35}$$

전형적인 결과는, 그림 1.12에서 보여진 바와 같이, 강판(sheet steel)의 자화 곡선(magnetization curve)으로 측정된다. 1000 [A/m]의 인가 자계의 세기로, 비강자성 철심 내에서의 자속밀도의 값은 $4\pi \times 10^{-7} \times 1000 = 0.00125$ [T]가 될 것이다. 이것은 1.8 [T], 즉, 대체로 1440배 정도로 큰 자속밀도를 생성하는 강판 내의 자기 모멘트의 정렬에 의해 이루어지는 기여와 비교하여 상대적으로 대수롭지 않아 보인다.

그림 1.12는 또한 주강(cast steel)과 주철(무쇠, cast iron)에 대한 자화 곡선을 보인다. 이 물질 내에서는, 결정 정렬이 더 무작위이다; 결정은, 모두 자구벽이 움직여지기 어렵게 만들고 이루어질 수 있는 최대 자속밀도를 줄이는, 많은 불순물(impurity), 결함(defect), 그리고 변형(strain)을 내포한다.

자성체의 두 번째 종류는 **경자성체** 또는 **영구자석 물질**(*hard* or *permanent magnet*

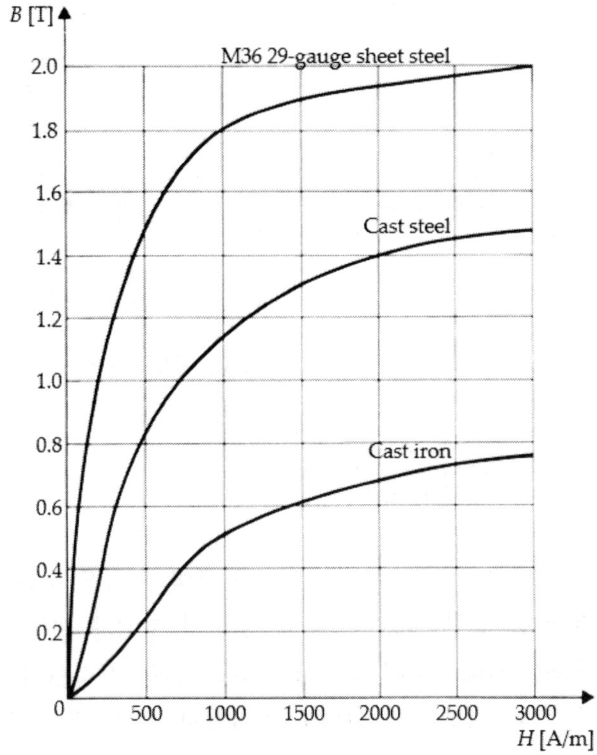

Figure 1.12 Magnetization curves.

material)로 나타내어진다. 이것은 자기 모멘트가 거의 영구적인 정렬에 가두어지는 방식으로 구성되고 처리된다. 이것은 합금 원소의 적절한 선택, 원래 경계(boundary)에서 불연속을 가지는 작은 결정의 산출, 그리고 전형적으로 물질이 뜨거울 때 담금질(quenching)하여, 내부 응력을 산출함에 의해 이루어진다.

1.6 HYSTERESIS

그림 1.1에서 코일이 철심의 단면을 가로지르는 순 자속이 0이 되도록 자구가 초기 배향된 철 토러스에 감겨 있다고 가정한다. 코일 전류가 0으로부터 증가함에 따라, 그림 1.13 (a)에 보여진 파형의 자계의 세기 H가 인가되어, 철심의 단면에 걸친 평균 자속밀도 B가, 그림 1.13 (b)에 보여진 바와 같이, 증가한다. 처음에는, H가 대부분의 막 움직인 자구벽을 전이하기에 충분한 값에 도달할 때까지 B의 적은 증가가 관측된다. 자속밀도 B는 그 다음, 단지 H의 보다 적은 증가 만으로, 자구벽 운동에 기인하여 대폭적인 양으로 증가한다. 대부분의 자구가 인가 자계 H의 방향과 가장 가까운 결정축을 따라 정렬되었을 때, 더 큰 자계의 더 나아간 적용이, 결정축을 따르는 방향으로 되는 경향에도 불구하고, 자구가 H의 방향에 더 가

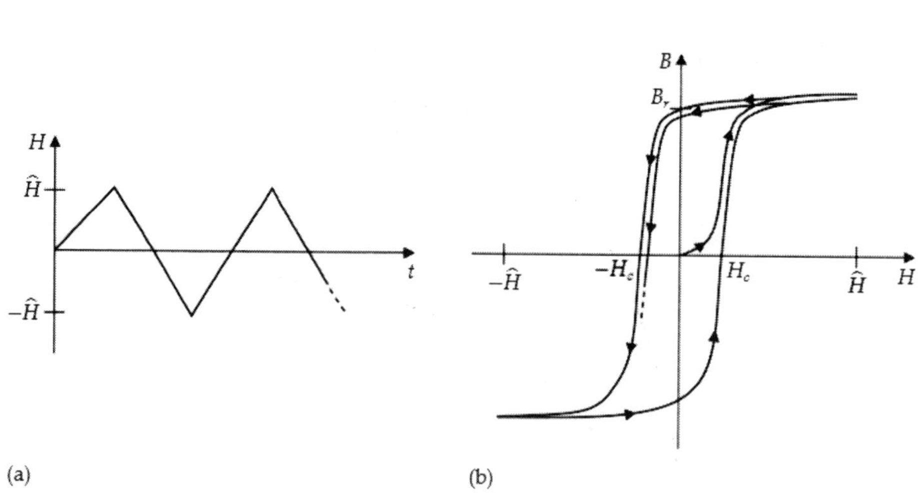

Figure 1.13 (a) Variation of field intensity with time and (b) flux density-field intensity locus leading to closed B-H loop.

깝게 회전하는 효과를 가진다. 그러한 회전은 자구벽 운동을 위해 요구되는 것 보다 훨씬 더 큰 H의 값을 요구한다. 더 큰 자계 H의 부가에 의해 이루어지는 추가 자속밀도는 철이 포화(saturation)에 접근함에 따라 점차 감소한다.

이제 코일 전류가 점차 감소되는 것으로 가정한다. 먼저, 인가 자계 H에 기인하여 회전된 자구가 그들의 결정 배향(crystal orientation)의 축으로 이완될 것이다. 하지만, 대부분의 자구벽은 인가 자계 H가 0으로 감소함에 따라 철심 내에 잔류 자속밀도(residual flux density) B_r을 남기는 위치에 남아있을 것이다. 자구벽을 움직이기에 충분한, 역방향 자계 H가 인가될 때만 자속밀도가 0으로 감소하고 반대 방향으로 될 것이다. 그림 1.13 (b)는 자계의 최대 값 $\hat{H}$와 $-\hat{H}$ 사이에서 주기적으로 반복되는 효과가 결국에는 반전의 각 주기에서 닫히는 *B-H* 루프로 귀결한다. 그러한 루프는 **히스테리시스 루프**(**자기이력 곡선**, *hysteresis loop*)로 알려져 있다.

그림 1.14는, 각각이 정상 반복 상태(steady repetitive state)에 도달한, H의 몇 가지 값에 대한 전형적인 히스테리시스 루프 족(hysteresis loop family)을 보인다. 전체적인 최대 자속밀도보다 작은 값을 포함하는 루프의 경우, 자속밀도의 변화는 주로 자구벽 운동에 의해 생성된다. 자속밀도가 포화에 접근하였을 때만 그 증가가 주로 자구 회전에 기인한다.

큰 값의 정(양)의 H가 철심에 인가된 다음 제거된 후에는, 자속밀도는, 때때로 **잔류 자기**(*remanence*)라 불리는 잔류 값(residual value) B_r로 떨어진다. 자속밀도를 0으로 감소시키기 위해 요구되는 자계의 세기의 부(음)의 값($-H_c$)은 물질의 **항자력**(**보자력**, *coercive force* or *coercivity*)으로 알려져 있다.

루프 족의 1상한의 정점(tip)이 연결되면, 결과는 그림 1.14에 보여진 파선(dashed

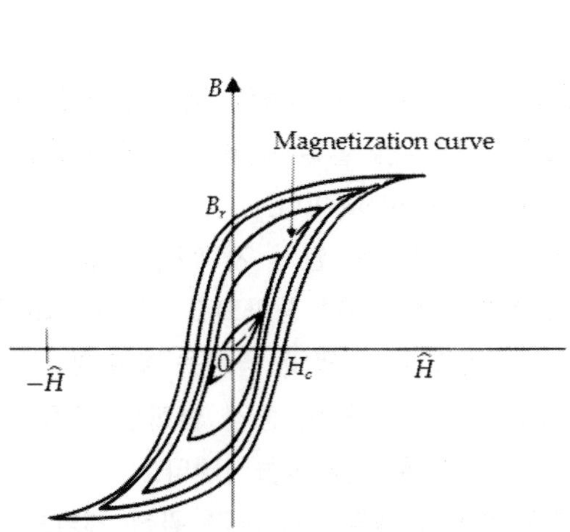

Figure 1.14 Family of steady-state hysteresis loops.

line)이다. 이것은 물질의 **자화 곡선**(*magnetization curve*)으로 알려져 있다. 그러한 곡선의 예가 그림 1.12에 나타나 있다. 자화 곡선에 내포된 한정된 양의 정보일지라도 많은 응용에 있어서는 충분하다.

많은 자기 계통의 해석에 있어서, 더 단순화한 근사화가 허용된다. 강판의 전형적인 자화 곡선이 그림 1.15에 보여져 있다. 이 곡선은 비선형(nonlinear)인 한편, 그것은 보여진 바와 같이 자속밀도의 한정된 범위에 걸쳐 직선(straight line)으로 근사화될 수 있다. 이 선은 그러면 관계식

$$B = \mu_r \mu_0 H \qquad [\mathrm{T}] \tag{1.36}$$

에 의해 모델링될 수 있다. 양(quantity) μ_r은 물질의 **비투자율**(*relative permeability*)

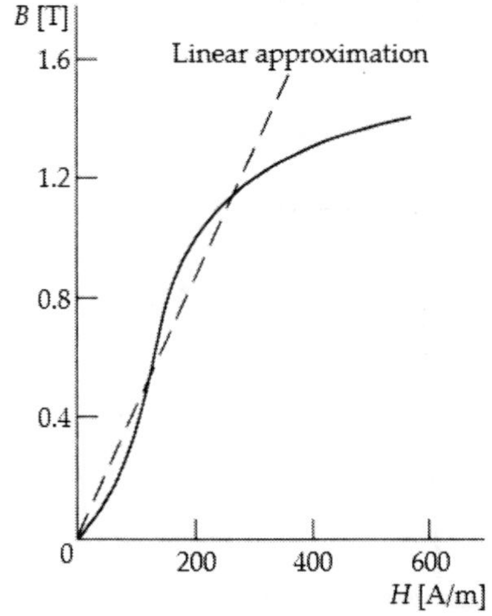

Figure 1.15 Magnetization curve of sheet steel with a linear approximation.

로 알려져 있다. 그것은 같은 자계의 세기에 대하여 공심(공기 철심, air core)으로 생기는 자속밀도에 대해 상대적인 물질 내에서의 자속밀도를 가리키는 무차원(차원이 없는) 수(dimensionless number)이다.

그림 1.14의 히스테리시스 루프는 인가 자계가, 그림 1.13 (a)에서 보여진 바와 같이 일관되게, 즉, 중간의 역전 없이, 증가되고 감소될 때의 *B-H* 관계를 보인다. 그림 1.16 (a)는 *H*의 시간 변화율의 몇몇 역전을 포함하는 *H*의 더 복잡한 변동을 보인다. *H*의 증가와 감소 사이의 각각의 중간 변화는, 그림 1.16 (b)에 보여진 바와 같이, 작은(마이너, minor) *B-H* 루프를 만들어낸다.

강자성 합금은 다양한 *B-H* 관계를 생성하기 위해 개발되었다; 한 가지 예가 그림 1.17에 보여져 있다. 이 니켈-철(Ni-Fe) 물질에서는, 자구가 원하는 자계의 방향

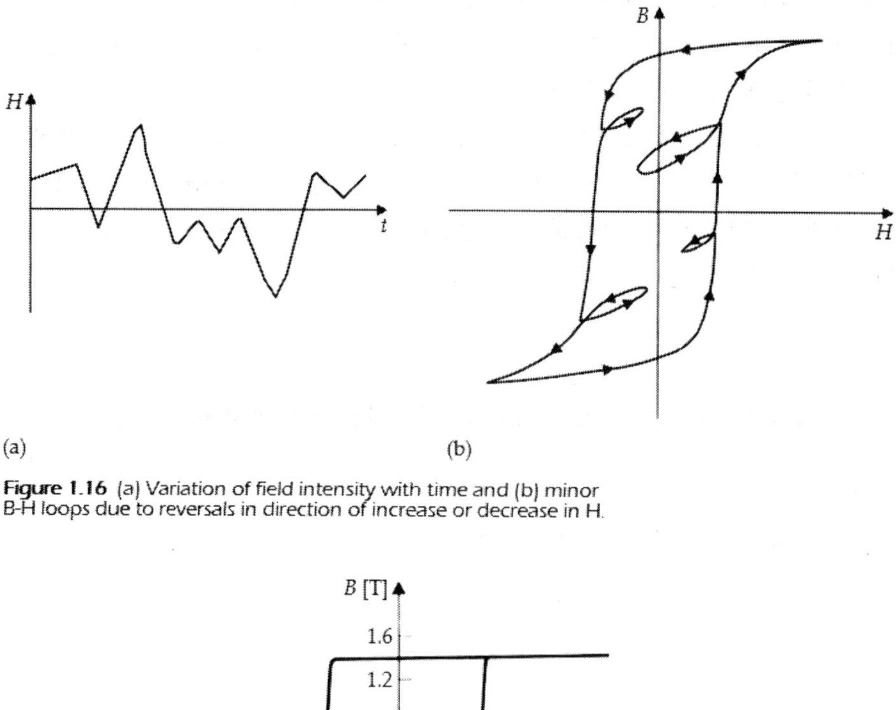

Figure 1.16 (a) Variation of field intensity with time and (b) minor B-H loops due to reversals in direction of increase or decrease in H.

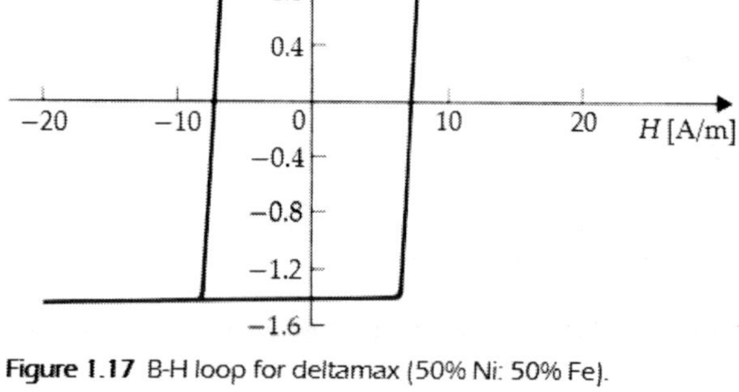

Figure 1.17 B-H loop for deltamax (50% Ni: 50% Fe).

으로 거의 완전히 정렬될 수 있다. 물질 내에 불순물과 응력이 전혀 없어 자기 경로 길이의 10 [A/m] 또는 10 [mA/mm] 보다 작은 자계의 세기가 자구벽의 이동을 위해 요구된다. 자구벽 이동이 완료되면, 물질은 사실상 포화된다.

영구자석 물질은 역방향 자계 H의 매우 큰 값에도 불구하고 자화 M의 포화 값을 유지하도록 설계된다. 두 가지 전형적인 영구자석 물질의 B-H 루프의 예가 그림 1.18에 보여져 있다. 이 중 첫 번째 것은 철과 붕소(보론, boron, B)를 포함한 희토류 원소 네오디뮴(neodymium, Nd)의 혼합물(Nd-Fe-B)이다. 두 번째 것은 철의 산화물(oxide)과 바륨(barium, Ba) 또는 스트론튬(strontium, Sr) 같은 다른 자성 원소(magnetic element)로 만들어진 아철산염(페라이트, ferrite) 물질이다. 이 물질은 큰 정(양)의 자계의 세기를 인가함으로써 배향시키거나 자화할 수 있으며, 번갈아 물질 내부에 자화의 포화 값 $\widehat{M}$을 확립한다. 자계 H가 0으로 감소됨에 따라, 자속밀도는 잔류 값 B_r로 줄어든다. 역방향 자계 H가 인가됨에 따라, 자속밀도는, 식 (1.35)로부터 지적된, 단지 μ_0 보다 조금 더 큰 기울기를 가진 선을 따라 감소하여, 자화의 값은 $\widehat{M}$에서 비교적 변화하지 않는다. 이 직선 관계는 역방향 자계 H_D에서 기울기의 갑작스러운 변화로 나타내어진 것과 같이 자화 M이 역전되는 원인이 되도록 충분한 자계가 인가될 때까지 계속된다. 이러한 물질의 경우, 사실상 그 자

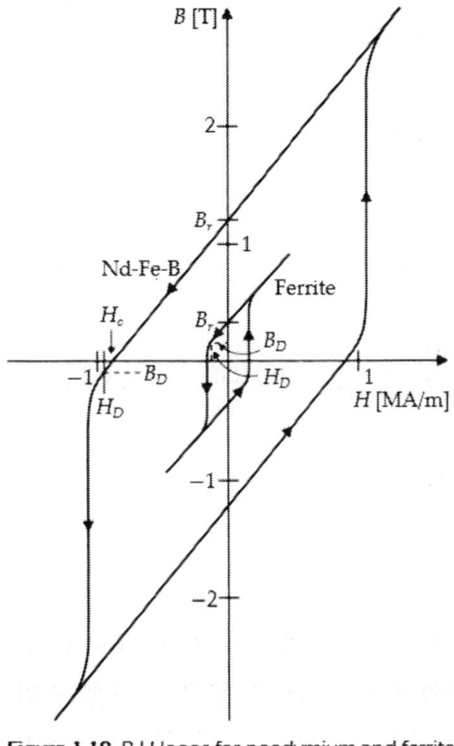

Figure 1.18 B-H loops for neodymium and ferrite permanent magnet materials.

화의 변화없이 H_D 보다 크기가 더 작은 역방향 자계 H가 자석에 인가될 수 있다. 따라서, 직선 부분을 따른 편위(excursion)는 어떤 눈에 띌만한 마이너 루프없이 양 방향으로 일어날 수 있다. 하지만, H_D보다 더 큰 역방향 자계가 인가된다면, 자화는 부분적으로 역전될 것이며, 새로운 B-H 관계는 본질적으로 원래의 B-H 선에 평행한 μ_0에 가까운 기울기의 직선으로 될 것이다.

영구자석 물질의 유용한 B-H 범위에 대한 직선 관계는 식

$$B = B_r + \mu_r \mu_0 H \qquad [\mathrm{T}] \tag{1.37}$$

에 의해 모델링될 수 있다. 사마륨(samarium, Sm)-코발트(Sm-Co) 같은 어떤 영구자석 물질에서는, 자화가 역전되기 시작하는 곳에서의 자속밀도 B_D의 값이 큰 부(음)의 값을 갖는 한편, 다른 물질에서는 여전히 정(양)이다.

EXAMPLE 1.2 환상으로 감긴 코일이 1000 [turn]을 가진다. 철심은 B-H 자화 곡선이 그림 1.15에 주어진 것과 같은 강판으로 만들어졌다. 토러스는 250 [mm]의 평균 직경과 25 × 25 [mm]의 정사각형 단면을 가진다.

(a) B-H 곡선의 선형 근사화를 사용하여, 철심 물질의 비투자율을 결정하라.
(b) 이 선형 근사화를 사용하여 철심의 자기저항을 결정하라.
(c) 코일 인덕턴스의 대응하는 값을 결정하라.

Solution

(a) 선형 근사화 직선 위의 점을 사용하여

$$B = 1.15\ [\mathrm{T}], \quad H = 260\ [\mathrm{A/m}]$$

$$\mu_r = \frac{B}{\mu_0 H} = \frac{1.15}{4\pi \times 10^{-7} \times 260} = 3520$$

(b) $$\mathcal{R} = \frac{\ell}{\mu_r \mu_0 A} = \frac{\pi \times 0.25}{3520 \times 4\pi \times 10^{-7} \times 0.025^2} = 284100 \qquad [\mathrm{A/Wb}]$$

(c) $$L = \frac{N^2}{\mathcal{R}} = \frac{1000^2}{284100} = 3.52 \qquad [\mathrm{H}]$$

1.7 HYSTERESIS LOSS

강자성체 내의 자속이 주기적으로 역전된다면, 자구가 결정 구조 내에 있는 불순물과 변형을 통과하여 움직이는 과정에서 에너지가 열로 소산될 것이다. 전원에 연결된 코일을 가진 환상 강자성 철심을 고려한다. 코일 전류의 방향이 주기적으

로 바뀜에 의해 자성체 내의 자계의 세기가 최대 한계 $\hat{H}$와 $-\hat{H}$ 사이에서 그림 1.19의 히스테리시스 루프 주위를 순환한다고 가정한다. 식 (1.23)으로부터, 자속밀도가 점 a로부터 c까지 변화하는 동안 자계로 들어오는 단위 체적당 에너지 입력(energy input)은

$$\Delta w = \int_{B_a}^{B_c} H\,dB \qquad [\mathrm{J/m^3}] \tag{1.38}$$

이다. 이 에너지 입력은 그림 1.19의 B-H 곡선과 B축 사이에서 둘러싸이는 면적, 즉, 면적 $abcda$로 나타내어진다. 이제 자계의 세기가 $\hat{H}$로부터 0으로 줄어들 때, 자속밀도는 B_e로 감소하고, 면적 $cdec$로 나타내어지는 단위 체적당 에너지가 방출된다. 이 에너지는 코일과 전원으로 되돌아간다. H가 이제 부(음)의 방향으로 $-\hat{H}$까지 증가된다면, 원천으로부터 자계로 공급되는 단위 체적당 에너지는 면적 $efghe$로 주어진다. H가 다시 0으로 줄어든다면, 원천으로 되돌아가는 단위 체적당 에너지는 면적 $ghag$로 주어진다.

H의 순환(cycle)은 이제 출발점으로 되돌아갔으며, 순환의 끝에서 저장 에너지는 출발했을 때와 같아야 한다. 따라서, 이 순환 동안에, 면적

$$abcda - cdec + efghe - ghag = abcefga = \text{area of loop} \tag{1.39}$$

의 단위 체적당 에너지 손실이 있다. 그러므로, 물질의 단위 체적당 그리고 완전한 순환당 소산되는 에너지는 최대 H와 B의 특정한 한계 값에 대한 B-H 루프에 의해 둘러싸이는 면적이다. 이것을 w_h로 나타낸다면, 주파수(frequency) f로 순환하는

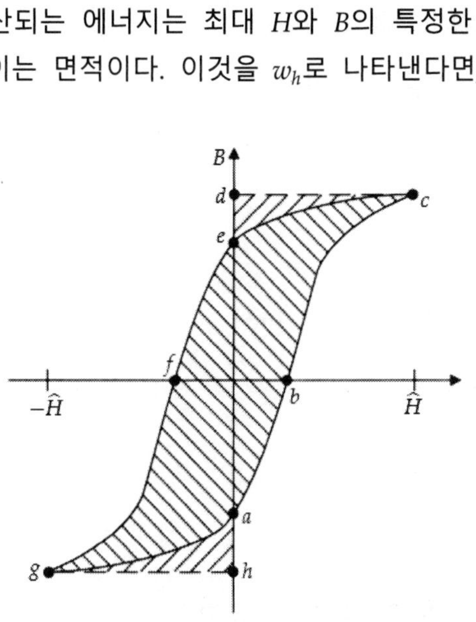

Figure 1.19 B-H characteristic showing hysteresis loss as the area of the loop.

이 히스테리시스 효과에 기인한 체적 V의 철심 내에서 소산되는 전력은

$$P_h = w_h f V \qquad [\mathrm{W}] \tag{1.40}$$

이 될 것이다. 이것은 **히스테리시스 손실**(*hysteresis loss*)로 알려져 있다.

토러스의 체적 V는 그 단면적 A와 자속 경로의 길이 ℓ의 적(곱)으로 표현될 수 있다. 철심에 대하여, 자속 $\Phi = BA$와 기자력 $\mathcal{F} = H\ell$ 사이의 관계를 나타내기 위하여, 그림 1.17에서 보여진 것과 같은, B-H 특성의 눈금을 재조정하는 것으로 가정한다. 결과로 생기는 Φ-$\mathcal{F}$ 루프의 면적은 그러면 환상 철심내에서의 순환당 히스테리시스 손실을 나타낸다.

순환당 에너지 손실은, 그림 1.14에서 전형적인 루프 족으로부터 볼 수 있는 바와 같이, 자속밀도의 최대 값 $\widehat{B}$의 비선형 함수(nonlinear function)이다. 히스테리시스 손실 관계식은 주어진 자성체에 대하여

$$p_h = k_h f \widehat{B}^n \qquad [\mathrm{W/m^3}] \tag{1.41}$$

에 의해 근사적으로 모델링될 수 있다. 여기서 k_h와 n은 경험적으로(empirically) 결정된 상수이다. 지수(exponent) n의 값은 보통 범위 $1.5 < n < 2.5$ 내에 있다.

EXAMPLE 1.3 80 [mm]의 평균 직경을 가진 직사각형 단면 10×20 [mm]의 환상 철심이 그림 1.17에서 보여진 B-H 루프를 가진 델타막스(deltamax) 물질을 사용하여 만들어졌다. 자속밀도는 ± 1.4 [T] 사이에서 순환된다.

(a) 순환당 히스테리시스 에너지 손실을 결정하라.
(b) 400 [Hz]의 주파수에서 히스테리시스 전력 손실을 결정하라.

Solution
토러스의 체적은

$$V = 0.01 \times 0.02 \times 0.08\pi = 50.3 \times 10^{-6} \qquad [\mathrm{m^3}]$$

단위 체적당 에너지 손실은 근사적으로

$$w_h = 4 \times 1.4 \times 7 = 39.2 \qquad [\mathrm{J/m^3}]$$

(a) 순환당 에너지 손실은

$$W_h = w_h \times V = 39.2 \times 50.3 \times 10^{-6} = 1.97 \qquad [\mathrm{mJ}]$$

(b) 히스테리시스 손실은

$$P_h = W_h f = 1.97 \times 10^{-3} \times 400 = 0.79 \qquad [\text{W}]$$

1.8 EDDY CURRENT LOSS

와전류 손실(**와류손**, *eddy current loss*)로 알려져 있는 부가 전력 손실은 자속밀도의 시간 변화율의 결과로서 도전성 강자성체 내에서 생긴다. 1.1절에서, 시간에 따라 변화되는 자계는 그 자신의 주위에 자계의 변화를 방해하는 경향이 있는 전계를 확립함을 알아차렸다.

그림 1.1에 보여진 환상 철심과 코일을 고려한다. N [turn] 코일 내의 전류 i는 철심 내에 자계의 세기 H를 생성한다. 강자성체로, 자속밀도 B가 철심 내에 확립될 것이다. 그림 1.20에서 보여진 바와 같이, 이 자속밀도가 토러스의 단면에 걸쳐 균일하다는 가정으로 시작하자.

이제 반경 r을 가진 철심 내부의 원형 경로를 고려한다. 자속밀도 B가 시간에 따라 증가한다면, 전압 e_r이 이 경로를 따라 유도될 것이다. 식 (1.11)로부터,

$$e_r = \frac{d\Phi_r}{dt} \qquad [\text{V}] \tag{1.42}$$

이다. e_r은 경로 주위에 대한 전계의 세기 $\mathcal{E}_r$의 합(summation)이며 Φ_r은 경로에 의해 둘러싸이는 자속이기 때문에,

$$\mathcal{E}_r(2\pi r) = \pi r^2 \frac{dB}{dt} \qquad [\text{V}] \tag{1.43}$$

그리고

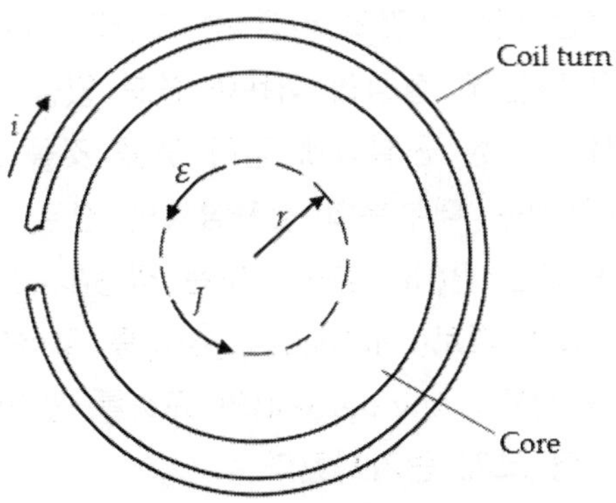

Figure 1.20 Cross section of a conducting toroidal core showing eddy current density J.

$$\mathcal{E}_r = \frac{r}{2}\frac{dB}{dt} \qquad [\text{V/m}] \tag{1.44}$$

이다.

철심 내의 강자성체가 전기 도체라면, 이 전계의 세기는 물질 내에

$$J = \frac{\mathcal{E}}{\rho} \qquad [\text{A/m}^2] \tag{1.45}$$

인 전류밀도 J를 생성할 것이다. 여기서 ρ는 물질의 저항률(resistivity)이다. 철심 내부에서 순환하는 이 전류는 두 가지 효과를 가질 것이다. 첫째로, 그러한 전류밀도가 있는 곳이면 어디든지 손실 밀도가

$$p_e = \rho J^2 \qquad [\text{W/m}^3] \tag{1.46}$$

인 전력 손실이 생길 것이다. 이것이 와전류 손실이다. 둘째로, 철심 내의 인가 자계 H와 결과로 생기는 자속밀도 B가 단면에 걸쳐 균일하지 않을 것이다. 식 (1.1)의 주회 법칙에 따라, 단면의 중심으로부터 반경 r에 있는 철심 내의 환상 경로(toroidal path) 주위의 기자력은 경로 내부로 둘러싸이는 전류, 즉, 코일의 전류 Ni 더하기 철심의 반경 r과 외부 사이의 전류밀도 J의 효과에 기인될 것이다. 전류 i가 증가할 때, 순환 전류밀도 J는 i와 반대 방향일 것이며, 그 효과는 비도전(도전성이 아닌, nonconducting) 철심 내에서 생기는 것보다 더 적은 자속밀도를 만들 것이다. 철심 표면에서만 코일 전류 i 단독에 기인한 자속밀도가 될 것이다. 코일 전류가 높은 주파수로 교번한다면, 철심 내의 유도 전류는, 특히 철심 단면의 중심 가까이에서, 철심 자속밀도의 변화를 방해한다. 그 순 효과(net effect)는 자속과 순환 전류 둘 다가 철심의 외표면(outer surface) 가까이로 집중되는 경향을 나타내는 것이다. 이것은 **자기 표피 효과**(*magnetic skin effect*)로 알려져 있다.

자기 표피 효과가 중요한 것으로 인정된다면, 그것의 바깥 쪽 표면만 자기 도체(magnetic conductor)로서 유효할 것이기 때문에, 철심의 이용이 쓸모 없을 것이다. 그러므로, 자속밀도가 철심 단면에 걸쳐 사실상 균일하게 남아 있을 것을 보장하는 수단이 요구된다. 전기적인 도전성이 있는 대부분의 강자성체의 경우, 중요한 수단은 서로로부터 전기적으로 절연되는 얇은 판(thin sheet) 또는 적층(lamination)의 철심으로 구성하는 것이다. 이것은 도전 경로(conducting path)를 무너뜨린다. 부가적인 수단으로서는, 전형적으로 몇 퍼센트(a few percent)의 규소를 첨가함으로써, 강자성체의 저항률을 철의 그것보다 더 크게 증가시킨다.

그림 1.21 (a)는 두께 δ와 폭 w의 얇은 연속 띠(thin continuous strip)로 만들어진

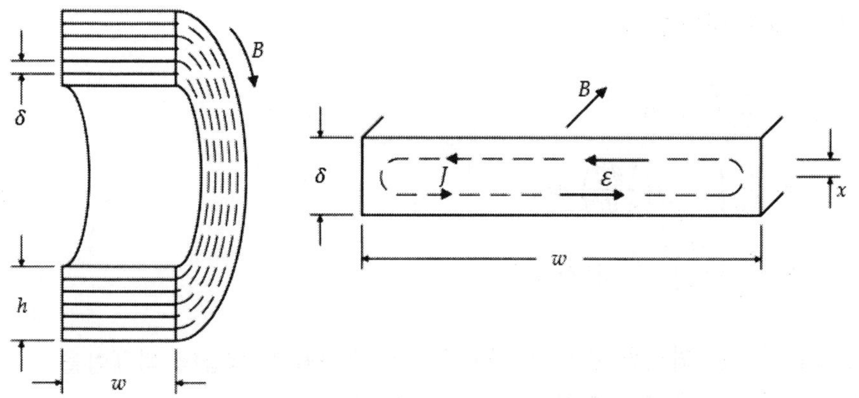

Figure 1.21 (a) Section through toroidal core made of a thin strip and (b) eddy current density J within one lamination.

환상 철심의 반 단면(half section)을 보인다. 한 층의 확장된 단면이 그림 1.21 (b)에 보여져 있다. 밀도 J의 와전류는 그 층의 한 변(one side)을 따라 흐르고 다른 변(the other side)을 따라 돌아오는 경향이 있다. 이 전류밀도는 바깥 표면(outside surface)에서 가장 크고 그 층의 중심 평면(center plane)을 따라 0으로 향한다. 자속밀도 B가 균일하다고 가정하면, 두께 $2x$의 파선 경로(dashed path) 내부에 내포되는 총 자속은

$$\Phi = Bw2x \qquad [\text{Wb}] \tag{1.47}$$

이다. 경로의 둘레 주위의 유도 전압은 그러므로

$$e = \frac{d\Phi}{dt} = w2x\frac{dB}{dt} \qquad [\text{V}] \tag{1.48}$$

이다. 대칭성(symmetry)에 의해, 이것은 근사적으로 $2w$ 길이의 경로를 따른 전계의 세기 $\mathcal{E}$으로 생각될 수 있다:

$$\mathcal{E} = \frac{e}{2w} = x\frac{dB}{dt} \qquad [\text{V/m}] \tag{1.49}$$

이 층 표면에서의 전류밀도는 그러면

$$J = \frac{\mathcal{E}}{\rho} \qquad [\text{A/m}^2] \tag{1.50}$$

으로 주어진다. 단위 철심 체적당 와전류 전력 손실은 이제 층의 단위 길이에 걸

친 적분에 의해 찾아질 수 있다:

$$\begin{aligned} p_e &= \frac{1}{\delta w}\int \rho J^2\, dV \\ &= \frac{1}{\delta w}\int_{-\delta/2}^{\delta/2} \rho \left(\frac{x}{\rho}\frac{dB}{dt}\right)^2 w\, dx \\ &= \frac{\delta^2}{12\rho}\left(\frac{dB}{dt}\right)^2 \qquad [\mathrm{W/m^3}] \end{aligned} \tag{1.51}$$

식 (1.51)의 검토는 와전류 손실이 자속밀도의 변화율의 제곱에 비례함을 시사한다. 종종 만나는 정현적으로 변화하는 자속밀도의 경우

$$B = \widehat{B}\sin\omega t \qquad [\mathrm{T}] \tag{1.52}$$

이며, 띠의 단면에 걸쳐 평균을 취한 와전류 손실 밀도는

$$p_e = k_e\omega^2\,\widehat{B}^2 \qquad [\mathrm{W/m^3}] \tag{1.53}$$

의 형태이다. 여기서 k_e는 두께 δ인 물질에 대한 상수이다. 식 (1.51)로부터, 이 상수는 물질의 저항률에 역비례(반비례)할 것으로 기대된다.

식 (1.51)은 더 나아가 와전류 손실이 적층 두께 δ의 제곱에 비례할 것임을 시사한다. 이것은 실제로 사용되는 대부분의 적층 두께의 경우에는 찾아지지 않는다. 자속밀도 분포와 변화의 과정은 이 간단한 접근으로 예측하는 것보다 어느 정도 더 복잡하다. 더욱이, 얇은 띠 압연의 과정은 매우 얇은 적층 내에서 자기적 성질에 영향을 주는 표면 가까이에서의 약간의 변형을 생성한다. 그 결과로서, 와전류 손실은 적층 두께가 감소됨에 따라 줄어들지만, 제곱 법칙(square law) 만큼 크지는 않을 것으로 예측한다.

전형적인 적층 두께는 50에서 60 [Hz] 동작의 경우 0.3에서 1 [mm]의 범위 내에 있다. 높은 주파수 장치의 경우 0.02 [mm]보다 더 얇을 수도 있다.

와전류 손실을 제어하기 위한 다른 접근법은 페라이트 물질로 만들어진 철심을 사용하는 것이다. 이 페라이트는 철의 산화물과 망간, 니켈, 그리고 아연(zinc, Zn) 같은 다른 원소의 혼합물이다. 산화물은, 높은 저항률을 갖는 좋지 않은 전기 도체이다. 따라서, 철심은 고체 블록(solid block) 형태로 만들어질 수 있는 한편, [MHz] 범위에 이르는 주파수에 대하여 낮은 와류손을 여전히 유지한다. 페라이트의 최대 자속밀도는, 산소 원자에 의해 취해지는 체적의 큰 부분이 비자성이기 때문에, 철보다 많이 낮다. 전형적인 페라이트 물질에 대한 B-H 루프가 그림 1.22에 보여져 있다.

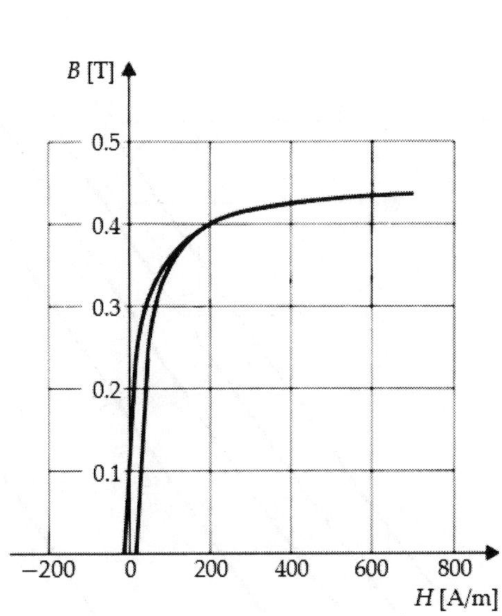

Figure 1.22 B-H loop for a typical ferrite material.

1.9 CORE LOSSES

히스테리시스 손실과 와전류 손실의 합계는 **철손**(*core loss*)으로 알려져 있다. 자성체의 제조자는, 적층 두께의 값, 주파수, 그리고 정현적으로 교번하는 자속밀도의 첨두 값(peak value)의 범위에 대하여, 보통 단위 질량에 대하여, 물질의 다양한 등급(grade)에 대한 철손의 측정 값(measurement)을 제공한다.

그림 1.23은 적층 두께의 세 가지 값에 대하여, 60 [Hz]의 주파수에서 [W/kg]으로 나타낸 첨두 자속밀도 $\hat{B}$에 대한 철손 p_c의 곡선을 보인다. 철심 물질은 많은 소

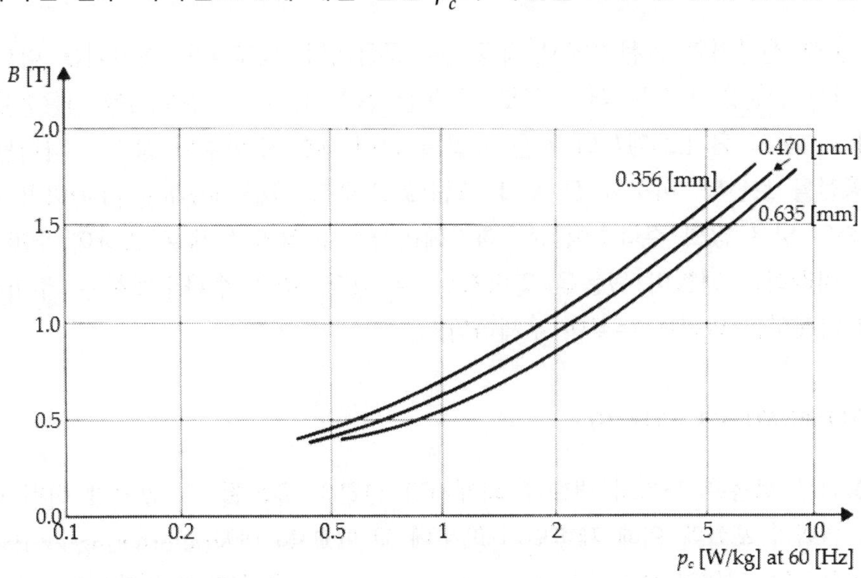

Figure 1.23 Core loss for three thickness of M-36 steel sheet.

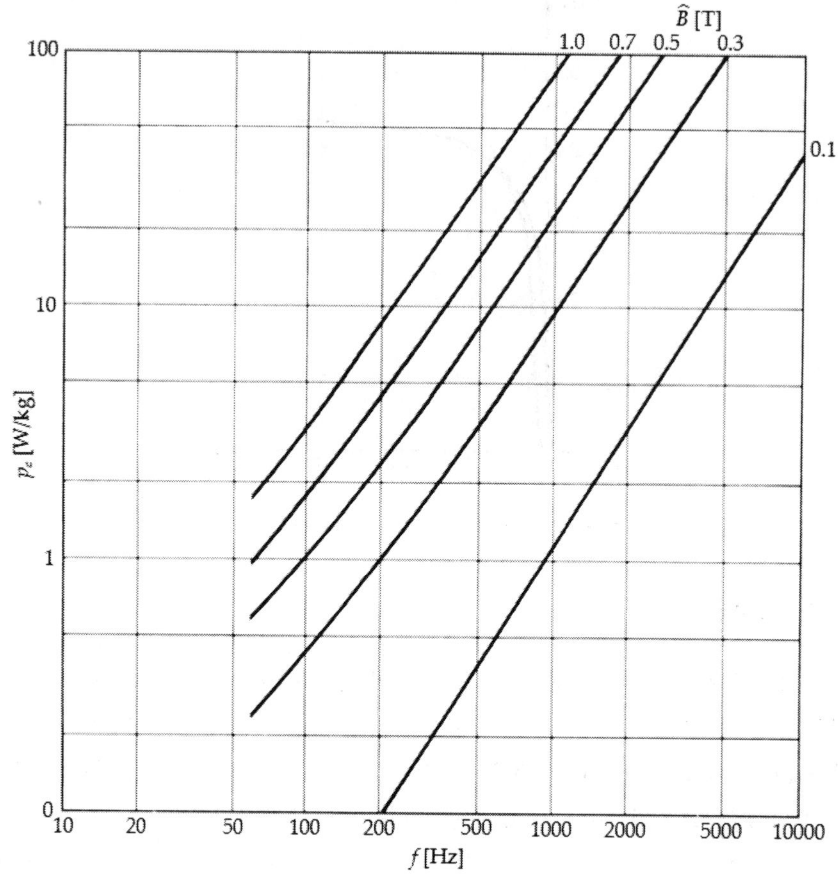

Figure 1.24 Core losses for M-36 0.356 [mm] steel sheet for a range of frequency.

형 및 중형 전동기와 발전기에서 사용되는 등급이다. 대부분의 변압기는 어느 정도 더 낮은 철손을 가지는 어느 정도 더 높은 품질 등급의 강(steel)을 사용한다.

그림 1.24는 그림 1.23에서와 같은 등급의 강에 대한 주파수의 함수로 나타낸 철손의 곡선을 보인다. 이것이 전 로그 그림(로그-로그 그림, log-log plot)이기 때문에, 철손이 낮은 값의 주파수에서는 히스테리시스 손실의 우세로 인하여 주파수에 가깝게 비례하는 경향이 있음을 알아차릴 수 있다. 높은 주파수에서는, 주파수의 제곱에 비례하는 와전류 손실이 우세하다.

1.10 ALTERNATING EXCITATION

자기 철심은 보통은 자속의 변화에 의해서만 전압이 유도될 수 있으며 어떤 방향에서의 변화가 포화에 의해 제한되기 때문에 교번(교류) 여자(alternating excitation)에서 동작한다. 다양한 여자 파형(excitation waveform)과 실제로 마주친다. 하지만,

대부분의 일반적인 여자는 상용 전원으로부터의 준비된 효용성 때문에 정현 전압으로 이루어진다. 그러한 정현 전압 v가 강자성 환상 철심에 감긴 저항 R의 코일에 인가된다고 가정한다:

$$v = \hat{v} \cos \omega t \qquad [\mathrm{V}] \tag{1.54}$$

식 (1.19)와 (1.20)으로부터, 이 전압은

$$v = Ri + \frac{d\lambda}{dt} \qquad [\mathrm{V}] \tag{1.55}$$

에 의해 코일의 전류와 쇄교 자속에 관련된다. 쇄교 자속 λ는 철심 치수(dimension)와 철심 물질의 특유한 B-H 루프에 의해 전류와 관련된다.

높은 효율의 장치를 포함한 많은 상황에서, 식 (1.55)에서 저항을 가로지르는 전압 강하(voltage drop)는 쇄교 자속의 변화율의 항에 비하여 무시할 수 있을 것이다. 따라서, 정상 상태(steady state)에서, 정현 인가 전압으로, 쇄교 자속 역시 본질적으로 정현이 되도록 강제된다:

$$\lambda \approx \frac{\hat{v}}{\omega} \sin \omega t \qquad [\mathrm{Wb}] \tag{1.56}$$

다음에는, 철심 내의 자속 역시 정현적이 되어야 한다. 코일 전류 파형은 그러면 무엇이든 요구되는 정현 자속밀도와 유도 전압 파형을 유지하도록 흘러야 한다. 이 전류는 보통 **여자 전류**(*exciting current*)로 불린다.

여자 전류의 파형은, 그림 1.25에서 보여진 바와 같이, 도식적으로 결정될 수 있다. 매우 낮은 주파수에서는, λ와 여자 전류 i_e 사이의 관계는, 면적 A와 경로 길이 ℓ의 철심에 대해

$$\lambda = NAB \qquad [\mathrm{Wb}] \tag{1.57}$$

$$i_e = H\ell \qquad [\mathrm{A}] \tag{1.58}$$

을 주는 재조정으로, 정적 히스테리시스 루프(static hysteresis loop)에서와 같은 형상이 된다. 높은 주파수에서는, λ-i_e 루프가 와전류의 효과에 기인하여 어느 정도 더 넓어지며 때때로 **동적 루프**(*dynamic loop*)로 불린다.

그림 1.25로부터, 정현 쇄교 자속의 경우, 여자 전류는 비정현(nonsinusoidal)임에 주목할 수 있다. 그것은 정상 상태에서 교번 대칭성(alternating symmetry)을 가지며 따라서 기본파 주파수 성분(fundamental frequency component) 더하기 기수 고조파(odd-harmonics)로 만들어진다. 여자 전류의 기본파 성분은, 그림 1.26 (a)의

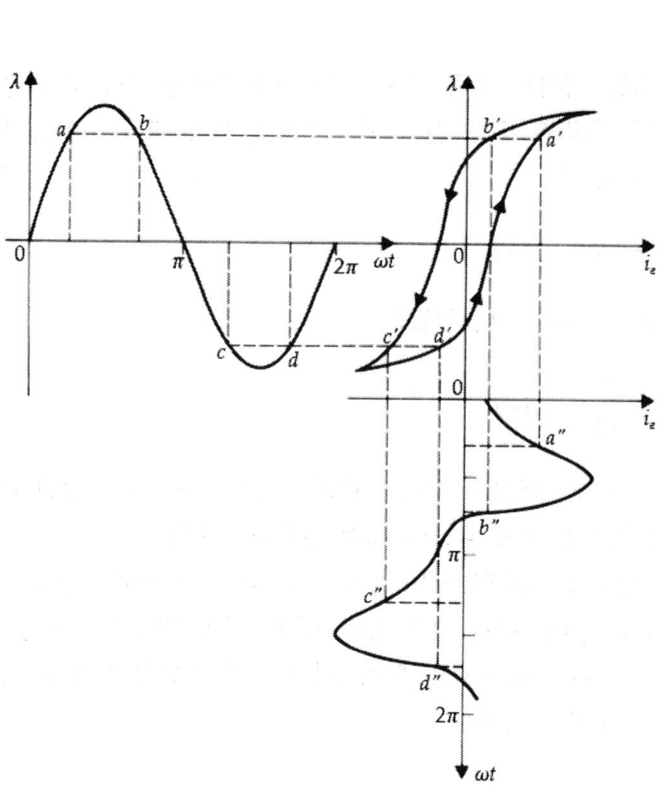

Figure 1.25 Exciting-current waveform for an inductor.

페이저 도(phasor diagram)에서 보여진 바와 같이, 두 개의 성분으로 이루어진 페이저 $\vec{I}_{1e}$로 나타내어질 수 있다. 성분 $\vec{I}_c$는 인가 전압 페이저 $\vec{V}$와 동상(in phase)이며, v가 정현이기 때문에, 철심에서 소산되는 모든 전력을 포함한다. 성분 $\vec{I}_{1m}$은 쇄교 자속 페이저 $\vec{\Lambda}$와 동상이며 인가 전압 $\vec{V}$보다 90° 뒤진다(lag).

정현 여자와 함께, 유도용량기(인덕터, inductor)가 그림 1.26 (b)의 기본파 주파수 등가회로(equivalent circuit)에 의해 근사적으로 나타내어질 수 있다. 고조파 전류(harmonic current)는 무시되었다. 저항(resistance) R_c는 철손에 대응하는 한편, 유도 리액턴스(inductive reactance) $X_m = \omega L_m$은 기본파 자화 전류(fundamental mag-

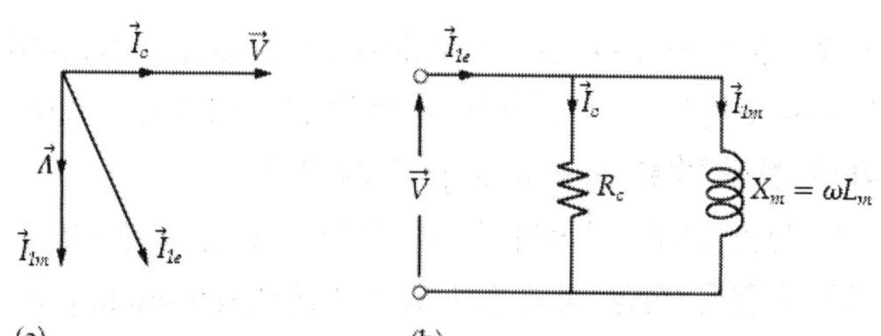

Figure 1.26 (a) Phasor diagram of exciting-current components and (b) fundamental equivalent circuit for an inductor.

netizing current) I_{1m}을 운반한다. R_c와 L_m 둘 다의 값은, 비록 저항과 인덕턴스의 일정한 값이 변수의 제한된 범위에 걸쳐 때때로 사용되지만, 자속밀도의 첨두 값과 주파수의 비선형 함수이다.

EXAMPLE 1.4 환상 철심이 30 × 50 [mm]의 단면과 150 [mm]의 평균 직경을 가진다. 코일이 철심 위에 감겨져 있으며 115 [V] (실효치, root mean square, rms). 정현, 60 [Hz] 전원에 연결되어 있다. 철심의 최대 자속밀도는 1.5 [T]이다.

(a) 코일의 요구되는 권수(number of turns)를 찾아라. 코일 저항은 무시될 수 있다.
(b) 철심 물질은 0.47 [mm]의 두께와 7760 [kg/m³]의 밀도(density)인 M-36 강판이다. 철손을 찾아라.
(c) 철손 저항에 대한 적절한 값을 결정하라.

Solution
(a) 주어진 값에서

$$\hat{v} = \omega N A \ell \hat{B}$$

$$N = \frac{115\sqrt{2}}{2\pi \times 60 \times 0.03 \times 0.05 \times 0.15 \times \pi \times 1.5} = 407 \qquad \text{[turn]}$$

(b) 그림 1.23으로부터, $\hat{B} = 1.5$ [T] 그리고 $\delta = 0.47$ [mm], $p_c = 5$ [W/kg]에 대하여:

$$P_c = 0.03 \times 0.05 \times 0.15\pi \times 7760 \times 5 = 27.4 \qquad \text{[W]}$$

(c)
$$R_c = \frac{V^2}{P_c} = \frac{115^2}{27.4} = 483 \qquad [\Omega]$$

1.11 PRODUCTION OF MAGNETIC FLUX IN AIR GAP

변압기 같은 약간의 자기 장치에서는, 주 자속이 토러스 내에서와 같은 닫힌 자기 경로로 제한된다. 하지만, 기계 내에서는, 일반적으로 정지부(stationary part)와 이동부(moving part) 사이에 자속을 확립하는 것이 필요하다. 이것은 공극(air gap)을 가로지르는 자속을 일으키는 것을 필요로 한다. 공극 내에서의 자속의 생성은 또한 전자석(electromagnet) 같은 다른 강자성 장치에서도 필요하다.

대략 1.5 [T]까지의 자속밀도를 확립하는 것이, 철 자구가 영구적으로 자화되어 있으며 인가 자계는 단지 그들을 정렬하면 되기 때문에, 철 경로의 길이에 보통 0.5 [A/mm]보다 적은 기자력을 요구하는, 철 내에서는 비교적 쉬움을 보았다. 공극 내에서는, 하지만, 1.5 [T]의 자속밀도는 대략 1200 [A/mm]의 자계의 세기를 요구한다. 다음의 논의는 어떻게 철 구조가 자계를 생성하는 coil의 효과를 공극에 집중시키는데 사용될 수 있는지를 설명할 것이다.

그림 1.27은 철심을 가로질러 자른 길이 g의 공극을 가진 철 토러스를 보인다. 토러스를 돌며 공극을 가로지르는 자속에 대한 폐경로가 있다. 공극이 짧다면, 자속이 주로 철심 단면적과 같은 공극 면적 A로 제한될 것이라고 가정될 수 있다. (사실상, 자속은 적은 양이 공극 단부(gap edge)로부터 바깥으로 샐(fringe) 것이다.) 자속은 경로를 돌아 연속이어야 하기 때문에,

$$\Phi_{iron} = \Phi_{air} \qquad [\text{Wb}] \tag{1.59}$$

이다. 철과 공기 경로 둘 다 같은 면적 A를 가지는 것으로 가정되기 때문에,

$$B_{iron} = B_{air} \qquad [\text{T}] \tag{1.60}$$

이다. 철 경로의 경우, B_{iron}에 대응하는 자계의 세기 H_{iron}의 값은 그림 1.12에서 보여진 것과 같은 B-H 특성으로부터 찾아질 수 있다. 공기의 경우에는,

$$H_{air} = \frac{B_{air}}{\mu_0} \qquad [\text{A/m}] \tag{1.61}$$

이다. 주회 법칙(식 (1.1))으로부터, 자속밀도를 확립하기 위해 요구되는 코일의 기자력이 얻어질 수 있다:

$$\begin{aligned} \mathcal{F} = Ni &= \oint \vec{H} \cdot d\vec{\ell} \\ &= H_{iron}\ell_{iron} + H_{air}\, g \qquad [\text{A}] \end{aligned} \tag{1.62}$$

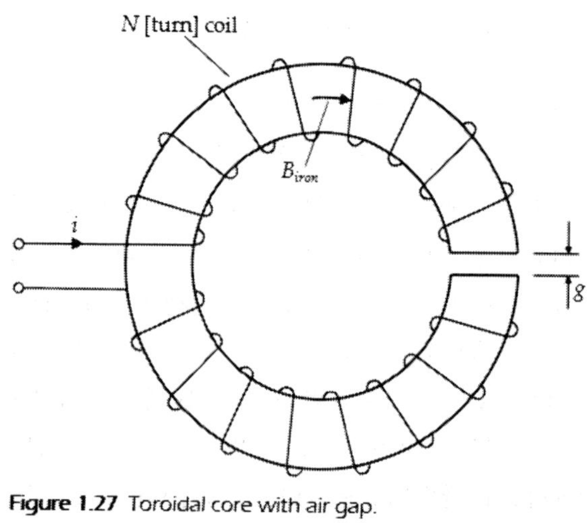

Figure 1.27 Toroidal core with air gap.

예제 1.4의 철심에서 공극 2 [mm]의 길이로 잘렸다고 가정한다. 그림 1.12의 강판에서 0.8 [T]의 자속밀도를 확립하기 위해서는, $H_{iron} = 120$ [A/m]이다. 공극의 경우에는,

$$H_{air} = \frac{0.8}{4\pi \times 10^{-7}} = 637 \qquad [\text{kA/m}] \tag{1.63}$$

이다. 따라서,

$$Ni = 120 \times 0.15\pi + 637000 \times 0.002 = 57 + 1274 = 1331 \qquad [\text{A}] \tag{1.64}$$

이다. 단지 기자력의 4.3 [%]만이 철 경로에 대해 요구됨에 주목하라. 기자력의 대부분은 공극에 집중되었다. 철 경로에 요구되는 기자력이 무시되었다면 작은 오차만 나타날 것이다.

위의 계산이 자속밀도의 여러가지 값에 대해 반복되면, 그림 1.28에 보여진 바와 같이, 코일 전류에 대한 코일 쇄교 자속의 곡선이 산출될 수 있다. 이 곡선은 쇄교 자속이 대략 0.8 [Wb]에 도달할 때까지, 즉, 철심 내의 자속밀도가 1.3 [T]의 영역에 도달할 때까지, 거의 선형이다. 더 높은 자속밀도에서는, 철 포화의 효과가 점점 더 명백하게 된다. 따라서, 공극이 있는 철심은 거의 일정한 인덕턴스를 산출하기 위해 사용될 수 있다. 주어진 토러스의 형상과 코일에서, 이 인덕턴스의 값은 공심(air core)인 경우보다 훨씬 더 높을 것이다.

공극을 가진 자기 계통의 해석에 있어서는, 자기 등가회로의 개념이 종종 유용하다. 1.2절에서는, 기자력 $\mathcal{F}$를 요구하는 자속 Φ의 경로가 자기저항 $\mathcal{R}$로 나타내어졌다. 그림 1.27의 토러스에서는, 공극이 식 (1.16)으로부터 자기저항

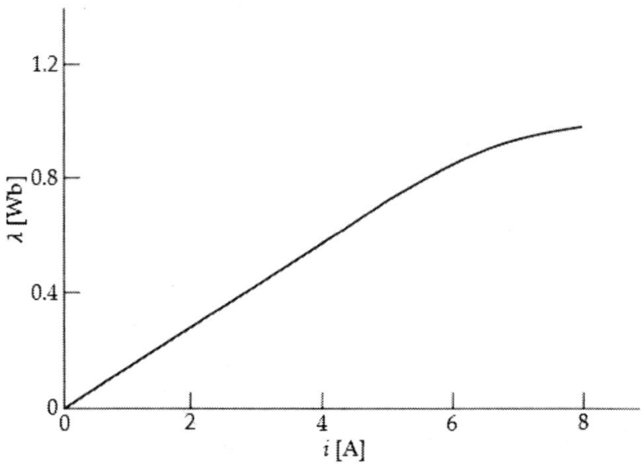

Figure 1.28 Flux linkage-current relation for the air-gapped core of Fig. 1.27.

$$\mathcal{R}_g = \frac{g}{\mu_0 A} \qquad [\text{A/Wb}] \tag{1.65}$$

로 나타내어질 수 있다. 철 경로가 공기 경로보다 훨씬 더 적은 기자력을 요구하기 때문에, 그 자기저항을 구하기 위해 유력한 근사화가 허용된다. 철심 내의 자속밀도가 너무 높지 않은 한, 철심 물질의 B-H 관계식은 식 (1.36)으로부터,

$$B_{iron} = \mu_r \mu_0 H_{iron} \qquad [\text{T}] \tag{1.66}$$

과 같이 근사화될 수 있다. 여기서 μ_r은 사용되는 B와 H의 범위에 걸친 자화 특성의 평균 기울기이다. 철심의 자기저항은 그러면

$$\mathcal{R}_{iron} = \frac{\mathcal{F}_{iron}}{\Phi_{iron}} = \frac{\ell_{iron}}{\mu_r \mu_0 A_{iron}} \qquad [\text{A/Wb}] \tag{1.67}$$

과 같이 표현될 수 있다. 그림 1.27의 환상 자기 계통은 이제 그림 1.29의 자기 등가회로에 의해 모델링될 수 있다.

앞의 해석은 그림 1.27의 균일하게 분포된 환상 코일의 기자력의 대부분이 공극을 가로지르는 자속을 일으키기 위해 사용된다는 것을 보인다. 이제 그림 1.30에 보여진 바와 같이, N [turn] 코일이 환상 철심의 한정된 원호(limited arc) 주위에 집

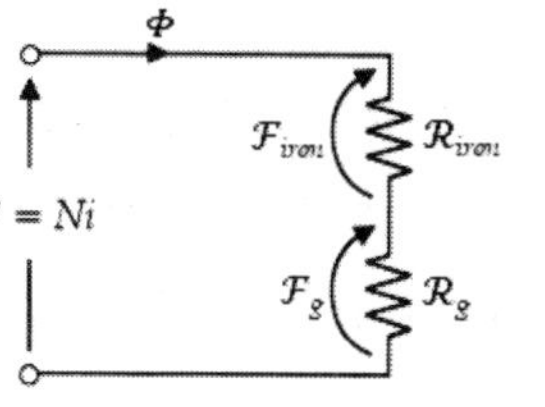

Figure 1.29 Equivalent magnetic circuit for the air-gapped core of Fig. 1.27.

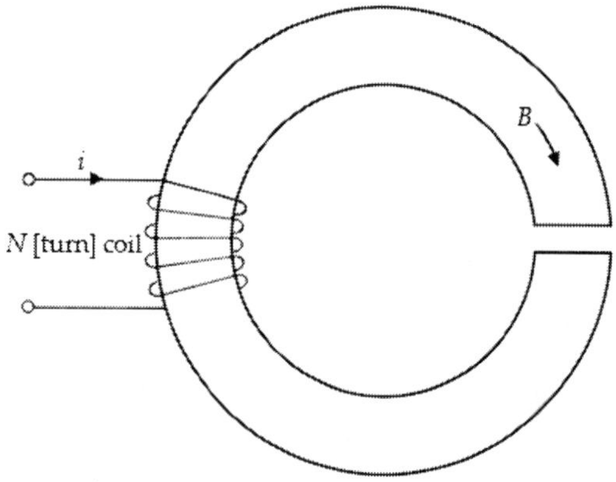

Figure 1.30 Toroidal core with concentrated coil.

중되었더라도, 경로 자속은 비교적 바뀌지 않을 것이다. 물리적으로, 코일 내부의 영역은 균일하게 분포된 코일의 경우보다 더 높은 자계의 세기 H의 값을 겪게 될 것이다. 이것은, 자기 모멘트를 움직이게 하는 경향이 있는, 인접 자구벽 내에서 자기 모멘트에 작용하는 더 높은 토크의 원인이 될 것이다. 하지만, 환상 경로 주위의 자속의 연속성을 유지하기 위하여, 같은 시간에 경로의 모든 주위의 자구벽의 동시 운동(simultaneous motion)이 있어야 한다. 코일의 영역 내부에 있는 자구로부터의 토크는 따라서, 매우 토크가 적용되는 국부점(local point)으로부터 축(shaft)을 따라 전달되기는 하지만, 경로를 따라 다른 자구로 전달된다.

공극 내에 일정한 자계가 요구되는 상황에서는, 영구자석을 사용한 자기 계통이 사용될 수 있다. 그림 1.31은 네오디뮴 영구자석 물질의 블록, 두 블록의 철, 그리고 공극으로 이루어진 그러한 배열을 보인다. 단순화를 위하여, 자속은 보여진 경로에 한정된다고 가정하자. (실제로는, 자석 주위에 그리고 위와 아래 철판 사이에서 약간의 누설 자속(leakage flux)이 있을 것이다.)

자속 경로에 대한 주회 법칙(식 (1.1))로부터,

$$\oint \vec{H} \cdot d\vec{\ell} = H_m \ell_m + H_{iron} \ell_{iron} + H_{air}\, g = 0 \qquad [A] \tag{1.68}$$

이다. 적분은 전류가 둘러싸이지 않기 때문에 0과 같다. 철 내의 자속밀도가 대략 1 [T]보다 작다면, 그것의 기자력과 자기저항은 무시되어도 상관없다. 식 (1.37)에서 보여진 바와 같이, 영구자석 물질의 B-H 특성은 관계식

$$B_m = B_r + \mu_r \mu_0 H_m \qquad [T] \tag{1.69}$$

에 의해 모델링될 수 있다. Nd-Fe-B 자석 물질의 경우, 잔류 자속밀도(그림 1.18)는 대략 1.1 [T]이며 비투자율 μ_r은 대략 1.05이다. 자속의 연속성에 의해,

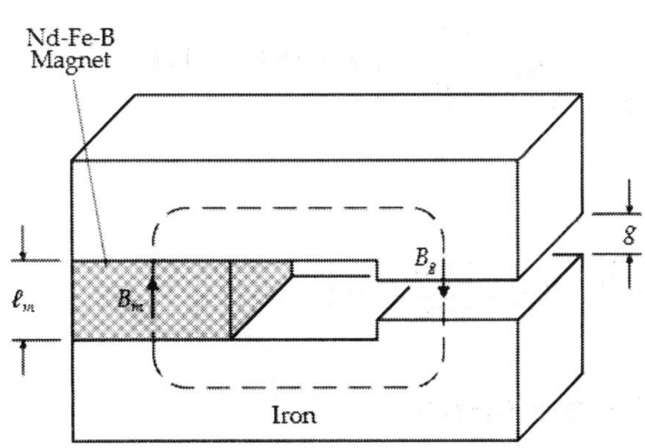

Figure 1.31 Permanent magnet producing flux density in air gap.

$$\Phi = B_m A_m = B_g A_g \qquad [\text{Wb}] \tag{1.70}$$

이다. 식 (1.69)를 (1.68)에 넣으면

$$\left(\frac{B_m - B_r}{\mu_r \mu_0}\right) \ell_m + \frac{B_g}{\mu_0} g = 0 \qquad [\text{A}] \tag{1.71}$$

을 준다. 식 (1.70)과 (1.71)로부터 B_m을 소거하면, 유용한 공극 자속밀도에 대한 다음의 관계식을 준다:

$$B_g = \frac{B_r}{\left(\frac{A_g}{A_m} + \mu_r \frac{g}{\ell_m}\right)} \qquad [\text{T}] \tag{1.72}$$

EXAMPLE 1.5 그림 1.31에서 보여진 영구자석 장치에서, 공극은 1.5 [mm]의 길이와 60 × 40 [mm]의 단면을 가진다. 자석은 그림 1.18에서 보여진 *B-H* 특성의 네오디뮴-철 물질이다. 자석은 60 [mm^2]의 단면과 2.5 [mm]의 길이를 가진다. 철 부분의 투자율은 매우 크며, 자속의 샘(프린징, fringing)은 무시될 수 있다. 공극과 자석 물질 내에서의 자속밀도를 결정하라.

Solution

공극에 대하여, $A_g = 2400$ [mm^2] 그리고 $g = 1.5$ [mm]이다. 자석에 대해서는, $A_m =$ 3600 [mm^2] 그리고 $\ell_m = 2.5$ [mm]이다. 그림 1.18로부터, Nd-Fe-B의 경우, $B_r = 1.2$ [T] 그리고 $H_c = 910$ [kA/m]이다:

$$\mu_r = \frac{B_r}{\mu_0 H_c} = \frac{1.2}{4\pi \times 10^{-7} \times 910000} = 1.05$$

식 (1.72)로부터,

$$B_g = \frac{B_r}{\frac{A_g}{A_m} + \mu_r \frac{g}{\ell_m}} = \frac{1.2}{\frac{2400}{3600} + 1.05 \times \frac{1.5}{2.5}} = 0.93 \qquad [\text{T}]$$

식 (1.70)으로부터,

$$B_m = \frac{\Phi}{A_m} = \frac{B_g A_g}{A_m} = 0.93 \times \frac{2400}{3600} = 0.62 \qquad [\text{T}]$$

1.12 MODELING OF MAGNETIC SYSTEM

앞 절의 자기저항 개념의 적용은 종종 자기회로 접근법을 사용하여 적절한 정확도로 복잡한 자기 계통을 모델링하는 것을 허용한다. 예를 들어, 그림 1.32 (a)에서 단면으로 보여진 회전기(rotating machine)의 자기 계통을 고려한다. 외부 또는 고정자(stator) 구조에 있는 두 개의 철 자극(iron pole) 위의 코일은 자속이 공극을 가로질러 철로 된 내부 회전 원통(rotating cylinder)으로 가도록 강제한다. 외부 자속 경로는 철 계철(iron yoke) 부분에 의해 완성된다.

이 계통에 대한 등가 자기회로가 그림 1.32 (b)에 보여져 있다. 여러가지 자기저항의 동일성이 명백하다. 이 자기저항 각각은 그것의 길이, 면적, 그리고 비투자율을 추정함으로써 구해질 수 있다. 실제 계통에서는, 코일 기자력의 대부분이 공극 자기저항을 극복하는데 사용될 것이다. 따라서, 철 자기저항의 추정에 적당한 근사화를 허용할 수 있다. 통상의 회로 해석법이 그러면 주어진 코일 기자력에 대한 경로 자속의 계산을 위해 사용될 수 있다. 철 자속밀도가 증가됨에 따라, 기준은 철 부분의 *B-H* 자화 곡선으로 만들어져야 할 것이다. 대응하는 각 자기저항은 그러면

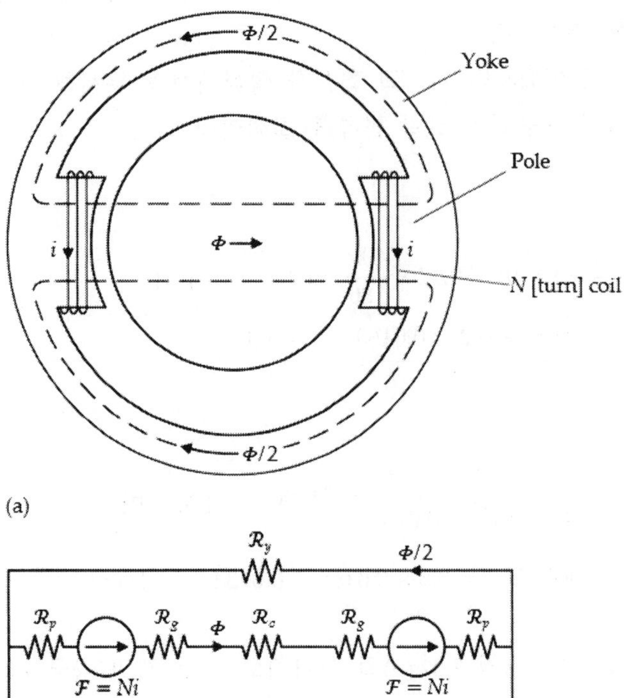

(a)

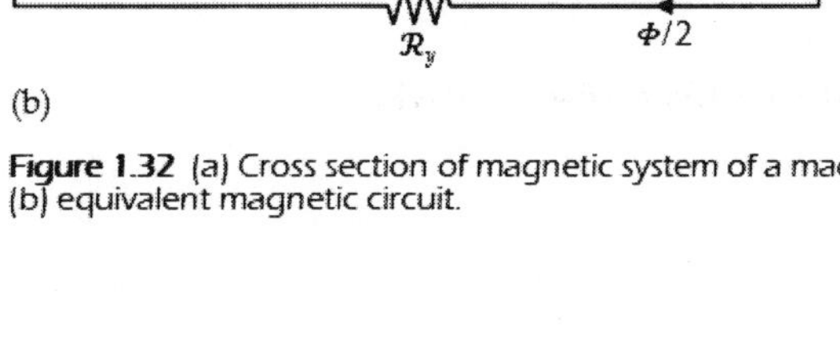

(b)

Figure 1.32 (a) Cross section of magnetic system of a machine and (b) equivalent magnetic circuit.

$$\mathcal{R} = \left(\frac{H_{iron}}{B_{iron}}\right)\frac{\ell}{A} \qquad [\mathrm{A/Wb}] \tag{1.73}$$

의 형태를 취한다. 자기 모델링의 개념은 7장에서 확장된다.

EXAMPLE 1.6 그림 1.32 (a)는 2극 회전기의 자기 계통의 단면을 보인다. 회전자(rotor)는 120 [mm]의 반경과 200 [mm]의 축방향 길이(axial length)를 가진다. 각 자극은 40°의 원호(arc)를 점유하며 회전자에서와 같은 축방향 길이이다. 공극 길이는 각각 1.5 [mm]이다. 모든 철 부분은 *B-H* 자화 곡선이 그림 1.15에서 보여진 물질로 만들어진 것으로 고려할 수 있다. 각 자극은 360 [turn]의 코일을 가지며 이 코일들은 직렬(series)로 연결되어 있다.

(a) 각 공극의 근사 자기저항을 결정하라.

(b) 공극 자속밀도가 0.8 [T]로 될 때 각 자극의 자속을 결정하라.

(c) 모든 철 부분의 자기저항을 무시하여, (b)의 자속을 생성을 위해 코일에 요구되는 전류를 추정하라.

(d) 계철은 210 [mm]의 외반경(outer radius)과 25 [mm]의 두께를 가진다. 계철에서의 자속밀도를 결정하라.

(e) 계철 기자력은 포함되지만 자극과 회전자 철심에서는 무시될 때, 0.8 [T]의 공극 자속밀도를 위해 요구되는 코일 전류를 결정하라.

Solution

(a)

$$\text{Pole arc(극호)} = r\theta = 0.12 \times \frac{40\pi}{180} = 0.084 \qquad [\mathrm{m}]$$

$$\text{Gap area} \approx 0.084 \times 0.2 = 0.0168 \qquad [\mathrm{m}^2]$$

공극 자기저항:

$$\mathcal{R}_g = \frac{g}{\mu_0 A} = \frac{0.0015}{4\pi \times 10^{-7} \times 0.0168} = 71200 \qquad [\mathrm{A/Wb}]$$

(b)

$$\text{Gap flux} = \text{pole flux} = 0.8 \times 0.0168 = 0.0134 \qquad [\mathrm{Wb}]$$

(c) 철 자기저항 없이는, 그림 1.32 (b)의 자기회로가 두 개의 공극 자기저항과 직렬인 두 개의 코일 기자력으로 이루어진다. 그러면 각 코일 기자력은

$$\mathcal{F}_g = \mathcal{R}_g \Phi = 71200 \times 0.0134 = 954 \qquad [\mathrm{A}]$$

$$i_{coil} = \frac{\mathcal{F}_g}{N} = \frac{954}{360} = 2.65 \qquad [\text{A}]$$

이어야 한다.

(d) 계철 자속은 공극 자속의 절반이다. 자속밀도는

$$B_{yoke} = \frac{0.0134}{2 \times 0.025 \times 0.2} = 1.34 \qquad [\text{T}]$$

(e) 그림 1.15로부터, 계철에서의 자계의 세기는 근사적으로 450 [A/m]이다. 각 계철 부분의 평균 반경 197.5 [mm]를 따른 (극호를 산입하지 않은) 원주 길이는

$$\ell_y = (\pi \times 0.1975) - 0.084 = 0.54 \qquad [\text{m}]$$

계철에 요구되는 기자력은

$$\mathcal{F}_y = H_y \ell_y = 450 \times 0.54 = 241 \qquad [\text{A}]$$

한 개의 계철 주위와 두 개의 공극을 통하는 폐경로를 취하면, 총 기자력은

$$\mathcal{F}_{coil} = \mathcal{F}_y + 2\mathcal{F}_g = 241 + 2(954) = 2149 \qquad [\text{A}]$$

코일 전류는

$$i = \frac{\mathcal{F}_{coil}}{2N} = \frac{2149}{2 \times 360} = 2.98 \qquad [\text{A}]$$

PROBLEMS

1.1 송전선이 공기 중에서 2 [m] 떨어져 있으며 800 [A]의 전류를 운반하는 두 개의 평행 원통형 도체로 이루어져 있다.

(a) 한 개의 도체에 의해 생성되는 다른 도체 가까이에서의 자속밀도의 크기를 결정하라.

(b) 두 도체 사이의 중심선에서의 자속밀도의 크기와 방향을 결정하라.

(1.1 절)

1.2 5000 [turn]의 코일이 정사각형 단면의 공심 토러스의 형태에 감겨있다. 토러스의 내직경(inner diameter)은 60 [mm]이며 외직경(outer diameter)은 100 [mm]이다. 코일 전류는 0.25 [A]이다.

(a) 환상 코일 내부에서의 자계의 세기의 최대 및 최소 값을 결정하라.

(b) 토러스 내부에서의 자속을 결정하라.

(c) 토러스를 가로지르는 평균 자속밀도를 결정하고 그것을 코일의 안쪽 끝과 바깥 끝 사이의 중간에서의 자속밀도와 비교하라.

(1.1 절)

1.3 문제 1.2의 코일에서 전류가 50 [μs]의 시간에 0에서 0.25 [A]로 선형적으로 증가한다고 가정하여 코일에서의 유도 전압을 결정하라.

(1.1 절)

1.4 문제 1.2에서 설명된 환상 코일의 경우,

(a) 자기저항 매개변수의 값을 주는 자기 등가회로를 만들어라.

(b) 도체가 0.5 [mm]의 직경을 가진 원형 단면일 때, 전기 등가회로를 만들고, 그 매개변수를 구하라. 도체 물질은 1.9×10^{-8} [Ω·m]의 저항률을 가진다.

(1.2 절)

1.5 그림 1.5에서 보여진 플라스틱 환을 참조하라.

(a) 15 [mH]의 코일 인덕턴스를 제공하기 위해 요구되는 권수(number of turns)를 결정하라.

(b) 0.2 [mm]의 절연 두께를 가진 둥근 구리 도선(round copper wire)이 사용되며 코일이 5층으로 감겨 있다고 가정하여, 사용될 수 있는 최대 권선 직경을 결정하고 20 [°C]에서의 코일의 저항을 찾아라.

(1.2 절)

1.6 문제 1.2에서 설명된 환상 코일의 경우, 0.25 [A]의 전류를 운반할 때,

(a) 토러스의 평균 직경에서 단위 체적당 자계 에너지를 찾아라.

(b) 토러스 내의 총 자계 에너지를 찾아라.

(c) 문제 (b)에서의 에너지의 값을 문제 1.4의 코일 인덕턴스와 코일 전류로부터 결정된 값과 비교하라.

(1.3 절)

1.7 원통 코일(솔레노이드 코일, solenoid coil)이 각 [turn]이 0.02 [m]의 반경을 가지는 도선의 원형 250 [turn]의 단층(single layer)으로 이루어졌다. 코일의 축 방향 길이는 0.3 [m]이다. 코일은 스스로 지지되며 공기만을 내포한다.

(a) 자계의 세기가 코일 내부에서는 균일하며 다른 곳에서는 0이라고 가정하여, 코일의 인덕턴스를 결정하라.

(b) 코일 전류가 18 [A]일 때 코일의 자계 내에 저장되는 에너지를 찾아라.

(1.3 절)

1.8 평균적으로, 니켈 원자의 자기 모멘트는 대략 스핀 자기 모멘트의 기본 양자(quantum)(9.27×10^{-24} [A·m^2])의 0.6배이다. 원자 밀도는 9.1×10^8 [atoms/m^3]이다.

(a) 모든 자기 모멘트가 정렬되었다면, 니켈 내에서의 자속밀도는 얼마가 될 것인가?

(b) 유용한 자성체는 50 [%] Ni과 50 [%] Fe로 이루어졌는데, 뒤의 원소는 원자당 2.2 보어 자자(Bohr magneton)와 8.5×10^8 [atoms/m^3]의 밀도를 가진다. 모든 자기 모멘트가 정렬되었다고 가정하여, 이 물질 내에서의 자속밀도를 결정하라.

(1.5 절)

1.9 이상화된 자성체가 1.2 [MA/m]의 단위 체적당 자기 모멘트를 가진다. 모든 자구는 자화의 방향으로 이상적으로 배향되었으며, 모든 자구벽은 20 [A/m]의 역방향 자계의 세기가 인가될 때까지 위치에 고정된다.

(a) 이 물질의 히스테리시스 루프를 그려라:

(i) 순환적으로 포화에 잘 들어가도록 구동되는 경우

(ii) 잔류 자속밀도가 최대 잔류 값의 절반인 경우.

(b) 최대 잔류 값의 1.05배의 자속밀도를 생성하기 위해 요구되는 자계의 세기를 결정하라.

(1.5 절)

1.10 그림 1.5의 치수의 환상 철심이 그림 1.12에 보여진 자화 곡선을 갖는 M-36 강판의 연속적인 띠로 만들어졌다. 코일은 300 [turn]을 가진다.

(a) 철심 내에 1.4 [T]의 평균 자속밀도를 생성하기 위한 코일 전류를 결정하라.

(b) 자화 곡선이 원점(origin)과 $B = 1.2$ [T]의 점을 지나는 직선으로 근사화되었다면, 철심 물질의 비투자율과 코일의 유효 인덕턴스(effective inductance)는 얼마인가?

(1.6 절)

1.11 350 [turn] 코일이 10^{-4} [m^2]의 단면적과 0.15 [m]의 평균 자기 경로 길이를 가지는 환상 강 철심(toroidal steel core)에 감겨 있다. 철심 물질은 1.4 [T]의 자

속밀도까지 5000의 일정한 비투자율을 갖는 것으로 고려될 수 있다.

(a) 최대 자속밀도가 1.4 [T]로 된다면 200 [Hz]의 주파수에서 코일 내에 유도될 수 있는 정현 전압의 실효치(rms value)는 얼마인가?

(b) 문제 (a)에서의 코일 전류의 실효치를 결정하라.

(c) 코일 저항이 15 [Ω]이라면, 문제 (a)의 조건의 경우 실효치 단자 전압(rms terminal voltage)은 얼마가 될 것인가?

(1.6 절)

1.12 자기 철심이 500 [mm^2]의 단면적을 가진다. 그것은 1.5 [T]의 자속밀도까지 무한대(infinite)의 비투자율을 갖는 것으로 가정될 수 있다. 1.5 [T]의 자속밀도를 초과하지 않고 400 [turn] 코일의 단자에 인가될 수 있는 0.15 [s]의 주기(period)를 갖는 직사각파(구형파, rectangular waveform) 전압의 첨두 값(peak value)을 결정하라.

(1.6 절)

1.13 한정적인 *B-H* 루프가 그림 1.17에 보여진 니켈-철(Ni-Fe) 자성체에 대하여,

(a) 순환당(per cycle), 단위 체적당, 히스테리시스 에너지 손실을 결정하라.

(b) 이 물질로 만들어진 그림 1.5에 보여진 철심 내에서의 순환당 히스테리시스 에너지 손실을 결정하라.

(c) 주파수를 20 [Hz]라 하여, 철심 내에서의 히스테리시스 손실 전력을 결정하라.

(d) 20 [Hz]에서 120 [V] (rms)의 정현 전압이 코일에 인가되며 코일 저항을 무시할 수 있다면, 한정적인 *B-H* 루프를 돌며 철심을 구동하기 위해서는 얼마나 많은 [turn]이 요구되는가?

(1.7 절)

1.14 자기 철심이 0.015 [m^2]의 단면적과 0.9 [m]의 자기 경로 길이를 가진다. 철심 물질은 7760 [kg/m^3]의 밀도를 가진 0.356 [mm] 두께의 M-36 강판이다. 저항을 무시할 수 있는 40 [turn]의 코일이 철심에 감겨 있다.

(a) 60 [Hz]의 주파수에서 220 [V] (rms)의 정현 전압이 코일에 인가될 때 철손을 결정하라.

(b) 100 [Hz]에서 같은 전압에 대해 문제 (a)를 반복하라.

(1.9 절)

1.15 페라이트 토러스가 100 [mm^2]의 단면적과 50 [mm]의 평균 직경을 가진다. 물

질에 대한 히스테리시스 루프는 그림 1.22에 보여져 있다. 토러스 위의 코일은 200 [turn]을 가지며 저항은 무시할 수 있다.

(a) 6 [V]의 첨두치를 가지는 직사각 전압파(rectangular voltage wave)가 코일에 인가된다고 가정한다. 0.44 [T]의 첨두 자속밀도를 생성할 파의 주기의 값은 얼마인가?

(b) 전압과 전류 파형을 그리고, 전류의 첨두 값을 결정하라.

(1.10 절)

1.16 500 [mm^2]의 단면적과 200 [mm]의 자기 경로 길이인 철심이 그림 1.33의 구분 선형 근사화(piecewise-linear approximation)로 나타내어질 수 있는 *B-H* 특성을 가진다. 코일은 500 [turn]을 가지며 저항은 무시할 수 있다.

(a) 1.5 [T]의 자속밀도를 생성하기 위해 인가할 300 [Hz] 정현 전압의 실효치는 얼마인가?

(b) 문제 (a)의 정상 상태 조건 하에서 자화 전류의 파형을 그려라.

(c) 문제 (b)에서의 전류의 푸리에 급수(Fourier series)에서 처음 3개 항의 첨두 값을 추정하라.

(1.10 절)

1.17 *B-H* 루프가 그림 1.34에 의해 근사화될 수 있는 물질의 철심이 150 [mm]의 자기 경로 길이를 가진다. 1.5 [T]의 첨두 자속밀도를 주도록 맞추어진(조정된) 크기의 180 [Hz] 정현 전압이 200 [turn] 코일에 인가된다. 정상 상태 코일 전류의 푸리에 급수에서 처음 3개 성분의 첨두 크기와 주파수를 결정하라.

(1.10 절)

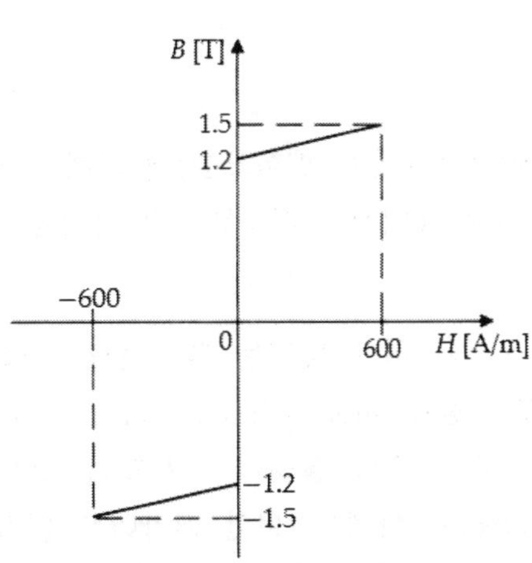

Figure 1.33 Diagram of Problem 1.16.

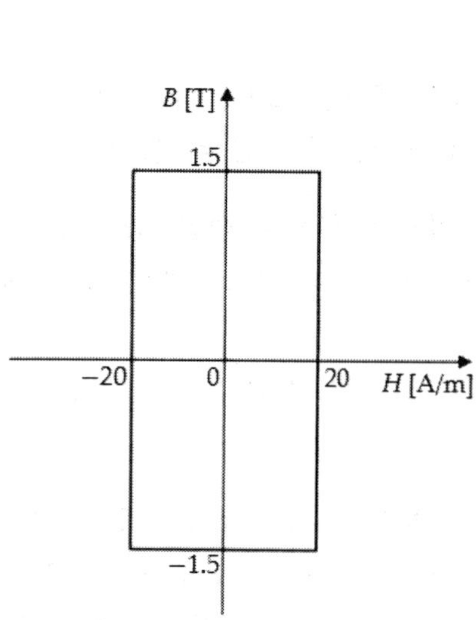

Figure 1.34 Diagram for Problem 1.17.

1.18 60 [Hz]의 주파수로 첨두 값 1.4 [T]의 정현 자속밀도에서 동작할 때, 강판 물질이 3.9 [W/kg]의 철손을 가진다. 그것의 기본파 전압과 자화 전류의 적(곱, product)은 9.8 [VA/kg]이다. 물질 밀도는 7800 [kg/m^3]이다. 면적 0.015 [m^2]와 경로 길이 0.9 [m]의 철심이 이 물질로 만들어졌을 때, 등가회로 매개변수–철손 저항과 자화 리액턴스–그리고 또한 철심이 60 [Hz]와 1.4 [T]에서 동작될 때 40 [turn] 코일에서의 단자 전압을 결정하라.

(1.10 절)

1.19 250 [mm]의 평균 직경과 1000 [mm^2]의 단면적인 철심이 그 안에 잘린 길이 1.25 [mm]의 공극을 가진다. 공극 주위의 자속의 프린징은 무시될 수 있다. 철심 물질은 *B-H* 특성이 그림 1.12에서 주어진 주강(cast steel)이다. 공극 내에 1.2 [T]의 자속밀도를 생성하기 위해 1200 [turn] 코일에 요구되는 전류를 결정하라.

(1.11 절)

1.20 시행착오(trial and error)의 과정(시행착오법)에 의해, 코일 전류가 1.2 [A]일 때, 문제 1.19의 철심의 공극 내에서의 자속밀도와 자속을 찾아라.

(1.11 절)

1.21 그림 1.35에서 보여진 페라이트 배치는 일반적으로 냄비형 철심(pot core)로 알려져 있다. 중앙의 원통(central cylinder), 바닥(bottom), 그리고 변(side)은 모두 한 조각이다. 코일은 중앙 철심에 위치되며, 코일 접속을 위해 준비된 작은 새김눈(노치, notch)와 함께, 평평한 페라이트 원판이 위에 위치된다. 코일 인덕턴스는 공극을 남기도록 중앙 원통을 갈아냄으로써 조정된다. 중앙 철

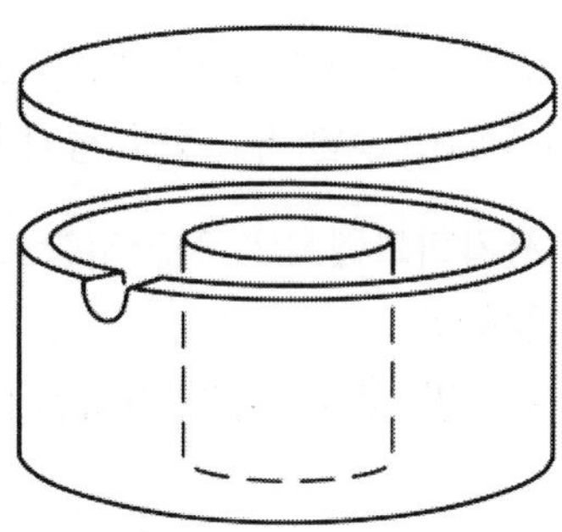

Figure 1.35 Potcore for Problem 1.21.

심이 20 [mm]의 직경을 가진다고 가정하라. 페라이트의 자기저항은 무시할 수 있다고 가정한다.

(a) 1200 [turn]의 코일로, 0.4 [H]의 인덕턴스를 만들기 위해서는 공극의 길이는 얼마가 되어야 할 것인가?

(b) 철심의 자속밀도가 0.35 [T]를 초과하지 않는다면, 코일에 허용되는 첨두 전류는 얼마인가?

(1.11 절)

1.22 그림 1.36은 확성기(loudspeaker)의 영구자석 조립의 단면 모양을 보인다. 1.2 [T]의 자속밀도가 원통 공극에 요구된다. 자석은 *B-H* 특성이 그림 1.18에서 보여진 네오디뮴-철(Nd-Fe) 물질이다. 이 물질은 0.6 [T]의 자속밀도에서 동작된다. 연철(soft iron)의 투자율은 매우 높다고 가정될 수 있다. 자석의 치수(dimension)를 결정하라.

(1.11 절)

1.23 환상 철심이 10^{-4} [m^2]의 단면적과 0.15 [m]의 평균 자속 경로 길이를 가진다. 강 철심(steel core)의 비투자율은 1.5 [T]의 자속밀도까지 근사적으로 3500이다.

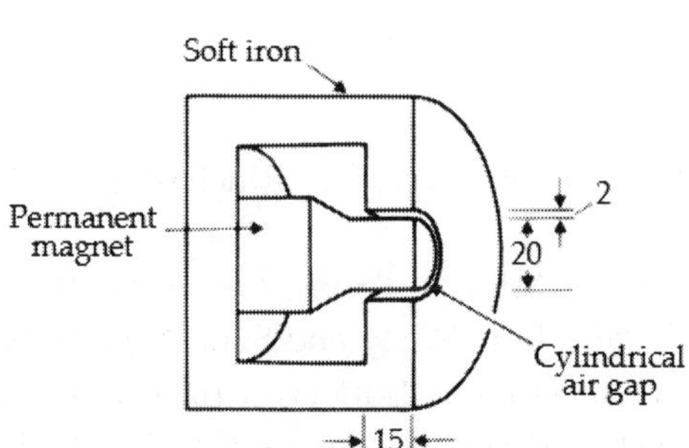

Figure 1.36 Loudspeaker assembly for Problem 1.22 (dimensions in [mm]).

철심은 두 개의 180° 부채꼴(sector)로 잘려 750 [turn]의 코일이 한 부채꼴에 감기며, 철심은 각각 길이 1.5 [mm]인 두 개의 공극을 갖도록 재조립된다.

(a) 이 장치에 대한 등가 자기회로에서의 자기저항의 값을 결정하라.

(b) 코일의 인덕턴스를 결정하라.

(c) 철심 자기저항이 무시된다면 문제 (b)의 인덕턴스에서 어떤 오차가 나타날 것인가?

(1.12 절)

1.24 그림 1.37에서 보여진 장치에서의 자성체는 1500의 일정한 비투자율을 갖는 것으로 가정될 수 있다. 코일 권수는 $N_1 = 800$ 그리고 $N_2 = 1600$ [turn]이다. 누설 자속(leakage flux)은 무시될 수 있다.

(a) 자기저항의 값을 나타낸 이 장치에 대한 자기 등가회로를 그려라.

(b) N_1 [turn] 코일에서의 전류는 50 [mA]이며 N_2 [turn] 코일은 개방 회로로 되었다고(open circuited) 가정하여, 두 코일의 쇄교 자속을 결정하라.

(1.12 절)

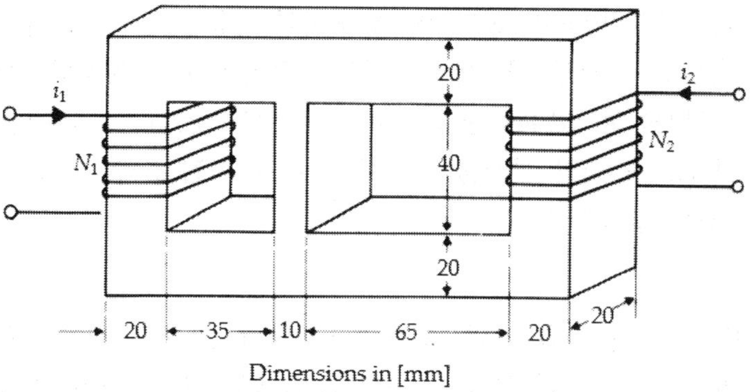

Figure 1.37 Diagram for Problem 1.24.

GENERAL REFERENCES

Bobrow, L. S., *Fundamentals of Electrical Engineering*, Holt, Rinehart and Winston, New York, 1985.

Chikazumi, S., *Physics of Magnetism*, John Wiley and Sons, New York, 1964.

Dorf, R. C., *Introduction to Electric Circuits*, John Wiley and Sons, New York, 1990.

Heck, C., *Magnetic Materials and Their Applications*, Butterworth, London, 1974.

Hayt, W. H., *Engineering Electromagnetics*, 4th ed., McGraw-Hill, New York, 1981.

Kraus, J. D., *Electromagnetics*, 3rd ed., McGraw-Hill, New York, 1984.

Morrish, A. H., *The Physical Principles of Magnetism*, John Wiley and Sons, New York,

1965.

Slemon, G. R., *Magnetoelectric Devices–Transducers, Transformers and Machines,* John Wiley and Sons, New York, 1966.

Watson, J. K., *Applications of Magnetism,* John Wiley and Sons, New York, 1980.

2 TRANSFORMERS

변압기(transformer)는 전기 에너지를 한 회로로부터 다른 회로로 전달하는 장치이다. 일반적으로, 두 회로 사이에 어떤 물리적인 전기적 연결없이 이것을 하는 능력은 안전(safety)과 융통성(flexibility) 둘 다를 위해 중요한 특징이다. 정상으로는, 한 회로에서 떠나는 에너지에서의 전압이 다른 쪽으로 들어가는 쪽과 다르며, 따라서 특정한 부하에 대한 적절한 전압 공급기(voltage supply)를 제공한다. 기본적인 변압기 동작은, 그림 2.1에서 보여진 바와 같이, 닫힌 강자성 철심(closed ferromagnetic core) 위에 두 개의 코일을 위치시킴으로써 이루어질 수 있다. 에너지 전달은 그러면 두 코일을 결합하는 자계의 매질을 통하여 일어난다. 유도가 자계의 시간 변화율에 종속하기 때문에, 변압기는 주기적으로 교번하는 전압과 함께 사용된다.

2.1 IDEAL TRANSFORMERS

대부분의 변압기는 그 성능이 거의 이상적인 매우 효율적인 장치이다. 그 동작을 이해하고 성능을 해석하기 위하여, 먼저 이상 변압기(ideal transformer)의 성질을 고찰하고, 그 다음 그것의 불완전성(imperfection)과 그 효과를 소개할 것이다. 그림 2.1은 닫힌 강자성 철심 위의 두 개의 코일로 이루어진 변압기를 나타낸다. 다음과 같이 가정한다: (a) 권선 저항(winding resistance)은 무시한다; (b) 철심 내에 요구되는 자계의 세기는 무시한다, 즉, 비투자율이 매우 높다; (c) 철손은 무시한다; 그리고 (d) 자속은 강자성 철심으로 제한된다.

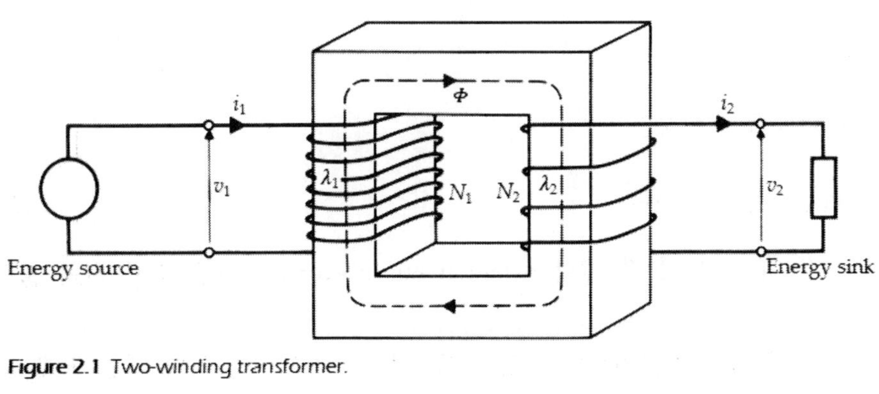

Figure 2.1 Two-winding transformer.

전압 v_1이 그림 2.1의 N_1 [turn] 권선의 단자에 인가되면, 자속 Φ와 권선 내에 쇄교 자속 λ_1을 생성하는, 자화 전류가 흐를 것이다. 시간에 따른 쇄교 자속의 변화율, 즉, 유도 전압 e_1은, 저항을 가로지르는 전압 강하(voltage drop)가 무시된다고 가정되었기 때문에, 인가 전압과 같아야 한다:

$$e_1 = v_1 = \frac{d\lambda_1}{dt} = N_1 \frac{d\Phi}{dt} \qquad \text{[V]} \tag{2.1}$$

자속 Φ는 또한, 쇄교 자속 λ_2를 생성하는, N_2 [turn] 권선과 쇄교한다. 이 쇄교 자속의 변화율은, 권선 저항을 가로지르는 어떤 전압 강하도 없으므로, 단자 전압 v_2와 같은 전압 e_2를 유도한다:

$$e_2 = v_2 = \frac{d\lambda_2}{dt} = N_2 \frac{d\Phi}{dt} \qquad \text{[V]} \tag{2.2}$$

그러므로, 이 이상 변압기의 전압비(voltage ratio)는 그것의 권수비(turns ratio)와 같다:

$$\frac{v_2}{v_1} = \frac{N_2}{N_1} \tag{2.3}$$

이제, 전류 i_2가 흐르는 원인이 되는 부하 회로가 N_2 [turn] 권선에 접속된다고 가정한다. 철심 주위의 자속 경로를 고려하면, 이 경로 둘레에 대한 자계의 세기 H의 적분은 위의 가정 (b)로부터 0이다. 따라서,

$$N_1 i_1 - N_2 i_2 = 0 \qquad \text{[A]} \tag{2.4}$$

가 되도록 N_1 [turn] 권선에 수반하는 전류 i_1이 있어야 한다. 따라서, 이상 변압기의 전류비(current ratio)는 권수비의 역(inverse)이다:

$$\frac{i_2}{i_1} = \frac{N_1}{N_2} \tag{2.5}$$

식 (2.3)과 (2.5)를 결합하면,

$$v_1 i_1 = v_2 i_2 \qquad \text{[W]} \tag{2.6}$$

이 따라온다. 즉, 순시 전력 입력(instantaneous power input)은 순시 전력 출력과 같다.

변압기를 내포하는 전기회로의 표현에 있어서는, 이상 변압기에 대한 기호(symbol)를 갖는 것이 유용하다. 그러한 기호가 그림 2.2에서 보여져 있다. 이 기호는 권선이 감긴 방향을 보이지 않기 때문에, 점(dot)이, 어떤 순시에, 다른 끝에 관하여 동시에 정(양)의 유도 전압을 가지는 권선의 끝에 위치된다.

그림 2.1에서 보여진 것과 같은 변압기의 경우, 전력원이 접속되는 권선을 **1차 권선**(*primary winding*)이라고 부르는 한편, 부하가 접속되는 권선은 **2차 권선**(*secondary winding*)이라고 부르는 것이 관례이다. 권선을 구별하기 위해 종종 사용되는 다른 용어(term)는 **고압**(*high-voltage*)과 **저압**(*low-voltage*)이다. 대략 15 [kV]의 단자 전압을 가지는 전원을 230 [kV]의 전압을 가지는 송전선(transmission line)에 연결하기 위해 사용되는 것과 같은, 저압 1차를 갖는 변압기는 일반적으로 **체승**(**승압**) **변압기**(*step-up transformer*)라 불린다. 비슷하게, **체강**(**강압**) **변압기**(*step-down transformer*)의 예는 전력을 35 [kV]까지의 전압에서 동작하는 가로 배전선(street distribution line)으로부터 집 또는 사무실에서 사용되는 115 또는 230 [V] 수준으로 떨어뜨리는 변압기가 될 것이다.

전기 송전 및 배전 회로망의 각 부분에서 사용되는 전압의 수준은 주로 경제성에 의거한다. 115에서 765 [kV] 범위에 있는 전압은 도체 전류와 그러므로 저항 손실을 최소화하기 위하여 장거리 송전(long-distance transmission)에 사용된다. 대형 발전기의 전압 수준은 가장 경제적인 권선과 절연을 일으키도록 선택되며, 보통 10에서 25 [kV]의 범위이다. 가로를 따르는 그리고 대형 건물 내부에서의 배전은 전형적으로 4에서 35 [kV] 범위 내에 있다. 가정용 전력(domestic electric power)은 일반적으로 110에서 240 [V] 수준에서 제공되는 한편, 산업 설비(industrial equipment)는 종종 400에서 600 [V]로 공급된다. 전원 또는 발전기와 지역 사용자(local customer) 사이에서는, 전력이 전형적으로 3번 또는 그보다 많이 변환될 수 있다.

2.1.1 Transformation of Electric Circuit Elements

그림 2.3 (a)는 이상 변압기의 N_2 [turn] 권선 단자에 연결된 저항, 인덕턴스, 그리고 정전용량(커패시턴스, capacitance)이 있는 직렬 회로(series circuit)를 보인다. 이 회로의 전압과 전류는

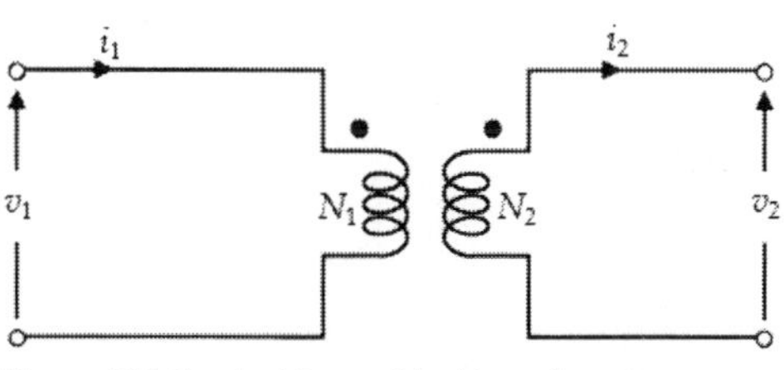

Figure 2.2 Symbol for an ideal transformer.

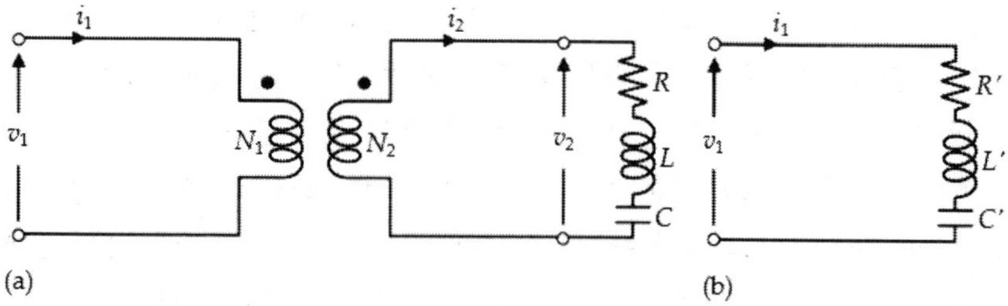

Figure 2.3 (a) Ideal transformer with load circuit and (b) equivalent as seen from primary side.

$$v_2 = Ri_2 + L\frac{di_2}{dt} + \frac{1}{C}\int i_2\,dt \qquad [\text{V}] \tag{2.7}$$

에 의해 관련된다. 식 (2.3)과 (2.5)를 사용하여, N_1 [turn] 권선에서의 전압과 전류 사이의 대응하는 관계는

$$v_1 = \left(\frac{N_1}{N_2}\right)^2 Ri_1 + \left(\frac{N_1}{N_2}\right)^2 L\frac{di_1}{dt} + \left(\frac{N_1}{N_2}\right)^2 \frac{1}{C}\int i_1\,dt \qquad [\text{V}] \tag{2.8}$$

이다. 따라서, 이상 변압기의 1차 권선을 통하여 보여지는 2차 회로는 그림 2.3 (b)의 회로에 의해 나타내어질 수 있다. 여기서

$$R' = \left(\frac{N_1}{N_2}\right)^2 R \qquad [\Omega] \tag{2.9}$$

$$L' = \left(\frac{N_1}{N_2}\right)^2 L \qquad [\text{H}] \tag{2.10}$$

$$C' = \left(\frac{N_2}{N_1}\right)^2 C \qquad [\text{F}] \tag{2.11}$$

이다. 이 예로부터, 어떤 회로 배치(circuit configuration)는 그 변(side)에서만 실행되는 통상의 회로 해석을 허용하도록 이상 변압기를 가로질러 전달될 수 있다는 것이 따라온다. 교류 전류의 경우에는, 2차 단자에 연결된 부하 임피던스(load impedance) Z는 1차 단자를 가로질러 임피던스 Z'가 되도록 이상 변압기를 통하여 전달될 수 있다. 여기서

$$Z' = \left(\frac{N_1}{N_2}\right)^2 Z \qquad [\Omega] \tag{2.12}$$

이다.

어떤 상황에서는, 내부 임피던스(internal impedance) Z_s를 갖는 전원으로부터 저

항 R_L의 부하로 최대 전력을 전달하는 것을 원한다. 이 최대 전력 전달은 전원에서 변압기를 통하여 본 부하 저항이 전원 임피던스의 크기(magnitude)와 같을 때 일어난다는 것이 보여질 수 있다. 식 (2.12)로부터, 전원에서 보여지는 적절한 등가 부하 임피던스를 주도록 권수비가 선택될 수 있다.

EXAMPLE 2.1 10 [kW]의 전력이 50 [V]의 전압에서 전기로(electric furnace)에 공급된다. 230 [V], 60 [Hz] 전원이 이용 가능하다. 요구되는 변압기는 이상적인 것으로 고려한다.

(a) 권수비는 얼마이어야 하는가?

(b) 1차와 2차 전류를 결정하라.

(c) 230 [V] 전원에서 본 임피던스를 결정하라.

Solution

(a) 권수비: $$\frac{N_1}{N_2} = \frac{V_1}{V_2} = \frac{230}{50} = 4.6$$

(b) 2차 전류: $$I_2 = \frac{P_2}{V_2} = \frac{10000}{50} = 200 \qquad [A]$$

1차 전류: $$I_1 = \frac{N_2}{N_1} I_2 = \frac{200}{4.6} = 43.5 \qquad [A]$$

(c) 부하 임피던스: $$Z_2 = \frac{\vec{V}_2}{\vec{I}_2} = \frac{50}{200} = 0.25 + j0 \qquad [\Omega]$$

전원에서 본 등가 임피던스는

$$Z_1 = \left(\frac{N_1}{N_2}\right)^2 Z_2 = 4.6^2(0.25 + j0) = 5.29 + j0 \qquad [\Omega]$$

2.2 EQUIVALENT CIRCUIT OF A TRANSFORMER

이상 변압기는 모든 목적에 대해 충분히 정확한 모델이 아니다. 변압기 거동의 더 정확한 예측을 위해서는, 한 가지 또는 더 많은 불완전성의 효과를 포함하는, 더 정교한 모델이 사용된다. 이하의 절에서는, 2.1절에서 기술된 가정의 효과가 검토된다. 각각은 변압기의 등가회로에 하나 또는 더 많은 소자(element)의 도입으로 귀결할 것이다. 사용하거나 무시하는 소자의 선택은 해석되는 특별한 상황에 종속될 것이다.

2.2.1 Winding Resistances

변압기의 권선은 알루미늄(aluminum, Al)이 가끔 사용되기는 하지만, 보통은 구리(copper, Cu) 도체로 만들어진다. 변압기의 두 권선의 저항을 포함하는 모델이 그림 2.4 (a)에서 보여져 있다. 1차 권선에서는, 유도 전압이 단자 전압 v_1과 권선 저항을 가로지르는 전압 $R_1 i_1$만큼 다르다.

대형 변압기에서는, 1차와 2차 저항 각각에서의 전압 강하가 보통 단자 전압의 1 [%] 미만이며 0.1 [%]보다 낮을 수도 있다. 따라서, 전압 관계식에서 권선 저항의 효과는 종종 무시될 수 있다. 하지만, 소형 변압기에서는, 권선 저항이 가장 중요한 불완전성일 수 있다.

2.2.2 Magnetizing Inductance

철심 물질의 *B-H* 관계가, 1.11절에서 논의된 바와 같이, 일정한 비투자율 μ_r로 특성지어질 수 있다고 가정한다. 또한, 전압 v_1이 1차 단자에 인가되는 한편, 2차 권선은 개방 회로로 되어 있다고 가정한다. 권선 저항 R_1을 무시하면, 쇄교 자속 λ_1은

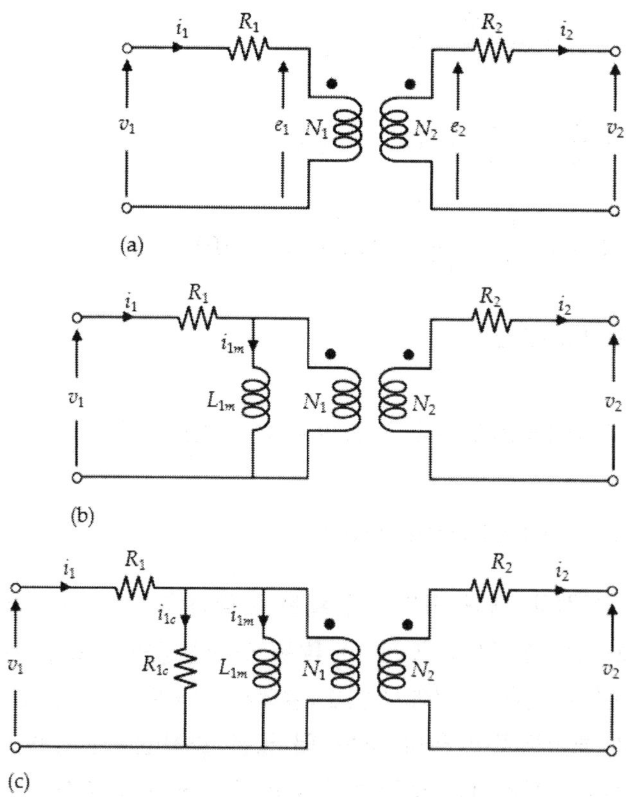

Figure 2.4 Transformer equivalent circuits including (a) winding resistance, (b) magnetizing inductance, and (c) core loss resistance.

그것의 변화율이 인가 전압 v_1과 어울리도록 확립되어야 한다. 이것은 $N_1\Phi = \lambda_1$과 같은 철심 자속 Φ를 요구한다. 단면적 A의 철심의 경우, 자속밀도는 $B = \Phi/A$일 것이다. 철심 경로 길이 ℓ 주위의 대응하는 자계의 세기 H는 철심 모델에 의해

$$B = \mu_r\mu_0 H \qquad [\mathrm{T}] \tag{2.13}$$

으로 주어진다. i_{1m}으로 나타낸 자화 전류가 이제 주회 법칙을 만족하도록 N_1 [turn] 권선 내에 흘러야 한다:

$$N_1 i_{1m} = H\ell \qquad [\mathrm{A}] \tag{2.14}$$

이 관계식들을 결합하면 1차 권선에서 본 것으로서 자화 인덕턴스에 대한 표현식을 준다:

$$\lambda_1 = N_1\Phi = N_1BA = N_1{}^2\frac{\mu_r\mu_0 A}{\ell}i_{1m} = L_{1m}i_{1m} \qquad [\mathrm{Wb}] \tag{2.15}$$

이 자화 인덕턴스를 포함하는 등가회로가 그림 2.4 (b)에서 보여져 있다. 이 인덕턴스는, 2.2.2절에서 논의된 바와 같이, 이상 변압기의 2차 측(secondary side)으로 전달될 수 있다. 그 값은 그러면

$$L_{2m} = \left(\frac{N_2}{N_1}\right)^2 L_{1m} \qquad [\mathrm{H}] \tag{2.16}$$

이 될 것이다. 자화 전류가 2차 단자에 연결된 전원으로부터 흘렀다면, 같은 자속 조건을 생성하기 위해 요구되는 크기는

$$i_{2m} = \frac{N_1}{N_2}i_{1m} \qquad [\mathrm{A}] \tag{2.17}$$

일 것이다.

많은 변압기에서는, 자화 전류가 허용 또는 정격(rated) 권선 전류의 수 [%]에 불과하다. 따라서, 자화 인덕턴스의 효과는 많은 성능 예측에서 무시될 수 있다. 다른 상황에서는, 1.7절과 1.10절에서 설명된 것과 같은 히스테리시스와 철심 비선형성(core nonlinearity)의 효과를 포함하는 더 정밀한 모델이 요구될 수 있다.

2.2.3 Core Losses

철손을 만드는 히스테리시스 및 와류손은 1.7, 1.8, 그리고 1.9절에서 논의되었다. 제한된 범위의 자속밀도 B와 주파수 ω에 걸친 변압기 동작의 경우, 철손 밀도는

식 (1.51)의 와전류 손실 표현식과 비슷한 간단한 모델, 즉,

$$p_c = k_c \left(\frac{dB}{dt}\right)^2 \qquad [\mathrm{W/m^3}] \tag{2.18}$$

에 의해 편리하게 근사화될 수 있다. N_1 [turn] 권선 내에서의 유도 전압은

$$e_1 = \frac{d\lambda_1}{dt} = N_1 A \frac{dB}{dt} \qquad [\mathrm{V}] \tag{2.19}$$

이다. 따라서, 철심 체적 $A\ell$의 경우, 총(total) 철손은

$$P_c = A\ell p_c = A\ell k_c \left(\frac{e_1}{N_1 A}\right)^2 = \frac{{e_1}^2}{R_{1c}} A \qquad [\mathrm{W}] \tag{2.20}$$

과 같이 표현될 수 있다. 여기서 철손은 저항

$$R_{1c} = {N_1}^2 \frac{A}{k_c \ell} \qquad [\Omega] \tag{2.21}$$

에 의해 나타내어진다. 이 저항은 그림 2.4 (c)에서 보여진 바와 같이 등가회로에 도입될 수 있다. 이 회로 모델은 무부하(no load)에서의 변압기의 거동을 해석하는 데 유용하다.

대부분의 변압기에서는, 철손은 변압기에 의해 전달되는 전력의 매우 적은 소량일 뿐이다. 따라서, 대부분의 회로 계산에서는, 철손 저항(core loss resistance)은 무시될 수 있다. 하지만, 효율(efficiency)과 온도(temperature) 계산에서는 철손이 중요하다.

2.2.4 Leakage Inductance

가정을 제거할 때 나타나는 변압기의 가장 중요한 불완전성 중 하나는 모든 자속이 강자성 철심으로 제한된다는 가정이다. 먼저, 이 가정은 철심의 그 대신인 공기 경로에 비하여 높은 비투자율 때문에 정당하게 되는 것으로 보인다. 이 가정의 한계를 조사하기 위하여, 우선 그림 2.5에서 보여진 환상 변압기(toroidal transformer)를 고려하자. N_1 [turn]의 권선은 강자성 토러스 주위에 밀접하게 감겨 있다. 두꺼운 절연층(layer of insulation)이 그 다음 적용되며, N_2 [turn]의 권선이 그 위에 감겨 있다. 권선 1은 전원과 그리고 권선 2는 부하와 연결된다.

평균 반경 $\bar{r}$에서 철심 내의 폐경로(closed path)를 고려한다. 철심 투자율이 높다면, 철심 내의 자계의 세기는 주회 법칙 표현식에서 무시될 수 있다. 따라서, 이상

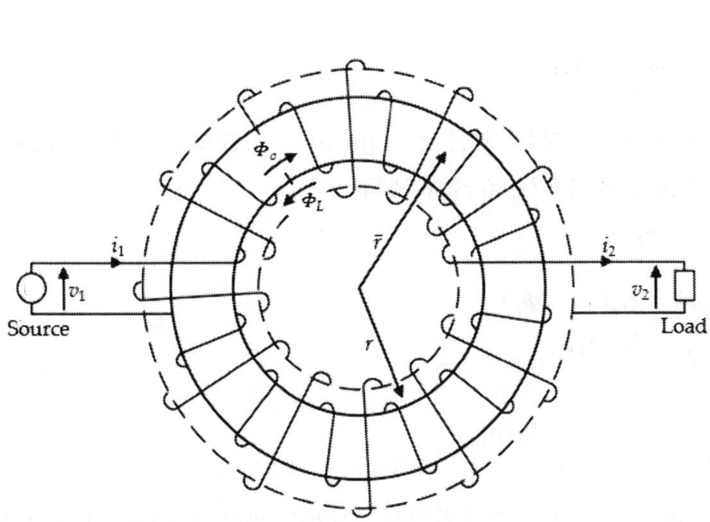

Figure 2.5 Two-winding transformer on toroidal core, showing path for leakage flux.

변압기에서와 같이,

$$N_1 i_1 = N_2 i_2 \qquad [\mathrm{A}] \tag{2.22}$$

이다.

철심 자속 Φ_c는 권선 1의 쇄교 자속 λ_1의 변화율이 전원 전압 v_1과 같도록 되어야 할 것이다(권선 저항을 무시하여):

$$\lambda_1 = N_1 \Phi_c \qquad [\mathrm{Wb}] \tag{2.23}$$

이제, 권선 1과 2 사이의 공간에 있는 길이 $\ell = 2\pi r$의 원형 폐경로(circular closed path)를 고려한다. 이 경로에 의해 둘러싸이는 순(net) 전류는 $N_2 i_2$이며, 주회 법칙으로부터, 이 영역 내에서의 자계의 세기는

$$H_L = \frac{N_2 i_2}{\ell} \qquad [\mathrm{A/m}] \tag{2.24}$$

이다. 권선 사이의 공간이 단면적 A_L과 평균 길이 ℓ을 가진다면, 이 면적 내의 자속은

$$\Phi_L = A_L B_L = \frac{A_L \mu_0 N_2 i_2}{\ell} \qquad [\mathrm{Wb}] \tag{2.25}$$

가 될 것이다. 이 자속은 철심 자속과 비교하여 반시계 방향(counterclockwise)으로 향한다. 권선 2의 각 [turn]의 쇄교 자속은 그러면

$$\Phi_2 = \Phi_c - \Phi_L \qquad [\text{Wb}] \tag{2.26}$$

이다. 권선 1의 자속 Φ_c이 모두 권선 2의 [turn]과 쇄교하지는 않기 때문에, 차이 Φ_L은 **누설 자속**(*leakage flux*)으로 알려져 있다.

권선 2의 쇄교 자속은

$$\begin{aligned}\lambda_2 &= N_2\Phi_2 = N_2(\Phi_c - \Phi_L)\\ &= \frac{N_2}{N_1}\lambda_1 - \frac{{N_2}^2 A_L \mu_0}{\ell} i_2\\ &= \frac{N_2}{N_1}\lambda_1 - L_{2L} i_2 \qquad [\text{Wb}]\end{aligned} \tag{2.27}$$

과 같이 표현될 수 있다. 이상 변압기에서 생겼을 권선 2 쇄교 자속 $\lambda_1 N_2/N_1$과 식 (2.27)의 쇄교 자속 λ_2 사이의 차이는 전류 i_2에 직접 비례하며 인덕턴스의 성질을 가질 것으로 보인다. 권선 2의 N_2 [turn]에서 본 이 누설 인덕턴스(leakage inductance) L_{2L}은

$$L_{2L} = \frac{{N_2}^2 A_L \mu_0}{\ell} \qquad [\text{H}] \tag{2.28}$$

이다. 권선 저항을 무시하면, 권선 2의 단자에서 전압은

$$v_2 = \frac{d\lambda_2}{dt} = \frac{N_2}{N_1} v_1 - L_{2L}\frac{di_2}{dt} \qquad [\text{V}] \tag{2.29}$$

이다. 누설 인덕턴스는 이제, 그림 2.6 (a)에서 보여진 바와 같이, 등가회로 모델에 도입될 수 있다.

자속 누설의 효과는 그림 2.6 (b)의 등가회로에 의해 동등하게 잘 나타내어질 수 있다. 2.1.1절에서 논의된 바와 같이, 인덕턴스 L_{2L}은 이상 변압기를 가로질러 권선 1의 N_1 [turn]에서 보여지는 누설 인덕턴스 L_{1L}로 전달될 수 있다. 식 (2.10)으로부터,

$$L_{1L} = \left(\frac{N_1}{N_2}\right)^2 L_{2L} \qquad [\text{H}] \tag{2.30}$$

이다.

다음으로, 그림 2.1에서 보여진 바와 같이, 권선이 철심의 반대편 (철심)각(leg)에 있는 변압기를 고려한다. 부하가 있는 상태에서는, 1차와 2차 기자력이 그 크기가 근사적으로 같을 것이다. 이 변압기의 1차 권선과 쇄교하는 상당한 부분이 2차 코

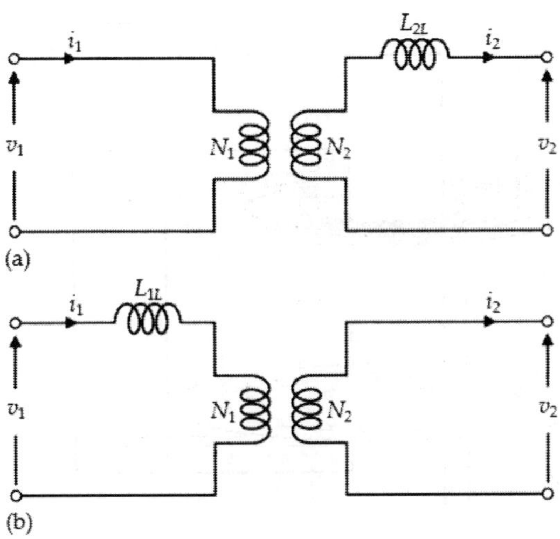

Figure 2.6 Transformer equivalent circuits including leakage inductance (a) referred to secondary and (b) referred to primary.

일의 반대 방향 기자력을 피하여 1차 코일 주위의 공기 경로를 취할 수 있다. 즉, 이 변압기는 높은 누설 인덕턴스를 가질 것이다. 누설을 줄이기 위하여, 더 유용한 권선 배치는 그림 2.7 (a)에서 보여진 배치이다. 여기에서, 코일은 한 개의 철심각 위에 차곡차곡 쌓인다. 자속 경로는 그림 2.7 (b)에서 파선(dashed line)으로 나타나 있다. 식 (2.22)에서와 같이 두 개의 권선에 의해 생성되는 기자력이 같으며 반대 방향인 부하가 걸린 변압기를 가정한다. 그림 2.7 (b)의 어느 정도 단순화된 모양은 철심의 왼쪽 철심각에 있는 자속 Φ_1이 권선 1과 쇄교함을 보인다. 이 자속의 주된 부분은 강자성 철심을 도는 Φ_c로 연속된다. 하지만, 자속의 일부 Φ_L은 권선 사이의 공기 경로를 통과하여, 따라서 바깥 쪽 권선 2의 반대 방향 기자력을 피한다. 이 자속 Φ_L의 양(amount)은 권선 2의 기자력에 직접 비례할 것이다.

실제 누설 자속의 형태(pattern)는 그림 2.7 (b)에서 보여진 것보다 어느 정도 더 복잡하다. 약간의 누설 자속은 권선 1의 N_1 [turn]과 만 쇄교하며 약간은 권선 2의 부분과 쇄교한다. 하지만, 누설 인덕턴스의 크기에 영향을 미치는 주된 치수 인자(dimensional factor)는 식 (2.28)의 조사에 의해 평가될 수 있다. 누설 인덕턴스를 최소화하기 위해서는, 권선은 가능한 한 서로 가깝게 하여, 따라서 누설 경로의 면적을 최소화하도록 위치시켜야 한다. 또한, 그림 2.7 (b)에서 코일 사이의 누설 자속 경로의 높이 h는 가능한 한 길게 만들어져야 한다. 약간의 변압기에서는, 밀접한 결합을 이루기 위하여 두 권선의 구역(section)이 끼워 넣어진다(interleaved).

전력용 변압기(power transformer)를 위한 약간 전형적인 권선과 철심 배열이 그림 2.8에 보여져 있다. 그림 2.8 (a)의 외철형(shell-type) 구조는 그림 2.7의 구조와

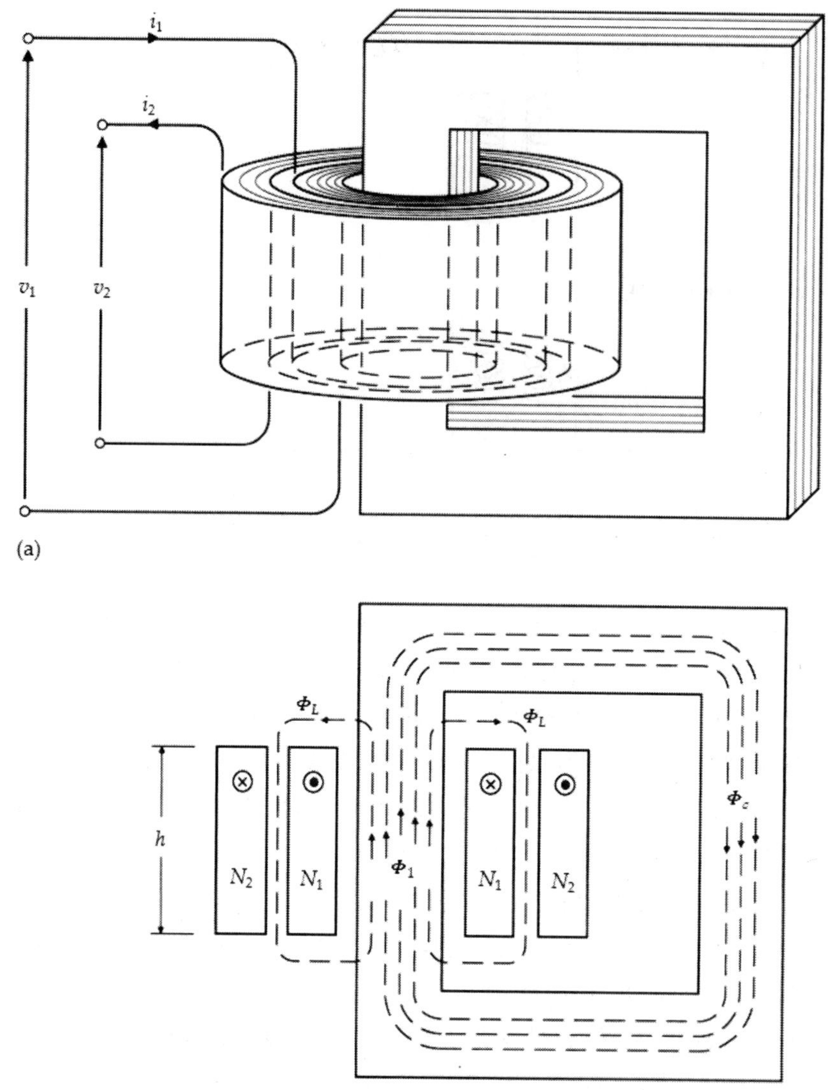

Figure 2.7 (a) Two-winding transformer with laminated core and (b) leakage flux pattern.

같은 코일을 가지지만, 바깥 쪽 철심은, 각각이 철심 자속의 절반을 운반하도록, 두 부분으로 나누어져 있다. 그림 2.8 (b)의 내철형(core-type) 구조는 그림 2.7의 구조와 비슷한 철심을 가지지만, 각 철심각이 1차와 2차 코일을 가지고 있다. 코일 a와 b는 동일하며 이 둘이 직렬(series) 또는 병렬(parallel)로 연결될 수 있다.

EXAMPLE 2.2 그림 2.5에서 보여진 변압기의 철심이 75 [mm]의 평균 반경을 갖는다. 그 단면은 40 [mm] 직경의 원형이다. 직경 1.1 [mm]인 둥근 구리 도선의 270 [turn]

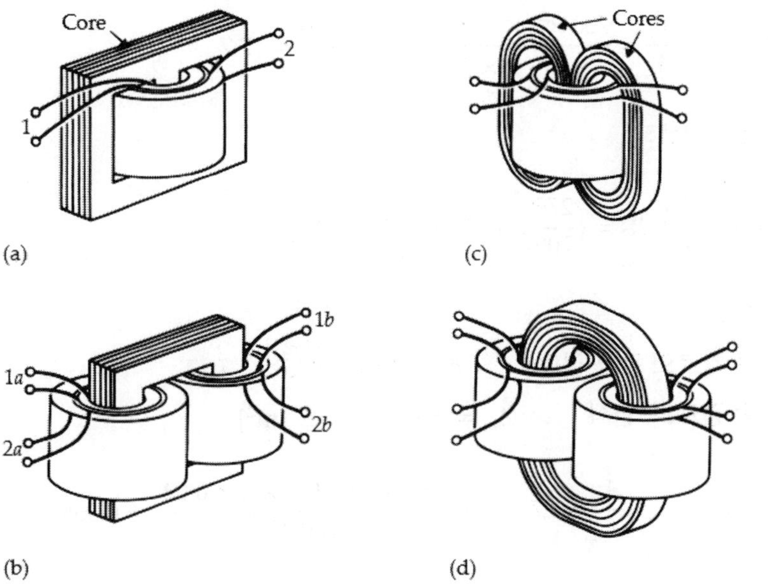

Figure 2.8 Winding and core arrangements: (a) Shell type with core of laminated sheets (1, primary coil; 2, secondary coil), (b) core type with core of laminated sheets, (c) shell type with wound core, and (d) core type with wound core.

의 1차 권선이 철심 둘레에 단층(single layer)으로 감겨져 있다. 그 다음에 4 [mm] 두께의 절연이 적용되며, 직경 0.4 [mm]인 둥근 구리 도선의 700 [turn]의 2차 권선이 절연 위에 감겨져 있다. 철심은 1500의 비투자율을 갖는 것으로 가정될 수 있다. 예측되는 운전 온도에서 구리의 저항률은 200 [$\mu\Omega$·m]이다. 모든 값을 1차측으로 환산한 값으로 하여 이 변압기의 등가회로에 대한 매개변수의 근사 값을 유도하라.

Solution

1차 권선 저항:

1 [turn]의 길이: $\ell_1 = \pi \times 0.0411$ [m]

도선의 면적: $A_1 = \pi \times 0.00055^2$ [m^2]

$$R_1 = N_1 \rho \frac{\ell_1}{A_1} = 270 \times \frac{2 \times 10^{-8} \times \pi \times 0.0411}{\pi \times 0.00055^2} = 0.73 \qquad [\Omega]$$

2차 권선 저항:

1 [turn]의 길이: $\ell_2 = \pi \times 0.0506$ [m]

도선의 면적: $A_2 = \pi \times 0.0002^2$ [m^2]

$$R_2 = N_2 \rho \frac{\ell_2}{A_2} = \frac{700 \times 2 \times 10^{-8} \times \pi \times 0.0506}{\pi \times 0.0002^2} = 17.7 \qquad [\Omega]$$

1차측으로 환산하면:

$$R_2' = \left(\frac{N_1}{N_2}\right)^2 R_2 = \left(\frac{270}{700}\right)^2 17.7 = 2.63 \qquad [\Omega]$$

자화 인덕턴스:

자속 경로의 평균 길이: $\ell_m = 2\pi \times 0.075$ [m]

자속 경로의 면적: $A_m = \pi \times 0.02^2$ [m^2]

$$L_{1m} = N_1^2 \mu_r \mu_0 \frac{A_m}{\ell_m} = 270^2 \times \frac{1500 \times 4\pi \times 10^{-7} \times \pi \times 0.02^2}{2\pi \times 0.075} = 0.366 \qquad [\mathrm{H}]$$

누설 인덕턴스: 누설 자속 경로의 평균 길이는 철심 자속 경로의 평균 길이와 같은 것으로 가정한다. 누설 자속 경로의 면적은

$$A_L = \pi(25.1^2 - 21.1^2)10^{-6} = 0.581 \times 10^{-3} \qquad [\mathrm{m}^2]$$

$$L_{1L} = N_1^2 \mu_0 \frac{A_L}{\ell_m} = \frac{270^2 \times 4\pi \times 10^{-7} \times 0.581 \times 10^{-3}}{2\pi \times 0.075} = 0.113 \qquad [\mathrm{mH}]$$

(주: 약간의 누설 자속이 1차와 2차 도체의 내부에서 생기기 때문에 누설 인덕턴스는 이것보다 약간 더 클 것이다. 이것을 입증하기 위해서는, 두 권선 중 어딘가를 통과하는 경로 부분의 길 주위에 주회 법칙을 적용한다.)

변압기에 대한 등가회로가 그림 2.9에서 보여져 있다. 운전 주파수는 보통은 자화 리액턴스 $X_{1m} = \omega L_{1m}$이 저항 R_1보다 훨씬 더 크게 할 것이다. 계산의 목적으로, 보통 이 자화 지로(magnetizing branch)를 1차 단자의 바깥으로 움직이는 것이 허용된다. 1차측으로부터 본 권선의 등가 저항은 그러면

$$R_{1e} = R_1 + R_2' = 0.73 + 2.63 = 3.36 \qquad [\Omega]$$

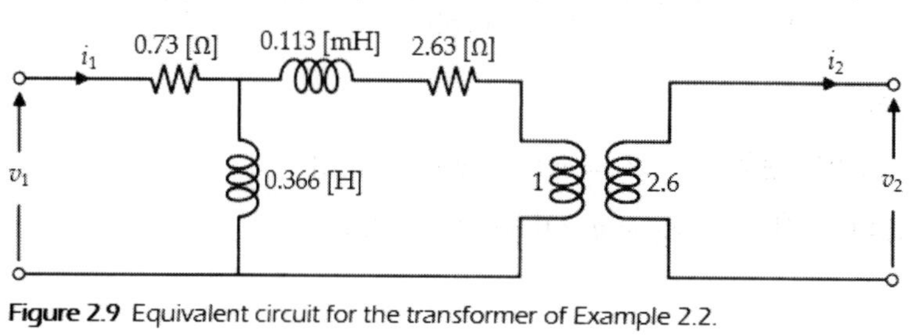

Figure 2.9 Equivalent circuit for the transformer of Example 2.2.

2.3 TRANSFORMER RATING

연속적으로 운전하기 위해 설계된 주파수, 전압, 전류, 그리고 전압-전류 적(곱)(voltage current product; 피상 전력)의 조건은 집합적으로 변압기의 **정격**(*rating*)이라고 불린다. 어떤 권선에 대한 정격 전압(rated voltage)은 철심 내에서 최대 자속밀도 $\hat{B}$로 부과되어야 하는 한계에 의해 제한된다. 1.7부터 1.10절에서 논의된 바와 같이, $\hat{B}$의 과대한 값은 변압기 권선 내에서 자화 전류의 큰 첨두치를 생성할 것이며 또한 철심 내에서 철손의 큰 값을 생성할 것이다. 강 적층(steel lamination)에 대한 첨두 자속밀도의 전형적인 값은 대략 1.5 [T]일 수 있다. 유효 철 면적 A의 철심에서 N_1 [turn]의 권선의 경우, ω [rad/s]의 주파수에서 정현 동작에 대한 정격 실효 전압(rated rms voltage)은

$$V_{1(rated)} = \frac{\omega N_1 A \hat{B}}{\sqrt{2}} \qquad [\text{V}] \tag{2.31}$$

이 될 것이다. N_2 [turn]의 2차 권선의 정격 전압은 권수비에 비례할 것이다. 정격 전압은 운전 주파수 ω에 종속됨에 유의하라. 정현 파형이 아닌 경우에도 최대 자속밀도의 같은 한계가 적용될 것이다.

권선의 정격 전류는 변압기 권선의 절연의 과도한 가열로 이끌지 않을 최대 실효치이다. 대부분의 전력용 변압기에서 사용되는 기름 함침 종이 절연(oil-impregnated paper insulation)의 경우, 이 최대 온도는 대략 100 [°C]이다. 다른 절연 물질은 더 높은 온도에 견딜 수 있다. 변압기는 권선과 철심 표면에 걸친 공기 또는 기름 유동(flow) 또는 가끔 냉각 도관(cooling pipe)을 통과하는 물 흐름(water flow)에 의해 냉각되도록 설계된다. 표면의 온도와 냉각 매질의 온도 사이의 주어진 차이에 대해 그리고 주어진 표면적(surface area)에 대해, 열로 소산될 수 있는 허용되는 전력 손실 P_L이 얻어질 수 있다. 이 손실은 철손 P_c 더하기 권선 저항에서의 손실로 이루어진다:

$$P_L = P_c + R_1 I_1^2 + R_2 I_2^2 = P_c + R_{1e} I_1^2 \qquad [\text{W}] \tag{2.32}$$

여기서

$$R_{1e} = R_1 + \left(\frac{N_1}{N_2}\right)^2 R_2 \qquad [\Omega] \tag{2.33}$$

인 R_{1e}는 1차 권선에서 보여지는 총 유효 저항이다. 허용되는 전력 손실이 P_L이며 변압기가 연속 철손 P_c를 갖는다면, 나머지는 허용되는 권선 손실(winding loss)이

다. 따라서 연속 운전에 대한 정격 전류는

$$I_{1(rated)} = \left(\frac{P_L - P_c}{R_{1e}}\right)^{1/2} \qquad [A] \tag{2.34}$$

이다. 2차 권선의 정격 전류는 권수비에 역비례(반비례)할 것이다.

변압기 온도가 최대 허용치보다 상당히 낮다면, 절연 온도가 그것의 설계 한계에 도달할 때까지 단시간(short time) 동안 더 큰 권선 전류가 흐르도록 하는 것이 허용될 수 있다. 이 온도가 초과되면, 절연이 깨지기 쉽게 되고 수명(life)이 상당히 줄어들 수 있다.

전압과 전류 정격이 본질적으로 서로 무관하기 때문에, 변압기는 (유효) 전력 정격(power rating)을 갖지 않지만, 대신 권선의 어느 쪽에 대한 전압과 전류 정격의 적(곱)인 전압-전류 정격(volt-ampere rating, 피상 전력 정격)을 가진다:

$$S_{rated} = V_{1\,(rated)} I_{1\,(rated)} = V_{2\,(rated)} I_{2\,(rated)} \qquad [VA] \tag{2.35}$$

이 정격은 부하의 역률(power factor)에 무관함에 유의하라. 변압기는 매우 적은 실 전력(유효 전력, real power)을 흡수하는 유도성(inductive) 또는 용량성(capacitive) 부하에 공급할 때 전 피상 용량을 짊어질 수 있다(fully loaded). 변압기의 명판(nameplate)은 보통 권선의 정격 전압, 정격 피상 전력(volt-ampere product), 그리고 정격 주파수에 관한 자료를 내포한다.

변압기가 정격 주파수와는 다르게 사용될 때, 전압 정격이 적절하게 조정되어야 한다. 비슷하게, 설계 값보다 높게 주위 온도의 증가가 일어나는 것과 같이, 냉각 조건이 바뀐다면, 전류 정격이 조정되어야 한다.

2.3.1 Per Unit Values

단위법 양(per unit quantity)은

$$\text{Quantity in per unit} = \frac{\text{Actual quantity}}{\text{Base-value quantity}} \tag{2.36}$$

으로 정의된다. 하첨자(subscript) b는 기저 값(base value)을 나타낸다. 변압기의 경우, 보통 권선 전압과 피상 전력의 정격 값을 기저 값으로 선택하는 것이 편리하다:

$$V_{1b} = \text{rated voltage for winding 1 [V]}$$

$$S_b = \text{rated voltamperes for either winding [VA]}$$

다른 기저 값은 이제 이 둘로부터 결정될 수 있다. 권선 1에 대한 기저 전류(base current)는

$$I_{1b} = \frac{S_b}{V_{1b}} \qquad [\text{A}] \tag{2.37}$$

이다. 권선 1에 대한 기저 임피던스(base impedance)는

$$Z_{1b} = \frac{V_{1b}}{I_{1b}} \qquad [\Omega] \tag{2.38}$$

이다. 기저 주파수(base frequency) ω_b에서, 기저 인덕턴스(base inductance)는 또한 다음과 같다:

$$L_{1b} = \frac{Z_{1b}}{\omega_b} \qquad [\text{H}] \tag{2.39}$$

권수비 N_1/N_2를 가진 변압기의 경우, 2차 권선에 대한 기저 값은

$$V_{2b} = \frac{N_2}{N_1} V_{1b} \qquad [\text{V}] \tag{2.40}$$

$$I_{2b} = \frac{N_1}{N_2} I_{1b} \qquad [\text{A}] \tag{2.41}$$

$$Z_{2b} = \left(\frac{N_2}{N_1}\right)^2 Z_{1b} \qquad [\Omega] \tag{2.42}$$

$$L_{2b} = \left(\frac{N_2}{N_1}\right)^2 L_{1b} \qquad [\text{H}] \tag{2.43}$$

이다.

변압기의 매개변수는 종종 이 값에 대한 단위 값(per unit, [pu])으로 주어진다. 예를 들어, 누설 인덕턴스는 무차원(차원이 없는) 양(dimensionless quantity)으로

$$L_{1L} = \frac{L_{1L\,(\text{H})}}{L_{1b}} \qquad [\text{pu}] \tag{2.44}$$

와 같이 나타내어질 수 있다. 식 (2.30)과 (2.43)으로부터, 누설 인덕턴스가 이상 변압기의 2차측으로 전달되고 2차 기저 인덕턴스 L_{2b}로 나누어 진다면 단위 값이 같음이 보여질 수 있다. 따라서, 단위법에서는, 누설 인덕턴스를 간단히 L_L로 나타낼 수 있다. 전력용 변압기에 대한 전형적인 누설 인덕턴스의 값은 0.015에서 0.2 [pu]의 범위 내에 있다. 변압기가 그것의 정격 주파수 ω_b에서 운전될 때, 누설 리액턴

스 X_L의 단위 값은 L_L [pu]와 같다.

더 나아간 예로서, 1차 권선으로 환산한 두 권선의 등가 저항 R_{1e}(식 (2.33))는

$$R_{1e} = \frac{R_{1e\,(\Omega)}}{Z_{1b}} \qquad [\text{pu}] \tag{2.45}$$

와 같이 기저 임피던스 Z_{1b}의 단위 값으로 표현될 수 있다. 모든 저항이 2차측으로 환산되었다면 같은 단위 값이 얻어졌을 것이다. 단위 값 저항의 전형적인 값은 매우 소형인 변압기에 대한 0.1 [pu]의 높은 값으로부터 100 [MVA]보다 더 큰 변압기에 대한 대략 0.002 [pu]까지의 범위이다.

종종 단위법 양으로 직접 회로 계산을 하는 것이 편리하다. 예를 들어, 주어진 단위법 전류에 대한 등가 저항을 가로지르는 단위법 전압 강하는

$$V_{R\,(\text{pu})} = R_{(\text{pu})} I_{(\text{pu})} \tag{2.45}$$

이다. 이 접근법은 모든 양(quantity)이 이상 변압기를 가로질러 환산될 때 같기 때문에 회로 모델에서 이상 변압기를 없애는 것을 허용한다.

EXAMPLE 2.3 10 [kVA], 2300 : 230 [V], 60 [Hz] 배전 변압기가 다음과 같은 등가회로 매개변수를 가진다: $R_1 = 5.8$ [Ω], $R_2 = 0.0605$ [Ω], $L_{1L} = 85.2$ [mH], $L_m = 48$ [H], $R_{1c} = 75.6$ [kΩ].

(a) 이 변압기에 대한 적절한 기저 값을 구하라.

(b) 매개변수를 단위 값으로 표현하라.

Solution

(a)
$$S_b = 10000 \qquad [\text{VA}]$$
$$V_{1b} = 2300 \qquad [\text{V}]$$
$$I_{1b} = 10000/2300 = 4.35 \qquad [\text{A}]$$
$$Z_{1b} = 2300/4.35 = 529 \qquad [\Omega]$$
$$L_{1b} = 529/(2\pi \times 60) = 1.4 \qquad [\text{H}]$$

(b) 1차측으로부터 보여지는 등가 권선 저항은

$$R_{1e} = R_1 + \left(\frac{N_1}{N_2}\right)^2 R_2 = 5.8 + 10^2 \times 0.0605 = 11.85 \qquad [\Omega]$$

$$R = \frac{11.85}{529} = 0.0224 \qquad [\text{pu}]$$

$$L_L = \frac{0.0852}{1.4} = 0.061 \qquad [\text{pu}]$$
$$L_m = \frac{48}{1.4} = 34.3 \qquad [\text{pu}]$$
$$R_c = \frac{75600}{529} = 143 \qquad [\text{pu}]$$

EXAMPLE 2.4 예제 2.3에서의 변압기의 1차 권선이 1 [pu] 전압의 전원에 연결되며 2차 권선은 단락 회로로 되었다고(short circuited) 가정한다. 1차 전류를 [pu]와 [A]로 결정하라.

Solution
이 예제의 경우, 변압기는, 그림 2.10에서 보여진 바와 같이, 등가 저항과 누설 인덕턴스로 이루어진 단위법 등가회로에 의해 모델링될 수 있다. 회로 임피던스는 (정격 주파수 ω_b에서)

$$Z = R + j\omega_b L = 0.0224 + j0.061 = 0.065\angle 69.8^\circ \qquad [\text{pu}]$$
$$I = \frac{V}{Z} = \frac{1\angle 0^\circ}{0.065\angle 69.8^\circ} = 15.4\angle -69.8^\circ \qquad [\text{pu}]$$

따라서, 권선의 절연과 기계적 지주(mechanical bracing)는 정격 전류의 15.4배가 흐를 때 생기는 힘을 견디도록 설계되어야 한다. 1차 권선에서의 실제 전류는

$$I_1 = I_{(\text{pu})} I_{1b} = 15.4 \times 4.35 = 67 \qquad [\text{A}]$$

2.4 MEASUREMENT OF TRANSFORMER PARAMETERS

설계자는 전압과 피상 전력의 특정한 정격 값을 생성하도록 그리고 특정한 매개변수를 산출하도록 변압기의 물질과 치수(dimension)를 선택한다. 변압기가 생산될 때, 이 값들을 확인하기 위해 시험(test)이 보통 수행된다. 이용할 수 있는 자료가 없는 변압기의 경우에도 같은 시험이 매개변수를 제공한다.

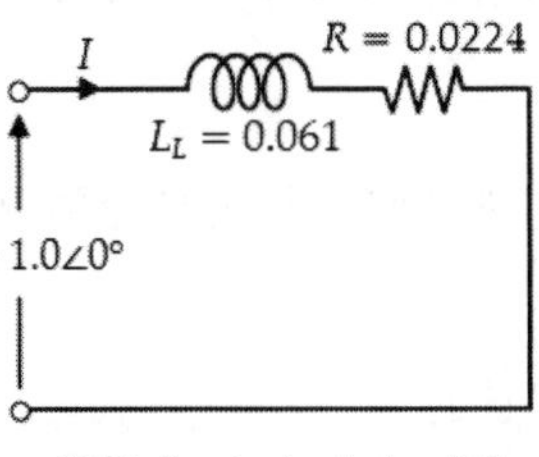

Figure 2.10 Equivalent circuit for Example 2.4.

권선 저항은 휘트스톤(Wheatstone) 또는 켈빈 브릿지(Kelvin bridge)를 사용하여 따로따로 측정될 수 있다. 등가 저항은 그러면 식 (2.33)을 이용하여 찾아질 수 있다. 이것은 직류 전류에 대한 저항이 될 것이라는 것에 유의해야 할 것이다. 교류 전류는 권선 도체 내에서 전류의 불균일 분포의 원인이 될 수 있으며 정격 주파수에서 어느 정도 더 높은 유효 저항으로 귀결한다.

자화 인덕턴스와 철손 저항은 한 권선에는 정격 주파수에서 정격 전압이 인가되고 다른 권선은 개방 회로인 시험에 의해 측정될 수 있다. 권선의 선택은 허용되는 전원에 의존한다. 전원측에서의 전압 V_1의 크기, 전류 I_1, 그리고 전력 P_1, 그리고 개방 회로측에서의 전압 V_2가 측정된다. 이 시험의 경우, 권선 저항을 무시한, 그림 2.4 (c)에서 보여진, 등가회로가 보통 가정될 수 있다. 입력 전력은 그러면 실질적으로 철손이다. 이제 매개변수 R_{1c}와 L_{1m} 그리고 권수비 $N_2 : N_1$이 측정된 양으로부터 계산될 수 있다. 일반적으로, 이 양들은 대부분의 변압기를 설치한 운전에서 마주치는 좁은 범위에 걸친 전압에서 일정한 것으로 고려될 수 있다. 전압이 그것의 정격 값으로부터 넓게 변동한다면, 예측되는 운전 범위에 걸친 측정이 요구될 수 있다.

누설 인덕턴스와 유효 권선 저항은 단락된(shorted-circuited) 변압기에서 이루어지는 측정으로부터 구해질 수 있다. 권선 중 하나는 단락되며, 두 권선에 대략 정격 값의 전류가 흐르도록 할만한 전압이 다른 권선에 인가된다. 측정은 입력 전압, 전류, 그리고 전력으로 이루어진다; 이로부터, 전원측에서 본 것으로서, 등가 저항 R_e, 누설 리액턴스 X_L, 그리고 누설 인덕턴스 L_L이 계산될 수 있다. 그 다음 R_e의 값이 권선 저항에서 주파수의 효과를 부과한 직류 측정으로부터 결정된 값과 비교될 수 있다. 원한다면, 권수비의 점검을 위해 단락된 권선에서의 전류가 측정될 수 있다.

EXAMPLE 2.5 다음의 측정이 20 [kVA], 4600 : 230 [V], 60 [Hz] 배전 변압기에 대해 이루어졌다: 저압(low-voltage) 권선에 공급한, 개방 회로 시험: $V = 230$ [V], $I = 3.5$ [A], $P = 152$ [W]; 고압(high-voltage) 권선에 공급한, 개방 회로 시험: $V = 225$ [V], $I = 4.35$ [A], $P = 360$ [W]. 저압 권선으로 환산한 변압기의 매개변수를 결정하라.

Solution

개방 회로 시험으로부터, 저압 권선에 대한 하점자 2를 사용하여:

$$R_{2c} = \frac{V_2^{\,2}}{P_2} = \frac{230^2}{152} = 348 \qquad [\Omega]$$

$$I_{2c} = \frac{V_2}{R_{2c}} = \frac{230}{348} = 0.66 \qquad [\mathrm{A}]$$

$$I_{2m} = \left(I_2^{\,2} - I_{2c}^{\,2}\right)^{1/2} = \left(3.5^2 - 0.66^2\right)^{1/2} = 3.44 \qquad [\mathrm{A}]$$

$$X_{2m} = \frac{V_2}{I_{2m}} = \frac{230}{3.44} = 67 \qquad [\Omega]$$

$$L_{2m} = \frac{X_{2m}}{\omega_b} = \frac{67}{377} = 0.177 \qquad [\mathrm{H}]$$

단락 회로 시험으로부터:

$$R_{1e} = \frac{P_1}{I_1^{\,2}} = \frac{360}{4.35^2} = 19.02 \qquad [\Omega]$$

$$R_{2e} = R_{1e}\left(\frac{N_2}{N_1}\right)^2 = 19.02\left(\frac{230}{4600}\right)^2 = 0.048 \qquad [\Omega]$$

$$Z_1 = \frac{V_1}{I_1} = \frac{225}{4.35} = 51.7 \qquad [\Omega]$$

$$X_{1L} = \left(Z_1^{\,2} - R_{1e}^{\,2}\right)^{1/2} = \left(51.7^2 - 19.02^2\right)^{1/2} = 48.1 \qquad [\Omega]$$

$$L_{1L} = \frac{X_{1L}}{\omega_b} = \frac{48.1}{377} = 0.128 \qquad [\mathrm{H}]$$

$$L_{2L} = L_{1L}\left(\frac{N_2}{N_1}\right)^2 = \frac{0.128}{20^2} = 319 \qquad [\mu\mathrm{H}]$$

2.5 TRANSFORMER PERFORMANCE

변압기에 대해 전개한 매개변수는 이제 그 성능의 몇 가지 중요한 양상을 예측하는데 사용될 수 있다. 주된 관심은 입력 에너지를 출력 에너지로 변환하는 장치의 효율(efficiency)이다. 변압기는 일반적으로 매우 효율적인(효율이 높은) 장치이다. 하지만, 대부분은 전력 계통에 항상(full time) 연결되어 있으며, 그들의 연속적인 에너지 손실이 변압기의 긴 수명(lifetime)에 걸쳐 계속되는 다대한 운전 비용을 나타낼 수 있다.

에너지 변환 장치의 효율은 보통

$$\eta = \frac{\text{Output power}}{\text{Input power}} \tag{2.47}$$

로 정의된다. 이것은 [pu] 또는 백분율(percent, [%])로 표현될 수 있다. 변압기의 경우에는, 유효 출력(active output power)이 부하의 역률(power factor)에 종속된다.

예를 들어, 부하가 정전용량기(커패시터, capacitor)였다면, 출력은 본질적으로 0일 것이고 입력은 변압기 내에서의 전력 손실과 같을 것이며, 효율은 0이 될 것이다. 따라서, 변압기 단독의 특징적인 성능 특성(characteristic performance property)인 효율의 값은 없다. 효율은 특정한 부하를 가진 변압기에 대해서만 결정될 수 있다. 2차 권선에 연결된 부하의 역률이 $\cos\phi$라면, 출력은

$$P_2 = V_2 I_2 \cos\phi \qquad [\mathrm{W}] \tag{2.48}$$

이다. 변압기에서의 손실은 일정한 전압과 주파수에서 본질적으로 일정할 철손 P_c와 권선 전류에 종속될 권선 손실로 이루어진다. 따라서, 효율은

$$\eta = \frac{P_2}{P_2 + P_c + R_{2e} I_2^2} \tag{2.49}$$

이다.

정격 용량(rated capacity) 가까이에서 운전되며 필요하지 않을 때에는 스위치가 꺼지는(switched off) 변압기라면, 보통 정격 부하 또는 그 가까이에서 최대 효율을 가지는 변압기로 설계한다. 또 한편으로, 24 [h/day] 동안 전력 계통에 연결되지만 대부분의 시간 동안 정격 보다 훨씬 낮은 출력으로 운전되는 배전 변압기는 그것의 평균 출력 또는 그 가까이에서 최대 효율을 갖도록 설계될 수 있다. 역률($\cos\phi$)이 부하의 성질에 의해 고정된다면, 최대 효율에 대하여

$$\frac{d\eta}{dI_2} = 0 \tag{2.50}$$

에 의해 최대 효율은

$$P_c = R_{2e} I_2^2 = R_{1e} I_1^2 \qquad [\mathrm{W}] \tag{2.51}$$

일 때 일어난다는 것이 보여질 수 있다.

배전 변압기에 대한 그 대신의 성능 지수(figure of merit)는

$$\eta_{AD} = \frac{\text{Energy output during 24 h}}{\text{Energy input during 24 h}} \tag{2.52}$$

에 의해 주어지는 “전일(all day)” 또는 에너지 효율이다. 이것은 전형적인 하루(a typical day)에 대한 부하 주기(load cycle)가 알려진다면 변압기 매개변수로부터 결정될 수 있다.

변압기의 다른 중요한 성능 특성(performance characteristic)은 부하가 전부하

(full load)에서 0으로 바뀜에 따라 나타나는 부하 전압 변화의 양(amount)이다. 대부분의 전기 장치는(electrical apparatus)는, 대략 5 [%]의 최대 변동을 허용하여, 특정한 또는 정격 전압에서 운전하도록 설계된다. 너무 높은 전압은, 예를 들어, 실내 난방기(space heater)를 과열시킬 것이다. 그것은 또한 부하 장치 내에 있는 어떤 자기 철심이 포화되도록 할 것이다. 어떤 부하는 일정한 전력을 요구한다. 너무 낮은 전압으로는, 전류가 과대하게 되며 부하 장치 그리고 어쩌면 변압기도 역시 과열시킨다.

일정한 전원 전압 V_1을 가진 변압기의 전압 변동률(voltage regulation)은

$$\text{Regulation} = \frac{V_{2\,(no\ load)} - V_{2\,(rated\ load)}}{V_{2\,(rated\ load)}} \tag{2.53}$$

으로 정의된다. 여기서 V_2는 부하 전압이다. 다시, 효율에서와 같이, 전압 변동률은 부하의 역률에 종속되며 따라서 변압기 단독의 유일한 특성이 아니다.

전압 변동률은, 그림 2.11 (a)에서 보여진 것과 같은, 등가회로를 사용하여 바로 예측될 수 있다. 자화 지로는 무시할 수 있는 효과를 가지며 무시될 수 있다. 편의

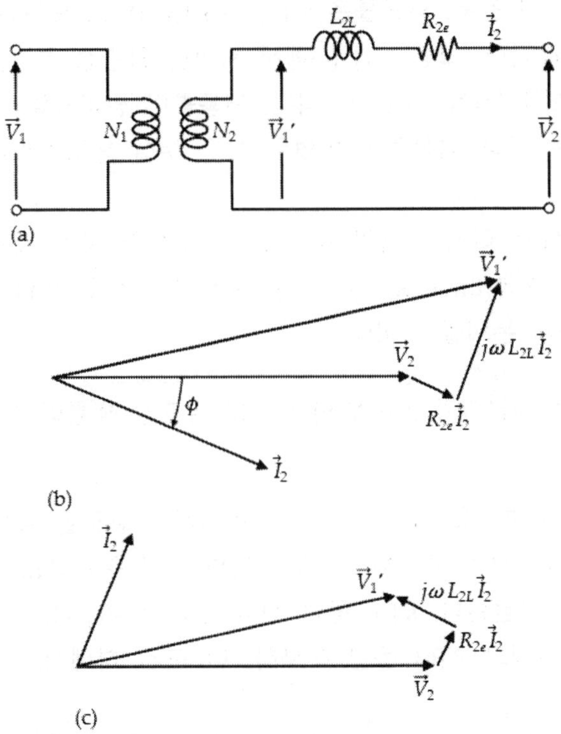

Figure 2.11 (a) Equivalent circuit for predicting voltage regulation, (b) phasor diagram for lagging power factor load, and (c) phasor diagram for leading power factor load.

를 위하여, 모든 매개변수는 2차측으로 환산되었다. 전원 전압 V_1이 정해진 역률의 정격 부하에서 정격 부하 전압 V_2를 제공하도록 조정되었다고 가정한다. 실제로는, 이것이 권선의 한 쪽에 있는 접점(tap)을 사용하여 권수비를 조정함으로써 이루어질 수 있다.

그림 2.11 (b)는 부하 전류가 부하 전압보다 각도 ϕ 만큼 뒤지는 어느 정도 유도성인 부하(inductive load)에 대한 페이서도(phasor diagram)를 보인다. 정격 전압 V_2에서 정격 전류 I_2를 공급하기 위해 요구되는 전원 전압 페이서는

$$\vec{V}_1 = \left(\frac{N_1}{N_2}\right)\vec{V}_1' = \frac{N_1}{N_2}\left[\vec{V}_2 + \left(R_{2e} + j\omega L_{2L}\right)\vec{I}_2\right] \qquad [\mathrm{V}] \tag{2.54}$$

이다. 부하가 제거되면, 부하 전압 크기는 식 (2.54)로부터 V_1의 크기를 사용하여

$$V_2 = \frac{N_2}{N_1}V_1 \qquad [\mathrm{V}] \tag{2.55}$$

가 될 것이다. V_2의 이 값이 이제 전압 변동률을 얻기 위해 식 (2.53)에 대입될 수 있다.

그림 2.11 (b)의 유도성 부하의 경우, 변동률은 정(양, positive)으로 보여진다. 즉, 부하가 제거될 때 전압이 올라간다. 그림 2.11 (c)에서 보여진 용량성 부하(capacitive load)의 경우에는, 변동률이 부(음, negative)이다. 변동률이 받아들일 수 있는 한계 이내로 되도록 보장하는 가장 직접적인 방법은 작은 누설 인덕턴스를 갖는 변압기를 사용하는 것이다.

변압기에 관한 논의는 7장에서 다시 계속될 것이다. 더 복잡한 자기 계통에 대한 모델이 나타내어지며, 3상 계통(three-phase system)에서의 사용을 위한 변압기의 결선(connection)이 거기에서 논의될 것이다.

EXAMPLE 2.6 예제 2.5의 배전 변압기가 230 [V]와 0.85의 유도성 역률에서 부하에 전력을 공급한다.

(a) 변압기 효율이 최대가 되는 부하를 결정하고, 그 부하에서의 효율을 결정하라.
(b) 변압기가 다음과 같이 근사적으로 표현될 수 있는 일별 부하 주기(daily load cycle)로 일정한 역률에서 운전된다: 6 [h] 동안 정격 부하의 90 [%], 10 [h] 동안 정격 부하의 50 [%], 그리고 8 [h] 동안 무부하. 이 조건 하에서의 에너지 효율을 결정하라.

Solution

(a) 최대 효율의 경우, 권선 손실은 철손과 같다. 예제 2.5로부터, $P_c = 152$ [W]이다. 230 [V] 측으로 환산한 등가 권선 저항은 $R_{2e} = 0.048$ [Ω]이다. 따라서, 최대 효율의 경우,

$$P_c = R_{2e}I_2^{\,2}$$

$$I_2 = \left(\frac{152}{0.048}\right)^{1/2} = 56.3 \qquad \text{[A]}$$

이 전류에서 전압-전류 적 또는 피상 전력(apparent power)은

$$S_2 = 230 \times 56.3 = 12.94 \qquad \text{[kVA]}$$

즉, 20 [kVA]의 정격 부하의 65 [%]이다. 이 부하에서, 출력은

$$P_2 = 12940 \times 0.85 = 11000 \qquad \text{[W]}$$

이 부하에서의 효율은 그러면

$$\eta = \frac{P_2}{P_2 + P_c + R_{2e}I_2^{\,2}} = \frac{11000}{11000 + 152 + 152} = 0.973$$

(b) [kW·h]로 표현된 24 [h] 주기 동안의 에너지 출력은

$$(0.9 \times 20 \times 0.85 \times 6) + (0.5 \times 20 \times 0.85 \times 10) = 176.8 \qquad \text{[kW·h]}$$

2차측에서의 전부하 전류(full-load current)는

$$I_2 = \frac{20000}{230} = 87 \qquad \text{[A]}$$

24 [h] 동안의 권선에서의 에너지 손실은

$$0.048[6(0.9 \times 87)^2 + 10(0.5 \times 87)^2] = 2.67 \qquad \text{[kW·h]}$$

24 [h] 동안의 철심에서의 에너지 손실은

$$0.152 \times 24 = 3.65 \qquad \text{[kW·h]}$$

따라서,

$$\eta_{AD} = \frac{176.8}{176.8 + 3.65 + 2.67} = 0.965$$

EXAMPLE 2.7 예제 2.5의 배전 변압기가 230 [V]와 0.8 유도성 또는 지상 역률에서 정격 부하에 전력을 공급한다.

(a) 전압 변동률을 결정하라.

(b) 전원 전압이 4600 [V]에서 고정되었을 때, 요구되는 권수비를 결정하라.

Solution

(a) 기계는 정격 부하와 0.8 역률에서 운전 중이다.

$$\vec{V}_2 = 230\angle 0° \qquad [\text{V}]$$
$$\vec{I}_2 = \frac{20000}{230}\angle \cos^{-1} 0.8 = 87\angle -36.8° \qquad [\text{A}]$$

라 하자. 60 [Hz]에서,

$$X_{2L} = 2\pi \times 60 \times 319 \times 10^{-6} = 0.12 \qquad [\Omega]$$
$$\vec{V}_1{}' = \vec{V}_2 + (R_{2e} + jX_{2L})\vec{I}_2$$
$$= 230\angle 0° + (0.048 + j0.12)87\angle -36.8°$$
$$= 239.65\angle 1.4° \qquad [\text{V}]$$
$$\text{Regulation} = \frac{239.65 - 230}{230} = 0.042$$

(b) 4600 [V] 전원으로부터 정격 부하에 230 [V]를 제공하기 위해서는,

$$\frac{N_1}{N_2} = \left(\frac{4600}{230}\right)(1 - 0.042) = 19.16$$

PROBLEMS

2.1 그림 2.12에서 보여진 변압기를 고려한다.

(a) 권선 3과 4에 극성 점 표시(polarity dot)를 찍어라.

(b) 권선 4의 권수를 설명하라.

(2.1 절)

2.2 2권선 변압기가 1차 권선에 200 [turn]과 2차 권선에 500 [turn]을 가진다. 1차 권선은 230 [V] 정현 전원에 연결되었으며, 2차 권선은 부하에 피상 전력 10 [kVA]를 공급한다. 변압기는 이상적인 것으로 고려될 수 있다.

(a) 부하 전압과 전류 그리고 1차 전류를 결정하라.

(b) 1차측으로부터 보여지는 부하 임피던스의 크기를 결정하라.

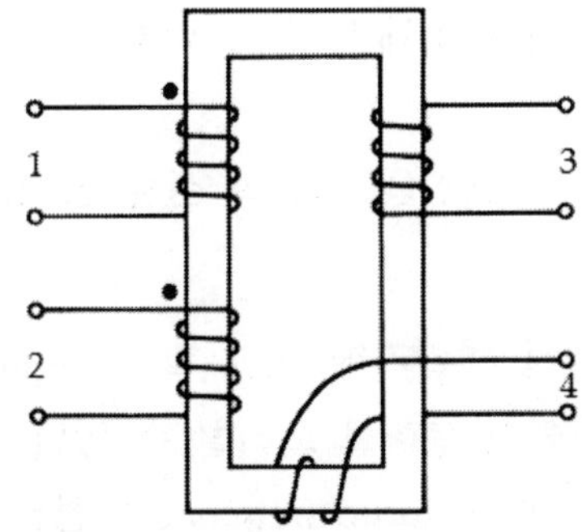

Figure 2.12 Diagram for Problem 2.1.

(2.1 절)

2.3 0.9의 지상 역률에서 10 [A]의 1차 전류를 끌어내는 5 [kVA], 60 [Hz], 440 : 110 [V], 2권선 변압기가 460 [V] 전원에 연결되어 있다. 변압기는 이상적인 것으로 고려될 수 있다. 저압 단자에 연결된 부하 회로의 복소 임피던스(complex impedance)를 결정하라.

(2.1 절)

2.4 그림 2.13은 직렬로 인덕턴스 L_s가 있는 전압 v_s로 모델링될 수 있는 전원이 이상 변압기에 의해 소자(element) R, L, 그리고 C로 이루어진 부하에 연결된 회로를 보인다.

(a) 모든 부하 소자가 변압기의 전원측으로 전달된 등가회로를 유도하라.

(b) $L = 0.1$ [H], $R = 15$ [Ω], $C = 150$ [μF], 그리고 $N_1/N_2 = 6$일 때, 전달된 소자의 값을 결정하라.

(2.1 절)

2.5 5 [kHz] 교류 발전기가 직렬로 1.2 [mH]의 인덕턴스를 가진 250 [V] (rms)의 전원 전압으로 모델링될 수 있다. 발전기는 이상적인 것으로 고려될 수 있는 변압기를 통하여 0.67 [Ω]의 저항 부하(resistive load)에 전력을 공급한다.

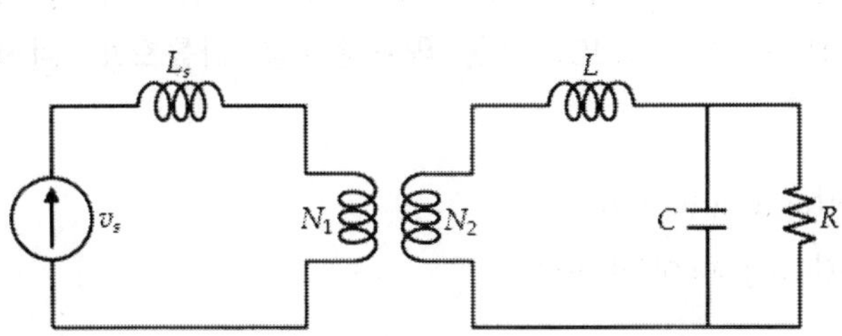

Figure 2.13 Diagram for Problem 2.4.

(a) 부하로 들어가는 전력이 최대가 되기 위해서는 변압기의 권수비가 어떻게 되어야 할 것인가?

(b) 요구되는 변압기의 두 권선의 전압과 전류 정격은 얼마인가?

(2.1.1 절)

2.6 증폭기(amplifier)가 2권선 변압기에 의해 확성기(loudspeaker)에 연결되어 있다. 확성기는 8 [Ω]의 저항성 부하로 고려될 수 있다. 증폭기는 직렬로 1000 [Ω]의 저항을 가진 가청 주파수(audio frequency) 전압의 전원으로 모델링될 수 있다. 이상 변압기로 가정하여, 확성기에 최대 전력을 제공할 권수비를 결정하라.

(2.1.1 절)

2.7 작은 환상 페라이트 철심이 반경 7.5 [mm]인 원형 단면과 30 [mm]의 내직경(inner diameter)을 가진다. 1차 권선은 1000 [turn]을 가지며 2차 권선은 400 [turn]을 가진다. 이 두 권선의 총 두께는 5 [mm]이다. 근사적으로 권선에 의해 점유되는 총 체적의 40 [%]가 저항률 1.72×10^{-8} [Ω·m]의 구리이다.

(a) 두 권선의 저항을 추정하라.

(b) 모든 저항이 1차측으로 환산된 변압기의 등가회로를 만들어라.

(c) 철심 자속밀도가 0.35 [T]를 초과하지 않을 때, 400 [Hz]의 주파수에서 1차 권선에서 유도될 수 있는 정현 실효(rms) 전압의 최대치를 결정하라.

(d) 권선 도체 내의 실효 전류밀도가 5 [A/mm^2]일 때, 문제 (c)의 유도 전압에 대한 유효 저항을 가로지르는 전압 강하의 비를 추정하라.

(2.2 절)

2.8 문제 2.7에서 묘사된 변압기에서의 철심이 300의 비투자율을 가진다. 2차측으로부터 보여지는 변압기의 자화 인덕턴스의 값을 추정하라.

(2.2.2 절)

2.9 변압기가 다음의 매개변수를 가진다: $R_1 = 0.5$ [Ω], $R_2 = 30$ [Ω], $L_{1L} = 7.1$ [mH], $L_{2m} = 54$ [mH], $N_1/N_2 = 0.12$. 모든 매개변수를 다음으로 환산한 등가회로를 그려라:

(a) 고전위측(high-potential side),

(b) 저전위측(low-potential side).

(2.2 절)

2.10 $v_1 = 200\sqrt{2}\sin(314t)$ [V]의 전압이 변압기의 1차 단자에 인가된다. 결과로 나

타나는 여자 전류(exciting current)가 푸리에 급수에 의해 나타내어질 수 있다:

$$i_e = 7.21\sin(314t - 80°) + 2.90\sin(942t - 70°) \qquad [\mathrm{A}]$$

(a) 여자 전류의 실효치를 결정하라.

(b) 철손을 계산하라.

(c) 자화 리액턴스, 자화 인덕턴스, 그리고 철손 저항을 결정하라.

(2.2 절)

2.11 20 [kVA], 4600 : 230 [V], 60 [Hz] 배전 변압기가 280 [W]의 무부하 전력 손실을 가진다. 고압 권선의 측정된 저항은 10.3 [Ω]이며, 저압 권선의 저항은 0.024 [Ω]이다. 변압기는 유조(탱크, tank)의 기름 속에 잠겨 있다. 유조 표면에 걸친 공기의 대류(convection)는 표면적당 그리고 유조와 공기 사이의 온도차(temperature difference)의 [°C]당 25 [W/m^2]의 추정 비율로 열을 뽑아낸다. 유조 표면 온도가 100 [°C]를 초과하지 않으며 공기 온도가 40 [°C]와 같이 높을 때, 요구되는 유조의 표면적을 추정하라.

(2.3 절)

2.12 산업 공장이 150 [kW]의 저항성 전등 부하 더하기 0.85 지상 역률에서 200 [kVA]의 유도전동기(induction motor) 부하로 이루어진 전기 부하를 가지고 있다. 이 부하에 공급하기 위한 변압기의 [kVA] 정격은 얼마가 될 것인가?

(2.3 절)

2.13 200 [kVA], 2300 : 230 [V], 60 [Hz] 단상 변압기가 1.8 [A]의 1차 자화 전류를 가진다. 권선 저항은 1차에 대하여 0.16 [Ω] 그리고 2차에 대하여 1.5 [mΩ]이다. 1차측에서 본 정격 주파수에서의 누설 리액턴스는 1.8 [Ω]이다.

(a) 기저 값으로서 정격 명판 양(quantity)을 사용하여, 기저 전압, 전류, 임피던스, 그리고 이 변압기의 고압과 저압측 둘 다에 대한 복소 전력을 결정하라.

(b) 등가 권선 저항, 누설 인덕턴스, 자화 임피던스, 그리고 자화 인덕턴스의 단위 값을 결정하라.

(c) 자화 전류의 단위 값을 결정하라.

(d) 철손이 [kVA] 정격의 0.8 [%]일 때, 정격 부하에서 [pu]로 변압기의 총 전력 손실을 결정하라.

(2.3.1 절)

2.14 1.5 [kVA], 220 : 110 [V], 60 [Hz] 단상 변압기가 다음의 시험 결과를 주었다:

(i) 저압 권선이 여자된 개방 회로 시험:

$V_2 = 110$ [V], $I_2 = 0.4$ [A], $P_2 = 25$ [W], $V_1 = 220$ [V]

(ii) 고압 권선이 여자된 단락 회로 시험:

$V_1 = 16.5$ [V], $I_1 = 6.8$ [A], $P_1 = 40$ [W]

(iii) 권선 저항의 직류-전류 측정:

$R_1 = 0.412$ [Ω], $R_2 = 0.112$ [Ω]

고압측으로 환산된 이 변압기의 등가회로를 그리고, 그 매개변수의 값을 계산하라.

(2.4 절)

2.15 10 [MVA] 변압기가 단위 역률(unity-power factor) 산업 공정에 전력을 공급하는 것이 요구된다. 그것은 8 [h/day] 동안 전부하로 운전되며 하루의 나머지는 본질적으로 무부하이다. 공급자 A는 99.0 [%]의 전부하 효율과 0.5 [%]의 무부하 손실인 변압기를 권한다. 공급자 B는 같은 가격에서 98.8 [%]의 전부하 효율과 0.3 [%]의 무부하 손실인 변압기를 권한다.

(a) 어느 변압기가 선택되어야 할 것인가?

(b) 에너지 비용이 5.5 [¢/kW·h]라면, 두 변압기 사이의 에너지 비용의 년간 차이(annual difference)는 얼마가 될 것인가?

(2.5 절)

2.16 20 [kVA], 2200 : 220 [V], 60 [Hz] 단상 변압기가 다음의 시험 결과를 주었다:

(i) 저압 권선이 여자된 개방 회로 시험:

$V = 220$ [V], $I = 1.52$ [A], $P = 161$ [W]

(ii) 고압 권선이 여자된 단락 회로 시험:

$V = 205$ [V], $I = 9.1$ [A], $P = 465$ [W]

(a) 0.8의 부하 역률에 대하여 이 변압기가 최대 효율을 가지는 정격 부하의 단위 값을 결정하고, 이 최대 효율의 값을 구하라.

(b) 변압기가 0.8 지상 역률에서 8 [h] 동안 95 [%] 정격 부하, 0.9 지상 역률에서 8 [h] 동안 60 [%] 정격 부하, 그리고 단위 역률에서 8 [h] 동안 5 [%] 정격 부하로 근사화될 수 있는 일별 부하 주기를 가지는 부하에 전력을 공급한다. 부하 전압은 220 [V]이다. 이 부하 주기에서 변압기의 전일 효율(all-day efficiency)을 결정하라.

(2.5 절)

2.17 100 [kVA], 11000 : 2200 [V], 60 [Hz] 단상 변압기가, 저압측으로 환산된, 다음의 등가회로 매개변수를 가진다:

$$R_{2e} = 0.531\ [\Omega],\ X_{2L} = 2.49\ [\Omega],\ R_{2c} = 4942\ [\Omega],\ X_{2m} = 1441\ [\Omega],\ \frac{N_1}{N_2} = 5.0$$

2200 [V]의 정격 전압에서 그리고 0.8의 지상 역률에서 정격 부하에 전력을 공급할 때, 이 변압기의 전압 변동률을 결정하라.

(2.5 절)

2.18 변압기가, 모든 단위 양(quantity)에 대한 기저가 변압기의 정격인, $0.01 + j0.05$ [pu]의 등가 직렬 임피던스와 0.01 [pu]의 무부하 역률(no-load power factor)을 가진다.

(a) 정격 전압 그리고 0.8 지상 역률에서 정격 부하에 전력을 공급할 때 변압기의 효율을 결정하라.

(b) 문제 (a)의 조건에 대하여 전압 변동률을 결정하라.

(2.5 절)

2.19 변압기가 0.85 지상의 역률에서 0에서 정격 값까지 변하는 부하에 전력을 공급하는 것이 요구된다. 전압 변동률은 5 [%]를 초과하지 않는다.

(a) 변압기의 단위법 누설 인덕턴스에 대한 최대 허용 값을 추정하라. 권선 저항의 효과는 무시될 수 있다.

(b) 1차측에서 유지되는 정격 전압으로, 2차 권선이 단락되었다면 [pu]로 정상 상태 단락 회로 전류(steady-state short-circuit current)는 얼마가 될 것인가?

(2.5 절)

GENERAL REFERENCES

Blume, L. F., *Transformer Engineering*, 2nd ed., John Wiley and Sons, New York, 1951.

Fitzgerald, A. E., Kingsley, C., and Umans, S. D., *Electric Machinery*, 5th ed., McGraw-Hill, New York, 1990.

Match, L., *Electromagnetic and Electromechanical Machines*, 2nd ed., Harper and Row, New York, 1977.

Nasar, S. A., *Electric Machines and Transformers*, Macmillan, New York, 1984.

Say, M. G., *Alternating Current Machines*, 5th ed., Pitman, London, 1983.

3 BASIC PRINCIPLES OF ELECTRIC MACHINES

이 장은 전동기에서 전기 에너지를 기계 에너지로 변환하거나 발전기에서 기계 에너지를 전기 에너지로 변환하는데 포함되는 개념의 이해를 도울 예정이다. 보여지게 될 바와 같이, 전동기와 발전기는 그 기본 개념은 비슷하며 단지 응용에 있어서 특정한 상세한 양상만 다를 뿐이다.

거의 대부분의 전기기계는 이용하는 두 가지 현상을 기초로 한다: 자계 내에서 전류에 발휘되는 힘과 자속을 운반하는 강자성 구조 사이에 생성되는 힘. 응용이 매우 특화된 상황으로 제한된 몇 가지 다른 에너지 변환 현상이 있다. 그 예로는

1. 전하 사이에 작용하는 힘, 즉, 쿨롱의 법칙(Coulomb's Law). 이 정전(기)력(electrostatic force)은 매우 작은 초소형 전동기(micromotor) 내에서 제한된 범위에서 이용되는 것이다.
2. 전압이 인가될 때 형상이 약간 바뀌는 결정체의 경향인 압전 효과(piezo-electric effect). 전형적인 응용은 송화기(마이크(로폰), microphone), 축음기 픽업(phonograph pickup), 그리고 가속도계(accelerometer)에서 이다.
3. 자기 왜형(변형)(magnetostriction), 즉, 자화될 때 형상이 약간 바뀌는 강자성체의 경향. 주된 응용은 초음파(ultrasonic wave)의 생성과 매우 작은 변위(displacement)의 측정을 위한 스트레인 게이지(strain gauge)에 있다.

3.1 FORCES ON ELECTRIC CURRENTS

자속밀도 $\vec{B}$의 자계를 가로질러 속도 $\vec{v}$로 움직이는 Q [C]의 전하는, 그림 3.1 (a)에서 보여진 바와 같이, $\vec{F}$ [N]의 횡력(lateral force)을 겪는다:

$$\vec{F} = Q(\vec{v} \times \vec{B}) \qquad [\mathrm{N}] \tag{3.1}$$

두 개의 벡터 $\vec{v}$와 $\vec{B}$의 벡터적(외적, 크로스적, cross product)의 결과는 첫 번째 벡터에서 두 번째 벡터로 회전하는 오른나사(right-hand screw)에 따를 것임에 유의하라.

움직이는 전하가 전기 도체(도전체) 내에 있다면, 그 효과는 전류밀도 벡터 $\vec{J}$ 또

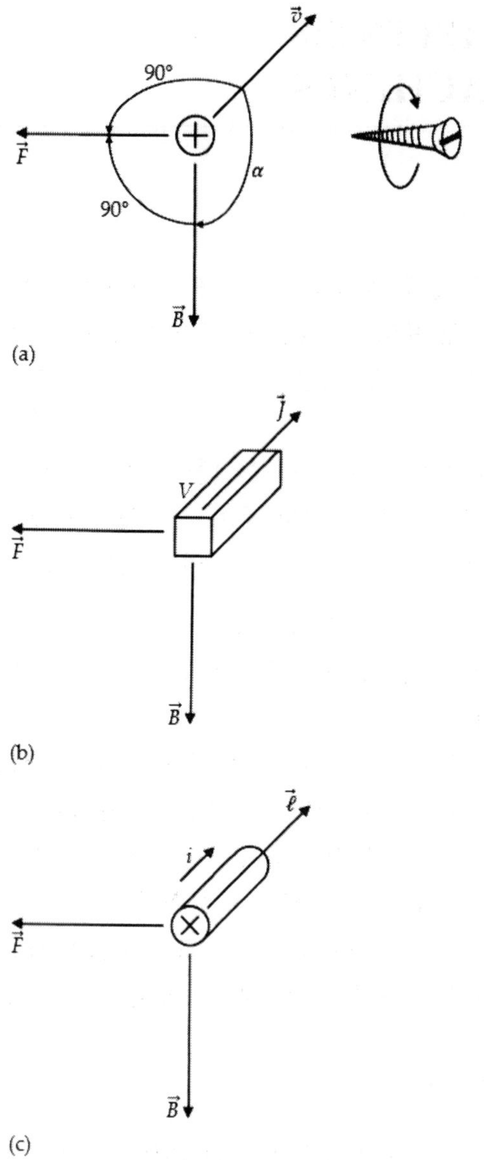

Figure 3.1 Force on (a) a moving electric charge, (b) a conductor volume element, and (c) a conductor length element in a magnetic field.

는 스칼라인 전류 i로 묘사될 수 있다. 따라서, 그림 3.1 (b)에서 보여진 바와 같이, 자계 $\vec{B}$ 내에서 밀도 $\vec{J}$의 전류를 운반하는 도체의 미소 체적(incremental volume) V에서의 힘은

$$\frac{\vec{F}}{V} = (\vec{J} \times \vec{B}) \qquad [\mathrm{N/m^3}] \tag{3.2}$$

이다.

대부분의 도전체는 전류밀도 $\vec{J}$가 본질적으로 면적을 가로질러 균일하며 도체 길이를 따르는 방향이라고 할 수 있을 정도로 단면적이 충분히 작다. 이와 같은 대부분의 보통의 상황의 경우, 힘은, 그림 3.1 (c)에서 보여진 바와 같이,

$$\vec{F} = i\left(\vec{\ell} \times \vec{B}\right) \qquad [\mathrm{N}] \tag{3.3}$$

으로 기술될 수 있다. 여기서 $\vec{\ell}$은 도체 길이의 증가 축을 따르는 벡터이며, B의 크기와 도체 축에 대한 방향은 일정한 것으로 가정될 수 있다.

식 (3.1)에서 (3.3)의 관계식은, 힘 그리고 따라서 전기 에너지로부터 기계 에너지를 생성하는 전동기 동작(motoring action)의 기저로 고려될 수 있다. 역(converse)의 관계식은 도체가 밀도 $\vec{B}$의 자계를 가로질러 속도 $\vec{v}$로 움직여질 때 일어난다. 식 (3.1)로부터, 도체 내의 전하는,

$$\vec{\mathcal{E}} = \frac{\vec{F}}{Q} = \vec{v} \times \vec{B} \qquad [\mathrm{N/C}] \text{ or } [\mathrm{V/m}] \tag{3.4}$$

로 주어지는 전계의 세기 $\vec{\mathcal{E}}$로 정의되는, 단위 전하당 힘을 겪는다. 이 벡터 관계식이 그림 3.2에 보여져 있다. 도체의 전체 길이를 따라 적분된 이 전계의 세기가 그 단자 사이에 유도 전압을 생성한다. 그러므로, 이 현상은 기계적 동작으로부터 전기 에너지의 원천을 생성하는 기저를 제공한다.

3.2 FORCES ON FERROMAGNETIC MATERIAL

약간의 발전기와 전동기는 자계 내에서 전류를 운반하는 도체에 작용하는 힘을 직접 기초로 하며, 많은 기계의 동작이 이를 기초로 하여 적절하게 예측될 수 있다.

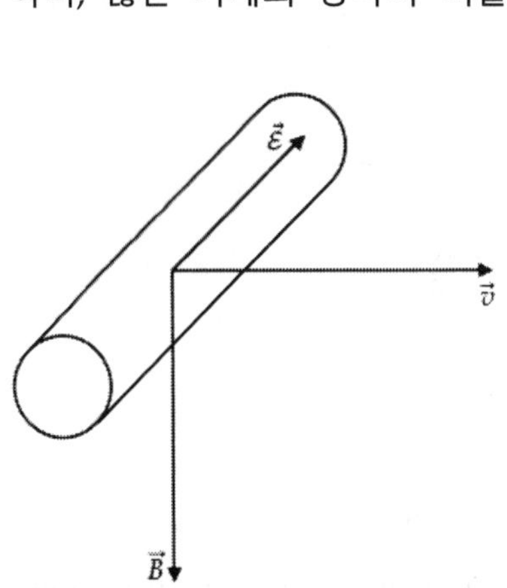

Figure 3.2 Electric field intensity in conductor moving across a magnetic field.

하지만, 보통의 전기기계에서 생성되는 힘과 토크의 대부분에 기여하는 다른 현상이 있다; 이것은 강자성체의 정렬된 자기 모멘트 사이의 힘이다. 1.4와 1.5절에서 논의된 바와 같이, 강자성체는 정렬된 자기 모멘트를 가진 원자로 이루어진다. 자속밀도 B 내에서 자기 모멘트 p_m은, 식 (1.29)와 그림 1.8에서 그려진 바와 같이, 그것을 자계에 정렬시키려고 하는, 토크를 겪는다. 하지만, 전기기계에서 가장 빈번히 이용되는 힘은 자기 모멘트에 작용하는 병진력(translation force)이다.

그림 3.3에서 보여진 바와 같이, 전류 i의 루프로 나타내어진 자기 모멘트를 고려한다. 이 루프가 왼쪽에서 오른쪽으로 갈수록 자속밀도의 크기가 감소하는 불균일 자계 내에 있다고 가정한다. 식 (3.2)에서 기술된 힘의 표현식을 사용하여, 루프에 작용하는 힘의 주 성분은 루프를 확대하는 경향이 있지만, 루프를 움직이는 경향은 없는, 방사 외향(radially outward)임을 볼 수 있다. 이 힘은 유용하지 않다. 하지만, 자속밀도가 순전히 수평이 아니고 방사 외향 방향의 작은 성분을 가지기 때문에, 루프의 면에 수직인 방향의 더 작은 성분이 있다. 따라서, 루프에 작용하는 순 힘(net force)은 루프를 왼쪽으로, 즉, 더 높은 자속밀도의 영역 쪽으로 움직이도록 하는 힘이다.

이 개념의 확장으로서, 그림 3.4 (a)의 두 개의 정렬된 자기 모멘트를 고려한다. 왼쪽의 자기 모멘트 $\vec{p}_{m1}$은 이 축을 따라서 자속밀도를 줄이는 자계를 생성한다. 두 번째 모멘트 $\vec{p}_{m2}$는 그것을 첫 번째 모멘트 쪽으로 끌어당기는 병진력 $\vec{F}$를 겪는다. 이것이 자화된 물체 사이의 끌어당김에 대한 기저(basis)이다.

자속은, 그림 3.4 (b)에서 보여진 바와 같이, 공극의 각 변(each side)에 있는 정렬된 자기 모멘트에 의해 공극을 가로지르도록 만들어질 수 있다. 강자성체의 두 블

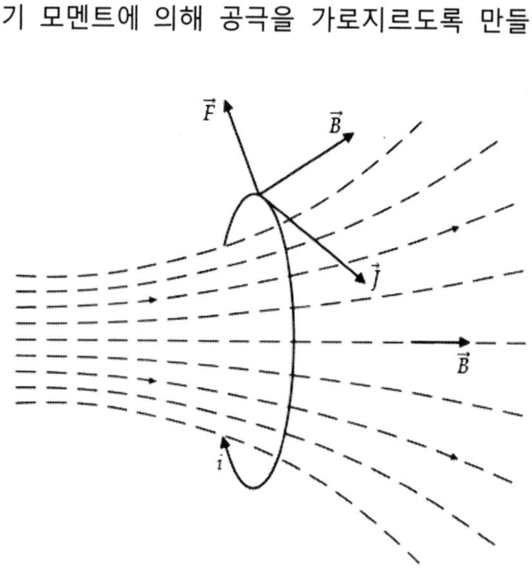

Figure 3.3 Force tending to move a magnetic moment to a region of higher flux density.

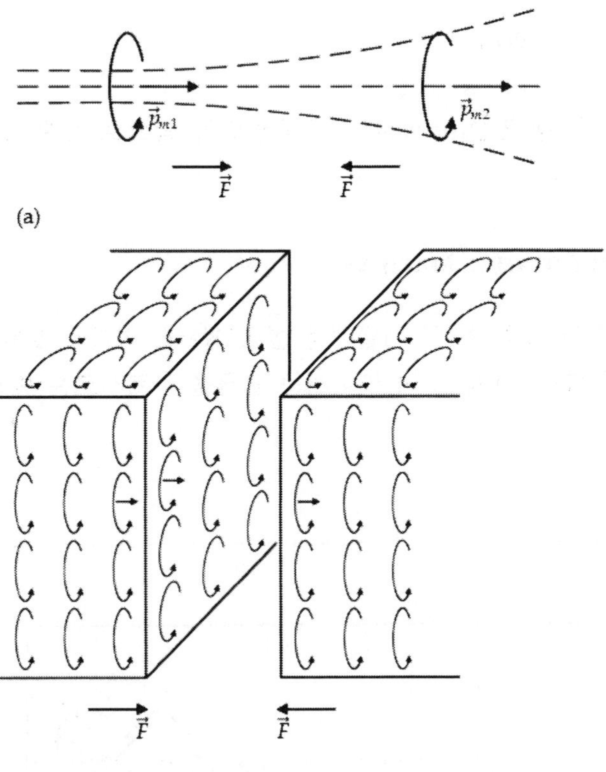

Figure 3.4 (a) Force of attraction between two aligned moments and (b) force between two faces of an air gap in a ferromagnetic structures.

록 사이의 총 힘(total force)은 그러면 공극의 두 변에 있는 모멘트 사이의 모든 힘의 합계(summation)가 될 것이다. 예측되는 바와 같이, 이 힘은 단위 체적당 순 정렬 자기 모멘트(net aligned magnetic moment), 즉, 1.5절에서 정의 된 것과 같은 자화 M에 종속된다. 3.7절에서는 공극을 가깝게 하려는 경향이 있는 공극 면적 A의 단위 면적당 힘이

$$\frac{F}{A} = \frac{\mu_0 M^2}{2} \qquad [\mathrm{N/m^2}] \tag{3.5}$$

임을 보일 것이다. 본질적으로 공극에서의 모든 자속밀도는 공극의 각 변에서의 자기 모멘트의 정렬로부터 생긴다. 식 (1.34)로부터,

$$\vec{B} = \mu_0 \vec{M} \qquad [\mathrm{T}] \tag{3.6}$$

이다. 이것은 힘이

$$\frac{F}{A} = \frac{B^2}{2\mu_0} \qquad [\text{N/m}^2] \tag{3.7}$$

와 같이 공극의 면에 법선(normal)인 자속밀도의 항으로 보통 표현될 수 있다는 것으로 된다.

3.3 ELEMENTARY ROTATING MACHINE

기본 기계의 원리가 그림 3.5의 배열에서 설명되는데, 여기서 도체 루프는 자계 내에서 회전이 자유롭다. 자계는, 이 예에서는 공극을 가로지르는 반경 방향의 자계를

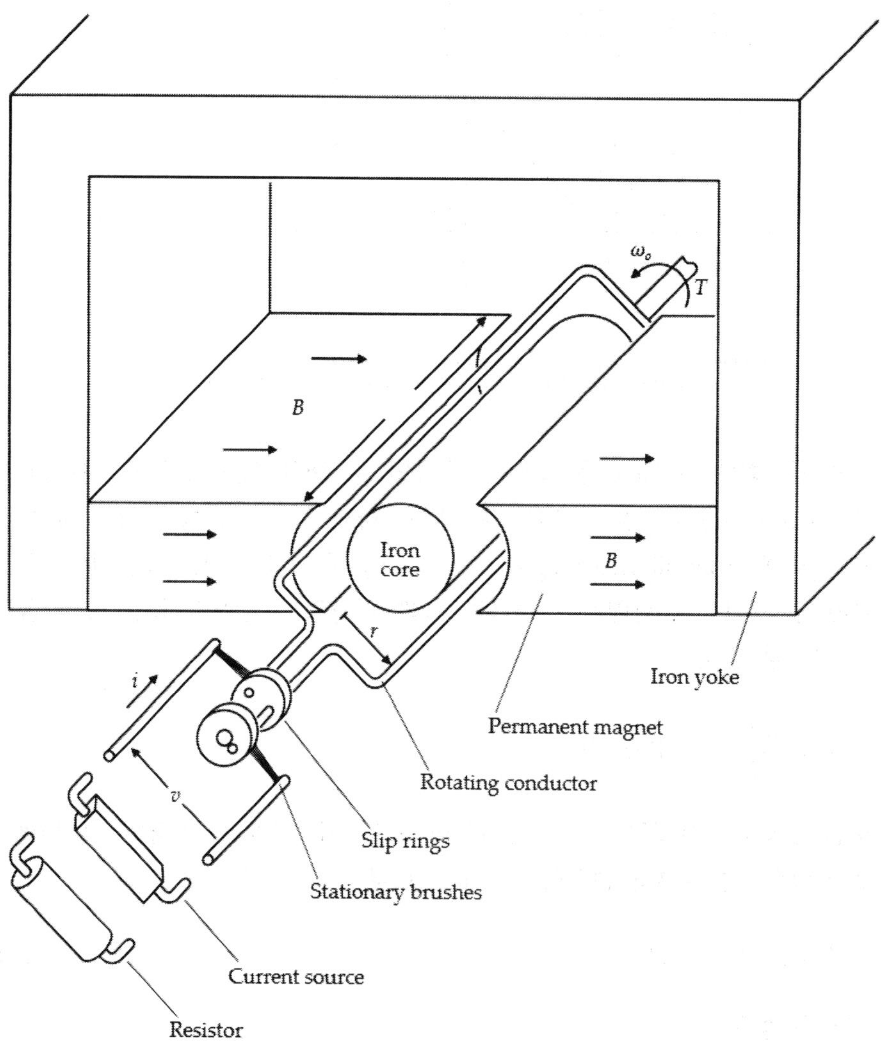

Figure 3.5 Elementary rotating machine.

생성하는, 각 변에 있는 영구자석에 의해 만들어진다. 중앙의 철심과 바깥쪽 계철(yoke)은 자속에 대한 낮은 자기저항 경로를 제공하기 위해 사용된다.

루프의 두 끝이 루프와 함께 회전하는 도전성 슬립 링(conducting slip ring)의 쌍(pair)에 연결되었다고 가정한다. 전류 i의 전원이 이제 슬립 링의 쌍에 접촉된 정지 브러시(stationary brush)의 쌍을 통하여 연결될 수 있다. 루프 도체 내에서의 전류 i의 방향은 자속밀도 B에 수직이어서, 루프의 왼쪽에서의 아래로 향하는 접선 방향 힘(downward tangential force) F는, 식 (3.3)으로부터,

$$F = B\ell i \qquad [\mathrm{N}] \tag{3.8}$$

이다. 루프의 다른 쪽에서는, 힘이 위로 향하는 방향이다. 이 힘의 쌍이 루프에 작용하는 토크에 기여한다:

$$T = 2rF = 2r\ell Bi \qquad [\mathrm{N{\cdot}m}] \tag{3.9}$$

이 토크는 루프를 가속시키거나 거기에 묶인 기계 부하를 구동하는데 사용될 수 있다. 루프가 각속도(angular velocity) ω_o [rad/s]로 회전한다면, 생성되는 기계 동력(mechanical power)은

$$P_o = T\omega_o = 2r\ell Bi\omega_o \qquad [\mathrm{W}] \tag{3.10}$$

이 될 것이다. 동시에, 도체의 접선 속도(tangential velocity) v는 공극에서 자속밀도 B에 수직일 것이며, 이것은 전류와 반대 방향으로 전계의 세기 $\mathcal{E}$를 생성할 것이다:

$$\vec{\mathcal{E}} = \vec{v} \times \vec{B} \tag{3.11}$$

여기서

$$v = r\omega_o \tag{3.12}$$

이다. 루프 내에 유도되는 전압은 루프 둘레에 대한 $\mathcal{E}$의 적분이다. 도체 저항을 무시하면, 유도 전압은 도체 단자를 가로지르는 전압 v와 같을 것이다. 따라서,

$$v = e = 2\ell\mathcal{E} = 2\ell rB\omega_o \qquad [\mathrm{V}] \tag{3.13}$$

이다. 전류원으로부터의 전력 입력은 그러므로 식 (3.10)에서의 동력 P_o와 같게 보여지는

$$P_e = vi = 2r\ell Bi\omega_o i = P_o \qquad [\text{W}] \tag{3.14}$$

이다. 따라서, 루프가 자계 내에 있는 한, 그리고 전력 손실을 무시할 수 있는 한도까지, 기계는 전력을 기계 동력으로 변환하는 이상적인 전동기로서 동작한다.

다음으로, 루프가 슬립 링을 통하여 저항기(resistor)같은 전기 부하에 연결된 것으로 가정한다. 루프가 기계적 구동기(mechanical driver)에 의해 각속도 ω_o로 회전된다면, 왼쪽 단자에서 나가는 부하 전류 i를 일으키는, 식 (3.13)의 단자 전압 v가 부하에 인가될 것이다. 부하 저항 R의 경우,

$$i = -\frac{v}{R} \qquad [\text{A}] \tag{3.15}$$

이다. 역전된 전류 방향으로, 루프에서의 토크 역시 역전되며 이제는 각속도의 방향과는 반대이다. 이제 전력 출력을 제공하기 위해 기계 동력의 입력이 요구된다. 기계는 이제 이상적인 발전기(ideal electrical generator)로서 동작한다.

그 대신의 해석을 위하여, 수평축(horizontal axis)에 대하여 β [rad]의 각도를 가진 평면에 있는 루프를 보이는, 그림 3.6 (a)에 있는 광경을 고려한다. 루프가 자석 원호(magnet arc) 내에 있는 동안에는 루프의 쇄교 자속 λ가

$$\lambda = 2B\ell rB\beta \qquad [\text{Wb}] \tag{3.16}$$

이다. 그러면, 식 (1.11)로부터, 루프 내의 유도 전압은

$$e = \frac{d\lambda}{dt} = \frac{d\lambda}{d\beta}\frac{d\beta}{dt} = \frac{d\lambda}{d\beta}\omega_o \qquad [\text{V}] \tag{3.17}$$

이 될 것이다. 이 이상화된 기계에서는, 입력(power input)과 출력(power output)이 같다:

$$vi = ei = T\omega_o \qquad [\text{W}] \tag{3.18}$$

따라서, 식 (3.17)과 (3.18)로부터, 토크는

$$T = i\frac{d\lambda}{d\beta} \qquad [\text{N·m}] \tag{3.19}$$

와 같이 표현될 수 있다.

λ와 $d\lambda/d\beta$의 이상화된 파형이 그림 3.6 (b)와 (c)에 보여져 있다. $d\lambda/d\beta$가 각 반회전(half revolution) 마다 역전되는 것이 주목된다. 따라서, 도체 내의 전류가 일정하게 유지된다면, 1회전에 걸친 평균 토크는 0이 될 것이다. 단방향 토크(uni-di-

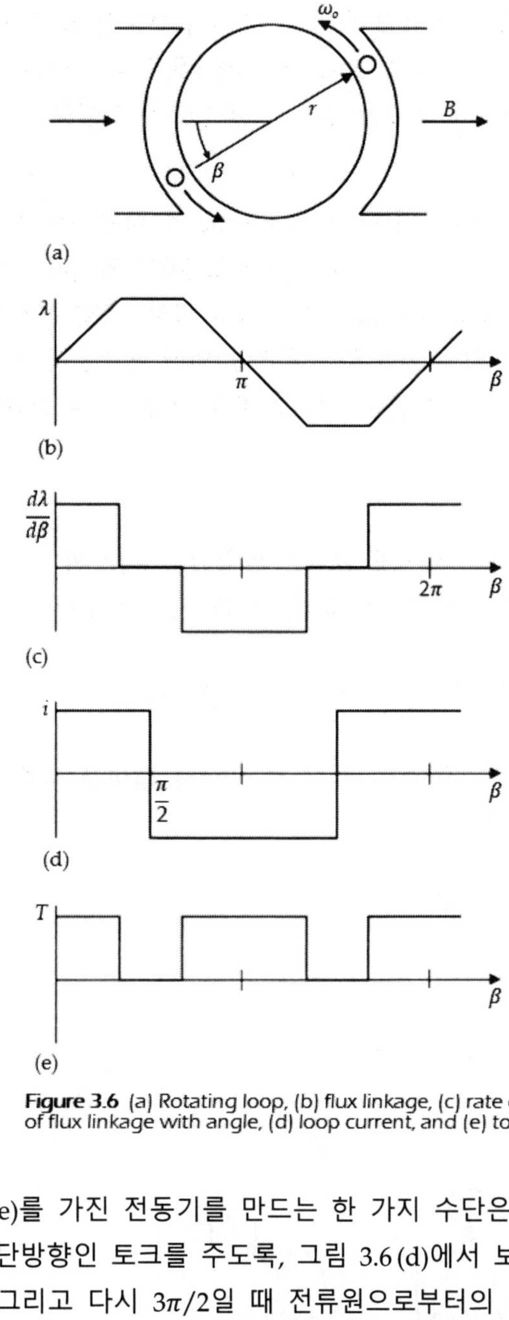

Figure 3.6 (a) Rotating loop, (b) flux linkage, (c) rate of change of flux linkage with angle, (d) loop current, and (e) torque.

rectional torque)를 가진 전동기를 만드는 한 가지 수단은, 그림 3.6 (e)의 맥동(pulsating)하지만 단방향인 토크를 주도록, 그림 3.6 (d)에서 보여진 바와 같이, β가 $\pi/2$ 또는 그 부근 그리고 다시 $3\pi/2$일 때 전류원으로부터의 전류 i를 역전시키는 것이다. 이 접근법은 전자 전원(electronic source)으로부터 공급되는 많은 전동기에서 이용된다. 축에 부착된 검출기(센서, sensor)가 전류의 스위칭(switching)이 일어나야 할 때를 가리키는 신호를 제공한다. 이것은 또한 3.5절과 4장에서 논의될 정류자기(commutator machine)의 기초이다.

EXAMPLE 3.1 확성기의 근본적인 성분이 그림 3.7에서 보여져 있다. 영구자석이 원통형 공극을 가로지르는 0.8 [T]의 균일 반경 방향 자속밀도를 생성한다. $N = 30$ [turn]의 코일이 직경 $d = 20$ [mm]의 절연된 원통에 감겨있다. 조립될 때, 코일은 자석의 공극 안으로 끼워 넣어진다.

(a) 코일 전류의 함수로써 스피커 원추(speaker cone)에 작용하는 힘을 결정하라.

(b) 코일의 단위 수평 속도(horizontal velocity)당 코일에서의 유도 전압을 결정하라.

(c) 대부분의 가청 주파수(audio frequency) 범위에 걸쳐, 코일 전류에 의해 생성되는 힘이 원추의 운동에 의해 구동되는 공기에 의해 흡수된다. 이 힘이 원추 속도 [m/s]당 0.3 [N]이라고 가정한다. 코일의 어떤 저항도 무시하여, 코일 전류에 대한 코일 전압의 비를 결정하라.

Solution

(a) 자속밀도와 전류는 서로 수직으로 향하는 방향이다. 따라서, 식 (3.2) 또는 (3.8)로부터, 단위 코일 전류당 힘은 다음과 같이 표현될 수 있다:

$$\frac{F}{i} = \pi NdB = \pi \times 30 \times 0.02 \times 0.8 = 1.51 \qquad [\mathrm{N/A}]$$

(b) 속도 v는 자속밀도에 수직이다. 유도 전압은 코일 길이를 따른 전계의 세기의 적분이다. 식 (3.4)로부터,

$$\frac{e}{v} = \pi NdB = 1.51 \qquad [\mathrm{V \cdot s/m}]$$

(c) 부하력(load force)은

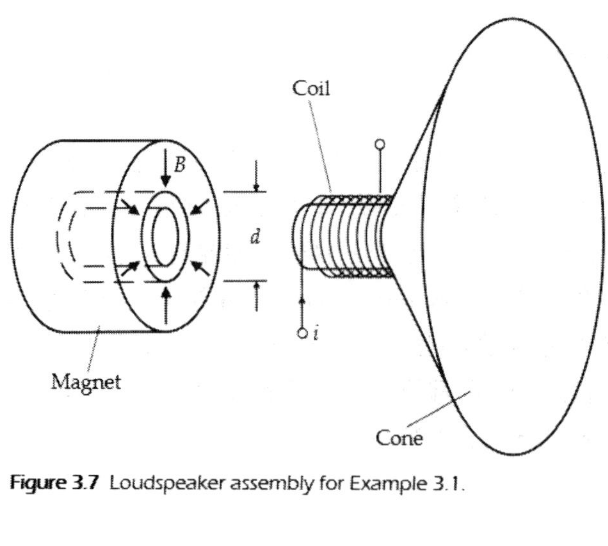

Figure 3.7 Loudspeaker assembly for Example 3.1.

$$F = 0.3\nu \text{ [N]}$$

이다. 코일 저항이 없어서, 코일 단자 전압은

$$v = e = 1.51\nu = 1.51\frac{F}{0.3} = 1.51^2\frac{i}{0.3} = 7.6i \qquad \text{[V]}$$

이다. 따라서, 스피커는 전력을 공급하는 전원에서 보여지는 것으로서, 7.6 [Ω]의 저항 부하(resistive load)로 작용한다.

3.4 PLACING CONDUCTORS IN SLOTS

앞 절의 기본적인 기계는 원통형 철심 부근에서 회전하는 도전 루프를 내포하였다. 더 큰 기계적 강성(rigidity)을 마련하기 위하여, 도체는 철심의 표면에 부착될 수 있으며 결합된 조립체(combined assembly) 또는 회전자(rotor)가 회전될 수 있다. 이 배치는 철심 내에서의 자속밀도의 연속적인 변화를 포함한다. 과도한 와류손을 예방하기 위하여, 철심은 그때는, 1.8절에서 논의된 바와 같이, 원형 박판의 더미(stack of circular lamination)로 만들어져야 할 수 있다. 이 배치로, 도체는 여전히 자계 내에 있으며 식 (3.8)과 (3.11)의 관계식이 적용된다.

이제, 그림 3.8 (a)에서 보여진 바와 같이, 회전자 표면에 있는 슬롯(slot) 속으로 도체 루프의 각 변이 들어가는 가능성을 고려한다. 이것은 기계적 간격(clearance)을 위해 충분히 크게 만들어진 회전자와 바깥쪽 정지 자기 계통 또는 고정자(stator) 사이의 공극을 허용할 것이다. 그러면 고정자 자석의 훨씬 더 낮은 기자력으로 공극 내에 같은 자속밀도가 생성될 수 있다.

첫째 조사로, 기계가 더 이상 앞에서와 같이 동작하지 않을 것이라는 것이 나타날 수 있다. 그림 3.8 (b)의 장 그림(field plot)에서 보여진 바와 같이, 자속의 대부분이 공극을 가로지르는 짧은 경로를 취하며 적은 양이 슬롯 속으로 침투하기 때문에, 도체가 이제는 매우 낮은 자속밀도의 영역 내에 있다. 전류 i를 운반하는 도체 루프에서의 직접 토크(direct torque)는 여전히 식 (3.9)로 주어질 것이지만 상당히 작을 것이다. 다른 한편으로, 루프의 쇄교 자속 λ가 여전히, 본질적으로 도체가 철심의 표면 위에 있었던 것과 같은 방식으로, 루프가 회전됨에 따라 변화할 것이다. 따라서, 식 (3.19)로 주어진 것과 같은 전체(overall) 토크는 바뀌지 않아야 할 것이다.

설명으로서, 토크는 주로 회전자의 철심에서 발휘되며, 작은 토크 만이 코일에서 직접 발휘된다. 그림 3.8 (c)에서 보여진 바와 같이, 전류가 슬롯 내에 있는 도체를 통하여 지나갈 때, 공극 가까이에 있는 슬롯의 한 변에서의 자속밀도는 증가되는

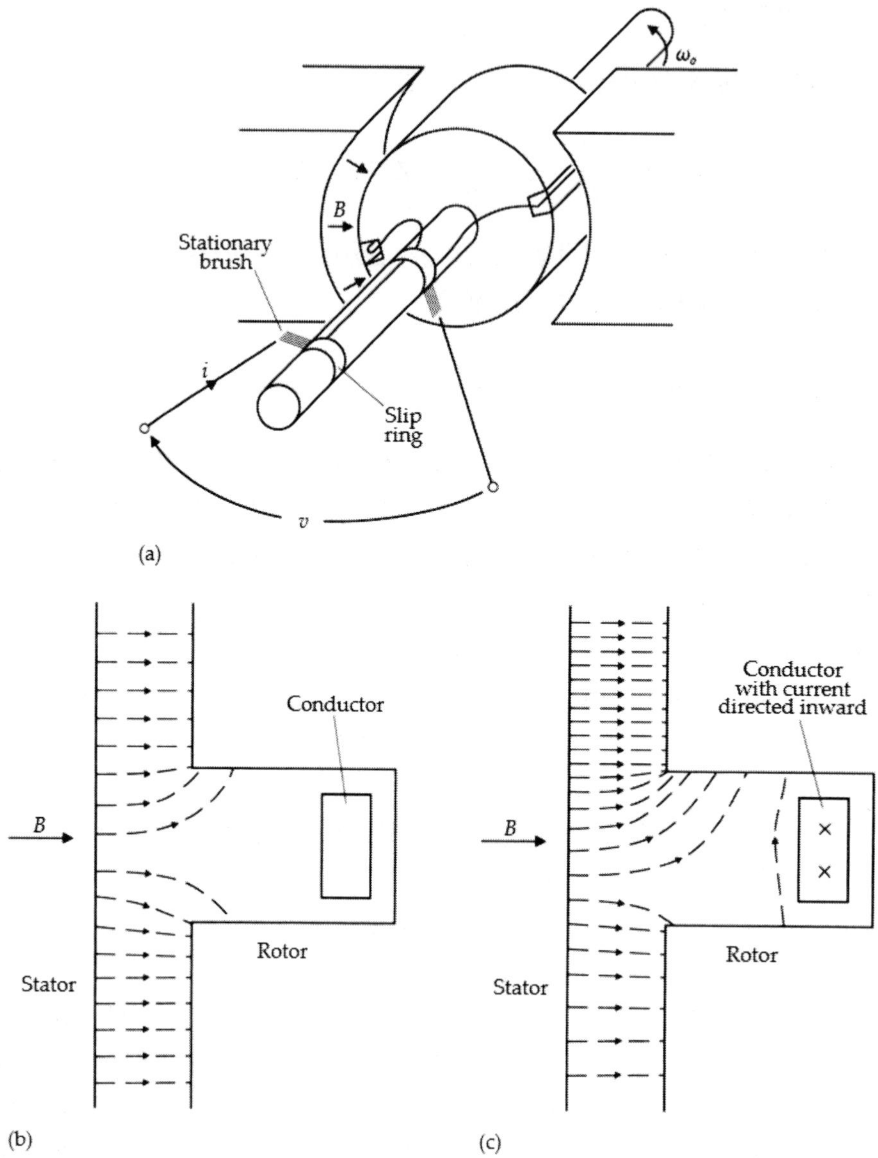

Figure 3.8 (a) Conductor in slot, (b) field with zero conductor current, and (c) field with conductor current.

한편, 다른 변에서는 감소된다. 3.2절의 논의로부터, 자속을 운반하는 강자성체의 두 부분 사이의 공극을 가깝게 하려는 힘이 있다. 그림 3.8 (c)의 고정자와 회전자 사이의 작은 공극에서는, 이 힘이 반경 방향으로 향하며 따라서 회전 토크를 생성하지 않는다. 하지만, 전류 운반 도체를 가진 슬롯의 영역에서는, 자속의 모양이 비대칭이다(asymmetrical). 식 (3.7)로부터 단위 면적당 힘이 자속밀도의 제곱에 비례함에 주목한다. 따라서, 슬롯의 위쪽 변에서는 아래로 향하는 큰 힘이 있을 것이며 슬롯의 아래쪽 변에서는 위로 향하는 더 작은 힘이 있을 것이다. 결과는 회전자 철심에 토크를 일으키는 접선 방향 힘이다. 토크의 크기는 정확히 식 (3.19)로 주어진다. 이것은 식 (3.9)에서 공극에 있는 도체에 대해 예측되었던 토크와 같지만, 힘이 발생하는 기구(mechanism)는 다르다. 많은 상황에서, 이 차이가 계산의 목적에서는 무시될 수 있지만, 개념적으로는 중요하다.

도체가 슬롯 내에 있을 때, 그 내부에서의 유도 전압이 더 이상 식 (3.12)에서와 같이 자속밀도 B를 가로지르는 그것의 속도 v로부터 생기는 것으로는 고려될 수 없다. 오히려, 철심의 운동이 식 (3.17)로 주어지는 유도 전압으로 귀결하는 코일의 쇄교 자속의 변화율을 생성한다. 다시, 이것은 공극 도체에 대해 식 (3.13)에서 시술된 것과 수치적으로 같은 결과가 된다. 기구는 다르지만 전체 효과는 같다.

3.5 SOME ELEMENTARY TYPES OF ELECTRIC MACHINES

그림 3.8 (a)의 기본적인 기계가 각속도 ω_0에서 구동된다면, 단자에서의 전압은 그림 3.9 (a)에서 보여진 형태를 가진다. 슬롯이 자극 아래에 있는 동안, 쇄교 자속의 변화율이 근사적으로 일정하여, 거의 일정한 유도 전압을 생성한다. 코일변(coil side)이 극의 아래에 있지 않을 때에는, 코일의 쇄교 자속은 본질적으로 일정하며, 유도 전압은 0이다. 이 교번(교류) 전압(alternating voltage)의 한 주기(one cycle)가

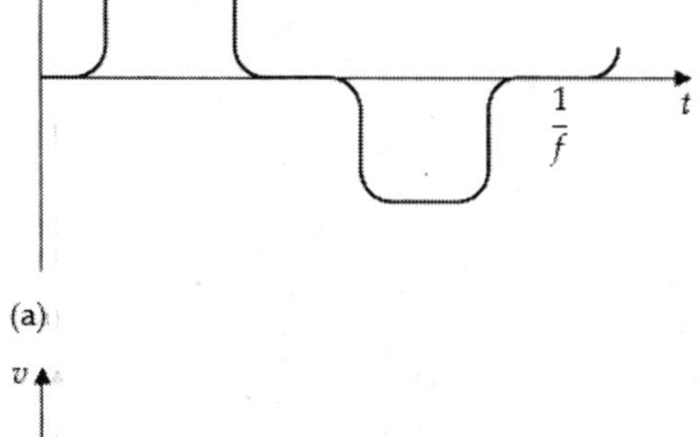

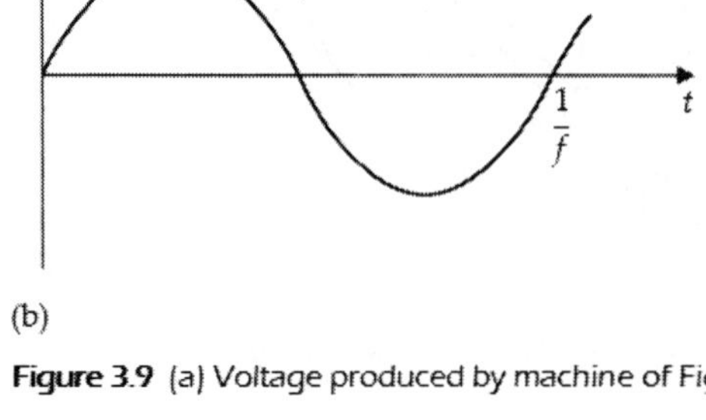

Figure 3.9 (a) Voltage produced by machine of Fig. 3.8 (a), and (b) sine wave of voltage.

회전자의 각 회전(each revolution)마다 생성된다. 이 교번의 주파수(frequency)는

$$f = \frac{\omega_o}{2\pi} \quad [\text{Hz}] \tag{3.20}$$

에 의해 회전 각속도(rotational angular velocity)와 관련된다.

가장 쉽사리 사용할 수 있는 교류 전압의 형태는, 그림 3.9 (b)에서 보여진 것과 같은, 사인파(정현파, sine wave)이다. 이에 대한 주된 이유는 사인파는 미분되거나 적분될 때 같은 형상을 유지한다는 것이다. 그러한 정현 파형(sinusoidal waveform)을 근사적으로 얻는 한 가지 방법은 공극의 모양을 자속밀도가 다소간 정현적으로 변화하도록 하는 것이다. 다른 접근법은 다음 절에서 논의될 것이다.

기본 기계의 그 대신의 구조가 그림 3.10에서 보여진다. 이 구조에서는, 자석이 회전자 철심에 위치되어 있으며 도체 루프는 고정자의 내표면(inner surface)에 있는 슬롯 내에 위치되어 있다. 회전자 철심 내에서의 자속은 사실상 일정하다. 따라서, 회전자 철심은 고형강(solid steel)으로 만들어질 수 있다. 회전자는 회전자가 회전함에 따라 시변(time-varying) 자속밀도를 겪을 것이며 따라서 일반적으로 박판 적층(lamination)으로 만들어져야 한다. 그림 3.10에서 보여진 전류 방향으로, 고정자에 시계 방향 토크(clockwise torque)가 있을 것이며, 따라서 회전자에 반시 계 방향 반작용 토크(counterclockwise reaction torque)가 있을 것이다. 도체 루프 내에서의 유도 전압은 식 (3.20)의 주파수로 그림 3.9에서 보여진 교류 형태를 가질 것

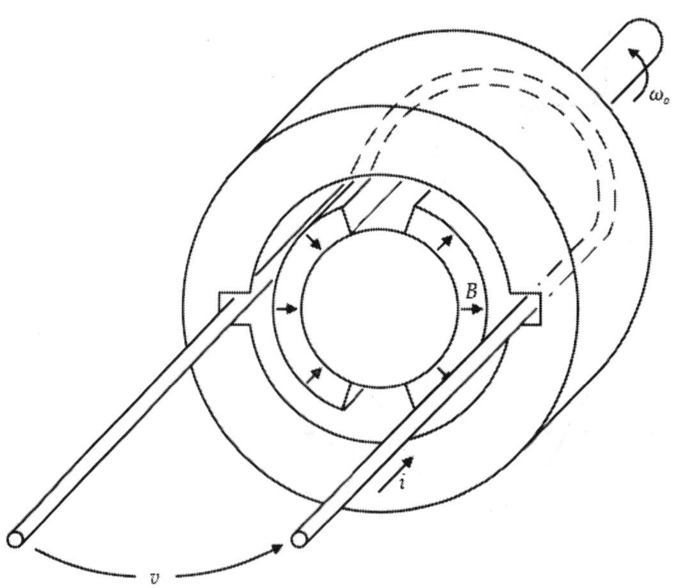

Figure 3.10 Alternative form of elementary synchronous machine.

이다. 전기 주파수(electrical frequency)와 기계 속도(속력)(mechanical speed) 사이의 동기(synchronism) 때문에, 그림 3.8과 3.10에서 보여진 형태의 기계는 **동기기**(*synchronous machine*)로 알려져 있다.

자계는, 그림 3.11에서 보여진 바와 같이, 강자성 회전자 철심 둘레에 감긴 전류를 운반하는 코일의 사용에 의해 생성될 수 있다. 이것은 **계자 코일**(*field coil*)로 알려져 있다. 계자 전류(field current)는 회전자 축에 장착되고 정지 브러시(stationary brush)를 통하여 전류원에 연결된 절연된 슬립 링(insulated slip ring)을 통하여 공급될 수 있다. 그림 3.11은 또한 어떻게 원하는 정현 자속밀도 분포를 생성하도록 모양지어질 수 있는 지를 시사한다.

지금까지 소개된 모든 기본 구조에서, 단일권(single-turn) 루프가 같은 슬롯 내에 위치된 다중권 코일(multi-turn coil)로 대체될 수 있다. 쇄교 자속은 그러면 코일 내의 권수와 같은 인자로 증가될 것이다.

고정자 표면의 더 효과적인 사용은, 그림 3.12에서 보여진 바와 같이, 고정자의 원호(arc)에 걸친 다수의 슬롯 내에 위치된 코일에 의해 이루어질 수 있다. 이 코일은, 회전자 공간을 유지하도록, 고정자 주위 둘레에 원형의 모양으로 된 전(front) 및 후(back) (단)접속((end) connection)을 가진다. 코일은 보통 직렬로 연결된다.

코일이, N개의 도체가 고정자의 각 변 위에 γ [rad]의 원호에 걸쳐 다소간 균일하게 분포되도록 배열되었다고 가정한다. 각 도체가 전류 i를 운반하는 이 도체 분포는, 선(형) 밀도(linear density) K의 판전류(전류판, current sheet)로서 고려될 수

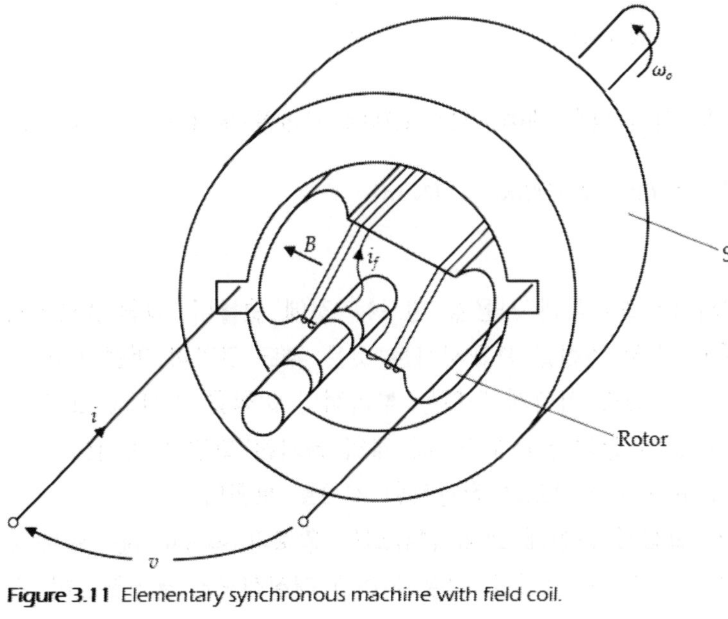

Figure 3.11 Elementary synchronous machine with field coil.

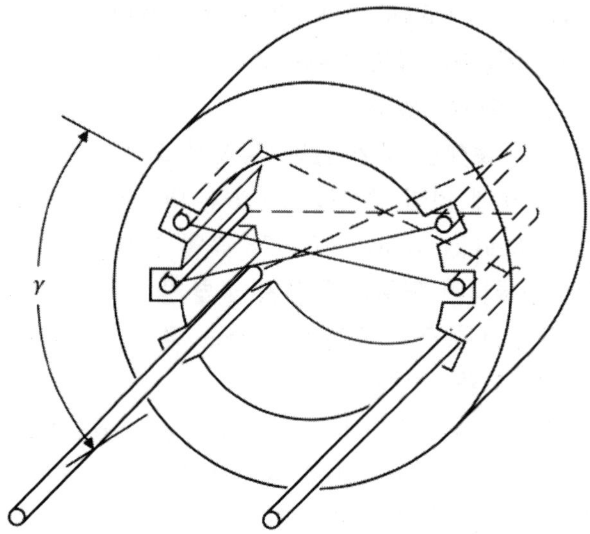

Figure 3.12 Series coils in slots over a stator band of arc γ.

있다. 여기서 K는, 반경 r에 대하여,

$$K = \frac{Ni}{r\gamma} \qquad \text{[A/m] of periphery} \tag{3.21}$$

이다. 판전류가 전류 방향에 수직으로 향하는 균일 자속밀도 B 내에 있다면, 판의 단위 면적당 힘은

$$\frac{F}{A} = BK \qquad [\text{N/m}^2] \tag{3.22}$$

가 될 것이다. 두 개의 원호 내에 있는 도체에 기인한 토크는 그러면

$$T = BK(2\gamma r\ell)r = 2\gamma r^2 \ell BK \qquad [\text{N}\cdot\text{m}] \tag{3.23}$$

이 될 것이다.

고정자 표면의 더 효과적인 사용을 만드는 것에 덧붙여, 그림 3.12에서 보여진 바와 같이 원호에 걸쳐 권선을 분포시키는 것은 유도 전압이 어떤 1 [turn]에서 유도되는 것보다 더 정현에 가깝게 된다는 부가적인 이점을 가진다. 그림 3.13은, 각 전압이 그림 3.9 (a)의 형상과 비슷한, 세 개의 옮겨진 코일 내에서의 유도 전압을 보인다. 이 합(sum)은 근사적으로 정현적인 것으로 보인다.

그림 3.12에서 고정자 권선에 의해 점유되는 원호가 폭으로 60° 또는 $\pi/3$ [rad]이라고 가정한다. 고정자는 그러면, 같은 폭이고 대칭적으로 옮겨졌으며, 첫째 권선

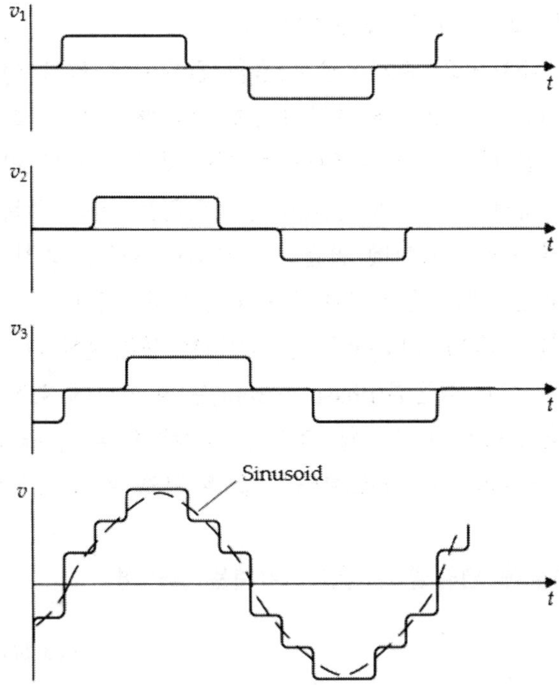

Figure 3.13 Voltage induced in three displaced coils and the total winding voltage $v = v_1 + v_2 + v_3$.

보다 각각 $2\pi/3$와 $4\pi/3$ [rad] 앞에 있는 다른 두 권선이 마련될 수 있다. 단순을 위하여, 그림 3.14 (a)는, 들어가는 쪽이 *abc* 그리고 나오는 쪽이 *a′b′c′*로 표시된, 3개의 권선의 중간 권선(center turn) 만을 보인다. 기계가 각속도 ω_o로 회전될 때, 이 세 권선에서의 전압은, 그림 3.14 (b)에서 이상화된 파형으로 보여진 바와 같이, 3상의 한 조(a three-phase set)를 구성한다. $\omega_o t$의 가로 좌표(abscissa)에 그려지면, 상

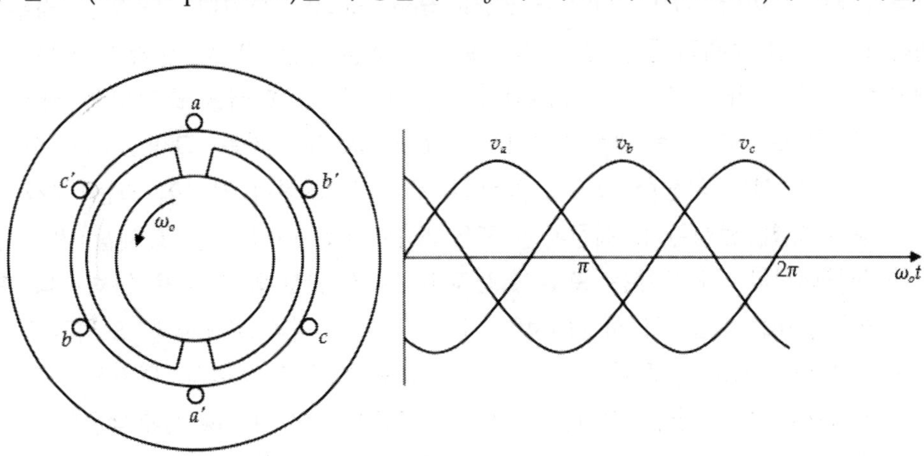

(a) (b)

Figure 3.14 (a) Machine with three-phase windings and (b) three-phase balanced set of voltages.

(phase) b의 전압은 상 a의 전압보다 $2\pi/3$ [rad] 또는 120° 뒤진다.

3상 계통은 기계의 고정자 모든 내표면의 효과적인 사용을 만드는 능력을 넘어서 상당한 이점을 가진다. 그림 3.14 (a)의 3상 권선이 3개의 동등한 저항 부하에 연결된다면, 부하 전류는 그림 3.14 (b)에서 전압에 대해 보여진 것과 비슷한 파형을 가질 것이다. 어떤 순시(instant)에서 3상 값의 합(sum)은 0이라는 것에 주목할 수 있다. 따라서, 3개의 기계 권선을 3개의 부하에 연결하기 위하여 6개의 송전 도체(transmission conductor)를 사용하는 대신, 단지 3개의 도체만이 요구된다.

3개의 저항 부하에 전력을 공급하는 그림 3.14 (a)의 3상 기계는 동기발전기(synchronous generator)로서 고려될 수 있다. 상전류(phase current)는 회전자에 회전의 방향과 반대인 토크를 생성하는 극성(polarity)이 될 것이다. 이상적으로, 전력 출력은 발전기 축을 구동하는 원동기(prime mover)로부터의 같은 기계 동력 입력에 의해 공급된다.

기계 권선은 또한 3상 전압의 전원에 연결될 수 있다. 기계는 그러면

$$\omega_o = \omega_s = 2\pi f \qquad \text{[rad/s]} \tag{3.24}$$

의 속력(속도, speed)에서 운전될 때만 유용한 토크를 생성할 것이다. 여기서 f는 [Hz]로 나타낸 전원의 주파수이며 ω_s는 [rad/s]로 나타낸 각주파수(angular frequency)이다. 일정 전압과 주파수의 전원에 연결된 기계는 전력 흐름(power flow)의 방향에 종속하여 동기전동기(synchronous motor) 또는 동기발전기로서 고려될 수 있다. 이 종류의 동기기는 6장에서 논의된다.

동기기의 전동기로서의 심각한 한계는 동기 값이 아닌 어떤 속도에서의 운전이 불가능하다는 것이다. 가변 주파수(variable frequency)의 전원이 허용되는 경우를 제외하고는, 어떤 범위에 걸친 값의 속도로는 제어될 수 없다. 이 한계를 극복하기 위해서는, 다른 형태의 기계가 요구된다. 기본형으로 그 형태를 소개하기 위하여, 먼저, 전기적으로 제어되는 제동기(브레이크, brake)로 동작하는, 그림 3.15 (a)의 기계를 조사하자. 제어 가능한 크기의 자계가 두 개의 고정자 자극에 있는 계자 코일의 사용에 의해 생성된다. 회전자는 표면 또는 슬롯 내에 있는 도체를 가진 철심으로 이루어진다. 이 도체는 모두 회전자의 두 끝(단부)에서 서로 단락된다. 회전자가 회전될 때, 전압 e가 식 (3.13)에 따라 각 도체 내에 유도된다. 도체가 단락회로로 되어있기 때문에, 전류 i는 $i = e/R$가 되도록 흐를 것이다. 여기서 R은 각 도체의 저항이다. 이 전류는 회전을 방해하는 토크를 생성하도록 상호작용한다. 이 제동 토크(braking torque)의 값은 회전자 속력 ω_o와 자속밀도에 종속하며, 다음에는, 그림 3.15 (b)에서 계자 전류의 몇 가지 값에 대해 보여진 바와 같이, 계자 코일

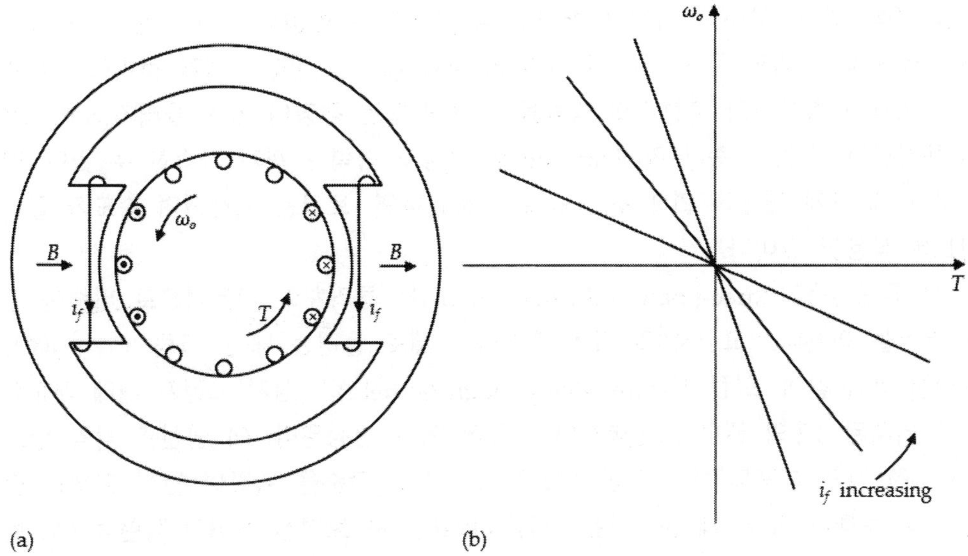

Figure 3.15 (a) Electrically controlled brake and (b) speed-torque relation.

에서의 전류 i_f에 종속한다.

가변 속력(variable-speed) 전동기 동작을 일으키는 더 나아간 단계로서, 그림 3. 16 (a)의 기계를 고려한다. 이것은 바깥쪽 "고정자" 부분("stator" member)이 이제는 원동기에 의해 각속도(angular velocity) ω_s로 회전하는 것을 제외하고는 제동기에서와 같다. 단락된 회전자 도체를 지나서 움직이는 극 자속(pole flux)이 도체 내에 전압을 유도하고 보여진 극성의 단락 회로 도체 전류를 생성한다. 이 전류는 회전자의 각속도 ω_o를 회전하는 고정자의 각속도에 접근하도록 만들기 위하여 회전

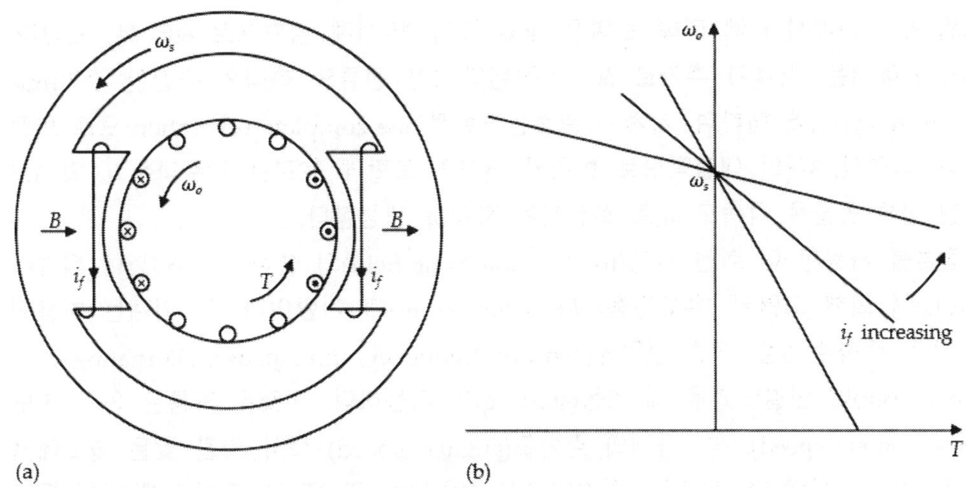

Figure 3.16 (a) Electrically controlled clutch and (b) speed-torque relation.

자를 가속하도록 하는 반시계 방향 토크를 생성하는 방향이다. 토크는, 그림 3.16 (b)에서 보여진 바와 같이, 각속도 사이의 차이 $(\omega_s - \omega_o)$에 비례할 것이다. 이 기계는 토크가 회전자와 고정자의 속력을 같게 만드는 경향이 있는 클러치(clutch)로서 동작한다. 이것은 축 부하(shaft load)를 고정자 속력 ω_s까지 가속할 수 있다. 회전자가 그 기계 계통에 의해 $\omega_o > \omega_s$로 구동된다면, 토크는 역전되며 속도가 같아지도록 작용할 것이다.

3상 유도전동기(three-phase induction motor)는 클러치와 기본적으로 비슷한 구동 특성을 이룬다. "고정자"의 자기 계통을 실제로 돌리는 대신, 그림 3.17 (a)에서 보여진 바와 같이, 회전 자계(revolving magnetic field)가 정지 고정자 내에 대칭적으로 위치된 3개의 권선 조합에서의 전류에 의해 생성된다. 이 권선은 각각 밴드(band)에 걸쳐 분포되지만, 그림 3.12에서와 같이, 단순을 위하여 단지 도체의 중심 만이 보여져 있다. 세 권선에는 그림 3.17 (b)에서 보여진 형태의 정현적으로 변화하는 3상 전류가 공급된다. 여기서 상 a에서의 전류는

$$i_a = \hat{i} \sin \omega_s t \qquad [\text{A}] \tag{3.25}$$

이다.

그림 3.17 (b)에서 순시(instant) t_1을 고려한다. 상 a에서의 전류는 최대 정(양)의 값(maximum positive value)인 한편 상 b와 c에서의 전류는 각각 크기가 절반이며 부(음)(negative)이다. 고정자 도체 내의 대응하는 전류 형태가 그림 3.17 (c)의 t_1 부분에 나타나 있다. 전류는 회전자 쪽으로 공극을 가로지르는 수평 자속밀도를 생성한다. 전류 주기(current cycle)로 60° 늦은, 시간 t_2에서는, i_c가 최대 부(음)(maximum negative)인 한편 i_a와 i_b는 정(양)의 최대 값의 절반이다. 자계는 이제, 그림 3.17 (c)에서 t_2에 대해 보여진 바와 같이, 반시계 방향으로 60° 회전되었다. 시간 t_3에서는, 자계가 추가로 60° 회전된다. 3상 전류의 하나의 완전한 주기(one complete cycle)에 대하여, 자계는 완전한 1회전(one complete revolution)으로 회전한다. 따라서, 3개의 대칭적으로 변위된 권선의 조합에 흐르는 각주파수 ω_s의 3상 정현 전류 공급은 각속도 ω_s로 회전하는 자계를 생성한다.

전류를 사용한 이 회전 자계(rotating magnetic field)의 생성이, 1883년에 테슬라(Tesla)에 의해 고안된, **유도전동기**(*induction motor*)의 기반이다. 이 기계는 허용되는 일정 주파수, 3상, 교류 전압원(constant-frequency, three-phase, alternating voltage supply)에 연결되었을 때 기동(starting)이 가능하다. 이것은 보통은 동기 속도(synchronous speed), 즉, 자계의 각속도(angular speed) 보다 약간 낮은 속도에서 전동기로서 작동한다. 하지만, 이것이 3상 전압원에 연결되고, 원동기에 의해 동기

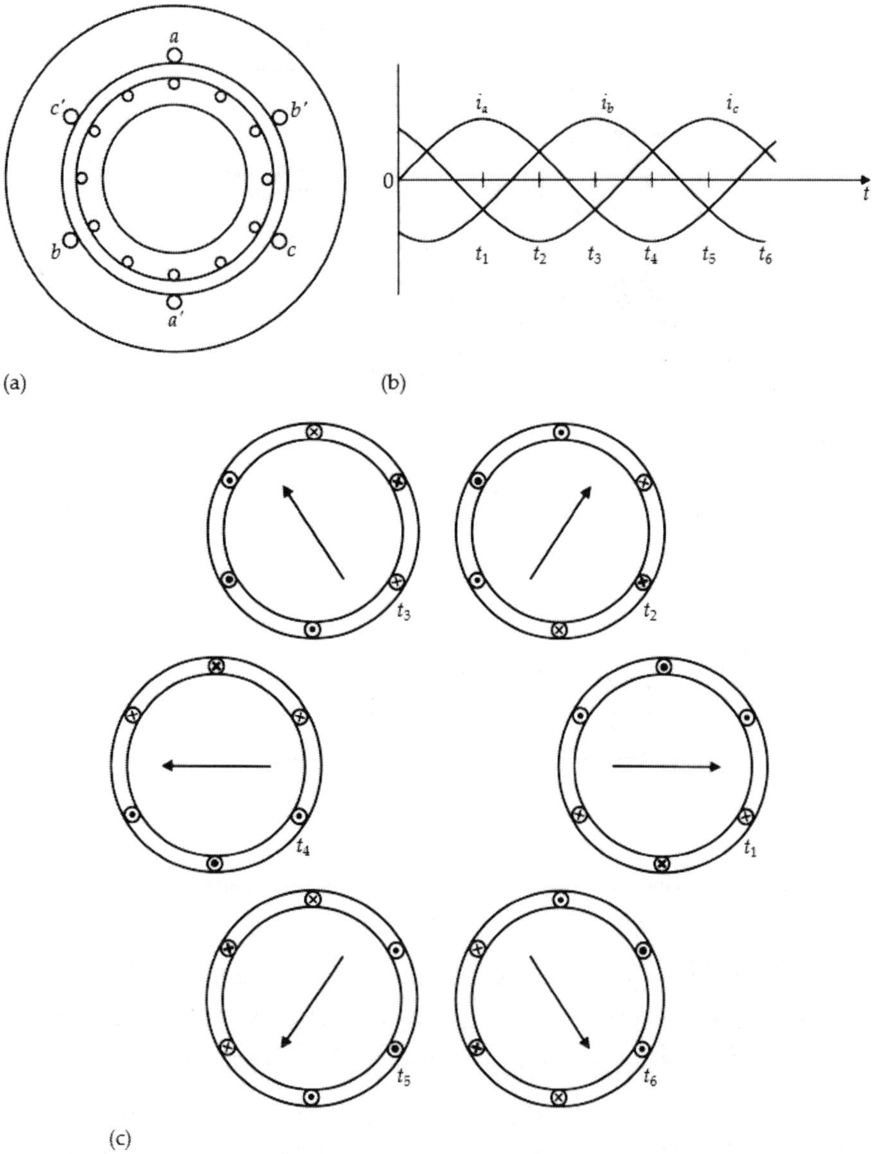

Figure 3.17 (a) Stator with three-phase windings, (b) three-phase stator winding currents, and (c) magnetic field produced by stator through one cycle.

속도 보다 어느 정도 더 큰 속도에서 구동된다면, 유도발전기(induction generator)로서 동작할 수 있다. 유도기(induction machine)는 5장에서 더 상세하게 고려된다.

전기기계의 다른 종류는 **정류자기**(*commutator machine*), 또는, 더 일반적으로, **직류기**(*direct-current machine*)로 알려져 있다. 정류자기의 기본적인 형태는 그림 3.18 (a)에서 보여진 바와 같이, 그림 3.8 (a)의 단일 루프 기계에서의 슬립 링을 축에 장착된 두 조각의 스위치(two-segment switch) 또는 정류자(commutator)로 대체함으

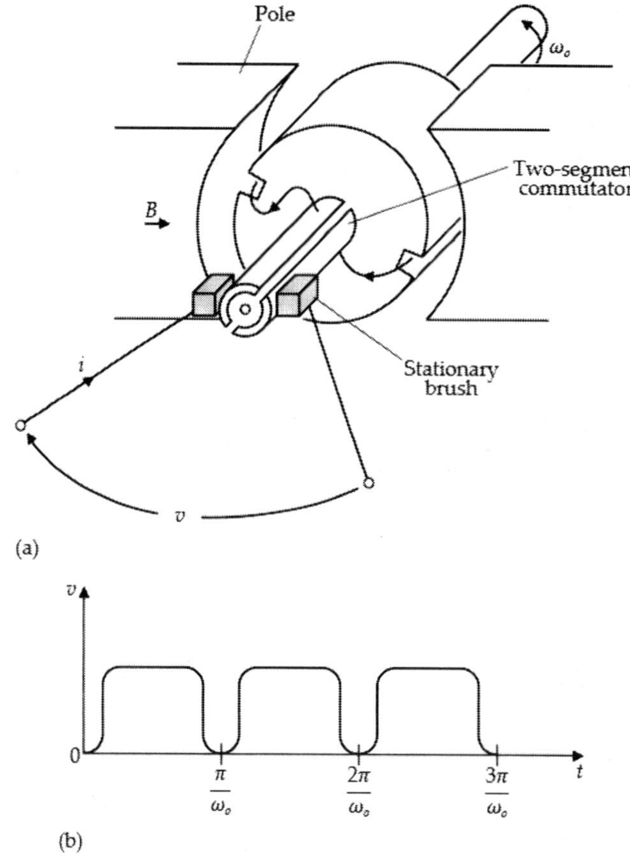

Figure 3.18 (a) Elementary commutator machine and (b) generated terminal voltage.

로써 만들어질 수 있다. 코일의 두 끝은 서로 그리고 축으로부터 절연된 두 개의 도체 원호에 연결된다. 정지 브러시는 코일에서의 유도 전압이 0일 때, 즉, 회전당 두 번씩 코일이 수직 평면(vertical plane) 내에 있을 때, 코일 끝과 외부 단자(external terminal) 사이의 접속의 극성이 역전되도록 위치된다. 회전자가 각속도 ω_0로 회전될 때, 단자 전압은 그림 3.18 (b)에서 보여진 파형을 가진다. 그림 3.9 (a)에서 보여진 기본적인 슬립 링 기계의 교번(교류) 전압과 비교하여, 이 전압은 단방향이다(unidirectional). 직류 전류가 정(양) 단자로 들어간다면, 거기에는 평균 전력 입력(average electrical power input)이 있을 것이며, 기계는 전동기로서 동작할 것이다. 저항성 부하가 단자에 연결된다면, 평균 직류 전류(average direct current)가 정(양) 단자 밖으로 흐를 것이며, 기계는 직류발전기(direct-current generator)로서 동작할 것이다.

실제 기계에서는, 전체 원통형 회전자가 슬롯 내에 위치된 코일을 수용하기 위해 사용된다. 이 코일은 폐루프 내에서 직렬로 접속된다. 각 접속점(connection point)은 정류자편(commutator segment) 또는 막대(bar)에 부착된다. 이 막대는 그것이 두 브러시 중 하나와 접촉하였을 때만 작동하게 된다. 결과는, 회전자 속도와 자계에 비례하는, 본질적으로 일정한 단자 전압이다. 이 기계는, 4장에서 논의될 바와 같이, 적절한 제어 치차(기어)(control gear)와 함께, 넓은 범위에 걸쳐 조절 가능한 속도와 토크(adjustable speed and torque)를 제공할 수 있다.

EXAMPLE 3.2 기계가, 그림 3.12에서 보여진 바와 같이, 각각이 60°인 두 원호에 걸쳐 분포된 고정자 권선을 가진다. 슬롯은 깊이 10 [mm] 인 직사각형이다. 고정자 내표면에서, 각 슬롯의 폭은 치(tooth)의 폭과 같다. 도체 [turn]은 슬롯 면적의 55 [%]를 채운다. 도체 물질에서의 전류밀도는 5 [A/mm²]이다. 원호에 걸쳐 평균된 자속밀도는 0.9 [T]이다. 고정자의 내반경(inner radius)은 70 [mm]이며, 그것의 축 방향 길이는 120 [mm]이다. 토크를 결정하라.

Solution
실제 권선은 깊이

$$d_e = 0.01 \times \frac{1}{2} \times 0.55 = 0.00275 \qquad [\text{m}]$$

선전류밀도(linear current density)는 그러면

$$K = d_e J = 0.00275 \times 5 \times 10^6 = 13750 \qquad [\text{A/m}]$$

고정자 표면 단위 면적당 힘은

$$\frac{F}{A} = BK = 0.9 \times 13750 = 12380 \qquad [\text{N/m}^2]$$

유효 면적(effective area)은

$$A_e = 2\gamma r\ell = 2 \times \frac{\pi}{3} \times 0.07 \times 0.12 = 0.0176 \qquad [\text{m}^2]$$

토크는

$$T = \frac{F}{A} A_e r = 12380 \times 0.0176 \times 0.07 = 15.25 \qquad [\text{N·m}]$$

3.6 FERROMAGNETIC ACTUATOR

이 절은 강자성 계통에서 공극을 가깝게 하려는 경향이 있는 3.2절에서 논의된 힘

을 직접 이용하는 전기(전기-기계) 장치(electromechanical device)의 집단(group)을 소개한다. 예가 그림 3.19에서 보여져 있다. 고정된 강자성 철심에 있는 코일이 두 개의 공극을 가로질러 중력(gravity) 또는 용수철(스프링, spring)의 힘에 반하여 기계적 부하를 들어올리도록 배열된 강자성 전기자(ferromagnetic armature)로 가는 자속을 확립한다. 자계에 의해 공극을 가로질러 생성되는 힘에 대한 몇 가지 관계식을 확립하기 위하여 이 예를 사용하자.

에너지 보존의 개념으로부터, 다음의 관계식을 적용한다:

$$\begin{pmatrix}\text{Electrical}\\\text{energy}\\\text{from source}\end{pmatrix}=\begin{pmatrix}\text{Mechanical}\\\text{energy}\\\text{to load}\end{pmatrix}+\begin{pmatrix}\text{Energy}\\\text{lost}\end{pmatrix}+\begin{pmatrix}\text{Increase of}\\\text{energy stored in}\\\text{magnetic field}\end{pmatrix} \tag{3.26}$$

철심 내에서의 히스테리시스와 와류손은 무시할 수 있으며 어떤 기계적인 손실은 부하로 전달되는 에너지에 포함된다고 가정한다. 식 (3.26)은 그러면

$$\begin{pmatrix}\text{Electrical energy}\\\text{minus}\\\text{resistance loss}\end{pmatrix}=\begin{pmatrix}\text{Mechanical energy}\\\text{including}\\\text{mechanical losses}\end{pmatrix}+\begin{pmatrix}\text{Increase in}\\\text{stored energy}\\\text{in field}\end{pmatrix} \tag{3.27}$$

또는, 기호형(symbolic form)으로, 시간 dt 동안에 일어나는, 정(양)의 x의 방향에서의 거리(distance) dx를 통한 전기자의 운동에 대하여,

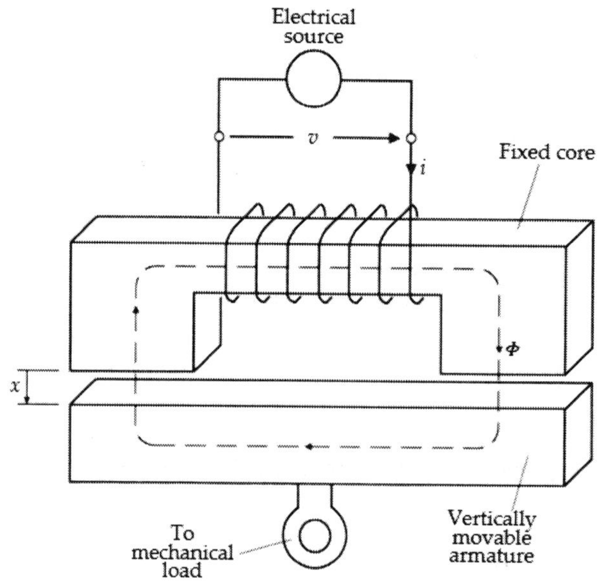

Figure 3.19 Ferromagnetic actuator.

$$dW_e = dW_m + dW_f \qquad [\mathrm{J}] \tag{3.28}$$

과 같이 다시 기술될 수 있다.

전기 입력 에너지 빼기 저항손은

$$\begin{aligned} dW_e &= vi\,dt - Ri^2 dt \\ &= (v - Ri)i\,dt \\ &= ei\,dt \qquad [\mathrm{J}] \end{aligned} \tag{3.29}$$

이다. 유도 전압 e는

$$e = \frac{d\lambda}{dt} \qquad [\mathrm{V}] \tag{3.30}$$

에 의해 코일 쇄교 자속 λ와 관련된다. 따라서,

$$dW_e = i\,d\lambda \qquad [\mathrm{J}] \tag{3.31}$$

이다.

더 나아가, 철심의 비투자율이 일정한 것으로 간주될 수 있거나 철심 내에서 요구되는 자계가 무시될 수 있다고 가정하자. 식 (1.27)로부터, 이 선형 계통(linear system)의 자계 내에 저장되는 에너지는 그것의 인덕턴스 L의 항으로

$$W_f = \frac{\lambda^2}{2L} \qquad [\mathrm{J}] \tag{3.32}$$

와 같이 표현될 수 있다.

먼저 코일 쇄교 자속이 본질적으로 일정하게 남아있을 정도로 빠르게 매우 빠른 변위(displacement) dx가 일어나는 것을 고려하는 것으로 가정한다. 쇄교 자속에서의 어떤 매우 빠른 변화는 매우 큰 유도 전압을 생성할 것임에 유의하라. 일정한 쇄교 자속으로, 식 (3.31)로부터, $d\lambda$와 dW_e는 둘 다 0일 것이다. 따라서, 식 (3.28)로부터,

$$dW_m = -dW_f \qquad [\mathrm{J}] \tag{3.33}$$

즉, 모든 기계적 에너지는 자계 내의 저장 에너지로부터 나온다.

기계 출력 에너지는 x-방향으로 발휘되는 힘 F_x에 움직인 거리 dx를 곱한 것과 같다. 따라서,

$$
\begin{aligned}
F_x &= \frac{dW_m}{dx} \\
&= -\left(\frac{dW_f}{dx}\right)_{\lambda=constant} \\
&= \frac{\lambda^2}{2L^2}\frac{dL}{dx} \qquad \text{[N]}
\end{aligned} \tag{3.34}
$$

이다. λ^2이 항상 정(양)임으로서, x-방향으로 전기자에 작용하는 힘은 x가 증가함에 따라 인덕턴스가 증가할 때만 정(양)이다. 바꾸어 말하면, 힘은 계통의 인덕턴스가 증가하는 방향으로 작용한다. 그림 3.19에서 보여진 작동기(액추에이터, actuator)의 경우, 단위 코일 전류당 코일 쇄교 자속은 변위 x가 감소함에 따라 증가한다. 따라서, 힘은 x를 줄이는 방향, 즉, 공극이 좁아지는 방향이다.

저장 에너지가 자속과 자기저항의 항으로 표현되었다면, 힘 관계식의 그 대신의 형태가 얻어진다. 식 (1.28)로부터,

$$
W_f = \frac{\mathcal{R}\Phi^2}{2} \qquad \text{[J]} \tag{3.35}
$$

이다. 식 (3.34)로부터, 힘은

$$
F_x = -\frac{\Phi^2}{2}\frac{d\mathcal{R}}{dx} \qquad \text{[N]} \tag{3.36}
$$

이라는 것이 따라온다. 따라서, 힘은 자기 계통의 자기저항을 감소시키는 방향으로 작용한다.

그림 3.19의 작동기에서, 자속이 길이 x인 두 개의 공극을 가로지르는 면적 A로 제한된다고 가정하자. 총 자속 경로의 자기저항은, 철심 물질에서 요구되는 자계의 세기가 무시할 수 있다고 가정하여,

$$
\mathcal{R} = \frac{2x}{\mu_0 A} \qquad \text{[A/Wb]} \tag{3.37}
$$

이다. 이것을 식 (3.36)에 대입함으로써, 힘은 공극 자속밀도의 항으로

$$
\begin{aligned}
F_x &= -\frac{(BA)^2}{2}\frac{2}{\mu_0 A} \\
&= -\frac{B^2}{2\mu_0}(2A) \qquad \text{[N]}
\end{aligned} \tag{3.38}
$$

과 같이 표현될 수 있다. 이것은, 자속밀도 B를 운반하는 두 개의 강자성 부분 사

이의 힘에 대한 유도가 없는, 앞에서 기술된 것과 같은 형태의 표현식이다.

이제는 매우 느린 변위 dx를 고려한다. 이 조건의 경우에는, 쇄교 자속이 단지 시간에 따라 느리게 변하기 때문에 유도 전압 e가 매우 작을 것이다. 따라서, 전류 i는 $i = v/R$에서 본질적으로 일정할 것이다. 식 (1.26)으로부터, 저장 에너지는 전류의 항으로

$$W_f = \frac{1}{2}Li^2 \qquad [\mathrm{J}] \tag{3.39}$$

그리고

$$dW_f = \frac{i^2}{2}dL \qquad [\mathrm{J}] \tag{3.40}$$

와 같이 표현될 수 있다. 식 (3.31)로부터, 전기 입력 에너지 증분(increment)은

$$dW_e = i\,d\lambda = i^2 dL \qquad [\mathrm{J}] \tag{3.41}$$

이다. 따라서, 식 (3.25)로부터, 힘은

$$\begin{aligned} F_x &= \frac{dW_m}{dx} \\ &= \frac{d}{dx}\left(i^2 dL - \frac{i^2}{2}dL\right)\Bigg|_{i=constant} \\ &= \frac{i^2}{2}\frac{dL}{dx} \qquad [\mathrm{N}] \end{aligned} \tag{3.42}$$

이다. $\lambda = Li$이기 때문에, 이것은 식 (3.34)의 표현식과 동등하다. 힘은 항상 인덕턴스가 증가하는 쪽으로 이끄는 방향이다.

식 (3.34)와 (3.42)의 힘에 대한 표현식은, 인덕턴스가 구조의 치수(dimension)에만 종속되며 전류 또는 자속의 크기에는 독립인, 자기적인 선형 계통에서만 정당하다. 자성체의 비선형성(nonlinearity)과 히스테리시스가 중요한 상황의 경우에 대해서는, 더 충실한 처리법이 7.8절에서 주어진다.

EXAMPLE 3.3 작동기의 치수(dimension)가 그림 3.20에 주어져 있다. 강자성 철심 물질은 1.3 [T]의 자속밀도까지 1800의 거의 일정한 비투자율을 가진다고 가정될 수 있다. 코일은 2000 [turn]을 가진다. 공극에서 누설 자속과 자속이 새는 것(프린징)(flux fringing)은 무시될 수 있다.

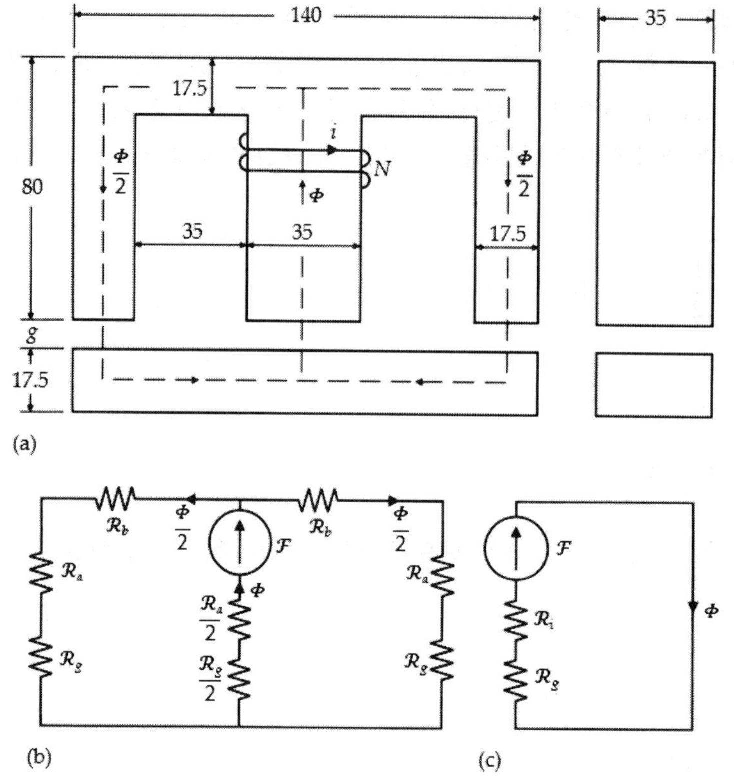

Figure 3.20 (a) Dimensions (in millimeters) of actuator, (b) equivalent magnetic circuit, and (c) simplified circuit.

(a) 이 장치에 대한 자기 등가회로를 밝히고, 각각 $g = 2$ [mm]의 길이인 공극으로 1.1 [T]의 공극 자속밀도를 생성하기 위해 요구되는 코일 전류를 찾기 위하여 그것을 사용하라.

(b) 문제 (a)의 조건에 대해 전기자에 작용하는 힘을 찾아라.

(c) 문제 (a)에서와 같은 전류이지만 공극 길이가 4 [mm]인 경우의 힘을 찾아라.

(d) 강 철심(steel core)이 $H_{steel} = 3$ [kA/m]일 때 2 [T]의 자속밀도에서 실질적으로 포화된다고 가정한다. 공극이 닫혔을 때의 최대 유지력(holding force)은 얼마이며, 근사적으로 이 힘을 유지하기 위해 얼마의 코일 전류가 요구되는가?

Solution

(a) 1.1 [T]의 자속밀도로, 자속은

$$\Phi = BA = 1.1 \times 0.035^2 = 1.35 \qquad [\text{mWb}]$$

자기 등가회로가 그림 3.20 (b)에서 보여져 있다. 양쪽 지로(side branch)의 면적이 각각 중앙 지로(central branch)의 절반이기 때문에, 이 회로는 양쪽 지로의

병렬화(paralleling)에 의해 단순화될 수 있어서 그림 3.20 (c)의 등가회로로 이끈다. 여기서

$$\mathcal{R}_i = \mathcal{R}_a + \mathcal{R}_b$$

a와 b 부분 둘 다에서 경로의 면적은

$$A_i = 0.0175 \times 0.035 = 0.613 \times 10^{-3} \qquad [\mathrm{m}^2]$$

a와 b 부분에서의 전체 강 경로 길이(total steel path length)는

$$\ell_i = 80 + \left(70 - \frac{17.5}{2}\right) = 141.3 \qquad [\mathrm{mm}]$$

따라서, 강 경로(steel path)의 자기저항은

$$\mathcal{R}_i = \frac{\ell_i}{\mu_r \mu_0 A_i} = \frac{0.1413}{1.1 \times 4\pi \times 10^{-7} \times 0.613 \times 10^{-3}} = 1.02 \times 10^5 \qquad [\mathrm{A/Wb}]$$

양쪽 공극의 하나의 자기저항은

$$\mathcal{R}_g = \frac{g}{\mu_0 A_i} = \frac{g}{4\pi \times 10^{-7} \times 0.613 \times 10^{-3}} = 1.3 \times 10^9 g \qquad [\mathrm{A/Wb}]$$

자속 경로의 전체 자기저항은

$$\mathcal{R} = \mathcal{R}_i + \mathcal{R}_g$$

$g = 0.002$ [m]의 경우,

$$\mathcal{F} = (\mathcal{R}_i + \mathcal{R}_g)\Phi = (1.02 \times 10^5 + 1.3 \times 10^9 \times 0.002)1.35 \times 10^{-3} = 3524 \qquad [\mathrm{A}]$$

$$i = \frac{\mathcal{F}}{N} = \frac{3524}{2000} = 1.76 \qquad [\mathrm{A}]$$

(b) 길이 g의 공극을 가깝게 하려는 힘은 식 (3.36)으로부터 다음과 같이 표현될 수 있다:

$$F_g = \frac{\Phi^2}{2}\frac{d(\mathcal{R}_i + \mathcal{R}_g)}{dg} = \frac{(1.35 \times 10^{-3})^2}{2}\frac{d}{dg}(1.02 \times 10^5 + 1.3 \times 10^9 g)$$
$$= 1185 \qquad [\mathrm{N}]$$

그 대신의 접근법은 식 (3.7)의 사용일 것이다. 세 공극의 전체 면적은

$$A = 2 \times 0.035^2 = 2.45 \times 10^{-3} \qquad [\mathrm{m}^2]$$

$$F_g = \frac{B^2 A}{2\mu_0} = \frac{1.1^2 \times 2.45 \times 10^{-3}}{8\pi \times 10^{-7}} = 1180 \qquad [\mathrm{N}]$$

(c) 알려진 코일 전류 $i = 1.76$ [A]로, 편리한 형태의 힘 관계식은 식 (3.42)이다. 코일 인덕턴스는

$$L = \frac{N^2}{\mathcal{R}} = \frac{2000^2}{1.02 \times 10^5 + 1.3 \times 10^9 g} \qquad [\mathrm{H}]$$

힘은, 그러면, $g = 0.004$ [m]에 대하여,

$$F_g = \frac{i^2}{2}\frac{dL}{dg} = \frac{1.76^2}{2}\frac{2000^2 \times 1.3 \times 10^9}{\left(1.02 \times 10^5 + 1.3 \times 10^9 g\right)^2} = 286.5 \qquad [\mathrm{N}]$$

그 대신으로, 이 공극 길이와 코일 전류에 대하여 자속 Φ가 계산될 수 있으며, 힘을 얻기 위하여 식 (3.36)이 사용될 수 있다. 이 공극 길이에서 자속밀도가 1.3 [T]보다 훨씬 작을 것임에 유의하라. 따라서, 선형 모델이 적용될 수 있다.

(d) 1.8 [T]의 자속밀도로,

$$F_g = \frac{B^2 A}{2\mu_0} = \frac{1.8^2 \times 2.45 \times 10^{-3}}{8\pi \times 10^{-7}} = 3158 \qquad [\mathrm{N}]$$

$$i = \frac{\mathcal{F}}{N} = \frac{H(2\ell_i)}{N} = \frac{3 \times 10^3 \times 2 \times 0.1413}{2000} = 0.42 \qquad [\mathrm{A}]$$

3.7 RELUCTANCE MACHINES

강자성체의 자속을 운반하는 부분 사이의 힘은 회전 작동기(rotating actuator)를 일으키도록 사용될 수 있다. 그림 3.21 (a)에서 보여진 구조에서는, 회전자가, 각각 $\pi/2$ [rad]의 원호에 걸쳐 펼쳐진, 두 개의 원통 극(cylindrical pole)을 가진다. 고정자 역시, 각각 같은 원호이며 회전자로부터 반경 방향으로 공극 g만큼 이격된, 두 개의 극을 가진다. 먼저 이 장치가 어떻게 회전 동작(rotary action) 또는 토크를 생성하는지에 대한 물리적 상(physical picture)을 밝히자.

이상적인 철(iron), 즉, $H_i = 0$으로 가정하면, 공극의 겹친 부분(overlap portion)에 반경 방향으로 향하는 자속밀도가 있을 것이다:

$$B = \mu_0 \frac{Ni}{2g} \qquad [\mathrm{T}] \tag{3.43}$$

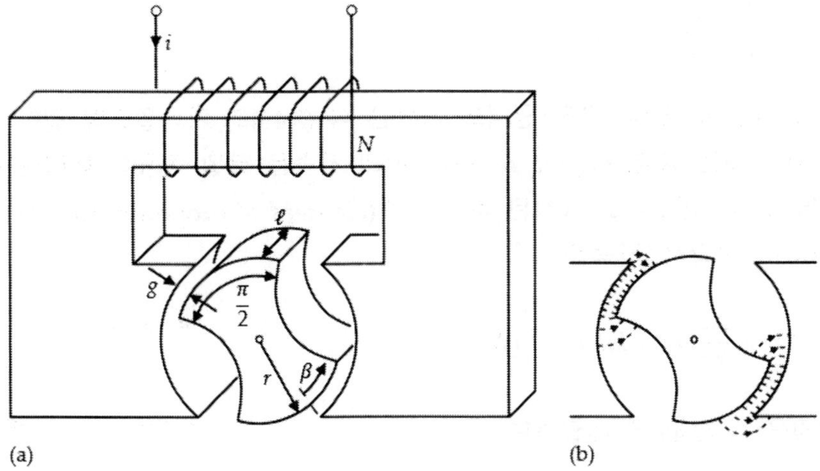

Figure 3.21 (a) Rotary actuator and (b) flux pattern.

그림 3.21 (b)의 자속선도(flux plot)에서 보여진 바와 같이 반경 방향인 이 자속밀도는 회전자의 겹친 부분에 단지 반경 방향으로 작용하는 힘만을 생성한다. 회전자에 토크가 있다면, 그것은 겹치는 영역의 끝 부분에서 그림 3.21 (b)에서 보여진 새는 자속(fringing flux)으로부터 생겨야 한다. 정성적으로, 이 영역에서의 힘은 새는 자속 경로의 길이를 짧게 하려할 것이며, 따라서 회전자에 반시계 방향 토크를 생성할 것으로 예측할 수 있다. 더욱이, 적어도 겹치는 각도가 $\pi/2$ [rad]에 접근할 때까지는, 겹치는 각도 β가 변하더라도 새는 자속의 형태가 본질적으로 일정하게 남아있을 것임에 주목할 수 있다. 따라서, 주어진 코일 전류에 대하여 토크가 거의 일정하며 각도 β에 무관할 것이라는 것을 예측할 수 있다.

반경 방향 힘의 계산은 식 (3.43)의 자속밀도를 사용하면 비교적 간단할 것이다:

$$\frac{F}{A} = \frac{B^2}{2\mu_0} \qquad [\mathrm{N/m^2}] \tag{3.44}$$

하지만, 이 접근법은 새는 자속밀도의 복잡한 분포 때문에 토크를 생성하는 원주 방향 힘(circumferential force)을 계산하는데 있어서 거의 가치가 없다.

그 대신으로서, 식 (3.42)와 상사인(analogous) 표현식을 사용하여 토크를 유도하는 것을 고려한다:

$$T = \frac{dW_m}{d\beta} = \frac{i^2}{2}\frac{dL}{d\beta} \qquad [\mathrm{N\cdot m}] \tag{3.45}$$

어떠한 누설 자속도 무시하면, 코일의 인덕턴스는

$$L = \frac{\lambda}{i} = \frac{N\Phi}{i} \qquad [\mathrm{H}] \tag{3.46}$$

과 같이 표현될 수 있다. 겹친 영역의 자속은 식 (3.43)의 자속밀도에 겹친 면적을 곱한 것이다. 새는 영역(fringing region)에서의 자속은 코일 전류에 비례하는 것으로 가정될 수 있지만, k_f로 표시된 비례 상수(constant of proportionality)는 미지이다(unknown). 따라서, 자속은

$$\Phi = \mu_0 \frac{Ni}{2g} \ell r\beta + k_f Ni \qquad [\mathrm{Wb}] \tag{3.47}$$

이다. 이것을 식 (3.46)에 대입하면,

$$L = \mu_0 \frac{N^2 \ell r\beta}{2g} + N^2 k_f \qquad [\mathrm{H}] \tag{3.48}$$

을 준다. 그러면, 식 (3.45)를 사용하여, 토크는

$$T = \frac{i^2}{2}\frac{dL}{d\beta} = \frac{\mu_0 N^2 \ell r}{4g} i^2 \qquad [\mathrm{N \cdot m}] \tag{3.49}$$

로 주어진다. 이 토크는 주어진 코일 전류에 대하여 일정하며 겹친 각도 β에 무관한 것으로 보여진다. 이 표현식은 새는 자속 형태(fringing flux pattern)가 일정하게 남아있다고 가정될 수 있는 β의 범위에 걸쳐서 만 정당하다.

식 (3.48)의 코일 인덕턴스의 유도에 있어서 새는 자속이 무시되었더라도, 같은 토크 표현식으로 귀결하였을 것이라는 점에 유의하는 것이 흥미롭다. 토크를 생성하는데 있어서 유효했던 자계의 일부를 무시하였지만 수치적으로 옳은 값을 얻었을 것이다. 이 예는 간단하게 하는 가정을 만들기 전에 관련된 물리적 기구(physical mechanism)의 이해를 가져야 할 필요성을 강조한다. 식 (3.42)와 (3.49)에서 주어진 것과 같은 힘과 토크에 대한 표현식은 강력한 계산 도구이지만, 그것의 지적인 적용은 작동하는 물리 현상의 현명한 판단을 요구한다.

그림 3.21 (a)의 기계는 코일 전류의 적절한 제어에 의해 전동기로서 연속적인 회전을 생성할 수 있다. 기계 고정자가 지나가는 회전자의 단부(edge)를 감지하는, 홀 효과 소자(Hall effect device) 같은, 감지기(센서, sensor)가 설치되었다고 가정한다. 이 신호는 그림 3.22 (a)에서 보여진 코일 전류 파형을 공급하도록 전류원을 제어하는데 사용될 수 있다. 토크가 전류의 제곱에 종속하기 때문에, 전류의 극성은 중요하지 않다. 범위 $0 < \beta < \pi/2$의 경우, 토크는 식 (3.49)에서 주어진 값으로 반시

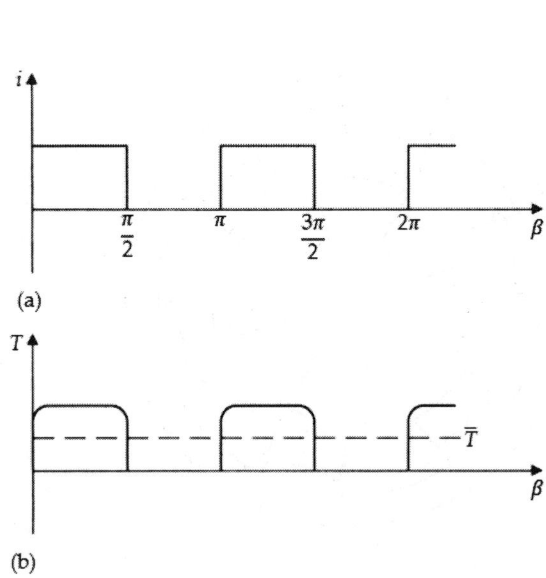

Figure 3.22 (a) Coil current for switched reluctance motor and (b) reluctance motor torque.

계 방향일 것이다. 토크는 $\pi/2 < \beta < \pi$의 경우 0일 것이며 $\pi < \beta < 3\pi/2$의 경우 다시 반시계 방향일 것이다. 평균 반시계 방향 토크는, 그림 3.22 (b)에서 나타내어진 바와 같이, 근사적으로 식 (3.49)의 값의 절반일 것이다. 더 상수에 가까운 토크는 고정자 둘레의 열린 원호에 다른 두 극을 삽입하고 첫 번째 극이 여자되지 않는 사이에 전류를 공급함으로써 얻어질 수 있다. 이 기본적인 기계는 **스위치드 릴럭턴스 기계**(*switched reluctance machine*)로 알려져 있는 종류의 기계에 대한 기저이며, 11.7절에서 더 충분히 논의될 것이다.

EXAMPLE 3.4 그림 3.23 (a)에서 단면으로 보여진 스위치드 릴럭턴스 전동기는, 각각이 $\pi/6$ [rad]의 원호를 점유하는, 6개의 고정자 극을 가진다. 회전자는, 각각이 $\pi/4$ [rad]의 원호인, 4개의 극을 가진다. 공극 반경은 50 [mm]이며 전동기의 축 방향 길이는 80 [mm]이다. 공극 길이는 0.5 [mm]이다. 각각이 200 [turn]을 가지는 고정자 코일에는, 그림 3.23 (b)에서 보여진 바와 같이, 직렬 연결된 코일 *a-a′*, *b-b′* 그리고 *c-c′*에 차례로 스위칭되어(switched) 전류 i가 공급된다.

(a) 겹치는 공극 내에 1.2 [T]의 자속밀도를 확립하기 위해 요구되는 전원전류 i를 결정하라.
(b) 문제 (a)에서 찾은 전류로, 회전자에서의 평균 토크를 찾아라.
(c) 전동기가 120 [rad/s]로 회전할 때, 요구되는 전원의 전압을 추정하라. 도체 저항은 무시될 수 있으며, 스위치는 완전한 것으로 가정될 수 있다.

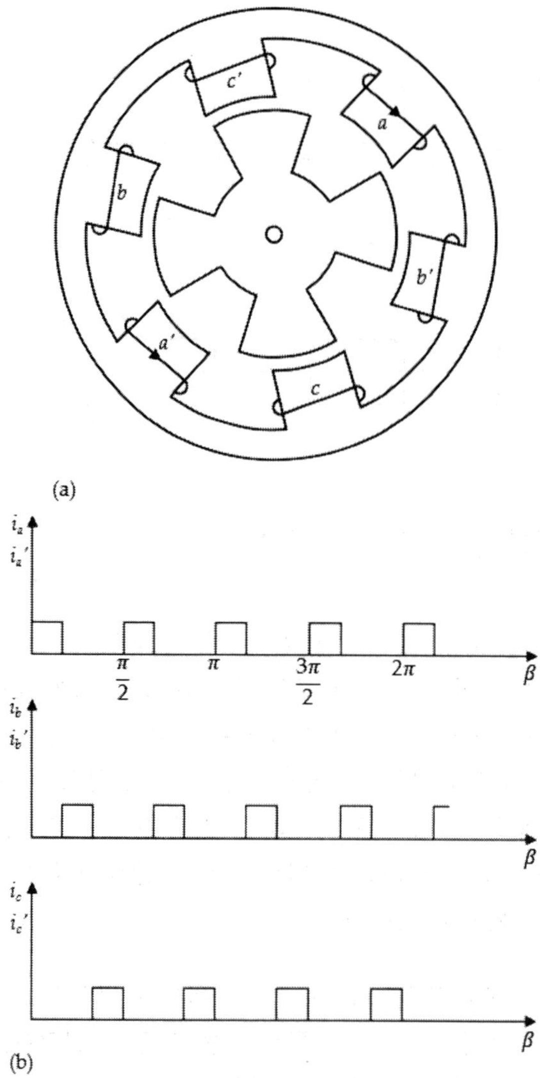

Figure 3.23 (a) Switched reluctance motor and (b) currents in coils.

Solution

(a) 각각 길이 g인 두 개의 공극 내에서 $B = 1.2$ [T]의 자속밀도에 대해, 요구되는 직렬인 두 개의 코일 a와 a'의 총 기자력은

$$\mathcal{F} = 2gH = 2g\mu_0 \frac{B}{\mu_0} = \frac{2 \times 0.0005 \times 1.2}{4\pi \times 10^{-7}} = 955 \qquad \text{[A]}$$

이것의 절반이 각 코일에 의해 공급된다. 따라서, 코일 전류는

$$i = \frac{955}{2 \times 200} = 2.4 \qquad \text{[A]}$$

(b) 그림 3.23 (a)에서 보여진 회전자 위치에서 전류 i가 코일 a와 a'에 공급된다면, $\pi/6$ [rad]의 반시계 방향 각운동(angular motion)에 대한 토크가 직렬인 코일의 인덕턴스를 유도함으로써 찾아질 수 있다. 이 코일과 쇄교하는 자속은, 식 (3. 47)과의 상사에 의해, 겹친 각도 β에 대하여:

$$\Phi = BA = \mu_0\left(\frac{2Ni}{2g}\right)\ell r\beta + k_f(2Ni) \qquad [\text{Wb}]$$

$$L_{a\text{-}a'} = \frac{2N\Phi}{i} = \mu_0\frac{N^2\ell r\beta}{g} + k_f(2N)^2 \qquad [\text{H}]$$

그러면, 토크는

$$\begin{aligned} T &= \frac{i^2}{2}\frac{dL}{d\beta} = \mu_0\frac{N^2\ell r}{g}i^2 \\ &= 4\pi\times10^{-7}\times200^2\times\frac{0.08\times0.05}{0.0005}\times2.4^2 = 2.32 \qquad [\text{N·m}] \end{aligned}$$

이상적인 스위칭으로, 이것은 또한 상(phase) b-b'와 c-c'가 여자될 때의 토크일 것이다. 따라서, 이것은 또한 평균 토크이다.

(c) 기계 동력 출력은

$$P_o = T\omega_o = 2.32\times120 = 278 \qquad [\text{W}]$$

손실이 무시된다면, 이것이 또한 전기 입력 전력이다. 따라서, 전원의 전압은

$$v = \frac{P_o}{i} = \frac{278}{2.4} = 115.8 \qquad [\text{V}]$$

PROBLEMS

3.1 그림 3.24는 직류 계기(direct-current instrument)의 동작을 보인다. 영구자석과 철로 된 중앙 원통은 두 개의 공극 내에 본질적으로 0.4 [T]의 반경 방향 자속을 생성하도록 만들어진다. 회전 코일은 높이 15 [mm], 폭 20 [mm]이다. 그것은 매우 가는 도선(fine wire)의 2000 [turn]을 가진다. 코일에 대한 전기적인 접속은 함께 10^{-5} [N·m/rad]의 복원 토크(restoring torque)를 발휘하는 나선 용수철(helical spring)을 통하여 이루어진다. 전체 편향(full-scale deflection)에 대응하는 70°의 회전을 생성하기 위해 요구되는 코일 전류를 결정하라.

(3.1 절)

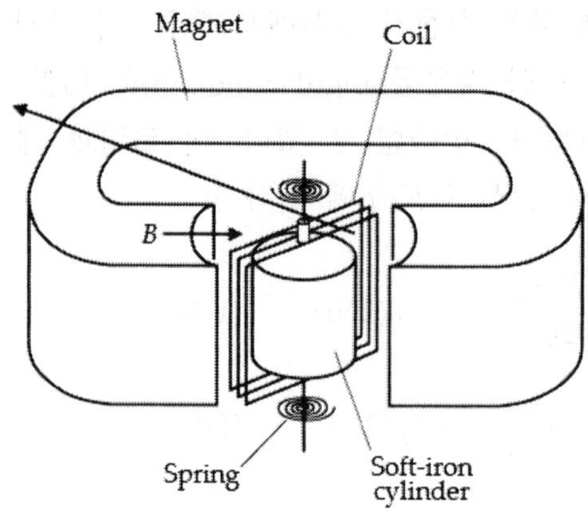

Figure 3.24 Instrument for Problem 3.1.

3.2 13.2 [kV] 교류 송전선로가, 각각 직경이 20 [mm]이며 1.5 [m] 떨어져 있는, 두 개의 도체로 이루어져 있다. 지주(supporting pole) 사이의 경간(span)은 100 [m]이다. 단락 회로(short-circuit) 조건 동안, 선로에는 8000 [A] (rms)의 전류가 흐른다. 한 개의 경간에 걸친 각 도체에 작용하는 힘의 평균 크기와 방향을 결정하라.

(3.1 절)

3.3 그림 3.25에서 보여진 평행 모선(bus bar)의 쌍은 150 [mm]의 높이와 5 [mm]의 간격을 가진다. 그것은 부하에 10 [kA]의 직류 전류를 공급한다. 각 봉(bar)

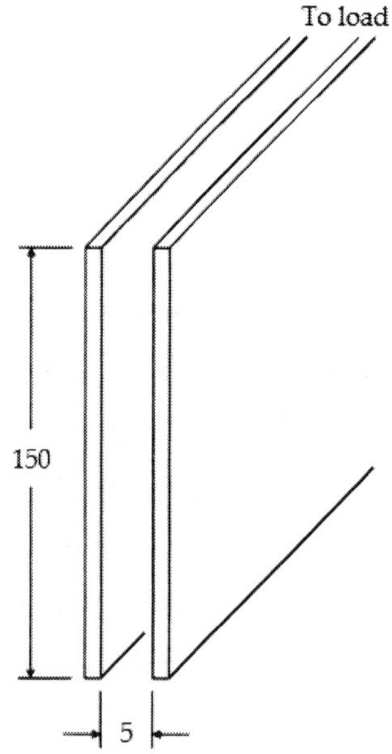

Figure 3.25 Parallel bus bars for Problem 3.3.

의 길이 [m]당 작용하는 힘의 크기와 방향을 추정하라. 높이가 간격에 비하여 크기 때문에, 각 봉에 의해 생성되는 자계가, 한 쪽의 위와 다른 쪽의 아래에 이르는, 높이에 걸쳐 균일한 것으로 고려될 수 있으며, 단부 영역(end region)에서의 자계는 무시될 수 있다.

(3.1 절)

3.4 그림 3.26은 균일 자속밀도 B를 가지는 영역 내에서 전류 i를 운반하는 직사각형 루프를 보인다.

(a) 루프에 작용하는 순 병진력(net translational force)이 0임을 보여라.

(b) 루프에 작용하는 토크가

$$T = p_m \times B \qquad [\text{N}\cdot\text{m}]$$

로 표현될 수 있음을 보여라. 여기서 p_m은 루프의 자기 모멘트이다.

(3.2 절)

3.5 250 [mm]의 평균 직경과 1000 [mm^2]의 단면적을 가진 환상 철심이 그 속에 잘린 1.25 [mm]의 공극을 가진다. 공극 주위에서의 자속의 샘(프린징, fringing)은 무시될 수 있다. 철심 물질은 그림 1.17에서 보여진 형태의 물질이다.

(a) 철심 주위에 감긴 코일에서의 전류가 1.4 [T]의 자속밀도를 생성할 만큼 증가된다고 가정한다. 공극을 가깝게 하려고 하는 힘을 결정하라.

(b) 철심 물질이 1.4 [T]의 자속밀도에서 완전히 정렬 또는 포화되었다고 가정한다. 코일 전류가 문제 (a)의 수준을 넘어서 증가되었다면 공극을 가깝게 하려는 힘이 증가될 것인가?

(3.2 절)

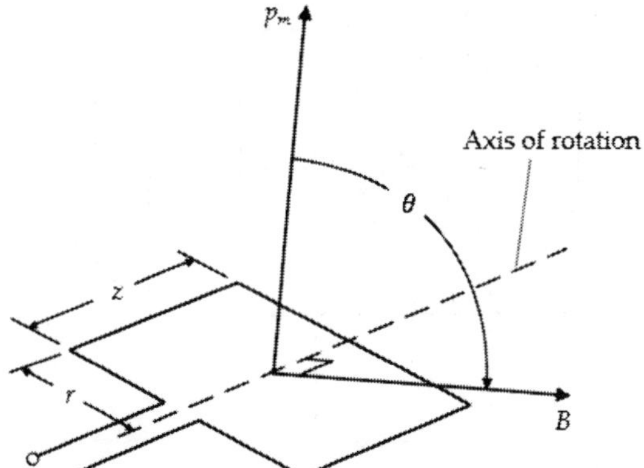

Figure 3.26 Rectangular loop for Problem 3.4.

3.6 그림 3.27은 2개의 극 사이에 위치된 강으로 된 쐐기형 가동자(steel movable wedge)를 가진 자기 장치를 보인다. 왼쪽 극의 단면적은 오른쪽 극의 2배이다. 극 단부(pole edge) 주위의 자속의 프린징은 무시될 수 있다.

(a) 자속이 확립되었을 때 가동자에 작용하는 힘의 방향은 어느 쪽인가?

(b) 자속이 일정하게 유지된다면 힘이 가동자의 위치에 종속되는가?

(c) 전류가 일정하게 유지된다면 힘은 위치에 종속되는가?

(d) 오른쪽 극의 면적이 100 [mm^2]이며 공극의 길이가 둘 다 1 [mm]일 때, 2000 [A]의 코일 기자력에 대한 힘을 찾아라.

(3.2 절)

3.7 그림 3.28에서 보여진 자기 유지 장치(magnetic holding device)는, 각각 자화의 방향에서 8 [mm]의 길이와 700 [mm^2]의 단면적을 가지는, 2개의 페라이트 자석으로 이루어진다. 자석은 높은 투자율의 후철판(iron backing plate)에 고정되어 있으며 높은 투자율의 철 가동부(iron movable member)와 마주보고 있다. 공극 단부의 자속의 프린징은 무시하여, 가동부가 자석으로부터 5 [mm] 떨어져 있을 때의 힘을 결정하라.

(3.2 절)

3.8 그림 3.5에서 보여진 기본적인 회전기에서, 자석은 0.95 [T]의 반경 방향 자속밀도를 생성한다. 도체의 반경 r은 50 [mm]이며 공극에서의 길이는 100 [mm]

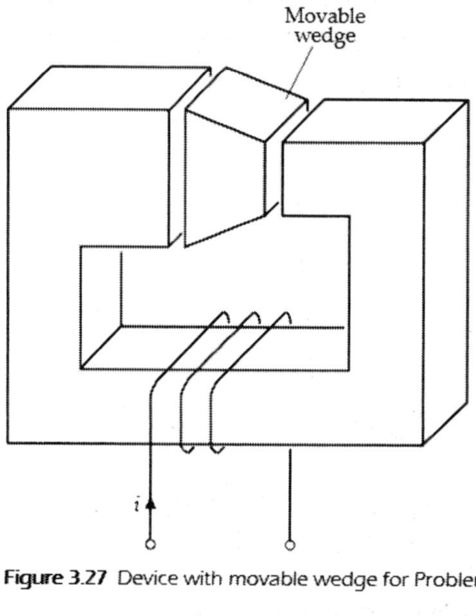

Figure 3.27 Device with movable wedge for Problem 3.6.

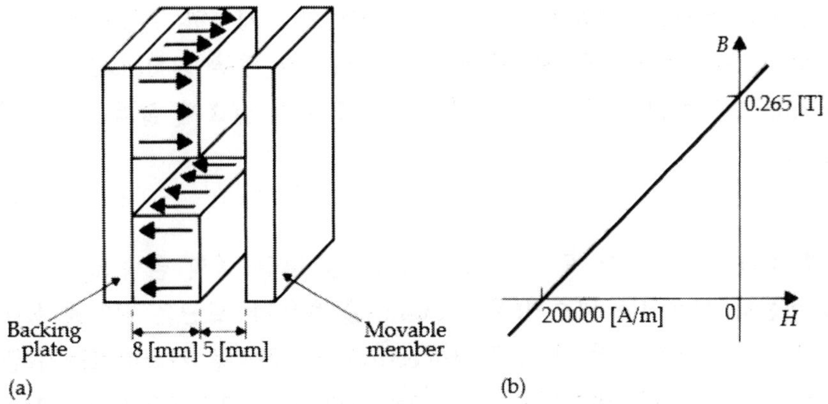

Figure 3.28 Magnetic holding device for Problem 3.7.

이다.

(a) 40 [A]의 전류에 대하여, 도체 루프가 공극 내에 있을 때 도체 루프에 작용하는 토크를 찾아라.

(b) 루프가 20 [rps]로 회전할 때, 루프가 공극에 있을 때의 루프에서의 유기전압을 결정하라.

(c) 문제 (a)와 (b)의 조건의 경우, 변환되는 에너지의 비율(rate)을 결정하라.

(3.3 절)

3.9 그림 3.29에서 보여진 축음기 픽업은 바늘(stylus)에 부착된 3 [mm] 직경의 50 [turn] 원통형 코일로 이루어져 있다. 코일은 원통형 영구자석의 공극 내에 놓여 있다. 반경 방향으로 향하는 자속밀도는 0.3 [T]이다. 바늘-코일 조립품(stylus-coil assembly)은 코일의 운동이 크기에 있어서 바늘의 운동과 근사적으

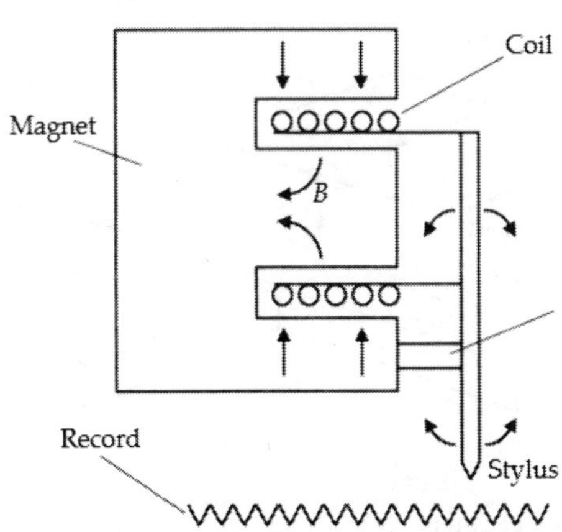

Figure 3.29 Phonograph pickup for Problem 3.9.

로 같도록 유연한 결합(flexible coupling)에 의해 자석에 부착되어 있다. 바늘의 끝(tip)이 600 [Hz]의 주파수에서 0.1 [mm]의 첨두 진폭(peak-to-peak amplitude)으로 정현적으로 진동할 때, 픽업 코일의 실효치 출력 전압을 결정하라.

(3.3 절)

3.10 그림 3.30은 직사각형 도관(채널, channel)을 따라 액체 금속(liquid metal)을 이송하는데 사용되는 양수기(펌프, pump)를 보인다. 도관은 금속을 통하여 직류 전류가 지나가는 두 개의 전극(electrode)의 영역을 제외하고는 절연체(insulating material)로 만들어져 있다. 0.8 [T]의 균일 자속밀도가 영구자석의 사용에 의해 도관을 가로질러 생성된다.

(a) 12 [m/s]의 속도로 금속이 흐르는 것으로 가정하여, 전류가 0일 때의 전극 사이의 전압을 결정하라.

(b) 전류가 2000 [A] 라면, 펌프의 입구(entrance)와 출구(exit) 사이의 압력차(pressure difference)는 얼마가 될 것인가? 마찰(friction)은 무시하는 것으로 가정하라.

(c) 금속의 저항률이 10^{-6} [Ω·m] 이며 전류가 균일하게 분포될 때, 2000 [A]의 전류와 12 [m/s]의 금속 속도에 대해 전극 사이에 요구되는 전압을 결정하라.

(d) 전력 입력이 기계 동력 출력 더하기 금속의 저항에서의 손실과 같음을 보여라.

(3.3 절)

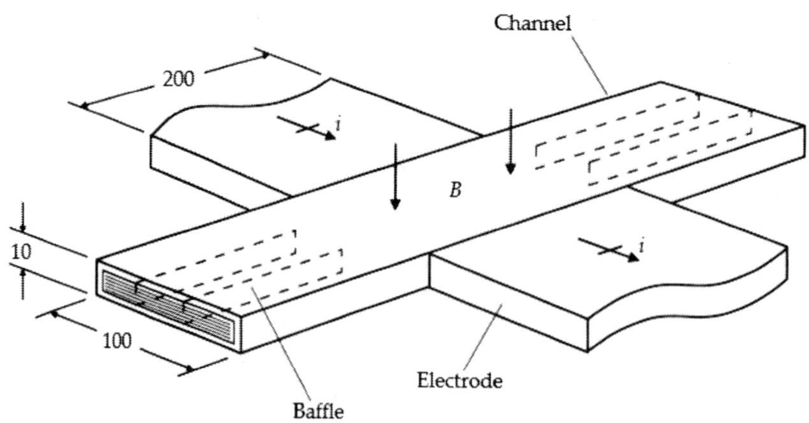

Figure 3.30 Electromagnetic pump for Problem 3.10.

3.11 그림 3.31은 단극 발전기(homopolar generator)로 알려진 저전압, 대전류 기계(low-voltage, high-current machine)의 단면을 보인다. 반경 r, 길이 x, 그리고 두께 c인 얇은 금속 원통이 밀도 B의 반경 방향 자계 내에서 각속도 ω로 회전한다. 전류는 내륜과 외륜(inside and outside rim) 주위의 액체 금속 브러시(liquid metal brush)에 의해 원통을 통하여 지나간다. 원통 내의 전류밀도가 8 [A/mm^2]를 초과하지 않으며 자속밀도가 1.2 [T]일 때, 125 [mm]의 반경, 길이 100 [mm], 그리고 두께 10 [mm]인 원통을 가지며 1500 [rad/s]의 각속도인 발전기의 최대 전력 출력을 찾아라. 손실은 무시될 수 있다.

(3.3 절)

3.12 반경 r_o의 금속 원판(circular metal disk)이, 그림 3.32에서 보여진 바와 같이, 각속도 ω [rad/s]로 회전된다. 영구자석이 원판의 영역 내에서 균일하다고 가정될 수 있으며 그 평면에 수직인 자속밀도 B를 생성한다. 원판과의 전기적인 접속은 외륜의 주위에 균일하게 분포된 그리고 반경 r_s의 도전성 축(conducting shaft) 위에 있는 정지 브러시(stationary brush)에 의해 이루어진다.

(a) 브러시 사이에 생성되는 전압에 대한 표현식을 유도하라.

(b) 전류 i가 브러시에 의해 원판을 통하여 순환한다고 가정한다. 생성되는 토크에 대한 표현식을 유도하라.

(c) 손실을 무시하여, 전력 입력은 기계 동력 출력과 같음을 보여라.

(3.3 절)

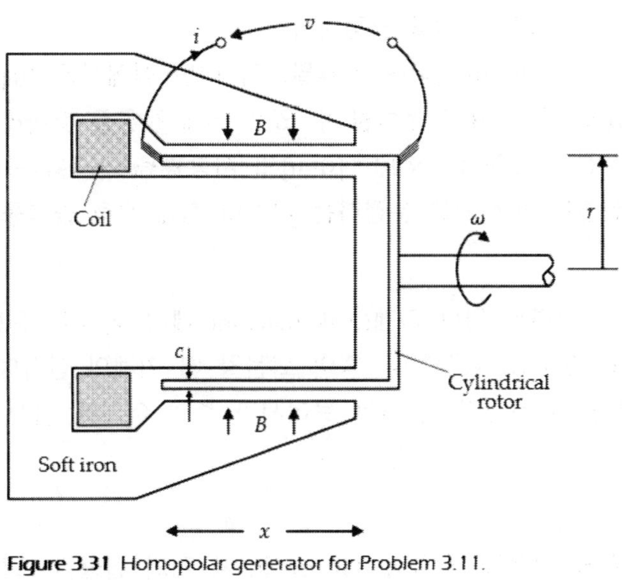

Figure 3.31 Homopolar generator for Problem 3.11.

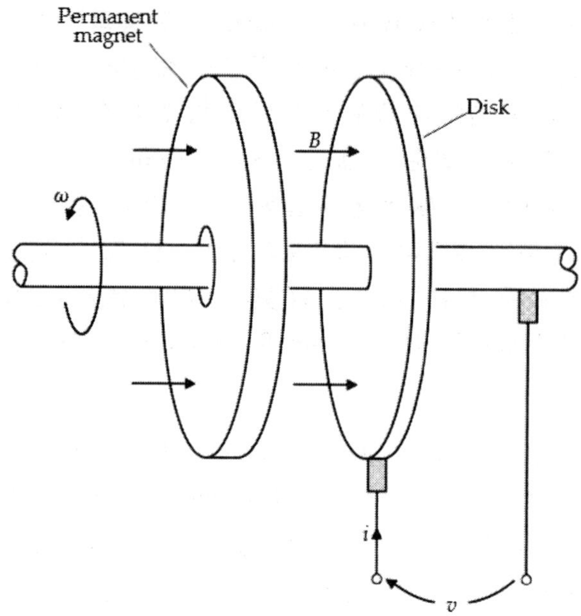

Figure 3.32 Disk machine for Problem 3.12, 3.13, and 3.14.

3.13 문제 3.12의 기계(그림 3.32에서 보여진)의 몇 가지 실제적인 양상과 한계를 조사하기 위하여, 원판의 주변 속도(peripheral velocity)가 기계적 과응력(mechanical overstressing)을 예방하기 위하여 대략 200 [m/s]로 제한된다고 가정한다. 0.6 [T]의 평균 자속밀도가 가정될 수 있다.

(a) 원판의 외반경(outer radius)이 0.2 [m] 그리고 축 반경이 20 [mm]일 때, 유기될 수 있는 최대 전압을 결정하라.

(b) 원판의 두께가 10 [mm]이며 전류밀도가 어떤 점에서든 10 [A/mm^2]를 초과하지 않을 때, 기계가 운반할 수 있는 최대 전류를 찾아라.

(c) 원판이 운전 온도에서 2×10^{-8} [Ω·m]의 저항률을 가지는 구리로 만들어졌다고 가정한다. 발전기로 운전하는 기계의 최대 전력 출력을 찾아라.

(3.3 절)

3.14 그림 3.32에서 보여진 원판 기계(disk machine)에서, 자석이 원판에 부착되었으며 같이 회전한다고 가정한다. 축이 회전될 때 기계의 단자에서의 유기 전압 v는 얼마가 될 것인가? 결과가 브러시가 축의 어디에 위치되어 있는가에 종속하는가?

(3.3 절)

3.15 그림 3.14에서의 기계가, 각각이 8 [turn]인, 세 개의 집중된 고정자 코일(concentrated stator coil)을 가진다. 코일은 120°의 간격으로 고정자 주위에 대칭적으로 배열되어 있다. 회전자의 극은 회전자 기자력에 기인한 공극 자속밀도가 거의 정현적으로 분포되도록 하는 형상으로 되어 있다. 총 회전자 자속은 0.040 [Wb]이다. 회전자는 2000 [rpm]으로 구동된다.

(a) 코일에서 유기되는 전압의 주파수를 결정하라.

(b) 고정자 단자 a', b', 그리고 c'가 중성점(neutral point) O의 형태로 연결되었을 때, 단자 a, b, 그리고 c의 어떤 두 단자 사이의 실효치 전압을 찾아라.

(3.5 절)

3.16 그림 3.33은 간단한 전기 제동기(electric brake)의 단면을 보인다. 회전자 권선은, 각각이 0.005 [Ω]의 저항을 가지는, 두 개의 단락된 루프로 이루어진다. 각 고정자 극은 90°의 원호를 점유한다. 회전자의 축 방향 길이는 50 [mm]이다. 자성체는 이상적인 것으로 고려될 수 있고, 프린징은 무시될 수 있으며, 회전자 전류의 자기적인 효과도 무시될 수 있다.

(a) 루프의 변이 극 아래에 있는 동안의 각 루프에서의 유기 전압과 전류에 대한 표현식을 유도하라.

(b) 회전자에 작용하는 토크에 대한 표현식을 유도하라.

(c) 속력이 400 [rad/s]일 때 200 [W]의 제동 동력을 제공하기 위해 요구되는 계자 전류는 얼마인가?

(3.5 절)

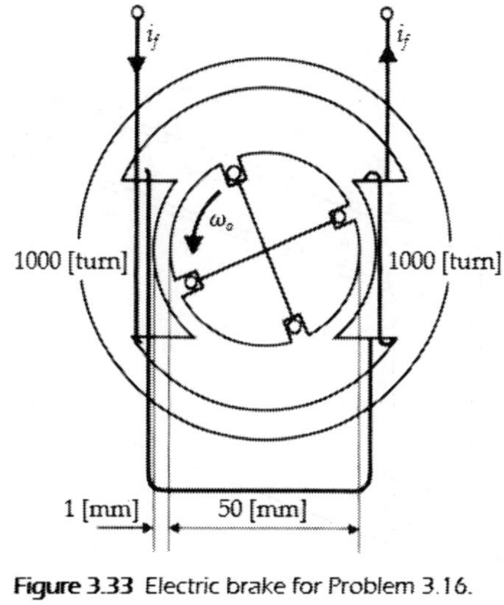

Figure 3.33 Electric brake for Problem 3.16.

3.17 환상 코일이 각각 반경 20 [mm]인 원형(circular) 250 [turn]으로 이루어져 있다. 코일의 길이는 0.3 [m]이다. 그것은 스스로 지지되며 공기만을 내포한다.

(a) 자계가 코일 내부에서는 균일하며 다른 곳에서는 0이라고 가정하여, 코일의 인덕턴스를 결정하라.

(b) 전류가 18 [A]일 때 코일의 길이를 바꾸려고 작용하는 힘을 찾아라.

(c) 전류가 18 [A]일 때 [turn]의 반경을 바꾸려고 작용하는 힘을 찾아라.

(3.6 절)

3.18 그림 3.34는 평행 도전 판의 쌍을 보인다. 이온화된 기체(ionized gas)의 구름 또는 플라즈마(plasma)가 10 [kA]의 전류원이 연결된 끝으로부터 평균 거리 z에서 판 사이에 확립된다.

(a) 자계가 판 사이에서는 균일하며 다른 곳에서는 0이라고 가정하여, 도전 루프의 인덕턴스를 결정하라.

(b) 플라즈마 구름에 작용하는 힘을 결정하라.

(c) 구름이 판에 의해 제한된다고 가정하여, 구름의 압력을 결정하라.

(3.6 절)

3.19 13.2 [kV] 송전선로가, 각각 직경이 20 [mm]이며 1.5 [m] 떨어져 있는, 두 개의 도체로 이루어져 있다. 지주(pole)의 경간(span)은 100 [m]이다.

(a) 길이 z에 대하여 선로의 인덕턴스에 대한 표현식을 유도하라.

(b) 정현 전류 8000 [A] (rms)가 선로에 흐를 때 경간에 걸친 각 도체에 작용하

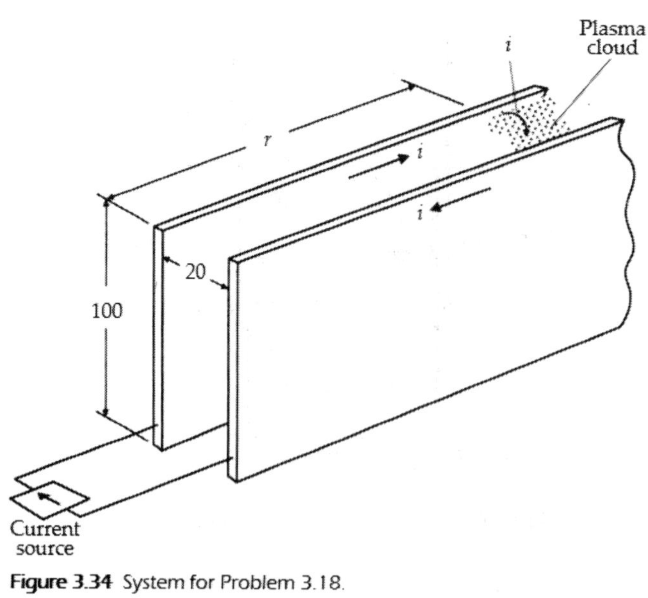

Figure 3.34 System for Problem 3.18.

는 평균 힘을 결정하라.

(c) 송전선로가 도체의 위에 위치되어 있으며 그것을 따라 자유롭게 구를 수 있는 둥근 봉(round bar)에 의하여 단락되었다고 가정한다. 선로와 봉에서의 8000 [A]의 전류에 대하여, 봉에 작용하는 힘을 찾아라.

(3.6 절)

3.20 그림 3.35의 자기 계통은 정사각형 단면 30×30 [mm]를 가진다. 철심의 두 부분이 맞추어졌을 때, 각각의 길이가 $x = 1.0$ [mm]인 공극이 그것을 분리한다. 코일은 250 [turn]과 7.5 [Ω]의 저항을 가진다. 철심 물질에 요구되는 자계의 세기는 무시된다.

(a) 40 [V]의 일정 전압원이 코일 단자에 연결되었다면, 두 부분을 함께 유지하는 총 힘(total force)은 얼마가 될 것인가?

(b) 60 [Hz]인 100 [V]의 정현 전압이 코일 단자에 연결되었다면, 두 부분을 함께 유지하는 평균 힘(average force)은 얼마가 될 것인가?

(c) 자속 프린징의 효과는 공극 자속밀도가 공극 길이 x에 대하여 각 방향으로 치수(dimension) $(30 + x)$인 공극에 걸쳐 균일하다고 하는 가정으로 생각될 수 있다. 이 효과를 포함하여 문제 (a)와 (b)를 반복하라.

(3.6 절)

3.21 그림 3.36에서 보여진 작동기는 거리 y를 통하여 질량 m을 들어올리는데 사용된다. 코일은 500 [turn]을 가지며 과열없이 20 [A]의 전류를 운반할 수 있다. 자성체는 무시할 수 있는 자계의 세기로 1.5 [T]의 자속밀도를 유지할 수 있다. 프린징은 무시될 수 있다.

(a) 20 [A]의 전류로 1.5 [T]의 자속밀도가 확립될 수 있는 최대 공극 y를 결정하라.

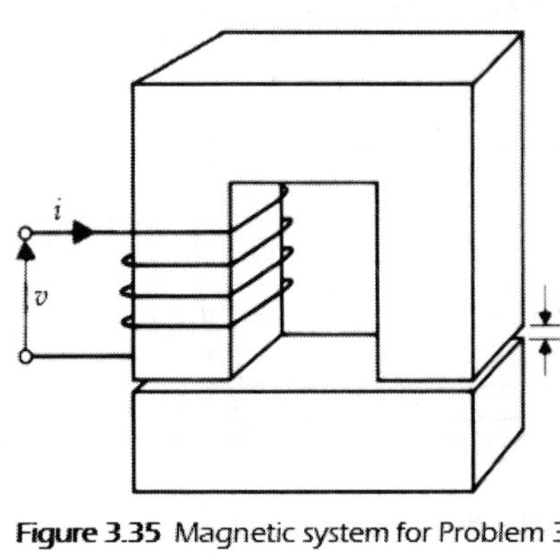

Figure 3.35 Magnetic system for Problem 3.20.

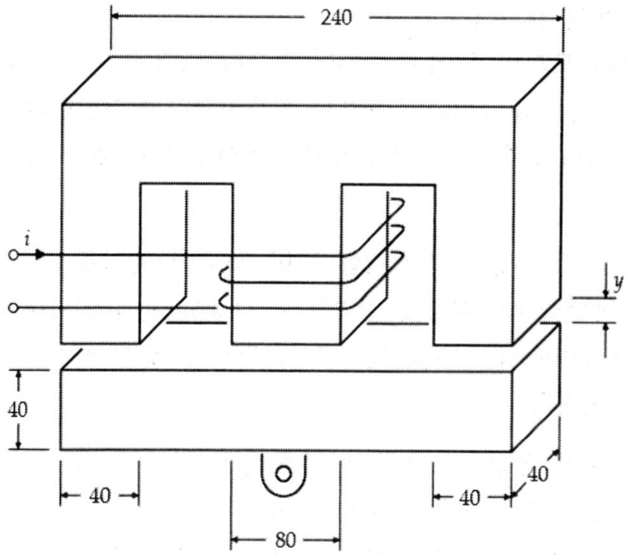

Figure 3.36 Actuator for Problem 3.21 (all dimensions in millimeters).

(b) 문제 (a)의 조건의 경우 작동기에 의해 발휘되는 힘은 얼마인가?

(c) 철심 물질의 질량 밀도는 7800 [kg/m^3]이다. 문제 (a)에서 결정된 공극에서 작동기에 의해 중력(force of gravity)에 반하여 들어올려질 수 있는 순 질량(net mass)의 근사 값을 결정하라.

(d) 2 [A]의 코일 전류로 문제 (a)의 공극에서 놓아졌을 때, 부하가 없는 작동기(unloaded actuator)의 초기 가속도(initial acceleration)를 찾아라.

(3.6 절)

3.22 그림 3.37에서 묘사된 계전기 기구(relay mechanism)에서, 두 개의 강 극(steel

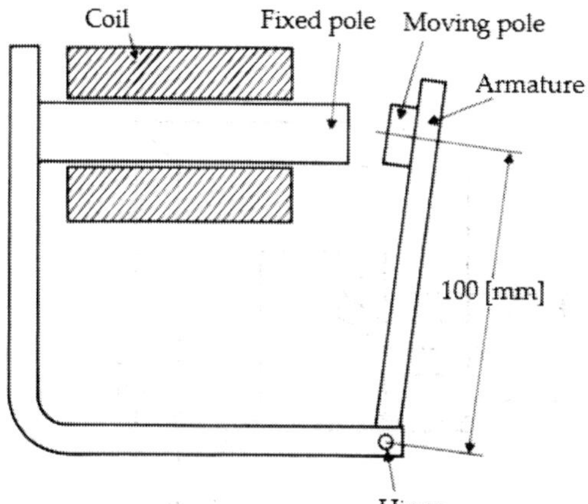

Figure 3.37 Relay for Problem 3.22.

pole)의 단면이 30 × 30 [mm]이다. 그들이 만났을 때, 전기자의 중심선은 수직이다. 강의 투자율은 무한대(infinite)이고, 경첩(hinge)에서의 간격은 무시하며, 프린징을 무시한다. 코일이 그것의 1000 [turn]에 0.5 [A]의 직류 전류를 운반하며 전기자가 수직 위치로부터 2°의 각도에 있을 때 전기자에 작용하는 힘을 결정하라.

(3.6 절)

3.23 그림 3.38은 원통형 자기 작동기의 단면을 보인다. 단면적 1500 [mm²]의 플런저(plunger)가, 둘 사이의 공극을 무시할 수 있는, 바깥 쪽 자기 틀(outer magnetic casing) 안에 있는 원통형 구멍을 통하여 수직으로 자유롭게 미끄러진다. 코일은 3000 [turn]과 8 [Ω]의 저항을 가진다. 12 [V]의 전원이 코일 단자에 공급된다. 자성체는 1.6 [T]의 자속밀도까지 완전한 것으로 간주될 수 있다. 프린징은 무시될 수 있다.

(a) 간극(gap) 길이 y의 함수로 플런저에서의 정적 힘(static force)을 결정하라.

(b) 간극 길이 y가 어떤 범위를 넘으면, 포화 자속밀도(1.6 [T]로 가정된)에 도달되었기 때문에, 플런저에서의 힘이 본질적으로 일정할 것인가?

(c) 플런저가 10 [mm]의 간극으로부터 완전히 닫히는 위치까지 천천히 움직이는 것으로 강제된다고 가정한다. 생성되는 기계적 에너지는 얼마가 될 것인가?

(d) 플런저가 10 [mm]의 원래 간극으로부터 완전한 닫힘(complete closure)까지 움직이는 동안에 코일 쇄교 자속의 변화를 감지할 수 없을 정도로 빠르게 움직인다고 가정한다. 얼마나 많은 기계 에너지가 생성될 것인가?

(3.6 절)

3.24 그림 3.39는 곡선으로 된 강자성 막대(rod)가 제지 용수철(restraining spring)의

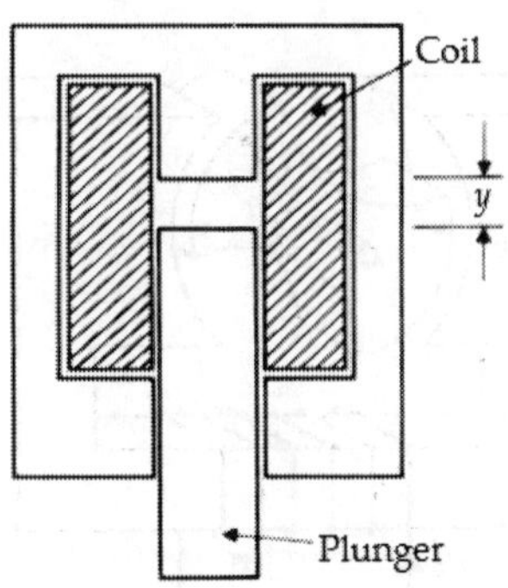

Figure 3.38 Actuator for Problem 3.23.

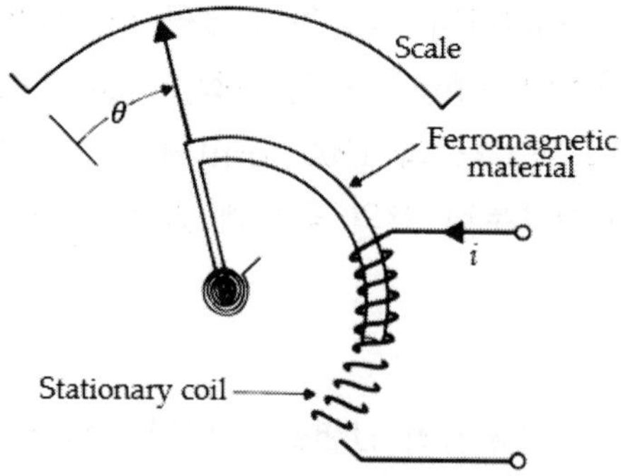

Figure 3.39 Moving-iron instrument for Problem 3.24.

토크에 반하여 곡선형 곡선으로 된 솔레노이드 속으로 당겨지는 가동 철편형 전류계(moving-iron ammeter)의 동작을 보인다. 코일의 인덕턴스는

$$L = 5 + 20\theta \qquad [\mu\text{H}]$$

와 같이 표현될 수 있다. 여기서 θ는 [rad]으로 나타낸 편향 각(deflection angle)이다. 코일 저항은 0.01 [Ω]이다. 용수철 상수(spring constant)는 7×10^{-4} [N·m/rad]이다.

(a) 계기가 코일 전류의 실효치를 측정함을 보여라.

(b) 10 [A]의 정격 전류에 대한 전체 편향(full-scale deflection)은 얼마가 될 것인가?

(c) 180 [Hz]의 주파수에서 5 [A] (rms)의 정현 코일 전류에 대한 코일 단자를 가로지르는 전압은 얼마가 될 것인가?

(3.6 절)

3.25 그림 3.40에서 보여진 회전 작동기(rotating actuator)가 다음의 치수를 가진다:

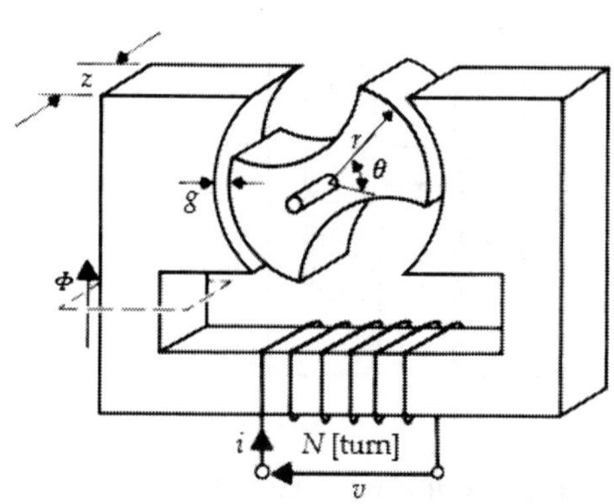

Figure 3.40 Rotating actuator for Problem 3.25.

$g = 1$ [mm], $r = 20$ [mm], $z = 40$ [mm]. 코일은 400 [turn] 을 가진다. 자성체는 1.2 [T]의 자속밀도까지 완전한 것으로 고려될 수 있다.

(a) 자속밀도가 공극에 인접하는 물질 내에서 1.2 [T]로 제한될 때 최대 코일 전류를 결정하라.

(b) 문제 (a)의 전류로, 겹치는 각도 θ에서 생성되는 토크를 결정하라.

(c) 축이 $\theta = 0$으로부터 $\theta = \pi/2$까지 움직임에 따라 하게 되는 기계적 일(mechanical work)은 얼마인가?

(3.7 절)

3.26 몇 가지 제어 응용에서는, 가역 토크(reversible torque)를 가진 회전 작동기가 요구된다. 그림 3.41은 이 양상을 가지는 장치를 나타낸다. 4개의 고정자 극 각각은 회전축에서 45°의 각도에 대하며, 회전자 극 각각은 90°의 각도에 대한다. 극의 축 방향 길이는 z이다. 각각의 고정자 극은, 하나는 전류 i_1을 운반하며 다른 것은 전류 i_2를 운반하는, 두 개의 N [turn] 코일을 가진다. 코일은 각 수평 극(horizontal pole)에서의 기자력은 $N(i_1 + i_2)$인 한편 각 수직 극(vertical pole)은 $N(i_1 - i_2)$가 되도록 연결된다. 강(steel)의 투자율은 무한대인 것으로 가정된다.

(a) 코일 전류의 함수로써 회전자에 작용하는 토크에 대한 표현식을 유도하라.

(b) $r = 25$ [mm], $z = 50$ [mm], $g = 1$ [mm], 그리고 $N = 1000$ [turn] 이라 하자. 공극 자속밀도가 1.5 [T]를 초과하지 않으며 전류 i_1과 i_2가 같은 크기라면, 코일에 최대로 허용되는 전류는 얼마인가?

(c) i_1이 문제 (b)의 값을 유지한다면, 전류 i_2의 [A]당 토크는 얼마인가?

(3.7 절)

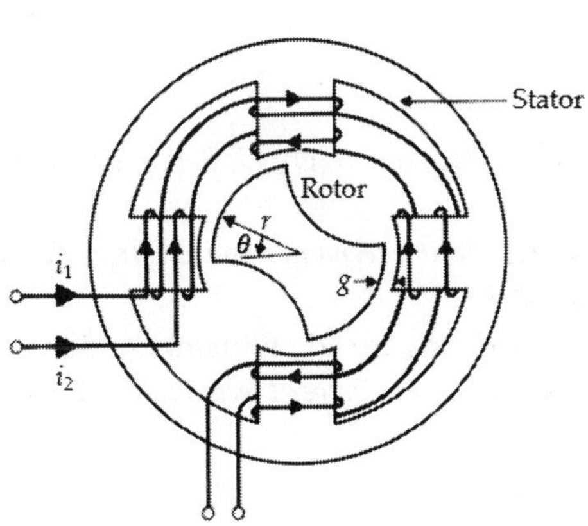

Figure 3.41 Reversible rotating actuator for Problem 3.26.

3.27 그림 3.40에서 보여진 형태의 릴럭턴스 전동기가 자기저항이 범위 $0 < \theta < \pi/2$에 걸쳐

$$\mathcal{R} = 5.06 \times 10^4 (2.5 + 1.5 \cos 2\theta) \qquad [\mathrm{A/Wb}]$$

와 같이 근사적으로 표현될 수 있는 자속 경로를 가진다. 코일은 무시할 수 있는 저항의 15 [turn]을 가진다. 60 [Hz]에서 110 [V] (rms)의 정현 전압이 기계에 인가된다.

(a) 기계 내에서의 자속은 얼마인가?
(b) 회전 각속도의 어떤 값에서 기계가 평균 단방향 토크(average unidirectional torque)를 낼 것인가?
(c) 이 전동기가 생성할 수 있는 평균 토크의 최대 값은 얼마인가?
(d) 문제 (c)에 대한 최대 기계 동력은 얼마인가?

(3.7 절)

3.28 그림 3.40에서 보여진 형태의 회전기가

$$L = 0.01 - 0.03 \cos 2\theta - 0.02 \cos 4\theta \qquad [\mathrm{H}]$$

와 같이 근사화될 수 있는 코일 인덕턴스를 가진다. 50 [Hz]에서 5 [A] (rms)의 전류가 코일을 통하여 지나가며, 회전자는 ω_o [rad/s]의 속력으로 구동된다.

(a) 이 기계가 유용한 토크를 낼 수 있는 속력 ω_o의 값은 얼마인가?
(b) 문제 (a)에서의 각각의 속도에서 최대 토크를 결정하라.
(c) 문제 (a)에서의 각각의 속도에 대한 최대 동력 출력을 결정하라.

(3.7 절)

GENERAL REFERENCES

Fitzgerald, A. E., Kingsley, and C., Umans, S. D., *Electric Machinery*, 5th ed., McGraw-Hill, New York, 1990.

Nasar, S. A. and Unnewehr, L. E., *Electromechanics and Electric Machines*, 2nd ed., John Wiley and Sons, New York, 1983.

Say, M. G., *Alternating Current Machines*, 4th ed., Pitman, London, 1976.

Sen, P. C., *Principles of Electric Machines and Power Electronics*, John Wiley and Sons, New York, 1989.

4 COMMUTATOR MACHINES

정류자기는 보통 직류 전원으로 동작하며 일반적으로 **직류기**(*direct-current machine*)로 불린다. 이들은, 보조 장치를 위한 전동기로서, 그리고 기동기(starter)로서, 전기 저장 축전지(배터리, battery)를 가진 탈것(자동차, vehicle)에서 널리 사용된다. 용도의 주된 영역은 속도와 위치를 제어하는 능력이 중요한 제강 및 제지 공장에서 요구되는 것과 같은 가변 속도 구동(variable-speed drive)에 있다. 학생들에게 특히 중요한 용도는 실험실에서 전기기계의 실험을 위한 가제어 구동기(controllable driver) 또는 부하(load)로서 이다.

정류자기의 기본 원리는 3.5절에서 소개되었다. 이 장에서는, 그 거동이 좀 더 상세히 논의될 것이며, 몇 가지 성능 특성을 예측하는 수단이 밝혀질 것이다.

4.1 MAGNETIC SYSTEM

정류자기에서는, 자계가 고정자에 있는 영구자석 또는 계자 코일에 의해 생성된다. 이 자계와 상호작용하는 전류를 운반하는 코일은 기계 단자로 이끄는 정지 브러시를 통과함으로써 회전자에 부착된 정류자(commutator)에 의해 절환될(switched) 수 있도록 회전자 위에 위치된다.

그림 4.1은 간단한 2극 기계의 자계 계통을 보인다. 계자 코일은 각 자극을 둘러싼다. 자속은 자극 철심을 따라 지나가고, 그 다음 극제철(pole shoe)에 의해 회전자 주위의 원호에 걸쳐 분포된다. 그것은 그 다음 회전자 또는 전기자 권선을 내포하는 슬롯이 파진 회전자 위의 치(tooth)로 공극을 가로지른다. 치 내부의 회전자

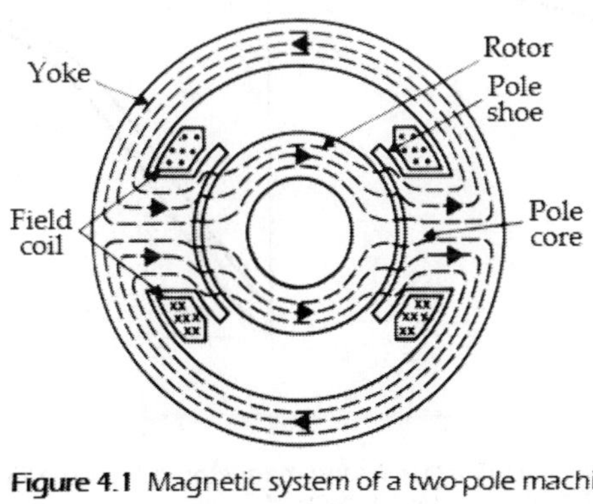

Figure 4.1 Magnetic system of a two-pole machine.

철심의 주위를 지난 후 다른 공극과 다른 자극을 가로질러, 자속은 **계철**(*yoke*)로 알려져 있는 두 개의 자기적 병렬 경로 주위로 돌아간다.

계자 코일은 보통 직렬로 연결되며 외부 전원으로부터 가제어(controllable) 직류 전류가 공급된다. 계자전류 i_f와 극 자속 Φ 사이의 관계는 1.12절에서 설명된 자기 등가회로법을 사용하여 밝혀질 수 있다. 자속밀도의 많은 범위에 걸쳐, 자속 경로 내의 강자성체는 이상적인 것으로 간주될 수 있다. N_f [turn]의 각 계자 코일은

$$\mathcal{F}_p = N_f i_f \qquad [\mathrm{A}] \tag{4.1}$$

의 기자력 원천을 생성한다. 이 두 개의 기자력이 폐경로 주위와 특히 두 개의 공극 자기저항을 가로지르는 자속을 확립한다. 따라서, 극 자속은

$$\Phi = \frac{2\mathcal{F}_p}{2\mathcal{R}_g} = \frac{N_f i_f}{\mathcal{R}_g} \qquad [\mathrm{Wb}] \tag{4.2}$$

로 근사화될 수 있다.

공극 자기저항은 공극 면적에 역비례(반비례)하며 회전자 슬롯의 효과를 감안한 유효 공극 길이 g_e에 직접 비례한다:

$$\mathcal{R}_g = \frac{g_e}{\mu_0 A_p} \qquad [\mathrm{A/Wb}] \tag{4.3}$$

자속이 증가함에 따라, 자속 경로의 여러 강자성 부분, 특히 회전자 치에서 요구되는 자계의 세기가 중요하게 될 것이다. 자속-기자력(Φ-$\mathcal{F}_p$) 관계는 그러면, 그림 4. 2 (a)에서 보여진 바와 같이, 포화되는 경향을 나타낼 것이다. 더 많은 자속이 계자 전류를 제공하기 위해 요구되는 전력의 비교적 적은 증가로 얻어질 수 있기 때문에

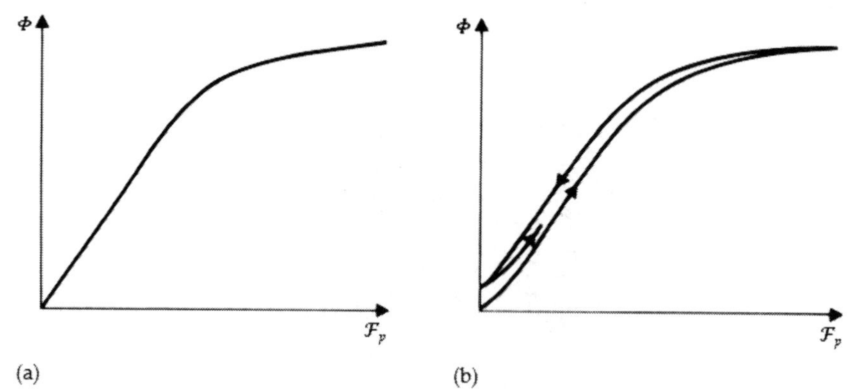

Figure 4.2 Relation between air-gap flux Φ_p and magnetomotive force $\mathcal{F}_p$ per pole of (a) neglecting hysteresis and (b) including hysteresis.

대부분의 기계는 어느 정도 이 비선형 포화 영역 내에서 운전하는 것이 보통이다.

정류자기의 어떤 응용에서는, 특히 발전기로 사용될 때, 그 효과가 적게 나타날지라도, 자기 히스테리시스가 중요할 수 있다. 그림 4.2 (b)는, 어느 정도 두드러지게 된 형태로, 히스테리시스와 함께 나타날 수 있는, 자속과 계자 기자력 사이의 다가 관계(multivalued relationship)를 보인다. 이로부터, 주어진 계자 전류에 대한 자속이 단지 수 퍼센트(a few percent)의 정확도 내에서만 예상될 것임이 인정될 것이다.

그림 4.1에서 나타내어진 것과 같은 2극기에서는, 허용되는 회전자 표면의 많은 부분이 토크를 생성하기 위하여 유효하게 사용되지 않는다. 또한, 계철은 자성체의 상당한 질량을 내포한다. 그림 4.3에서 보여진 바와 같이, 더 많은 짝수 극의 사용에 의해, 단위 토크에 대한 더 적은 자성체를 요구하는 더 꽉 짜인 설계(compact design)가 이루어질 수 있다. 자기 계통의 대칭성 때문에, Φ-$\mathcal{F}_p$ 관계는 그림 4.3에서 a-b-c와 같은 하나의 자속 경로에서의 자기저항만을 고려하여 결정될 수 있다.

정류자기에서의 자속은 또한, 그림 4.4에서 보여진 바와 같이, 영구자석 자극을 사용하여 확립될 수 있다. 자석은 전형적으로 B-H 특성이 그림 1.18에서 보여진 것과 같은 물질로 만들어진다. 페라이트 물질은 대략 0.3에서 0.4 [T]의 비교적 낮은 잔류 자속밀도 B_r을 가지지만, 자석 단위 체적당 비용 역시 낮다. 네오디뮴 물질(Nd-Fe-B)은 대략 1.1에서 1.2 [T]의 더 높은 잔류 밀도를 가지며 더 비싸다. 어떤 기계에서는, 대략 0.85 [T]의 잔류 자속밀도를 갖는 사마륨 코발트(Sa-Co)로 만들어진 자석이 사용된다.

영구자석과 공극을 가진 자기 계통의 해석은 1.11절에서 논의되었다. 자속 프린징을 무시하고 자석 물질의 비투자율이 단위 값(unity, 1)이라고 가정하면, 그림 4.4에 있는 기계의 공극 자속밀도는 근사적으로

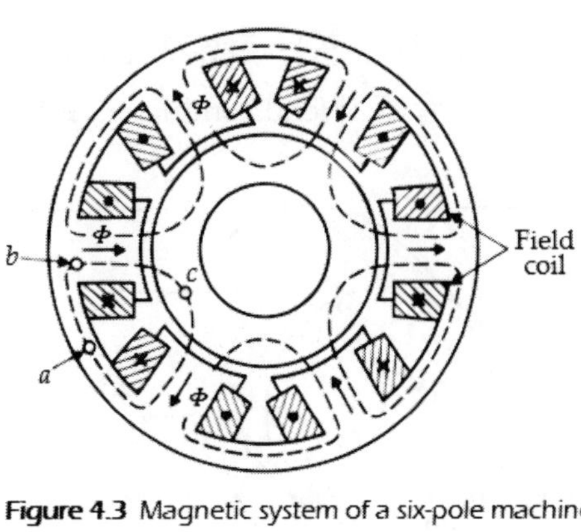

Figure 4.3 Magnetic system of a six-pole machine.

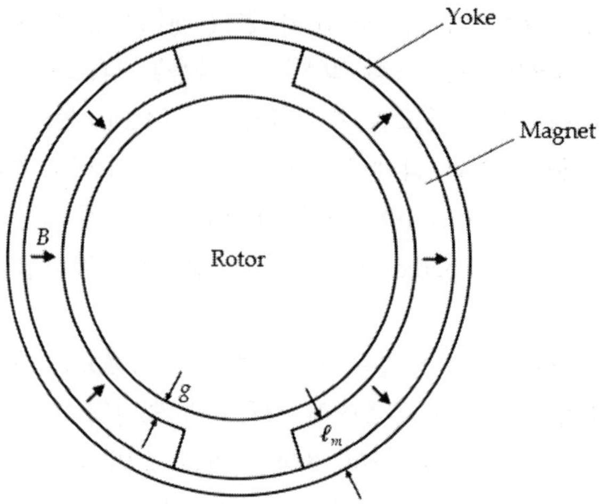

Figure 4.4 Magnetic system of a permanent magnet motor.

$$B_g = \frac{\ell_m}{\ell_m + g_e} B_r \qquad [\mathrm{T}] \tag{4.4}$$

와 같이 주어진다.

4.2 ROTOR WINDINGS AND COMMUTATOR

허용되는 회전자 또는 전기자 표면의 효율적인 사용을 만들기 위하여, 2극기에 대하여 그림 4.5에서 보여진 바와 같이, 도체가 원주 전체에 걸쳐 슬롯 내에 분포된다. 맥동(ripple)에 비교적 자유로운 연속 토크를 얻기 위하여, 회전의 어떤 순시(instant)에, 보여진 방향의 도체 전류의 형태를 가지는 것이 바람직하다. 이것은 보통 다중권(multi-turn)인 코일의 사용에 의해 이루어진다. 그림 4.5에서 슬롯 a 내에 한 변(side)을 가진 코일은 다음 극의 비슷하게 같은 위치에 있는 슬롯 a' 내에 그것의 다른 변을 가진다. 기계의 전단 또는 정류자 단(front or commutator end)에서, 접속은 슬롯 a'로부터 나오는 끝 도체(end conductor)로부터 슬롯 a의 다음에 있

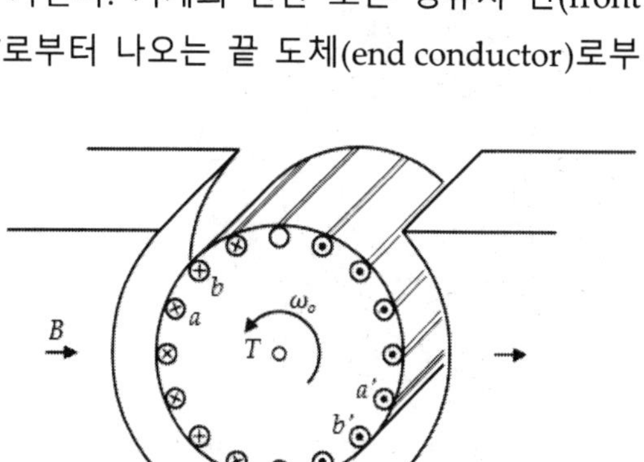

Figure 4.5 Desired pattern of armature conductor currents.

는 슬롯 b 내에 있는 코일의 시작 도체(beginning conductor)로 간다. 마지막 도체가 슬롯 a 내에 있는 코일의 시작점으로 연결되는, 모든 코일이 폐루프로 직렬로 연결될 때까지 이 순차적인 코일의 접속을 계속한다.

그림 4.5에서 보여진 바와 같이, 자극 아래에서의 전류의 형태를 연속적으로 유지하기 위하여, 연속적인 코일 사이의 각 전단 접속(front-end connection)이 기계적 스위치 또는 정류자의 절연된 조각에 부착된다. 이 정류자는 축에 맞추어지며 회전자 코일의 수와 같은 수의 조각으로 이루어진다. 간단한 2극, 6슬롯 기계에 대한 접속이 그림 4.6에서 보여져 있다. 정지 브러시가 정류자 표면 위에서 미끄러지도록 맞추어지며 전류가 외부 전기 계통으로부터 직렬 연결된 회전자 코일의 폐루프를 통하는 두 개의 병렬 경로로 공급되도록 위치된다. 각 도체는 단자 또는 전기자 전류 i_a의 절반을 운반한다. 브러시의 폭은 코일이 연결된 두 개의 인접 정류자 막대(adjacent commutator bar) 사이가 단락 회로가 되도록 하는 폭이다; 하지만, 그 때, 이 코일은 자극 사이의 회전자의 면적 내에 위치되며 따라서 유도 전압을 가지지 않는다.

2극기에서는, 회전자 코일이 항상 두 브러시 사이에 2개의 병렬 경로로 연결된다. 기계가 회전함에 따라, 각 경로의 직렬 코일에서의 유도 전압이 두 개의 병렬 전압 그리고 두 개의 브러시와 접속된 정류자 단자에서의 같은 전압을 제공한다.

p-극기의 경우에는, 코일이 보통은 대략 $2\pi/p$ [rad]의 원호에 걸친다. 전기자 권선의 코일은 각 코일당 한 개의 정류자 막대로 모두 직렬 루프로 연결된다. 코일 사

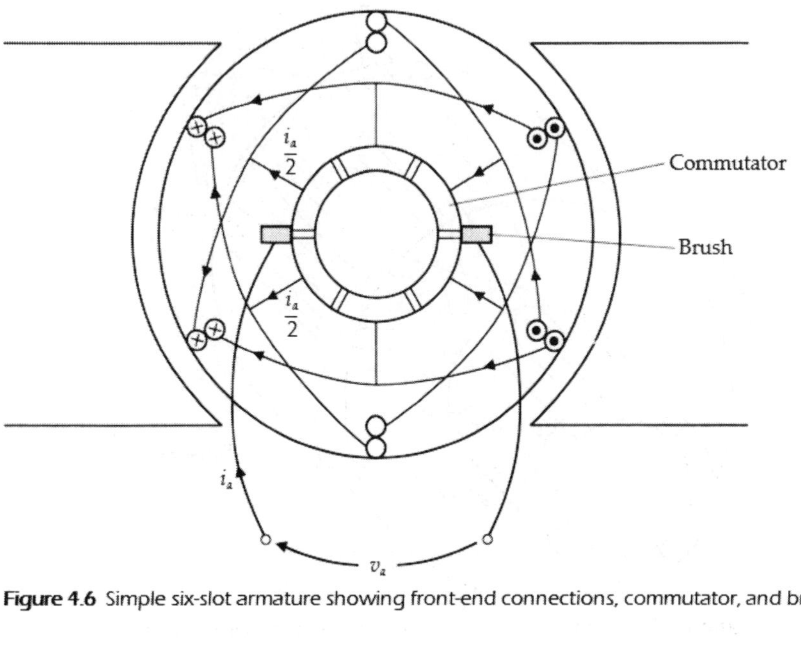

Figure 4.6 Simple six-slot armature showing front-end connections, commutator, and brushes.

이의 전단 접속(front connection)을 만드는 방식은 몇 가지가 있다. 이들은 전기자 코일이 배치되어 만들어지는 병렬 경로의 수가 다르다. 2개보다 많은 극을 가지는 소형 기계에서는, a로 나타낸 병렬 경로의 수가 보통 2개이다. 더 대형인, 대전류 기계에서는, 병렬 경로의 수가 p 또는, 때로는 p의 배수와 같게 만들어진다. 보통은, 브러시의 수는 자극 수와 같으며, 모든 다른 브러시가 함께 2개의 외부 전기자 단자를 이루도록 연결된다. $a = p$인 기계의 권선의 일부에 대한 개략도(스케치, sketch)가 그림 4.7에서 보여져 있다. 이 권선은 **중권**(*lap winding*)으로 알려져 있다.

4.3 TORQUE AND GENERATED VOLTAGE

그림 4.8에서 보여진 2극 기계의 전기자 권선은 직렬로 연결된 코일로 총(total) N_a [turn]을 가진다. $2N_a$개의 도체 각각은 그 단면에서 전기자 단자 전류 i_a의 절반을 운반하는 것으로 보인다(한 경로에서 다른 경로로 정류되고 있는 코일에 있는 도체는 제외하고). 회전자 주위의 단위 길이당 선(형)(linear) 전류밀도 K는 그러면

$$K = \frac{2N_a}{2\pi r}\frac{i_a}{2} \qquad [\text{A/m}] \tag{4.5}$$

로 주어진다. 자속밀도 B가 반경 방향으로 향하기 때문에, 자극 아래에 있는 전기자 표면의 단위 면적당 힘은, 식 (3.22)로부터, BK이다. 따라서 회전자에서 발휘되는

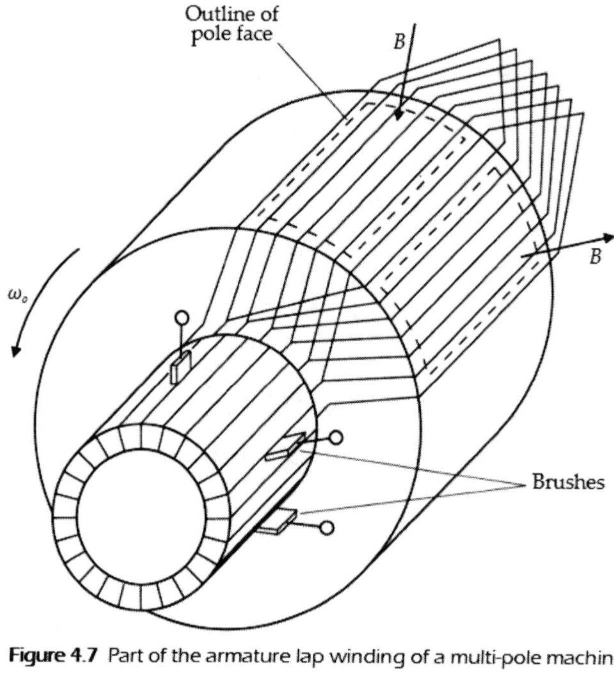

Figure 4.7 Part of the armature lap winding of a multi-pole machine.

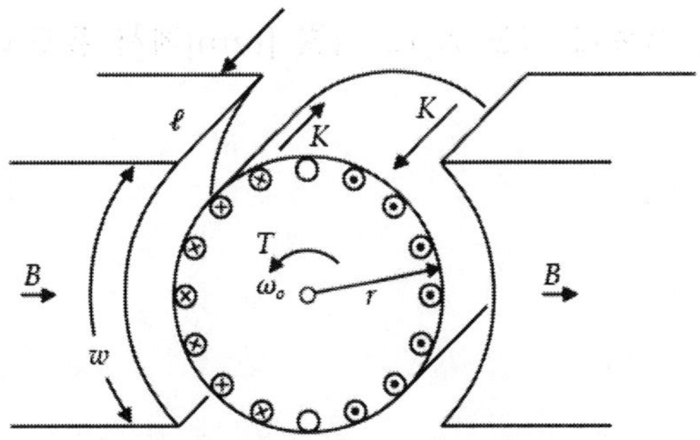

Figure 4.8 Armature and pole dimension.

토크는 그러면

$$\begin{aligned} T &= 2w\ell rBK \\ &= \frac{N_a}{\pi}(Bw\ell)i_a \\ &= k\Phi i_a \qquad [\text{N·m}] \end{aligned} \tag{4.6}$$

이다. 여기서 w는 자극 폭, ℓ은 자극과 회전자 둘 다의 축 방향 길이, 그리고 Φ는 극당 자속이다. 2극기에서는, 상수 k가 전기자 권선의 권수에만 의존한다. a개의 병렬 경로를 가진 p-극기에서는,

$$k = \frac{N_a p}{\pi a} \tag{4.7}$$

이다.

손실을 무시하면, 전기자 권선으로의 전력 입력은 기계 동력 출력과 같다. 권선의 각 병렬 경로에서의 유도 또는 유기 전압을 e_a로 나타내면,

$$\begin{aligned} P_{elec} &= e_a i_a \\ &= T\omega_o \\ &= k\Phi i_a \omega_o \qquad [\text{W}] \end{aligned} \tag{4.8}$$

이다. 따라서,

$$e_a = k\Phi\omega_o \qquad [\text{V}] \tag{4.9}$$

이다.

유기 전압에 대한 이 표현식을 유도하는 다른 방법은 회전자 위의 단일 [turn]의 쇄교 자속이 그 [turn]이 자극 면을 가로질러 이동함에 따라 $+\Phi$로부터 $-\Phi$로 변화하는 것을 고려하는 것이다. 그 [turn]이 π [rad]을 회전하는데 걸리는 시간은

π/ω_o [s]이다. 따라서, 경로에 있는 $N_a/2$ 직렬 [turn]에서 유도되는 전압은

$$\begin{aligned} e_a &= \frac{N_a}{2}\left(\frac{d\lambda}{dt}\right)_{average} \\ &= \frac{N_a}{2}\frac{2\Phi}{\pi/\omega_o} \\ &= \frac{N_a}{\pi}\Phi\omega_o \qquad [\text{V}] \end{aligned} \tag{4.10}$$

이다.

양(quantity) $k\Phi$는 측정으로부터 계자 전류 i_f의 함수로써 찾아질 수 있다. 기계가 원동기에 의해 속도 ω_o에서 구동되며 무부하(no-load) 단자 전압 v_t가 계자 전류 i_f의 값의 범위에 대해 측정된다고 가정한다. 전기자 전류가 0이기 때문에, 단자 전압 v_t는 유기 전압 e_a와 같다. 따라서,

$$k\Phi = \frac{v_t}{\omega_o} \qquad [\text{V·s}] \text{ or } [\text{Wb}] \tag{4.11}$$

이다. 어떤 히스테리시스 효과든지 무시하면, 결과는 그림 4.9의 형태의 곡선이다. 선형 영역(linear region) 내에서는, 그 관계가

$$k\Phi = k_f i_f \qquad [\text{Wb}] \tag{4.12}$$

와 같이 표현될 수 있으며

$$e_a = k_f i_f \omega_o \qquad [\text{V}] \tag{4.13}$$

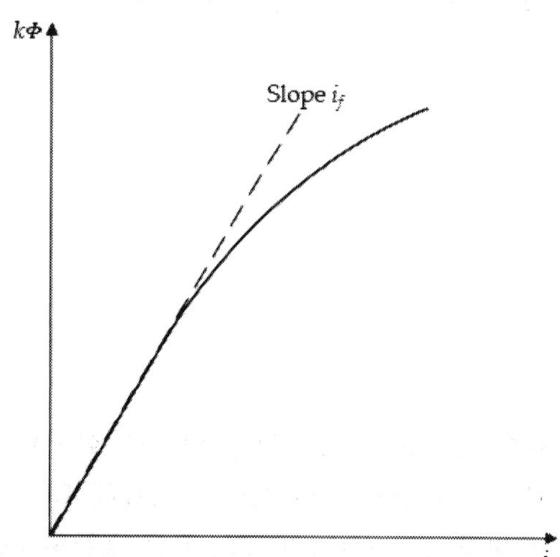

Figure 4.9 Flux quantity $k\Phi$ as a function of field current i_f.

이다.

그림 4.9의 $k\Phi$-i_f 특성을 얻는 그 대신의 방법은 전류 i_a가 전기자 단자를 통하여 지나갈 때 정지(standstill) 상태에서 축 토크를 측정하는 것이다. 어떤 마찰 토크든지 무시되면, 식 (4.6)으로부터,

$$k\Phi = \frac{T}{i_a} \qquad [\text{N·m/A}] \tag{4.14}$$

이다.

EXAMPLE 4.1 소형 2극 정류자기가, 속도가 측정되는 축으로부터 구동되는, 회전 속도계(타코미터, tachometer)로 사용된다. 자속은 각 자극에 대해 0.3 [mWb]의 공극 자속밀도를 생성하는 영구자석에 의해 확립된다. 전기자 권선은 400 [turn]을 가진다. 전기자 단자가 연결된 고저항 전압계(high-resistance voltmeter)의 눈금(scale)에서 각 1 [V] 눈금(division)으로 가리켜질 속도는 [rad/s]로 얼마인가?

Solution

전기자 단자 전압은 전압계에서의 무시할 수 있는 전류에 비추어 유기 전압과 같다고 가정될 수 있다. 식 (4.9)로부터,

$$\frac{\omega_o}{e_a} = \frac{1}{k\Phi} \qquad [\text{Wb}^{-1}]$$

식 (4.7)로부터,

$$k = \frac{N_a p}{\pi a} = \frac{400}{\pi}$$

$$\frac{\omega_o}{e_a} = \frac{\pi}{400} \times \frac{10^3}{0.3} = 26.2 \qquad [\text{rad/V·s}]$$

EXAMPLE 4.2 예제 4.1의 속도 측정 계통에서, 고저항 전압계가 저항 1000 [Ω]의 계기(meter)로 대체되었다고 가정한다. 기계의 전기자 회로의 저항은 250 [Ω]이다. 회전 속도계가 이제 3000 [rpm]으로 구동될 때, 마찰 손실을 무시하여, 그것을 구동하기 위해 요구되는 토크와 기계 동력을 결정하라.

Solution

예제 4.1로부터,

$$k\Phi = \frac{1}{26.2} = 0.0382 \qquad [\text{Wb}]$$

$$\omega_o = \frac{3000}{60} \times 2\pi = 314.2 \qquad [\text{rad/s}]$$

$$e_a = k\Phi\omega_o = 0.0382 \times 314.2 = 12 \qquad [\text{V}]$$

$$i_a = \frac{e_a}{R_{total}} = \frac{10^3}{1000 + 250} = 0.0096 \qquad [\text{A}]$$

$$T = k\Phi i_a = 0.0382 \times 0.0096 = 0.367 \qquad [\text{mN}\cdot\text{m}]$$

$$P = T\omega_o = 0.115 \qquad [\text{W}]; \qquad P = e_a i_a = 12 \times 0.0096 = 0.115 \qquad [\text{W}]$$

4.4 EQUIVALENT CIRCUIT

해석의 목적으로, 정류자기는 여러가지 불완전성(imperfection)을 나타내는 부가된 매개변수와 함께 이상적인 전기(전기-기계) 에너지 변환기(ideal electromechanical energy converter)로 그려질 수 있다. 이상적인 기계는 두 개의 표현식

$$e_a = k\Phi\omega_o \qquad [\text{V}] \tag{4.15}$$

와

$$T = k\Phi i_a \qquad [\text{N}\cdot\text{m}] \tag{4.16}$$

에 의해 나타내어진다. 이 이상적인 기계는 이상 변압기와 상사(analogous)이다.

다음으로, 불완전성을 고려하자. 전기자 전류가 흐를 때에는, 전기자 코일에 전력 손실이 있다. 전기자 회로의 저항 R_a는 회전자가 정지해 있고 전기자 전류가 흐를 때 들어가고 나가는 브러시 아래에 있는 정류자편(commutator segment) 사이에서 측정된 전압에 의해 유도될 수 있다.

또한 브러시에서의 전력 손실도 있다. 그것은 보통은 탄소(carbon)로 만들어지며, 때때로 용액 속의 구리 같은 금속도 있다. 전압 v_b가 브러시와 정류자 표면 사이에 생긴다. 이 전압은, 그림 4.10에서 전형적인 브러시에 대해 보여진 바와 같이, 접촉면에서의 전류밀도 J_b에 따라 변한다. 직렬인 2개의 브러시에 대해 대략 2 [V]인 총 브러시 강하(total brush drop)는 저전압 기계에서는 중요하지만 고전압 기계에서는 종종 무시될 수 있다. 그 대신으로, 저항 R_a에 브러시 저항을 나타내는 항을 포함할 수 있다.

전기자 회로는 또한 전기자 전류의 [A]당 전기자 권선의 쇄교 자속을 나타내는 인덕턴스 L_a를 가진다. 이 전기자 자속의 모양이 그림 4.11에서 보여진 영구자석 기계의 2극 단면으로 나타나 있다. 이 자속은 회전자와 자극 사이의 축을 따르는 계철 사이의 큰 유효 공극 때문에 계자극 자속에 비하여 적다. 전기자 인덕턴스는

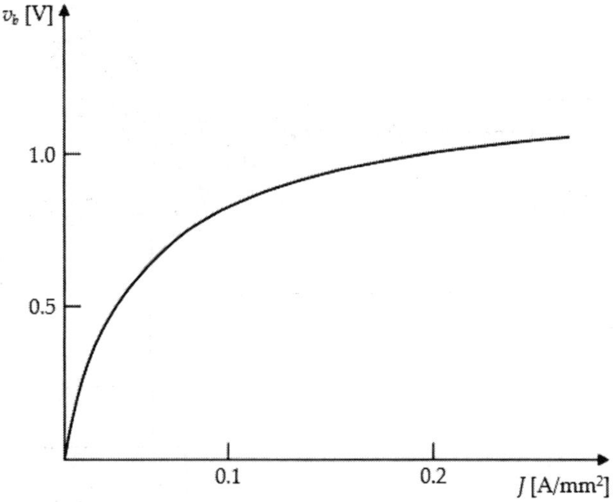

Figure 4.10 Voltage across a typical brush-commutator contact.

전기자 전류가 빠르게 변하는 상황에서 중요하다. 이 매개변수를 포함하여, 전기자 회로는 그림 4.12의 등가회로에서 보여진 바와 같이 나타내어질 수 있다. 여기서

$$v_t = R_a i_a + L_a \frac{di_a}{dt} + k\Phi\omega_o \qquad [V] \tag{4.17}$$

이다.

계자 권선 기계(wound-field machine)의 직렬 코일은 저항 R_f를 가질 것이다. 단자 전압과 계자 회로의 전류는 그러면

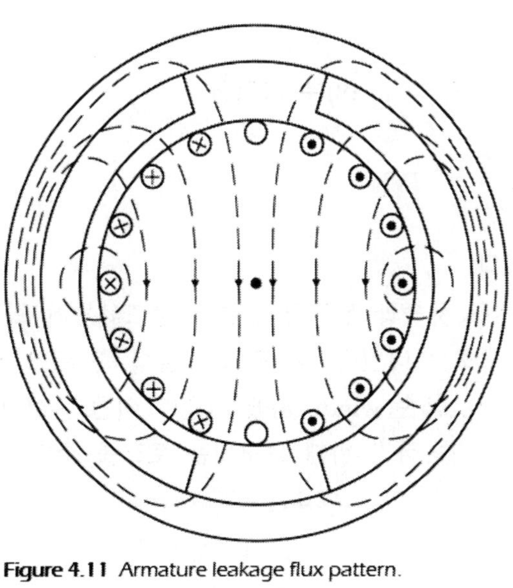

Figure 4.11 Armature leakage flux pattern.

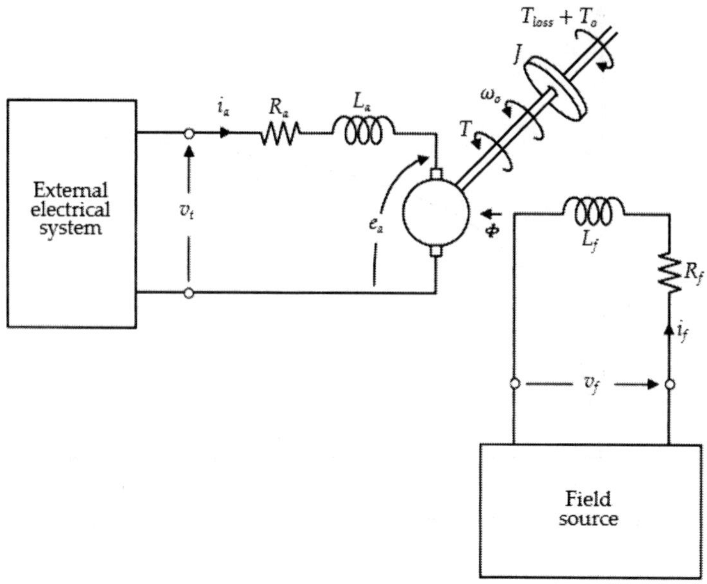

Figure 4.12 Equivalent circuit of a commutator machine.

$$v_f = R_f i_f + \frac{d\lambda_f}{dt} \qquad [\mathrm{V}] \tag{4.18}$$

에 의해 관련된다. 계자 쇄교 자속 λ_f는 그림 4.9에서 보여진 것과 같은 도표(그래프, graph)에 의해 계자 전류 i_f와 관련된다. 선형 범위에서, 이 λ_f-i_f 관계는 계자 회로 인덕턴스

$$L_f = \frac{\lambda_f}{i_f} \qquad [\mathrm{H}] \tag{4.19}$$

에 의해 모델링될 수 있다. 식 (4.18)은 그러면

$$v_f = R_f i_f + L_f \frac{di_f}{dt} \qquad [\mathrm{V}] \tag{4.20}$$

와 같이 기술될 수 있다.

기계 계통에서는, 계자 자속과 전기자 전류의 상호작용에 의해 회전자에서 발휘되는 토크는 식 (4.16)으로 주어진다. 이 토크가 출력 축 토크 T_o 더하기 마찰(friction)과 공기 마찰(윈디지, 풍손, windage)에 기인한 어떤 손실 토크 T_{loss} 더하기 회전자의 관성(inertia) J를 가속하기 위해 요구되는 토크를 준다. 따라서,

$$\begin{aligned} T &= k\Phi i_a \\ &= J\frac{d\omega_o}{dt} + T_{loss} + T_o \qquad [\text{N}\cdot\text{m}] \end{aligned} \tag{4.21}$$

이다.

기계의 과도 거동(transient behavior)은, 그림 4.9에서 보여진 것과 같은 자속-계자 전류 관계와 함께, 세 개의 미분방정식(differential equation) (4.27), (4.20), 그리고 (4.21)에 의해 설명된다. 변수 i_a, i_f, 또는 ω_o 중 어떤 것이 상수라면, 이 방정식에서 그것의 시간에 대한 도함수(derivative)를 포함하는 항은 0으로 된다. 3개의 변수가 모두 상수라면, 결과로 생기는 정상 상태 방정식(steady-state equation)은

$$v_t = R_a i_a + k\Phi\omega_o \qquad [\text{V}] \tag{4.22}$$

$$v_f = R_f i_f \qquad [\text{V}] \tag{4.23}$$

$$k\Phi i_a = T_{loss} + T_o \qquad [\text{N}\cdot\text{m}] \tag{4.24}$$

이다. 기계의 성능을 결정하기 위해서는, 과도 또는 정상 상태의 요구에 따라, 위의 세 개의 방정식 조합이 전기자와 계자에 연결된 두 개의 외부 전기 계통과 축에 부착된 기계 계통을 나타내는 세 개의 다른 방정식과 결합되어야 한다.

EXAMPLE 4.3 자동차용 송풍 전동기(fan motor)는 페라이트 영구자석 자계를 가진다. 정지 상태에서 시험되었을 때, 4 [V]의 인가 단자 전압이 6.5 [A]의 전기자 전류와 0.23 [N·m]의 토크를 생성한다. 이 기계에 대한 전기자 회로 저항과 자속 상수를 결정하라. 마찰과 풍손 토크는 무시될 수 있다.

Solution

시험 자료(data)로부터, 전기자 저항은

$$R_a = \frac{v_t}{i_a} = \frac{4}{6.5} = 0.615 \qquad [\Omega]$$

식 (4.16)으로부터, 자속 상수는

$$k\Phi = \frac{T}{i_a} = \frac{0.23}{6.5} = 0.0354 \qquad [\text{N}\cdot\text{m/A}]$$

4.5 STEADY-STATE PERFORMANCE

정류자기의 매우 다양한 용도 때문에, 적용에 있어서의 전력 흐름(power flow)의 우세 방향에 종속하여, 그것을 발전기 또는 전동기로 분류하는 것이 편리하다. 하

지만, 각 정류자기는 발전기와 전동기 동작을 둘 다 할 수 있다.

보통 최대 설계 값에 가까운 일정한 극 자속 Φ를 제공하는 계자 전류 i_f가 설정된 기계를 고려한다. 전기자 단자가 전지(배터리, battery), 다른 정류자기, 또는 전자적으로 제어되는 전압원 같은 고정되었거나 제어 가능한 직류 전압의 전원에 연결되었다고 가정한다. 축은 알려진 정상 상태 토크와 속도 사이의 관계를 가지는 기계 계통에 연결되었다고 가정한다:

$$T_o = f(\omega_o) \qquad [\text{N·m}] \tag{4.25}$$

송풍기(팬, fan) 또는 양수기(펌프, pump) 부하에 대한 전형적인 특성이 그림 4.13에서 보여져 있다. 이 부하에서는, 토크가 속도의 제곱에 근사적으로 비례한다. 다른 기계적 부하는 거의 일정한 토크 또는 속도에 거의 비례하는 토크를 가질 수 있다. 편의를 위하여, 기계 내에서의 손실 토크는 기계 부하의 일부로서 고려될 수 있다.

어떤 상황에서는, 부하 토크가 변화할 때 또는 공급 전압이 변화함에 따라 속도가 어떻게 변화할 것인가를 예측하는 것이 필요하다. 단자 전압 v_t와 부하 토크 T_o 사이의 관계는

$$\begin{aligned}\omega_o &= \frac{v_t - R_a i_a}{k\Phi} \\ &= \frac{v_t}{k\Phi} - \frac{R_a T_o}{(k\Phi)^2} \qquad [\text{rad/s}]\end{aligned} \tag{4.26}$$

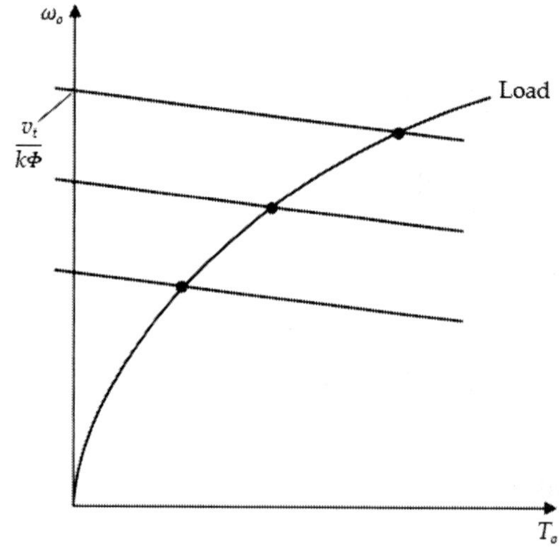

Figure 4.13 Graphical solution for steady-state speed and torque.

을 주는 식 (4.16)과 (4.22)의 재배열에 의해 찾아질 수 있다. 이 관계가 그림 4.13에서 아래로 향하는 기울기를 가진 직선으로 단자 전압 v_t의 값의 조합에 대해 보여져 있다. 선과 부하 특성의 교점(intersection)이, 운전의 속도와 토크를 주는, 특정한 공급 전압에 대한 두 개의 정상 상태 방정식 (4.25)와 (4.26)의 해(solution)를 나타낸다.

전기자에 제어 전압원(controlled voltage supply)을 가진 정류자기는 속도-토크 평면(speed-torque plane)의 네 상한 모두(all four quadrants)에서 운전할 수 있다. 그림 4.14에서 보여진 계통을 고려한다. 여기서 승강기 칸(케이지)(elevator cage)은 현수 케이블(suspension cable)이 감긴 드럼(drum)과 치차 함(gear box)을 통하여 결합된 전동기에 의해 아래 위로 구동된다. 케이지의 질량이 평형추(counterweight)의 질량보다 클 때에는, 전동기에 작용하는 부하 토크 T_o는 정(양, positive)이 될 것이다. 케이지가 이 값의 토크를 가지고 위로 올라가게 된다면, 정(양)의 전동기 속도 ω_o를 제공하기 위해 정(양) 전압 v_t가 요구된다. 즉, 운전은 그림 4.15의 1상한에서의 운전이다. 케이지가 이 토크를 가지고 아래로 내려온다면, 전압은 부(음, negative)로 만들어져야 하며, 4상한 운전을 준다. 케이지 질량이 평형추의 질량보다 작을 때에는, 부하 토크가 부(음)이며, 운전은 그러면 2 또는 3상한에서 이루어진다.

기계에 의해 제공될 수 있는 최대 토크는 기계가 설계된 최대 전기자 전류에 의해 제한된다. 전기자 전압은 이 전기자 전류의 한계를 초과하지 않도록 제어되어야

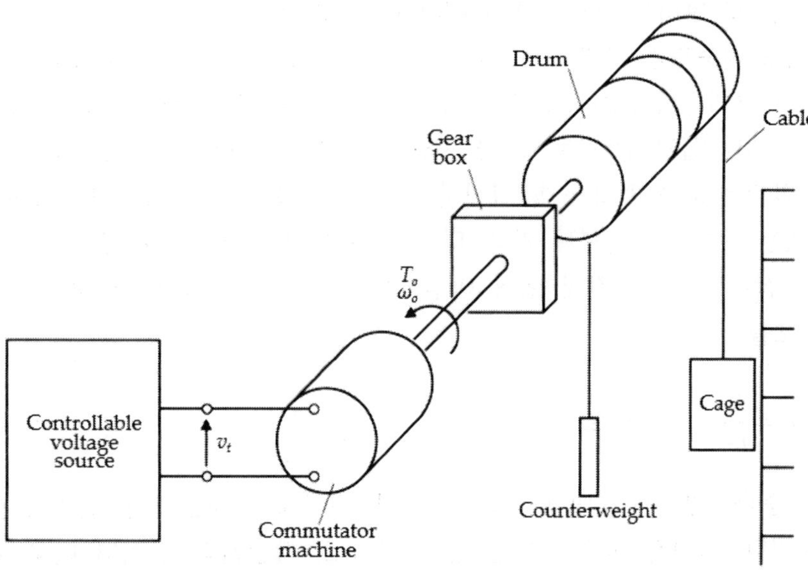

Figure 4.14 Elevator drive.

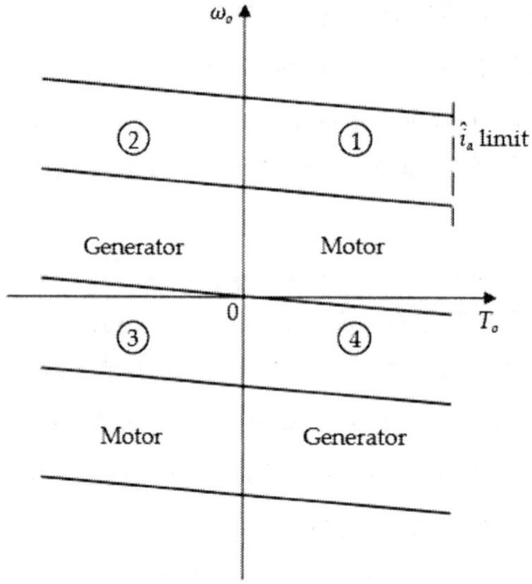

Figure 4.15 Four-quadrant operation of elevator-type drive.

한다.

그림 4.15의 속도-토크 특성은 자속 Φ가 일정하다는 가정에서 직선으로 그려졌다. 전기자 전류의 높은 값에서는, 전기자 권선의 기자력이 각 자극에서의 순 자속(net flux)이 어느 정도 줄어들게 될 정도로 자극을 가로지르는 자속 모양을 일그러뜨릴 수 있다. 이것은 그렇지 않았다면 높은 값의 토크에서 예측되었을 값보다 더 위로 속도에서의 작은 증가로 이끈다. 자속에 대한 이 효과는 **전기자 반작용**(*armature reaction*)으로 알려져 있으며 9.8절에서 더 논의된다.

정류자기를 사용하는 가변속 구동(variable-speed drive)은 보통, 이렇게 하는 것이 전기자 전류의 [A]당 최대 토크를 주기 때문에, 회전자, 자극, 그리고 계철에서 자속밀도의 최대 설계 값 또는 그 부근에서 운전한다. 하지만, 전기자에 공급하는 가제어 전압원은 최대 전압 $\hat{v}_t$를 가진다. 따라서, 자속 상수 $k\Phi$의 최대 값으로 달성할 수 있는 속도에는 한계가 있다. 더 높은 속도의 운전은 계자 전류 저감과 따라서 자속 상수 $k\Phi$의 저감에 의해 이루어질 수 있다. 식 (4.26)으로부터, 이것은 무부하 속도를

$$\omega_o = \frac{\hat{v}_t}{k\Phi} \qquad [\text{rad/s}] \tag{4.27}$$

의 값으로 증가시킨다는 것이 보여질 수 있다. 동시에, 그것은 단위 전기자 전류당 토크를 줄인다. 전기자 전류가 어떤 설계 값 $\hat{i}_a$로 제한된다면, 최대 허용 토크는 $k\Phi$가 감소됨에 따라 줄어들게 될 것이다:

$$\hat{T} = k\Phi\hat{i}_a \qquad [\text{N}\cdot\text{m}] \tag{4.28}$$

식 (4.26)으로부터, 최대 토크는

$$\begin{aligned} \hat{T} &= k\Phi\hat{i}_a \\ &= \left(\frac{\hat{v}_t - R_a\hat{i}_a}{\omega_o}\right)\hat{i}_a \\ &= \frac{\hat{v}_t\hat{i}_a - R_a\hat{i}_a^{\,2}}{\omega_o} \qquad [\text{N}\cdot\text{m}] \end{aligned} \tag{4.29}$$

에 의해 속도와 관련될 수 있다. 전력 입력은 전원의 최대 전압과 최대 허용 전기자 전류에 의해 제한된다. 따라서, 기계 동력 출력은 이 값 빼기 전기자 저항에서의 일정한 손실로 제한된다. 그러므로, 이 약계자 영역(region of flux weakening)에서는 최대 기계 동력 출력이 본질적으로 일정하다.

그림 4.16은 이 약계자 영역 내에서의 운전에 대한 전형적인 속도-토크 특성을 보인다. 식 (4.26)으로부터 따라오게 될 바와 같이, 이 특성의 아래로 향하는 기울기는 자속이 감소됨에 따라 증가하는 것이 주목된다. 약계자(flux weakening)는 또한, 정(양)의 속력 ω_o로 전류 i_a가 부(음)인, 발전 영역(generating region)에도 적용된다. 식 (4.29)로부터 기계 동력 입력 한계는 그러면 전력 출력 더하기 손실과 같다.

정류자기의 경우, 부분적으로는 기계적인 고려에 의해 그리고 부분적으로는 불꽃

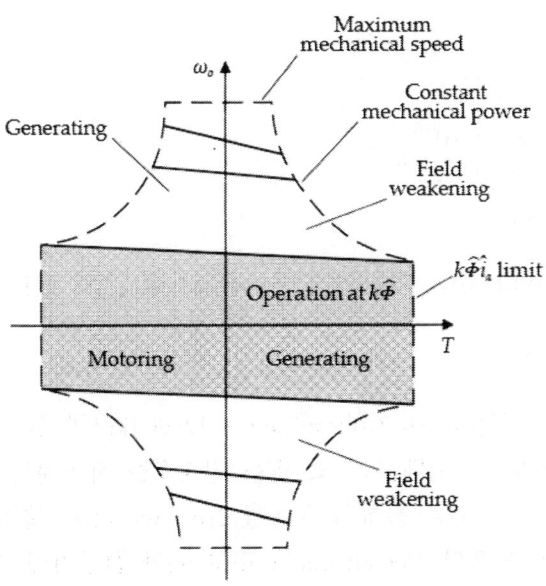

Figure 4.16 Operating region of commutator machine with field weakening.

없는(without sparking) 전기자 코일 정류의 커지는 어려움에 의해, 최대 허용 속도가 제한된다. 약계자는 전기 철도(electric train), 버스(bus), 지하철(subway) 그리고 노면 전차(street car) 같은 견인 차량(traction vehicle)의 구동에 광범위하게 사용된다. 저속에서는, 최대 가속도(acceleration)와 감속도(deceleration)가, 최대 허용 전기자 전류와 그러므로 최대 토크를 이루도록 하는, 최대 자속과 전기자 전압 제어의 사용에 의해 달성된다. 이 운전 양식(모드, mode)은 최대 허용 전압에서 도달되는 속도까지 계속된다. 고속에서는, 계자는 점차 약하게 되는 한편 단자 전압은 일정하게 유지된다.

EXAMPLE 4.4 예제 4.3의 전동기가 ω_o [rad/s]로 토크가 관계식

$$T = 8 \times 10^{-6} \omega_o^2 \text{ [N·m]}$$

에 따라 속도의 제곱에 따라 변하는 송풍기를 구동한다. 전동기는 차량의 12 [V] 전지 전원(battery supply)에 연결되어있다. 송풍기는 얼마의 정상 상태 속도에서 구동될 것인가?

Solution

정상 상태에서는, 전동기의 속도와 토크가 식 (4.26)에 의해 관련된다. 이것은 속도에 관한 표현식을 얻기 위하여 부하에 대한 속도-토크 관계식과 결합될 수 있다. 예제 4.3으로부터, $v_t = 12$ [V]와 함께 기계 매개변수는 $R_a = 0.615$ [Ω]과 $k\Phi = 0.0354$ [N·m/A]이다. 따라서,

$$\begin{aligned}
\omega_o &= \frac{v_t}{k\Phi} - \frac{R_a T_o}{(k\Phi)^2} \\
&= \frac{12}{0.0354} - \frac{0.615 \times 8 \times 10^{-6}}{0.0354^2} \omega_o^2 \\
&= 339 - 0.00393\omega_o^2
\end{aligned}$$

이 2차 방정식의 풀이(해, solution)는 다음과 같은 속도의 정(양)의 값을 준다:

$$\omega_o = 193 \qquad \text{[rad/s]}$$

EXAMPLE 4.5 전기 무궤도 전차(electric trolley bus)가 12500 [kg]의 질량을 가진다. 구동 계통은 저속에서 1 [m/s²]의 최대 가속도 또는 감속도를 제공하는 것이 요구된다. 이 계통은 치차 함(gear box)을 통하여 구동륜(drive wheel)과 결합된 정류자 전동기로 이루어져 있다. 전자 제어기(electronic controller)가 전동기에 가공선(trolley wire)에서 허용되는 600 [V]의 최대 값까지 가제어 전압(controllable voltage)을

제공한다. 전원으로부터 취해지는 전력은 100 [kW]의 최대 값으로 제한된다. 다음의 추정에서, 모든 손실은 무시될 수 있으며, 차량은 수평 도로(level street)에서 운전되는 것으로 가정될 수 있다.

(a) 얼마의 속도까지 최대 가속도가 유지될 수 있는가?

(b) 버스의 최대 순항 속도(cruising speed)가 72 [km/h]이며 전동기의 최대 속도가 4500 [rpm]이라면, 전동기에서의 자속 상수의 최대 값은 얼마가 되어야 할 것인가?

(c) 전 계자 전류(full-field current)로 자속 상수의 최대 값은 얼마가 되어야 할 것인가?

(d) 10 [km/h]의 속도에서 전기자 전압은 얼마가 되어야 할 것인가?

Solution

(a) 1 [m/s²]의 가속도를 생성하는 추력(thrust force)은

$$F = ma = 12500 \qquad [\mathrm{N}]$$

전력이 100 [kW]로 제한된다면, 이 힘으로 달성될 수 있는 속도는

$$v = \frac{\hat{P}}{F} = \frac{100000}{12500} = 8 \qquad [\mathrm{m/s}]$$

(b) 차량의 최대 속도는 다음과 같이 특정지어진다:

$$\hat{v} = \frac{72000}{3600} = 20 \qquad [\mathrm{m/s}]$$

전동기의 최대 속도는 다음과 같이 특정지어진다:

$$\hat{\omega}_o = 4500 \times \frac{2\pi}{60} = 471.2 \qquad [\mathrm{rad/s}]$$

이 속도에서 600 [V]의 유기 전압을 제공할 자속 상수는

$$k\Phi = \frac{600}{471.2} = 1.27 \qquad [\mathrm{V \cdot s/rad}]$$

(c) 전체 토크(full torque)는 8 [m/s]로 유지되는 값이다. 이것은 다음의 전동기 속도에 대응한다:

$$\omega_o = 471.2 \times \frac{8}{20} = 188.5 \qquad [\mathrm{rad/s}]$$

이 속도에서 자속 상수는 다음과 같아야 할 것이다:

$$(k\hat{\Phi}) = \frac{600}{188.5} = 3.18 \qquad [\text{V·s/rad}]$$

(d) 10 [km/h]에서, 전동기 속도는, 문제 (b)의 자료를 사용하여,

$$\omega_o = \frac{10}{72} \times 471.2 = 65.4 \qquad [\text{rad/s}]$$

그러면, 이 속도에서의 운전에 대한 단자 전압은 다음과 같아야 할 것이다:

$$v_t = (k\hat{\Phi})\omega_o = 3.18 \times 65.4 = 208.3 \qquad [\text{V}]$$

4.6 MOTORS OPERATING ON CONSTANT VOLTAGE SUPPLY

많은 상황에서, 단지 일정 직류 전압 전원 만을 이용할 수 있다. 예를 들어, 차량에서의 12, 24, 또는 48 [V] 배터리이거나 실험실에서의 100에서 240 [V]의 전원일 수 있다. 간단한 스위치를 사용하여 전기자 단자를 전원에 직접 연결함으로써 어떤 소형 전동기를 기동하는 것이 허용될 수 있다. 예는 자동차에서의 시동 전동기(starter motor)와 다른 보조 전동기에서 찾아질 수 있을 것이다. 이런 전동기에서는, 스위치가 닫힐 때, 전기자 전류가 근사적으로

$$i_a = \frac{v_t}{R_a} \qquad [\text{A}] \tag{4.30}$$

으로 빠르게 상승한다. 이 전류는 전기자 권선의 연속 전류 정격의 수 배(several times)가 될 수 있다. 하지만, 생성되는 토크가, 전기자 전류가 허용되는 연속 또는 정격 값 아래로 낮아지는, 전속도(full speed)로 전동기를 빠르게 가속한다.

이 범주의 전동기는 본래 비효율적이다. 예를 들어, 기동하는 동안 최대 전류가 정격 값의 4배를 초과하지 않는다면, 전기자 회로 저항은 전기자에 정격 전류가 흐를 때 그것을 가로지르는 전압 강하가 공급 전압의 4분의 1이 될 값이어야 한다. 그러므로, 정격 전류에서의 효율은 75 [%]로 제한된다.

계자 권선을 가진 더 큰 전동기는, 그림 4.17의 회로도에서 보여진 바와 같이, 직렬 저항을 통해 일정 전압 전원에 연결된 전기자와 계자 권선을 가질 수 있다. 기계의 계자 권선은 보통 권수(number of turns)와 계자 회로에서 직렬 저항기(series resistor) R_{fe}가 0으로 설정되었을 때 계자 전류 i_f가 받아들일 수 있는 최대 값으로 제한하는 저항 R_f로 설계된다. 이것은, 그것이 최대 자속과 따라서 전기자 전

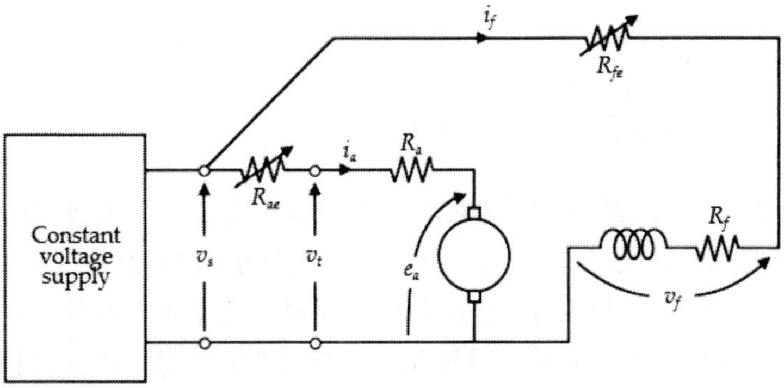

Figure 4.17 Equivalent circuit of a motor operating on a constant voltage supply.

류의 [A]당 최대 토크를 생성하기 때문에, 기동을 위한 외부 계자 저항기의 정상 설정이다.

전동기를 기동하기 위해서는, 최대 전기자 전류를 브러시에서의 과도한 불꽃없이 정류자에 의해 견뎌질 수 있는 값으로 제한하기 위하여 충분한 외부 저항 R_{ae}가 전기자 회로에 직렬로 삽입된다. 전형적으로, 이 최대 값은 정격 전기자 전류의 2배 내지 3배가 될 수 있다.

구동의 정상 상태 속도-토크 특성은, 그림 4.18에서 보여진 바와 같이, 직렬 저항기 R_{ae}의 변화에 의해 제어될 수 있다. 일정 전원 전압이 v_s라면, 속도는, 식 (4.26)과의 상사에 의해,

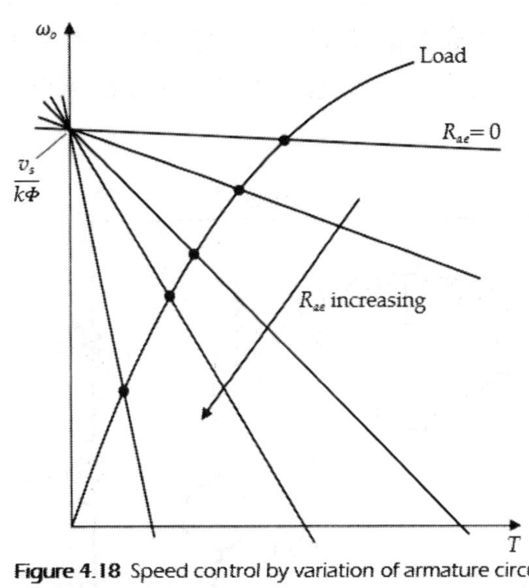

Figure 4.18 Speed control by variation of armature circuit resistance.

$$\begin{aligned}\omega_o &= \frac{v_s - (R_a + R_{ae})i_a}{k\Phi} \\ &= \frac{v_s}{k\Phi} - \frac{(R_a + R_{ae})T}{(k\Phi)^2} \qquad \text{[rad/s]}\end{aligned} \tag{4.31}$$

로 주어진다. 어떤 저항 설정에서 부하의 정상 상태 속도는 그것의 속도-토크 관계(전동기에서의 마찰과 풍손을 포함하는)와 그 저항에 대한 전동기의 적절한 속도-토크 선의 교점으로 주어진다. 과도적으로, 어떤 속도에서 이 두 곡선 사이의 수평 차이(horizontal difference)는, 전동기를 교차점으로 이동시키는, 가속 토크를 나타낸다.

이 속도 제어법은 전동기가 부하 상태일 때만 유효하다. 부하 토크가 제거된다면, 식 (4.31)로부터, 속도가 $v_s/k\Phi$의 값으로 상승하는 것이 보여질 수 있다.

전기자 회로 저항의 변화에 의한 속도 제어는 많은 에너지가 외부 저항기 R_{ae}에서 낭비되기 때문에 전동기의 연속 운전을 위해서는 드물게 채용된다. 하지만, 이 속도 제어법은 이따금 사용되는 기중기(권양기, hoist) 같은 특별한 상황에서 적용될 수 있다.

전기자 회로 저항 제어는 일정 전압 전원으로부터 정류자 전동기를 기동하는 표준 방법이다. 빠른 기동이, 속도 증가에 따라 단계적으로 저항을 줄임으로써, 이루어질 수 있다. 그림 4.19에서 보여진 바와 같은 전형적인 수동 기동기(manual starter)는 시계 방향으로 회전되는 용수철 장착 접촉 암(spring-loaded contact arm)을 가진다. 이것은 계자 회로의 초기 접속과 정상 상태 값으로 향하는 속도 증가에 따른 전기자 회로 저항의 점진적 감소를 제공한다. 지탱 전자기 작동기(hold-on electromagnetic actuator)는 계자 전류가 그 코일을 통하여 흐르는 동안 0-저항 위치에

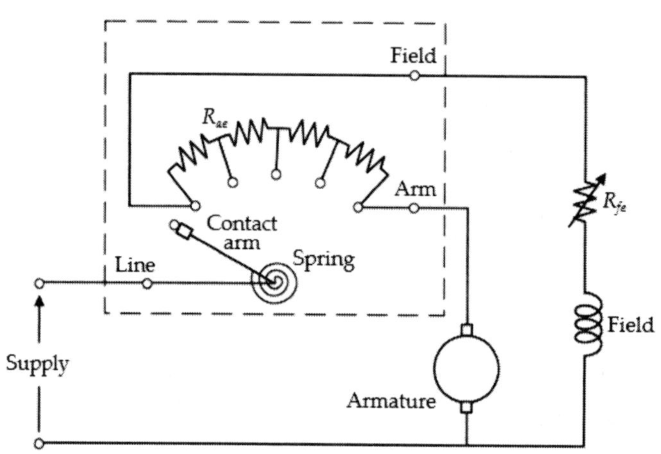

Figure 4.19 Manual starter.

서 암을 유지한다. 전원이 상실되거나 계자 회로가 개방되면 암을 놓는다. 직렬 계자 저항기는 최대 계자 전류와 최대 자속을 주기 위해 기동 동안에 0으로 설정되어야 할 것이다.

자동 기동기(automatic starter)는 본질적으로 그림 4.19의 수동 기동기와 같은 기능을 수행한다. 전자기 접촉기(electromagnetic contactor)는 미리 정해진 시간 순서(time sequence)로 또는 전기자 전류가 미리 정해진 값으로 떨어졌을 때 기동 저항기(starting resistor)의 구역(section)을 탈락시킨다(short out).

기동 순서가 완료되었을 때, 전동기는 그림 4.20에서 최대 계자 전류 $\hat{i}_f$에 대해 보여진 바와 같은 속도-토크 특성을 가질 것이다. 원한다면, 이제는 직렬 계자 저항 R_{fe}를 증가시킴으로써, 따라서 계자 전류와 자속 Φ를 감소시킴으로써 속도가 증가될 수 있다. 전기자 전류가 그 정격 값으로 제한된다면, 어떤 속도의 값에서 이용할 수 있는 토크는 양(quantity) $k\Phi$가 감소함에 따라 줄어들 것임에 유의해야 할 것이다. 그림 4.20은, 각각이 정격 전류에 대응하는 토크에서 끝나는, 특성의 집합을 보인다. 최대 속도는 기계적 고려 또는 자속이 감소함에 따르는 정류에서의 커지는 어려움에 의해 제한된다.

일정 전압 전원으로부터 운전하기 위해 설계되고 그림 4.17에서와 같이 접속된 전동기는 계자 회로가 전기자 회로와 분로(shunt)로, 또는 병렬(parallel)로 되어 있기 때문에 일반적으로 **분권 전동기**(*shunt motor*)로 알려져 있다. 계자 전류는 보통 정격 전기자 전류의 5 [%] 보다 적다. 이러한 전동기는 최소에서 최대 값까지의 계자 저항기의 변화를 통하여 제한된 속도 제어의 범위를 제공한다. 흥미로운 특별

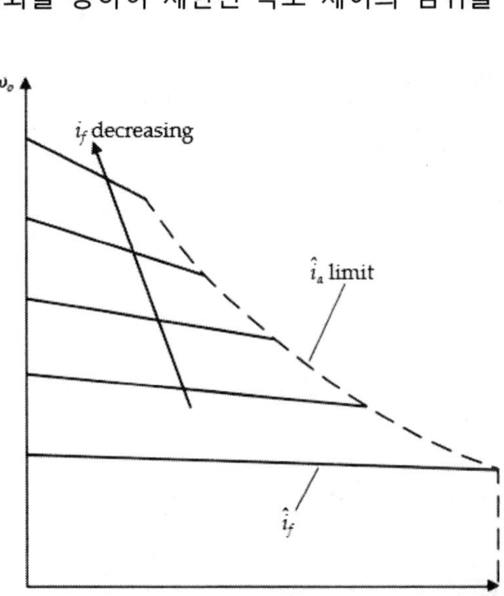

Figure 4.20 Speed-torque relations with decreasing field current.

한 응용은 실험실에서의 다른 전기기계의 시험에 있다.

EXAMPLE 4.6 정류자 전동기가 125 [V]의 정격 전기자 전압과 36 [A]의 정격 전기자 전류를 가진다. 전기자 저항은 0.37 [Ω]이다. 전 계자(full field)와 정격 전기자 전압 및 전류로, 속도는 1150 [rpm]으로 알려져 있다.

(a) 120 [V] 전원으로 운전할 때, 기동 전류를 정격 값의 2.5배로 제한하려면 전기자 회로에 삽입될 직렬 저항은 얼마여야 하는가?

(b) 전동기가 속도의 [rad/s]당 0.3 [N·m]의 토크를 요구하는 부하를 구동하는 것으로 가정한다. 전 계자와 120 [V] 전원으로, 이 부하를 600 [rpm]에서 구동하기 위해 요구되는 직렬 저항은 얼마인가?

Solution

(a) 1 [m/s²]의 전기자 전류는 다음의 값으로 제한된다:

$$\hat{i}_a = 2.5 \times 36 = 90 \qquad [A]$$

요구되는 저항은

$$R_{ae} = \frac{120}{90} - 0.37 = 0.96 \qquad [\Omega]$$

(b) 전 계자 전류에서 자속 상수는 주어진 자료로부터 얻어질 수 있다. 식 (4.26)을 재배열하면,

$$k\Phi = \frac{v_t - R_a i_a}{\omega_o} = \frac{125 - 0.37 \times 36}{1150 \times \dfrac{2\pi}{60}} = 0.927 \qquad [V{\cdot}s]$$

주어진 부하 조건의 경우,

$$v_s = 120 \; [V]$$

$$\omega_o = 600 \times \frac{2\pi}{60} = 62.8 \qquad [rad/s]$$

$$T_o = 0.3\omega_o \qquad [N{\cdot}m]$$

이 값을 식 (4.31)에 대입하면 다음을 준다:

$$\omega_o = \frac{v_s}{k\Phi} - \frac{(R_a + R_{ae})T_o}{(k\Phi)^2}$$

$$62.8 = \frac{120}{0.927} - \frac{(0.37 + R_{ae}) \times 0.3 \times 62.8}{0.927^2} = 129.5 - (0.37 + R_{ae}) \times 21.9$$

$$R_{ae} = \frac{129.5 - 62.8}{21.9} - 0.37 = 2.68 \qquad [\Omega]$$

EXAMPLE 4.7 자동 기동기가 예제 4.6에서 설명된 기계를 위해 요구된다. 기동하는 동안, 전기자 전류는 범위 $40 < i_a < 90$ [A]에 걸쳐 변화하는 것이 허용된다. 전원 전압은 125 [V]이다. 기동기 저항에 얼마나 많은 구역이 요구되고, 그 값은 얼마이며, 어떤 속도에서 그것이 탈락되는가?

Solution
처음으로, 전기자 회로에서의 총 저항 R_{T1}은 다음과 같이 설정되어야 할 것이다:

$$R_{T1} = \frac{125}{90} = 1.39 \qquad [\Omega]$$

기계 속도가 올라감에 따라, 유기 전압 e_a가 증가한다. 전기자 전류 i_a가 40 [A]로 감소되었을 때, 유기 전압은 다음이 될 것이다:

$$e_{a1} = 125 - 1.39 \times 40 = 69.4 \qquad [\mathrm{V}]$$

이 점에서, 전기자 회로 저항은 다음과 같이 줄어들 수 있다:

$$R_{T2} = \frac{125 - 69.4}{90} = 0.62 \qquad [\Omega]$$

전기자 전류가 다시 40 [A]로 감소되었을 때, 유기 전압은 다음이 될 것이다:

$$e_{a2} = 125 - 0.62 \times 40 = 100.3 \qquad [\mathrm{V}]$$

이 점에서, 전기자 회로 저항은 다음과 같이 줄어들 수 있다:

$$R_{T3} = \frac{125 - 100.3}{90} = 0.274 \qquad [\Omega]$$

이것은 $R_a = 0.37$ [Ω] 보다 작기 때문에, 단지 두 개의 단계만이 요구된다. 외부 전기자 회로 저항은 직렬인 2개의 저항으로 이루어져야 할 것이다: 두 번째는

$$R_2 = R_{T2} - R_a = 0.62 - 0.37 = 0.25 \qquad [\Omega]$$

그리고 첫 번째는

$$R_1 = R_{T1} - R_2 - R_a = 1.39 - 0.62 = 0.77 \qquad [\Omega]$$

R_1이 탈락되었을 때의 속도는, 예제 4.6으로부터 $k\Phi$를 사용하여,

$$\omega_o = \frac{e_{a1}}{k\Phi} = \frac{69.4}{0.927} = 74.9 \qquad \text{[rad/s]}$$

두 번째 저항기 R_2는 다음의 속도에서 탈락된다:

$$\omega_o = \frac{e_{a2}}{k\Phi} = \frac{100.3}{0.927} = 108.2 \qquad \text{[rad/s]}$$

EXAMPLE 4.8 예제 4.6의 전동기가 전 계자(full field)에서 125 [V] 전원으로 기동되었다. 계자 전류가 이제는 무부하 속도가 1800 [rpm]이 될 때까지 줄어든다. 회전손(rotational loss)은 무시한다. 계자 전류의 이 설정에서, 정격 전기자 전류로 이 전동기에 의해 생성될 수 있는 토크는 얼마이며, 대응하는 속도는 얼마가 될 것인가?

Solution

무부하에서 요구되는 속도 값은

$$\omega_o = 1800 \times \frac{2\pi}{60} = 188.5 \qquad \text{[rad/s]}$$

이 속도를 달성하기 위하여, 자속은 다음과 같아야 한다:

$$k\Phi = \frac{v_t}{\omega_o} = \frac{125}{188.5} = 0.66 \qquad \text{[V·s]}$$

36 [A]의 정격 전기자 전류로, 얻을 수 있는 토크는

$$T = k\Phi i_a = 0.66 \times 36 = 23.9 \qquad \text{[N·m]}$$

속도는 다음과 같이 될 것이다:

$$\omega_o = \frac{v_t - R_a i_a}{k\Phi} = \frac{125 - 0.37 \times 36}{0.66} = 169.2 \text{ [rad/s]} = 1615 \qquad \text{[rpm]}$$

4.7 OPERATION AS A GENERATOR

정류자기가 발전기로서 운전될 때, 속도는 원동기(prime mover)의 특성에 의해 결정된다. 원동기가 잘 조정된 기관(엔진)(well-governed engine) 또는 동기전동기(synchronous motor)라면 이 속도는 본질적으로 일정하다고 할 수 있다. 어떤 원동기

로는, 축 토크가 증가됨에 따라 속도가 상당히 낮아질 수 있다.

발전기로부터 광범위한 출력 전압이 요구될 때에는, 그림 4.21에서 보여진 바와 같이, 계자 전류가 분리된, 가제어 전원(separate, controllable supply)으로부터 공급된다. 이 전원은 다른 발전기, 가제어 정류기(controllable rectifier), 또는 단순히 가변 직렬 저항기(variable series resistor)를 가진 전지(battery)일 수 있다. 결합된 계통은 **타여자 발전기**(*separately excited generator*)로 알려져 있다. 편의를 위하여, 전기자 전류의 정(양) 방향이 그림 4.12의 등가회로와 비교하여 역전되었다. 정상 상태 운전에서, 계자 전류는 원하는 자속 인자(flux factor) $k\Phi$의 값을 주도록 설정된다. 전기자 전압과 전류 사이의 관계는 그러면

$$v_t = k\Phi\omega_o - R_a i_a \qquad [\text{V}] \tag{4.32}$$

이다. 부하의 전압-전류 특성과 이 관계식의 교점이 정상 상태 운전점을 정의한다.

어떤 조건이 충족될 때, 발전기 자신의 전기자 회로가 계자 여자(field excitation)의 전원으로 채용될 수 있다. 일반적으로 **분권 발전기**(*shunt generator*)로 알려진, 그림 4.22에서 보여진 발전기 계통을 고려한다. 자여자(self excitation)를 위한 첫 번째 조건은 기계의 강자성 계통 내에 히스테리시스로부터의 약간의 잔류 자기가 있어야 한다는 것이다. 잔류 자속의 방향은 원하는 극성의 작은 유기 전압을 생성하는 방향이어야 한다. 잔류 자속이 존재하지 않거나 있더라도 옳지 않은 방향이라면 계자 권선을 통하여 전류가 지나가도록 하기 위하여 외부 전원이 잠시 사용될 수 있다.

그림 4.22에서 계자 회로는 히스테리시스에 기인한 작은 초기 유기 전압 e_a가 자속이 증가하는 방향으로, 따라서 e_a가 증가하는, 계자전류를 일으키도록 전기자 회로를 가로질러 접속된다. 전기자에 부하가 연결되지 않은 경우, $i_a = i_f$이며 계자 전

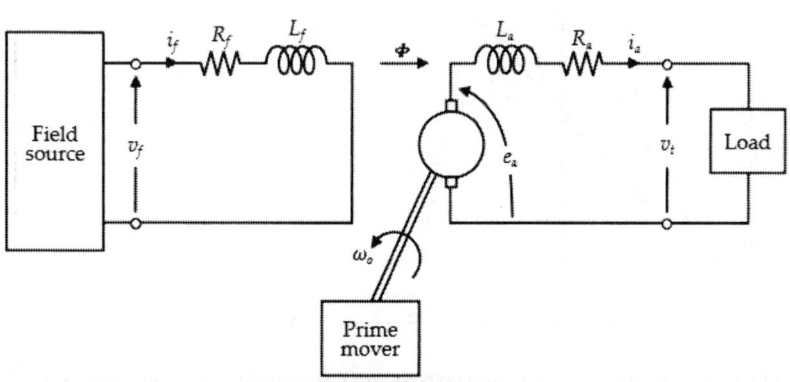

Figure 4.21 Connections for separately excited generator.

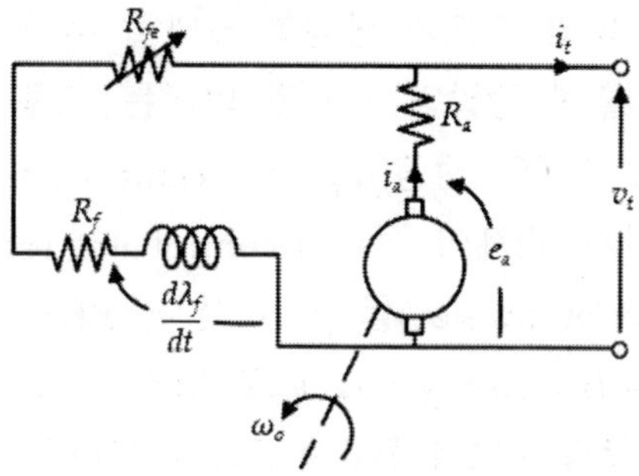

Figure 4.22 Connections for a shunt generator.

류는 관계식

$$e_a = (R_a + R_{fe} + R_f)i_f + \frac{d\lambda_f}{dt} \qquad [\text{V}] \tag{4.33}$$

에 의해 지배된다. 유기 전압 e_a와 계자 전류 i_f는 또한 발전기가 구동되는 속도에서 적용되는 무부하 포화 곡선(no-load saturation curve)에 의해 관련된다. 그림 4.23에서 보여진 이 곡선은 잔류 자속과 자기 포화 둘 다의 효과를 포함한다. 이 그림은 또한 회로 내의 총 저항 $R_a + R_{fe} + R_f$에 대한 전압-전류 관계를 나타내는 직선을 보인다. 유기 전압이 증가하기 위한 조건은 포화 곡선이 이 저항 선(resistance line) 위에 있어야 한다는 것이다. 그럴 때, 식 (4.33)으로부터, 계자 쇄교 자속

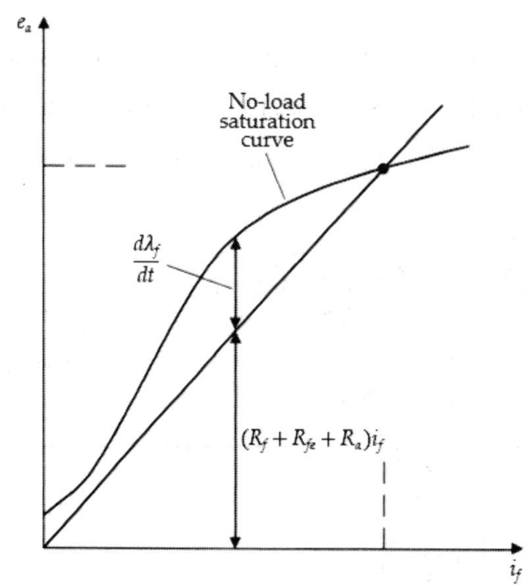

Figure 4.23 Build-up of generated voltage and field current in a shunt generator.

λ_f는 시간에 따라 증가할 것이며, 자속 Φ와 유기 전압 e_a가 증가할 것이다. 안정 운전점(stable operating point)은, 무부하에서, 자기 계통에서의 포화로의 접근에 기인하여 이 두 개의 관계가 교차할 때 생길 것이다.

외부 계자 저항 R_{fe}가 너무 높은 값으로 설정되거나 원동기의 속도가 너무 낮다면, 그림 4.23에서 두 관계의 교점이 원점(origin) 부근에서 생길 수 있으며, 기계는 사실상 발전기로서 쓸모가 없을 것이다.

전기 부하가 분권 발전기로부터 내어질 때, 정상 상태 운전 조건은 관계식

$$\begin{aligned} v_t &= e_a - R_a i_a \\ &= (R_{fe} + R_f) i_f \qquad [\text{V}] \end{aligned} \tag{4.34}$$

와 포화 곡선에 의해 정의된다. 전기자 전류 i_a의 주어진 값에 대하여, 대응하는 단자 전압 v_t가 그림 4.24 (a)에서 도식적으로 보여져 있다. 포화 곡선과 계자 회로 저항선 사이의 수직 거리는 전기자 저항을 가로지르는 전압과 같다. 그림 4.24 (b)는 단자 전압 v_t와 부하 전류 $i_t = i_a - i_f$ 사이의 대응하는 관계를 보인다. 부하 전류에 따른 단자 전압에서의 강하(drop)는 타여자 발전기의 경우보다 더 큼에 유의하라. 필요하다면, 발전기는 v_t를 근사적으로 일정하게 유지하기 위하여 저항 R_{fe}를 자동적으로 조정하는 제어 장치(control gear)로 맞추어질 수 있다.

EXAMPLE 4.9 4.5 [kW], 125 [V], 1150 [rpm] 발전기가 0.37 [Ω]의 전기자 회로 저항을 가진다. 기계가 정격 속도에서 구동될 때, 그 무부하 포화 곡선은 그림 4.25에서 보여진 것과 같다. 기계는 타여자 발전기로서 운전되며 계자 전류는 2 [A]로 조정되었다고 가정한다. 기계가 1000 [rpm]에서 구동되며 정격 전류를 전달하는 부하를

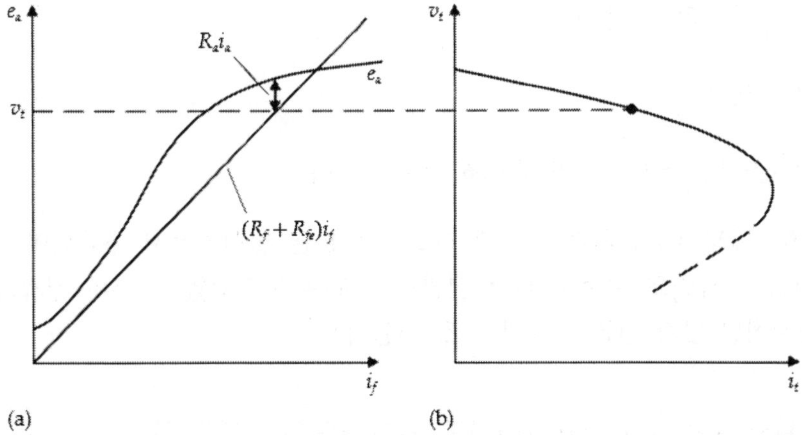

Figure 4.24 (a) Graphical determination of terminal voltage for a given armature current and (b) terminal voltage-current relation.

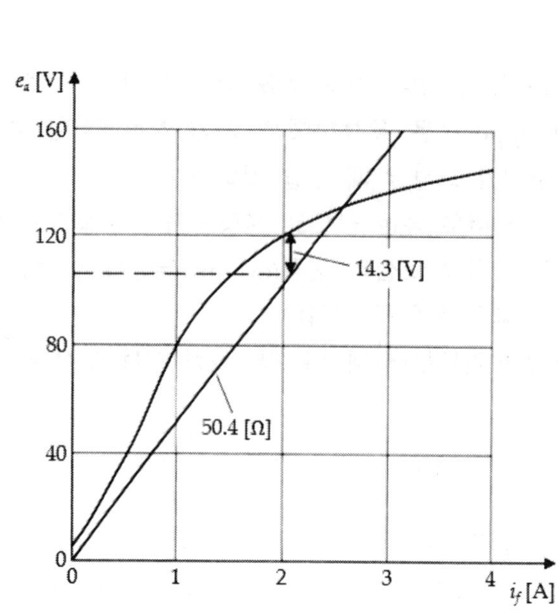

Figure 4.25 Graphical solution for Examples 4.9 and 4.10.

짧어진다면, 단자 전압은 얼마가 될 것인가?

Solution

정격 속도에서, $i_f = 2$ [A]에서의 유기 전압 e_a는 120 [V]이다. 1000 [rpm]의 속도에서 그리고 $k\Phi$의 같은 값으로 유기 전압은 다음과 같을 것이다:

$$e_a = \frac{1000}{1150} \times 120 = 104.4 \qquad \text{[V]}$$

정격 전기자 전류는

$$i_a = \frac{4500}{125} = 36 \qquad \text{[A]}$$

그리고 단자 전압은

$$v_t = e_a - R_a i_a = 104.4 - 0.37 \times 36 = 91 \qquad \text{[V]}$$

EXAMPLE 4.10 예제 4.9의 기계가 정격 속도에서 분권 발전기로서 구동되며, 계자 회로 저항기는 130 [V]의 무부하 단자 전압을 주도록 조정되었다. 부하 전류가 36 [A]일 때 근사적인 단자 전압은 얼마가 될 것인가?

Solution

그림 4.25로부터, 2.5 [A]의 계자 전류에서 유기 전압은 130 [V]이다. 따라서, 계자 회로 저항기는 그림 4.25의 저항 선이 다음의 기울기를 갖도록 설정되었을 것이다:

$$R = \frac{130}{2.5} = 52 \qquad [\Omega]$$

실제로, 이것은 다음의 개방 회로 단자 전압(open-circuit terminal voltage)으로 귀결할 것이다:

$$v_t = 130 - 0.37 \times 2.5 = 129.1 \qquad [\mathrm{V}]$$

그래서 약간 더 낮은 저항이 대략 $e_a = 131$ [V], $i_f = 2.6$ [A], 그리고 $R = 50.4$ [Ω]에서 교점을 주도록 적당하게 선택되었을 수 있다. 36 [A]의 부하 전류로, 전기자 전류는 근사적으로 다음이 될 것이다:

$$i_a = i_t + i_f \approx 36 + 2.5 = 38.5 \qquad [\mathrm{A}]$$

전기자 회로 저항을 가로지르는 전압은 그러면 다음이 될 것이다:

$$R_a i_a \approx 0.37 \times 38.5 = 14.3 \qquad [\mathrm{V}]$$

이제 그림 4.25를 참조하여, 포화 곡선과 계자 회로 저항 선 사이의 수직 거리는 $e_a = 121$ [V]에서 대략 14.3 [V]이며 $v_t = 107$ [V]이다. 이 점에서, 되돌아가서 i_a의 계산에서 사용된 계자 전류의 값을 수정하고 과정을 반복할 수 있다. 하지만, 포화 곡선을 높은 정확도로 알지 못하기 때문에 이런 개선이 이 형태의 문제에서는 정당화되지 못한다. 히스테리시스에 의한 영향은, 그림 4.2 (b)에서 나타내어진 바와 같이, 그것의 지난 이력(past history)에 종속될 것이다.

PROBLEMS

4.1 정류자기가 단면적 0.025 [m^2]의 4개의 자극과 유효 길이 6 [mm]의 공극을 가진다. 각 계자 코일은 1500 [turn]을 가지며, 코일들은 직렬로 연결되어 있다. 강자성체는 무한대의 투자율을 갖는 것으로 가정하여, 단위 계자 전류당 극당 공극 자속을 결정하라.

(4.1 절)

4.2 페라이트 영구자석 물질에 대한 감자 특성이 그림 4.26에서 보여져 있다. 이 물질은 그림 4.4에서 보여진 영구자석 전동기 내에 0.28 [T]의 공극 자속밀도를 제공하기 위해 사용된다. 공극의 유효 길이가 1 [mm]라면, 요구되는 자석의 두께는 얼마인가

(4.1 절)

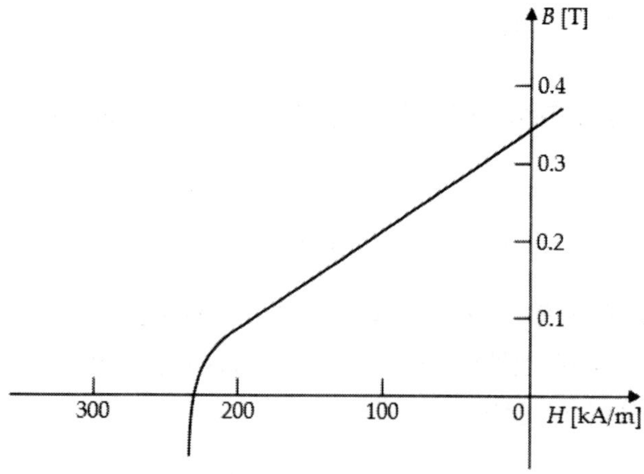

Figure 4.26 Ferrite demagnetization characteristic for Problem 4.2.

4.3 그림 4.1에서 설명된 기계에서, 각 극제철(pole shoe)이 0.15 [m]의 원호 길이와 0.12 [m]의 축 방향 길이를 갖는다고 가정한다. 공극 길이는 5 [mm]이다.

(a) 회전자의 슬롯 효과를 무시하고 이상적인 철(iron)로 가정하여, 각각 2500 [turn]인, 직렬 연결된 계자 코일이 1.2 [A]의 전류를 운반할 때, 극당 자속을 결정하라.

(b) 회전자 치(teeth)의 폭이 슬롯 폭과 같다고 가정한다. 철 내에서의 자계의 세기가 1.4 [T]의 자속밀도까지 0으로 고려될 수 있다면, 어떤 값의 극당 자속과 계자 전류에서 자속과 계자 전류 사이의 관계가 선형성(linearity)으로부터 벗어날 것으로 예측되는가?

(4.1 절)

4.4 전동기의 전기자가 0.12 [m]의 반경과 0.25 [m]의 유효 길이를 가진다. 전기자 권선은 각각 6 [turn]으로 37개의 슬롯에 수용된 37개의 코일로 이루어진다. 계자 구조는 전기자 주변 표면(periphery)의 70 [%]를 점유하는 4개의 자극을 가진다. 각 극제철 아래의 공극에서 평균 자속밀도는 0.8 [T]이다. 전기자 권선은 2개의 병렬 경로로 연결되어 있다.

(a) 이 기계의 상수 k를 결정하라.

(b) 전기자가 20 [rps]의 속도에서 회전될 때 유기 전압을 결정하라.

(c) 전기자 전류가 40 [A]일 때 생성되는 토크를 결정하라.

(4.3 절)

4.5 1500 [kW], 10극 전동기가 300 [rpm]의 정격 속도에서 구동될 때 250 [V]의 정

격 개방 회로 전기자 전압을 가진다. 전기자 권선은 각 극에 대해 1개의 병렬 경로로 연결된 220 [turn]을 가진다.

(a) 이 조건 하에서 극당 자속을 찾아라.

(b) 정격 조건에서 운전할 때 토크를 찾아라.

(4.3 절)

4.6 20 [kW], 4극 정류자 발전기가 2개의 병렬 경로로 279 전기자 [turn]을 가진다. 극당 자속은 0.03 [Wb]이다. 440 [V]의 유기 전압을 생성하기 위하여 이 발전기가 구동되어야 하는 속도는 얼마인가?

(4.3 절)

4.7 직류기가 그것의 정격을 가리키는 명판(nameplate)을 갖고 있지 않다. 기계의 검사가 다음의 정보를 산출하였다: 그것은 각 극면적(pole face area)이 250 × 200 [mm]인 4개의 극, 정류자에 150개의 조각(편, bar), 코일당 2 [turn]인 전기자 코일, 그리고 4개의 병렬 경로를 가진다. 각 전기자 도체의 단면적은 대략 50 [A]를 운반하기에 적당한 것으로 나타났다. 각 극면(pole face)에서 자속밀도의 합리적인 값은 대략 0.9 [T]일 것으로 추정된다. 기계가 1000 [rpm]에서 운전되는 것으로 가정하여, 다음을 추정하라:

(a) 정격 전압,

(b) 정격 토크, 그리고

(c) 정격 전력

(4.3 절)

4.8 정류자기가 다음의 물리적 성질을 가진다: 6극, 계자 코일당 2000 [turn], 계자 코일당 저항 10 [Ω], 모든 계자 코일은 직렬 연결, 전기자 반경 50 [mm], 축방향 길이 50 [mm], 극면적 2000 [mm^2], 유효 공극 길이 2 [mm], 2개의 병렬 경로인 300 전기자 [turn], 그리고 각 [turn]의 저항 8 [mΩ]. 회전자 관성의 극 모멘트(polar moment)는 0.015 [kg·m^2]이다. 자성체의 포화는 무시하며, 마찰과 풍손(윈디지, windage)은 무시될 수 있다. 자극 자속은 자극 사이의 누설 때문에 공극 자속보다 대략 15 [%] 더 큰 것으로 추정된다.

(a) 계자 회로의 저항과 인덕턴스, 전기자 회로 저항, 그리고 상수 k_f를 결정하라.

(b) 이 기계의 6개의 단자 변수의 순시치(instantaneous value)와 관련된 3개의 방정식을 적어라: 단자 전압 v_t, 계자 전압 v_f, 전기자 전류 i_a, 계자 전류

i_f, 축 토크 T_o, 그리고 속도 ω_o. 기계 매개변수의 수치 값을 구하라.

(4.4 절)

4.9 정류자기가 1170 [rpm]의 속도로 구동될 때, 개방 회로 전기자 전압(v_t)이 계자 전류(i_f)의 여러 값에 대하여 측정되어 다음의 결과를 주었다:

i_f [A]	0.1	0.2	0.3	0.4	0.5	0.6	0.7	0.8
v_t [V]	55	110	161	218	265	287	303	312

0.7 [A]의 계자 전류와 25 [A]의 전기자 전류에서 이 기계가 생성하는 토크는 얼마일 것인가?

(4.4 절)

4.10 영구자석 정류자 전동기가 10 [A]의 전기자 전류로 8 [N·m]의 토크를 생성한다. 전기자 회로 저항은 0.16 [Ω]이다. 이 전동기가 1800 [rpm]의 속도에서 20 [N·m]의 토크를 요구하는 기계 부하를 구동한다면, 전기자 단자에 인가하는 전압은 얼마가 되어야 할 것인가?

(4.5 절)

4.11 문제 4.10의 기계가 속도에 비례하는 토크를 요구하는 부하를 구동한다. 기계적 토크-속도 관계에서의 한 점이 400 [rpm]에서 16 [N·m]이다. 전기자 단자 전압이 50 [V]라면, 부하는 얼마의 정상 상태 속도로 구동될 것인가?

(4.5 절)

4.12 산업 구동 장치가 가변 전압 전원(variable-voltage source)으로부터 공급받는 전기자를 가진 정류자 전동기로 이루어져 있다. 이 전압이 0에서 600 [V]까지 변화함에 따라, 구동 속도는 0에서 1600 [rpm]까지 변화하며, 계자 자속은 일정하게 유지된다. 모든 손실은 무시될 수 있다.

(a) 부하 토크가 420 [N·m]에서 일정하게 유지될 때 전기자 전류를 결정하라.
(b) 부하가 1600에서 4000 [rpm]까지의 속도 범위에서 약계자에 의해 구동되는 한편 전압은 600 [V]에서 일정하게 유지된다. 문제 (a)의 전기자 전류를 초과하지 않을 때 최대 속도에서 이용할 수 있는 토크를 결정하라.

(4.5 절)

4.13 영구자석 정류자 전동기가 모든 운전 조건 아래에서 일정한 것으로 가정될 수 있는 공극 자속을 가진다. 축 토크 없이, 전동기는 전기자가 120 [V] 전원에 연결되었을 때 6000 [rpm]의 속도에서 운전된다. 전기자 회로 저항은 1.5 [Ω]이다. 회전손은 무시될 수 있다. 60 [V] 직류 전압원에 연결되고 0.5 [N·m]

의 토크를 낼 때 전동기의 속도를 결정하라.

(4.5 절)

4.14 무궤도 전차가 비 8 : 1의 치차 함(gear box)을 통하여 0.9 [m] 직경의 바퀴에 연결된 정류자 전동기에 의해 구동된다. 전동기 전기자는 전압이 0으로부터 600 [V]까지 변화될 수 있는 전원에 의해 공급된다. 모든 손실은 무시될 수 있다.

(a) 600 [V]의 전기자 전압에서 12.5 [m/s]의 차량 속도를 주기 위해 요구되는 $k\Phi$의 값을 결정하라.

(b) 문제 (a)에서의 $k\Phi$의 값으로, 무궤도 전차에 8 [kN]의 추력(thrust)을 주는 전기자 전류를 결정하라.

(c) 12.5 [m/s] 보다 높은 속도 범위는 600 [V]의 일정 전기자 전압으로 약계자에 의해 제공된다. 25 [m/s]의 속도에서 요구되는 $k\Phi$의 값을 결정하라.

(4.5 절)

4.15 4극 정류자기의 정격이 1200 [rpm]의 속도에서 230 [V]와 5 [kW]이다.

(a) 속도가 계자 전류의 저감에 의해 1500 [rpm]으로 증가되었을 때, 이 기계의 정격 전압과 전력에 대한 새로운 값을 결정하라.

(b) 기계의 전기자 코일이 4개가 아닌 2개의 병렬 경로로 다시 감겼을 때, 1200 [rpm]에서 정격 전압과 전력의 적절한 값은 얼마가 될 것인가?

(4.5 절)

4.16 자동 기동기가 50 [hp], 230 [V], 1750 [rpm] 분권 전동기에 대해 요구된다. 전기자 회로 저항은 0.12 [Ω]이다. 정격 출력을 내놓을 때, 전기자 전류는 214 [A]이다. 기동기는 순차적으로 저항을 탈락시키는 접촉자(contactor)를 가지고 전기자와 직렬로 연결된 저항기로 이루어진다. 전기자 전류는 500 [A]를 초과하지 않으며, 저항기는 전기자 전류가 250 [A]로 떨어졌을 때 탈락될 수 있다. 요구되는 저항기의 수와 각각의 저항을 결정하라.

(4.6 절)

4.17 분권 전동기가 다음의 명판 자료를 가진다: 230 [V], 40 [A], 1000 [rpm], R_a = 0.5 [Ω].

(a) 정격 조건 아래에서의 이 전동기의 운전에 대한 $k\Phi$의 값을 찾아라.

(b) 500 [rpm]의 속도에서 62.5 [N·m]의 토크를 제공하기 위하여 이 기계의 전기자 회로에 직렬로 요구되는 저항은 얼마가 될 것인가?

(4.6 절)

4.18 분권 전동기가 1350 [rpm]에서 부하를 구동할 때 550 [V] 전원으로부터 75 [A]의 전기자 전류를 취한다. 전기자 저항은 0.46 [Ω]이다.

(a) 기계적 손실을 무시하여, 부하에 인가되는 토크를 계산하라.

(b) 자속이 5 [%] 줄어들었다고 가정한다. 토크가 문제 (a)에서 찾아진 값을 유지할 때 전동기의 속도를 찾아라.

(4.6 절)

4.19 50 [N·m]의 부하 토크가 분권 전동기에 인가될 때, 그 속도가 무부하 값에서 5 [%] 떨어진다. 자속은 그러면 그것의 원래 값에서 절반으로 줄어들며, 같은 50 [N·m] 토크 부하가 인가된다. 이제 속도 저하는 무부하 속도의 백분율로 얼마가 될 것인가?

(4.6 절)

4.20 정격 계자 전류로 200 [rad/s]에서 구동되는 정류자 발전기의 개방 회로 단자 전압이 85 [V]이다. 전기자 회로의 저항은 4.3 [Ω]이다. 50 [Ω]의 저항 부하가 전기자 단자에 연결되었다면, 발전기가 정격 계자 전류로 260 [rad/s]에서 구동될 때 되는 이 부하에 내놓는 전력은 얼마가 될 것인가?

(4.7 절)

4.21 4.5 [kW], 125 [V], 1150 [rpm] 발전기가 정격 속도에서 구동될 때 그림 4.25의 개방 회로 전압-계자 전류 곡선을 가진다. 계자 전류 조정기(field current regulator)가 무부하로부터 정격 전기자 전류까지 정격 전압을 유지하도록 계자 전류를 변화시키는 것이 요구된다. 원동기가 무부하에서 정격 속도로 발전기를 구동하지만, 그 속도는 전부하(full load)에서 5 [%] 떨어진다. 전기자 회로 저항은 0.37 [Ω]이다. 조정기가 제공해야 하는 계자 전류의 범위를 결정하라.

(4.7 절)

4.22 문제 4.21의 기계가 분권 발전기로 연결되어 900 [rpm]에서 구동된다. 계자에 직렬인 저항기가 110 [V]의 무부하 단자 전압을 주도록 조정된다. 전기자 전류가 40.5 [A]일 때 단자 전압을 결정하라

(4.7 절)

GENERAL REFERENCES

Fitzgerald, A. E., Kingsley, and C., Umans, S. D., *Electric Machinery*, 5th ed., McGraw-

Hill, New York, 1990.
Match, L., *Electromagnetic and Electromechanical Machines*, 2nd ed., Harper and Row, New York, 1977.
Nasar, S. A., *Electric Machines and Transformers*, Macmillan, New York, 1984.
Say, M. G. and Taylor, E. O., *Direct Current Machines*, Halsted Press, New York, 1980.

5 INDUCTION MACHINES

다년간, 유도전동기는 본질적으로 일정한 속도에서 운전할 수 있는 산업, 상용, 그리고 가전 응용을 위한 전기(전기-기계) 구동(electromechanical drive)의 가장 일반적인 형태를 제공하였다. 보다 최근에는, 전자 전력 변환기(electronic power converter)의 도입으로, 유도기(induction machine)는 가변속 구동(variable-speed drive)에서 더욱 더 사용되게 되었다. 이 장의 목적은 먼저 유도기의 기본적인 성질을 이해하도록 하고 그 다음 어떻게 이 기계의 성능이 이 성질을 받아들인 모델의 사용을 통하여 예측될 수 있는 지를 보이는 것이다.

가장 일반적으로 만나는 형태에서, 유도기는 내표면 둘레의 슬롯 내에 대칭적으로 이격된(disaplaced), 보통 3개의, 분포권(distributed winding)으로 된 원통형 고정자(cylindrical stator)를 가진다. 이들은 회전 자계를 생성하기 위하여 다상 정현 전압원(polyphase sinusoidal voltage supply)에 연결된다. 이 자계는, 전류를 유도하고 다음에는 자속과 상호작용하여 자계의 회전 방향으로의 토크를 생성하는, 원통형 회전자 위의 슬롯에 위치된 단락된 도체를 쓸고 지나간다.

유도기 동작의 기본 개념은 3.5절에서 소개되었다. 이 장에서는, 비교적 맥동이 없는(ripple-free) 토크를 생성하기 위해 요구되는 기계의 구조가 논의되며, 정상 상태 성능을 예측하기 위해 등가회로 모델이 밝혀진다. 과도 성능과 가변속 구동에서의 응용 같은 특별한 양상은 10장에서 다루어진다.

5.1 SINUSOIDALLY DISTRIBUTED WINDINGS

그림 3.17은 어떻게 하여 고정자 주위에 이격되고 3상 정현 전류가 공급되는 3개의 권선이 회전 자계를 생성할 수 있는 지를 개념적으로 보였다. 실제 유도기에서는, 일정한 크기와 모양을 가지며 일정한 각속도로 회전하는 자계를 갖는 것이 바람직하다. 이것을 달성하는 실마리는, 사인파(sine wave)에 같은 주기(period)의 다른 이격된 사인파가 더해질 때, 역시 sine 형태인 파를 생성하는, 사인파의 유일성(unique property)이다. 고정자 둘레 주위의 공간에 정현적으로 분포될 공극 자계를 생성할 각 상 권선을 배열할 수 있다고 가정한다. 그러면, 3상 권선 모두에서의 전류에 의해 생성된 자계의 합(sum) 역시 각도 공간(angular space)에서 정현적으로 분포될 것이다. 이 합성 정현 분포 자계의 크기와 위치는 그러면 3상 전류의

제어에 의해 조정될 수 있다.

이상적으로, 고정자 주위의 각도 공간에 정현적으로 분포된 각 상 권선의 [turn]을 갖는 것이 바람직할 것이다. 그림 5.1은 그러한 배열을 나타낸다. 여기서 각 원의 크기는 그 영역 내에서의 도체의 밀도를 나타낸다. N_s [turn]을 가진 상 a 권선에 대하여, 도체 밀도는 이상적으로

$$n_a = \frac{N_s}{2}\sin\theta \tag{5.1}$$

로 주어진다. 부(음) 밀도(negative density)는 [turn]의 귀로(return path)로 설명될 수 있다.

이 상 a 권선을 통하여 전류 i_a가 지나간다고 가정하여 그것이 생성하는 기자력을 조사한다. 권선 a의 축으로부터 각도 θ에서 기계 주위에 보여진 경로에 대하여, 기자력은

$$\begin{aligned}\mathcal{F}_{\theta(path)} &= \int_{\theta}^{\theta+\pi} n_a i_a \, d\theta \\ &= N_s i_a \cos\theta \qquad [\text{A}]\end{aligned} \tag{5.2}$$

이다. 대칭성 때문에, 기계의 각 변(each side)에 이 경로 기자력의 절반을 관련시키는 것이 편리하다. 따라서, 공극당 기자력은

$$\mathcal{F}_{a\theta} = \frac{N_s i_a}{2}\cos\theta \qquad [\text{A}] \tag{5.3}$$

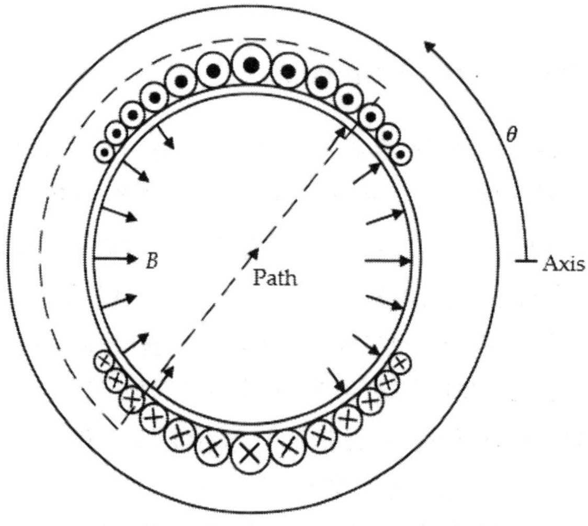

Figure 5.1 Sinusoidally distributed winding.

이다. 경로의 철 부분에서의 자계의 세기를 무시할 수 있다면, 상전류 i_a에 기인한 공극 자속밀도는

$$\begin{aligned} B_{ga\theta} &= \frac{\mu_0 \mathcal{F}_{a\theta}}{g_e} \\ &= \frac{\mu_0 N_s i_a \cos\theta}{2g_e} \qquad [\mathrm{T}] \end{aligned} \tag{5.4}$$

이다. 여기서 g_e는 유효 공극 길이이다.

상 b에 대한 권선은 a의 그것과 비슷하지만 각도로 앞으로 $2\pi/3$ [rad] 이격되어 있다. 즉, 권선 b의 도체 밀도는

$$n_b = \frac{N_s}{2}\sin\left(\theta - \frac{2\pi}{3}\right) \tag{5.5}$$

이다. 상 c 권선에 대한 앞선 이격은 추가로 $2\pi/3$ [rad]이다.

실제로, 정현 분포에 가까운 기자력을 생성하는 권선은 몇 가지 방법으로 유한한 슬롯의 수로 이루어질 수 있다. 그림 5.2 (a)는, 한 변은 슬롯의 아래(bottom)에 있는 한편 다른 변은 위(top)에 있는, 6개가 아니라 단지 5개의 슬롯의 원호로 펼쳐진 상 a의 4개의 동일한 코일을 가진 간단한 12 슬롯 고정자를 보인다. 이것은 **단절권**(*short-pitched winding*)으로 알려져 있다. 이 권선에 의해 생성되는 대응하는 기자력이 그것의 기본파 성분(fundamental component)과 함께 그림 5.2 (b)에서 보여져 있다. 이 매우 간단한 권선에서 조차도, 사인파로의 근사화가 상당히 좋다. 대부분의 기계에서 나타나는 더 많은 수의 슬롯으로, 정현파형에 더 가깝게 근사화될 수 있다. [turn]의 정현 분포에 대한 다른 접근법은 예제 5.1에서 논의되며, 권선에 대한 더 상세한 설명은 10.7절에서 주어진다. 이후의 해석에서는, 기호 N_{se}가 실제 분포 권선(distributed winding)의 등가 정현 분포 권수(equivalent number of sinusoidally distributed turns)로 나타내어질 것이다.

EXAMPLE **5.1** 권선이 3개의 동심 코일(concentric coil)의 2조(set)로 이루어진 그림 5.3 (a)의 12 슬롯 고정자를 고려한다. 이 직렬 연결 코일 각각의 권수는 가능한 한 정현 분포에 가깝게 근사화 되는 값으로 되어 있다. 총 직렬 권수가 1000일 때, 각 코일의 적절한 권수를 결정하라. 또한, 각 공극에서의 기자력의 기본파 성분의 크기와 두 개의 가장 큰 고조파(significant harmonics)의 크기를 유도하라. 이 권선에 대한 등가 정현 권수는 얼마인가?

Solution

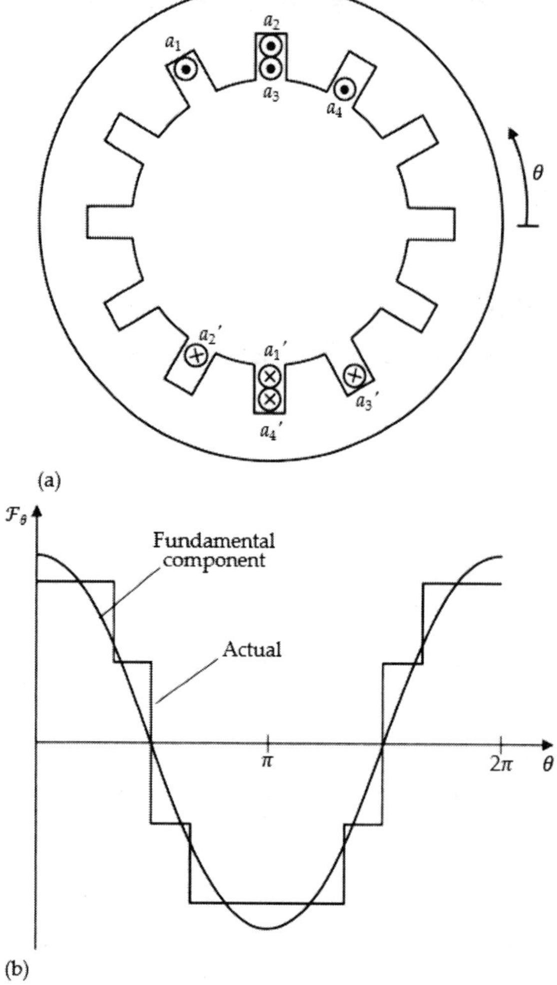

Figure 5.2 (a) Short-pitched winding (phase a) and (b) magnetomotive force due to phase a.

일반적으로, s 슬롯 고정자의 경우, 슬롯 q 내의 적절한 도체 수는 슬롯 q 주위의 $2\pi/s$ [rad]의 원호에 걸친 이상적인 정현 분포를 함께 모음으로써 찾아질 수 있다. 식 (5.1)로부터,

$$N_q = \frac{N_s}{2}\int_{2\pi(q-1)/s}^{2\pi q/s} \sin\theta \, d\theta \quad q = 1, 2, \cdots, 6$$

$s = 12$, $N_s = 1000$의 경우, 요구되는 권수는

$$N_1 = \frac{1000}{2}\int_0^{\pi/6} \sin\theta \, d\theta = 67 = N_6$$

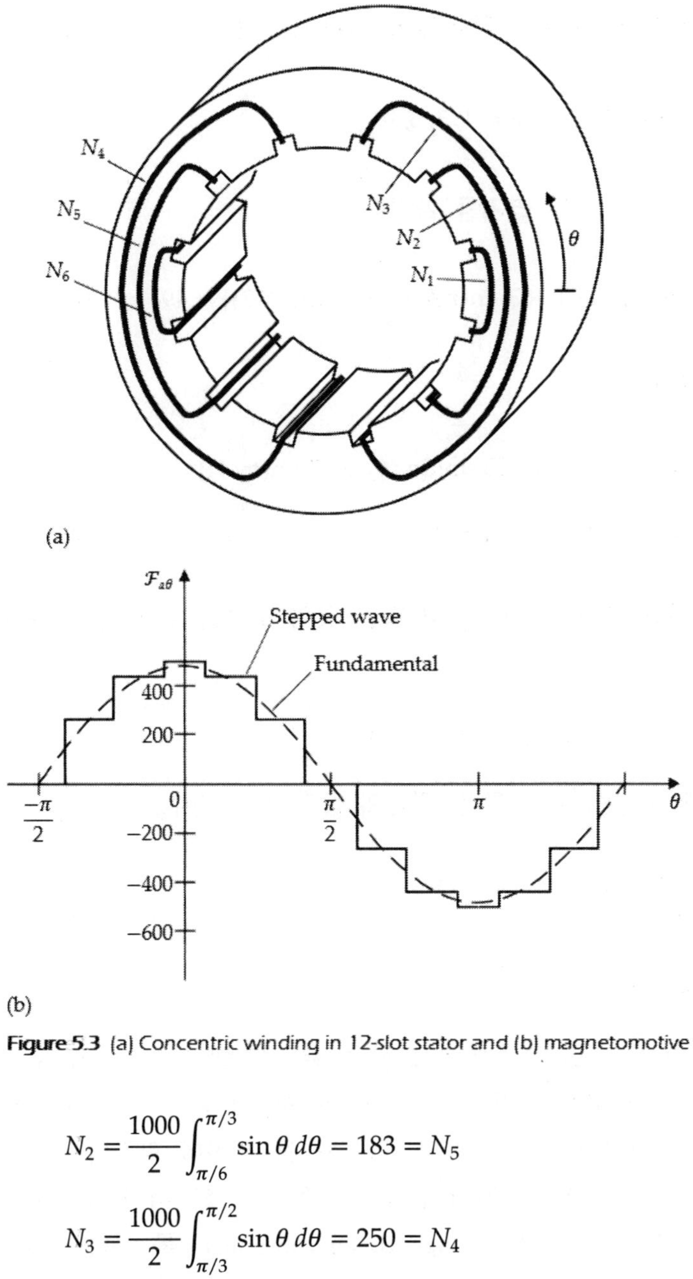

Figure 5.3 (a) Concentric winding in 12-slot stator and (b) magnetomotive force for Example 5.1.

$$N_2 = \frac{1000}{2}\int_{\pi/6}^{\pi/3} \sin\theta \, d\theta = 183 = N_5$$

$$N_3 = \frac{1000}{2}\int_{\pi/3}^{\pi/2} \sin\theta \, d\theta = 250 = N_4$$

$i_a = 1\,[\mathrm{A}]$의 전류로, N_3과 N_4에 기인한 각 공극에서의 기자력은 크기 250 [A]와 폭 $5\pi/6$ [rad]의 위가 평평한 파(flat-topped wave)로 이루어진다. 그림 5.3 (b)에서 보여진 바와 같이, 코일 N_2와 N_5는 $\pi/2$ [rad]에 걸쳐 크기 183 [A]의 파를 생성하며, 코일 N_1과 N_6은 $\pi/6$ [rad]에 걸쳐 67 [A]의 파를 생성한다.

4분의 1 파 대칭성(quarter-wave symmetry) 때문에, 기자력 $\mathcal{F}_{a\theta}$의 푸리에 급수(Fourier series)에서 단지 기수(홀수) 여현 항(odd cosine term) 만 나타날 수 있다:

$$\mathcal{F}_{a\theta} = \frac{4}{\pi}\int_0^{\pi/2} \mathcal{F}\cos(h\theta)\,d\theta \quad h = 1, 3, 5, \cdots$$

기본파 성분($h = 1$)은 다음의 첨두 크기를 가진다:

$$\mathcal{F}_{1a} = \frac{4}{\pi}[250\sin(5\pi/12) + 183\sin(\pi/4) + 67\sin(\pi/12)] = 494 \qquad [\mathrm{A}]$$

3차 고조파($h = 3$)의 크기는

$$\begin{aligned}\mathcal{F}_{3a} &= \frac{4}{3\pi}[250\sin(15\pi/12) + 183\sin(3\pi/4) + 67\sin(\pi/4)] \\ &= \frac{4}{3\pi}[-176.8 + 129.4 + 47.4] = 0\end{aligned}$$

비슷하게 5차, 7차, 그리고 9차 고조파가 0이 되는 것이 보여질 수 있다. 11차와 13차 고조파는

$$\mathcal{F}_{11a} = 45 \qquad [\mathrm{A}]; \qquad \mathcal{F}_{11a} = 38 \qquad [\mathrm{A}]$$

즉, 기본파 성분의 값의 10 [%] 보다 작다. 권선의 등가 정현 권수는

$$N_{se} = 1000 \times \frac{494}{500} = 988$$

5.2 ROTATING MAGNETIC FIELD

이 절은 회전 자계를 해석적으로 설명한다. 그림 5.4는 각각이 등가 N_{se} [turn]인 3개의 정현적으로 분포된 상 권선을 가진 고정자의 단면을 보인다. 간단을 위하여, 각 권선에 대하여 중심 권선 만이 보여졌다. 이 권선을 통하여 각각이 각주파수 ω_s로 시간에 따라 정현적으로 변하는 자화 전류의 평형 3상 조합이 지나간다고 가정한다. 하첨자 M은 전류의 자화 성분(magnetizing component)를 나타내는데 사용될 것이다:

$$\begin{aligned}i_a &= \hat{i}_M\cos(\omega_s t + \alpha_M) \\ i_b &= \hat{i}_M\cos(\omega_s t + \alpha_M - 2\pi/3) \qquad [\mathrm{A}] \\ i_c &= \hat{i}_M\cos(\omega_s t + \alpha_M - 4\pi/3)\end{aligned} \tag{5.6}$$

이 권선 전류의 각각이 하나의 기자력을 생성할 것이다. 각도 θ에서 총 기자력은,

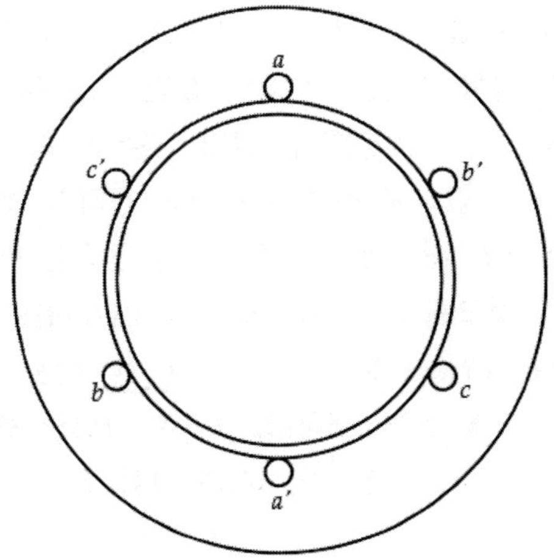

Figure 5.4 Three-phase stator winding showing only the center conductors of each phase.

식 (5.3)으로부터,

$$\begin{aligned}\mathcal{F}_{M\theta} &= \mathcal{F}_{a\theta} + \mathcal{F}_{b\theta} + \mathcal{F}_{c\theta} \\ &= \frac{N_{se}}{2}\hat{i}_M\left[\cos(\omega_s t + \alpha_M)\cos\theta + \cos\left(\omega_s t + \alpha_M - \frac{2\pi}{3}\right)\cos\left(\theta - \frac{2\pi}{3}\right)\right. \\ &\qquad \left. + \cos\left(\omega_s t + \alpha_M - \frac{4\pi}{3}\right)\cos\left(\theta - \frac{4\pi}{3}\right)\right] \quad [\mathrm{A}]\end{aligned} \tag{5.7}$$

이다. 식 (5.7)의 항을 풀면

$$\begin{aligned}\mathcal{F}_{M\theta} = \frac{N_{se}\hat{i}_M}{4}&[3\cos(\omega_s t + \alpha_M - \theta) - \cos(\omega_s t + \alpha_M + \theta) \\ &- \cos\left(\omega_s t + \alpha_M + \theta - \frac{4\pi}{3}\right) \\ &- \cos\left(\omega_s t + \alpha_M + \theta - \frac{2\pi}{3}\right)\Big] \quad [\mathrm{A}]\end{aligned} \tag{5.8}$$

을 산출한다. 이 식의 마지막 3개의 항은 0의 합을 가진다. 따라서,

$$\mathcal{F}_{M\theta} = \frac{3N_{se}\hat{i}_M}{4}\cos(\omega_s t + \alpha_M - \theta) \qquad [\mathrm{A}] \tag{5.9}$$

이다.

이 $\mathcal{F}_{M\theta}$에 대한 표현식은 공간에서 정현적으로 분포하며 시간에 따라 회전하는 기자력을 나타낸다. 그 첨두 크기는 첨두 권선 전류 $\hat{i}_M$에 종속된다. 이 자계의 정(양) 첨두치는 각 위치(angular position)

$$\theta = \omega_s t + \alpha_M \tag{5.10}$$

에서 나타날 것이다. 그림 5.4에서와 같이 배열된 권선 a, b, 그리고 c로, 자계의 회전 방향은 반시계 방향이다. 자계의 시계 방향 회전은 그 최대 값이 a-b-c 대신 a-c-b의 순서로 일어나는 권선 전류를 가짐으로써 얻어질 수 있다. 경우에 따라서는, 이 순서를 3상 전원의 각속도 ω_s의 부(음)의 값으로 간주하는 것이 편리할 것이다.

다른 유용한 개념은 회전 자계를 고정자의 내표면에서 회전하는 전류판(판전류, revolving current sheet)에 의해 생성되는 것으로 고려하는 것이다. [A/rad]으로 어떤 상(phase)에 대한 각 전류밀도(angular current density)는 식 (5.1) 또는 (5.5)에서 주어진 바와 같이 상 전류에 도체 밀도를 곱한 것이다. [m]로 나타낸 원호의 길이는 반경 r 곱하기 [rad]으로 나타낸 각도이기 때문에, 3개의 자화 전류에 기인한 선(형) 전류밀도는

$$
\begin{aligned}
K_{M\theta} &= \frac{1}{r}(n_a i_a + n_b i_b + n_c i_c) \\
&= \frac{N_{se}\hat{i}_M}{2r}\left[\sin\theta\cos(\omega_s t + \alpha_M)\right. \\
&\qquad + \sin\left(\theta - \frac{2\pi}{3}\right)\cos\left(\omega_s t + \alpha_M - \frac{2\pi}{3}\right) \\
&\qquad \left. + \sin\left(\theta - \frac{4\pi}{3}\right)\cos\left(\omega_s t + \alpha_M - \frac{4\pi}{3}\right)\right] \\
&= \frac{3N_{se}}{4r}\hat{i}_M\cos\left(\omega_s t + \alpha_M + \frac{\pi}{2} - \theta\right) \qquad [\text{A/m}]
\end{aligned}
\tag{5.11}
$$

과 같이 표현될 수 있다.

그림 5.5는 시간 $t = 0$에서 이 정현 분포 전류판의 표현이다. 자화 전류가 위상 각

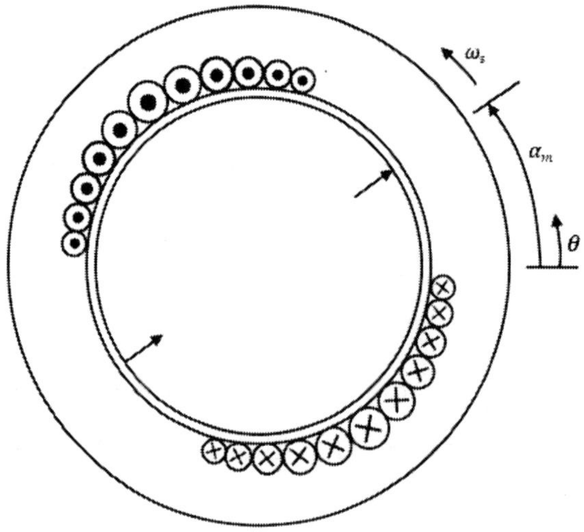

Figure 5.5 Revolving current sheet.

α_M만큼 앞서면 전류판의 각 위치가 같은 각도만큼 앞선다.

정상 상태 전류와 전압으로 다룰 때, 페이서 표현(phasor representation)을 사용하는 것이 편리하다. 이것은 3상 평형 계통(three-phase balanced system)에서 특히 더 그렇다. 식 (5.6)에서의 전류의 경우와 같이, 모든 3상 량(three-phase quantity)의 순시치에 대한 표현식을 적는 대신, 정상 상태 조건에 대한 필수 정보는 한 개의 복소수(complex number) 또는 페이서(phasor)로 확보된다. 상 a가 대표 상(representative phase)으로 취해진다. 페이서의 크기는 각 사인 파(sine wave)의 실효치(rms value), 즉, 첨두치(peak value)를 $\sqrt{2}$로 나눈 값이다. 정상 상태 상황에서는 모든 사인 파가 같은 주파수를 갖기 때문에, 각 변수에 대해 ωt 항을 반복하는 것이 필요하지 않다. 페이서의 각도는 $t = 0$에서 상 a에 대한 코사인(cosine) 항의 각도, 즉, 식 (5.6)에서 α_M이다. 다른 두 상에 대한 각도는, 각각, 120과 240 [deg] 뒤진다는 것이 알려져 있다. 식 (5.6)의 상 a 자화 전류는 따라서 페이서

$$\vec{I}_M = \frac{\hat{i}_M}{\sqrt{2}}\epsilon^{j\alpha_M} = I_M\angle\alpha_M \qquad [\mathrm{A}] \tag{5.12}$$

로써 나타내어질 수 있다. 이 페이서가 그림 5.6에서 보여져 있다. 상 a의 축이 $\theta = 0$에 위치하는 것으로 선택하였다. 상 a에서의 전류의 순시치는 그러면 a 축에 대한 이 페이서의 사영(projection)의 $\sqrt{2}$배로 주어진다. 다른 두 상에서의 전류의 순시치는 b와 c 축에 대한 $\sqrt{2}\vec{I}_M$의 사영에 의해 찾아질 수 있다.

자화 전류는, 식 (5.9)와 (5.11)에서 주어진 바와 같이, 고정자 주위 둘레에 정현적으로 분포하는 기자력과 선(형) 전류밀도를 생성한다. 이들 각각 역시 복소수로 나타내어질 수 있다. 이 변수 각각이 각도 공간에서 정현적으로 분포하는 양(quan-

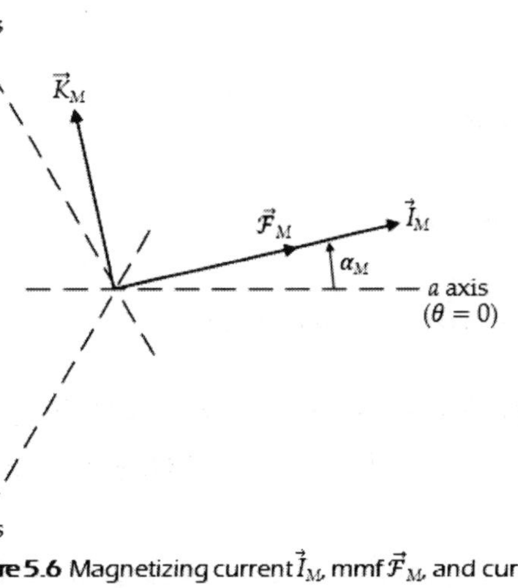

Figure 5.6 Magnetizing current $\vec{I}_M$, mmf $\vec{\mathcal{F}}_M$, and current density $\vec{K}_M$.

tity)을 나타내기 때문에, 그것의 복소수 표기는 **공간 벡터**(*space vector*)로 알려져 있다. 정상 상태 연구의 경우에는, 변수의 첨두치를 $\sqrt{2}$로 나눈 것과 같은 크기와 시간 $t=0$에서 변수의 최대 값의 각 위치와 같은 각도를 갖는 것으로써 변수의 공간 벡터를 정의할 것이다. 따라서, 식 (5.9)의 기자력의 공간 벡터는

$$\vec{\mathcal{F}}_M = \frac{\hat{\mathcal{F}}_M}{\sqrt{2}} \epsilon^{j\alpha_M} \qquad [\text{A}] \tag{5.13}$$

과 같이 적어질 수 있다. 그림 5.6에서 보여진 바와 같이, 이 공간 벡터는 $\vec{I}_M$ 페이서인 선(line)에 있는 $\theta = \alpha_M$을 따르는 방향이 된다.

식 (5.11)의 선(형) 전류밀도는 공간 벡터로써 비슷하게 표현될 수 있다:

$$\vec{K}_M = \frac{\hat{K}_M}{\sqrt{2}} \epsilon^{j(\alpha_M + \pi/2)} \qquad [\text{A/m}] \tag{5.14}$$

이 공간 벡터는 그림 5.5에서 보여진 분포의 모든 필요한 정상 상태 정보, 즉, $(\alpha_M + \pi/2)$에서 최대 전류밀도 $\hat{K}_M$과 알고있는 여현 분포(cosinusoidal distribution)를 전해준다. 또한 각주파수 ω_s가 페이서 표기에 대해 이해하고 있는 것처럼 회전이 각속도(angular velocity) ω_s임을 알려준다.

이 표기를 사용하여, 장 량(field quantity)의 공간 벡터는 대응하는 시간 변수의 페이서로 바로 연결될 수 있다. 식 (5.9)와 (5.13)으로부터, 기자력 공간 벡터는

$$\vec{\mathcal{F}}_M = \frac{3N_{se}}{4} \vec{I}_M \qquad [\text{A}] \tag{5.15}$$

에 의해 자화 전류 페이서와 관련될 수 있다. 비슷하게, 선(형) 전류밀도는, 그림 5.6에서 보여진 바와 같이,

$$\vec{K}_M = j\frac{3N_{se}}{4r} \vec{I}_M \qquad [\text{A/m}] \tag{5.16}$$

에 의해 자화 전류와 관련될 수 있다.

5.3 FLUX LINKAGE AND MAGNETIZING INDUCTANCE

유도기 해석에 있어서의 다음 단계는 회전 자계가 고정자 권선 내에 생성하는 쇄교 자속을 결정하는 것이다. 이 쇄교 자속의 시간 변화율은 그러면 권선 내에서의 유도 전압을 줄 것이다.

자화 전류의 평형 조합이, 식 (5.9)에서 주어진 바와 같이, 공극 내에 정현 분포

기자력 $\mathcal{F}_{M\theta}$, 또는 식 (5.13)에서의 공간 벡터형 $\vec{\mathcal{F}}_M$을 세웠다고 가정한다. 고정자와 회전자에서의 철(iron)이 이상적인 것으로 고려된다면, 유효 길이 g_e의 공극 내에서의 자속밀도는

$$\vec{B}_g = \mu_0 \frac{\vec{\mathcal{F}}_M}{g_e} = \frac{3N_{se}\mu_0}{4g_e}\vec{I}_M \qquad [\mathrm{T}] \tag{5.17}$$

이다.

대표 상 a를 고려한다. 이 상 권선 내에서의 최대 쇄교 자속을 찾기 위하여, 상 a에서의 최대 전류의 순시(순간, instant), 즉, $\omega_s t = -\alpha_M$에서 $i_a = \hat{i}_M$을 고려하자. 이 순시에서, 자계는 상 a의 축을 따르는 방향으로 되며, 식 (5.9)와 (5.17)로부터,

$$B_{g\theta} = \frac{3N_{se}\mu_0}{4g_e}\hat{i}_M \cos\theta = \widehat{B}_g \cos\theta \qquad [\mathrm{T}] \tag{5.18}$$

로 주어진다. 자속밀도와 권선 [turn](식 (5.1))은 둘 다 각도 공간 내에 분포됨에 유의하라. 먼저 θ와 $\theta+\pi$에 위치된 권선 a의 단일 [turn]을 고려한다. 반경 r과 축 방향 길이 ℓ의 고정자의 경우, 이 [turn]의 쇄교 자속은

$$\lambda_{turn} = \int_{\theta}^{\theta+\pi} B_{g\theta}\ell r\, d\theta = 2\widehat{B}_g \ell r \sin\theta \qquad [\mathrm{Wb}] \tag{5.19}$$

이다. 권선 a의 총 첨두 쇄교 자속을 찾기 위하여, [turn]당 이 쇄교 자속이 식 (5.1)의 [turn] 분포에 걸쳐 적분될 수 있다:

$$\begin{aligned}\hat{\lambda} &= \int_{-\pi/2}^{\pi/2} n_a \lambda_{turn}\, d\theta \\ &= \int_{-\pi/2}^{\pi/2} \frac{N_{se}}{2}\sin\theta\left(2\widehat{B}_g \ell r \sin\theta\right) d\theta \\ &= \frac{\pi}{2} N_{se}\widehat{B}_g \ell r \qquad [\mathrm{Wb}]\end{aligned} \tag{5.20}$$

일반적으로, 쇄교 자속 $\vec{\Lambda}_s$는 이제 그 실효치를 사용하여 페이서로 표현될 수 있다. 식 (5.15), (5.17), 그리고 (5.20)으로부터,

$$\begin{aligned}\vec{\Lambda}_s &= \frac{\pi}{2} N_{se}\ell r \vec{B}_g \\ &= \frac{3\pi}{8} N_{se}{}^2 \frac{\mu_0 \ell r}{g_e}\vec{I}_M \qquad [\mathrm{Wb}]\end{aligned} \tag{5.21}$$

이다. 쇄교 자속은 자화 전류에 비례하며 그것과 동 위상(in phase)으로 되는 것으로 보인다. 그러므로, 비례(proportionality)는 자화 인덕턴스(magnetizing inductance) L_M으로써 표현될 수 있다. 여기서

$$L_M = \frac{3\pi}{8} N_{se}{}^2 \frac{\mu_0 \ell r}{g_e} \qquad [\mathrm{H}] \tag{5.22}$$

이다.

[turn] 분포 때문에 기계 주위의 기자력 분포는 항상 정현적인 한편, 자속밀도 분포는, 주로 치(teeth)에 기인하여, 어느 정도 위가 평평하게(flat topped) 될 수 있다.

정현 분포 권선 사용의 흥미로운 특징 중 한 가지는, 자기 포화가 발생했을 지라도, 상 권선 내에서의 정현 변화 자화 전류가 여전히 권선에 정현 변화 쇄교 자속을 생성할 것이라는 점이다. 이것이 인정될 수 있는 이유는 위가 평평한 자속밀도 공간 파형이 푸리에 급수로 나타내어질 수 있기 때문이다. 이 공간 파형의 기본파 성분 만이 정현 분포 권선의 각각과 결합될 수 있다. 자속밀도 공간 파형의 기수 고조파(odd harmonics), 3차, 5차, 기타 등, 어떤 것도 정현 분포 고정자 권선과 순(net) 쇄교 자속을 생성하지 않을 것이다.

포화 영역에서는, 쇄교 자속-자화 전류 관계가 그림 5.7에서 보여진 형태이다. 이 곡선의 선형 부분의 기울기는 식 (5.22)에서 주어진 것과 같다.

상 a 권선에서의 유도 전압은 페이서

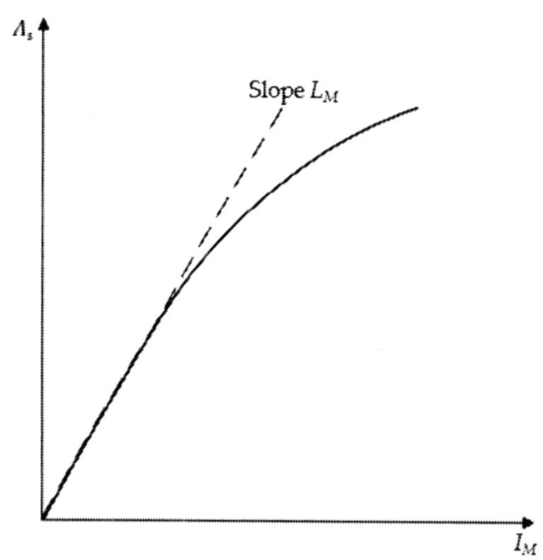

Figure 5.7 Stator flux linkage Λ_s as a function of magnetizing current I_M.

$$\vec{E}_s = j\omega_s \vec{\Lambda}_s = j\omega_s L_M \vec{I}_M \qquad [\mathrm{V}] \tag{5.23}$$

과 같이 주어진다. 이 유도 전압은 고정자 권선의 단자 전압 $\vec{V}_s$와 권선 저항 R_s를 가로지르는 전압 강하만큼 다르다. 고정자는 이제 그림 5.8의 단상 등가회로 모델(single-phase equivalent circuit model)로 나타내어질 수 있다.

정격 전압에서 운전되는 유도기에 대한 자화 전류의 전형적인 값은 기계의 정격 전류를 기저로 하여 0.15에서 0.6 [pu]의 범위에 있다. 거꾸로, 자화 인덕턴스와 자화 리액턴스의 값은 대략 1.5와 7 [pu] 사이의 범위, 즉, [pu]로 나타낸 자화 전류의 역(inverse)이다.

EXAMPLE 5.2 3상, 2극 유도전동기가 80 [mm]의 회전자 길이, 60 [mm]의 공극 반경, 그리고 0.5 [mm]의 유효 공극 길이를 가진다. 상당(per phase) 유효 정현 분포 권수는 78.6 [turn]이다. 전동기는 230 [V]의 선간 전압(line-to-line voltage)인 3상, 60 [Hz] 전원에 연결되었다. 전원 전압을 상전압(line to neutral, L-N) 보다는 3상 계통에 대한 선간 전압(line to line, L-L)으로 나타내는 것이 보통임에 유의하라.

(a) 공극 자속밀도의 최대 값을 결정하라.
(b) 자화 인덕턴스를 결정하라.
(c) 자화 전류의 실효치를 결정하라.

Solution

(a) 고정자 권선의 저항을 무시하자. 보통은, 전압-쇄교 자속 관계에서 그것의 효과는 무시할 수 있다. 전동기에 인가되는 실효치 상전압은

$$V_s = \frac{230}{\sqrt{3}} = 132.8 \qquad [\mathrm{V}]$$

전원의 각주파수는

$$\omega_s = 2\pi \times 60 = 377 \qquad [\mathrm{rad/s}]$$

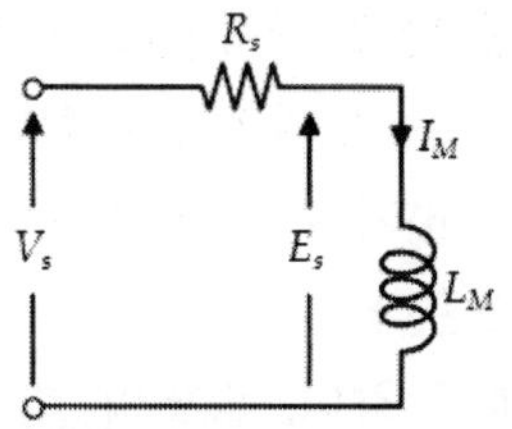

Figure 5.8 Equivalent circuit of induction machine without rotor winding.

식 (5.23)으로부터, 각 상 권선의 쇄교 자속은 다음의 실효치를 가진다:

$$\Lambda_s = \frac{V_s}{\omega_s} = \frac{132.8}{377} = 0.352 \qquad [\text{Wb}]$$

식 (5.20)으로부터, 공극 자속밀도의 첨두 값은

$$\widehat{B}_g = \frac{2\sqrt{2}\Lambda_s}{\pi N_{se}\ell r} = \frac{2\sqrt{2} \times 0.352}{\pi \times 78.6 \times 0.08 \times 0.06} = 0.84 \qquad [\text{T}]$$

이것은 전형적인 값이다. 고정자 치(stator teeth)에서의 강 박판(steel lamination)은 1.6에서 1.8 [T] 범위의 최대 자속밀도를 가질 수 있다. 치 폭(tooth width)이 슬롯 폭과 근사적으로 같다면, 공극에서의 평균 자속밀도는 0.8에서 0.9 [T]의 범위일 것이다.

(b) 식 (5.22)로부터, 자화 인덕턴스는

$$L_M = \frac{3\pi}{8} N_{se}{}^2 \frac{\mu_0 \ell r}{g_e}$$
$$= \frac{3\pi}{8} \times 78.6^2 \frac{4\pi \times 10^{-7} \times 0.08 \times 0.06}{0.0005} = 87.8 \qquad [\text{mH}]$$

(c) 자화 전류는

$$I_M = \frac{V_s}{\omega_s L_M} = \frac{132.8}{377 \times 0.0878} = 4.01 \qquad [\text{A}]$$

5.4 TORQUE PRODUCTION WITH SQUIRREL CAGE ROTOR

유도전동기에 대한 회전자의 가장 일반적인 형태는 **농형 회전자**(*squirrel cage rotor*)로 알려져 있다. 회전자 철심은 강 박판 적층(stack of sheet-steel lamination)으로 만들어진다. 알루미늄, 구리, 또는 청동(구리 합금, bronze) 도체가 회전자 철심의 바깥 둘레의 슬롯 내에 위치되며, 그림 5.9에서 보여진 바와 같이, 회전자의 각 단부(end)에서 원형 단락환(circular end ring)에 의해 함께 단락된다. 도체는 회전자 철심으로부터 절연될 필요가 없다. 많은 회전자에서는, 도체와 단락환이 주조 알루미늄(cast aluminum)으로 되어 있으며, 돌기(projection)가 기계에 대한 환기 팬(ventilation fan)을 제공하기 위하여 단락환 속으로 주조된다.

대부분의 회전자에서는, 그림 5.9에서 보여진 바와 같이, 슬롯이 축에 평행하지 않고 어떤 각도로 기울어져 있다(skewed). 이것은 그렇지 않으면 회전자가 회전함

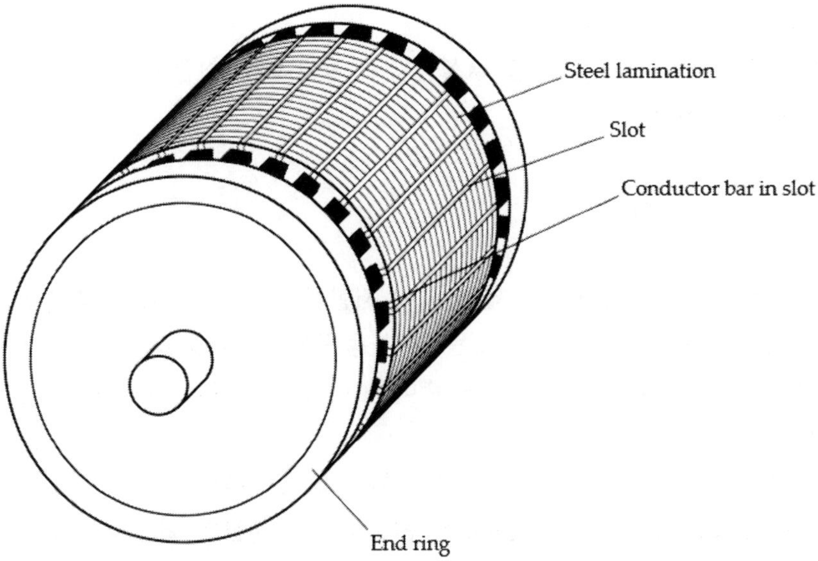

Figure 5.9 Squirrel cage rotor.

에 따라 회전자 치와 고정자 치 사이의 변화하는 강자성 인력(ferromagnetic attractive force)에 기인하여 생길 수 있는 코깅 토크(cogging torque)를 피하기 위하여 만들어졌다.

공극을 가로지르는 반경 방향인 자속밀도

$$B_{g\theta} = \widehat{B}_g \cos(\omega_s t + \alpha_M - \theta) \qquad [\mathrm{T}] \tag{5.24}$$

를 가진 회전 자계를 일으켰다고 가정한다. 이것은 공간 벡터

$$\vec{B}_g = \frac{\widehat{B}_g}{\sqrt{2}} \epsilon^{j\alpha_M} \qquad [\mathrm{T}] \tag{5.25}$$

로 나타내어질 수 있다. 이 자계는 각속도 ω_s로 반시계 방향으로 회전한다. 회전자가 같은 방향으로 측정된 각속도 ω_o로 회전한다고 가정한다. 회전자 도체에 대한 자계의 선형 속도(linear velocity) v는 그러면

$$v = r(\omega_s - \omega_o) \qquad [\mathrm{m/s}] \tag{5.26}$$

이다. 이 속도는 자속밀도에 수직이기 때문에, 회전자 도체 내에서의 전계의 세기는 공간 벡터

$$\vec{\mathcal{E}} = \vec{v} \cdot \vec{B}_g \qquad [\mathrm{V/m}] \tag{5.27}$$

에 의해 나타내어질 수 있다.

단락환이 이상적인 단락 회로를 생성한다고 가정하면, 회전자 도체 내에서 확립될 전류밀도는 그러면

$$\vec{J} = \frac{\vec{\mathcal{E}}}{\rho} \qquad [\mathrm{A/m^2}] \tag{5.28}$$

일 것이다. 여기서 ρ는 회전자 도체 물질의 저항률이다. 모든 공간 벡터 $\vec{J}$, $\vec{\mathcal{E}}$, 그리고 $\vec{B}_g$는 동일 직선(공선, colinear) 또는 공간 동위상(in space phase)임에 유의하라. 그들은 모두 식 (5.24)에서 $B_{g\theta}$에 대해 주어진 것과 같이 정현 형태의 공간 분포를 나타낸다.

회전자 봉(rotor bar)의 형상이 어떻든, 총(total) 단면적을 가질 것이다. 전류의 각도 분포(angular current distribution)는 본질적으로 곡선인 회전자 주위의 균일한 깊이 d_e이며 같은 단면적을 가지는 전류판 내에서 발생할 것과 같을 것이다. 그러므로, 회전자는 공간 벡터

$$\vec{K}_r = d_e\vec{J} = \frac{d_e r}{\rho}(\omega_s - \omega_o)\vec{B}_g \qquad [\mathrm{A/m}] \tag{5.29}$$

에 의해 묘사되는 선(형) 전류밀도를 가진 정현 분포 전류판으로 간주될 수 있다. 이 전류밀도는, 그림 5.10 (a)에서 보여진 바와 같이, 회전 자속밀도와 공간 동위상이다. 그 크기는, 식 (5.29)로부터, 자계의 각속도와 회전자 각속도 사이의 차이에 종속되는 것으로 보여진다.

식 (3.22)로부터, 자속밀도와 전류밀도의 상호작용에 기인하여 회전자 주위의 어떤 점에서 단위 면적당 발휘되는 힘은

$$\frac{F}{A} = BK \qquad [\mathrm{N/m^2}] \tag{5.30}$$

으로 주어진다. 자속밀도와 전류밀도는 서로 수직 방향이며 따라서 접선력(tangential force)을 생성한다. 기계 주위의 적(곱, product) $B_{g\theta}K_{r\theta}$의 평균치는 그림 5.10 (b)로부터 공간 벡터 B_g와 K_r의 실효치의 적(곱)과 같게 되는 것으로 보여질 수 있다. 따라서,

$$\left(\frac{F}{A}\right)_{avg} = B_g K_r \qquad [\mathrm{N/m^2}] \tag{5.31}$$

이다. 회전자에서 발휘되는 토크는 이제 반경 팔(radius arm) r에서 면적 $2\pi r\ell$에 걸

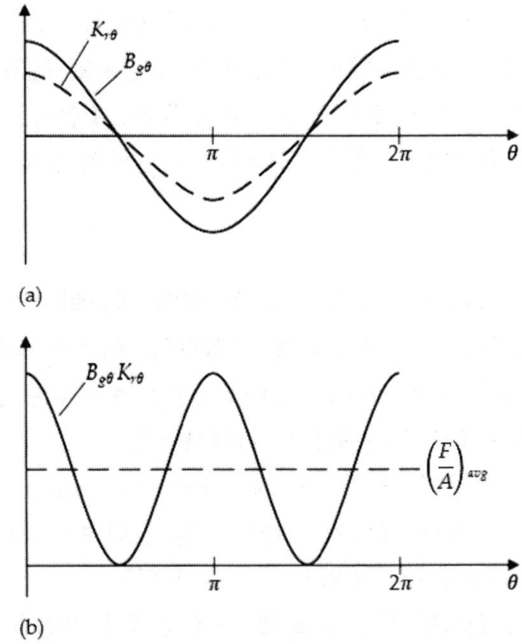

Figure 5.10 (a) Air-gap flux density and rotor linear current density distribution and (b) tangential force distribution.

쳐 작용하는 식 (5.31)의 평균 힘 밀도로부터 찾아질 수 있다:

$$T = \frac{2\pi r^3 \ell d_e}{\rho} B_g^{\,2}(\omega_s - \omega_o) \qquad [\text{N·m}] \tag{5.32}$$

더 편리한 표현식은 전원 전압과 관련된 토크일 것이다. 고정자 단자가 상 전압(phase voltage) V_s와 각주파수 ω_s의 3상 전원에 연결되었을 때, 권선 내에 변화하는 쇄교 자속을 확립하도록 교번(교류) 자화 전류가 흐른다. 권선 저항을 가로지르는 전압을 무시하면, 실효치 쇄교 자속은

$$\Lambda_s = \frac{E_s}{\omega_s} \approx \frac{V_s}{\omega_s} \qquad [\text{Wb}] \tag{5.33}$$

이어야 한다. 식 (5.21)로부터, 쇄교 자속은 공극 자속밀도와 관련될 수 있다. 따라서, 식 (5.32)에 대입하면, 토크는 고정자 쇄교 자속과

$$\begin{aligned} T &= \frac{2\pi r^3 \ell d_e}{\rho}\left(\frac{2\Lambda_s}{\pi N_{se}\ell r}\right)^2 (\omega_s - \omega_o) \\ &= \frac{8}{\pi}\frac{r d_e}{N_{se}^{\,2}\rho\ell}\Lambda_s^{\,2}(\omega_s - \omega_o) \qquad [\text{N·m}] \end{aligned} \tag{5.34}$$

에 의해 관련될 수 있다. 일정한 단자 전압과 주파수에서 운전될 때, 토크-속도 관계는 그림 5.11에서 보여진 간단한 형태를 가진다. 회전자가 회전자와 동기로 회전할 때에는, 토크가 생성되지 않는다. 기계 부하가 인가됨에 따라, 회전자는 느려지고, 회전자 도체에 전류를 유도한다. 어떤 회전자 도체에서의 전류의 주파수는

$$\omega_r = \omega_s - \omega_o \qquad [\text{rad/s}] \tag{5.35}$$

이다. 회전자 위의 관측자(observer)에게 보여지는 바와 같이, 이 회전자 전류는 각속도 ω_r로 반시계 방향으로 회전하는 기자력 파를 생성한다. 회전자 속도 ω_o가 더해질 때, 고정자 위의 정지 관측자(stationary observer)에게 보여지는 순 효과(net effect)는 고정자 자계와 동기로 회전하는 회전자 기자력이다.

유도기가 3상 전원에 연결되고 자계의 동기 속도(synchronous speed) 보다 더 빠른 속도, 즉, $\omega_o > \omega_s$로 구동될 때에는, 토크가 부(음)이 될 것이며, 기계는 발전기로서, 즉 그림 5.11의 2상한(second quadrant)에서 동작할 것이다.

회전자 주파수 ω_r은 보통, 단지 단락된 회전자 도체 내에 전류를 생성할 정도로만 충분히 큰, 작은 값이다. 소형기의 경우에는, 그것이 3 [Hz] 정도로 높을 수 있다; 대형기의 경우에는, 0.3 [Hz] 보다 낮을 수 있다. 따라서, 고정된 주파수에서의 정상 운전에서는, 유도기는 거의 일정 속도 구동이다.

비(ratio) ω_r/ω_s는 종종 **슬립**(*slip*) s로 일컬어진다. 전원 주파수 ω_s가 기저 량(base quantity)으로 사용된다면, 슬립은 단위법으로 나타낸([pu]) 회전자 주파수이다. 일정 주파수 운전과 마찬가지로 가변 주파수 운전에도 관심을 갖기 때문에, 아래의 해석에서는 회전자 주파수의 동일성(identity of rotor frequency)을 계속 사용할 것이다.

EXAMPLE 5.3 예제 5.2의 유도전동기가 주조 알루미늄 농형 회전자를 가진다. 알루

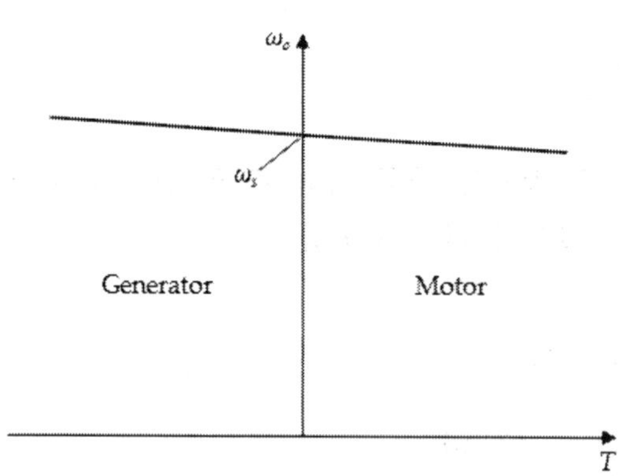

Figure 5.11 Speed-torque relation of induction machine near synchronous speed.

미늄 봉의 단면적은 1250 [mm^2]이다. 운전 온도에서 알루미늄의 저항률은 3.85×10^{-8} [Ω·m]이다. 전동기가 28.5 [N·m]의 토크를 생성할 때, 회전자 주파수, 기계의 속도, 그리고 기계 동력을 결정하라.

Solution

예제 5.2로부터, $r = 0.06$ [m], $\ell = 0.08$ [m], $\hat{B}_g = 0.84$ [T], 그리고 $\omega_s = 377$ [rad/s]이다. 실효치 자속밀도는

$$B_g = \frac{0.84}{\sqrt{2}} = 0.594 \qquad [\mathrm{T}]$$

회전자 봉과 같은 면적을 가지는 도체판의 등가 깊이는

$$d_e = \frac{A}{2\pi r} = \frac{0.000125}{2\pi \times 0.06} = 3.32 \qquad [\mathrm{mm}]$$

식 (5.32)와 (5.35)로부터, 요구되는 토크에 대한 회전자 주파수는

$$\omega_r = \frac{\rho T}{2\pi r^3 \ell d_e {B_g}^2} = \frac{3.85\times10^{-8}\times 28.5}{2\pi\times0.06^3\times0.08\times0.00332\times0.594^2} = 8.63 \qquad [\mathrm{rad/s}]$$

즉, 회전자 주파수는 $8.63/2\pi = 1.37$ [Hz]이다. 회전자의 속도는

$$\omega_o = \omega_s - \omega_r = 377 - 8.63 = 368.4\ [\mathrm{rad/s}] = 3518 \qquad [\mathrm{rpm}]$$

전동기에 의해 발생되는 기계 동력은

$$P_o = T\omega_o = 28.5\times368.4 = 10.5 \qquad [\mathrm{kW}]$$

5.5 EQUIVALENT CIRCUIT NEAR SYNCHRONOUS SPEED

주파수 ω_s에서 상 전압 V_s의 전원이 고정자에 인가된다고 가정한다. 이 전압이 고정되어 있기 때문에, 보통 그것을 페이서에 대한 기준(reference)으로 사용하는 것이 편리하다. 따라서,

$$\vec{V}_s = V_s\epsilon^{j0} \qquad [\mathrm{V}] \tag{5.36}$$

이다. 지금은 고정자 저항을 무시하면, 이것은 또한 유도 전압 $\vec{E}_s$일 것이다. 식 (5.23)으로부터, 자화 전류 페이서는

$$\vec{I}_M = \frac{\vec{V}_s}{j\omega_s L_M} \qquad [A] \tag{5.37}$$

일 것이다. 즉, 그림 5.12 (a)의 페이서도(phasor diagram)에서 보여진 바와 같이, $\vec{V}_s$ 보다 $\pi/2$ [rad] 뒤진다. 이 자화 전류는, 그림 5.12 (b)의 분포형(distributed form)과 그림 5.12 (c)의 공간 벡터도(space vector diagram)에서 보여진 바와 같이, 식 (5.16)의 정현 분포 전류판 $\vec{K}_M$을 생성한다.

자속밀도 $\vec{B}_g$는, 그림 5.12 (c)에서 보여진 바와 같이, 식 (5.17)로부터, $\vec{I}_M$과 동일 직선(colinear) 공간 벡터이다. 회전자 도체를 지나가는 이 자속밀도 장(flux density field)의 운동은, 그림 5.12 (d)의 분포형과 그림 5.12 (e)의 공간 벡터도에서 보여진 바와 같이, $\vec{B}_g$와 동일 직선인, 회전자 전류판 $\vec{K}_r$(식 (5.29))을 생성한다.

자속밀도 $\vec{B}_g$가 보존된다면, 이제, 그림 5.12 (d)와 (e)에서 보여진 바와 같이, 회전자 전류판 $\vec{K}_r$과 같은 크기이며 반대 방향인 전류판 $\vec{K}_R$을 생성할, $\vec{I}_R$로 나타낸, 고정자 전류의 부가 성분(additional component)이 있어야 한다. 예상될 수 있는 바

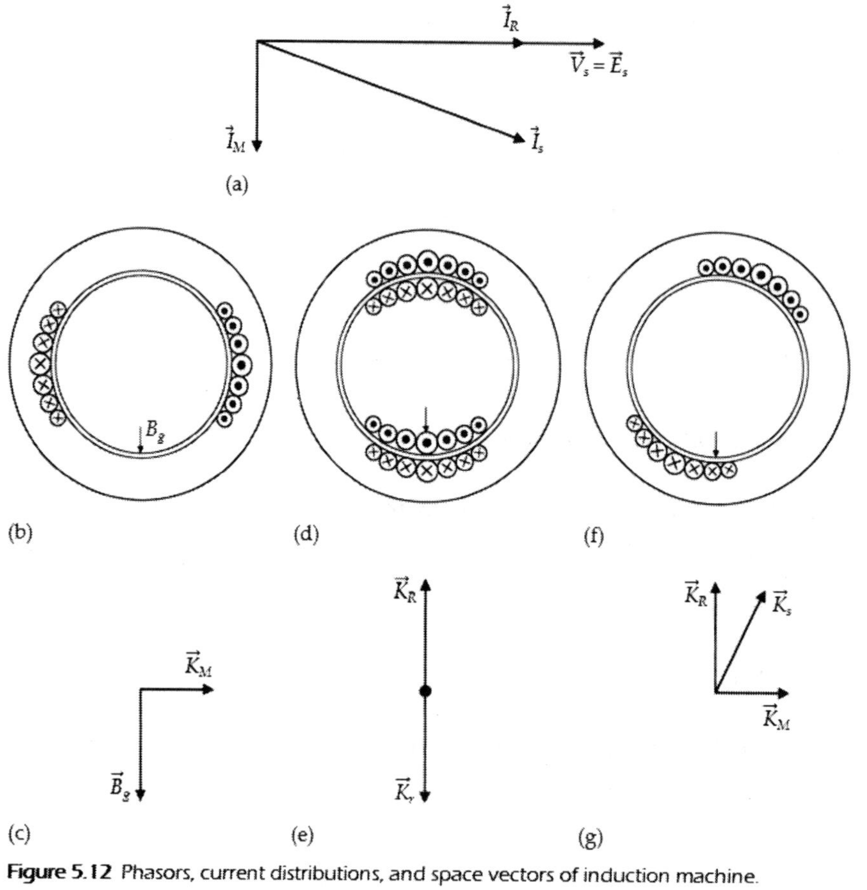

Figure 5.12 Phasors, current distributions, and space vectors of induction machine.

와 같이, 페이서 $\vec{I}_R$은, 그림 5.12 (a)에서 본 바와 같이, 고정자 유도 전압 $\vec{E}_s$와 동상(in phase)이며, 자화 성분 $\vec{I}_M$과 대비하여, 고정자 전류의 전력(동력) 성분으로 알려져 있다.

전류 $\vec{I}_R$은 이제 유도 전압 $\vec{E}_s$와 관련될 수 있다. 식 (5.21)로부터,

$$\begin{aligned}\vec{E}_s &= j\omega_s\vec{\Lambda}_s \\ &= j\omega_s\frac{\pi}{2}N_{se}\ell r\vec{B}_g \qquad [\mathrm{V}]\end{aligned} \tag{5.38}$$

이다. 식 (5.29)로부터, 회전자에서의 선(형) 전류밀도 $\vec{K}_r$은

$$\vec{B}_g = \frac{\rho\vec{K}_r}{d_e r(\omega_s - \omega_o)} \qquad [\mathrm{T}] \tag{5.39}$$

에 의해 $\vec{B}_g$와 관련된다. 고정자 전류밀도의 전력(동력) 성분 $\vec{K}_R$은 $-\vec{K}_r$과 같다. 식 (5.16)과의 상사에 의해, 이 전류밀도는

$$\vec{K}_R = j\frac{3N_{se}}{4r}\vec{I}_R \qquad [\mathrm{A/m}] \tag{5.40}$$

에 의해 그것의 고정자 전류 페이서와 관련된다. 식 (5.38)과 (5.40)을 결합하면

$$\begin{aligned}\vec{E}_s &= j\omega_s\frac{\pi}{2}N_{se}\frac{\ell r\rho}{d_e r(\omega_s - \omega_o)}\left(-j\frac{3N_{se}}{4r}\right)\vec{I}_R \\ &= R_R\frac{\omega_s}{(\omega_s - \omega_o)}\vec{I}_R \qquad [\mathrm{V}]\end{aligned} \tag{5.41}$$

을 준다. 여기서

$$R_R = \frac{3\pi}{8}{N_{se}}^2\frac{\rho\ell}{d_e r} \qquad [\Omega] \tag{5.42}$$

이다. 따라서, 고정자에서 보여지는 회전자 계통(rotor system)은 $R_R\,\omega_s/\omega_r$의 상당 저항으로써 모델링될 수 있다. 여기서 ω_r은 회전자 주파수이다.

공극을 가로지르는 전력에서, 일부분은 회전자 저항에서의 손실로 사용된다. 에너지 보존 원리로부터, 나머지는 기계 동력 출력이다. 저항 R_R은 고정자에서 보여지는 회전자의 저항 효과이다. 총 저항 $R_R\,\omega_s/\omega_r$의 남은 부분, 즉,

$$\begin{aligned}R_R\frac{\omega_s}{\omega_r} - R_R &= R_R\frac{(\omega_s - \omega_r)}{\omega_r} \\ &= R_R\frac{\omega_o}{\omega_r} \qquad [\Omega]\end{aligned} \tag{5.43}$$

은 상당 기계 동력 출력의 효과를 나타낸다. 유도전동기는 이제 그림 5.13의 등가회로에 의해 모델링될 수 있다.

기계에 의해 생성되는 토크는 등가회로로부터 저항 $R_R\,\omega_o/\omega_r$에서의 전력을 계산하여, 3상에 대한 3을 곱하고, 회전자 속도 ω_o로 나눔으로써 결정될 수 있다. 그림 5.13의 등가회로의 조사는 저항 $R_R\,\omega_o/\omega_r$에서의 전력은 공극을 가로지르는 전력의 분수(fraction) ω_o/ω_s임을 보인다. 따라서, 토크는 또한

$$\begin{aligned} T &= \frac{3P_g}{\omega_s} \\ &= 3\frac{E_s^{\ 2}}{\omega_s}\left(\frac{\omega_r}{R_R\omega_s}\right) \\ &= 3\frac{\Lambda_s^{\ 2}\omega_r}{R_R} \qquad [\mathrm{N{\cdot}m}] \end{aligned} \tag{5.44}$$

와 같이 공극 전력의 항으로 표현될 수 있다. 식 (5.42)에서의 R_R에 대한 표현식을 삽입하면, 식 (5.34)의 토크 표현식과 동등하게 됨이 보여질 수 있다. 등가 회전자 저항의 전형적인 값은 소형기에 대한 대략 0.05 [pu](기계 정격을 기저로 한)보다 큰 값으로부터 매우 큰 대형기에 대한 0.005 [pu]보다 낮은 값까지 변한다.

EXAMPLE 5.4 예제 5.2와 5.3의 유도전동기 자료를 사용하여, 등가 회전자 저항을 결정하라. 또한, 고정자 전압이 60 [Hz] 에서 230 [V] (L-L) 이며 부하 토크가 28.5 [N·m]일 때 고정자 전류를 결정하라.

Solution

앞의 예제로부터, $N_{se} = 78.6$, $\rho = 3.85 \times 10^{-8}$ [Ω·m], $\ell = 0.08$ [m], $r = 0.06$ [m], 그리고 $d_e = 3.32$ [mm]이다. 따라서, 식 (5.42)로부터,

$$R_R = \frac{3\pi}{8}\frac{N_{se}^{\ 2}\rho\ell}{d_e r} = \frac{3\pi}{8}\times\frac{78.6^2\times 3.85\times10^{-8}\times0.08}{0.00332\times0.06} = 0.1125 \qquad [\Omega]$$

실효치 쇄교 자속은, 어떤 고정자 저항이든 무시하면,

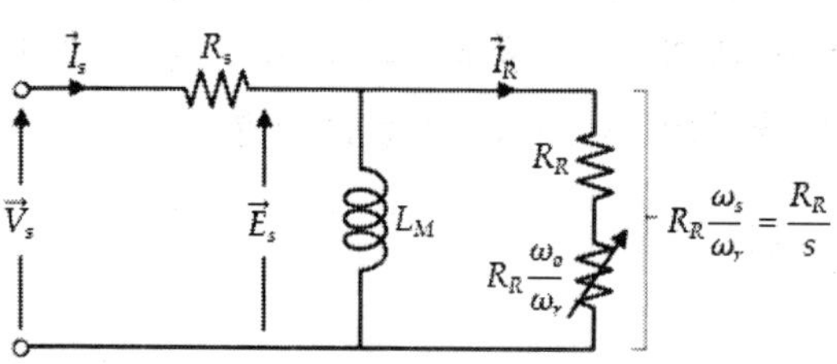

Figure 5.13 Equivalent circuit of induction machine near synchronous speed.

$$\Lambda_s = \frac{V_s}{\omega_s} = \frac{132.8}{377} = 0.352 \qquad [\text{Wb}]$$

식 (5.44)로부터, 회전자 주파수는 요구되는 토크에 대해 다음과 같이 찾아질 수 있다:

$$\omega_r = \frac{R_R T}{3{\Lambda_s}^2} = \frac{0.1125 \times 28.5}{3 \times 0.352^2} = 8.63 \qquad [\text{rad/s}]$$

고정자 전류의 성분 I_R은 다음과 같이 주어진다:

$$I_R = \frac{V_s \omega_r}{R_R \omega_s} = \frac{132.8 \times 8.63}{0.1125 \times 377} = 27 \qquad [\text{A}]$$

예제 5.2로부터의 자화 전류 $I_M = 4.01$ [A]와 함께,

$$\vec{I}_s = \vec{I}_R + \vec{I}_M = 27 - j4.01 = 27.3\angle -8.45° \qquad [\text{A}]$$

5.6 MACHINES WITH MULTIPLE POLE PAIRS

비교적 소수의 유도기는 2극으로 만들어졌다. 60 [Hz] 전원으로, 60 [rps] 또는 3600 [rpm]의 동기 속도는 많은 구동에서 요구되는 것보다 높다. 2극보다 더 많은 극수에 대한 더 나아간 이유는 2극기는 자속의 절반이 고정자의 양변으로 둘러가야 하기 때문에 꽤 많은 계철을 가진다는 것이다. 가장 일반적인 유도전동기는 4극 또는 6극을 가진다. 8극과 더 많은 극수는 더 낮은 동기 속도가 요구될 때 사용된다.

p-극 고정자 권선의 구조는, 6극기에 대해 그림 5.14에서 보여진 바와 같이, 사인 분포(sine distribution)가 원주 둘레에 $p/2$번 반복되는 것을 제외하고는, 그림 5.1에서 보여진 2극 정현 분포 도체의 구조와 본질적으로 비슷하다. 전원의 한 주기(one cycle)는 자계를 $4\pi/p$ [rad]의 기계각(mechanical angle)만큼 회전시킨다. 동기 기계

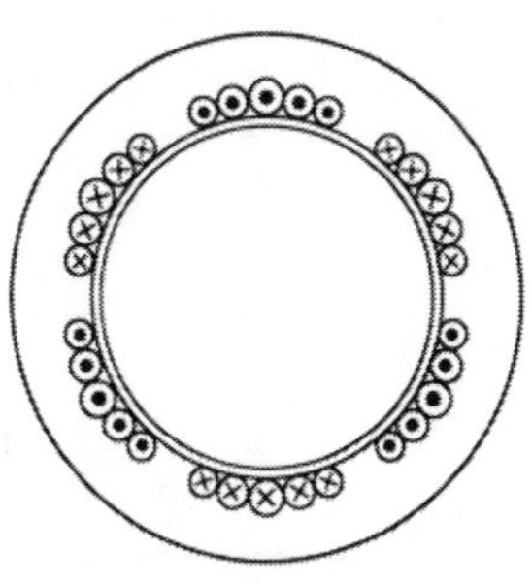

Figure 5.14 Six-pole induction machine showing current distribution in stator winding.

속도(synchronous mechanical speed)는 그러면

$$\omega_{mech} = \frac{2}{p}\omega_s \qquad [\text{rad/s}] \tag{5.45}$$

가 된다.

간단을 위하여, 앞 절의 해석은 2극기에 대하여 나타내어졌다. 이와 같은 앞의 해석을 p-극의 경우로 바꾸기 위해서는,

$$\theta = \frac{p}{2}\theta_{mech} \qquad [\text{rad}] \tag{5.46}$$

인 전기각(electrical angle) θ의 개념을 도입하고 앞의 해석을 전형적인 자극쌍(pole pair)에 대한 전형으로서 고려하는 것이 편리하다.

p-극기에서는, 공극 자속밀도의 최대치가, 그것이 치 포화에 의해 제한되기 때문에, 본질적으로 2극기에서와 같을 것이다. 비슷하게, 고정자와 회전자 선(형) 전류밀도의 부하 성분은, 그것이 도체 발열에 의해 제한되기 때문에, 같을 것이다. 따라서, 식 (5.31)과 그림 5.10 (b)로부터, 같은 회전자 반경과 길이에 대해, 기계의 이용할 수 있는 토크는 자속밀도 한계와 전류밀도 한계에 의해 결정될 것임이 보여질 것이다. 그것은 본질적으로 극수와는 무관할 것이다. 하지만, 고정된 허용되는 선 주파수(line frequency)로, 속도는 극수의 증가에 따라 줄어들 것이며, 주어진 크기(frame size)로부터 이용할 수 있는 기계 동력 역시 비례적으로 감소할 것이다.

상 권선의 모든 극의 [turn]은 일반적으로 직렬로 연결된다. 총 정현 분포 권수 N_{se}에 대하여, 도체 밀도(식 (5.1)과 상사인)는

$$n_a = \frac{N_{se}}{p}\sin\theta \tag{5.47}$$

이다. 쇄교 자속 벡터는, 식 (5.21)과의 상사에 의해,

$$\vec{\Lambda}_s = \frac{\pi}{p}N_{se}\ell r\vec{B} \qquad [\text{Wb}] \tag{5.48}$$

로 주어진다. 전류 페이서는 여전히

$$\vec{K} = j\frac{3N_{se}}{4r}\vec{I} \qquad [\text{A/m}] \tag{5.49}$$

에 의해 그것의 대응하는 선(형) 전류밀도와 관련된다.

그림 5.13의 등가회로에서, 자화 인덕턴스와 반영된(reflected) 회전자 저항은

$$L_M = \frac{3\pi}{2p^2} N_{se}{}^2 \frac{\mu_0 \ell r}{g_e} \qquad [\mathrm{H}] \tag{5.50}$$

과

$$R_R = \frac{3\pi}{4p} N_{se}{}^2 \frac{\rho \ell}{d_e r} \qquad [\Omega] \tag{5.51}$$

로 주어진다. 식 (5.44)의 토크 표현식은 토크가 공극을 가로지르는 전력을 동기 기계 속도로 나눈 것이라는 것을 상기함으로써 고쳐진다. 따라서,

$$\begin{aligned} T &= \frac{3P_g}{\left(\frac{2}{p}\right)\omega_s} \\ &= \frac{3p}{2}\frac{\Lambda_s{}^2 \omega_r}{R_R} \qquad [\mathrm{N{\cdot}m}] \end{aligned} \tag{5.52}$$

이다.

EXAMPLE 5.5 유도전동기 구동이 양수기(펌프, pump)를 위해 요구된다. 속도는 300에서 325 [rpm]의 범위 내에 있으며, 기계 동력은 대략 100 [kW]이다. 전원은 60 [Hz]이다.

(a) 적절한 극수를 선택하라.

(b) 전동기가 0.65 [T]의 실효지 공극 자속밀도를 가지며 고정자 전류의 전력(동력) 성분의 선(형) 전류밀도가 30 [kA/m]인 것으로 가정한다. 기계의 자극이 근사적으로 정사각형(square)이라고 할 때, 기계의 회전자 반경과 길이를 추정하라.

Solution

(a) 유도기에 대한 동기 속도의 값은

$$\frac{2}{p} \times 60 \times 60 \qquad [\mathrm{rpm}]$$

운전 속도는 동기 값보다 어느 정도 아래일 것이다(아마도 대략 1에서 2 [%]). 선택 $p = 24$는 요구되는 범위 아래에 있는 동기 속도를 제공하며, 그러므로, 기계적 운전 속도는 너무 느릴 것이다. 선택 $p = 22$는, 300에서 325 [rpm]으로 주어져야 할, 327.3 [rpm]의 동기 속도를 준다.

(b) 기계 속도를

$$\omega_{mech} = 325\ [\text{rpm}] = 34 \qquad [\text{rad/s}]$$

로 가정하면, 요구되는 토크는

$$T = \frac{P_{mech}}{\omega_{mech}} = \frac{10^5}{34} = 2938 \qquad [\text{N·m}]$$

식 (5.30)으로부터, 공극의 단위 면적당 접선력은

$$\frac{F}{A} = BK = 0.65 \times 30000 = 19500 \qquad [\text{N/m}^2]$$

토크는 다음과 같이 표현될 수 있다:

$$T = (BK)2\pi r^2 \ell \qquad [\text{N·m}]$$

정사각형 자극으로,

$$\ell = \frac{2\pi r}{p} \qquad [\text{m}]$$

따라서,

$$r = \frac{Tp}{4\pi^2 BK} = \left(\frac{2938 \times 22}{4\pi^2 \times 19500}\right)^{1/3} = 0.44 \qquad [\text{m}]$$

$$\ell = 2\pi \times 0.44/22 = 0.13 \qquad [\text{m}]$$

5.7 LEAKAGE INDUCTANCE AND MAXIMUM TORQUE

여기까지의 유도기의 해석은, 그림 5.11에서 보여진 바와 같이, 기계에 의해 생성되는 토크는 속도가 동기 값으로부터 줄어듦에 따라 연속적으로 증가할 것이라는 것을 제시할 것이다. 이것은 정상 운전에 대해서는 유용한 근사화이기는 하지만, 지나친 간소화이다. 이제 고려되어야 하는 부가적인 인자는 누설 자속의 효과이다.

유도기가 일정 전압과 주파수의 교류 전원에 접속되었을 때, 고정자 권선의 자속 쇄교는, 단지 고정자 저항을 가로지르는 전압 강하의 차이로, 그것의 변화율이 전원 전압과 근사적으로 같은 전압을 유기하는 값이어야 한다. 앞의 해석에서는, 모든 자속이 공극을 가로지르며 회전자 도체와 상호작용하는 것으로 가정되었다. 이것은 회전자 전류의 낮은 값에 대해서는 그럴듯한 근사화이다. 회전자 전류와 고정자 전류의 반영 전력(동력) 성분 $\vec{I}_R$의 증가에 따라, 권선 내의 전류 분포는 그림 5.12에서 전개되고 그림 5.15 (a)에서 보여진 형태를 취한다. 상당한 고정자 자속은 공극을 가로지르며 자계와 회전자 도체 사이의 속도 차이에 응하여 회전자 전류의 증가를 준다. 하지만, 자속의 일부는 회전자 도체의 반대 방향 기자력을 피하며 공극을 가로지르기 보다는 주위의 원주 경로(circumferential path)를 따라 지나간다. 이것은, 2.2.4절에서 논의된 것과 같이 변압기에서 일어나는 누설과 비슷한, 누설 자속이다.

이 누설 자속의 경로가 그림 5.15 (b)에서 설명되었다. 이것은 다극기(multi-pole

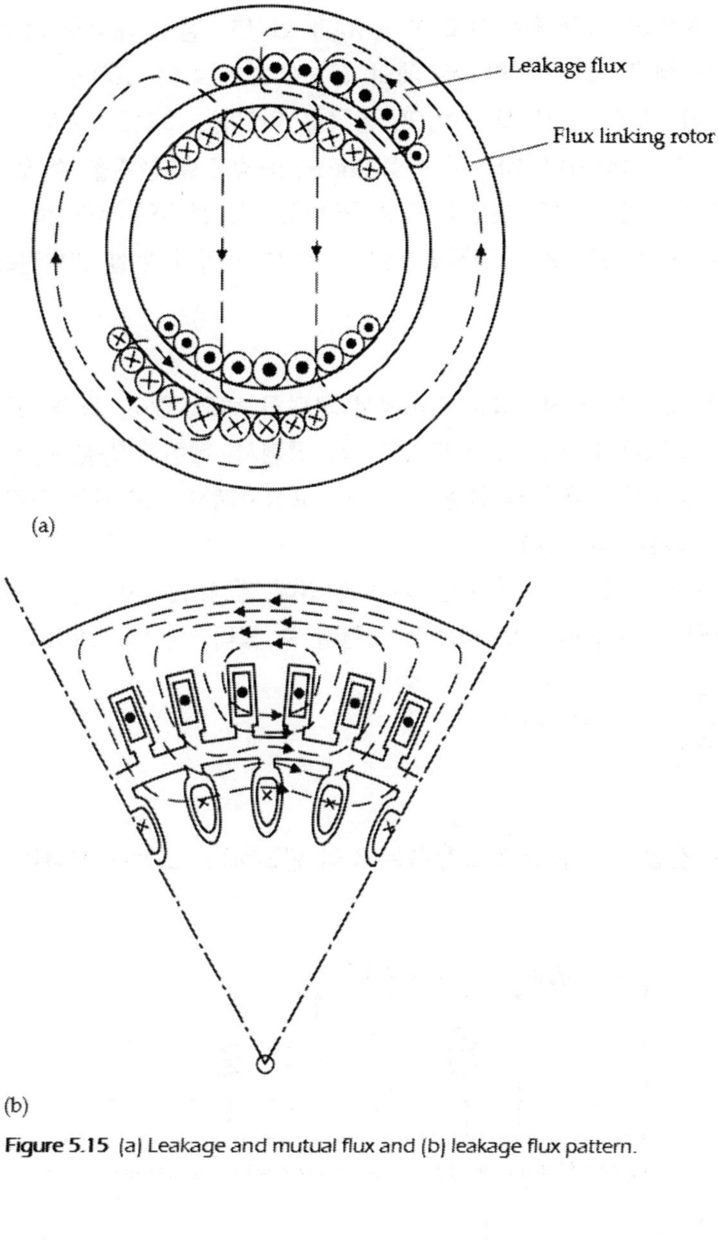

Figure 5.15 (a) Leakage and mutual flux and (b) leakage flux pattern.

machine)의 한 극 부분(one-pole sector)을 보인다. 누설 자속의 형태만이 보여져있다. 약간의 누설 자속은 공극의 주위로 향하는 한편, 가장 중요한 누설 경로는 고정자와 회전자 주위의 치 끝(tooth tip)에서 치 끝으로 생긴다. 약간의 누설 자속은, 권선의 일부와는 쇄교하지만 권선의 전부와는 쇄교하지 않고, 고정자와 회전자 슬롯 내부로 뻗는다. 누설 자속의 부가적인 성분은 고정자와 회전자 적층 바깥의 단부 권선(end winding) 주위에서 생긴다.

고정자 쇄교 자속의 공간 벡터 $\vec{\Lambda}_s$는 고정자 주파수에 종속되는 속도에서 회전하는 고정자 내에서의 정현 분포 자속을 나타낸다. 공극의 영역 내에서는, 이 공간 벡터가, 누설 자속을 나타내는 쇄교 자속 $\vec{\Lambda}_L$과 회전자 철심 내부로 가로지르는 자속을 나타내는 쇄교 자속 $\vec{\Lambda}_R$의, 두 개의 성분으로 나누어 고려될 수 있다. 누설 자속 경로의 자기저항은 치 끝 사이의, 공극을 따르는, 그리고 단부 권선 사이의 공기 경로에 의해 지배되며, 따라서 선형(linear)인 것으로 간주될 수 있다. 따라서, 누설 쇄교 자속 $\vec{\Lambda}_L$은 그것의 원인이 되는 기자력, 즉, 전류의 부하 성분 $\vec{I}_R$에 직접 비례할 것이다. 비례 상수는 고정자와 회전자 권선 사이의 누설 인덕턴스 L_L이다:

$$\vec{\Lambda}_L = L_L\vec{I}_R \qquad \text{[Wb]} \tag{5.53}$$

이 누설 인덕턴스는 이제, 그림 5.16에서 보여진 바와 같이, 등가회로에 포함될 수 있다. 된다. 고정자에서의 총 유도 전압 $\vec{E}_s$ 중에서, 페이서 성분 $j\omega_s L_L\vec{I}_R$은 누설에 기인된다. 남아있는 페이서 성분 $j\omega_s\vec{\Lambda}_R$은 고정자에서 보여지는 회전자 저항과 기계 부하의 효과를 나타낸다.

5.5절에서 전개한 개념을 사용하면, 기계에 의해 생성되는 토크는 공극을 가로지르는 유효 전력(active power)의 항으로 표현될 수 있다. 식 (5.52)로부터,

$$T = \frac{3p}{2\omega_s}P_g \qquad \text{[N·m]} \tag{5.54}$$

이다.

토크를 유도 전압 E_s의 항으로 표현하는 것이 편리하다. 고정자 저항이 무시할 수

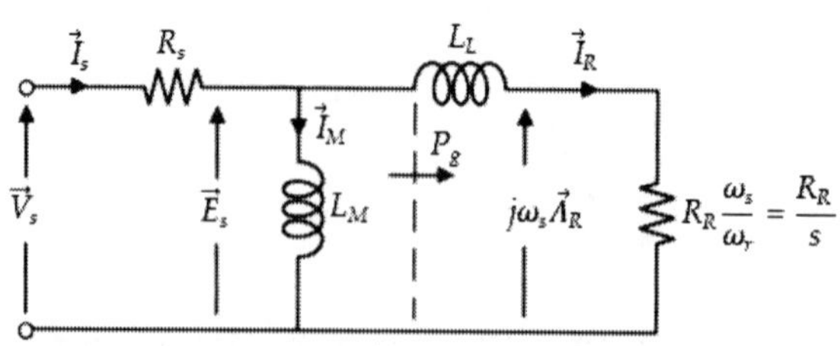

Figure 5.16 Equivalent circuit including leakage inductance.

있는 것으로 간주될 수 있을 때, 유도 전압은 알려진 전원 전압 V_s로 가정될 수 있다. 고정자 저항이 중요할 때에는 적절한 수정이 이루어질 수 있다:

$$
\begin{aligned}
T &= \frac{3p}{2\omega_s} P_g \\
&= \frac{3p}{2\omega_s}\left(\frac{R_R\omega_s}{\omega_r}\right)(I_R)^2 \\
&= \frac{3pR_R}{2\omega_r}\frac{E_s{}^2}{\left(\frac{R_R\omega_s}{\omega_r}\right)^2 + (\omega_s L_L)^2} \qquad [\text{N}\cdot\text{m}]
\end{aligned}
\tag{5.55}
$$

토크는 또한 고정자 쇄교 자속의 함수로써 표현될 수 있다. $E_s = \omega_s \Lambda_s$이기 때문에,

$$
T = \frac{3pR_R}{2\omega_r}\frac{\Lambda_s{}^2}{\left(\frac{R_R}{\omega_r}\right)^2 + L_L{}^2} \qquad [\text{N}\cdot\text{m}] \tag{5.56}
$$

이다. 이 토크는 고정자 주파수에는 무관하지만 단지 회전자 주파수에만 종속됨에 유의하라. 회전자 주파수 ω_r이 비(ratio) R_R/L_L 보다 훨씬 더 큰, 동기 속도에 가까운 운전의 경우, 토크는, 식 (5.56)으로부터, 누설 인덕턴스가 무시된 경우에 대해 앞에서 전개된 식 (5.52)의 표현식과 같은

$$
T \approx \frac{3p}{2}\frac{\Lambda_s{}^2\omega_r}{R_R} \qquad [\text{N}\cdot\text{m}] \tag{5.57}
$$

로 근사화될 수 있다.

기계에 부하가 걸림에 따라, 그림 5.17에서 보여진 바와 같이, 속도-토크 관계는 그림 5.11에서 보여졌던 선형으로 되는 것이 끝나지만, 최대 토크 $\hat{T}$로 향해 간다. 최대 토크에 대한 조건은 식 (5.56)을 ω_r에 대해 미분하고 그것을 0과 같게 둠으로써 결정될 수 있다. 이것이 이루어지면, $dT/d\omega_r = 0$에 대한 조건은

$$
\omega_r = R_R/L_L \qquad [\text{rad/s}] \tag{5.58}
$$

로 찾아진다. 이 결과는, 가변 저항(variable resistance) $R_R\,\omega_s/\omega_r$이 일정한 직렬 임피던스(series impedance) $\omega_s L_L$과 같을 때 최대 전력이 전달되는 것으로 알려져 있기 때문에, 그림 5.16의 등가회로의 조사로부터 예측되었을 수 있다.

식 (5.58)의 조건을 식 (5.56)에 대입하면

$$
\hat{T} = \frac{3p}{4}\frac{E_s{}^2}{\omega_s{}^2 L_L} = \frac{3p}{4}\frac{\Lambda_s{}^2}{L_L} \qquad [\text{N}\cdot\text{m}] \tag{5.59}
$$

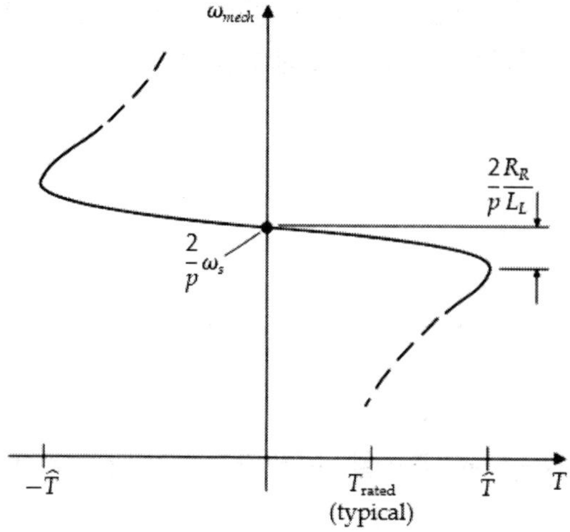

Figure 5.17 Relation between mechanical speed and torque including effect of leakage.

와 같은 최대 토크를 준다. 회전자 주파수 ω_r의 부(음, negative)의 값, 즉, 회전자에서의 역상순(부상순, negative phase sequence)으로 발전기로서 운전될 때에는, 최대 토크는 같은 표현식(식(5.59))으로 주어지며, 그것은 $\omega_r = -R_R/L_L$에서 일어난다.

그림 5.18은 일정 고정자 전압과 정격에 가까운 부하(near-rated load)로 운전하는 유도기의 페이서도를 보인다. 속도가 바뀜에 따라, 회전자 주파수 ω_r이 바뀌고, 회전자 전류 $\vec{I}_R$은 직경 Λ_s/L_L의 원형 궤적(circular locus)을 따른다. 최대 토크는 고

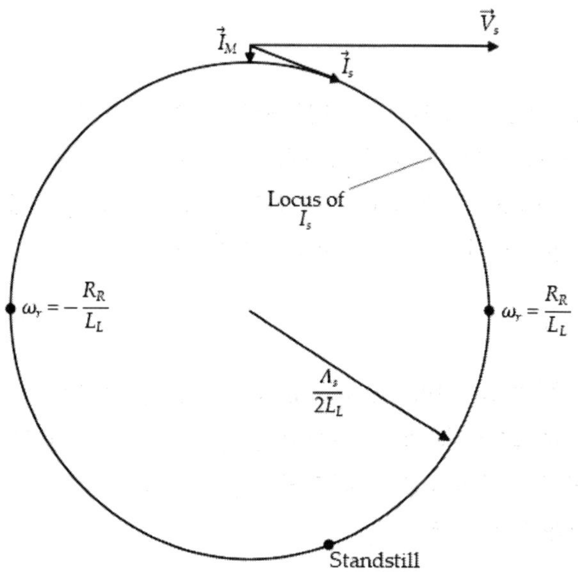

Figure 5.18 Phasor diagram for induction machine showing circular locus of stator current.

정자 전류의 동상 성분(in-phase component)이 최대일 때 생긴다. 그림 5.18로부터 최대 고정자 역률(power factor)은 전형적으로 정격 부하의 영역에서 일어난다.

대부분의 유도전동기는 본질적으로 일정 고정자 전압과 주파수, 즉, 본질적으로 일정 고정자 쇄교 자속에서 운전된다. 따라서, 기계로부터 얻을 수 있는 최대 토크는, 식 (5.59)로부터, 누설 인덕턴스 L_L에 역비례(반비례)하는 것으로 보여진다. 표준(standard) 유도전동기는 최대 또는 항복 토크(breakdown torque)가 정격 연속 토크(rated continuous torque)의 1.75에서 3배의 범위에 있도록 하는 누설 인덕턴스의 값을 갖도록 설계된다. 대부분의 기계의 경우, 이 비(ratio)는 근사적으로 2이다. 누설 인덕턴스의 전형적인 값은 대략 0.15에서 0.3 [pu]까지 변화한다.

가변속 구동(variable-speed drive)은 3상, 가변 주파수 전원으로부터 공급되는 유도기를 사용하여 만들어질 수 있다. 주파수가 변화함에 따라, 그림 5.17의 속도-토크 곡선은 위 또는 아래로 전이된다(shifted). 고정자 쇄교 자속 Λ_s가 일정하게 유지된다면, 속도-토크 특성의 모양은, 첨두 토크의 값을 포함하여, 같은 모양으로 남아있을 것이다. 이것을 이루기 위해서는, 전원 전압 V_s가 전원 주파수와 비례하도록 만들어져야 한다. 이 접근법을 기초로 한 구동은 10장에서 더 논의된다.

EXAMPLE 5.6 예제 5.2, 5.3, 그리고 5.4의 유도전동기가 3.25 [mH]의 누설 인덕턴스를 가진다. 그것은 230 [V] (L-L), 60 [Hz] 전원에 연결된다. 항복 토크의 값과 그것이 일어날 속도를 결정하라.

Solution

예제 5.4로부터, 주어진 고정자 전압과 주파수에서의 고정자 쇄교 자속은

$$\Lambda_s = 0.352 \qquad [\text{Wb}]$$

등가 회전자 저항은

$$R_R = 0.1125 \qquad [\Omega]$$

이 2극 기계에 대한 최대 토크는 그러면, 식 (5.59)로부터, 다음과 같이 주어진다:

$$\hat{T} = \frac{3p}{4}\frac{\Lambda_s^2}{L_L} = \frac{3}{2} \times \frac{0.352^2}{0.00325} = 57.2 \qquad [\text{N}\cdot\text{m}]$$

이것은, 식 (5.57)로부터, 다음과 같이 주어지는 회전자 주파수 ω_r에서 생길 것이다:

$$\omega_r = \frac{R_R}{L_L} = \frac{0.1125}{0.00325} = 34.6 \qquad [\text{rad/s}]$$

최대 토크에 대한 기계적 속도는, 전동기로서,

$$\omega_{mech} = \omega_s - \omega_r = 377 - 34.6 = 342.4 \text{ [rad/s]} = 3270 \qquad \text{[rpm]}$$

EXAMPLE 5.7 230 [V] (L-L), 60 [Hz], 3상 유도전동기가 10 [hp]의 명판 동력 정격(nameplate power rating)과 1745 [rpm]의 정격 속도를 가진다. 등가회로의 매개변수는 $R_s = 0.20$ [Ω], $R_R = 0.191$ [Ω], $R_R = 0.191$ [Ω], $L_L = 2.23$ [mH], 그리고 $L_M = 34.2$ [mH]이다. 정격 속도에서 운전할 때, 기계에 의해 생성되는 토크와 고정자 전류를 결정하라.

Solution

간단을 위하여, 먼저 고정자 저항의 효과를 무시하고 필요하다면 나중에 수정하자. 상당 고정자 전압은

$$V_s \approx E_s = \frac{230}{\sqrt{3}} = 132.8 \qquad \text{[V]}$$

고정자 쇄교 자속은

$$\Lambda_s = \frac{E_s}{\omega_s} = \frac{132.8}{2\pi \times 60} = 0.352 \qquad \text{[Wb]}$$

기준 페이서로서 유도 전압 E_s를 사용하여, 자화 전류는

$$\vec{I}_M = \frac{\vec{E}_s}{j\omega_s L_M} = \frac{132.8\angle 0°}{j(377 \times 0.0342)} = -j10.3 \qquad \text{[A]}$$

정격 속도와 전원 주파수로부터, 이것은 4극기임이 명백하다. 정격 속도에서, 회전자 주파수는

$$\omega_r = \left(\frac{1800 - 1745}{1800}\right) 2\pi \times 60 = 11.52 \qquad \text{[rad/s]}$$

식 (5.56)으로부터, 발생 토크는

$$T = \frac{3pR_R}{2\omega_r} \frac{\Lambda_s^{\,2}}{\left(\frac{R_R}{\omega_r}\right)^2 + L_L^{\,2}} T = \frac{3 \times 4 \times 0.191}{2 \times 11.52} \frac{0.352^2}{\left(\frac{0.191}{11.52}\right)^2 + 0.00223^2} = 44.04 \qquad \text{[N·m]}$$

고정자 전류의 부하 성분은

$$\vec{I}_R = \frac{\vec{E}_s}{\frac{R_R\omega_s}{\omega_r} + j\omega_s L_L} = \frac{132.8\angle 0°}{\frac{0.191\times 377}{11.52} + j377\times 0.00223} = 20.86 - j2.81 \qquad \text{[A]}$$

고정자 전류는 그러면

$$\vec{I}_s = \vec{I}_R + \vec{I}_M = 20.86 - j13.1 = 24.64\angle -32.1° \qquad \text{[A]}$$

이제 고정자 저항을 가로지르는 전압 강하에 대해 수정하자. $E_s = 132.8$ [V]이라면,

$$\vec{V}_s = \vec{E}_s + R_s\vec{I}_s = 132.8 + 0.2(24.64\angle -32.1°) = 137\angle -1.1° \qquad \text{[V]}$$

V_s가 실제로 132.8 [V]이기 때문에, 토크는 전압의 제곱에 비례하여 수정될 수 있다:

$$T = 44.04\left(\frac{132.8}{137}\right)^2 = 41.38 \qquad \text{[N·m]}$$

고정자 전류는 전압에 비례하여 수정될 수 있다:

$$I_s = 24.64\times\frac{132.8}{137} = 23.88 \qquad \text{[A]}$$

명판 정격은 다음의 축 토크를 가리킨다:

$$T = \frac{10\times 746}{1745\times 2\pi/60} = 40.83 \qquad \text{[N·m]}$$

이 값과 앞에서 계산된 값 사이의 차이는 풍손과 마찰 토크에 기인된다.
고정자 저항과 누설 인덕턴스 둘 다가 무시되었을 때 생겼을 부정확한 값에 관심을 가질 수 있다. 식 (5.57)로부터,

$$T = \frac{3p}{2}\frac{\Lambda_s^2\omega_r}{R_R} = \frac{3\times 4}{2}\times\frac{0.352^2\times 11.52}{0.191} = 44.84 \qquad \text{[N·m]}$$

이것은 누설 인덕턴스가 포함된 값보다 1.8 [%] 더 크다.

5.8 ROTOR DESIGN FOR STARTING TORQUE

그림 5.17에서 보여진 속도-토크 관계의 파선 부분(dashed section)은 회전자 주파수 ω_r이 R_R/L_L 보다 더 큰 영역을 나타낸다. 이 영역에서는, 식 (5.56)의 토크 표

현식이

$$T \approx \frac{3pR_R}{2\omega_r}\left(\frac{\Lambda_s}{L_L}\right)^2 \qquad [\text{N}\cdot\text{m}] \tag{5.60}$$

에 의해 근사화될 수 있다. 즉, 토크는 회전자 주파수에 역으로 비례한다. 전동기 기동을 위해 이용할 수 있는 토크는 그러면 $\omega_r = \omega_s$로 식 (5.60)으로부터 얻어지는 값일 것이다. 그림 5.17로부터 보인 바와 같이, 이것은 전동기의 정격 토크보다 작을 수 있다. 어떤 형태의 기계 부하에서는, 전동기가 기동에 실패할 수 있다. 전원으로부터의 큰 전류 때문에 기동하는 동안 전원 전압이 낮춰진다면 조건은 더 나쁠 것이다.

기동 토크(starting torque)는, 식 (5.60)으로부터 보여질 수 있는 바와 같이, 회전자 저항 R_R을 증가시킴으로써 증가될 수 있다. 하지만, 이것은 회전자에서의 $R_R I_R^2$ [W/phase]의 전력 손실을 증가시킬 것이며, 따라서 기계 효율을 감소시킨다.

기동 토크와 효율 사이의 이러한 절충을 피하기 위하여 대부분의 유도전동기에서 사용되는 설계 접근법(design approach)은, 그림 5.19 (a)에서 보여진 바와 같이, 회전자 도체에 대해 어느 정도 더 복잡한 형상을 사용하는 것이다. 이 2중 농형 회전자(double-cage rotor)는 비교적 작은 단면적의 도체로 된 바깥쪽 농형(outer cage)과 더 큰 도체로 더 깊이 파묻힌 농형으로 이루어진다. 고정자에서 본 등가저항 R_{R1}인 상부 농형(upper cage)은 주로 농형 도체 위의 치에서 치로 가는 공극(tooth-to-tooth air gap)에 종속되는 누설 인덕턴스 L_{L1}과 함께 그림 5.16의 등가회로에서와 같이 모델링될 수 있다. 하지만, 두개의 농형 사이에 누설 자속에 대한 경로가 더 있다. 누설 자속의 이 성분은 바깥쪽 농형과는 쇄교하지만 안쪽 농형(inner cage)과는 쇄교하지 않는다. 이 경로는 부가적인 누설 인덕턴스 L_{L2}에 의해 모델링될 수 있다. 안쪽 농형은 등가 저항 R_{R2}에 의해 모델링될 수 있다. 전체적인 등가회로 모델은 그러면 그림 5.19 (b)에서 보여진 형태를 가진다.

전동기 속도의 매우 낮은 값에서는, 회전자 주파수 ω_r은 전원 주파수 ω_s와 근사적으로 같다. 이 조건 하에서는, 안쪽 누설 인덕턴스의 임피던스 $\omega_s L_{L2}$는 바깥쪽 농형의 저항 R_{R1} 보다 훨씬 더 크다. 그 결과, 전류 $\vec{I}_R$의 대부분이 바깥쪽 농형을 통하여 흘러, 고정자에서 본 높은 회전자 저항의 효과를 준다. 이에 대비하여, 동기 속도에 가까운 정상 운전 조건에서는, 회전자 주파수 ω_r이 작다. $\omega_r \ll R_{R2}/L_{L2}$로, 두 개의 회전자 농형이 실질적으로 병렬인 것으로 고려될 수 있어서, 따라서 고정자에서 본 유효 저항의 낮은 값을 준다.

농형의 형상과 그들 사이의 공극이 바뀜으로써, 그림 5.19 (c)에서 보여진 바와 같

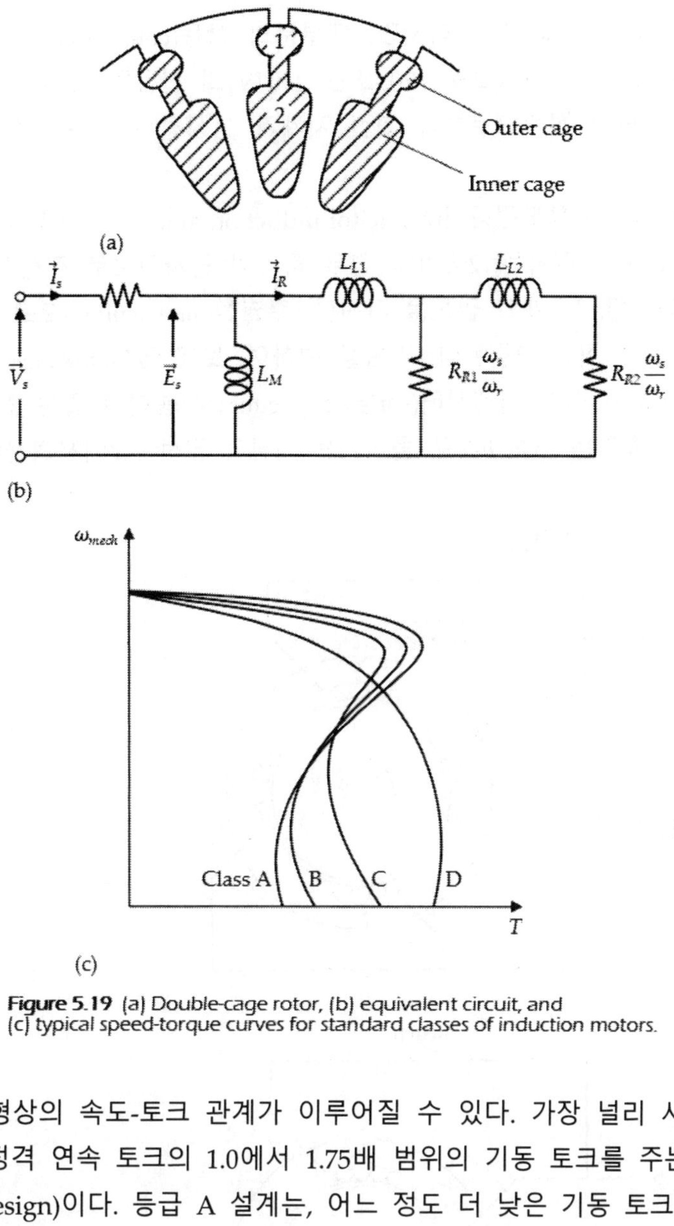

Figure 5.19 (a) Double-cage rotor, (b) equivalent circuit, and (c) typical speed-torque curves for standard classes of induction motors.

이, 다양한 형상의 속도-토크 관계가 이루어질 수 있다. 가장 널리 사용되는 전동기는, 보통 정격 연속 토크의 1.0에서 1.75배 범위의 기동 토크를 주는, 등급 B 설계(Class B design)이다. 등급 A 설계는, 어느 정도 더 낮은 기동 토크로 높은 효율을 주는, 대형 전동기에 대해 선택될 수 있다. 더 높은 기동 토크가 요구되는 경우에는, 등급 C 또는 D 설계가 선택될 수 있다.

5.9 SINGLE-PHASE INDUCTION MOTORS

유도기에서 회전 자계의 생성은, 고정자 원주 주위에 이격된 고정자 권선의 조합에 흐르는, 위상이 이격된, 교류 전류의 조합을 요구한다. 이것은 5.2절에서 3상 전원의 경우에 대해 설명되었다. 하지만, 대부분의 상용(commercial) 및 가정용(domestic) 전원은 단지, 전형적으로 120 또는 240 [V]의 전압인, 단상(single phase)일 뿐이다. 그러한 단상 전원으로부터 회전 자계가 생성될 수 있는 몇 가지 방법이 있다.

커패시터(정전용량기) 유도전동기(capacitor induction motor)의 배열이 그림 5.20 (a)에서 보여져 있다. 고정자는, 2극기의 경우 각각이 근사적으로 정현적으로 분포되며 서로 90° 이격된, 두 개의 권선을 가진다. **주권선**(*main wining*)으로 알려진, 권선 *a-a′*는 단상 전원에 직접 연결된다. 기동을 위하여, **보조 권선**(*auxiliary winding*)으로 알려진, 권선 *b-b′*는 직렬 커패시터(series capacitor)를 통하여 같은 전원에 연결된다. 커패시터의 효과는 권선 *b-b′*로 들어가는 전류가 권선 *a-a′*에서의 전류보다 근사

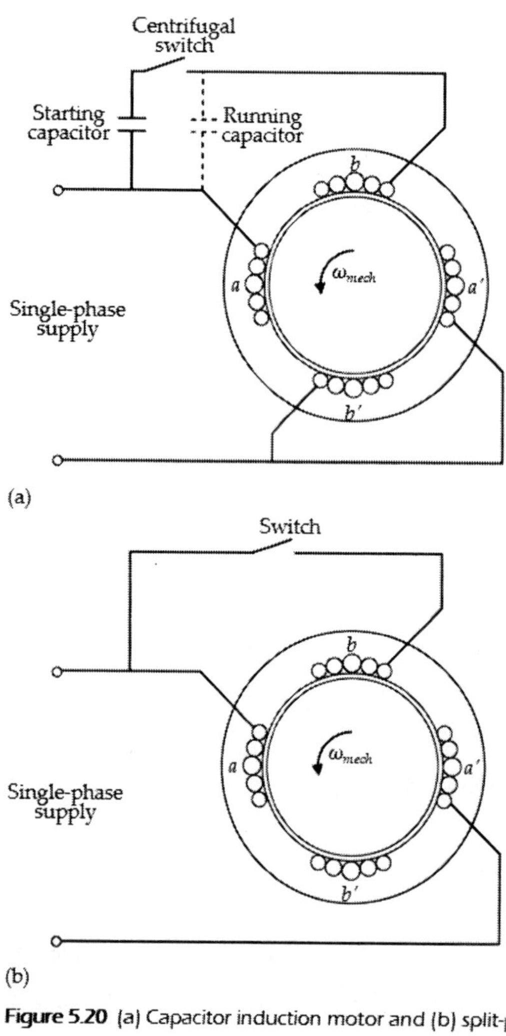

Figure 5.20 (a) Capacitor induction motor and (b) split-phase induction motor.

적으로 90° 앞서게 만드는 것이다. 따라서, 회전 자계와 기동 토크가 생성된다.

회전자 속도가 그것의 정격 값에 접근함에 따라, 회전 자계를 보전하기 위한 보조 권선의 사용이 더 이상 필요하지 않다. 전류가 권선 *a-a′*를 지나감에 따라 회전자 도체에 유도되는 전류는 전류가 권선 *b-b′*를 지나 회전함에 따르는 무시할 수 있는 감쇠(decay)로 존속된다. 따라서, 회전자는 연결된 주권선 만으로 회전 자계를 유지할 수 있다. 보조 권선은 보통 축에 부착되어 있으며 속도가 대략 정격 값의 80 [%]일 때 열리는 원심 스위치(centrifugal switch)에 의해 탈락된다.

단지 한 개만이 끊기는, 두 개의 커패시터의 사용에 의해, 전동기의 효율은 어느 정도 증가되고 선 전류는 감소될 수 있다. 그림 5.20 (a)에서 역시 보여진, 이 배열은 **커패시터 기동, 커패시터 운전 유도전동기**(*capacitor-start, capacitor-run induction motor*)로 알려져 있다.

커패시터 유도전동기의 전력 정격은 기동에서 생기는 전원 선에서의 전압 강하를 제한해야 하는 필요 때문에 보통 120 [V] 전원의 경우 대략 2 [kW]와 240 [V] 전원의 경우 10 [kW]의 최대 값으로 제한된다. 60 [Hz] 전원에 대한 가장 통상적인 동기 속도는 4극기와 6극기의 경우, 각각, 1800과 1200 [rpm]이다.

기동을 위한 회전 자계를 마련하는 다른 방법은, 그림 5.20 (b)에서와 같이, 두 개의 고정자 권선을 사용하는 것이다. 여기서 보조 권선 *b-b′*는 권선 *a-a′*보다 더 작은 도체의 더 많은 권수로 만들어진다. 기동에서는, 두 권선이 모두 전원에 연결된다. 권선 *b-b′*의 더 높은 저항의 효과는 그것의 전류를 *a-a′*보다 앞서게 하지만, 정지 상태에서(at standstill) 20에서 30°에 불과하다. 이 조건 하에서의 기계 내에서의 자계는 주로 맥동하는(pulsating) 한편, 보통 정격 값보다 더 큰 기동 토크를 마련하기에 충분한 회전 성분을 내포한다. 과열(overheating)을 예방하기 위하여, 보조 권선은 속도가 정격 값의 75에서 80 [%]에 도달하였을 때 탈락된다. 이 전동기는 일반적으로 **분상 전동기**(*split-phase motor*)로 알려져 있다.

PROBLEMS

5.1 3상, 2극 유도전동기가 다음의 물리적 성질을 가진다: 회전자 반경 = 35 [mm], 회전자 길이 = 50 [mm], 유효 공극 길이 = 0.35 [mm], 상당 정현 분포 유효 권 수 = 420. 전동기는 50 [Hz] 3상 전원으로부터 운전된다.

(a) 첨두 공극 자속밀도가 0.9 [T]로 될 때 상당 실효치 고정자 전압의 적절한 값을 결정하라.

(b) 이 기계의 자화 인덕턴스를 결정하라.

(c) 문제 (a)에서 찾은 고정자 전압으로 자화 전류를 결정하라.

(5.4 절)

5.2 문제 5.1의 유도기가 과열없이 회전자 둘레에 2 [kA/m]의 선(형) 실효치 전류 밀도를 지원할 수 있다고 가정한다. 전동기에는 50 [Hz]에서 230 [V] (L-N, line-to-neutral)인 3상이 공급된다. 정격 토크의 적절한 값을 결정하라.

(5.4 절)

5.3 문제 5.1의 기계의 회전자가 각각이 35 [mm^2]의 단면적인 23개의 주조 알루미늄 봉을 가진다. 알루미늄의 저항률은 운전 온도에서 0.03 [$\mu\Omega\cdot$m]로 취해질 수 있다.

(a) 회전자 봉에 등가인 회전자 도체판의 깊이를 결정하라.

(b) 단부 단락환의 저항을 무시하여, 고정자 권선에서 본 상당 회전자 저항을 결정하라.

(c) 전동기가 상당 230 [V]인 50 [Hz], 3상 전원으로 운전될 때, 12 [N·m]의 토크를 주는 회전자 주파수를 결정하라.

(d) 문제 (c)의 조건에 대한 기계 동력 출력을 찾아라.

(5.5 절)

5.4 3상, 4극, 440 [V] (L-L), 60 [Hz] 유도전동기가 90 [mH/phase]의 자화 인덕턴스와 0.4 [Ω/phase]의 고정자에서 본 유효 회전자 저항을 가진다. 고정자 저항은 무시될 수 있다.

(a) 이 기계에 대한 등가회로를 그려라.

(b) 440 [V], 60 [Hz] 전원에 연결되었을 때, 이것이 45 [N·m]의 토크를 요구하는 부하를 구동하는 속도는 얼마가 될 것인가?

(c) 문제 (b)의 조건의 경우 상당 전원 전류는 얼마가 될 것인가?

(5.5 절)

5.5 6극 유도전동기가 60 [Hz]에서 230 [V] (L-L)의 정격 전압을 가진다. 그것의 누설 인덕턴스는 14 [mH]이며, 고정자 [turn]에 반영된 회전자 저항은 1.2 [Ω]이다. 고정자 저항은 무시될 수 있다.

(a) 정격 전압과 주파수의 전원에서 운전할 때, 이 기계가 생성할 수 있는 최대 토크는 얼마가 될 것인가?

(b) 기계가 50 [Hz] 전원으로 운전되는 한편 같은 고정자 쇄교 자속을 유지할 때, 최대 토크는 얼마가 될 것인가?

(c) 문제 (b)의 경우에 최대 토크는 얼마의 속도에서 생길 것인가?

(5.7 절)

5.6 460 [V], 4극, 60 [Hz], 50 [kW], 1770 [rpm] 유도전동기가 24 [A]의 무부하 전류를 가진다. 회전자 손실을 제외한 모든 손실은 무시될 수 있다. 또한, 누설 인덕턴스도 무시될 수 있다. 이 전동기가 정격 토크를 내놓을 때 고정자 전류와 역률을 추정하라.

(5.7 절)

5.7 230 [V], 6극, 60 [Hz] 유도전동기가 다음의 매개변수를 가진다: $R_s = 3.1$ [Ω], $R_R = 6.6$ [Ω], $X_M = 190$ [Ω], 그리고 $X_L = 14.5$ [Ω]. 1125 [rpm]의 회전자 속도에 대하여, 선전류, 역률, 토크, 그리고 축 동력(shaft power)을 결정하라. 회전손(rotational loss)은 무시될 수 있다.

(5.7 절)

5.8 문제 5.7에서 주어진 전동기 매개변수를 사용하지만 고정자 저항을 무시하여, 정격 고정자 전압과 주파수에서 운전하는 경우에 대한 그림 5.18에서 보여진 형태의 페이서 원선도(phasor circle diagram)을 그려라. 정지, 최대 토크, 그리고 최대 고정자 역률의 조건을 표시하라. 최대 고정자 역률을 결정하고 그것이 일어나는 고정자 전류를 추정하라.

(5.7 절)

5.9 3상 유도전동기가 60 [Hz]에서 440 [V] (L-L)의 정격 전원에 연결되었을 때 8.0 [A]의 무부하 전류를 가진다. 특정한 부하를 구동할 때, 입력 전류는 20 [A], 입력 전력은 13.15 [kW], 그리고 속도는 1750 [rpm]이다. 정지 시에 고정자 단자쌍 사이에서 측정된 저항은 1.32 [Ω]이다.

(a) 등가회로 매개변수 R_s, L_M, L_L, 그리고 R_R의 근사 값을 결정하라.

(b) 정격 전압과 주파수에서 운전될 때 기계가 생성할 수 있는 최대 토크를 추정하라.

(c) 근사적으로, 문제 (b)의 최대 토크는 얼마의 속도에서 생길 것인가?

(5.7 절)

5.10 3상, 2극, 110 [V], 60 [Hz] 유도전동기가 1.6 [Ω]의 누설 리액턴스와 0.42 [Ω]의 유효 회전자 저항을 가진다. 고정자 저항은 무시할 수 있다. 이 전동기가 작은 권양기(hoist)에 사용된다. 부하가 아래로 내려가게 될 때, 전동기는 동기 속도보다 빠른 속도로 구동된다. 이 조건 하에서 전동기가 나타낼 수 있는 최

대 제동 토크(braking torque)와 최대 토크가 생기는 속도를 결정하라.

(5.7 절)

5.11 4극 농형 유도전동기가 60 [Hz]의 주파수에서 440 [V] (L-L)의 정격 전압을 가진다. 60 [N·m]의 정격 토크가 1760 [rpm]의 속도에서 생성된다. 이 전동기가 가변속 구동에서 사용되며 가변 전압, 가변 주파수 3상 전원이 공급된다. 고정자 저항과 누설 인덕턴스는 무시될 수 있다.

(a) 600 [rpm]의 속도에서 정격 토크 출력을 내기 위해 공급되는 고정자 전압과 주파수는 얼마가 되어야 할 것인가?

(b) 전동기 축에 연결된 기계 계통이 정격 값과 같은 토크로 전동기를 구동하는 동력원으로 작용한다고 가정한다. 600 [rpm]의 속도를 유지하기 위해서는 고정자 전압과 주파수는 얼마가 되어야 할 것인가?

(c) 문제 (b)의 조건의 경우 전원으로 되돌아가는 전력은 얼마인가?

(5.7 절)

5.12 가변속 구동이 정현에 가까운, 3상, 가제어(controllable) 전압과 주파수가 공급되는 농형 유도전동기로 이루어진다. 전동기 정격은 1770 [rpm] 에서 460 [V], 140 [A], 60 [Hz], 100 [kW]이다. 기계 부하는 [rad/s]의 속도당 3 [N·m]의 토크를 요구한다. 고정자 저항, 누설 인덕턴스, 그리고 손실은 무시될 수 있다. 이 부하를 1200 [rpm] 에서 구동하기 위해서는, 전원의 전압과 주파수는 얼마가 되어야 할 것인가?

(5.7 절)

5.13 소형 2극, 110 [V] (L-L), 3상, 60 [Hz] 유도전동기가 다음의 등가회로 매개변수를 가진다: $R_s = 0.22\,[\Omega]$, $R_R = 0.42\,[\Omega]$, $X_L = 1.6\,[\Omega]$, 그리고 $X_M = 34\,[\Omega]$. 간단한 계산을 위하여, 자화 지로(magnetizing branch)는 등가회로의 고정자 단자의 바깥으로 옮겨질 수 있다.

(a) 3500 [rpm]의 속도에서 발생되는 기계 동력을 결정하라.

(b) 문제 (a)의 조건에 대한 입력 역률을 결정하라.

(c) 회전자 저항과 누설 인덕턴스가 회전자 주파수와 무관하다고 가정하여, 기동 토크를 결정하라.

(5.8 절)

5.14 일정한 고정자 쇄교 자속에서 운전되는 유도전동기의 경우, 식 (5.58)은 회전자 주파수 $\hat{\omega}_r$에서 생기는 최대 또는 항복 토크(breakdown torque) $\hat{T}$에 대한

표현식을 준다.

(a) 회전자 저항이 회전자 주파수와 무관하다고 가정하여, 어떤 회전자 주파수 ω_r에서 생성되는 토크 T가 표현식

$$T = \frac{2\widehat{T}}{\frac{\widehat{\omega}_r}{\omega_r} + \frac{\omega_r}{\widehat{\omega}_r}} \qquad [\text{N}\cdot\text{m}]$$

로 주어짐을 보여라

(b) 토크의 예상에서 5 [%]의 오차로 귀결하는 누설 인덕턴스 L_L을 무시하는 가정으로 비(ratio) $\omega_r/\widehat{\omega}_r$의 값은 얼마인가?

(5.8 절)

5.15 3상, 4극, 550 [V], 60 [Hz] 유도전동기가 1350 [rpm]의 속도에서 생기는 100 [N·m]의 최대 또는 항복 토크를 가진다. 고정자 저항은 무시할 수 있으며 회전자 저항은 회전자 주파수에 따라 변하지 않는다고 가정한다. 기계는 400 [V], 50 [Hz] 전원에서 운전된다.

(a) 항복 토크의 새로운 값과 그것이 생기는 속도를 결정하라.

(b) 기동 토크의 새로운 값을 결정하고 550 [V], 60 [Hz] 운전의 경우와 비교하라.

(5.8 절)

5.16 440 [V], 3상, 60 [Hz], 4극 유도전동기가 2중 농형 회전자를 가진다. 그림 5.19에서 보여진 형태의 등가회로에 대한 매개변수는 $L_{L1} = 5$ [mH], $L_{L2} = 12$ [mH], $L_M = 140$ [mH], $R_{R1} = 4.5$ [Ω], 그리고 $R_{R2} = 1.1$ [Ω]이다. 고정자 저항은 무시될 수 있다. 동기 속도의 0, 80, 그리고 96 [%]의 속도에서 기계에 의해 발생되는 토크를 계산하라.

(5.8 절)

GENERAL REFERENCES

Alger, P. L., *Induction Machines–Their Behavior and Uses*, Gordon and Breach, New York, 1970.

Fitzgerald, A. E., Kingsley, C., Umans, S. D., *Electric Machinery*, 5th ed., McGraw-Hill, New York, 1990.

Miller, T. J. E., *Brushless Permanent-Magnet and Reluctance Motor Drives*, Clarendon Press, Oxford, 1989.

Nasar, S. A., *Handbook of Electric Machines*, McGraw-Hill, New York, 1987.
Say, M. G., *Alternating Current Machines*, 5th ed., Pitman, London, 1983.
Veinott, C. G., *Fractional and Subfractional-Horsepower Electric Motors*, 3rd ed., McGraw-Hill, New York, 1970.

6 SYNCHRONOUS MACHINES

분포 고정자 권선의 조합에 흐르는 3상 정현 전류의 조합에 의해 생성되는 회전 자계의 개념이 3.5절에서 소개되었으며 5.2절에서 유도기에 대해 더 전개되었다. 동기기(synchronous machine)는 이것과 동일한 고정자 생성 회전 자계(stator-produced rotating field)의 개념을 사용한다. 유도기와 대비하여, 동기기의 회전자는 고정자 자계와 동기로 회전하는 전자석 또는 영구자석으로 이루어진다. 따라서, p-극 기계의 경우, 정상 상태 속도는

$$\omega_{mech} = \frac{2}{p}\omega_s \qquad [\text{rad/s}] \tag{6.1}$$

에 의해 고정자 주파수와 관련되어야 한다.

가장 크고 가장 중요한 동기기는 전력망(electric power network)에 걸쳐 송전(transmission)과 배전(distribution)을 위한 전력을 마련하는 발전기로써 사용되는 것이다. 전력은 낙수(waterfall)에서의 수차(hydraulic turbine), 에너지가 가스(gas), 석유(oil), 석탄(coal), 또는 핵연료(nuclear fuel)로부터 오는 증기 터빈(steam turbine), 또는 이따금 경유 또는 휘발유 왕복 기관(reciprocal diesel or gasoline engine)으로부터 획득된다. 증기 터빈은 비교적 고속에서 동작한다. 그러므로, 그것에 결합되는 발전기는 일반적으로 50 또는 60 [Hz]의 보통의 전력 계통 주파수를 제공하는 2극 또는 4극 구조이다. 특히 물 흐름(water flow)의 저압(low pressure)과 대용량(large volume)으로 운전하는 수차는 저속에서 동작한다. 극수(number of poles)는 120처럼 클 수 있다. 증기 터빈 구동 발전기의 전력 정격은 대략 2000 [MW]까지 미칠 수 있다.

동기발전기는 또한 차량(vehicle), 항공기(aircraft), 그리고 원격 설비(remote installation) 같은 전력 계통의 독립 전원(stand-alone supply)과 비상 전원(emergency power supply)으로 사용된다.

다수의 동기기는 일정 주파수 전원으로부터 일정 속도로 운전하는 전동기로 사용된다. 일반적으로, 이들은, 대략 10 [MW] 정격까지의, 대형기의 경향이 있다. 그러한 응용의 경우, 원하는 속도를 생성하기 위하여 가제어(제어할 수 있는, controllable) 주파수를 주는 전자 변환기(electronic converter)로부터 전력이 공급된다.

6.1 CYLINDRICAL WOUND-FIELD MACHINES

원칙적으로, 동기기의 고정자는 유도기의 고정자와 동일하다. 잠깐 동안, 권선이 없는 원통형 철 회전자(cylindrical iron rotor)를 가진 기계를 상상한다면, 유도기의 회전 자계와 자화 인덕턴스에 관련된 5.1에서 5.3의 모든 논의가 적용된다. 전기적으로, 기계는 고정자 저항 R_s와 자화 인덕턴스 L_M(식 (5.22))으로 이루어진 그림 5.8의 등가회로에 의해 모델링될 수 있다. 동기기로서의 등가회로를 완성하기 위해서는, 이제 회전자 성질에 관하여 모델링하는 것이 필요하다.

2극 동기기에 대한 전형적인 회전자가 그림 6.1에서 보여져 있다. 회전자가 회전 자계와 동기로 회전하기 때문에, 그 자속은 보통 일정하다. 회전자에서의 일정한 자속으로, 의미있는 히스테리시스 또는 와류손은 없을 것이다. 따라서, 대형 동기기의 경우, 회전자 몸체(rotor body)는 종종 단조 고형강(solid steel forging)으로 만들어진다.

슬롯이 원통형 회전자에 파지며, 그림 5.3 (a)에서 고정자에 대해 보여진 것과 매우 같은 방식으로 도체의 정현 분포에 근사하도록 이 슬롯에 직렬 연결 코일이 위치된다. 등가 정현 분포 권수가 N_{re}라면, 도체 밀도는, 식 (5.1)과의 상사에 의해,

$$n_r = \frac{N_{re}}{2}\sin\theta_r \tag{6.2}$$

와 같이 표현될 수 있다. 이제, 회전자 축에 있는 절연된 슬립 링(slip ring)과 외부 전원에 연결된 정지 브러시 접속(stationary brush connection)을 사용하여, 이 권선을 통하여 계자 전류 i_f가 지나간다면, 극당 기저(per-pole basis)로, 생성되는 기자력

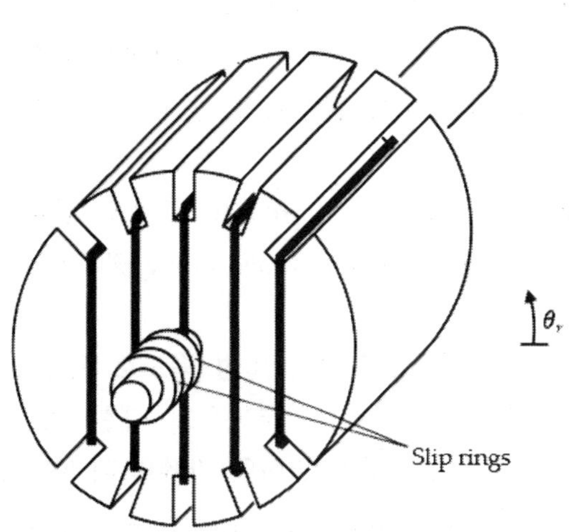

Figure 6.1 Cylindrical two-pole rotor for synchronous machine.

은, 식 (5.3)과의 상사에 의해,

$$\mathcal{F}_{r\theta_r} = \frac{N_{re}}{2} i_f \cos\theta_r \qquad [\mathrm{A}] \tag{6.3}$$

이 될 것이다. 여기서 θ_r은, 그림 6.1에서 보여진 바와 같이, 회전자 축에 대한 회전자 위에서의 각 위치(angular position)이다.

이제 고정자 위의 상 a의 축에 대한 회전자 축의 각도 β가

$$\beta = \omega_o t + \beta_o \qquad [\mathrm{rad}] \tag{6.4}$$

가 되도록 회전자가 회전한다고 하자. 회전자 위에서의 각 위치 θ_r은 그러면

$$\theta_r = \beta - \theta \qquad [\mathrm{rad}] \tag{6.5}$$

에 의해 고정자 상 a의 축으로부터 측정된 위치 θ와 관련된다. 고정자에서 보여지는, 회전자에 의해 생성되는 극당 기자력은 그러면,

$$\begin{aligned}\mathcal{F}_{r\theta} &= \frac{N_{re}}{2} i_f \cos(\beta - \theta) \\ &= \frac{N_{re}}{2} i_f \cos(\omega_o t + \beta_o - \theta) \qquad [\mathrm{A}]\end{aligned} \tag{6.6}$$

으로 주어진다.

5.2절(식 (5.9))에서, 각각이 N_{se}의 등가 권수인 3개의 고정자 권선에서 첨두치 $\hat{i}$, 각주파수 ω_s, 그리고 위상 각(phase angle) α인 3상 정현 고정자 전류의 조합이

$$\mathcal{F}_{\theta} = \frac{3N_{se}}{4} \hat{i} \cos(\omega_s t + \alpha - \theta) \qquad [\mathrm{A}] \tag{6.7}$$

의 기자력을 생성하였음이 보여졌다. 따라서, 고정자에서 보여지는 회전자는 3상 정현 전류원(current source)처럼 보인다. 2극기의 경우, 그것의 주파수는, 정상 상태에서, 고정자 각주파수 ω_s와 같아질 회전 속도 ω_o이다. 식 (6.6)과 (6.7)을 비교하면, 하첨자 F로 나타낸 이 전류원의 첨두치는

$$\hat{i}_F = \frac{2p}{3} \frac{N_{re}}{N_{se}} i_f \qquad [\mathrm{A}] \tag{6.8}$$

에 의해 계자 전류와 관련될 수 있다. 같은 식으로부터, 이 전류원의 위상 각은 β_o이다. 그러므로, 고정자에 대한 자계의 효과는 실효치 페이서 양

$$\begin{aligned}\vec{I}_F &= \frac{\hat{i}_F}{\sqrt{2}}\epsilon^{j\beta_o} \\ &= \frac{\sqrt{2}}{3}\frac{N_{re}}{N_{se}}i_f\angle\beta_o \\ &= ni_f\angle\beta_o \qquad [\text{A}]\end{aligned} \tag{6.9}$$

으로 표현될 수 있는 전류원의 효과이다. 여기서 n은 고정자 항에서의 직류 전류와 관련된 실효치 등가 전류의 전류비(current ratio)이다.

페이서 $\vec{I}_s$로 나타낸 고정자 상전류(phase current)와 이 등가 회전자 전류 $\vec{I}_F$에 기인한 기자력은 기계 내에 자속을 생성하기 위해 결합된다. 이 자속은 회전자와 같은 속도로 회전하기 때문에, 정상 상태에서 회전자 권선 내에서의 쇄교 자속의 변화율은 0이 될 것이다. 따라서, 정상 상태에서, 계자 전류는

$$i_f = v_f/R_f \qquad [\text{A}] \tag{6.10}$$

에 의해 직류 전압 계자 전원 v_f 및 계자 회로 저항 R_f와 관련될 것이다. 고정자에서 보여지는 교류 전원 전류 i_F의 크기 역시 일정하다는 것이 따라온다.

6.2 STEADY-STATE EQUIVALENT CIRCUIT

동기기의 독특한 양상은 그것이 고정자 또는 회전자 어느 쪽으로부터든 자화될 수 있다는 것이다. 교류 고정자 전류 $\vec{I}_s$에 의해 생성되는 기자력 공간 벡터 $\vec{\mathcal{F}}_s$는 순(net) 자화 기자력 벡터 $\vec{\mathcal{F}}_M$을 확립하도록 회전하는 회전자에서의 직류 계자 전류에 의해 생성되는 공간 벡터 $\vec{\mathcal{F}}_r$과 결합되고, 그 다음에는, 공극 자속밀도 공간 벡터 $\vec{B}_g$와 실효치 고정자 쇄교 자속 $\vec{\Lambda}_s$를 생성한다. 이 양들 사이의 관계는 식 (5.13), (5.18), 그리고 (5.21)에서 유도기에 대해 이미 유도되었다. 따라서, 유도기에서와 같이, 동기기는 고정자 쇄교 자속 $\vec{\Lambda}_s$가 순(net) 자화 전류 $\vec{I}_M$과 관련되는 자화 인덕턴스 L_M을 가진다. 여기서

$$\vec{I}_M = \vec{I}_s + \vec{I}_F \qquad [\text{A}] \tag{6.11}$$

이다.

고정자 쇄교 자속 $\vec{\Lambda}_s$의 시간 변화율은 고정자 단자 전압 $\vec{V}_s$와 고정자 저항을 가로지르는 강하만큼 차이가 나는 유도 고정자 전압 페이서 $\vec{E}_s$를 생성한다. 그러므로, 원통형 회전자 동기기는 정상 상태에서 그림 6.2의 간단한 등가회로에 의해 나타내어질 수 있다. 계자 권선과 쇄교하는 상당한 누설 자속이 있을 수 있지만 고정자 권선은 그렇지 않아서, 대응하는 누설 매개변수인 누설 인덕턴스는 직류 전류

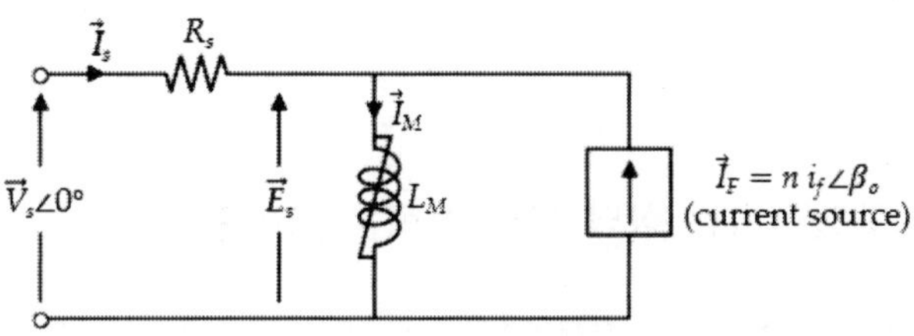

Figure 6.2 Equivalent circuit of synchronous machine.

원 $\vec{I}_F$와 직렬로 되며 따라서 정상 상태 성능에는 영향을 미치지 않는다.

고정자와 회전자의 철(iron)이 모두 완전 자기 도체(이상적 자성체, perfect magnetic conductor)로 간주될 수 있다면, 자화 인덕턴스는 식(5.22)에 의해 공극 영역에서의 기계의 치수(dimension)와 관련될 수 있다. 하지만, 대부분의 동기기는 철 경로의 어떤 부분이, 특히 고정자와 회전자 치(tooth)에서, 철에 대해 요구되는 기자력이 상당한 자속밀도의 수준에서 운전된다. 따라서, 그림 6.2에서의 자화 인덕턴스는 비선형으로 분류되며 그림 5.7의 Λ_s-I_M도(Λ_s-I_M graph)에서 보여진 전형적인 형태를 가진다.

동기기에 관한 많은 문헌은 그림 6.2의 회로에 Thévenin의 정리를 적용하여 얻어지는 다른 형태의 등가회로의 사용을 행한다. 결과는 직렬로 유도성 리액턴스(inductive reactance) $\omega_s L_M$을 가진 전압원 $\vec{E}_F = j\omega_s L_M \vec{I}_F$이다; 이 매개변수는 일반적으로 **동기 리액턴스**(*synchronous reactance*)라고 일컬어진다. 이 전압원 모델은, 부분적으로는 그것이 인덕턴스 L_M의 값에 종속하는 자화 전류 $\vec{I}_M$의 동일성(identity)을 잃어버리기 때문에, 부분적으로는 인덕턴스 L_M에서의 비선형성이 회로 내에서 2번 삽입되기 때문에, 그리고 부분적으로는 거의 이상적인 교류 전류원(near-ideal alternating current source)으로서의 동기기의 기본적인 성질이 상실되기 때문에, 지지되지 않는다.

6.3 STEADY-STATE OPERATION

일정 전압 V_s와 일정 주파수 ω_s의 3상 전원에 연결되고, 동기 속도 $\omega_o = \omega_s$ [elec. rad/s]에서 회전하는 동기기를 고려한다. 여기서, p-극기의 경우, $\omega_o = \omega_{mech}\, p/2$이다. 전압 V_s가 알려져 있기 때문에, 그것을 기준 페이서로 사용하는 것이 편리하다. 간단을 위하여, 고정자 저항 R_s의 일반적으로 작은 효과는 다음의 해석에서는 무시될 것이다.

그림 6.2의 등가회로로부터, 고정자 전류 페이서는

$$\vec{I}_s = \frac{\vec{V}_s}{j\omega_s L_M} - \vec{I}_F \qquad [\mathrm{A}] \tag{6.12}$$

이다. 고정자 단자로 들어가는 상당 복소 전력은 그러면

$$\vec{S}_s = P_s + jQ_s = \vec{I}_s \vec{V}_s^* \qquad [\mathrm{VA}] \tag{6.13}$$

이다. 여기서 $\vec{V}_s^*$는 페이서 $\vec{V}_s$의 공액(conjugate)이다. $\vec{I}_s$에 대한 표현식을 삽입하면 식 (6.12)로부터

$$\vec{S}_s = -j\frac{V_s^2}{\omega_s L_M} - I_F V_s \angle \beta_o \qquad [\mathrm{VA}] \tag{6.14}$$

를 준다.

고정자에서의 손실이 이 단계에서는 무시되기 때문에, 식 (6.14)에서의 $\vec{S}_s$의 실수 성분(실수분, real component)은 또한 공극을 가로지르는 상당 전력(power)이다:

$$P_s = P_g = -I_F V_s \cos\beta_o \qquad [\mathrm{W}] \tag{6.15}$$

식 (5.44)와 (5.52)와의 상사에 의해, 토크는 총(total) 공극 전력을 동기 기계 속도(synchronous mechanical speed)로 나눈 것과 같다. 따라서, 토크는

$$\begin{aligned} T &= \frac{3P_g}{\omega_{mech}} \\ &= -\frac{3p}{2\omega_s} I_F V_s \cos\beta_o \qquad [\mathrm{N{\cdot}m}] \end{aligned} \tag{6.16}$$

이다.

토크 T와 회전자 각도 β_o 사이의 관계가 그림 6.3에서 보여져 있다. 토크가 $\beta_o = -\pi/2$ [rad]에서 0이 되는 조건을 고려한다. 이 회전자 각도로, 등가 회전자 전류 $\vec{I}_F$는 자화 전류 $\vec{I}_M$과 동상(in phase)이다. 회전자 기자력 벡터는 쇄교 자속 벡터 $\vec{\Lambda}_s$와 공간 동상으로(in space phase) 회전한다. 이제 토크 T_L의 기계 부하가 차차로 인가된다면, 기계는 순간적으로 느려질 것이며, 따라서 각도 β_o가 줄어든다. β_o의 $-\pi/2$보다 더 큰 부(음, negative)의 값으로, 그림 6.3으로부터 전동기가 정(양, positive)의 토크를 생성할 것임이 보여진다. 과도 상태에서는, 각도 β_o의 진동(oscillation)이 시간에 따라 생길 것이다. 결국에는, 이것이 감쇠될 것이며, 정상 상태 조건은 각도 β_o가 전동기 토크가 부하 토크와 같게 되는 각도일 때 생길 것이다.

동기기가 같은 회전 방향의 축 토크를 공급하는 원동기(prime mover)에 결합된다

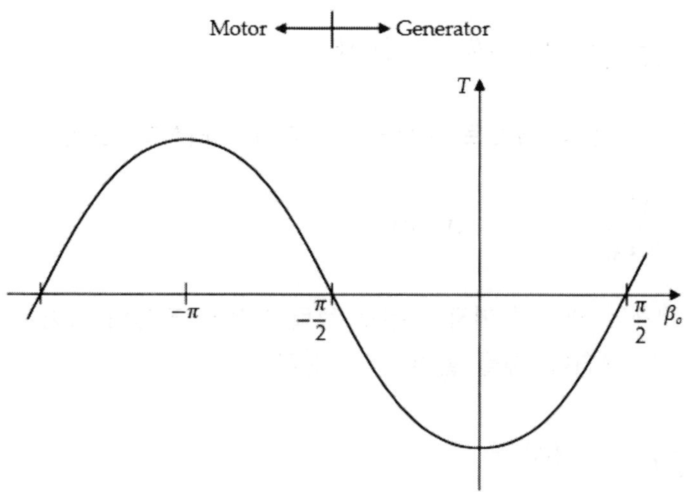

Figure 6.3 Torque-angle characteristic of synchronous machine.

면, 그 효과는 기계를 순간적으로 가속할 것이며, 따라서 β_o가 $-\pi/2$보다 더 큰 값으로 증가한다. 결과로서, 기계는 부(음, negative) 토크, 즉, 회전과 반대 방향이며 인가 토크와 균형이 되는 토크를 생성한다. 이 조건에서는, 기계가 동기 발전기로서 동작한다.

식 (6.16)으로부터, 전동기 또는 발전기 어느 쪽으로든, 일정 전압 계통에서 운전하는 동기기에 대한 이용할 수 있는 토크의 첨두치는 계자 전류에 직접 비례한다는 것이 보여진다. 일반적으로, 계자 전류는 기계의 정격 토크가 이 최대 값보다 상당히 낮은 값이 되도록 설정된다. 어떤 이유에서든, 부하 토크가 전동기로서 최대로 이용할 수 있는 토크를 초과한다면, 전동기는 멎게 될(실속할, stall) 것이다. 원동기 토크가 발전기로서 최대로 이용할 수 있는 토크보다 더 큰 토크가 인가된다면, 발전기는 일주(탈주)할(run away) 것이다.

최대 토크의 충분히 큰 값을 보장하기 위하여, 동기기는 보통 유도기보다 어느 정도 더 큰 공극을 갖도록 설계된다. 이것은 자화 인덕턴스의 값을 감소시키고 자화 전류가 증가되도록 하여, 따라서 요구되는 전원 전류 I_F의 큰 값이 되게 한다. 정격 주파수에서 자화 인덕턴스 또는 리액턴스의 전형적인 값은 정격 고정자 양을 기저로 하여 0.6에서 2 [pu]의 범위 내에 있다. 정격 전압과 주파수에서 [pu]로 나타낸 자화 전류는 그러면 [pu] 자화 인덕턴스의 역(inverse)이 될 것이다.

계자 전류 크기의 설정에 영향을 미치는 주된 인자(major factor)는 고정자 역률(stator power factor)이다. 식 (6.14)로부터, 전원으로부터 취해지는 무효 전력(reactive power)은

$$Q = -\frac{V_s^2}{\omega_s L_M} - I_F V_s \sin\beta_o \qquad \text{[VAR]} \tag{6.17}$$

이다. 0의 토크, 즉, $\beta_o = -\pi/2$로 운전중인 기계를 고려한다. 그러면

$$Q = -\frac{V_s^2}{\omega_s L_M} + I_F V_s \qquad \text{[VAR]} \tag{6.18}$$

이다. 이것은 기계에 의해 취해지는 무효 전력이 계자 전류의 크기의 조정에 의해 제어될 수 있음을 보인다. 예를 들어, 계자 전류가

$$I_F = \frac{V_s}{\omega_s L_M} \qquad \text{[A]} \tag{6.19}$$

로 설정된다면 0의 토크에서 무효 전력은 0이 될 것이다. 이 조건의 경우, 기계는, 이론적으로, 0의 고정자 전류로, 전원 계통(power supply system) 또는 모선(bus)에서 부동한다고(floating) 불린다. 계자 전류의 증가는 기계가 계통에서 용량성 부하(capacitive load)로 작용하는 원인이 되는 한편 계자 전류의 감소는 유도성 부하(inductive load)로 작용하는 원인이 된다. 이 뒤쪽의 유도성 부하의 이론적인 한계는 기계가 그 자화 인덕턴스의 값에 의해 계통을 짊어지는 0의 계자 전류로 일어난다. 고정자 전류와 계자 전류 사이의 관계는 그림 6.4에서 보여진 형태의 것이다. 어떤 설비에서는, 동기기가 오직 부하 계통의 역률의 개선의 목적만으로 사용된다. 이 경우의 동기기는 **동기 조상기**(*synchronous phase modifier*) 또는 **동기 커패시터**(*synchronous capacitor*)라고 일컬어진다.

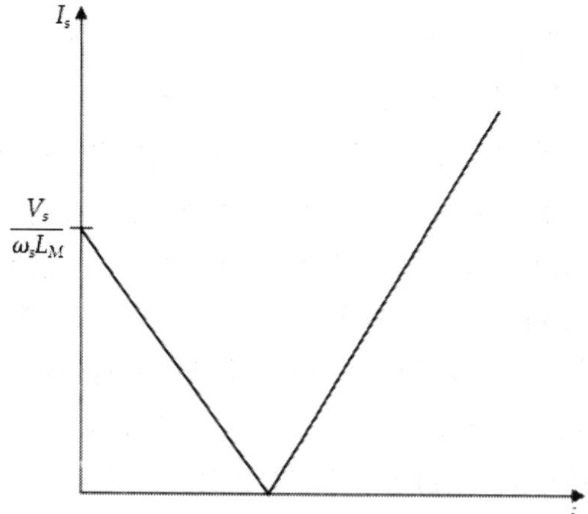

Figure 6.4 Relation between stator and field currents for operation as a synchronous phase modifier.

전동기로서 동작될 때, 어떤 부하에서의 계자 전류는 원하는 역률을 유지하도록 조정된다. 어떤 주어진 토크 부하에 대하여 전원으로부터의 최소 전류를 취하기 위해서는, 고정자 역률이 단위 값(unity, 1)으로 만들어져야 할 것이다. 많은 응용에서는, 큰 부하를 구동하고 또한 공장의 종합 역률(overall power factor)이 허용할 수 있는 한계 이내로 될 진상 역률(leading power factor)을 취하기 위해, 동기전동기가 산업 공장 내에 설비된다. 이 조건의 경우, 계자 전류는 단위 역률 조건(unity-power-factor condition)을 넘도록 증가되고 전동기는 **과여자**(*overexcited*)라 불린다.

동기전동기의 페이서도가 어느 정도 앞서는 역률, 즉, $\vec{I}_s$가 $\vec{V}_s$보다 각도 α_s만큼 앞서는 경우에 대해 그림 6.5 (a)에서 보여져 있다. 부하 토크가 일정하며 기계손(me-

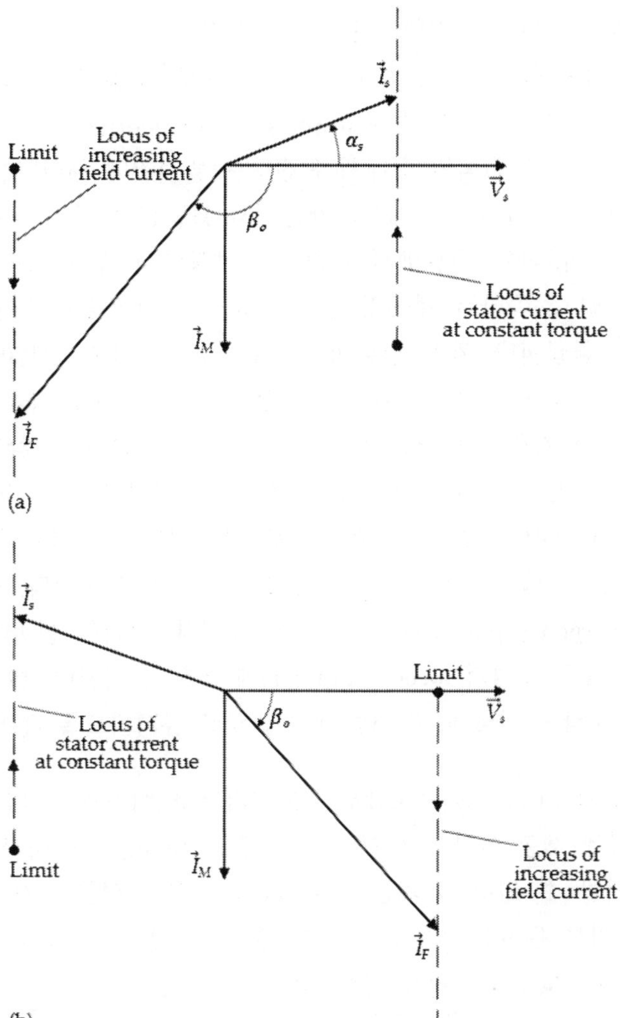

Figure 6.5 Phasor diagrams for (a) synchronous motor and (b) synchronous generator.

chanical loss)이 무시될 수 있다면, 고정자 전압과 동상인 고정자 전류 성분은 일정할 것이다. 계자 전류가 증가된다면, 고정자 전류 페이서 $\vec{I}_s$는 보여진 바와 같이, 고정자 전류의 용량 성분(capacitive component)이 증가하는, 수직 궤적(vertical locus)을 따를 것이다. 동시에, 부하각(load angle) β_o는 어느 정도 감소할 것이다. 거꾸로, 계자 전류에서의 감소는 결국 고정자 전류가 유도성(inductive)으로 되는 원인이 될 것이다. 계자 전류 감소의 이론적 한계는, 식 (6.16)으로부터, 이 조건에서는 최대 전동기 토크가 바로 부하 토크와 같기 때문에, $\beta_o = -\pi$일 때 도달된다. $\beta_o = -\pi$에 가까운 영역에서 운전하는 것은 그것이 안정 한계(stability limit)에 가깝기 때문에 정상적이 아닐 것이다. 동기 전동기에서의 토크 부하가 넓은 범위에 걸쳐 변화할 때에는, 보통 고정자 역률을 검출하고 그것을 적절한 한계 이내로 유지하도록 계자 전류를 조정하는 수단을 마련하는 것이 필요하다.

전력 계통에 연결된 동기발전기는 그것의 토크와, 그러므로, 그것의 원동기의 설정에 의해 결정되는 고정자 전류의 동상 성분(in-phase component)을 가질 것이다. 그림 6.5 (b)는 일정한 출력 유효 전력의 값에서 운전하는 발전기에 대한 페이서도를 보인다. 보여진 조건에서는, 그것 역시 전력 계통에서 용량성 부하로 작용한다. 다시, 동기전동기에서와 같이, 계자 전류에서의 증가는 계통에서 발전기의 용량성 부하가 증가하는 원인이 되고, 따라서 계통의 전기 부하와 송전선로에 의해 요구되는 유도성 무효 전력을 공급한다. 계자 전류의 감소는 결국 기계가 계통에서 유도성 부하로 작용하는 원인이 되어, 안정 한계는 회전자 각도(rotor angle) $\beta_o = 0$에서 일어난다. 계통 전압이 발전기가 연결된 점에서 사실상 일정하지 않은 상황에서는, 발전기 계자 전류의 증가가 계통 전압을 증가시키는 방향으로 갈 것이다.

이 절까지는, 동기발전기가 매우 큰 전력 계통에 연결된 것으로 고려되었다. 하지만, 다수의 동기발전기는 독립 부하에 전력을 공급하는 것이 요구된다. 예로는 병원에서의 비상 전원(emergency power supply)이 될 것이다. 그러한 설비에서는, 주파수가 원동기에 있는 속도 조정기(speed regulator)에 의해 유지된다. 발전기의 계자 전류는 부하가 바뀌더라도 알맞게 일정한 단자 전압을 유지하도록 제어된다.

EXAMPLE 6.1 3상, 2300 [V] (L-L), 60 [Hz], 100 [kVA] 동기기가 0.171 [H]의 자화 인덕턴스를 가진다. 계자 전류에 대한 등가 실효치 전원 전류의 비 n은 1.62이다. 기계에서의 모든 손실은 무시될 수 있다. 기계는 75 [kW]의 기계 동력을 내어놓으며 정격 전압 전원에서 전동기로 운전되고 있다. 그 역률은 0.8 진상 또는 용량성이다. 요구되는 계자 전류와 부하각(load angle)을 결정하라.

Solution

정격 전기자 상전압은

$$\vec{V}_s = \frac{2300}{\sqrt{3}} = 1328\angle 0° \qquad [V]$$

손실이 없으므로, 상당 입력 전력은 25 [kW]이다. 따라서, 0.8의 역률의 경우, 고정자 전류는

$$\vec{I}_s = \frac{25000}{1328 \times 0.8}\angle \cos^{-1} 0.8 = 23.53\angle 36.87° \qquad [A]$$

60 [Hz]에서 자화 리액턴스는

$$X_M = \omega_s L_M = 377 \times 0.171 = 64.47 \qquad [\Omega]$$

정격 전압에서 자화 전류는

$$\vec{I}_M = \frac{\vec{V}_s}{jX_M} = \frac{1328\angle 0°}{j64.47} = -j20.60 \qquad [A]$$

전원 또는 계자 전류 페이서는

$$\vec{I}_F = \vec{I}_M - \vec{I}_s = -j20.60 - 23.53\angle 36.87° = 39.49\angle - 118.5° \qquad [A]$$

계자 전류는 그러면 다음과 같이 얻어진다:

$$i_f = \frac{I_F}{n} = \frac{39.49}{1.62} = 24.38 \qquad [A]$$

부하각은

$$\beta_o = -118.5°$$

EXAMPLE 6.2 예제 6.1에서의 기계가 정격 전압 전원에 연결된 동기 조상기 또는 커패시터로 사용된다고 가정한다. 기계의 정격 내에서 용량성 부하의 전체 범위(full range)를 제공하기 위해 요구되는 계자 전류의 범위는 무엇인가?

Solution

예제 6.1로부터,

$$\vec{V}_s = 1328\angle 0° \qquad [V]; \qquad \vec{I}_M = -j20.60 \qquad [A]$$

100 [kVA]의 고정자의 전기 정격에서, 정격 고정자 전류는

$$\vec{I}_s = \frac{j100000}{3 \times 1328} = j25.1 \qquad [A]$$

이 고정자 전류와 0의 부하 토크로, 등가 계자 전원 전류는

$$\vec{I}_F = \vec{I}_M - \vec{I}_s = -j45.7 \qquad [A]$$

그러면, 전(full) 용량성 부하의 경우, 요구되는 최대 계자 전류는

$$i_f = \frac{I_F}{n} = \frac{45.7}{1.62} = 28.21 \qquad [A]$$

최소 용량성 부하는 0이며, 이것은 $I_s = 0$일 때 생긴다. 따라서, 이 경우에는,

$$\vec{I}_F = \vec{I}_M = j25.1 \qquad [A]$$

그리고

$$i_f = \frac{I_F}{n} = \frac{25.1}{1.62} = 15.49 \qquad [A]$$

EXAMPLE 6.3 예제 6.1의 동기기가 2450 [V]의 선간 전압(line-to-line voltage)으로 전기 모선에 60 [Hz]로 80 [kW]의 유효 전력과 60 [kVAR]의 유도성 무효 전력을 공급하는 발전기로 사용된다. 요구되는 계자 전류와 부하각을 결정하라.

Solution

고정자 상전압은 다음과 같이 주어진다:

$$\vec{V}_s = \frac{2450}{\sqrt{3}} = 1414.5\angle 0° \qquad [V]$$

상당 복소 부하 전력은

$$S_L = \frac{1}{3}(80000 - j60000) \qquad [VA]$$

그림 6.2의 등가회로에서 고정자 전류 $\vec{I}_s$의 지정된 방향이 기계 내부로 향하는 방향이기 때문에, 고정자 전류 페이서는, 식 (6.13)으로부터, 다음과 같이 주어진다:

$$\vec{I}_s = \frac{\vec{S}_s}{\vec{V}_s{}^*} = -\frac{\vec{S}_L}{\vec{V}_s{}^*} = -18.85 + j14.14 \qquad [A]$$

자화 전류는

$$\vec{I}_M = \frac{\vec{V}_s}{jX_M} = \frac{1414.5\angle 0}{j64.47} = -j21.94 \qquad [A]$$

전원 전류는 그러면

$$\vec{I}_F = \vec{I}_M - \vec{I}_s = 40.71\angle -62.42° \qquad [A]$$

따라서, 계자 전류는

$$i_f = \frac{I_F}{n} = \frac{40.71}{1.62} = 25.13 \qquad [A]$$

그리고 부하각은

$$\beta_o = -62.42°$$

6.4 STARTING AND EXCITATION OF SYNCHRONOUS MACHINES

계자 권선을 가진 동기기의 경우에는 직류 전원이 요구된다. 소형 동기기에서는, 이 전류가, 그림 6.1에서 보여진 바와 같이, 2개의 슬립 링(slip ring)에 접촉된 1쌍의 브러시(brush)를 통하여 외부 전원으로부터 공급될 수 있다. 계자 권선에서 요구되는 전력은 열로 소산된다(dissipated). 소형기에서는, 이 전력이 기계 정격의 5 [%] 정도일 수 있다. 대형기의 경우에는, 계자 전력이 보통 정격의 1 [%]보다 적다. 하지만, 1000 [MVA] 기계에서는, 이것이 여전히 수 [MW]일 것이며 슬립 링을 통하여 공급하기가 어려울 것이다. 따라서, 대형기의 경우에는, 계자 전류가 일반적으로 같은 축에 장착된 다른 발전기에 의해 마련된다. 어떤 계통에서는, 이것이 직류발전기일 수 있다. 대부분의 현대 설비에서는, 다른 동기발전기가 여자기(exciter)로써 사용된다. 여자기의 계자 권선은 고정자에 그리고 상 권선은 회전자에 위치된다. 여자기의 회전축 위에 장착된 정류기(rectifier)가 교류 전류를 직류 전류로 변환한다. 주 기계(main machine)의 계자 전류는 그러면 여자기 계자 전류의 제어에 의해 조정될 수 있다.

동기발전기는 고정자 단자가 전력을 공급하는 계통에 연결되지 않은 채 기동된다. 원동기 제어는 기계를 전기 계통과 동기가 되는 속도까지 가속하기 위해 사용된다. 동시에, 계자 전류는 고정자 단자에서의 개방 회로 유기 전압(open-circuit generated voltage)이 계통의 전압과 근사적으로 같아지도록 조정된다. 마지막으로, 원동기 제어가 고정자와 계통 전압의 위상각(phase angle)이 근사적으로 같아지도록 하기 위해 사용되며, 그 후에 발전기를 계통에 연결하는 스위치(switch)가 닫힌다. 이 과정은 **동기화(동기 인입**, *synchronization*)라 불려진다. 소형 발전기에서는, 계기(instrument)의 도움으로 그것이 수동(manual)일 수 있다; 대형기에서는, 그것이 자동으로 이루어진다.

직류 전류를 운반하는 계자 권선 만을 가진 동기전동기는 일정한 주파수의 전원에 연결되었을 때 스스로 기동할 수 없다. 동기 속도가 아닌 어떤 속도에서든, 회전자는 정지 또는 더 느리게 움직이는 회전자 자계가 지나가는 고정자에 의해 생성되는 회전 자계에 따라 0인 평균 값의 진동 토크(oscillating torque)를 겪을 것이다. 기동 토크(starting torque)를 제공하기 위하여, 동기전동기는 보통 유도전동기에서 사용된 것과 어느 정도 비슷한 농형 권선(squirrel cage winding)이 준비된다. 그림 6.6은, 성형 자극(shaped pole)과 집중 계자 권선(concentrated field winding)을 가진 철극(돌극, salient-pole) 동기전동기에 맞추어진, 때때로 **제동 권선**(*damper winding* or *amortisseur*)이라 일컬어지는, 그러한 권선을 보인다. 전동기는 고정자를, 전전압(full voltage) 또는 줄여진 전압(reduced voltage)에서, 전원에 연결하여 기동되고, 동기 속도를 향하여 가속된다. 이 가속 동안에, 계자 권선은 보통 과대한 유도 전압으로부터 권선을 보호하기 위하여 단락된다. 속도가 동기 속도의 95 [%]에 도달하였을 때, 계자 전류가 공급되고, 회전자는 회전 자계와 동기화된다(pull into synchronism).

6.5 MEASUREMENT OF PARAMETERS

그림 6.2의 등가회로의 매개변수는 두 가지 간단한 시험을 수행함으로써 대부분의

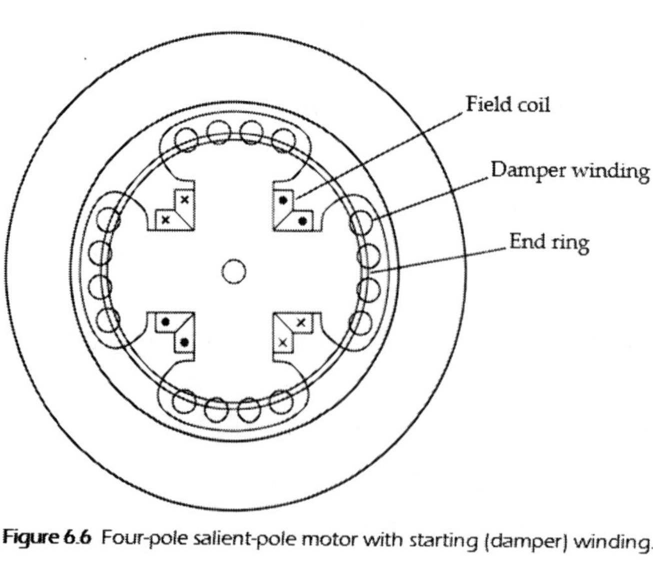

Figure 6.6 Four-pole salient-pole motor with starting (damper) winding.

목적에 적합한 정확도로 결정될 수 있다. 이 시험의 경우, 어떤 다른 이용할 수 있는 속도든 너무 작지만 않으면 만족스러운 결과를 주지만, 보통 원동기에 의해 정격 속도로 구동된다. 고정자 단자가 개방되고 일정한 속도에서, 고정자 전압이 계자 전류의 값의 범위에 대해 측정된다. 이 범위는, 그림 6.7 (a)에서 보여진 바와 같이, 포화 영역 내부로 까지 확장된다. 역시 적절한 속도에서 운전되는 두 번째 시험에서는, 계자 전류가 0일 때 고정자 단자가 전류계(ammeter)를 통해 단락된다. 그 다음, 그림 6.7 (a)에서 보여진 바와 같이, 고정자 전류가 계자 전류의 범위에 대해 측정된다.

그림 6.2에서 고정자 저항 R_s가 무시될 수 있다고 가정하면, 단락 회로에서의 고정자 전류는 전원 전류 I_F와 같게 될 것이다. 그러면, 식 (6.9)로부터, 전류비(current ratio)는

$$n = \frac{I_s}{i_f} \tag{6.20}$$

이다. 즉, 그것은 그림 6.7 (a)의 단락 회로 시험도(short-circuit test graph)의 기울기(slope)이다. 일반적으로, 단락 회로 조건 동안에 기계 내의 자속이 포화를 일으키기에는 너무 낮기 때문에, 이것은 직선(straight line)이다.

비포화(불포화) 영역(unsaturated region) 내에서는, 자화 인덕턴스가 개방 회로 시험 결과로부터

$$L_M = \frac{V_s}{\omega_s n i_f} \qquad [\text{H}] \tag{6.21}$$

와 같이 찾아질 수 있다. 여기서 ω_s는 시험이 이루어진 주파수이며 V_s는 계자 전류

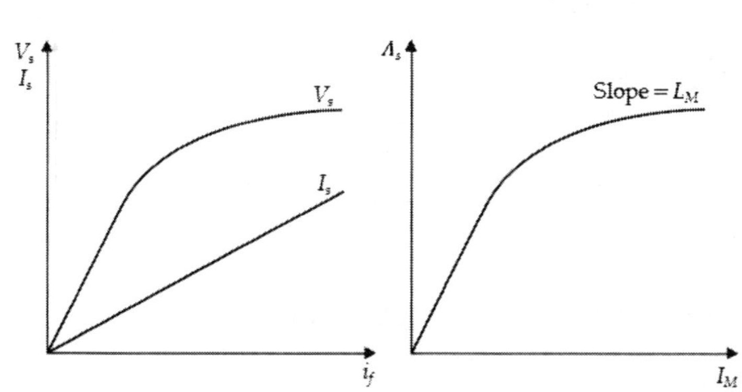

(a) (b)

Figure 6.7 (a) Open circuit voltage and short circuit current and (b) magnetization curve.

i_f에 대응하는 상전압(phase voltage)이다.

포화 영역 내에서는, 식 (6.21)은 여전히 정당하지만 쇄교 자속-자화 전류 관계가 이제는 비선형이며 보통 그림 6.7 (b)의 자화 전류 I_M에 대해 쇄교 자속 Λ_s를 관련 짓는 자화 곡선을 생성하는 그림 7.6 (a)의 개방 회로 곡선을 다시 눈금을 매김으로써(by rescaling) 가장 잘 나타내어진다. 이 형태는 기계가 정격이 아닌 주파수로 운전될 때 특히 유용하다. 다른 기계 형태에서처럼, 고정자 저항은 두 개의 고정자 단자 사이의 직류 전류를 사용하여 측정될 수 있다.

EXAMPLE 6.4 정격 속도로 구동된 3상, 60 [Hz], 6극, 15 [kVA], 220 [V] 동기발전기에 대해 다음의 시험 결과가 얻어졌다: 개방 회로 시험: $i_f = 6.7$ [A], $V_s = 220$ [V]; 단락 회로 시험: $i_f = 4.6$ [A], $I_s = 39.1$ [A].

(a) 정격 전압에서의 운전에 대한 등가회로 매개변수의 값을 결정하라.

(b) 0.8의 진상 역률과 정격 주파수에서 독립 정격 부하를 공급하기 위해 요구되는 계자 전류를 결정하라.

Solution

(a) 계자 전류에 대한 등가 정현 전류원에 관련된 인자 n은, 식 (6.20)과 단락 회로 자료로부터,

$$n = \frac{I_s}{i_f} = \frac{39.1}{4.6} = 8.50$$

자화 리액턴스는, 식 (6.21)로부터, 다음과 같이 얻어진다:

$$X_M = \frac{V_s}{ni_f} = \frac{220}{\sqrt{3} \times 8.5 \times 6.7} = 2.23 \qquad [\Omega]$$

$$L_M = \frac{X_M}{\omega_s} = \frac{2.23}{377} = 5.92 \qquad [\text{mH}]$$

(b) 정격 고정자 전압은

$$\vec{V}_s = 127\angle 0° \qquad [\text{V}]$$

0.8 진상 역률에서의 전부하(full-load) 고정자 전류는

$$\vec{I}_s = -\frac{15000}{\sqrt{3} \times 220}\angle \cos^{-1} 0.8 = 39.4\angle 143.1° \qquad [\text{A}]$$

자화 전류는

$$\vec{I}_M = \frac{\vec{V}_s}{jX_M} = \frac{127\angle 0}{j2.23} = -j57.0 \qquad [A]$$

등가 전원 전류는

$$\vec{I}_F = \vec{I}_M - \vec{I}_s = 86.6\angle - 68.7° \qquad [A]$$

따라서, 요구되는 계자 전류는

$$i_f = \frac{86.6}{8.5} = 10.2 \qquad [A]$$

6.6 PERMANENT MAGNET SYNCHRONOUS MACHINES

정류자기에서의 경우와 같이, 동기기에서의 자속이 영구자석의 사용에 의해 마련될 수 있다. 이 자석은 회전자에 위치될 수 있으며, 따라서 여자를 위한 직류 전류원의 필요가 없어진다. 결과는 간단하며 울퉁불퉁한(철극(돌극)인) 기계이다. 한 가지 형태의 영구자석 기계의 단면이 그림 6.8 (a)에서 보여져 있다. 고정자는 계자 권선을 가진 동기기에서와 같다. 회전자는 그 표면에 반경 방향으로 배향된(radially directed) 영구자석이 있는 원통형 강 철심(cylindrical steel core)을 가진다. 영구자석은 그림 1.18에서 보여진 *B-H* 관계를 갖는 네오디뮴 물질로 되었을 수 있다. 소형, 저가(low-cost) 기계에서는, 그것이 페라이트 물질로 만들어졌을 수 있다.

좋은 영구자석의 증분(미분) 비투자율(incremental relative permeability)는 근사적으로 단위 값(unity, 1)이다. 그 결과, 길이 ℓ_m의 자석은 $\ell_m B_r/\mu_0$ [A]와 같은 기자력의 원천으로 간주될 수 있다. 여기서 B_r은 영구자석 물질의 잔류 자속밀도이다. 따라서, 각속도 ω_o로 회전하는 2극 영구자석 회전자는, 고정자에서 보여지는, 주파수 $\omega_s = \omega_o$인 교류 전류원으로써 그려질 수 있다. 등가회로 모델은 그림 6.2에서 권선형 회전자 동기기에 대해 보여진 것과 같은 형태일 것이다.

등가회로의 매개변수를 평가하기 위하여, 그림 6.8 (a)에서의 각 자석이 2γ [rad]의 각도를 덮는다고 가정한다. 자석에 의해 생성되는 기자력 $\mathcal{F}_{\theta_r}$은 그림 6.18 (b)에서 보여진 직사각형 형태를 가질 것이다. 고정자 권선은 기계의 주위의 각도 공간(angle space)에서 근사적으로 정현적으로 분포된다. 그 결과, 자석에 의해 생성되는 자속밀도의 기본파 공간 성분 만이 고정자 권선과 쇄교할 수 있으며 자석 기자력의 공간 기본파 성분 $\mathcal{F}_{1\theta_r}$ 만이 회전자와 고정자 사이의 상호작용의 생성에 의미가 있을 것이다. 자석당 이 기본파 기자력의 첨두치는

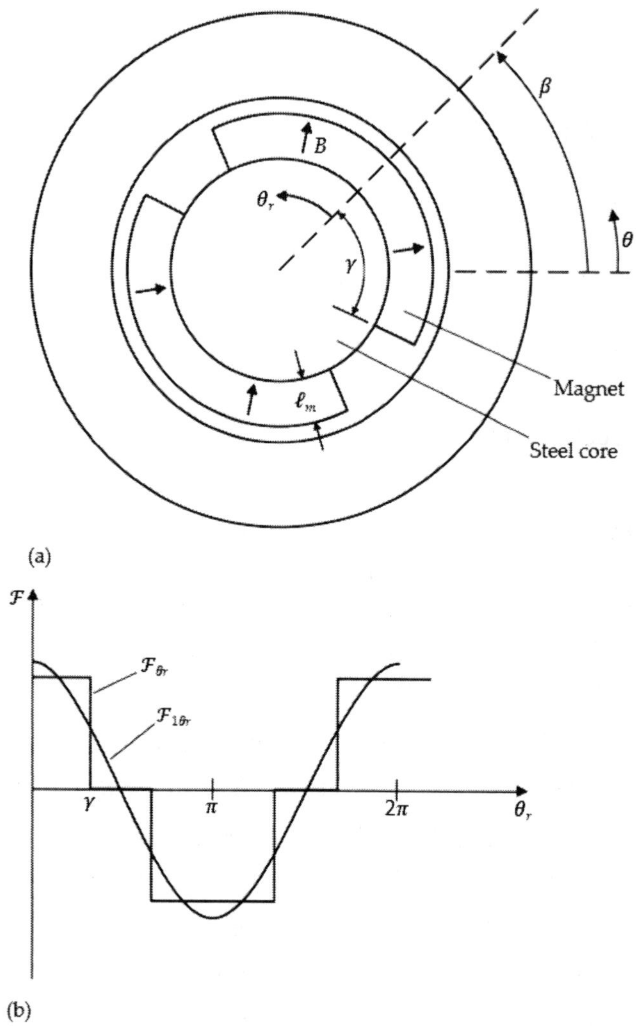

Figure 6.8 (a) Cross section of a two-pole permanent magnet machine and (b) magnet mmf $\mathcal{F}_{\theta r}$ and its space fundamental component $\mathcal{F}_{1\theta r}$.

$$\hat{\mathcal{F}}_{1\theta_r} = \frac{4}{\pi}\frac{B_r \ell_m}{\mu_0}\sin\gamma \qquad [\mathrm{A}] \tag{6.22}$$

로 주어진다. 이것은, 식 (6.7)로부터, 최대 값 $\hat{i}$인 전류의 정현 조합에 의해 고정자 권선 내에서 생성되는 첨두 기자력

$$\hat{\mathcal{F}}_{\theta} = \frac{3N_{se}}{4}\hat{i} \qquad [\mathrm{A}] \tag{6.23}$$

과 비교될 수 있다. 식 (6.9)와의 상사에 의해, 회전하는 자석 기자력은 전류원 $\vec{I}_F$로 나타내어질 수 있다. 식 (6.22)와 (6.23)으로부터, 실효치 전류원 페이서는

$$\vec{I}_F = \frac{8\sqrt{2}}{3\pi}\frac{B_r \ell_m \sin\gamma}{\mu_0 N_{se}} \angle\beta_o \qquad [A] \tag{6.24}$$

이다.

영구자석 기계에 대한 등가회로의 구조는 그림 6.2에서 권선형 계자 기계에 대해 보여진 것과 비슷한 한편, 자화 인덕턴스의 값은 보통 어느 정도 더 작다. 이 이유는 식 (5.22)의 자화 인덕턴스의 표현식에 들어가는 유효 공극 길이가 고정자와 회전자의 강 철심 사이의 거리이기 때문이다. 근사적으로 단위 값인 비투자율을 가지는 자석은 고정자 자화 전류에 의해 생성되는 공극 자속의 결정에 있어서 자유 공간으로 간주될 수 있다. 그러므로, 자화 인덕턴스의 전형적인 값은 정격을 기저로 0.25에서 0.5 [pu]의 범위 내에 있을 수 있다. 비슷하게, 등가 전원 전류 I_F의 전형적인 값은, 정격 속도에서 1 [pu] 또는 정격 값의 개방 회로 전압이 유기될 수 있도록 하는, 단위법([pu])으로 자화 인덕턴스 값의 역(inverse), 즉, 2에서 4 [pu]일 것이다.

영구자석 기계의 운전 특성은, 발전기와 전동기 둘 다에서, 등가 전원 전류의 크기를 조정할 수 있는 능력의 결핍에 의해 강제된다. 독립으로 된 발전기(free-standing generator)로서는, 단자 전압이 부하에 따라 바뀔 것이다. 이 전압을 적절한 한계 이내로 유지하기 위해서는, 때때로 조정 가능한 병렬 커패시터(adjustable shunt capacitor)의 사용에 의해 부하 역률을 제어하는 것이 필요할 수 있다. 전동기로서는, 영구자석 기계가 가제어(제어할 수 있는, controllable) 전압과 주파수에 의해 공급되는 가변속 구동(variable-speed drive)에 가장 널리 사용된다.

EXAMPLE 6.5 영구자석 동기기의 정격이 400 [V], 3상, 50 [Hz], 4극, 50 [kVA]이다. 자화 인덕턴스는 2.5 [mH]이며, 등가 전원 전류는 310 [A] (rms)이다. 고정자 저항은 무시될 수 있다.

(a) 이 기계가 정적 주파수에서 발전기로써 운전된다고 가정한다. 부하 전류가 단위 역률에서 0으로부터 정격 값까지 변화될 때, 고정자 상전압의 최대와 최소 값을 결정하라.

(b) 기계가 가제어 주파수에서 가제어 3상 전압을 제공하는 전자 역변환기(인버터)(electronic inverter)에 의해 공급되는 가변속 구동 전동기로써 운전된다고 가정한다. 또한 인버터에서의 부하가 단위 역률이 되기를 원한다면, 600 [rpm]의 속도에서 300 [N·m]의 토크를 요구하는 부하를 구동하기 위한 인버터의 주파수와 선간 전압은 얼마가 되어야 할 것인가?

Solution

(a) 정격 상전압은

$$V_s = \frac{400}{\sqrt{3}} = 231 \qquad [\text{V}]$$

그리고 정격 고정자 전류는

$$I_s = \frac{50000}{3 \times 231} = 72.2 \qquad [\text{A}]$$

무부하 발전기와 정격 주파수로, 상전압은

$$V_s = \omega_s L_M I_F = 2\pi \times 50 \times 0.0025 \times 310 = 243.5 \qquad [\text{V}]$$

단위 역률에서 정격 고정자 전류로, 고정자 전류와 자화 전류는 직각 위상(quadrature), 즉, 서로 90°일 것이다. 페이서 합(phasor sum)은 I_s와 같아야 한다. 따라서,

$$I_M = \left(310^2 - 72.2^2\right)^{1/2} = 301.5 \qquad [\text{A}]$$

그러므로, 고정자 전압은

$$V_s = 314 \times 0.0025 \times 301.5 = 236.8 \qquad [\text{V}]$$

자화 인덕턴스의 작은 값 때문에 그리고 부하의 높은 역률 때문에, 부하에 따른 단자 전압의 변화는 작다. 지상 역률 부하에서는 더 클 것이다.

(b) 4극으로, 600 [rpm]의 속도에 대한 주파수는

$$\omega_s = \frac{4}{2} \times 600 \times \frac{2\pi}{60} = 125.6\ [\text{rad/s}] = 20 \qquad [\text{Hz}]$$

손실이 무시되기 때문에 토크는 동기 기계 속도로 나누어진 기계로 들어오는 전력의 비로써 표현될 수 있다. 따라서,

$$T = \frac{3p}{2\omega_s} V_s I_s = \frac{3p}{2} L_M I_M I_s = 300 \qquad [\text{N·m}]$$

단위 역률로, 고정자 전류와 자화 전류는 직각 위상일 것이다. 그들의 페이서 합은 I_F와 같아야 한다. 따라서,

$$I_M{}^2 + I_s{}^2 = I_F{}^2 = 310^2$$

I_s와 I_M에 대한 이 두 관계식은 다음의 조건을 주도록 풀어질 수 있다:

$$I_M = 302.9 \qquad [\mathrm{A}]; \qquad I_s = 66.0 \qquad [\mathrm{A}]$$

따라서, 요구되는 상전압은 다음과 같을 것이다:

$$V_s = \omega_s L_M I_M = 125.6 \times 0.0025 \times 302.9 = 95.1 \qquad [\mathrm{V}]$$

선간 전압은 다음과 같을 것이다:

$$V_{s(\text{L-L})} = \sqrt{3} V_s = 164.7 \qquad [\mathrm{V}]$$

점검으로서, 입력 전력은

$$P_e = \sqrt{3} V_{s(\text{L-L})} I_s = 18.84 \qquad [\mathrm{kW}]$$

기계 동력은

$$P_o = \frac{2\omega_s T}{p} = 18.84 \qquad [\mathrm{kW}]$$

6.7 ELECTRONICALLY SWITCHED PERMANENT MAGNET MOTORS

효율적인 반도체 스위치의 유용성은 그들의 많은 유용한 성질을 유지하는 동시에 정류자기에서의 기계적인 스위칭(switching)을 제거하는 수단을 제공하였다. 이 절은 전형적인 예에 대한 소개이다.

그림 6.9 (a)는 2극 전동기의 단면을 보인다. 회전자는, 각각이 근사적으로 회전자 원주의 180°를 덮으며 그것에 의해 공극 자속밀도의 거의 직사각 공간 파형을 생성하는, 두 개의 표면 장착 영구자석을 가진다. 고정자는 3상 권선을 가지지만 각 상의 도체가 각 상에 대하여 60°의 두 개의 원호에 걸친 슬롯 내에 근사적으로 균일하게 분포된 점에서 3상 교류기의 경우의 권선과는 다르다.

전동기는 그림 6.9 (b)에서 보여진 바와 같은 계통으로부터 공급될 수 있다. 전동기 상(phase)은 6개의 전자 스위치(electronic switch)를 통하여 가제어 직류 전류 i의 전원에 연결된다. 어떤 순시에서, 위의 한 개와 아래의 한 개의 스위치가 닫혀, 전류원에 직렬로 두 개의 상을 연결한다. 그림 6.9 (a)에서 보여지는 바와 같이, 각 회전자 자석은 보여진 극성(polarity)으로 전류를 운반하는 고정자 도체의 두 개의 60° 원호와 상호작용한다. 회전자 자석 단부(edge)가 고정자 상 사이의 경계에 도달할 때, 회전자에 장착된 홀 소자(Hall device)같은 검출기(detector)가 공극 자계의

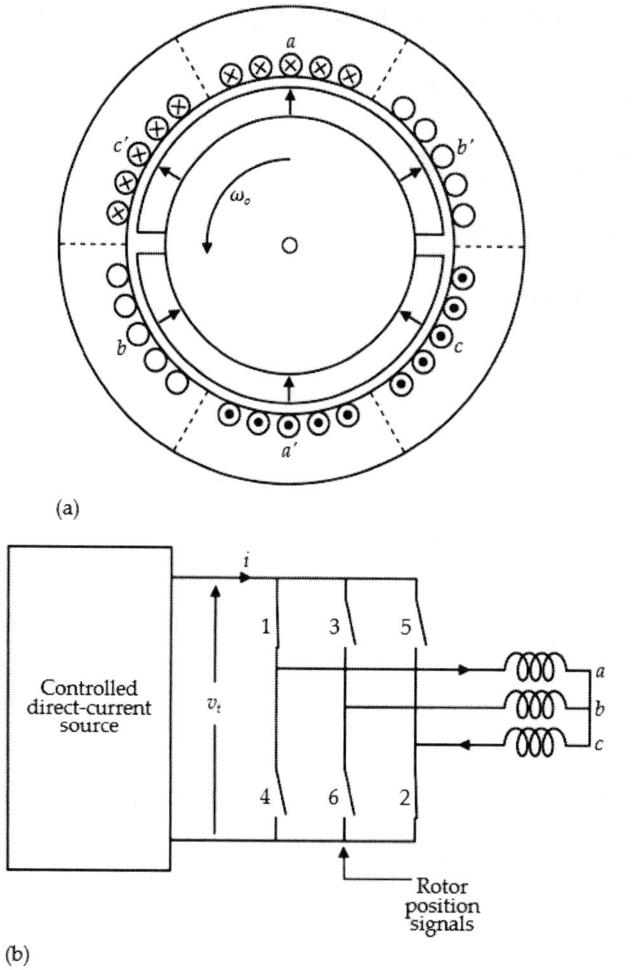

Figure 6.9 (a) Cross section of an electronically switched permanent magnet motor and (b) electric supply and switching system.

역전(reversal)을 검출하고 적절한 스위치의 엶(opening)과 닫음(closing)을 일으킨다. 그림 6. 9 (a)에서 보여진 위치에서 그리고 반시계 방향으로 회전하는 회전자로, 스위치 1은 열리고 스위치 3은 닫힐 것이며, 따라서 상 b와 c가 여자되고 토크 발생을 계속한다.

공극 자속밀도가 B_g라고 가정한다. 상당 N_s [turn]이라면, 반경 r의 회전자에 대한 여자된 상 권선에 걸친 선(형) 전류밀도는

$$K = \frac{3N_s i}{\pi r} \qquad \text{[A/m]} \tag{6.25}$$

이다. 단위 면적당 접선력(tangential force)은 식 (3.22)로부터 $B_g K$이다. 고정자 전체

표면의 3분의 2가 어떤 순시에 힘을 생성하는데 유효하기 때문에, 유효 축 방향 길이 ℓ에 대한 토크는

$$\begin{aligned} T &= \frac{2}{3}(2\pi r)\ell r B_g K \\ &= 4r\ell B_g N_s i \\ &= ki \qquad [\text{N}\cdot\text{m}] \end{aligned} \tag{6.26}$$

이다. 따라서, 전동기는 공급 전류에 직접 비례하는 토크를 생성한다. 토크 방향의 역전은 보통 자계 검출기로부터 스위칭 신호의 적절한 변화에 의해 이루어진다.

직렬인 두 개의 상 권선에 의해 생성되는 유기 전압을 결정하기 위하여, 각속도 ω_o로 회전하는 기계를 고려한다. $4N_s$개의 직렬 도체 각각에서, 전계의 세기는 vB_g일 것이다. 여기서 $v = r\omega_o$이다. 따라서, 유기 전압은

$$e = 4N_s r\ell B_g \omega_o = k\omega_o \qquad [\text{V}] \tag{6.27}$$

이다. 그림 6.9 (b)에서의 전류원이 이제 가제어 전압원 v_t로 대체된다면, 전동기는 전원 전압에 근사적으로 비례하는 속도에서 운전될 것이다. 정류자 전동기와의 상사에 의해,

$$\omega_o = \frac{v_t - Ri}{k} = \frac{v_t}{k} - \frac{RT}{k^2} \qquad [\text{rad/s}] \tag{6.28}$$

이다. 여기서 R은 직렬인 두 개의 상의 저항이다. 그림 6.9 (a)에서 보여진 일반적인 형태의 스위치드 영구자석 전동기(switched permanent-magnet motor)는 로보트(robot), 공작 기계(machine tool), 그리고 디스크 구동(disk drive)같은 구동 응용에서 광범위하게 사용된다.

PROBLEMS

6.1 3상, 400 [Hz]의 전압 전원이 산업 운전을 위해 요구된다. 이용할 수 있는 전원은 3상, 60 [Hz] 뿐이다. 주파수 변환은 동기발전기를 구동하는 동기전동기의 사용에 의해 이루어진다. 400 [Hz] 주파수에 대해 대략 ±3 [%]의 변동이 허용된다. 각 동기기에 대한 적당한 극수와 계통이 운전될 속도를 결정하라. **(6.1 절)**

6.2 3상, 440 [V] (L-L), 10 [kVA], 60 [Hz], 1200 [rpm] 동기기가 50.8 [Ω]의 동기 리액턴스 X_M, 무시할 수 있는 고정자 저항, 그리고 무시할 수 있는 회전손(rotational loss)을 가진다. 6 [A]의 계자 전류가 개방 회로에서 정격 고정자 전압을 생성하기 위해 요구된다. 포화는 무시된다.

(a) 매개변수 L_M과 n에 대한 값을 삽입하여, 기계에 대한 등가회로를 그려라.
(b) 기계의 정격 임피던스의 단위법([pu])으로 자화 리액턴스를 결정하라.

(6.2 절)

6.3 문제 6.2의 동기기가 440 [V], 60 [Hz] 전원에 연결된 전동기로 사용된다.

(a) 전동기의 기계 동력 출력이 10 [kW]라면, 단위 값의 고정자 역률을 주기 위해 요구되는 계자 전류는 얼마인가?
(b) 이제 기계 부하가 전동기로부터 제거되고 계자 전류가 변화되지 않는다면, 고정자 전류와 역률은 얼마가 되는가?
(c) 문제 (a)에서 찾아진 계자 전류로 전동기가 내어놓을 수 있는 최대 토크는 얼마인가?
(d) 문제 (c)의 조건에 대한 전원 전류는 얼마인가?

(6.3 절)

6.4 문제 6.2의 동기기가 내연 기관(internal combustion engine)에 의해 구동되는 발전기로 사용된다. 고정자는 60 [Hz], 440 [V] 전원에 연결되어 있다.

(a) 단위 역률에서 10 [kW]의 전력이 전원에 내어놓아질 때 요구되는 계자 전류를 결정하라.
(b) 문제 (a)의 계자 전류를 사용하여, 발전기가 동기에서 벗어나기 전에 기관(engine)이 발휘할 수 있는 최대 토크를 결정하라.

(6.3 절)

6.5 3상, 60 [Hz], 2극, 60 [MVA], 13.2 [kV] 동기발전기가 13.2 [kV] (L-L)의 일정한 전압을 가지는 배전 계통에 연결되어 있다. 발전기의 자화 인덕턴스는 기계 정격을 기저로 1.2 [pu]이다. 손실은 무시될 수 있다. 원동기에서의 동력 입력이 50 [MW]일 때 단위 역률을 주기 위하여 1000 [A]의 계자 전류가 요구된다.

(a) 이 기계에 대한 등가회로의 매개변수를 유도하라.
(b) 50 [MW]의 축 동력으로, 동기의 상실없이 계자 전류가 줄어질 수 있는 값은 얼마인가?
(c) 문제 (b)의 조건에 대한 선 전류(line current)를 결정하라. 그것은 정격 값 이내인가?

(6.3 절)

6.6 1000 [hp], 2300 [V], 60 [Hz], 900 [rpm], 3상 동기전동기가 1.9 [Ω/phase]의 동기 리액턴스를 가진다. 정격 속도에서 구동되는 무부하 시험에서, 15 [A]의 계자 전류가 2300 [V] (L-L)의 개방 회로 고정자 전압을 생성하였다. 고정자 저항은 무시될 수 있다. 정격 전원 전압과 주파수에서 전동기로 사용될 때, 부하와 계자 전류는 200 [A]의 고정자 전류를 주도록 조정된다. 계자 전류가 (a) 단위 값과 (b) 0.8 진상 또는 용량성의 역률을 주도록 조정되었을 때 계자 전류와 부하각 β_o를 결정하라.

(6.3 절)

6.7 문제 6.6의 전동기가 무부하로, 그리고 고정자는 정격 전압과 주파수로, 계자 전류가 최소 고정자 전류를 주는 값으로 조정되었다. 계자 전류를 이 값에서 유지하고, 전동기에서의 토크가 고정자 전류가 250 [A]가 될 때까지 증가된다. 모든 손실은 무시될 수 있다. 이 부하가 공급될 때 회전자가 느려지게 되는 각도를 결정하라.

(6.3 절)

6.8 1 [MW], 6600 [V], 10극, 60 [Hz], 3상 동기전동기가 25 [Ω/phase]의 동기 리액턴스를 가진다. 모든 손실은 무시될 수 있다. 전류비 n은 6.8이다. 계자 전류와 기계 부하는 전동기가 0.8 진상의 역률에서 운전되며 95 [A]의 고정자 전류를 받도록 설정되었다.

(a) 계자 전류와 부하각을 결정하라.

(b) 축 토크와 기계 동력을 결정하라.

(6.3 절)

6.9 공장이 0.75의 평균 역률과 0.85의 평균 전동기 효율인 유도전동기의 900 [hp]을 가진다. 또한 조명(lighting) 및 가열 부하(heating load) 75 [kW]를 가진다. 250 [hp]의 기계 동력을 요구하는 새로운 공정(process)에 맞추고 동시에 공장 역률을 적어도 0.9로 개선하기 위하여, 0.9의 효율을 갖는 것으로 가정될 수 있는 동기전동기를 사용하기로 결정하였다. 이 전동기의 적절한 [kVA] 정격을 결정하라.

(6.3 절)

6.10 300 [kW], 6600 [V], 8극, 60 [Hz], 3상 동기전동기가 88 [Ω/phase]의 동기 리액턴스를 가진다. 전동기 내에서의 손실을 무시하여, 전동기가 정격 동력에서 (a) 단위 역률과 (b) 0.8 진상의 역률을 주도록 조정된 계자 전류로 운전하게 초기 설정되었을 때 탈출 토크(pull-out torque)를 결정하라.

(6.3 절)

6.11 비상 전원이 디젤 기관(엔진)(diesel motor)에 의해 구동되는 동기발전기로 이루어진다. 발전기는 220 [V] (L-L), 20 [kVA], 60 [Hz], 3상, 1200 [rpm]의 정격을 가진다. 그것의 동기 리액턴스는 2.2 [Ω/phase]이며, 전류비 n은 6.1이다. 손실은 무시될 수 있으며, 디젤 엔진은 일정한 속도를 유지하는 것으로 가정될 수 있다.

(a) 발전기 자계는 정격 고정자 전압을 생성하도록 조정되어 있는 한편 대기 조건(standby condition)에서는 무부하로 정격 속도로 운전되고 있다고 가정한다. 전에는 전력 설비로부터 220 [V] (L-L) 에서 공급받던 15 [kW]의 3상 저항 부하가 설비 전원의 고장(failure)에 따라 발전기로 절환되었다고 (switched on) 가정한다. 계자 전류가 변화하지 않는 것으로 가정하여, 이용할 수 있게 될 고정자 전압을 찾아라.

(b) 고정자 전압이 정격 값으로 복귀된다면, 계자 전류가 증가되는 인자(factor)는 얼마가 되어야 할 것인가?

(6.3 절)

6.12 50 [kVA], 3상, 440 [V] (L-L), 60 [Hz] 동기기가 정격 속도에서 구동될 때, 7 [A]의 계자 전류로 개방 회로 고정자 전압이 440 [V] (L-L)으로 찾아진다. 고정자 단자가 단락되었을 때, 정격 전류가 5.5 [A]의 계자 전류로 생성된다.

(a) [Ω/phase]로 동기 리액턴스 그리고 전류비 n을 결정하라.

(b) 기계 정격을 기저로 한 동기 리액턴스의 [pu] 값을 결정하라.

(c) [Ω]과 [pu]로 동기 인덕턴스 L_M을 찾아라.

(6.5 절)

6.13 3상, 60 [Hz], 15 [kW], 220 [V] (L-L) 동기전동기로부터 다음의 시험 결과가 얻어졌다: 개방 회로 시험: 계자 전류 = 6.7 [A], 고정자 전압 = 220 [V]; 단락 회로 시험: 계자 전류 = 6.7 [A], 고정자 전류 = 104 [A]. 전동기는 정격 부하에서 0.8 진상의 역률로 운전하도록 설계되었다.

(a) 정격 역률에서 전부하 조건(full-load condition)을 나타내는 페이서도를 그리고, 요구되는 계자 전류를 결정하라.

(b) 손실을 무시하여, 정격 고정자 전류에서 정격 기계 동력의 절반을 공급할 때 전동기가 흡수할 수 있는 무효 전력을 결정하라. 이 조건에 대한 계자 전류를 결정하라.

(6.5 절)

6.14 영구자석 동기발전기가 230 [V] (L-L), 3상, 10 [kVA], 400 [Hz], 2극의 정격을 가진다. 자화 인덕턴스는 0.6 [mH]이다. 정격 속도에서 구동될 때, 무부하 고정자 전압은 240 [V]이다. 고정자 전류가 정격의 크기이며 0.9 지상(lagging) 역률일 때 고정자 전압을 결정하라.

(6.6 절)

6.15 3상, 4극 영구자석 전동기가 3 [mH]의 자화 인덕턴스, 1.2 [Ω]의 고정자 저항, 그리고 21 [A] (rms)의 등가 전원 전류를 가진다. 전동기가 가변 전압, 가변 주파수 전원으로부터 공급되는 고정자를 가진 가변속 구동에 편입되었다. 6000 [rpm]의 속도에서 1.5 [N·m]의 토크를 요구하는 부하를 구동하기 위한 고정자 전압과 주파수를 결정하라. 고정자 전압은 최소 고정자 전류를 요구하도록 조정되어야 할 것이다.

(6.6 절)

6.16 스위치드 영구자석 전동기가 그림 6.9 (a)에서 보여진 구조를 가진다. 회전자 반경은 20 [mm] 이며 회전자 길이는 40 [mm]이다. 페라이트 영구자석이 전체 원주에 걸쳐 0.28 [Wb]의 공극 자속밀도를 생성한다. 고정자 권선에서의 선(형) 전류밀도는 과열을 예방하기 위하여 4000 [A/m] (rms)로 제한되어야 한다.

(a) 이 전동기가 생성할 수 있는 최대 정상 상태 토크를 찾아라.

(b) 최대 전동기 속도는 500 [rad/s]로 되며 전자 전원(electronic source)으로부터 이용할 수 있는 최대 직류 전압은 48 [V]라고 가정한다. 전원 전류의 최대 값은 얼마이어야 하는가? 고정자 저항은 무시될 수 있다.

(c) 얼마나 많은 고정자 상당 권수가 요구되는가?

(6.7 절)

6.17 문제 6.16에서의 전동기가 속도의 [rad/s] 당 0.2 [mN·m]의 토크를 요구하는 부하를 구동한다고 가정한다. 고정자 권선은 1.2 [Ω/phase]의 저항을 가진다. 전원 전압이 32 [V]일 때 구동되는 부하의 정상 상태 속도는 얼마가 될 것인가?

(6.7 절)

GENERAL REFERENCES

Fitzgerald, A. E., Kingsley, C., and Umans, S. D., *Electric Machinery*, 5th ed., McGraw-Hill, New York, 1990.

Levi, E., *Polyphase Motors*, John Wiley and Sons, New York, 1984.
Nasar, S. A., *Handbook of Electric Machines*, McGraw-Hill, New York, 1987.
Say, M. G., *Alternating Current Machines*, 5th ed., Pitman, London, 1983.

7 MAGNETIC SYSTEMS AND TRANSFORMERS – REVISITED

이 책의 1, 2, 그리고 3장은 강자성체, 간단한 변압기 장치, 그리고 기계를 위해 고려되는 것이 필요한 개념에 대한 소개를 나타내었다. 포함된 논제는 전기공학을 전공하는 모든 학생들의 공부를 위해 적절하다고 보여지는 논제이다. 이 장에서는, 주의가 기본 개념의 공학적 응용으로 확장하는 부가적인 논제에 초점이 맞춰진다:

더 복잡한 자기 장치의 모델링
그러한 장치의 설계에 대한 소개
변압기의 몇 가지 실제적인 운전 성질
가포화(saturable) 자기 장치에서의 힘

7.1 ANALYSIS OF COMPLEX MAGNETIC SYSTEMS

2.2절에서는, 단일 강자성체로 된 비교적 간단한 변압기의 운전 성질의 해석을 위한 전기 등가회로 모델이 제시되었다. 몇 가지 형태의 변압기를 포함하여, 다른 장치는 더 복잡한 철심과 권선 배치를 가진다. 이들에 대한 해석적인 모델을 만들기 위하여, 1.12절에서 소개된 자기회로 개념을 계속 논할 것이며 어떻게 하여, 운전 성능이 잘 알려진 전기회로 해석의 기법을 사용하여 예측될 수 있는, 등가 전기회로로 변환될 수 있는 지를 보일 것이다.

먼저, 등가회로 모델의 선택에 있어서 사용될 수 있는 기준(criterion)을 조사하자. 그것은 사용자가 관심을 갖는 성능 성질의 예측을 위하여 그것의 매개변수 내에 충분한 정보를 내포해야 할 것이다. 자기적 비선형성이 성능에 상당히 영향을 미치는 경우에는, 그것이 모델에 포함되어야 할 것이다. 과도 현상(transient phenomena) 또는 주파수 응답(frequency response)에 관심이 있다면, 모델은 그 해석에 대해 적절해야 할 것이다. 다른 한편으로, 모델은 당면한 문제에 대해 필요한 것보다 더 복잡하지 않아야 할 것이다. 어떤 성질의 효과가 공학적 관점에서 무시할 수 있는 경우에는, 그렇지 않으면 그 성질을 나타낼 수 있는, 그에 대한 매개변수를 무시하는 것이 간단해야 할 것이다.

7.1.1 Equivalent Circuits

적절한 등가회로를 산출하는 방법론은 전형적이며 간단한 예를 사용하여 가장 잘 설명될 수 있다. 그림 7.1 (a)에서 보여진 자기 계통을 고려한다. 이 계통은, 2개의 철심각(leg)은 권선을 가지며 세 번째 중앙각(central leg)은 공극을 가지는, 3개의 자기 철심각(three-legged magnetic core)으로 이루어진다. 기본적으로, 이것은 정확한 해석이 극도로 복잡할 수 있는 3차원 자계의 상황이다. 원하는 마지막 결과를 위하여 적절한 단순화 가정의 사용에 의해, 자계는 집중 자기저항(lumped reluctance)의 자기회로로 축약될 수 있다. 예를 들어, 공극을 제외하고, 모든 자속은 자기 철심 물질 내로 제한된다고, 즉, 권선 주의의 공기 경로에서의 누설 자속을 무시할 수 있는 것으로 가정한다. 그 다음, 그것이 적절하지 않을 수 있는 상황이 예견되면 이 가정을 재검토해야 할 것이다.

그림 7.1 (a)의 자기 계통은 이제, 각각이 그 길이에 걸쳐 균일 자속을 가지는, 4개의 부분으로 분할될 수 있다. 이 부분의 3개는 철심 물질 내에서의 자기 경로를 나타내며 네 번째는 공극 경로를 나타낸다. 각 부분은 경로 자속을 그 부분의 길이를 따르는 자속을 확립하기 위해 요구되는 기자력에 관련시키는 자기저항 요소(reluctance element)에 의해 나타내어질 수 있다.

그림 7.1 (b)는 앞의 가정으로부터 귀결된 자기 등가회로를 보인다. 자기저항 $\mathcal{R}_1$, $\mathcal{R}_2$, 그리고 $\mathcal{R}_3$은, 각각, 자속 Φ_1, Φ_2, 그리고 Φ_3을 운반하는 자성체 내의 경로를 나타낸다. 공극은 선형 자기저항 $\mathcal{R}_4$로 나타내어졌으며, 그 자속은 Φ_3이다. 식 (1.1)

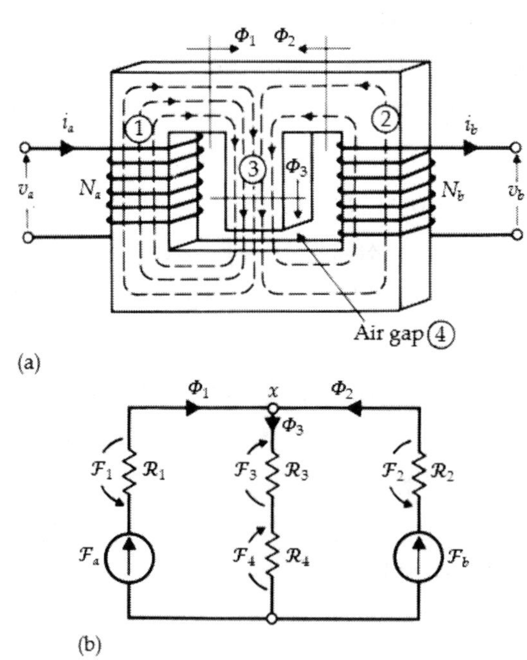

Figure 7.1 (a) A magnetic system and (b) a magnetic circuit for the system.

의 주회 법칙이 자계 계통 내의 임의의 폐경로에 적용된다. 자기 등가회로 내에서, 이 법칙은 다음의 관계에 의해 나타내어진다: 어떤 폐경로 주위에서, 전류를 운반하는 권선의 총 기자력은 자기저항과 자속의 적(곱, product)의 합(sum)과 같다:

$$\sum \mathcal{F} = \sum_{around\ closed\ path} \mathcal{R}\Phi \tag{7.1}$$

자계 내에서의 자속의 연속성은 등가회로 내에서 자기 경로의 임의의 접합점(junction; 절점, node)으로 들어오는 자속을 0과 같게 두는 것으로 나타내어진다:

$$\sum_{into\ junction} \Phi = 0 \tag{7.2}$$

자기 변수 $\mathcal{R}$과 Φ의 항으로 풀이를 원한다면, 기자력의 주어진 조합에 대해 그림 7.1 (b)의 회로 내에서의 자속을 결정하기 위해 회로 해석의 정규 방법(normal method)이 사용될 수 있다. 자성체의 비투자율 μ_r이 검토 중인 상황에서 일정한 것으로 고려될 수 있다면, 철심 부분의 자기저항은

$$\mathcal{R} = \frac{\ell}{\mu_0 \mu_r A} \qquad [\mathrm{A/Wb}] \tag{7.3}$$

으로 표현될 수 있다. ℓ은 그 부분 내에서의 자속 경로의 평균 길이이며 A는 그것의 단면적이다.

이 상황의 경우, 선형 회로 해석의 기법이 적용될 수 있다. 자성체의 B-H 관계의 비선형성이 중요하게 고려되어야 하면, 각 자기저항 요소는 기자력에 대한 자속의 관계에 대한 도표(graph) 또는 함수로써 나타내어질 수 있다. 몇 가지 유용한 근사 관계의 예가 그림 7.2의 도표에서 보여져 있다. 그러한 비선형 요소를 내포하는 회로의 풀이(solution)는 구분 선형 해석(piecewise linear analysis), 시행착오(trial and error), 또는 도식적 방법(graphical method)같은 기법을 요구한다.

1.2절은 자기회로 관계식 $\mathcal{F} = \mathcal{R}\Phi$로 나타내어진 간단한 자기 철심은 또한 전기 등가회로에서의 인덕턴스 L에 의해 나타내어질 수 있음을 보였다. 여기서 전류 i를 운반하는 철심 주의의 N [turn]의 코일의 경우,

$$L = \frac{\lambda}{i} = \frac{N^2}{\mathcal{R}} \qquad [\mathrm{H}] \tag{7.4}$$

$$\lambda = N\Phi \qquad [\mathrm{Wb}] \tag{7.5}$$

그리고

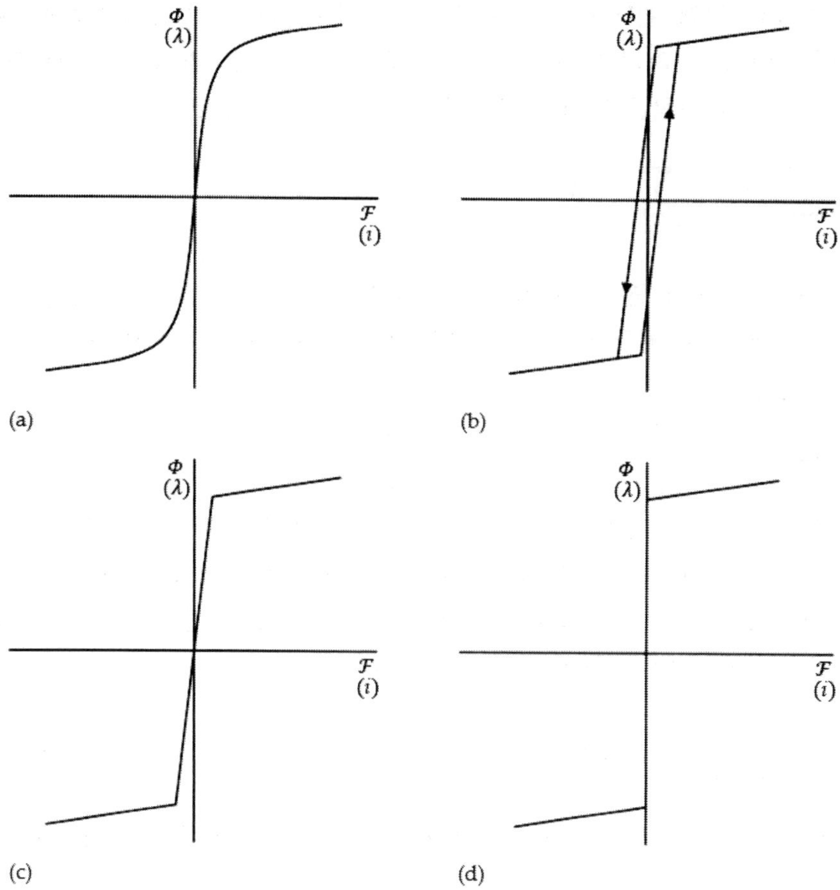

Figure 7.2 Models of flux-magnetomotive force relations (corresponding models for flux linkage-current relations are designated by the variables in parenthesis).

$$i = \mathcal{F}/N \qquad [\text{A}] \tag{7.6}$$

이다.

다음으로, 어떻게 그림 7.1 (b)의 자기회로가 등가 전기회로로 변환되는지를 고려하자. 현재로서는 자속 Φ_1, Φ_2, 그리고 Φ_3 각각이 N [turn] 코일과 쇄교한다고 가정한다. 이 코일에 유도되는 대응하는 전압은

$$e_1 = N\frac{d\Phi_1}{dt}; \quad e_2 = N\frac{d\Phi_2}{dt}; \quad e_3 = N\frac{d\Phi_3}{dt} \qquad [\text{V}] \tag{7.7}$$

이 될 것이다. 그림 7.1 (b)의 절점 x에서, 자속 변수는, 식 (7.2)로부터,

$$\sum_{into\ node\ x} \Phi = \Phi_1 + \Phi_2 - \Phi_3 = 0 \qquad [\text{Wb}] \tag{7.8}$$

로 관련될 것이다. 식 (7.7)에서 대응하는 유도 전압 변수는 그러므로 표현식

$$e_1 = e_2 - e_3 = 0 \qquad [\mathrm{V}] \tag{7.9}$$

에 의해 관련되어야 한다.

그림 7.1 (b)의 자기회로의 왼쪽 망(left-hand mesh)의 경우, 식 (7.1)은

$$\mathcal{F}_a = \mathcal{F}_1 + \mathcal{F}_3 + \mathcal{F}_4 \qquad [\mathrm{A}] \tag{7.10}$$

으로써 기자력 변수 사이의 관계를 준다. 이 기자력 성분의 각각이 N [turn] 코일에서의 전류의 대응하는 성분에 의해 생성되는 것을 고려한다. 이 전류 성분은 그러면

$$i_a' = i_1 + i_3 + i_4 \qquad [\mathrm{A}] \tag{7.11}$$

에 의해 관련된다. 오른쪽 망의 경우, 대응하는 관계식은

$$\mathcal{F}_b = \mathcal{F}_2 + \mathcal{F}_3 + \mathcal{F}_4 \qquad [\mathrm{A}] \tag{7.12}$$

그리고

$$i_b' = i_2 + i_3 + i_4 \qquad [\mathrm{A}] \tag{7.13}$$

이다. 프라임 기호(prime symbol, ′)는 실제 전류 i_a와 i_b로부터 구별하기 위하여 i_a'와 i_b'와 같이 부가되었다.

자기 회로 내에서의 각 자기저항은 자속 변수 Φ와 기자력 변수 $\mathcal{F}$를 관련짓는다. 대응하는 유도 전압 변수 e와 전류 변수 i는 인덕턴스 매개변수에 의해 관련된다. 예를 들어, 자기회로 내에서의 관계식 $\mathcal{F}_1 = \mathcal{R}_1\Phi_1$은

$$e_1 = L_1 \frac{di_1}{dt} \qquad [\mathrm{V}] \tag{7.14}$$

의 전기회로 내에서의 대응하는 관계식을 가진다.

식 (7.9), (7.11), (7.13), 그리고 (7.14)는 그림 7.3 (a)에서 보여진 전기회로를 묘사한다. 자기회로 내의 두 개의 독립 망(independent mesh) 각각에 대하여, 전기회로 내에 독립 절점(independent node)이 있다. a와 b로 표시된, 이 두 개의 절점으로 들어가는 전류는 식 (7.11)과 (7.13)에 의해 관련된다. 자기회로 내의 각 독립 절점에 대하여, 전기회로 내에 대응하는 망(mesh)이 있다. 그림 7.3 (a)의 아래 중앙 망(lower central mesh) 주위의 지로 전압(branch voltage)은 식 (7.9)에 의해 관련된다.

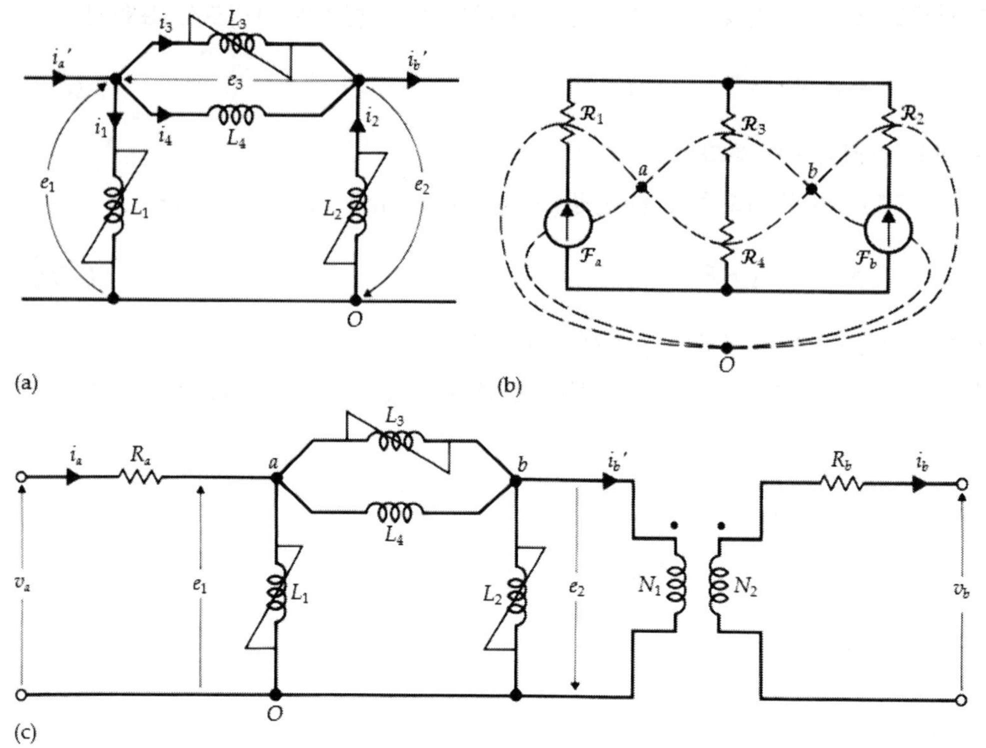

Figure 7.3 Equivalent electric circuit for the magnetic circuit of Fig. 7.1: (a) Elementary form of circuit, (b) topological technique of derivation, and (c) circuit including ideal transformer and winding resistances.

자기회로 내의 각 자기저항 지로에 대하여, 전기회로 내에 대응하는 인덕턴스 지로가 있다. 자기 회로 내의 각 기자력 원천에 대하여, 전기회로 내에 대응하는 코일 전류가 있다.

그림 7.3 (a)의 전기회로의 형태는 쌍대성(duality)의 위상학적 원리(topological principle)를 사용하여 그림 7.1 (b)의 자기회로로부터 직접 유도될 수 있다. 자기회로의 각 망(mesh) 내에 절점(node), 즉, a와 b가 표시되고, 기준 절점(reference node) O가 회로의 바깥에 표시된다. 그 다음 이 절점들이, 자기회로의 각 요소를 통하여 지나가는 지로(branch)로 연결된다. 결과적인 회로망(network)의 구조가 그림 7.3 (a)의 전기회로의 구조와 같음이 관찰된다. 자기회로의 망 내의 각 자기저항에 대하여, 전기회로의 대응하는 절점을 연결하는 대응하는 인덕턴스가 있다. 자기저항이 자기회로 내에서 두 개의 망에 공통인 곳에서는, 대응하는 인덕턴스가 전기회로의 대응하는 두 개의 절점을 연결한다. 각 기자력 전원에 대하여, 대응하는 구동 전류가 있다; 각 자속에 대하여 절점 사이에 대응하는 유도 전압이 있다.

자기회로 내에서의 자기저항이 자속과 기자력 사이의 비선형 관계를 나타낼 때에는, 전기회로 내에서의 대응하는 인덕턴스가 자기 계통의 대응하는 지로를 둘러싸는 N [turn]의 코일 내에서의 쇄교 자속과 그 지로에 기자력을 생성하는 N [turn] 코일 내의 전류 사이의 비슷한 비선형 관계를 나타낸다. 자기회로의 비선형성은 그러므로 전기 등가회로에서 보존된다. 그림 7.2에서 보여진 것과 같은 Φ-$\mathcal{F}$ 관계의 모델은 따라서 전기회로에 대한 적절한 λ-i 모델을 제공하기 위하여 눈금이 다시 매겨질 수 있다. 모델의 선택은 검토 중인 문제에 따라 좌우된다.

그림 7.3 (a)의 전기회로는 모든 권선이 N [turn]을 갖는다는 가정으로 전개되었다. 다양한 권선에 대하여 일반적으로 권수가 다르기 때문에, 권선에서의 실제 전압과 전류를 얻기 위하여 전기회로의 단자에서 이상 변압기(ideal transformer)를 부가하는 것이 필요하다. 그것의 기준 권수(reference number of turns)는 보통 한 권선에서의 권수와 같게 만들어진다. 그림 7.3 (c)에서는, N이 N_a와 같게 만들어지며 이 권선에 대하여 요구되는 이상 변압기는 없다. $N_a = N_b$일지라도, 두 권선 사이에 도전성 연결(conductive connection)이 없다는 성질을 보존하기 위해 권선 b에 대해서는 이상 변압기가 요구될 것이라는 점에 유의하라. 권선 저항 R_a와 R_b가 이제, 권선 유도 전압과 단자 전압 v_a 및 v_b 사이의 차이를 제공하기 위하여, 등가회로에 부가될 수 있다.

그림 7.3 (c)의 등가회로는 누설 자속이 없다는, 즉, 모든 자속이 3개의 강자성 철심 부분으로 제한된다는 가정으로 전개되었다. 이 철심 부분을 나타내는 각 인덕턴스는 비선형으로 표시되었으며 그림 7.2에서 보여진 것과 같은 다양한 관계로 모델링될 수 있다. 각 철심 부분이 철심 기자력을 무시할 수 있는 자속밀도 범위 내에서 동작된다면, 이 3개의 인덕턴스는 모두 매우 클 것이며, 그 효과는 무시될 수 있다. 그러한 경우, 장치의 등가회로의 주된 성질은, 그 값이 공극의 치수(dimension)에 종속하여 맞추어질 수 있는, 직렬 인덕턴스 L_4로 된다.

그 대신으로, 장치의 더 상세한 해석은 더 복잡한 회로 모델로 정당화될 수 있다. 예를 들어, 두 권선 주위의 공기 경로에서의 누설 자속이 자기회로 모델에 부가될 수 있으며, 전기 등가회로에 부가된 인덕턴스 요소(소자, element)로 귀결한다. 더욱이, 부가된 누설 자속이 크다면, 세 부분보다 더 많은 자속이 들어가는 철심으로 분리하는 것이 필요할 수 있다. 철손이 상당한 상황에서는, 1.10절에서 전개되고 그림 1.26에서 보여진 모델링 접근법에 따라, 적절한 손실 저항이 철심 부분을 나타내는 각 인덕턴스와 병렬로 부가될 수 있다. 요점은 어떤 장치에 대한 유일한 등가회로는 없다는 것이다; 모델의 좋은 선택은 당면한 문제에 대해 필요한 매개변수를 포함하는 모델이다.

EXAMPLE 7.1 자기 장치의 단면이 그림 7.4 (a)에서 보여져 있다. 코일 A, B, 그리고

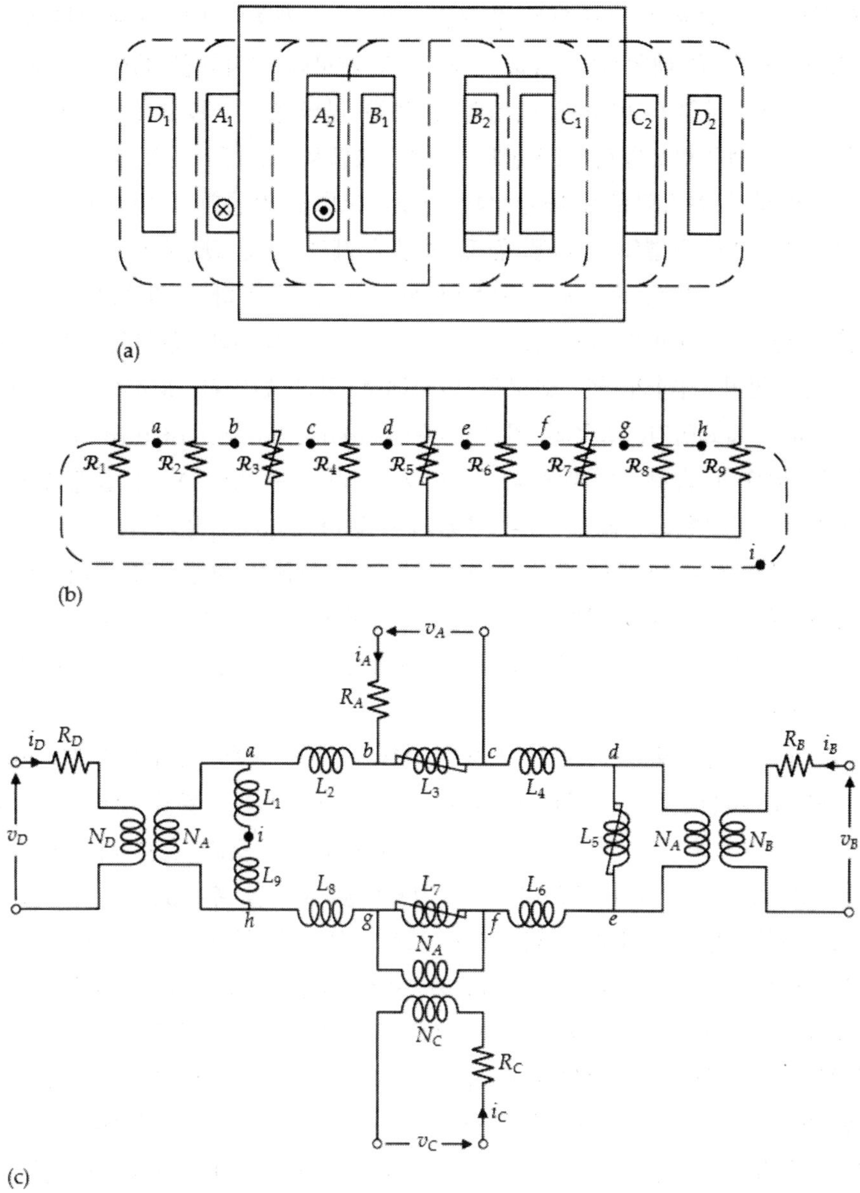

Figure 7.4 Development of an equivalent circuit for Example 7.1.

C가 철심의 3개의 철심각에 감겨 있으며, 코일 D는 바깥쪽 주위에 감겨 있다. 누설 요소를 포함하여 장치에 대한 등가 전기회로의 구조를 설명하라.

Solution

자속 경로의 조합이 그림 7.4 (a)에서 파선(dashed line)으로 보여져 있다. 이들은 각 코일 주위의 누설 자속에 대한 간단한 경로를 제공한다. 철심의 계철 부분은 무시할 수 있는 오차로 수직 철심각으로 묶어질 수 있다고 가정된다.
자기 등가회로의 자기저항의 연결이 그림 7.4 (b)에서 보여져 있다. 철심을 나타내는 부분은 비선형으로 표시되었다. 어떻게 코일 기자력이 이 모델 내에 포함되어야 할 것인가에 대해서는 명백하지 않음에 유의하라. 코일 *A*, *B*, 그리고 *C*의 기자력은, 각각, $\mathcal{R}_3$, $\mathcal{R}_5$, 그리고 $\mathcal{R}_7$과 직렬로 연결될 수 있는 한편, 코일 *D*의 기자력은 어디에 삽입되는가 하는 의문이 남는다. 실제적인 접근법은 그것의 기자력 원천이 없이 자기회로의 쌍대를 생성하고 그 후에 전기회로 내에 적절한 전류원을 도입하는 방식으로 나아가는 것이다.
그림 7.4 (b)에서는, 외부의 기준 절점 *i*로 절점이 각 망(mesh) 내에 표시되었다. 파선은, 그림 7.4 (c)에서 보여진, 대응하는 전기회로의 구조를 가리킨다. 자기저항의 병렬 배열은 인덕턴스의 직렬 배열로 변환됨에 유의하라.
자기회로에서, 코일 변(coil side) *A*는 절점 *b*에서 들어가고 절점 *c*에서 나가는 전류를 가짐이 명백하다. 그러므로, 그 효과는 절점 *b*와 *c*를 연결하는 보여진 전류 루프(current loop) i_A에 의해 전기 모델 내에서 나타내어질 수 있다. 코일 *D*의 경우에는, 전기회로에서의 대응하는 지로가 절점 *a*에서 들어가고 절점 *h*에서 나간다. 전기회로 모델은 3개의 이상 변압기와 4개의 코일 저항의 부가로 완성된다.

7.1.2 Equivalent Circuit for a Two-Winding Shell-Type Transformer

이제 7.1.1절에서 소개된 기법을 그림 7.5 (a)에서 단면으로 보여진 단상 변압기의 일반적인 형태의 한 가지에 대한 등가회로 모델의 전개에 적용하자. 첫 번째 단계는 집중 자기저항으로 나타내어지는 자기 계통의 중요한 부분을 선택하는 것이다. 직접 관계있는 가정이 이 단계에서 도입된다. 특별한 선택이 그림 7.5 (a)의 파선 자속 경로와 그림 7.5 (b)의 대응하는 자기회로에서 보여져 있다. 왼쪽과 오른쪽의 바깥쪽 철심은, 위와 아래의 계철 부분을 포함하여, $\mathcal{R}_{1l}$과 $\mathcal{R}_{1r}$로 나타내어졌다. *A*와 *B* 사이의 누설 경로는 $\mathcal{R}_{Ll}$과 $\mathcal{R}_{Lr}$로 나타내어졌다. 이들은 코일의 앞과 뒷부분 사이의 누설 경로도 포함해야 할 것이다. 중앙각(central leg)은 자기저항 $\mathcal{R}_2$로 나타내어졌으며, 이것은 간단을 위하여 인접 계철 부분도 편입되었을 수 있다.

전기 등가회로의 기본적인 형태가 이제 그림 7.5 (b)에서 절점 *a*, *b*, *c*, *d*, 그리고 *e*를 표시하고 그림 7.5 (c)의 구조를 주는 자기저항 요소를 통하여 그들을 상호연결함으로써 유도될 수 있다. 대칭성 때문에, 이 구조는 그림 7.5 (d)에서 보여진 바와 같이 어느 정도 간단하게 될 수 있다. 직렬 인덕턴스 L_{1l}과 L_{1r}은 절점 *a*와 *d* 사이를 직접 연결하도록 결합되었다. 또한 누설 인덕턴스 L_{Lr}은 절점 *c*와 *d* 사이의 지로로부터 제거되었으며 단일 누설 매개변수 L_L을 주도록 L_{Ll}에 더해졌다.

이 접근법에 의해 생성되는 전기 등가회로는 과도 해석에 적용될 수 있는 한편,

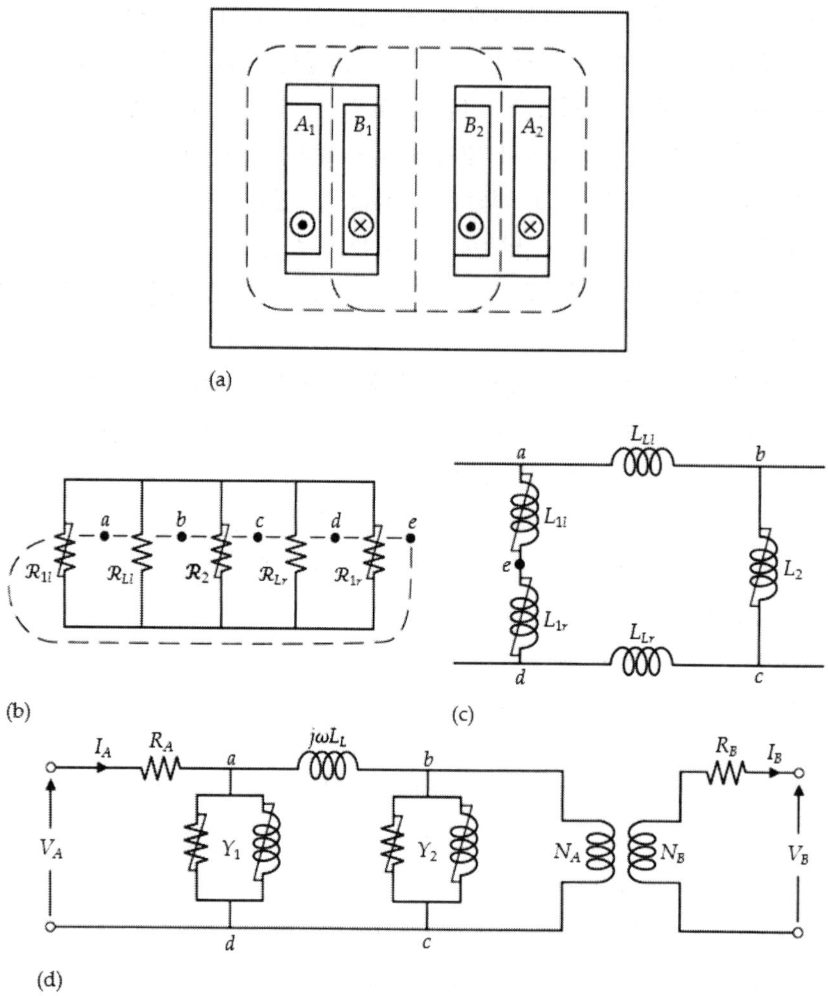

Figure 7.5 Development of an equivalent circuit for a two-winding shell-type transformer.

그림 7.5 (d)의 회로는 운전 주파수에서 정현 전압으로 변압기의 정상 상태 해석을 위해 적절한 형태로 그려졌다. 중앙 철심각에서 요구되는 여자 전류(exciting current)는 어드미턴스(admittance) Y_2 내에서 흐르는 전류인 한편, 바깥쪽 철심각에 대해 요구되는 여자 전류는 어드미턴스 Y_1 내에서 흐르는 전류이다. 대부분의 운전 상황에서는, 누설 임피던스 $j\omega L_L$을 가로지르는 전압 강하가 누설 임피던스의 어느 쪽이든 무시할 수 있는 오차로 해석을 위해 가장 편리한 쪽에서 병렬로 결합될 수 있을 정도로 충분히 작다. 하지만, 그림 7.5 (d)의 모델에 대한 극심한 운전 조건이 있거나 더 많은 철심과 누설 부분을 포함하는 더 복잡한 회로 마저 요구될 수 있다.

그림 7.5 (d)의 전기회로에서의 매개변수는 임의로 A 권선의 권수 N_A로 환산되

었다(referred). 그들은 권수비(turns ratio)의 제곱(square)을 사용하여 B 권선 측으로 바로 변환될 수 있다.

7.1.3 Synthesis of Magnetic Devices

자기회로의 쌍대를 전개함으로써 전기 등가회로를 생성하는 기법이 7.1.1절에서 소개되었다. 역과정(converse process)은 동등하게 실행할 수 있으며 주어진 전기회로로써 같은 일반적인 기능을 수행할 다중 코일 자기 장치(multi-coil magnetic device)의 구조를 고안하는데 있어서 유용하다. 이 과정은 전형적인 예의 사용에 의해 가장 잘 설명된다.

표준 단상, 60 [Hz] 전원으로 비선형 전기 부하에 공급하기를 원한다고 가정한다. 전원 내에서의 고조파 전류(harmonic current)를 제한하기 위하여, 인덕턴스-커패시턴스 여파기(필터)(inductance-capacitance filter)가 전원과 부하 사이에 삽입된다. 부가되는 요구는, 부분적으로는 부하가 원하는 전압이 전원 전압과 다르기 때문에 그리고 부분적으로는 도전 분리(conductive isolation)를 제공하기 위하여, 부하가 변압기에 의해 전원과 결합된다는 것이다. 원하는 계통의 전기회로가 그림 7.6 (a)에서 보여져 있다.

자기회로가 주어진 전기회로와 형태적으로 쌍대라는 개념을 사용하여, 요구되는 자기 장치의 배치가 유도될 수 있다. 먼저, 절점이 전기회로의 각 독립 망 내로 삽입될 수 있으며, 더하여 외부 절점(external node)이 삽입된다. 이 절점들은 이제 자기회로의 일반적인 배치를 주기 위하여 그림 7.6 (a)에서 보여진 바와 같이 파선(dashed line)으로 연결될 수 있다. 앞에서의 전기 등가회로의 전개로부터, 인덕턴스를 제외한 전기회로 내에서의 모든 요소를 이상적이라고, 즉, 0의 자기저항을 갖는다고 가정된 자기 철심 주위에 감긴 코일에 연결된 외부 요소로 나타내는 것이 적절할 것이다. 따라서, 등가 자기회로는 그림 7.6 (b)에서 보여진 형태를 가진다. 한 개의 유한한 자기저항 $\mathcal{R}$은 식 (7.4)에서와 같이 원하는 인덕턴스 L에 역으로 비례(반비례)한다.

그림 7.6 (b)가 정당한 자기회로 모델인 계통의 물리적 구조가 이제 고안될 수 있다. 그러한 구조가 그림 7.6 (c)에서 단면으로 보여져 있다. 유한한 자기저항 $\mathcal{R}$은 공극에 의하여 생성된다. 자기 구조의 나머지 부분은 자기저항을 무시할 수 있는 것으로 고려될 수 있는 고투자율(high-permeability) 물질로 된 것이다. 권선이 전원, 정전용량기(커패시터, capacitor), 그리고 부하와의 연결을 위해 마련된다. 권수비는 적절한 부하 전압을 제공하기 위해 그리고 또한 커패시터의 가장 경제적인 정압 정격을 위한 적합한 전압 수준을 제공하기 위해 선택된다. 설계의 일반 방식(normal method)이 철심 치수(core dimension)와 실제 권수(actual numbers of turns)

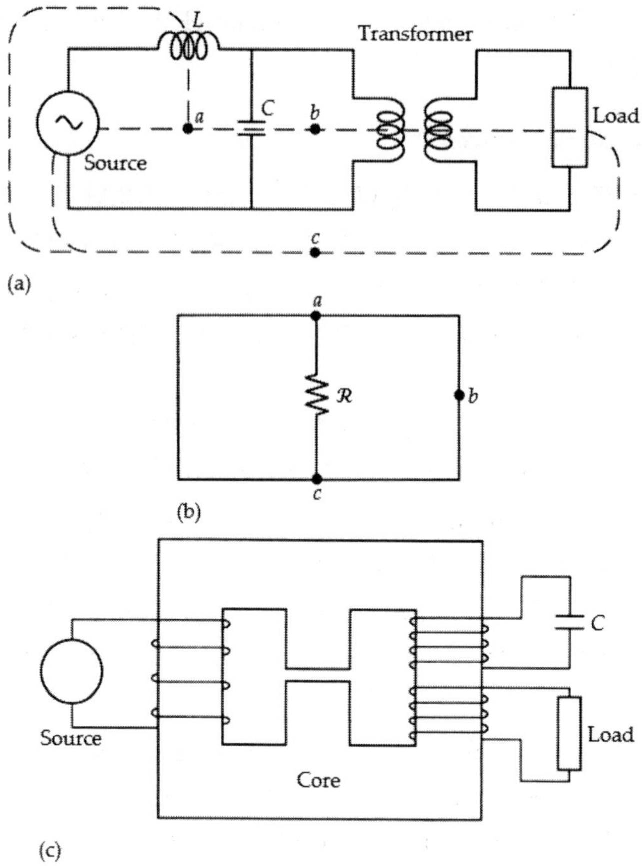

Figure 7.6 Synthesis of a ferromagnetic device for a filter: (a) desired electric circuit, (b) magnetic circuit, and (c) device with system connections.

에 도달하도록 사용될 수 있다. 설계가 이루어졌을 때, 코일 주위의 누설의 효과가 평가될 수 있도록 그것의 전기 등가회로를 생성하는 것을 생각할 수 있다.

7.1.4 Determination of Leakage Inductance from Dimensions

지금까지는, 누설 인덕턴스를 주로 권선 사이의 누설 자속 경로와 관련시켰다. 그 위에, 각 권선 내에서의 누설 자속이 있다. 이 절에서는 그림 7.5 (a)에서 보여진 바와 같이 배열된 2개의 동심 권선(concentric winding)의 간단한 경우의 누설 인덕턴스에 대한 표현식을 유도할 것이다.

그러한 권선 쌍의 변(side)을 통하는 부분이 그림 7.7에서 보여져 있다. 간단을 위하여, 각 권선이 N [turn]을 가지며 권선이 동일한 반대 방향 전류 i를 운반한다고 가정한다. 보여진 전류 방향으로, 코일 내부와 사이의 자계는, 그림 7.7에서 보여진 바와 같이, 위와 아래의 철심 계철 사이에서 근사적으로 수직 방향이라고 가

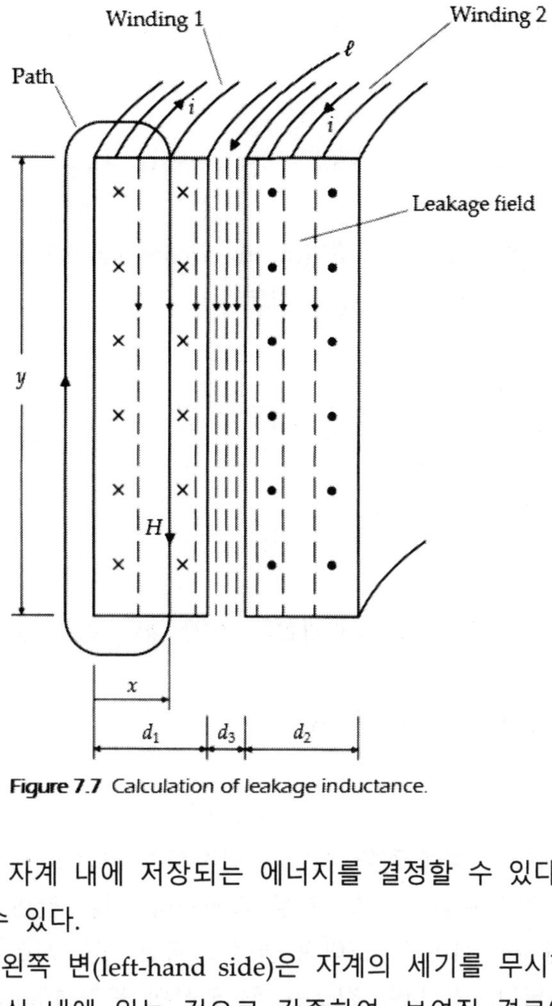

Figure 7.7 Calculation of leakage inductance.

정될 수 있다. 이 자계 내에 저장되는 에너지를 결정할 수 있다면, 누설 인덕턴스의 값이 찾아질 수 있다.

보여진 경로의 왼쪽 변(left-hand side)은 자계의 세기를 무시할 수 있는 것으로 가정되는 자기 철심 내에 있는 것으로 간주하여, 보여진 경로에 식 (1.1)의 주회 법칙을 적용한다고 가정한다. 권선 1 내부에서는,

$$Hy = Ni\frac{x}{d_1}$$

또는

$$H = \frac{Nix}{yd_1} \qquad \text{[A/m]} \qquad \text{for } 0 < x < d_1 \tag{7.15}$$

이다. 권선 사이에서는,

$$H = \frac{Ni}{y} \qquad \text{[A/m]} \qquad \text{for } d_1 < x < (d_1 + d_3) \tag{7.16}$$

이다. 권선 2 내부에서는, 경로의 오른쪽 변(right-hand side)이 철심 내에 있는 것으로 가정하여,

$$H = \frac{Ni}{yd_2} \qquad [\text{A/m}] \qquad \text{for } (d_1 + d_3) < x < (d_1 + d_2 + d_3) \tag{7.17}$$

이다. ℓ이 권선 [turn]의 평균 주변 길이(mean circumferential length)라고 하자. 자계의 체적 V 내에 저장되는 에너지는 그러면

$$\begin{aligned} W &= \int \frac{1}{2}\mu_0 H^2 dV \\ &= \int_0^{d_1+d_2+d_3} \frac{1}{2}\mu_0 H^2 \ell y dx \\ &= \frac{1}{2}\mu_0 \frac{N^2 i^2 \ell}{y}\left(\frac{d_1}{3} + d_2 + \frac{d_3}{3}\right) \qquad [\text{J}] \end{aligned} \tag{7.18}$$

이다. $W = Li^2/2$이기 때문에, N [turn] 권선의 쌍에 대한 누설 인덕턴스는

$$L = \mu_0 \frac{N^2 \ell}{y}\left(\frac{d_1}{3} + d_2 + \frac{d_3}{3}\right) \qquad [\text{H}] \tag{7.19}$$

이다.

식 (7.19)의 표현식은 어떻게 하여 변압기 설계자가 권선의 배열과 치수를 바꿈으로써 누설 인덕턴스를 바꿀 수 있는지를 가리킨다. 낮은 값의 누설 인덕턴스를 얻기 위해서는, 높이 y가 커야 할 것이며 권선의 폭과 그들 사이의 간격이 작아야 할 것이다. 누설 인덕턴스의 더한 감소는 두 권선의 중간층(interleaving layer)에 의해 얻어질 수 있다. 일반적으로, 고압 변압기(high-voltage transformer)는 고압과 저압 권선의 근접을 예방하기 위한 절연 요구(insulation requirement) 때문에 누설 인덕턴스의 값이 비교적 크다.

7.2 DESIGN OF INDUCTORS AND TRANSFORMERS

자기 장치 검토의 초기 단계는 먼저 물리적 현상을 이해하고 그 다음 성능의 몇 가지 중요한 성질을 예측하기 위해 사용될 수 있는 위한 해석적인 모델을 전개하는데 집중하였다. 하지만, 대부분의 공학의 정수(essence)는 특별한 사용자에 의해 특정된 필요와 마주칠 생산품을 고안하기 위해 요구되는 설계의 과정에 있다. 상업 시장(commercial marketplace)을 위한 설계는 경제성, 신뢰성(reliability), 성능, 그리고 환경 영향의 기준을 포함하는 고도로 상세하며 전문화된 기술이다. 이 절

은 유도용량기(인덕터, inductor)와 변압기에 적용하는 것으로서 설계 과정의 몇 가지 주된 물리적 양상 만을 고려한다.

7.2.1 Heat Transfer

본질적으로 이 책에서 고려되는 모든 형태의 전기 장치(electrical apparatus)는 절연 도체(insulated conductor)를 내포한다. 이 도체 내에서 운반될 수 있는 전류의 양(amount)은 도체에서 절연의 최대 허용 운전 온도를 초과함이 없이 도체 내에서 손실에 의해 생성되는 열을 뺄 수 있는 능력에 의해 제한된다. 면(cotton), 종이(paper), 폴리에스테르 막(polyester film), 그리고 많은 종류의 니스(varnish)같은 유기 절연체(organic insulation material)(보통 A종 절연(Class A insulation)으로 일컬어지는)는 이 최대 온도가 대략 105 [°C] 이다. 운모(mica), 석면(asbestos), 그리고 규소 니스(silicon varnish)로 접착된 유리 섬유(glass fiber)같은 무기물(inorganic material)(H종)은, 최대 온도가 대략 180 [°C]이다. B종과 F종 절연 형태 사이에서는, 각각 130과 155 [°C]의 한계 온도를 가진다. 안전한 운전 온도가 초과되면, 절연체는 산화될 수 있고, 중합체(polymer)의 화학 연쇄(chemical chain)가 깨질 수 있으며, 절연 계통이 부서지기 쉽게 될 수 있다. 연속 운전 온도에서의 단지 대략 10 [°C]의 증가만으로도 절연의 유용한 수명이 절반으로 줄어들 수 있다.

도체 내에서 생성되는 열과 철손으로부터 생기는 열은 냉각 매질(cooling medium)로 전송되어야 한다. 이 매질은 보통 공기이지만 어떤 대형 장치에서는 기름과 물이 사용될 수 있다. 냉각 외기(ambient cooling air)는 정상 응용의 경우 40 [°C] 정도로 높은 온도를 가질 수 있으며 국지 환경(local environment)에 따라 더 높을 수 있다.

도체와 철 내의 발열원(heat source)과 냉각재(coolant) 사이의 대부분의 온도 강하는 장치의 표면과 냉각 공기 사이의 계면(interface)에 집중된다. 온도차(temperature difference) $\Delta T = T_{surface} - T_{air}$를 가진 면적 A의 표면으로부터 제거될 수 있는 열의 양은 **열전달 계수**(*heat transfer coefficient*) h로 표시된다. 이 계수는 표면에 걸친 공기의 속도와 표면의 성질(nature)에 종속된다. h에 대한 전형적인 값은 공기 냉각의 경우 20에서 80 [W/m^2·°C]의 범위 내에 있다; 기름 또는 물 냉각의 경우, h는 250 [W/m^2·°C] 정도일 수 있다.

도체 내에서의 허용되는 전류밀도가 냉각에 의해 어떻게 제한되는지를 평가하기 위하여, 그림 7.8에서 보여진 바와 같은 변압기의 권선의 단면을 고려한다. 총(total) 단면적 중에서, **점적률**(*space factor*) k_s로 알려진 부분(fraction) 만이 도체 영역으로 될 것이며, 나머지는 절연 공간일 것이다. k_s의 전형적인 값은 0.4에서 0.7의 범위 내에 있다. 코일 두께 d, 높이 h, 그리고 주변 길이 ℓ로, 도체 체적은

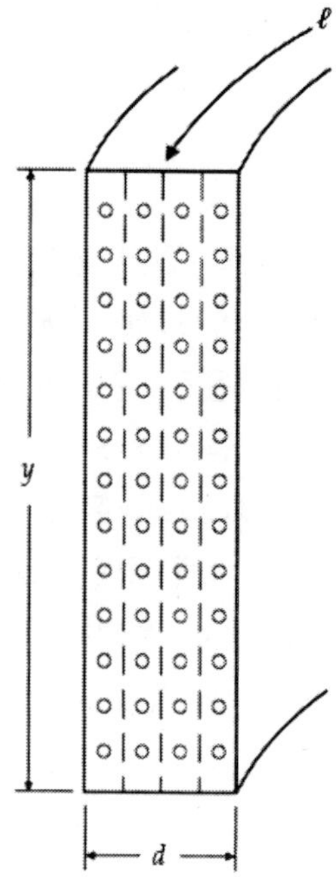

Figure 7.8 Cross section of a typical coil.

$$V_c = dy\ell k_s \qquad [\mathrm{m^3}] \tag{7.20}$$

이다. 도체 전류밀도 J_c로 권선 내에서의 전력 손실은 그러면

$$P_L = \rho J_c^{\,2} dy\ell k_s \qquad [\mathrm{W}] \tag{7.21}$$

로 주어진다. 여기서 ρ는 도체 온도에 적합한 도체 저항률(conductor resistivity)이다. 전형적인 코일의 경우, $y \gg d$이며, 냉각 면적 A는 $A = 2y\ell$에 의해 근사화될 수 있다. 따라서, 단위 냉각 면적당(per unit of cooling surface area) 생성되는 열전력(heat power)은

$$\frac{P_L}{A} = \frac{\rho}{2} J_c^{\,2} dk_s \qquad [\mathrm{W/m^2}] \tag{7.22}$$

이다. 이것은 $h\Delta T$로 표시되는 단위 면적당 공기의 냉각 능력(cooling capability)과 같아야 한다. 따라서, 도체 물질 내에서 허용되는 전류밀도는

$$J_c = \left(\frac{2h\Delta T}{\rho dk_s}\right)^{1/2} \qquad [\mathrm{A/m^2}] \tag{7.23}$$

과 같이 표현될 수 있다.

예가 전형적으로 만나게 되는 값에 대한 약간의 평가를 줄 것이다. B종 절연이 135 [°C]의 운전 온도로 사용된다고 가정한다. 공기 온도가 40 [°C]이며 도체와 바깥 절연 표면 사이의 온도 강하에 대하여 15 [°C]가 허용된다고 하자. 그러면, ΔT = 80 [°C]이다. 135 [°C]에서, 구리의 저항률은 대략 2.5×10^{-8} [Ω·m]이다. 25 [W/m²·°C]의 전형적인 열전달 계수가 사용될 수 있다. 0.5의 점적률로 10 [mm] 두께의 코일의 경우,

$$J_c = \left(\frac{2 \times 25 \times 80}{2.5 \times 10^{-8} \times 0.01 \times 0.5}\right)^{1/2} = 5.7 \qquad [\mathrm{A/mm^2}] \tag{7.24}$$

이다. d = 50 [mm]의 더 두꺼운 코일의 경우, 허용되는 전류밀도는 대략 2.5 [A/mm²]로 줄어들 것임에 유의하라.

7.2.2 Inductor Design

유도용량기(인덕터, inductor)의 목적은 전기 계통에 인덕턴스를 끼워 넣는 것이다. 그러한 장치의 필요에 대한 예는 고조파 전류의 흐름을 제어하는 여파기(필터, filter)에서의 필요이다. 인덕터에 대한 전형적인 명세(specification)는 실효치 동작 전류 I, 인덕턴스 L, 그리고 기저 주파수 f 또는 ω이다. 대부분의 응용의 경우, 선형성, 즉, 인덕턴스가 모든 운전 전류의 값에 대하여 일정해야 할 것이라는 요구가 있을 것이다. 다음의 논의는 적절한 설계에 도달하는데 있어서의 몇 가지 주된 고려를 소개할 것이다.

1.1절, 그림 1.2에서, 쇄교 자속과 코일 전류 사이의 거의 선형인 관계가, 자계의 세기가 무시될 수 있는 제한된 자속밀도로 철심이 동작되는 것을 조건으로, 공극을 가진 자기 철심의 사용으로 얻어질 수 있음이 보여졌다.

첫 번째 고려는 장치에 대한 배치 또는 형상의 선택이다. 이것은 특정한 응용과 어떤 형상의 철 박판(iron lamination)을 이용할 수 있는가에 종속될 것이다. 빈번히 사용되는 배치가 그림 7.9에서 보여져 있다. 단일 코일이 중앙 철심각에 위치된다. 이 중앙 철심각 내에서의 박판의 단면은 일반적으로 최대 철심 면적이 도체의 최소 길이에 의해 둘러싸이도록 정사각형(square)에 가깝게 만들어진다. 철심은 그 각각의 부분에서 상당히 균일한 자속밀도를 생성하도록 할당된다. 그림 7.9에서 보여진 창 폭(window width)에 대한 높이(window height)의 비(ratio)의 선택은 이용할 수 있는 박판의 전형적인 선택이다.

다른 고려는 자성체의 선택이다. 장치에서의 선형성을 보전하기 위하여, 최대 자속밀도가 선택되어야 할 것이며, 박판 두께는 철손의 한계에 따라 선택되어야 할 것이다. 예를 들어, 60 [Hz]의 주파수에서 운전하는 철심은 B-H 특성이 그림 1.12에

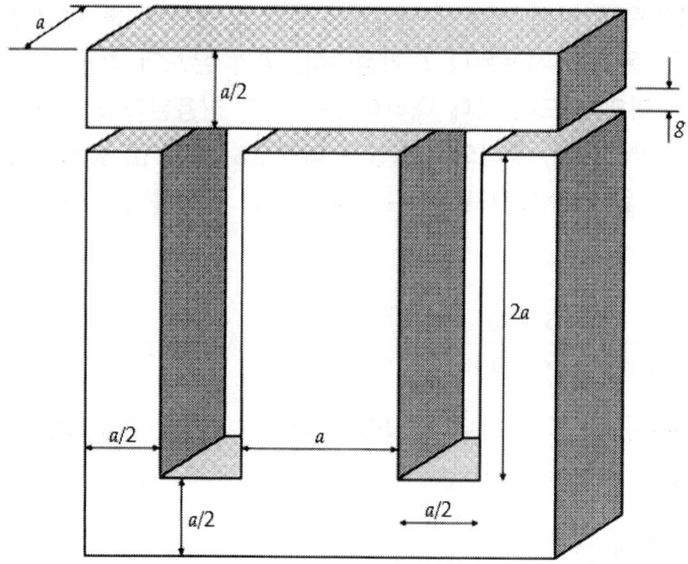

Figure 7.9 Inductor core.

서 보여진 M-36 강 박판(M-36 sheet-steel) 물질이 사용될 수 있다. 최대 자속밀도 $\hat{B}$는 대략 1.4 [T]로 한정된다. 그러면, 식 (1.23)으로부터, 0.356 [mm]의 박판 두께가 선택될 수 있어서, 대략 4 [W/kg]의 철손으로 귀결한다. 이 선택의 효과는 뒤에 설계 과정에서 해석되어야 할 것이다.

인덕턴스는 전류에 대한 쇄교 자속의 비(ratio)이다. [turn] 내에서의 쇄교 자속은 자속과 권수의 적(곱, product)이다. 그러므로, 인덕터는 적은 권수와 함께 큰 자속인 큰 철심 면적을 가지거나, 또는 그 역일 수 있다(vice versa). 주요한 설계 문제(central design problem)는 권수와 철심의 유효 면적 둘 다의 최적에 가까운 선택(near-optimal choice)을 이루는 것이다.

철심의 단면적은 박판에서의 표면 거칠기(surface roughness)와 절연 도장(insulation coating) 때문에 완전히 강(steel)으로 만들어질 수는 없다. 총(total) 철심 면적에 대한 강 면적의 비(ratio)는, **적층 계수**(*stacking factor*) k_i로 알려져 있으며, 보통 이 계수는 0.9보다 더 크다. 장치의 첨두 쇄교 자속은 그러면 관계식

$$\hat{\lambda} = \sqrt{2}LI\mu_0 = N\hat{B}k_i a^2 \qquad [\text{Wb}] \tag{7.25}$$

로 주어진다. L과 I의 원하는 값에 대하여, 이것은 양(quantity) N과 a에서의 한 가지 관계를 제공한다. 두 번째 관계는 코일이 과열되지 않아야 한다는 강제로부터 전개될 수 있다. 7.2.1절에서의 논의로부터, 도체 실효치 전류밀도 J_c와 코일 점적률 k_s의 적절한 값이 선택될 수 있다. 그러면, $2a \times a/2 = a^2$의 창 면적(window area)에

대해,

$$NI = k_s a^2 J_c \qquad [\text{A}] \tag{7.26}$$

이다. 두 개의 관계식 (7.25)와 (7.26)이 이제 권수 N과 치수(dimension) a에 대하여 풀어질 수 있다. 이 때, 신중하게 이 코일 두께에 대한 냉각 능력을 거슬러 올라가 점검하고, 필요하다면 전류밀도를 조정해야 할 것이다.

여기서 고려되는 마지막 단계는 공극 길이 g의 선택이다. 철심 내에서 뿐만 아니라 공극에서의 최대 자속밀도 $\widehat{B}$는 (누설 자속은 무시하여) 코일을 통하는 폐경로 주위에 주회 법칙을 적용함으로써 찾아진다:

$$\widehat{B} = \mu_0 \frac{\sqrt{2} IN}{2g} \qquad [\text{T}] \tag{7.27}$$

코일 인덕턴스는 그러면

$$\begin{aligned} L &= \frac{\hat{\lambda}}{\sqrt{2} I} = \frac{N \widehat{B} k_i a^2}{\sqrt{2} I} \\ &= \frac{N^2 \mu_0 a^2}{2g} \qquad [\text{H}] \end{aligned} \tag{7.28}$$

로 주어지며, 이로부터 적절한 공극 길이 g가 찾아질 수 있다.

공극을 가진 자기 장치 설계에 있어서, 공극 단부(gap edge) 주위의 자속의 프린징에 대한 약간의 공차(allowance)를 두는 것이 바람직하다. 일반적인 근사화는 단면적을 만드는 공극 치수의 각각에 공극 길이 g를 더하는 것이다.

위의 개념은 단지 설계에 대한 출발점 만을 제공한다. 도체 면적, 형상, 그리고 도장(coating), 절연, 구조 및 설치 배열(structural and mounting arrangement), 기타 등등을 특정하기 위한 훨씬 더 상세한 설명이 제출되어야 한다.

EXAMPLE 7.2 60 [Hz]의 주파수에서 80 [A]의 연속 실효치 전류의 능력이 있는 2 [mH]의 인덕턴스를 가진 인덕터에 대한 예비 설계를 마련하라.

Solution

7.2.2절에서의 논의에 따라, 1.4 [T]의 최대 자속밀도로 0.356 [mm]의 두께를 가진 M-36 강의 사용을 고려한다. 0.95의 적층 계수로 정사각형 중앙 철심각인 그림 7.9에서 보여진 적층 형상을 사용한다. 식 (7.25)로부터,

$$Na^2 = \frac{\sqrt{2}LI}{\hat{B}k_i} = \frac{\sqrt{2} \times 80 \times 0.002}{1.4 \times 0.95} = 0.17 \qquad [\mathrm{m}^2]$$

2.5 [A/mm²]의 실효치 전류밀도 J_c와 0.5의 코일 점적률 k_s를 선택하면, 식 (7.26)은 다음을 준다:

$$\frac{N}{a^2} = \frac{k_s J_c}{I} = \frac{0.5 \times 2.5 \times 10^6}{80} = 15600$$

이 두 표현식을 결합하면 다음을 준다:

$$N = (0.17 \times 15600)^{1/2} = 52 \qquad [\mathrm{turn}]$$

그리고

$$a = \left(\frac{0.17}{52}\right)^{1/2} = 57.4 \qquad [\mathrm{mm}]$$

7.2.1절의 논의로 되돌아간 참조는, $a/2 = 29$ [mm]의 코일 두께에 대해, 어느 정도 더 큰 전류밀도가 선택되었을 수 있다.
식 (7.28)로부터, 절절한 공극 길이는 (프린징 자속을 무시하여)

$$g = \frac{N^2\mu_0 a^2}{2L} = \frac{52^2 \times 4\pi \times 10^{-7} \times 0.574^2}{2 \times 0.002} = 2.8 \qquad [\mathrm{mm}]$$

원한다면, 이것은 이제 프린징을 제공하도록 조정될 수 있다.
전류밀도의 선택된 값을 사용하여, 도체의 요구되는 단면적은 $80/2.5 = 32$ [mm²]이다. 가능한 도체 배열은 층당(per layer) 13 [turn]을 가진 4층으로 배열된 직사각형 도체 8×4 [mm]를 사용할 수 있다.

7.2.3 Transformer Design

7.2.2절에서 인덕터 설계에 대해 전개된 많은 개념이 변압기 설계에 대해 수정된 형태로 적용될 수 있다. 단상 변압기의 경우, 기본적인 요구는 운전 주파수 ω에서 전압 V_A와 전류 I_A에서 전압 V_B와 전류 I_B로의 에너지의 변환이다. 그림 7.5 (a)에서 보여진 바와 같은 외철형 배치(shell-type configuration)의 경우, 치수(dimension)와 권선 [turn]을 결정하기 위해 요구되는 기본 관계식은

$$\frac{N_A}{N_B} = \frac{V_A}{V_B} = \frac{I_B}{I_A} \tag{7.29}$$

그리고

$$V_A = \omega N_A \frac{\widehat{B}}{\sqrt{2}} k_i A_i \qquad [\mathrm{V}] \tag{7.30}$$

이다. 여기서 A_i는 중앙 철심각의 단면적이다. 코일 창의 면적 A_w는 관계식

$$N_A I_A + N_B I_B = 2N_A I_A = k_s J_c A_w \qquad [\mathrm{A}] \tag{7.31}$$

에 의해 지배된다. 따라서, 철심은

$$A_i A_w = \frac{2\sqrt{2} V_A I_A}{\omega \widehat{B} k_i k_s J_c} \qquad [\mathrm{m}^4] \tag{7.32}$$

의 성질을 가지는 것으로 선택될 수 있다.

특별한 설계에서 사용되는 기준(criteria)은 응용 분야에 매우 많이 의존한다. 예를 들어, 에너지 변환이 중요한 고려 사항이라면, 고품질(high-quality) 철심 물질이 선택될 것이다. 첨두 자속밀도와 박판 두께는 낮은 철손을 제공하기 위하여 선택될 것이다. 도체 전류밀도는 낮은 권선 손실(winding loss)을 제공하도록 낮게 만들어질 것이다. 당연히, 변압기 같은 설비의 초기 비용(initial cost)은 비교적 높을 것이다. 변압기가 보통 정격 부하에서 운전된다면, 식 (2.51)에서 보여진 바와 같이, 철손과 권선 손실이 그 부하에서 같도록 설계하는 것이 바람직할 것이다. 그것이 부하가 많은 시간 동안 낮은 주거 지역에서의 배전형 변압기(distribution-type transformer)라면, 철손이 모든 시간 동안 발생하기 때문에 철손을 최소화하는데 특별한 주의가 기울여져야 한다. 공수 장비(airborne equipment)의 경우에서와 같이, 최우선의 기준이 작은 질량이라면 철심 자속밀도와 도체 전류밀도의 높은 값을 허용할 효과적인 냉각 수단에 특별한 주의가 주어지게 될 것이다. 낮은 누설 인덕턴스가 요구된다면, 고려가 두 권선을 끼워 넣는(interleave) 도체 배치에 주어질 것이다.

EXAMPLE 7.3 전자 계기(electronic instrument)에 사용되는 변압기에 대한 설계가 요구된다. 전압 정격은 60 [Hz]에서 115 [V] : 24 [V]이며 변압기는 저항 부하에 50 [W]를 공급한다. 1.5 [T]의 첨두 자속밀도에서 4.2 [W/kg]의 철손을 가지는 물질이 사용될 수 있다. 철심 치수와 권선 [turn]을 추정하고 설계의 근사 효율을 찾아라.

Solution

철심 물질 생산자는 그림 7.10에서 보여진 일반적인 형상을 가지는 다수의 박판을

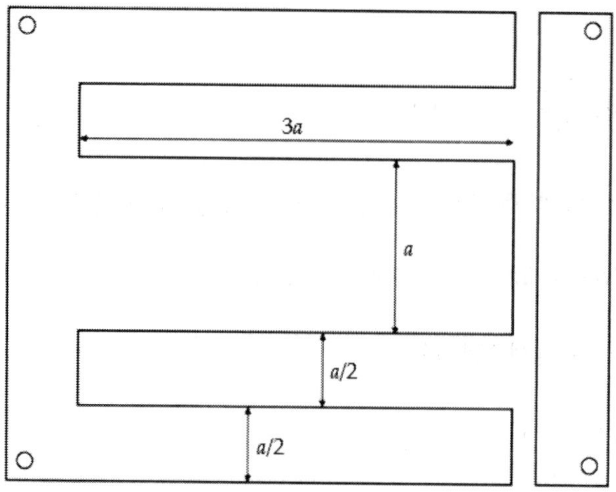

Figure 7.10 Laminations for Example 7.3.

목록으로 만든다. 이 E와 I 박판은 조립된 철심에서 최소 유효 모서리 공극(minimum effective corner gap)을 제공하기 위하여 교대로 넣어진다(interleaved). 이 형상은 I 부분이 E 박판의 창에서 벗어나기 때문에 경제적인 형상이다.

이것이 비교적 작은 변압기이기 때문에, 도체 내에서 4 [A/mm²]의 전류밀도를 사용하는 것으로 선택하자. 권선 점적률은 0.4로 추정되며 철심 적층 계수는 생산자에 따라 교대 박판(interleaved lamination)에 대하여 대략 0.9이다. 식 (7.32)로부터,

$$A_iA_w = \frac{2\sqrt{2}V_AI_A}{\omega\hat{B}k_ik_sJ_c}$$

$$= \frac{2\sqrt{2}\times 50}{2\pi\times 60\times 1.5\times 0.9\times 0.4\times 4\times 10^6} = 0.174\times 10^{-6} \qquad [\mathrm{m}^4]$$

그림 7.10에서 보여진 박판의 경우, $A_w = 1.5a^2$이다. 정사각형 중앙 철심각으로, $A_i = a^2$이다. 따라서

$$a = \left(\frac{0.174\times 10^{-6}}{1.5}\right)^{1/4} = 18.4 \qquad [\mathrm{mm}]$$

생산자에 의해 목록에 올려진 가장 가까운 박판은 $a = 19$ [mm]와 $A_w = 1.5a^2 = 542$ [mm²]를 가진다. 따라서, 요구되는 철심 면적은

$$A_i = \frac{0.174\times 10^{-6}}{542\times 10^{-6}} = 322 \qquad [\mathrm{mm}^2]$$

이 되며, 철심의 근사 적층 깊이(두께, depth)는 322/19 = 17 [mm]이다. 요구되는 1차 권수는

$$N_p = \frac{\sqrt{2}V_p}{\hat{B}A_i k_i \omega} = \frac{\sqrt{2} \times 115}{1.5 \times 322 \times 10^{-6} \times 0.9 \times 377} = 992 \qquad \text{[turn]}$$

2차 권수는

$$N_s = N_p \frac{V_s}{V_p} = 992 \times \frac{24}{115} = 207 \qquad \text{[turn]}$$

그림 7.10에서 E와 I 박판의 쌍(pair)의 표면적은 $9a^2$이다. 철심 철의 밀도가 7600 [kg/m³]이며 적층 계수가 0.9라면, 철심의 질량은

$$m = 7600 \times 9 \times 0.019^2 \times 0.017 \times 0.9 = 0.38 \qquad \text{[kg]}$$

추정되는 철손은 그러면

$$P_c = 0.38 \times 4.2 = 1.6 \qquad \text{[W]}$$

1차와 2차 권선의 1 [turn]의 평균 길이는 근사적으로

$$\ell = 2(19 + 17) + 2\pi \times 9.5 = 131.7 \qquad \text{[mm]}$$

2×10^{-8} [Ω·m]의 구리 권선의 저항률을 사용하여, 권선에서의 손실은 근사적으로

$$\begin{aligned} P_w &= \rho J_c^{\,2} V_{copper} = \rho J_c^{\,2}(1.5a^2\ell) \\ &= 2 \times 10^{-8} \times (4 \times 10^6)^2 \times 1.5 \times 0.019^2 \times 0.1317 \times 0.4 = 9.13 \qquad \text{[W]} \end{aligned}$$

변압기 효율은 그러므로

$$\eta = \frac{50}{50 + 1.6 + 9.13} = 0.823 \text{ [pu]} = 82.3 \qquad [\%]$$

권선 저항이 원인이 될 대략 16 [%]의 전압 강하에 비추어, 이제 요구되는 출력 전압을 유지하기 위한 권수비의 적절한 조정이 반복되어야 할 것이다.

이것은 단지 예비 설계일 뿐이라는 것이 강조되어야 할 것이다. 효율은 적용에 있어서 허용되지 않을 정도로 낮은 값일 수 있다. 냉각이 부적당할 수 있다. 이용할 수 있는 도선 크기(wire size)는 철심 치수 내에서 변화가 요구될 수 있다. 예비 설계가 이제 해석되고 설계 과정이 요구에 따라 반복되어야 할 것이다.

7.3 DESIGN OF PERMANENT-MAGNET DEVICES

영구자석 물질이 공극 내에 강한 자계를 생성하기 위해 종종 사용된다. 예는 음성 확성기(audio speaker), 가동 코일 계기(moving-coil instrument), 그리고 전동기에서 찾아진다. 1.11절은 자성체가 어떻게 모델링될 수 있으며 공극 자속밀도가 주어진 배치에 대해 어떻게 계산될 수 있는지를 보였다. 여기에서는 최소의 영구자석 물질 체적 V_m을 사용하여 체적 V_g의 공극 내에 자속밀도 B_g를 생성하는 장치를 설계하는 역문제(converse problem)를 고려하자. 이 명세(specification)는 영구자석 물질의 [kg]당 비교적 높은 비용 때문에 생긴다.

기본 원리는 그림 7.11 (a)에서 보여진 바와 같은 전형적인 배치의 사용에 의해 가장 잘 설명된다. 자석 물질은 누설을 최소화하기 위하여 공극에 가깝게 위치되었다. 연철(soft iron) 부분은 요구되는 공극 면적에 걸쳐 자속을 펼치기 위한 극제철(pole shoe)로 사용되었으며, 다른 연철 부분은 자기 경로를 닫기(close) 위해 사용되었다. 영구자석 물질은 잔류 자화 B_r과 투자율 $\mu_r\mu_0$의 선형 기울기로 그림 7. 11 (b)에서 보여진 형태의 감자 특성(demagnetization characteristic)을 가진다.

공극과 자석 물질의 단면적을 A_g와 A_m이라고 하자. 자기 경로 주위에 적동된 주회 법칙으로부터, 그리고 연철 부분 내에서의 자계의 세기를 무시하면,

$$H_m\ell_m + H_g g = 0 \qquad [A] \tag{7.33}$$

이다. 자속 연속 조건은

$$B_g A_g = B_m A_m \qquad [Wb] \tag{7.34}$$

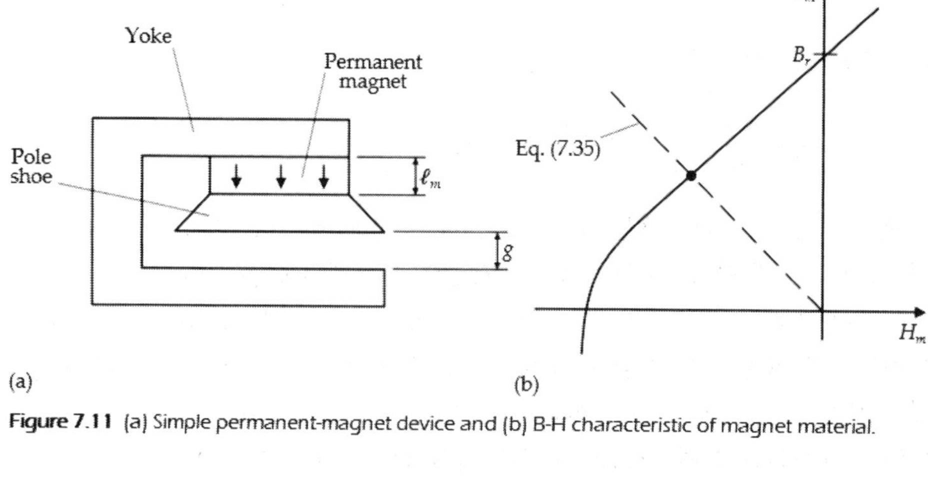

Figure 7.11 (a) Simple permanent-magnet device and (b) B-H characteristic of magnet material.

이다. 따라서,

$$B_m = \frac{B_g A_g}{A_m} = -\mu_0 \frac{H_m \ell_m}{g} \frac{A_g}{A_m} \qquad [\mathrm{T}] \tag{7.35}$$

이다. 이 관계식은 그림 7.11 (b)에서 파선(dashed line)으로써 보여진다. 감자 곡선 (demagnetization curve)은 B_m과 H_m 사이의 두 번째 관계를 제공한다. 따라서, 교점(intersection)이 운전점(operating point)을 제공한다.

자석 물질의 최소 체적을 설계하기 위하여, 식 (7.33)과 (7.34)가

$$\begin{aligned} V_m = A_m \ell_m &= \left(\frac{B_g A_g}{B_m}\right)\left(\frac{-H_g g}{H_m}\right) \\ &= \frac{B_g{}^2 V_g}{\mu_0 |B_m H_m|} \qquad [\mathrm{m}^3] \end{aligned} \tag{7.36}$$

을 주기 위해 결합될 수 있다. 이로부터, 운전점의 적절한 선택은 감자 곡선 위에서 적(곱, product) $B_m H_m$의 최대 크기를 주는 점이라는 것이 보여질 수 있다. 공극의 자계 내에 저장되는 에너지는, 식 (1.24)로부터,

$$W_g = \frac{B_g{}^2}{2\mu_0} V_g \qquad [\mathrm{J}] \tag{7.37}$$

이라는 것에 유의하라. 이것은, 식 (7.36)으로부터, $B_m H_m V_m$의 2분의 1로 된다는 것이 보여진다. 따라서, 생산자가, 각 영구자석 물질에 대해, "최대 에너지 적(maximum energy product)", 즉, 적(product) $(B_m H_m)$의 최대 값을 목록에 올리는 것이 관례이다.

현대의 좋은 영구자석 물질의 대부분은 유용한 운전 범위에 걸쳐 선형 관계식

$$B_m = B_r + \mu_r \mu_0 H_m \qquad [\mathrm{T}] \tag{7.38}$$

에 의해 특성지어질 수 있다. 이 경우,

$$B_m H_m = B_r H_m + \mu_r \mu_0 H_m{}^2$$

이다. 에너지 적의 최대 값은 그러면

$$\frac{d(B_m H_m)}{dH_m} = B_r + 2\mu_r \mu_0 H_m = 0$$

으로부터

$$B_m = B_r + \mu_r\mu_0\left(\frac{-B_r}{2\mu_r\mu_0}\right) = \frac{B_r}{2} \qquad [\mathrm{T}] \tag{7.39}$$

와 같이 찾아진다.

이 최대 에너지 적인 점에서의 운전은 둘러싸는 전류를 운반하는 코일(current-carrying coil)로부터의 기자력 같은 상당한 감자 효과를 내포하지 않는 영구자석 장치에 대해 적절하다. 하지만, 그러한 인가 기자력 자계가 생기는 곳에서는, 운전점이 종종 자석 물질의 영구 감자(permanent demagnetization)를 예방하기 위하여 인가 기자력의 최대 값이 여전히 곡선의 선형 부분에 있도록 해야 하는 요구에 의해 결정된다.

그림 7.11에서 보여진 바와 같은 영구자석 장치의 실제적인 양상은 거기에는 공극을 가깝게 하려는 경향의 상당한 힘(substantial force)이 있을 것이라는 점이다. 이 힘의 크기는 식 (3.7)을 사용하여 추정될 수 있다. 기계적인 설계는 이 힘을 참작해야 한다.

EXAMPLE 7.4 생쥐에 미치는 강한 자계의 효과를 조사하는 설비가 요구된다. 0.4 [T]의 적당히 균일한 자속밀도가 0.5 [m] 직경과 60 [mm] 높이의 원형 공간(circular chamber)에 걸쳐 요구된다. 네오디뮴-철-붕소(Nd-Fe-B) 영구자석 물질을 사용하여 예비 설계를 생성하라.

Solution

그림 1.8로부터, Nd-Fe-B 물질은 대략 1.2 [T]의 잔류 자속밀도를 가진다. 식 (7.39)로부터, 영구자석의 최소량(minimum amount)이 사용된다면, 물질은 자속밀도 $B_m = B_r/2 = 0.6$ [T]에서 동작되어야 할 것이다. 그림 7.12에서 보여진 구조를 고려하는 것으로 가정한다. 공극 자속밀도가 자석의 자속밀도보다 낮기 때문에, 바깥으로 불

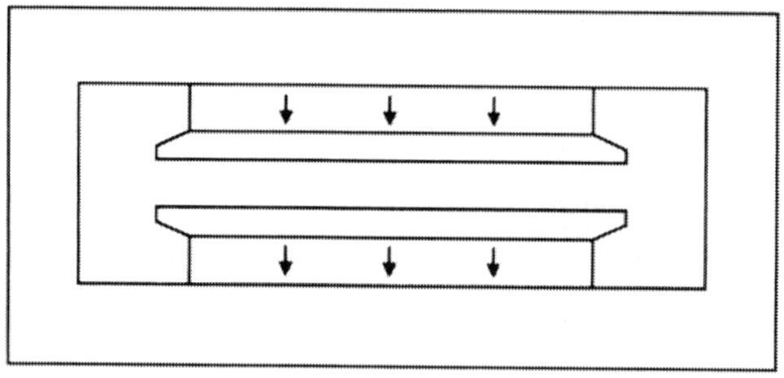

Figure 7.12 Cross section of magnet for Example 7.4 (approximately to scale).

룩한 극제철(outward flaring pole shoe)이 적절하다. 자석 물질은, 자속 누설을 최소화하기 위하여 둘 다 공극 가까이에 위치되는, 2개의 동일한 부분으로 나누어진다. 공극 주위의 프린징 자속을 무시하면, 공극 면적은

$$A_g = \frac{\pi}{4} \times 0.5^2 = 0.196 \qquad [\mathrm{m}^2]$$

공극 자속은

$$\Phi = A_g B_g = 0.196 \times 0.4 = 0.079 \qquad [\mathrm{Wb}]$$

그러므로, 요구되는 자석의 단면적은

$$A_m = \frac{\Phi}{B_m} = \frac{0.079}{0.6} = 0.131 \qquad [\mathrm{m}^2]$$

즉, 원형 자석 조각의 직경 d_m은 0.408 [m]일 것이다.
그림 1.8에서의 Nd-Fe-B의 감자 특성은 근사적으로 1.05의 비투자율 μ_r을 가진다. 따라서,

$$H_m = \frac{B_m - B_r}{\mu_r \mu_0} \qquad [\mathrm{A/m}]$$

식 (7.33)으로부터, 연철 부분의 자계의 세기를 무시하면, 요구되는 자석 물질의 총(total) 두께는

$$\ell_m = -\frac{H_g g}{H_m} = -\frac{B_g g \mu_r}{(B_r - B_m)} = \frac{0.4 \times 0.06 \times 1.05}{0.6} = 42 \qquad [\mathrm{mm}]$$

따라서, 각각이 두께 21 [mm]인, 2개의 원통형 자석이 있을 것이다.
자기 계통의 나머지는 적당히 높은 투자율의 연철을 사용하여 구성되었을 수 있다. 자속이 일정할 것이기 때문에 박판(적층)은 필요하지 않다. 2개의 직사각형 계철 부분 각각은 자속 $\Phi/2$를 운반해야 한다. 계철의 깊이를 자석 직경과 같게 만드는 것이 편리하다. 철 내에서의 자속밀도 B_i가 대략 1.2 [T]라고 가정한다. 요구되는 계철 부분의 두께는 그러면

$$\frac{\Phi}{2B_i d_m} = \frac{0.079}{2 \times 1.2 \times 0.408} = 81 \qquad [\mathrm{mm}]$$

극제철의 두께는 자속이 자석으로부터 극제철의 바깥 부분으로 펼쳐짐에 따라 자

속밀도가 B_i를 초과하지 않도록 선택되어야 할 것이다. 따라서, 극제철은 다음이 되어야 할 것이다:

$$\frac{B_g(A_g - A_m)}{\pi d_m B_i} = \frac{0.4(0.196 - 0.131)}{\pi \times 0.408 \times 1.2} = 17 \qquad \text{[mm]}$$

이 예비 설계는 주된 원리를 설명하기 위해 상당히 단순화되었다. 실험 체적에 걸친 자속밀도의 균일성에 대해 요구되는 명세를 만나면 아마도 극제철의 단부(edge) 가까이에서의 자속밀도의 더 상세한 해석이 요구될 것이다.

7.4 VARIABLE-FREQUENCY OPERATION OF TRANSFORMERS

전자(electronic) 및 통신(communication) 계통에서는, 변압기가 종종 넓은 범위의 주파수에 걸쳐 사용된다. 예로는 확성기(스피커, speaker)에 출력단(output stage)을 연결하는 음성 증폭기(audio amplifier)에서 사용되는 변압기이다. 그러한 변압기는 대략 20에서 20000 [Hz]의 가청 범위(audible range)에 걸쳐 잘 동작해야 할 것이다.

2권선 변압기에 대한 등가회로의 여러가지 매개변수가 2.2절과 7.1절에서 소개되었다. 가변 주파수 변압기(variable-frequency transformer)의 경우, 낮은 주파수 범위(low-frequency range)에서의 성능은 자화 인덕턴스에 의해 좌우된다. 중간 주파수 범위(mid-frequency range)에서는, 특히 소형 변압기에서, 권선 저항이 중요하게 될 수 있다. 높은 주파수 범위(upper-frequency range)에서는, 누설 인덕턴스가 성능을 제한한다. 덧붙여, 권선 사이와 권선을 가로지르는 정전용량(커패시턴스, capacitance)도 또한 높은 주파수(high frequency)에서 현저한 효과를 가질 수 있다.

해석을 위한 등가회로 모델의 조합이 그림 7.13에서 보여져 있다. 가변 주파수 전원(예를 들어, 전자 증폭기(electronic amplifier))는 직렬 저항 R_s를 가진 전압 E_s로 모델링되었다. 부하 저항은 R_L이다. 중간 주파수 범위의 경우, 변압기는 보통, 그림 7.13 (a)에서 보여진 바와 같이, 권선 저항 R_1과 R_2를 제외하고 권수비 $a = N_1/N_2$인 이상 변압기로 고려될 수 있다. 전원 전압에 대한 부하 전압의 비(ratio)는

$$\frac{\vec{V}_L}{\vec{E}_s} = \frac{1}{a}\left(\frac{R_L}{R_L + R_2 + (R_s + R_1)/a^2}\right) = \frac{1}{a'} \tag{7.40}$$

이다.

주어진 전원 전압에 대하여 부하에 최대 전력 전달을 얻기 위해서는, 부하 저항 R_L이 부하 단자에서 보여지는 등가 임피던스와 같도록, 즉,

$$R_L = R_2 + (R_s + R_1)/a^2 \qquad [\Omega] \tag{7.41}$$

이 되도록 변압기 매개변수가 선택되어야 할 것이다. 이 조건의 경우,

$$\frac{\vec{V}_L}{\vec{E}_s} = \frac{1}{2a} \tag{7.42}$$

이다.

주파수가 감소함에 따라, 자화 전류가 중요하게 되며 그림 7.13 (b)의 회로가 적용된다. 낮은 주파수에서는, 철손이 일반적으로 무시될 수 있다. 자화 인덕턴스 L_m이 일정한 것으로 간주될 수 있다면, 전원 전압에 대한 부하 전압의 비는 근사적으로

$$\frac{\vec{V}_L}{\vec{E}_s} = \frac{1}{a'}\left(\frac{1}{1 - jR_l/\omega L_m}\right) \tag{7.43}$$

으로 표현될 수 있다. 여기서 R_l은 인덕턴스 L_m에서 보여지는 회로 저항, 즉 $R_s + R_1$과 $a^2(R_2 + R_L)$이 병렬로 접속된 저항이다. 주파수 $\omega_l = R_l/L_m$에서, 크기 비(magnitude ratio) $\overline{V}_L/\overline{E}_s$는 중간 주파수 범위에서의 값의 $1/\sqrt{2}$로 줄어들며 부하 전력은 절반(2분의 1)으로 줄어든다. 전원 전압의 일정한 값으로, 주파수 범위는 변압기의

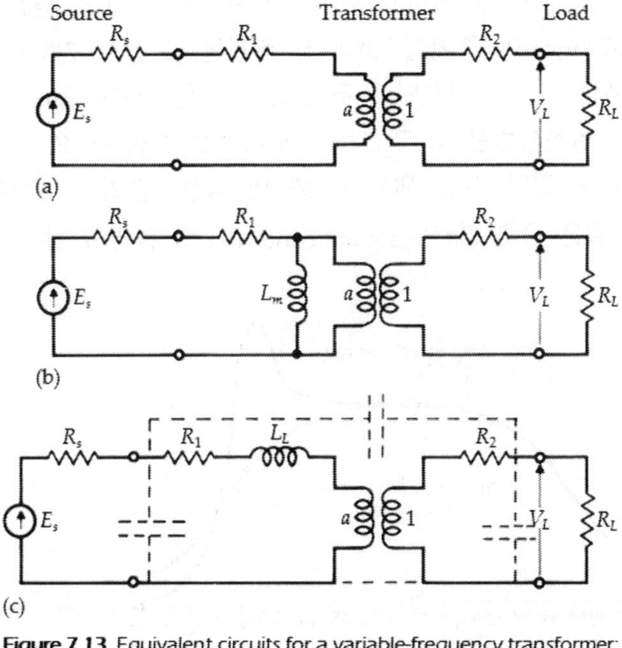

Figure 7.13 Equivalent circuits for a variable-frequency transformer: (a) mid-frequency range, (b) low-frequency range, and (c) high-frequency range.

철심이 포화에서 구동되는 영역에 도달될 것이다. 자화 인덕턴스는 그러면 일정한 것으로 가정될 수 없다. 덧붙여, 자화 전류는 출력 파형의 일그러짐(왜곡, distortion)으로 이끄는 상당한 고조파 성분을 내포할 것이다.

높은 주파수 범위의 경우, 누설 인덕턴스가 중요하게 되며 그림 7.13 (c)의 모델이 적용된다. 부하 대 전원 전압비(load-to-source voltage ratio)는

$$\frac{\vec{V}_L}{\vec{E}_s} = \frac{1}{a'}\left(\frac{1}{1 + j\omega L_L/R_h}\right) \tag{7.44}$$

로 표현될 수 있다. 여기서 R_h는 인덕턴스 L_L에서 보여지는 회로 저항, 즉, $R_h = R_s + R_1 + a^2(R_2 + R_L)$이다. 주파수 $\omega_h = R_h/L_L$ [rad/s]에서, 크기 비 $\bar{V}_L/\bar{E}_s$는 다시 중간 주파수 값의 $1/\sqrt{2}$이며, 부하 전력은 절반(2분의 1)으로 줄어든다.

중간 주파수 값에 대한 상대적인 전압 크기 비 $\bar{V}_L/\bar{E}_s$가 그림 7.14에서 대수 눈금(logarithmic scale)으로 된 주파수의 함수로 보여져 있다. 변압기의 대역폭(bandwidth)은 보통 반(2분의 1) 전력점(half-power point) 사이의 ω_l에서 ω_h의 주파수 범위로 정의된다. 높은 주파수 범위에서는 분포 정전용량(distributed capacitance)의 효과가 중요하게 될 수 있다. 그림 7.13 (c)에서 파선으로 제시된 바와 같이 각 권선 내에서의 [turn]간 (turn-to-turn) 정전용량과 두 권선 사이의 정전용량 둘 다가 고려되어야 할 것이다. 이 정전용량의 값은 권선 배치에 종속된다. 예를 들어, 1차와 2차 권선이 누설 인덕턴스를 줄이기 위해 교대로 넣어졌다면, 권선간 정전용량(in-terwinding capacitance)이 증가될 것이다. 하지만, 도전성 차폐(conducting shield)가 1차와 2차 권선 사이에 위치되고 두 권선의 공통 단자(common terminal)에 연결된다면, 권선간 정전용량은 각 권선을 가로지르는 정전용량의 증가를 대가로 효과적으로 제거될 수 있다. 누설 인덕턴스와 이 정전용량의 상호작용은 그림 7.14에서 보여진 바와 같은 공명 조건(resonant condition)의 원인이 될 수 있다. 권

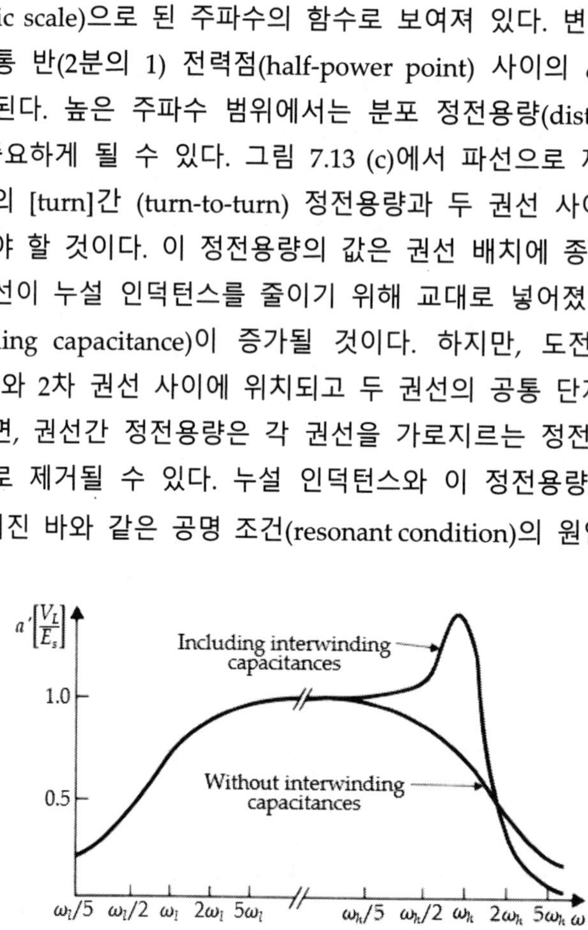

Figure 7.14 Normalized load-to-source voltage ratio of a transformer as a function of frequency ω.

선 정전용량의 효과는 $a \ll 1$인 체승(승압) 변압기(step-up transformer)에서 가장 두드러진다.

EXAMPLE 7.5 음파 변압기(audio transformer)가 가변 전압, 가변 주파수 전원을 가용 주파수 범위(usable frequency range)에 걸쳐 8 [Ω]의 저항성 임피던스를 가지는 스피커에 연결한다. 변압기는 다음의 매개변수로 그림 7.13의 등가회로에 의해 모델링될 수 있다:

$$R_1 = 4 \quad [\Omega]; \qquad R_2 = 0.4 \quad [\Omega]$$
$$L_L = 0.95 \quad [\text{mH}]; \qquad L_m = 35 \quad [\text{mH}]$$
$$a = 3.5$$

(a) 중간 주파수 범위에서 스피커에 60 [W]의 전력을 공급하기 위해 요구되는 전원 전압을 결정하라.
(b) 이 전원 전압이 일정하게 유지된다면, 스피커 전력이 30 [W]로 줄어들었을 때의 주파수를 결정하라.

Solution
(a) 중간 주파수 범위에서, 부하 전력은 다음으로 주어진다:

$$P_L = V_L{}^2/R_L$$

따라서,

$$V_L = (60 \times 8)^{1/2} = 21.9 \qquad [\text{V}]$$

식 (7.40)으로부터, 전원 전압은

$$E_s = aV_L\left(\frac{R_L + R_2 + R_1/a^2}{R_L}\right) = 3.5 \times 21.9\left(\frac{8 + 0.4 + 4/3.5^2}{8}\right) = 83.6 \qquad [\text{V}]$$

(b) 낮은 반 전력 주파수는, 식 (7.43)으로부터,

$$\omega_l = R_l/L_m$$

여기서

$$\frac{1}{R_l} = \frac{1}{R_1} + \frac{1}{a^2(R_2 + R_L)} = \frac{1}{4} + \frac{1}{3.5^2 \times 8.4} = 0.26 \qquad [\text{S}]$$

는 $R_l = 3.85$ [Ω]을 준다. 따라서, $\omega_l = 3.85/0.035 = 110$ [rad/s], 즉, 17.5 [Hz]이다. 높은 반 전력 주파수는, 식 (7.44)로부터, $\omega_h = R_h/L_L$이다. 여기서

$$R_h = R_1 + a^2(R_2 + R_L) = 4 + 3.5^2(8.4) = 106.9 \qquad [\Omega]$$

따라서,

$$\omega_h = \frac{106.9}{0.95 \times 10^{-3}} = 112500 \qquad [\text{rad/s}] \quad \text{or} \quad 17.91 \qquad [\text{kHz}]$$

7.5 TRANSIENT INRUSH CURRENT OF A TRANSFORMER

일반적으로, 변압기는 정상 상태 운전 조건 하에서의 여자 전류(exciting current)가 정격 전류의 무시할 수 있는 분수(비율, fraction)가 되도록 설계된다. 하지만, 변압기가 정격 전압 전원에 연결되는 순간과 종국의 정상 상태 조건의 확립 사이의 과도 구간(transient interval) 내에서는, 자화 전류의 순시치(instantaneous value)가 매우 높아지는 것이 가능하다. 어떤 경우에는, 변압기 2차가 단락되었을 때 흐르게 될 전류의 크기보다 더 클 수도 있다. 이 과도 전류의 가능한 순시 크기에 대한 정보(knowledge)는 권선 도체에 미치는 최대 기계적 응력(mechanical stress)의 결정에 있어서 중요한 것이다. 또한 변압기에 대한 보호 계통(protection system)의 설계에 있어서도 중요하다.

2차에 부하가 없으며 1차 권선이 정현 전압 전원에 연결될 수 있는 변압기를 고려한다. 간단을 위하여, 변압기는, 그림 7.15 (a)에서 보여진 바와 같이, 권선 저항 R과 비선형 자화 지로 L_m에 의해 모델링된 것으로 가정한다. 더 나아가, λ_k 보다 작은 철심 누설 자속일 때에는 무시할 수 있는 자화 전류가 흐르며 쇄교 자속 크기가 λ_k를 초과하는 값인 경우에는 관계가 기울기 L_s로 근사적으로 선형인 그림 7.15 (b)에서 보여진 바와 같은 자화 특성에 대한 간단한 근사화를 선택하자.

변압기가 마지막으로 꺼졌을 때, 쇄교 자속은 철심 물질 내에서의 히스테리시스로부터 생기는 어떤 정(양, positive) 또는 부(음, negative)의 값 λ_r에 머무를 수 있다. $t = 0$에서 전원 전압

$$v = \hat{v} \sin \omega t \qquad [\text{V}] \qquad (7.45)$$

가 권선에 인가된다고 가정한다. 지금은 권선 저항 R의 작은 효과를 무시하면, 권선의 쇄교 자속은

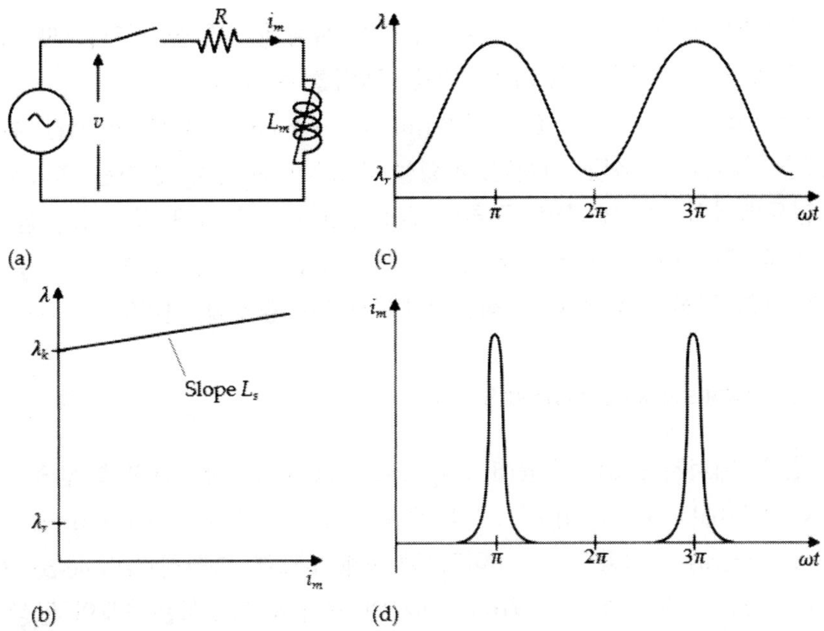

Figure 7.15 Transformer inrush current: (a) circuit model, (b) model of magnetizing branch, (c) flux linkage wave form, and (d) magnetizing current waveform.

$$\begin{aligned}\lambda &= \int \hat{v}\sin\omega t\,dt \\ &= \lambda_r + \frac{\hat{v}}{\omega}(1-\cos\omega t) \qquad \text{[Wb]}\end{aligned} \tag{7.46}$$

일 것이다. 이 쇄교 자속의 첨두 값은 $\omega t = \pi$ [rad]에서 생길 것이며

$$\hat{\lambda} = \lambda_r + 2\hat{v}/\omega \qquad \text{[Wb]} \tag{7.47}$$

의 값을 가질 것이다. 첫 두 주기에 걸친 쇄교 자속은 그림 7.15 (c)에서 보여진 형태를 가진다. 그림 7.15 (b)의 자화 특성으로부터, 자화 전류는 그림 7.15 (d)에서 보여진 형태를 가질 것이다. 이 간단한 근사 모델의 경우, 첨두 전류는

$$\hat{i}_m = \frac{\hat{\lambda} - \lambda_k}{L_s} \qquad \text{[A]} \tag{7.48}$$

로 주어진다.

최악의 조건은 전압이 0과 같으며 식 (7.45)에서와 같이 증가할 때 정현 전압 전원이 켜지는 경우, 그리고 잔류 쇄교 자속이 가능한 최대 정(양)의 값일 때 생긴다는 것에 주목해야 할 것이다. 교대 적층된 철심은 보통 잔류 자속을 낮은 값으로 제한하기에 충분한 유효 공극을 가지지만, 연속 띠(continuous strip)로 감긴 철심은

큰 잔류 자속밀도를 가질 수 있다. 일반적으로, 철심에 전압을 인가할 때, 스위치가 효과적으로 닫힐 수 있는 각도(위상각)는 제어할 수 없다.

권선 저항 R의 효과는 초기 첨두 전류(initial peak current)까지의 시간 주기 동안에는 보통 무시할 수 있다. 하지만, 저항을 가로지르는 전압 강하는 연속적인 쇄교 자속 첨두에서의 감소와 자화 전류의 펄스(pulse)의 크기에 있어서의 점진적인 감소의 원인이 된다. 대형 변압기에서는 수 초(a few seconds)가 될 수 있는 짧은 시간 내에, 자화 전류는 작은 대칭 정상 상태 값으로 감소할 것이다.

7.6 TRANSFORMERS FOR POLYPHASE SYSTEMS

대부분의 전기 에너지는 3상 계통(three-phase system)을 사용하여 발전되고 송전된다. 평형 부하(balanced load)로는, 3상 계통에 있어서의 중성(neutral) 또는 귀로 전류(return current)가 이상적으로 0이기 때문에, 3-도체 송전선로(three-conductor transmission line)는 본질적으로 총(total) 6개의 도체를 요구하는 3개의 단상 선로(single-phase line)와 같은 전력을 송전할 수 있다. 3상 전력은 적절하게 연결된 단상 변압기 열(뱅크, bank)의 사용 또는 특별한 다상 변압기(polyphaser transformer)의 사용에 의해 변환될 수 있다. 다상 변압기에 있어서의 몇 가지 양상이 아래 절에서 논의된다.

7.6.1 Connections of Transformers for Three-Phase Systems

3대의 비슷한 단상 변압기가 3상 변환을 위해 연결될 수 있다. 1차와 2차 권선이 와이(wye, Y) 또는 델타(delta, Δ)로 연결될 수 있기 때문에, 결선(connection)의 4가지 가능한 조합(combination)이 있다. Y-Y 결선(wye-wye connection)은 1차와 2차 둘 다 접지로 되는 중성점(neutral)을 허용한다. 또한 해석하기 쉽다. 하지만, 접지회로(ground circuit)에서의 고조파 자화 전류 때문에 실제에서는 드물게 사용된다. Δ-Δ 결선(delta-delta connection)은, 1대의 변압기가 고장났다면, 그것이 제거될 수 있으며, 대략 $1/\sqrt{3}$로 줄어든 출력을 남은 2대로 공급할 수 있다는 이점을 가진다.

많은 3상 변압기 뱅크는 Y-Δ 결선(wye-delta connection)을 사용한다. Y 결선은 중성점의 접지를 허용하며, 접지 대 선(line-to-ground) 절연에 대한 강제(stress)로 제한하기 때문에 고압측(high-voltage side)에 대해 바람직하다. 이 결선은 또한, 한 쪽은 접지된 단상 전원을 이용할 수 있게 만들어질 수 있기 때문에, 많은 배전 변압기(distribution transformer)의 저압측(low-voltage side)에서 사용된다. 다음의 해석에서 보게 될 바와 같이, 3상 변압기의 한 쪽에서의 Δ 결선은 전원 주파수의 3배의 배수인 주파수를 가지는 고조파, 즉 **3의 배수 고조파**(*triplen harmonics*)라 불리는, 자화 전류 성분의 흐름을 위한 경로를 마련하는데 있어서 바람직하다.

그림 7.16 (a)에서 보여진 3대의 단상 변압기의 Δ-Y 결선을 고려한다. a, b, 그리고 c로 표시된 1차 권선은 3상 전원에 델타로 연결된다. A, B, 그리고 C로 표시된 2차 권선은 3상 부하에 연결된다. 각 단상 변압기의 권수비는 $a = N_1/N_2$이다. 각각

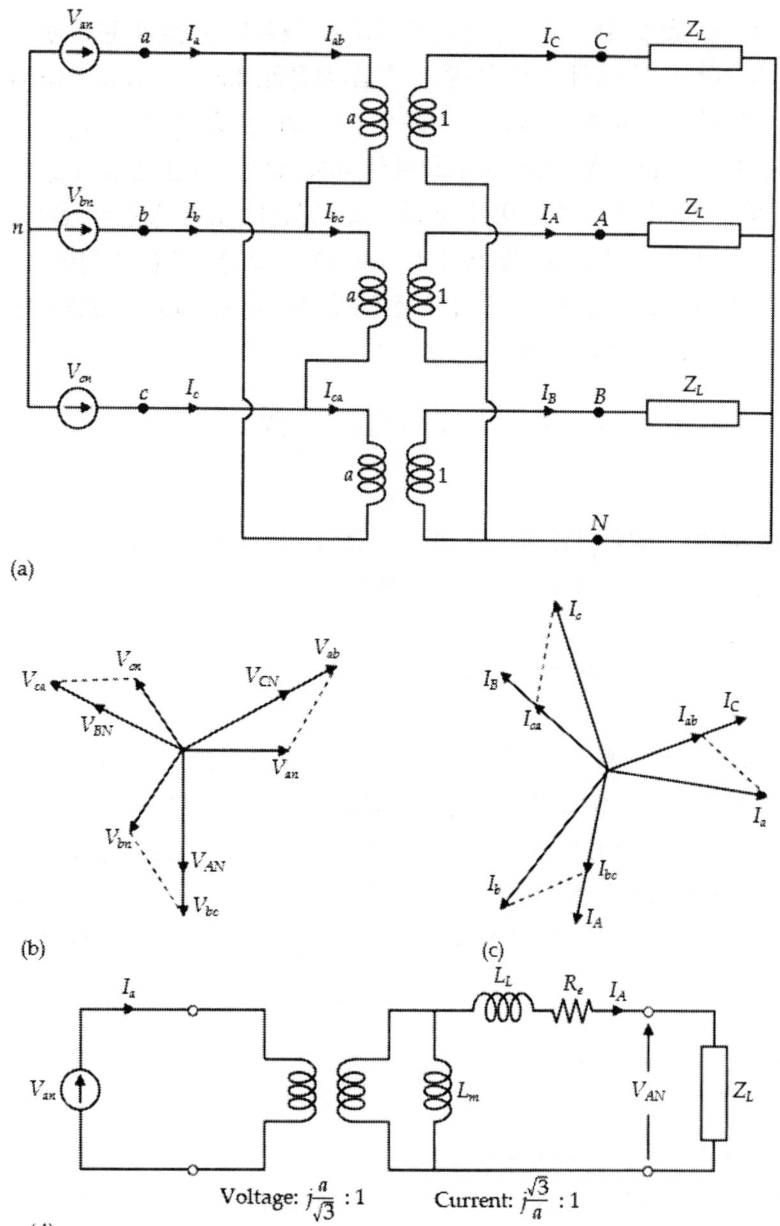

Figure 7.16 (a) Δ–Y connection of transformers, (b) voltage phasor diagram, (c) current phasor diagram, and (d) single-phase equivalent circuit.

의 델타 결선 권선에 인가되는 전압은 전원의 선간 전압(line-to-line voltage)과 같다. 전원 전압이 크기가 일정하고 위상이 균일하게 차이가 나는 정현이며, 변압기가 본질적으로 이상적이라면, 부하 전압은, 3상 부하에서의 어떤 불평형(unbalance)에 관계없이, 정현, 일정, 그리고 평형이라고(balanced) 가정될 수 있다.

3상 계통의 모든 성분이 평형이라면, 단지 위상각 만이 차이가 있는 3개의 상의 각각을 나타내는 단상 등가회로를 전개함으로써 해석하는 것이 편리하다. 먼저 변압기 뱅크의 1차와 2차측에서의 선-중성 전압(상전압, line-to-neutral voltage) 사이의 관계를 고려한다. 상순(sequence) a-b-c인 전원의 선-중성 전압 V_{an}, V_{bn}, 그리고 V_{cn}은, 그림 7. 16 (b)의 페이서도에서 보여진 바와 같이, 선간 전압 V_{ab}, V_{bc}, 그리고 V_{ca}를 주도록 결합될 수 있다. 이상 변압기로 가정한, 와이 결선된 2차측의 선-중성 전압 중 하나는 그러면 V_{ab}를 권수비 a로 나눈 것과 같다. 표기에서 대칭성을 이루기 위하여, 이 2차 상을 C, 즉, 1차 전압의 하첨자로 사용된 a와 b의 특정 상(unique phase)으로 나타내자. 따라서,

$$V_{ab} = aV_{CN}; \quad V_{bc} = aV_{AN}; \quad V_{ca} = aV_{BN} \qquad [\mathrm{V}] \tag{7.49}$$

이다.

그림 7.16 (b)에서 결과적인 페이서의 조사는 1차의 기준 상(reference phase) a의 선간 전압은 2차의 기준 상 A의 선-중성 전압과

$$\vec{V}_{an} = j\frac{a}{\sqrt{3}}\vec{V}_{AN} \quad (a\text{-}b\text{-}c) \qquad [\mathrm{V}] \tag{7.50}$$

에 의해 관련된다는 것을 보인다. 따라서, 상순 a-b-c로, 둘 다 중성점에서 측정된, 1차 전압은 대응하는 2차 전압 보다 $90°$ 앞선다. 표시의 다른 책략(scheme)으로, 이 위상 변이(phase shift)는 $90° - 120° = -30°$ 또는 $90° + 120° = 210°$일 수 있다. 많은 전력 계통 서적에서는 $-30°$ 값을 사용한다. $90°$ 변이가 그것이 생성하는 관계식의 대칭성 때문에 다음의 해석에서 사용될 것이다. 상순이 a-c-b라면, 전압 관계식이

$$\vec{V}_{an} = -j\frac{a}{\sqrt{3}}\vec{V}_{AN} \quad (a\text{-}c\text{-}b) \qquad [\mathrm{V}] \tag{7.51}$$

로 되었을 것이라는 것이 바로 보여질 수 있다.

1차와 2차 전류 사이의 관계가 그림 7.16 (c)의 페이서도에서 보여져 있다. 부하 전류 $\vec{I}_A$, $\vec{I}_B$, 그리고 $\vec{I}_C$의 평형 조합(balanced set)으로, 그리고 상순 a-b-c로, 변압기의 1차 권선에서의 전류는

$$\vec{I}_{ab} = \frac{\vec{I}_C}{a}; \quad \vec{I}_{bc} = \frac{\vec{I}_A}{a}; \quad \vec{I}_{ca} = \frac{\vec{I}_B}{a} \qquad [A] \tag{7.52}$$

이다. 이 전류는 이제 전원 전류를 주도록 결합될 수 있다. 그림 7.16 (c)에서 보여진 바와 같이, 1차와 2차의 기준 상에서의 전류는

$$\vec{I}_a = j\frac{\sqrt{3}}{a}\vec{I}_A \quad (a\text{-}b\text{-}c) \qquad [A] \tag{7.53}$$

에 의해 관련된다. 함께 고려하면, 식 (7.50)과 (7.53)은 전력 불변 변환(power invariant transformation)을 구성한다. 즉, 상당(per phase) 복소 전력(complex power)은 각 측(each side)에서 같다(별표(asterisk, *)는 페이서의 공액(conjugate)을 나타낸다):

$$\begin{aligned} \vec{S}_{primary} &= \vec{I}_a \vec{V}_{an}{}^* \\ &= \left(j\frac{\sqrt{3}}{a}\vec{I}_A\right)\left(-j\frac{a}{\sqrt{3}}\vec{V}_{AN}{}^*\right) \\ &= \vec{I}_A \vec{V}_{AN}{}^* = \vec{S}_{secondary} \qquad [VA] \end{aligned} \tag{7.54}$$

델타-와이 계통에 대한 등가회로가 그림 7.16 (d)에서 보여져 있다. 이것은 모두 2차측으로 환산된 자화 인덕턴스, 누설 인덕턴스, 그리고 등가 권선 저항을 포함한다. 이 회로에서의 이상 변압기의 전압비의 크기는 $a/\sqrt{3}$이며 위상 변이는 90°이다. 대부분의 해석에서는, 이 변압기에 의해 연결된 2개의 3상 계통 사이의 이 위상 변이는 중요하지 않다. 하지만, 변압기 뱅크가 병렬로 연결된 경우에는 보통 모든 뱅크에서 비슷한 결선이 요구된다.

해석이 그림 7.16 (a)의 변압기 뱅크의 전원측으로 집중된다면, 변압기 매개변수는 2차측으로부터 1차측으로 전달될 수 있다. 2차측에 있는 어떤 임피던스 Z_A의 경우, 1차측에서의 등가 임피던스는

$$\begin{aligned} Z_A &= \frac{\vec{V}_{AN}}{\vec{I}_A} = \frac{j\frac{a}{\sqrt{3}}\vec{V}_{an}}{j\frac{\sqrt{3}}{a}\vec{I}_a} = \frac{a^2}{3}\frac{\vec{V}_{an}}{\vec{I}_a} \\ &= \frac{a^2}{3} Z_a \qquad [\Omega] \end{aligned} \tag{7.55}$$

에 의해 주어진다는 것에 유의하라.

그림 7.16 (a)에서의 각 변압기가 정현 전압을 가진다면, 자화 전류는 기수차 고조파(odd-order harmonics)의 열(sequence)을 내포할 것이다. 3상에서 3배 주파수

고조파는 크기가 같으며 위상이 $3 \times 120° = 360°$ 이격될 것이다. 즉, 그들은 서로 동상(in phase)일 것이다. 그림 7.16 (a)에서 연결된 변압기의 2개의 1차 전류가 제외된다면, 결과적인 선전류(line current)는 3차 고조파 자화 전류 성분을 내포하지 않는 것으로 보여진다. 이것은 3의 배수인 모든 고조파 차수, 즉 3의 배수 고조파에 대해서도 같을 것이다. 3의 배수 고조파 전류는 델타 결선의 주위를 순환하는 것으로 고려될 수 있다. 5차, 7차 11차, 기타 차수의 고조파는 전원 선(supply line)에 흐를 것이지만, 이들 각각은 상순 *a-c-b* 또는 *a-b-c*의 전류의 평형 조합을 구성한다.

요컨대, 델타 결선은 부하 불평형과 자화 전류 고조파에도 불구하고 전압의 평형과 파형을 유지하며, 중성 귀선 연결(neutral return connection)의 필요없이 3의 배수 고조파가 흐를 수 있는 경로를 제공하는 이점을 가진다.

EXAMPLE 7.6 3대의 100 [kVA], 7600 : 460 [V], 60 [Hz] 변압기가 고압측은 와이로, 그리고 20 [kW/phase] 의 전열 부하(heating load)와 0.8 의 역률에서 총(total) 210 [kVA]를 요구하는3상, 460 [V] 유도전동기에 전력을 공급하는 저압측은 델타로 결선되었다. 저압측으로 환산한 각 변압기의 등가 직렬 임피던스는 $0.05 + j0.095$ [Ω] 이다.

(a) 상 *a*의 선-중성 부하 전압을 기준으로 사용하여, 변압기에 연결된 부하 선과 변압기에 연결된 전원 선에서의 전류 페이서를 결정하라.

(b) 460 [V] (L-L)의 부한 전압을 제공하기 위해 전원에서 요구되는 선-중성 페이서 전압을 결정하라. 또한 전원 선간 전압의 크기를 결정하라.

Solution

(a) 변압기에 대해 그림 7.16 (d)에서 보여진 표기를 사용하자. 부하측에서의 선-중성 전압은 다음과 같이 표현될 수 있다:

$$\vec{V}_{an} = \frac{460}{\sqrt{3}} = 266\angle 0° \qquad [\text{V}]$$

유도전동기 부하의 위상각은

$$\theta_m = \cos^{-1} 0.8 = 36.9°$$

상당 복소 부하 전력은

$$\vec{S}_a = 20000 + \frac{210000}{3}\left(0.8 + j\sin 36.9°\right) = 86800\angle -28.9° \qquad [\text{VA}]$$

부하 전류는 그러면 다음과 같이 주어진다:

$$\vec{I}_a = \frac{\vec{S}_a}{\vec{V}_{an}{}^*} = \frac{86800\angle -28.9^\circ}{266\angle 0^\circ} = 326\angle -28.9^\circ \qquad [\text{A}]$$

한 대의 변압기의 권수비는

$$a = \frac{460}{7600} = 0.0605$$

그림 7.16 (d)의 등가 단상 회로로부터, 전원측의 페이서 전류는 다음과 같이 표현될 수 있다:

$$\vec{I}_A = \frac{\vec{I}_a}{j\sqrt{3}/a} = -j\frac{0.0605}{\sqrt{3}}(326\angle -28.9^\circ) = 11.4\angle -118.9^\circ \qquad [\text{A}]$$

(b) 각 변압기의 직렬 임피던스를 와이 결선된 고압측으로 전달하는 것이 편리하다:

$$Z = \frac{0.05 + j0.095}{0.0605^2} = 29.3\angle 62.2^\circ \qquad [\Omega]$$

선-중성 페이서 전압은 이제 그림 7.16 (d)의 등가회로로부터 다음과 같이 유도될 수 있다:

$$\begin{aligned}\vec{V}_{AN} &= \frac{\vec{V}_{an}}{ja/\sqrt{3}} + jZ\vec{I}_A \\ &= -j\frac{\sqrt{3}}{0.0605}\left(266.0 + j0\right) + (29.3\angle 62.2^\circ \times 11.4\angle -118.9^\circ) \\ &= 7880\angle -88.7^\circ \qquad [\text{V}]\end{aligned}$$

선간 전원 전압의 요구되는 크기는

$$V = \sqrt{3} \times 7880 = 13650 \qquad [\text{V}]$$

대부분의 상황에서는, 변압기의 양측에서의 전압과 전류의 절대 각도(absolute angle)는 실제적인 의미가 없을 것이며, 단지 그 크기만이 요구될 것이다.

7.6.2 Polyphase Transformers

3대의 단상 변압기의 뱅크를 사용하는 대신, 공통 자기 구조 위에 3조의 1차와 2

차 권선을 가지는 다상 변압기(polyphaser transformer)가 구성될 수 있다. 이점은 주어진 정격에 대해 중량과 비용이 세 변압기 뱅크보다 적다는 것이다. 덧붙여, 외부 결선이 12에서 6으로 줄어든다; 이 결선이 고압 변압기에서 요구되는 정교한 투관(부싱, bushing)을 통하여 변압기 유조(탱크, tank)에서 꺼내질 때, 상당한 절약을 제공한다. 불리한 점은 한 상이 고장이라면 전체 변압기가 수리를 위해 제거되어야 한다는 점이다. 여분의 대기용 3상 변압기의 준비는 여분의 1대의 단상 변압기의 준비보다 더 비싸다.

3상, 내철형(core-type) 변압기의 전개를 그리기 위해, 그림 7.11 (a)에서 보여진 3대의 단상 내철형 변압기 편제(유닛, unit)를 고려한다. 이들 각각은 한쪽 철심각에만 위치된 2개의 권선을 가진다; 간단을 위하여, 1차 권선만이 보여져 있다. 1차 전압이 정현이며 평형이라면, 철심 자속 Φ_a, Φ_b, 그리고 Φ_c 역시 정현이며 평형일 것이다. 그러면, 이 자속을 운반하는 3개의 철심각이 합체된다면, 결합된 철심각에서의 총 자속은 0일 것이며, 그림 7.17 (b)에서 보여진 바와 같이, 이 철심각은 생략될 수 있다.

성층 철심(stacked lamination)으로 만들어진 철심의 경우, 그림 7.17 (c)의 직선으로 배치된 구조(in-line structure)가 더 편리하다. 이 구조는 그림 7.17 (b)로부터 b 부분의 계철을 제거하고 나머지를 a와 c 사이에 맞춤으로써 도출될 수 있다. 결과는 a와 c의 자기 경로가 철심각 b의 경로보다 어느 정도 더 길기 때문에 완전한 대칭성을 가지지는 않는다; 하지만, 자화 전류에서의 결과적인 불평형(imbalance)은 거의 없다. 그림 7.17 (c)의 직선 배치(in-line configuration)는 평평한 박판(flat lamination)으로 만들어질 수 있으며 대부분의 대형 내철형 다상 변압기에서 사용된다. 더 작은 유닛의 경우, 연속 띠(continuous strip)로 감긴 철심으로 만들어진 그

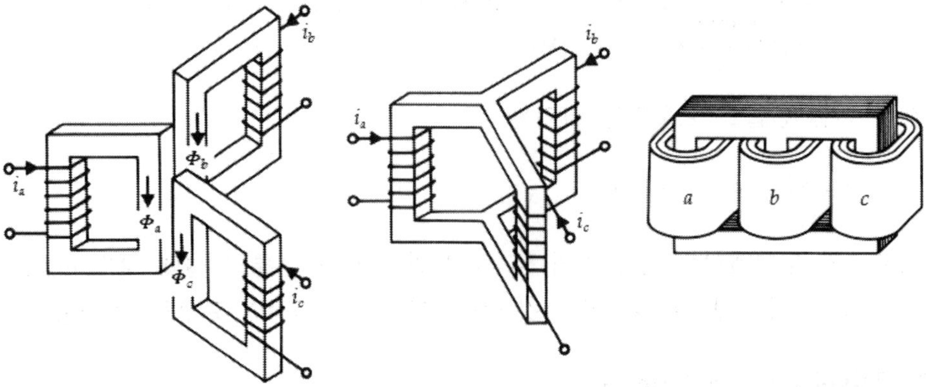

(a) (b) (c)

Figure 7.17 Evolution of the three-phase, core-type transformer: (a) three single-phase transformers, (b) return path for $\Phi_a + \Phi_b + \Phi_c$ removed, and (c) in-line construction.

림 7.18에서 보여진 배치가 사용될 수 있다.

7.1절에서 전개된 방법을 사용함으로써, 등가 전기회로가 3상, 내철형 변압기에 대해 생성될 수 있다. 자기회로는 병렬인 3개의 철심 부분으로 주로 이루어진다. 이것의 쌍대가 형상화될 때, 결과적인 전기회로는 델타로 결선된 3대의 단상 변압기와 비슷한 형태를 가진다. 따라서, 내철형 다상 변압기는 본질적으로 권선의 한 조가 델타로 결선된 개별 변압기의 3상 변압기 뱅크의 몇 가지 특징을 가진다. 결합된 귀로 자속(combined return flux)에 대한 경로의 제거 때문에, 상 자속(phase flux)과 또한 상전압(phase voltage)은, 불평형 부하일지라도, 본질적으로 그 합이 0이어야 한다. 또한, 이 형태의 변압기의 고조파 거동은, 권선 결선에 관계없이, 평형 운전 하에서 권선 내에 흐르는 자화 전류의 3차 고조파 성분이 본질적으로 없는 델타 결선 뱅크의 거동과 비슷하다. 이것은 각 상 철심각을 같은 동상의 고조파 원천으로 고려함으로써 인식될 수 있다. 등가회로에서, 이 고조파 원천은 델타로 연결되며 권선 연결에 독립인 내부 단락 경로(internal short-circuited path)를 제공한다.

다상 변압기의 다른 형태는, 그림 7.19 (a)에서 보여진 바와 같은, 3대의 단상, 외철형 유닛에 의해 도출된 외철형 편제(shell-type unit)이다. 가운데 유닛 b의 권선 방향은 유닛 a와 c의 방향과는 반대로 만들어진다. 계통이 상순 a-b-c로 평형이라면, 자속도 또한 평형, 즉,

$$\vec{\Phi}_a = \alpha\vec{\Phi}_b = \alpha^2\vec{\Phi}_c \qquad [\text{Wb}] \tag{7.56}$$

이다. 여기서

$$\alpha = 1\angle 120°$$

이다. 유닛 a와 b의 인접 계철 부분은

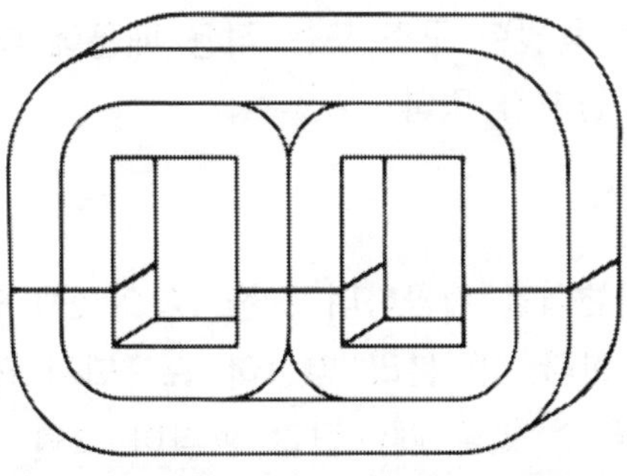

Figure 7.18 Wound core for three-phase transformer.

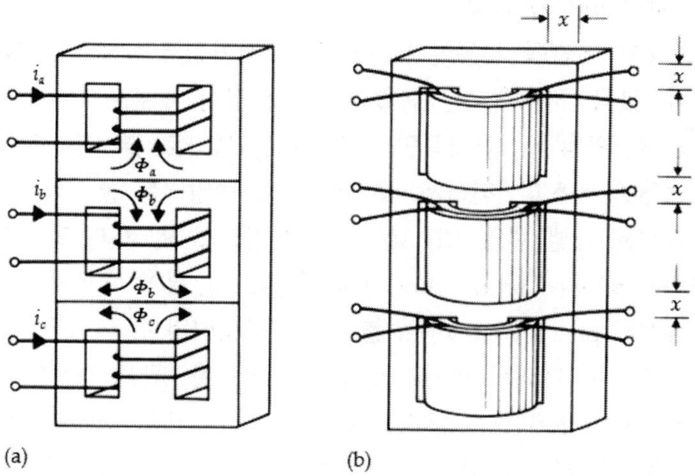

Figure 7.19 Evolution of the three-phase, shell-type transformer.

$$\frac{\vec{\Phi}_a}{2} + \frac{\vec{\Phi}_b}{2} = \frac{\vec{\Phi}_a}{2}(1\angle 0° + 1\angle -120°) = \frac{\vec{\Phi}_a}{2}\angle -60° \qquad \text{[Wb]} \tag{7.57}$$

의 결합 자속을 운반한다. 따라서, 이 결합된 자속의 크기는 그 성분 각각의 크기와 같다. 결합된 계철 부분의 단면적은, 그림 7.19 (b)에서 보여진 바와 같이, 바깥쪽 철심각과 위와 아래의 계철에서 사용된 것과 같은 값으로 줄어질 수 있다.

3개의 상 사이의 자기 경로에서의 작은 불균형은 3상 외철형 변압기의 성능에 매우 작은 효과만을 가진다. 그 거동은 본질적으로 3대의 단상 변압기의 뱅크와 같다. 내철형 편제와 대비하여, 보통 3의 배수 고조파 전류의 경로를 제공하기 위하여 델타로 연결된 권선의 한 조를 가져야 한다.

7.7 SOME SPECIAL TRANSFORMATION DEVICES

이 장의 앞에서 논의된 해석적인 방법은 대부분의 형태의 변압기의 운전 특성을 결정하기에 충분하다. 하지만, 특별한 구조 또는 적용 때문에 더 이상의 설명을 할 만한 널리 사용되는 몇 가지 장치가 있다.

7.7.1 Autotransformers

2권선 변압기는 전압 수준의 변화를 제공하며 또한 1차와 2차 권선의 도전성 분리(conductive isolation)를 제공한다. 이 분리 양상이 요구되지 않는다면(예를 들어, 양 권선의 한쪽이 접지되었을 수 있을 때), 전압 변환이 그림 7.20 (a)에서 보여진 바와 같이 단일의 꼭지(탭)가 달린 권선(single tapped winding)으로 이루어질 수 있다. 이 단권 변압기(autotransformer)가 이상적이라고 간주된다면, 전압비는

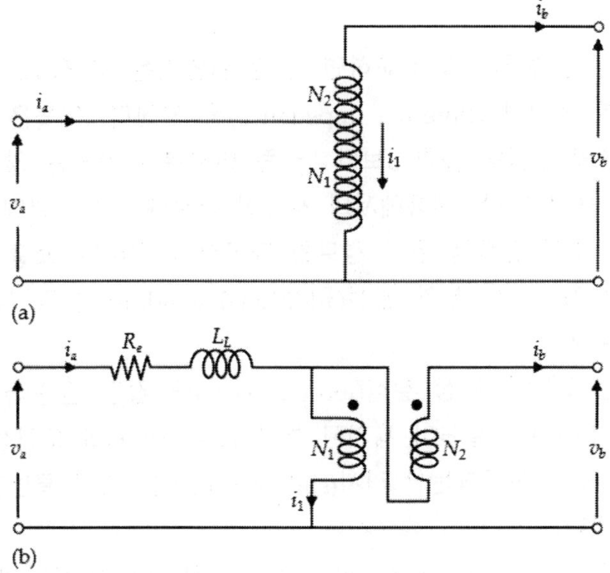

Figure 7.20 (a) Autotransformer and (b) equivalent circuit.

$$\frac{v_b}{v_a} = \frac{N_1 + N_2}{N_1} \tag{7.58}$$

이다. 이상 변압기에서 전력은 불변임에 따라, 전류비는

$$\frac{i_b}{i_a} = \frac{N_1}{N_1 + N_2} \tag{7.59}$$

이다.

이상적인 철심으로, 권선의 총(total) 기자력은 본질적으로 0이어야 한다. 따라서, N_1 [turn]을 가진 권선의 부분에서의 전류 i_1은

$$i_1 = \frac{N_2}{N_1} i_b \qquad [\mathrm{A}] \tag{7.60}$$

이다.

단권 변압기의 이점은 권선에서 요구되는 도체의 양(amount)이 같은 [kVA] 정격의 2권선 변압기에서 요구되는 것보다 상당히 적어질 수 있다는 점이다. 같은 철심 면적의 경우, 두 형태의 변압기의 구리 비(copper ratio)는 근사적으로

$$\frac{\textit{Autotransformer}}{\textit{Two-winding transformer}} = \frac{N_1 i_1 + N_2 i_b}{N_1 i_a + (N_1 + N_2) i_b} = \frac{N_2}{N_1 + N_2} \tag{7.61}$$

이다.

같은 정격의 2권선 변압기와 비교하면, 단권 변압기는 더 작고, 효율이 더 높으며, 더 작은 내부 임피던스(internal impedance)를 가진다. 이들은 변압기에 의해 결합되는 두 계통의 전압이 대략 3보다 더 큰 인자로 다르지는 않은 전력 계통에서 광범위하게 사용된다. 3상 계통에서의 사용의 경우에는, 7.6.1절에서 논의된 바와 같이, 3의 배수 고조파 전류를 위한 경로를 제공하기 위하여, 보통 제 3권선(tertiary winding)으로 표시되는 부가 권선(additional winding)이 각 유닛에 더해지고 델타로 연결될 수 있다.

조절할 수 있는 전압은 환상 철심(toroidal core)에 감긴 단층 권선(single-layer winding)과 권선 [turn]의 절연이 제거된 부분(bare sector)과 도전성 접점(conductive contact)을 만드는 이동하는 브러시(sliding brush)를 가진 특별한 단권 변압기로부터 얻을 수 있다.

더 상세한 해석을 위해서는, 단권 변압기를 두 권선이 직렬로 연결된 2권선 변압기로써 고려하는 것이 바람직하다. 그것은 그러면 그림 7.20 (b)에서 보여진 등가 회로로 나타내어질 수 있다. 여기에서, 자화 지로는 무시되었다. 2권선 변압기의 누설 인덕턴스와 등가 권선 저항은 N_1 [turn] 측으로 환산되었다. 그 다음, 두 권선의 직렬 연결 부분이 삽입되었다.

EXAMPLE 7.7 10 [kVA], 2300 : 230 [V] 배전 변압기가 이용할 수 있는 2300 [V] 전원과 비교하여 약간 증가된 부하 전압을 제공하는 단권 변압기의 형태로 직렬로 연결된 두 권선을 가진다.

(a) 개방 회로에서의 전압 변환비를 결정하라.
(b) 권선 전류가 2권선 변압기로써 정격 부하 운전하는 경우의 전류를 초과하지 않을 때, 변압기가 허용할 수 있는 출력을 결정하라.
(c) 2권선 변압기의 효율은 0.9 역률인 정격 부하에서 0.982이다. 같은 역률에서 정격 부하일 때 단권 변압기의 효율을 결정하라.

Solution

(a) 그림 7.20의 표기를 사용하여,

$$\frac{V_b}{V_a} = \frac{2300 + 230}{2300} = 1.1$$

(b) N_2 권선의 전류 정격은

$$i_b = \frac{10000}{230} = 43.5 \qquad [A]$$

N_1 권선의 경우, 정격 전류는

$$i_1 = \frac{10000}{2300} = 4.35 \qquad [A]$$

단권 변압기로서, 정격은

$$S = V_b i_b = 2530 \times 43.5 = 110.1 \qquad [kVA]$$

같은 값이 다음과 같이 얻어질 수 있다:

$$S = V_a i_a = 2300 \times (43.5 + 4.35) = 110.1 \qquad [kVA]$$

(c) 2권선 변압기에서의 손실은

$$P_L = (1 - 0.982) \times 10000 \times 0.9 = 162 \qquad [W]$$

0.9 역률에서, 단권 변압기로서의 정격 전력 출력은

$$P_o = 0.9 \times 110100 = 99050 \qquad [W]$$

그러면,

$$\eta = \frac{99050}{99050 + 162} = 0.9984 \qquad [pu]$$

7.7.2 Instrument Transformers

교류 측정 계기와 보호 계전기(protective relay)는 일반적으로 대지 전위(earth potential) 가까이와 수 [A]를 초과하지 않는 전류에서 동작하도록 만들어진다. 전류가 고전위(high-potential) 도체에서 측정되어야 하거나 측정되는 전류가 클 때, 변류기(current transformer)를 사용하는 것이 보통이다. 변류기의 원리는 전력용 변압기와 기본적인 방식의 차이는 없다; 하지만, 변류기는 매우 작은 오차로 이상적이라고 간주될 수 있도록 조심스럽게 설계된다.

변류기는 보통, 낮은 자계의 세기의 자성체로, 저손실의 연속 띠로 감긴 환상 철심으로 구성된다. 2차 권선은 환상 철심 주위에 감기며, 보통 전류계(ammeter)와 전력계(wattmeter)에 공급하기에 적절한, 1 또는 5 [A]의 전류 정격을 가진다. 실험실용 변류기는 측정되는 서로 다른 전류 수준에 적절한 1차 권선의 몇 가지 부분을 가질 수 있다. 가장 큰 전류비의 경우, 전류를 운반하는 도체는 1 [turn] 1차(oneturn primary)를 제공하도록 변류기 철심의 중앙을 통하여 지나간다. 2차 권선 주위의 절연은 전류 운반 도체의 전압 수준에 어울려야 한다.

전류 측정에서의 오차는 변압기의 여자 전류(exciting current)로부터 생길 수 있다. 이를 최소화하기 위하여, 철심은 낮은 값의 자속밀도에서 동작하도록 설계된다. 동작에서 이것을 이루기 위해서는, 변류기에서의 측정 부하가 작게 유지되어야 한다. 변류기가 전류 측정을 위해 사용된다면, 오차의 크기만이 중요하다. 하지만, 그것이 전력계의 전류 코일(current coil)에 공급하기 위해 사용된다면, 위상각 오차(phase-angle error) 역시 중요하다.

변류기 운전에서, 2차 단자는 절대로 개방 회로가 되어서는 안된다. 그런 일이 일어났다면, 모든 1차 전류가 철심이 정(양)과 부(음) 포화 사이에서 빠르게 구동되는 자화 전류로 되며 2차 권선에 매우 고전압인 펄스(high-voltage pulse)를 생성하게 된다. 사람과 변압기 절연의 보호를 위하여, 2차 회로에서의 어떤 부주의에 의한 끊김을 예방하기 위한 대비가 이루어져야 한다.

모든 저전압이 아닌 교류 계통에서는, 전압이 일반적으로, 측정 회로(metering circuit)에 낮은 전압을 제공하고 고압 계통으로부터 측정 회로를 분리하는, 변성기(potential transformer)의 사용에 의해 측정된다. 그러한 변성기의 피상 용량(volt-ampere capacity)은 매우 작은 한편, 변압기는 1차가 요구되는 전압 수준에 대해 완전히 절연되어야 하기 때문에 꽤 클 수 있다.

계기용 변압기(instrument transformer)는 보통 단자 극성을 가리키는 ± 표시를 사용한다. 대응하는 표시는 보통 전력계 단자에서 찾아진다. 그림 7.21은 계기용 변

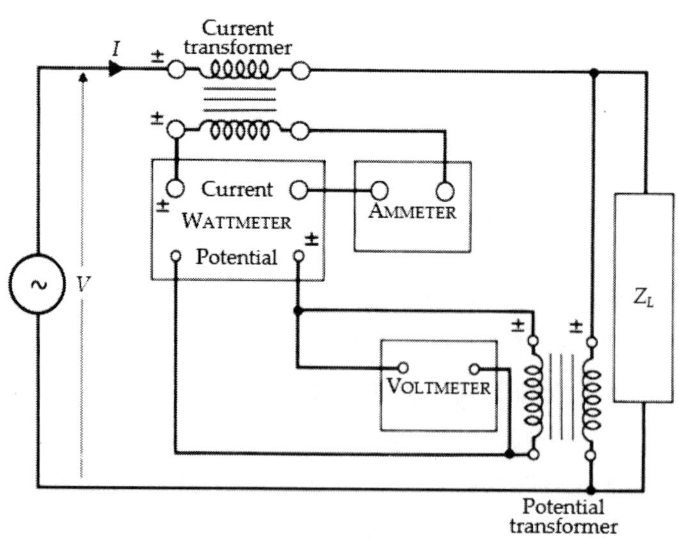

Figure 7.21 Connection of instrument transformers.

압기를 사용하는, 단상 교류회로에서의 전압, 전류, 그리고 전력의 측정을 위해 요구되는 결선을 보인다.

7.8 FORCES IN SATURABLE MAGNETIC DEVICES

자속을 운반하는 강자성체의 부분 사이의 힘의 물리적 근원(physical origin)은 3.2절에서 논의되었다. 이 힘을 정렬된 자기 모멘트 사이의 인력으로부터 생기는 것으로 그릴 수 있지만, 이 개념은 힘의 계산을 위해서는 그리 유용하지 않다. 변위에 따른 인덕턴스의 변화율, 또는, 그 대신으로, 변위에 따른 자기저항의 변화율에 관련된 힘 또는 토크의 표현식을 유도하기 위해 에너지 보존 원리를 포함하는 간접 접근법이 3.6과 3.7절에서 사용되었다. 간단한 설명을 위해, 전개는 철 부분이 무시할 수 있는 자계의 세기를 요구하거나 본질적으로 일정한 투자율을 가지는 것으로 간주될 수 있는 선형 자기 계통(magnetically linear system)으로 제한된다.

강자성 부분 사이의 힘을 기초로 한 실제 장치는 보통 최소 물질로 최대의 힘을 얻기 위해 포화 영역(saturation regime) 내에서 잘 운전된다. 이 경우, 쇄교 자속은 전류의 비선형 함수로 되며, 힘과 토크의 예측의 수단을 제공하기 위해 부가적인 개념이 도입되는 것이 필요하다.

예를 들어, 그림 7.22에서 단면으로 보여진 원통형 작동기(cylindrical actuator)를 고려한다. 코일 내에서의 전류 i가 공극을 가로지르며 강자성 폐경로를 도는 자속을 생성한다. 힘 F는 공극을 좁게 만드는 방향으로 가동자(플런저, plunger) 또는 전

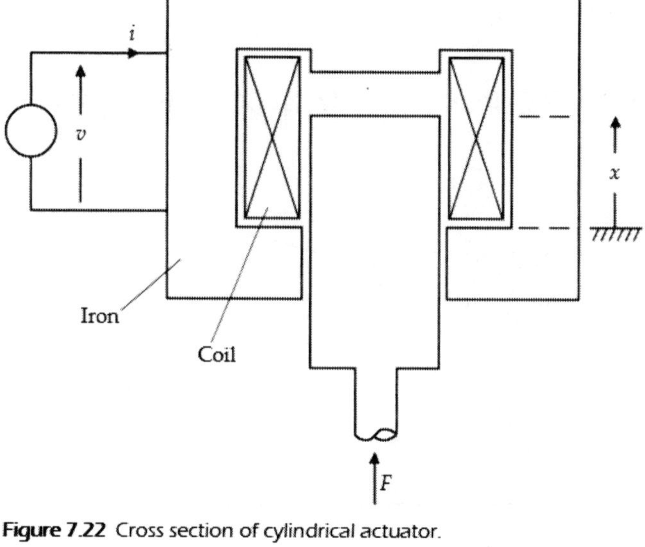

Figure 7.22 Cross section of cylindrical actuator.

기자(armature)를 움직이려는 경향이 있다. 힘의 해석을 위한 출발점은 에너지 보존의 개념이다. 시간 Δt 내의 전기자의 작은 변위 Δx를 고려한다. 간단을 위하여, 철심 물질 내에서의 히스테리시스와 와류손을 무시하자. 더욱이, 기계손은 기계 계통과 관련시키고 권선 손실은 전기 계통과 관련시키자. 그러면, 에너지 보존으로부터, 전원으로부터 작동기로 들어오는, 저항손을 포함하지 않은, 전기 에너지 ΔW_e는 자계 내에 에너지 ΔW_m으로 저장되거나 기계 출력 W_o로 나타나야 한다. 즉,

$$\Delta W_e = \Delta W_m + \Delta W_o \qquad [\mathrm{J}] \tag{7.62}$$

이다. 접근법은 주어진 시간 간격 내에서 에너지 입력과 주어진 변위에 대한 저장 에너지에 대한 표현식을 유도하는 것으로 될 것이다. 그 다음, 소거 과정에 의해, 기계적 출력 에너지와 따라서 힘을 얻을 것이다.

코일 쇄교 자속과 코일 전류 i 사이의 전형적인 비선형 관계가 플런저 위치 x_1에 대하여 그림 7.23에서 보여져 있다. 자계 내에 저장되는 에너지는 위치 x_1에서 전류 i가 0으로부터 증가됨에 따른 전원으로부터의 전력 입력 p를 고려함으로써 결정될 수 있다. 식 (1.21)로부터,

$$p = vi = Ri^2 + i\frac{d\lambda}{dt} \qquad [\mathrm{W}] \tag{7.63}$$

이다. 초기 저장 에너지가 0이기 때문에, 자계 내에 저장되는 에너지는 식 (7.63)의 두 번째 항에 있는 전력을 적분함으로써 얻어질 수 있다. 따라서,

$$W_m = \int_0^{\lambda_1} i\, d\lambda \qquad [\mathrm{J}] \tag{7.64}$$

이다. 그림 7.23에서 보여진 바와 같이, 저장 에너지는, [Wb·A] 또는 [J]로 측정된, λ-

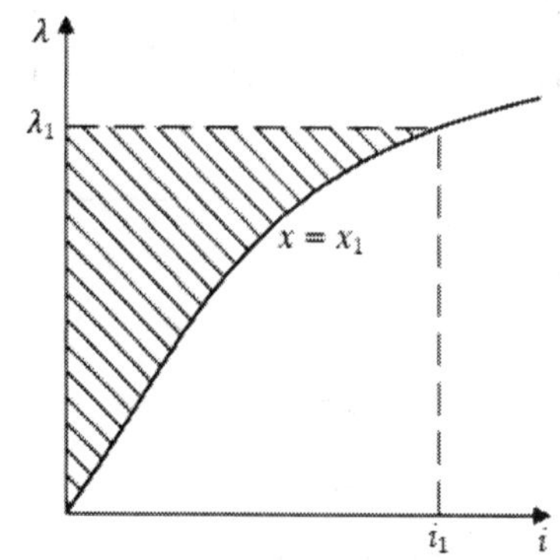

Figure 7.23 Shaded area representing stored energy.

i 관계와 λ 축 사이의 빗금친 면적으로 나타내어진다.

위치 $x = x_1$에서 플런저가 유지되며 전류가 초기에 값 i_1로 증가된다고 가정한다. 이제 공극 길이가 변위 Δx에 의해 매우 천천히 감소된다고 가정한다. 느린 이동으로, 시간에 따른 쇄교 자속의 변화율은 무시될 수 있으며 코일 전류는 i_1에서 일정하게 머무는 것으로 고려될 수 있다. 초기 위치 x_1과 최종 위치 $x_2 = x_1 + \Delta x$에 대한 쇄교 자속-전류 곡선이 그림 7.24 (a)에서 보여져 있다. 변위 동안에, 동작점은 일정 전류 i_1에서 $x = x_1$에 대한 곡선 위의 점 1로부터 $x = x_2$에 대한 곡선 위의 점 2로 수직 궤적(vertical locus)을 따라 이동하고 쇄교 자속은 λ_1에서 λ_2로 증가한다. 변위 동안의 계통으로의 전기 입력 에너지는

$$\begin{aligned}\Delta W_e &= \int_{\lambda_1}^{\lambda_2} i_1 \, d\lambda = i_1(\lambda_2 - \lambda_1) \\ &= Area\,(A + B) \quad \text{in Figure 7.24 (a)} \qquad [\text{J}]\end{aligned} \tag{7.65}$$

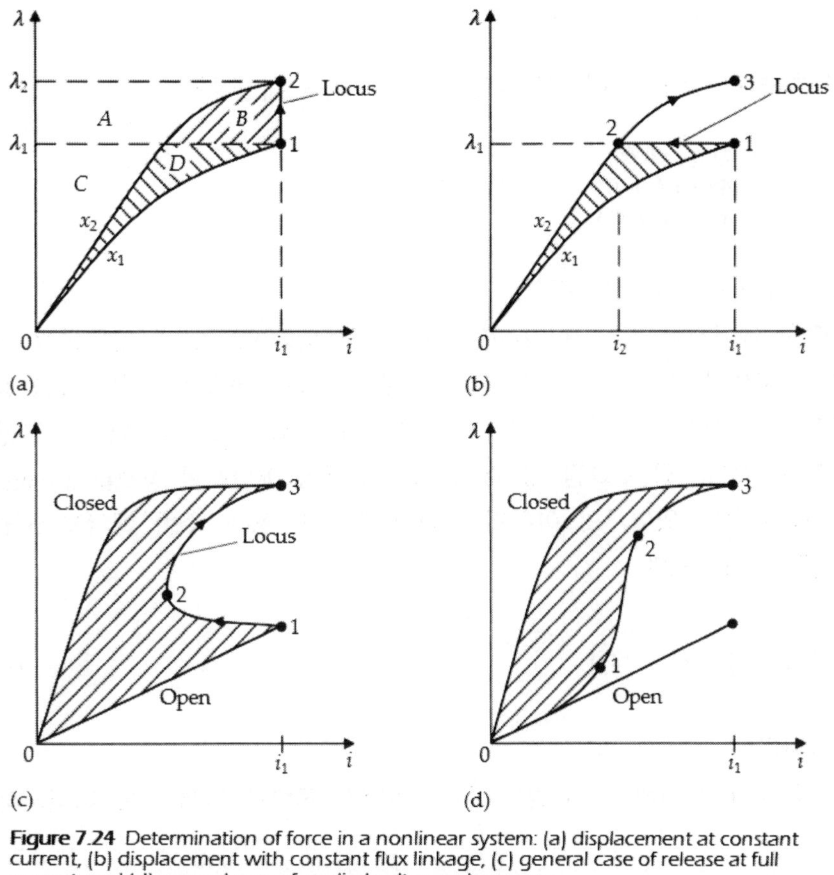

Figure 7.24 Determination of force in a nonlinear system: (a) displacement at constant current, (b) displacement with constant flux linkage, (c) general case of release at full current, and (d) general case of applied voltage when open.

이다.

변위 동안의 저장 에너지에서의 증가는 상태 2에서의 저장 에너지 W_2 빼기 상태 1에서의 초기 저장 에너지 W_1과 같다. $x = x_1$에 대한 곡선을 사용하여,

$$W_1 = \int_0^{\lambda_1} i\, d\lambda = Area\,(C + D) \qquad [\mathrm{J}] \tag{7.66}$$

이다. 비슷하게, $x = x_2 = x_1 + \Delta x$에 대한 곡선을 사용하여,

$$W_2 = \int_0^{\lambda_2} i\, d\lambda = Area\,(A + C) \qquad [\mathrm{J}] \tag{7.67}$$

이다. 따라서, 변위 Δx 동안의 저장 에너지에서의 증가는

$$\begin{aligned} \Delta W_m &= W_2 - W_1 \\ &= Area\,(A + C) - Area\,(C + D) \\ &= Area\,(A - D) \qquad [\mathrm{J}] \end{aligned} \tag{7.68}$$

이다. 식 (7.65)와 (7.68)의 에너지 성분을 식 (7.62)에 대입하면,

$$\begin{aligned} \Delta W_o &= \Delta W_e - \Delta W_m \\ &= Area\,(A + B) - Area\,(A - D) \\ &= Area\,(B + D) \qquad [\mathrm{J}] \end{aligned} \tag{7.69}$$

와 같이 기계 출력 에너지를 준다.

기계 출력 에너지는 궤적 0-1-2-0에 의해 유계된(bounded) 빗금친 면적으로 나타내어짐을 보인다. 이것은 변위가 원인이 된 λ-i 곡선 아래의 면적에서의 증가와 같은 것으로 보인다. 이 면적은 에너지의 차원(dimension)을 가지며 λ-i 곡선과 λ 축 사이의 면적으로 되는 그림 7.23에서 보여진 저장 에너지와 상보(complementary)이다. 힘 결정에 있어서의 이것의 중요성 때문에, 용어 수반 에너지(코에너지, coenergy)가 주어졌으며,

$$W_m{}' = \int_0^{i} \lambda\, di \qquad [\mathrm{J}] \tag{7.70}$$

으로 표현된다.

일정 전류 i_1에서 변위 Δx의 경우, 기계 에너지 출력은 이제 수반 에너지에서의 증가, 즉,

$$\Delta W_o = \Delta W_m{}' \qquad [\mathrm{J}] \tag{7.71}$$

로 표현될 수 있다. 무한소 증분 변위(infinitesimal displacement increment) ∂x의 경우, 기계 에너지는 힘에 변위를 곱한 것임을 인정하여, 힘 F는

$$F = \frac{\partial W_m'}{\partial x}\bigg|_{i=constant} \qquad [\text{N}] \tag{7.72}$$

로 표현될 수 있다. 즉, 변위의 방향으로 작용하는 힘은 변위에 따른 수반 에너지의 증가이다. 식 (7.72)의 표현식은 쇄교 자속과/또는 수반 에너지가 전류 i와 변위 x의 함수로 표현될 수 있을 때 특히 유용하다.

이제, 처음에, 위치는 x_1이며 코일 전류는 $i_1 = V/R$인 다른 제한된 경우를 고려하자. 여기서 V는 일정 전원 전압이며 R은 코일 저항이다. 플런저의 증분 변위 Δx는 쇄교 자속이 변위가 일어나는 짧은 시간 동안 사실상 일정하게 유지되도록 빠르게 이루어진다. 쇄교 자속은 이 짧은 변위 동안 감지할 수 있을 정도로 변하지 않을 수 있는 한편, 시간에 따른 변화율은 클 것이며, 코일 내에서의 결과적인 유도 전압은 그림 7.24 (b)의 궤적 1-2에서 보여진 바와 같이 변위 동안에 전류가 감소되는 원인이 될 것이다. 변위 Δx가 완료된 후에, 코일 전류는 궤적 2-3을 따라 원래의 값 i_1으로 오를 것이며 모든 입력 전기 에너지는 자계 저장 에너지로 될 것이다. 쇄교 자속 λ가 변위 Δx 동안에 λ_1에서 일정함으로써, 궤적 1-2와 관련된 전기 에너지 입력 ΔW_e는 0이다. 따라서, 식 (7.62)로부터, 기계 출력 에너지는 오로지 계통 내에 저장된 에너지로부터만 얻어져야 한다. 즉,

$$\begin{aligned}\Delta W_o &= -\Delta W_m \\ &= -\left[\int_0^{\lambda_1} i\, d\lambda_{along\ 0\text{-}2} - \int_0^{\lambda_1} i\, d\lambda_{along\ 0\text{-}1}\right] \qquad [\text{J}]\end{aligned} \tag{7.73}$$

이다. 그림 7.24 (b)에서, 이 기계 출력 에너지는 0-1-2-0에 의해 유계된 빗금친 면적으로 나타내어진다.

변위 x의 특정한 값에서의 힘을 찾기 위하여, 증분 Δx는 무한소(infinitesimal) ∂x로 줄여질 수 있으며, 힘은

$$F = -\frac{\partial W_m}{\partial x}\bigg|_{\lambda=constant} \qquad [\text{N}] \tag{7.74}$$

와 같이 표현될 수 있다. 이 형태의 힘 표현식은 코일 전류와/또는 저장 에너지가 쇄교 자속 λ와 변위 x의 함수로써 표현될 때 유용하다.

두 가지 제한적인 경우의 조사는 주어진 위치와 전류 또는 쇄교 자속의 주어진 값에 대한 힘의 계산에 유용한 식 (7.72)와 (7.74)의 표현식을 제공하였다. 더 일반

적인 상황에서는, 열린 위치로부터 닫힌 위치까지 움직임으로써 작동기가 한 총 기계적 일(total mechanical work done)을 찾는 것을 원할 수 있다. 이 두 위치에 대한 전형적인 λ-i 곡선이 그림 7.24 (c)에서 보여져 있다. 먼저, 작동기 플런저는 λ-i 곡선이 0-1인 열린 위치에서 유지되는 한편 일정 전압 V가 V/R의 코일 전류를 확립하는 상황을 고려한다. 그 다음 플런저가 놓아진다면, 동작점은 그림 7.24 (c)에서 1-2-3과 같은 궤적을 따라 움직일 수 있다. 결국, 공극이 닫혔을 때, 코일 전류는 점 3에서 값 V/R로 되돌아갈 것이다. 플런저가 매우 느리게 움직인다면, 이 궤적은 본질적으로 수직선으로 될 것이다. 플런저가 매우 빠르게 움직인다면, 초기 궤적 1-2는 일정 쇄교 자속에 가깝게 될 것이다. 어떤 경우에서든, 한 기계적 일이 둘러싸인 빗금친 면적과 같을 것이다. 이 기계적 일이 동작점의 궤적에 크게 의존한다는 점에 유의해야 할 것이다. 이 궤적의 완전한 해석은, 첫 번째는 전기 계통 관계식

$$V = Ri + \frac{d\lambda}{dt} \qquad [\text{V}] \tag{7.75}$$

이고, 두 번째는 기계 계통의 미분 방정식이며, 그리고 세 번째는 λ가 i의 함수로 표현되었는지 또는 i가 λ의 함수로 표현되었는지에 종속하는, 식 (7.72) 또는 (7.74)의 힘 표현식인, 3개의 방정식의 연립 풀이(simultaneous solution)를 포함한다.

그림 7.24 (d)는 플런저가 개방 위치에 있을 때 전압 V가 코일에 인가되는 어느 정도 더 실제적인 상황을 보인다. 코일 전류 i가 초기의 0의 값으로부터 증가함에 따라, 운전 궤적은 힘이 상당한 가속도와 변위를 생성하기에 충분할 때까지는 열린 λ-i 궤적에 가까울 것이다. 결국, 궤적은 닫힌 λ-i 곡선 위의 점 3에 도달할 것이다. 한 기계적 일은 궤적 0-1-2-3과 닫힌 위치에 대한 λ-i 곡선 0-3 사이의 빗금친 면적과 같을 것이다.

EXAMPLE 7.8 작동기에 대한 쇄교 자속-전류 관계가 한계 $0 < i < 5$ [A]와 0.02 [m] $< g < 0.10$ [m] 사이에서 근사적으로

$$\lambda = \frac{0.08}{g} i^{1/2} \qquad [\text{Wb}]$$

와 같이 표현될 수 있다. 여기서 g는 공극 길이이다. 전류가 4 [A]로 유지될 때, $g = 0.06$ [m]의 공극의 경우 전기자에 작용하는 힘을 찾아라.

Solution

비선형 관계의 경우, 힘을 유도하기 위하여 식 (7.72) 또는 (7.74)를 사용하는 것을

고려할 수 있다. 쇄교 자속이 전류의 함수로 주어져 있기 때문에, 앞의 표현식이 더 편리하다. 수반 에너지 표현식은

$$W' = \int_0^i \frac{0.08}{g} i^{1/2}\, di = \frac{0.08}{g} \cdot \frac{2i^{3/2}}{3} \qquad [\mathrm{J}]$$

그러면,

$$F = \left.\frac{\partial W'}{\partial g}\right|_{i=4} = \frac{-0.08}{g^2} \cdot \frac{2i^{3/2}}{3} = -119 \qquad [\mathrm{N}]$$

부(음) 부호(negative sign)는 힘이 공극 g를 줄이는 방향임을 가리킨다.

PROBLEMS

7.1 그림 7.25의 자기 계통이 중간 철심각에 500 [turn]의 코일을 가진다. 강자성체는 4000의 일정한 비투자율을 갖는 것으로 가정될 수 있다. 누설 자속은 무시될 수 있다.

(a) 모든 매개변수를 보여 이 계통의 자기 등가회로를 유도하라.

(b) 전기 등가회로를 전개하라.

(c) 500 [turn] 코일의 총(total) inductance를 결정하라.

(d) 100 [turn] 코일이 오른쪽 철심각에 감겨 있다고 가정한다. 적절한 이상 변압기를 전기 등가회로에 삽입하라.

(e) 100 [V]의 교류 전압이 500 [turn] 코일에 인가되었다면, 100 [turn] 코일에서의 개방 회로 전압은 얼마가 될 것인가?

(7.1.1 절)

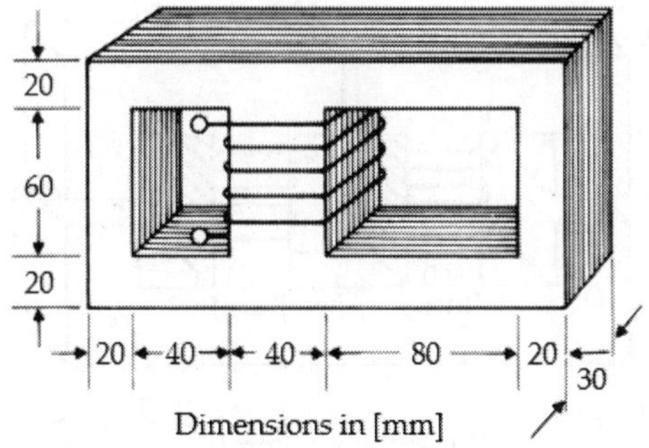

Figure 7.25 Magnetic system for Problem 7.1.

7.2 그림 7.26에서 보여진 2-코일 자기 장치에서, 자성체는 이상적인 것으로 고려될 수 있다. 각 공극에서는, 자계가 완전히 공극으로 제한되지 않는다. 프린징 자속은 균일 자속밀도의 영역이 각 공극 단부(edge)로부터 바깥으로 공극 길이의 절반과 같은 거리만큼 넓어진다는 가정에 의해 근사적으로 산입될 수 있다.

(a) 모든 매개변수의 값을 보여 이 장치에 대한 전기 등가회로를 전개하라.
(b) 주파수가 180 [Hz]라면, 단자 b가 단자 d에 연결되어, 두 코일이 직렬로 연결되었을 경우의 리액턴스는 얼마인가?
(c) 단자 b가 단자 c에 연결된 경우에 대해 문제 (b)를 반복하라.

(7.1.1 절)

7.3 전기 용접에서, 전호(arc)를 튀게 하기 위하여 50에서 70 [V]의 전압이 요구된다. 전호가 튀고 난 후에는, 본질적으로 전호에 일정 전류원(constant current supply)이 요구된다. 그림 7.27은 용접기에서의 사용을 위해 설계된 2권선 변압기를 보인다. 부하 전류를 제한하기 위하여, 누설 자속을 위한 낮은 자기저항 경로가 1차와 2차 권선 사이에 마련된다.

(a) 이상적인 철, 공극 주위에 프린징 자속이 없고, 코일 주위의 누설 자속이 없으며, 권선 저항이 없는 것으로 가정하여 변압기에 대한 등가 전기회로를 유도하라.
(b) 전원이 60 [Hz]에서 115 [V] (rms)일 때, 개방 회로 2차 전압과 단락 회로 2차 전류를 결정하라.
(c) 전호가 전호의 길이에 종속하는 값을 가진 가변 저항(variable resistance)으로 간주될 수 있다면, 전호에 줄 수 있는 최대 전력은 얼마인가?

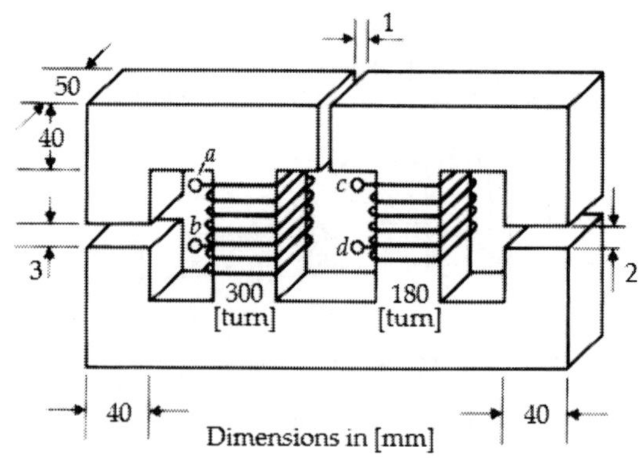

Figure 7.26 Magnetic device for Problem 7.2.

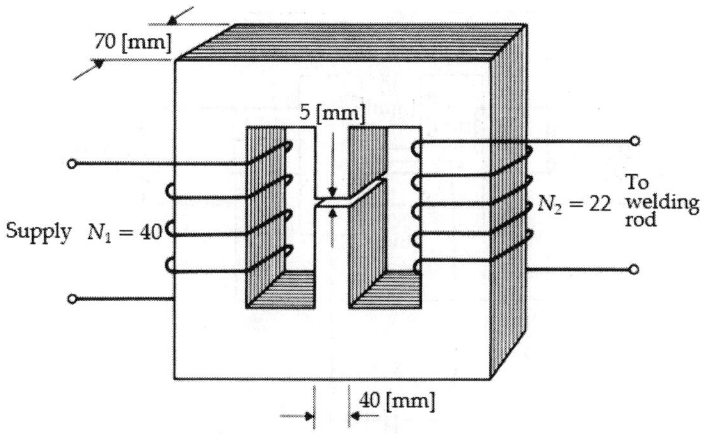

Figure 7.27 Welding transformer for Problem 7.3.

(d) 권선 주위의 누설 자속의 효과가 포함되었다면, 문제 (c)에서의 전력이 얼마로 증가될 것으로 예측되는가?

(7.1.1 절)

7.4 자기 계통이 2개의 환상 강자성 철심(toroidal ferromagnetic core)으로 이루어져 있다. 철심 A는 300 [mm²]의 단면적과 1 [mm] 길이의 공극을 가진다. 철심 B는 500 [mm²]의 단면적과 0.5 [mm] 길이의 공극을 가진다. 240 [turn]의 1차 코일이 철심 둘 다와 쇄교하는 한편, 400 [turn]의 2차 코일은 철심 B와만 쇄교한다. 각 코일은 0.04 [Ω/turn]의 저항을 갖는다. 철심 물질을 무한대의 투자율로 가정하여, 모든 매개변수의 값을 포함한 전기 등가회로를 전개하라.

(7.1.1 절)

7.5 그림 7.28에서 보여진 장치에서의 자성체가 이상적인 것으로 간주될 수 있다. 철심의 깊이는 50 [mm]이다. 공극과 권선 주위의 프린징은 무시될 수 있다.

(a) 저항 부하에서 보여지는 전기 등가회로를 전개하라.

(b) 부하로 주는 전력을 결정하라.

(7.1.1 절)

7.6 그림 7.29에서 보여진 변압기 장치가 400 [Hz]의 주파수에서 운전되는 한편 부하에 관계없이 입력 전압에 대한 일정한 출력 전압의 비(ratio)를 유지한다고 가정된다.

(a) 장치에 대한 전기 등가회로를 전개하라. 권선 저항은 무시될 수 있으며 자성체는 이상적인 것으로 간주될 수 있다. 각 3개의 권선 주위의 누설 경

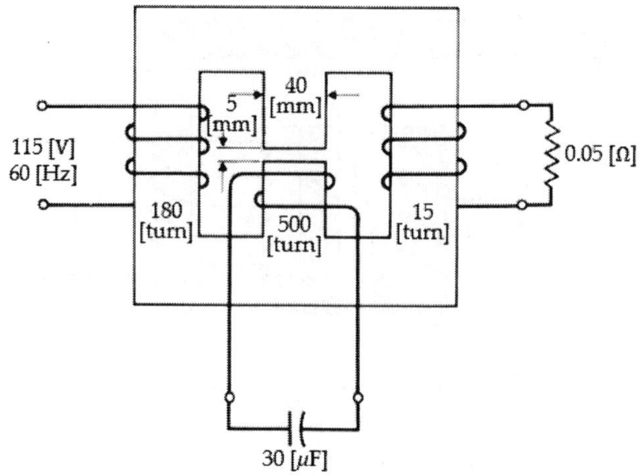

Figure 7.28 Device for Problem 7.5.

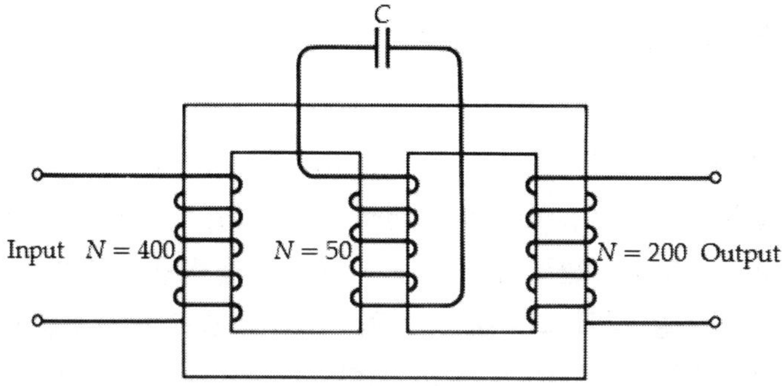

Figure 7.29 Transformer for Problem 7.6.

경로는 10^7 [A/Wb]의 자기저항으로 설정될 수 있다.

(b) 요구되는 커패시턴스 C의 값을 결정하라.

(c) 장치의 성능이 권선 중 하나에 직렬로 커패시터를 가진 2권선 변압기와 비슷함을 보여라.

(7.1.1 절)

7.7 그림 7.6에서 보여진 계통이 230 [V], 60 [Hz] 전원으로부터 동작된다. 철심의 각 부분은 50 × 50 [mm]의 단면적을 가진다. 등가회로에서 원하는 인덕턴스는 4 [mH]이며 원하는 커패시턴스는 70 [μF]이다. 철심 물질은 이상적인 것으로 간주될 수 있다. 프린징 자속과 권선 저항은 무시될 수 있다.

(a) 철심 물질 내에서의 자속밀도가 1.5 [T]의 최대 값으로 제한될 때, 전원 권선에서의 적절한 권수를 결정하라.

(b) 공극의 적절한 길이를 결정하라.

(c) 적당한 전압 정격의 20 [μF] 커패시터를 이용할 수 있다고 가정한다. 이것이 연결되는 권선의 권수는 얼마가 되어야 할 것인가?

(7.1.3 절)

7.8 그림 7.30의 전기 등가회로를 가질 계통을 합성하는 것을 원한다. 전원 전압, 부하 전압, 그리고 커패시터 전압의 선택에 있어서 융통성을 제공하는, 다중 권선(multiple windings)을 가진 철심이 사용된다. 적절한 자기 장치에 대한 등가 자기회로를 전개하고 권선과 공극을 보이는 단면을 그려라.

(7.1.3 절)

7.9 그림 2.7 (a)에서 보여진 2권선 변압기에서, 코일은 둘 다 형상이 원통형에 가깝다. 내부 코일은 80 [mm]의 내직경(inner diameter)을 가진다. 각 코일은 15 [mm]의 두께와 110 [mm]의 높이를 가진다. 코일 사이의 공기 순환을 제공하기 위한 공간은 4 [mm] 폭이다. 60 [turn]의 1차 권선으로 환산한 이 변압기의 누설 인덕턴스를 추정하라.

(7.1.4 절)

7.10 A와 B로 나타낸 두 대의 단상 변압기가 같은 물리적 성질을 가진다. 변압기 A의 모든 부분의 길이 치수(linear dimension)가 변압기 B의 치수의 k배이다. 철심 박판은 두 변압기가 같은 두께의 것이다. 두 변압기의 자속밀도, 도체 전류밀도, 그리고 주파수의 동작 값은 같다. 변압기 B의 대응하는 값에 대한 변압기 A의 다음과 같은 각각의 양의 값을 결정하라: 정격 전압, 정격 전류, 정격 피상 용량([VA]), 질량, 단위 질량당 출력, 권선 손실, 권선 저항, 철손, 단위 표면적당 열 손실, 단위 정격당 총 손실, [H]로 나타낸 인덕턴스, [Ω]으로 나타낸 누설 리액턴스, [pu]로 나타낸 자화 인덕턴스, [pu]로 나타낸 저항, 그리고 [pu]로 나타낸 누설 인덕턴스.

(7.1.4 절)

7.11 0.6 [A]의 연속 직류 전류를 운반할 수 있는 10 [H] 인덕터에 대한 근사 설계를

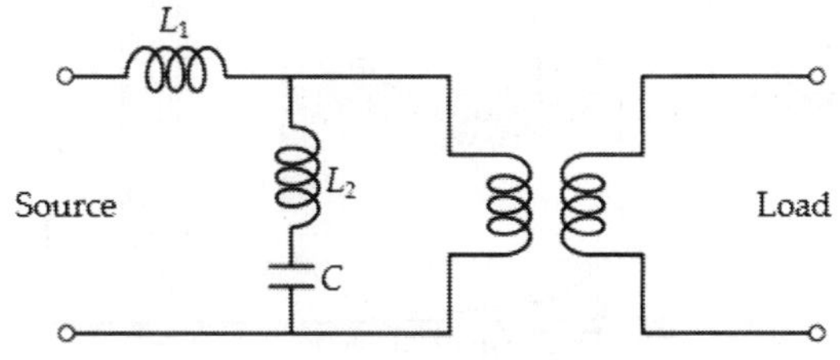

Figure 7.30 Equivalent circuit for Problem 7.8.

전개하라. 직사각형 중앙 철심각과 0.9의 적층 계수를 가정하여, 그림 7.9에서 보여진 형상의 철심이 사용될 수 있다. 철심 자속밀도는 1.5 [T]로 제한되어야 할 것이다. 코일은 20 [°C]에서 1.72×10^{-8} [Ω·m]의 저항률인 구리 도체로 만들어져야 할 것이다. 코일 점적률은 0.45로 가정될 수 있다. 열은 30 [W/m²·°C]의 균일한 비율로 코일의 바깥 수직 표면(outside vertical surface)에서만 소산되는 것으로 가정한다. 코일 표면 온도는 130 [°C]를 초과하지 않으며, 주위 온도는 50 [°C]일 수 있다. 구리의 저항률의 온도 계수는 0.00393 [ppm/°C]이다. 다음에 대한 적절한 값을 결정하라: (a) 치수 *a*, (b) 도체 전류밀도, (c) 권수, 그리고 (d) 공극의 길이.

(7.2.2 절)

7.12 그림 7.31에서 보여진 변압기가 1차 권선에서 60 [Hz]인 115 [V] (rms)로 동작된다. 2차 권선은 500 [V] (rms)에서 출력을 생성한다. 철심 물질은 1.4 [T]의 첨두 자속밀도에서 동작되며, 적층 계수는 0.95이다. 권선은 2 [A/mm²] (rms)의 전류밀도에서 운전될 수 있으며, 권선 점적률은 0.45이다.

(a) 1차와 2차 권선의 권수를 결정하라.
(b) 변압기의 [kVA] 정격을 결정하라.
(c) 운전 온도에서 구리의 저항률은 대략 2×10^{-8} [Ω·m]이다. 코일의 튀어나온 끝(projecting end)은 형상이 반원인(semicircular) 것으로 가정하여, 정격 전류로 운전될 때 권선에서의 전력 손실을 추정하라.
(d) 철심 박판이 그림 1.24의 철손 특성과 7800 [kg/m³]의 밀도를 가진 M-36 강판으로 만들어졌을 때, 철심 내에서의 전력 손실을 찾아라.
(e) 정격 저항 부하로 운전될 때 변압기의 효율을 찾아라.

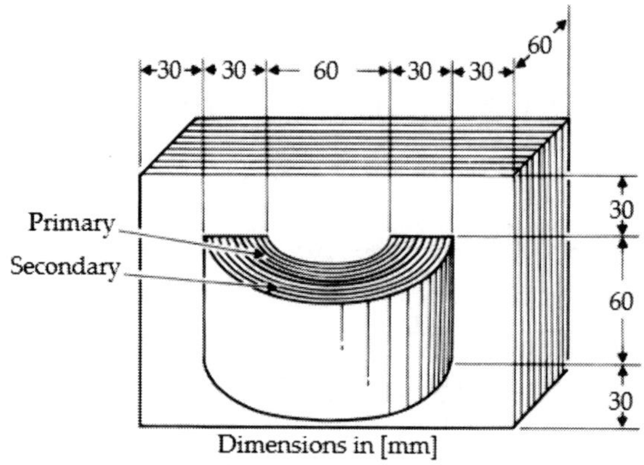

Figure 7.31 Transformer for Problem 7.12.

(7.2.3 절)

7.13 5 [kVA], 단상, 60 [Hz], 4160 : 230 [V] 배전 변압기가 그림 7.9에서 보여진 것과 같은 상대 치수비(relative dimension ratio)를 가지는 강 박판으로 만들어졌다. 강판은 철심 내에서 나타나는 유효 공극이 없도록 교대로 적층되었다. 철심 물질에서의 첨두 자속밀도는 1.4 [T]로 세워질 수 있다. 0.95의 적층 계수와 0.5의 코일 점적률이 가정될 수 있다. 도체 전류밀도는 3 [A/mm^2]로 취해질 수 있다. 정사각형 철심 단면을 가정하여, 치수 a의 적당한 값과 두 권선에서의 권수를 찾아라.

(7.2.3 절)

7.14 15 × 80 [mm]의 면적에 수직 방향인 1.5 [T]의 자속밀도를 가진 자계가 요구된다. 자계의 공극 길이는 4 [mm]로 된다. 그림 7.11 (a)와 어느 정도 비슷한 배치가 고려될 수 있다. 프린징 자속은 예비 설계에서 무시될 수 있으며, 강 계철(steel yoke)은 자기적으로 이상적인 것으로 고려될 수 있다. B-H 특성이 그림 1.18에서 주어진 네오디뮴 영구자석 물질이 사용될 수 있다. 그것의 잔류 자속밀도는 1.2 [T]이며, 비투자율은 1.05이다. 적절한 장치를 설계하고 요구되는 자석 물질의 체적을 결정하라.

(7.3 절)

7.15 가청 주파수에서 사용하기 위한 변압기가 그림 7.32의 등가회로로 나타내어질 수 있다. 가변 주파수 정현 전원이 변압기에 일정 전압 V_1을 제공하며, 전압 V_2가 10 [Ω]의 저항 부하에 인가된다.

(a) 중간 주파수 영역에 대한 비 V_2/V_1을 유도하라.

(b) 부하 전력이 중간 주파수 영역에서 얻어진 것의 절반으로 줄어드는 낮은 주파수와 높은 주파수를 결정하라.

(7.4 절)

7.16 5 [kVA], 4160 [V] 배전 변압기가 2500 [turn]의 1차 권선을 가진다. 철심은 5000

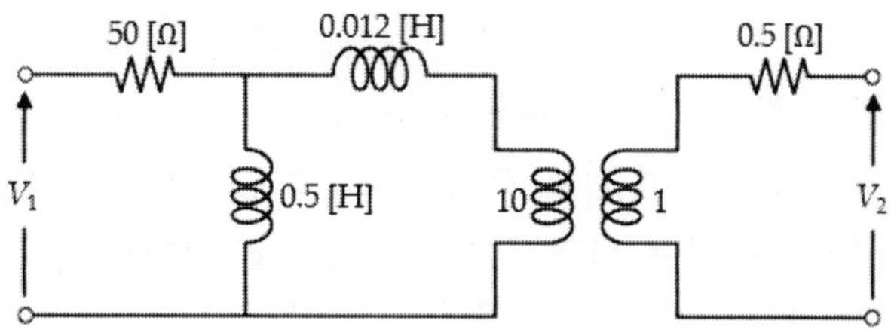

Figure 7.32 Equivalent circuit for Problem 7.15.

[mm^2]의 단면적과 0.4 [m]의 자속 경로 길이를 가진다. 철심 물질은 잔류 자속밀도가 1.8 [T]이며 포화 영역에서의 비투자율이 10인 그림 7.15 (b)에서 보여진 형상의 *B-H* 특성에 의해 근사적으로 모델링될 수 있다. 초기에, 철심 자속밀도는 0으로 가정될 수 있다. 60 [Hz]에서 4160 [V]의 실효치를 갖는 정현 전압이 전압이 0인 순간에 1차 권선에 인가된다. 돌입 전류(inrush current)의 첨두 값을 추정하라. 이것과 변압기의 첨두 정격 전류와 비교하라.

(7.5 절)

7.17 3대의 비슷한 2 [kVA], 60 [Hz], 220 : 110 [V] 단상 변압기가 차례로 와이-와이, 델타-와이, 와이-델타, 그리고 델타-델타로 결선되었다. 변압기는 이상적인 것으로 고려될 수 있다. 각 변압기 결선에 대한 1차와 2차 선간 전압의 정격 값, 정격 1차와 2차 선전류, 선간 전압의 비(ratio), 그리고 선전류의 비를 결정하라.

(7.6.1 절)

7.18 3대의 비슷한 10 [kVA], 60 [Hz], 2300 : 115 [V] 단상 변압기가 델타-와이로 전원에 연결되었으며, 저압측은 선-중성 115 [V]에서 24 [kVA]의 평형 3상 부하에 연결되었다. 1차 전원 전압(선-중성)과 1차 및 2차 선전류를 결정하라. 변압기는 이상적인 것으로 고려될 수 있다.

(7.6.1 절)

7.19 3상, 60 [Hz] 동기발전기가 15.8 [kV] (L-L)에서 100 [MVA]의 출력을 생성한다. 출력은 735 [kV] (L-L)에서 송전선로에 공급된다. 요구되는 변압기 뱅크는 발전기측은 델타로 그리고 선로측은 와이로 결선된 3대의 2권선 변압기이다.

(a) 각 변압기에서 요구되는 권선 전압과 전류의 정격 값을 지정하라.

(b) 각 변압기가 정격을 기저로 한 0.15 [pu]의 누설 리액턴스를 갖는다고 가정한다. 0.8 역률 지상(lagging)과 735 [kV]에서 송전선로에 100 [MVA]를 제공하기 위해 발전기 단자에서 요구되는 전압(L-L)을 결정하라.

(7.6.1 절)

7.20 그림 7.33은 3상 부하를 3상 전원에 연결하기 위해 사용될 수 있는 2대의 변압기의 열린 델타 결선(open-delta connection, V-connection)을 보인다. 변압기가 비슷하며 각각이 10 [MVA]의 정격일 때, 어느 변압기든 과부하없이 이 배치에 의해 공급될 수 있는 평형 부하를 결정하라. 변압기는 이상적인 것으로 고려될 수 있다.

(7.6.1 절)

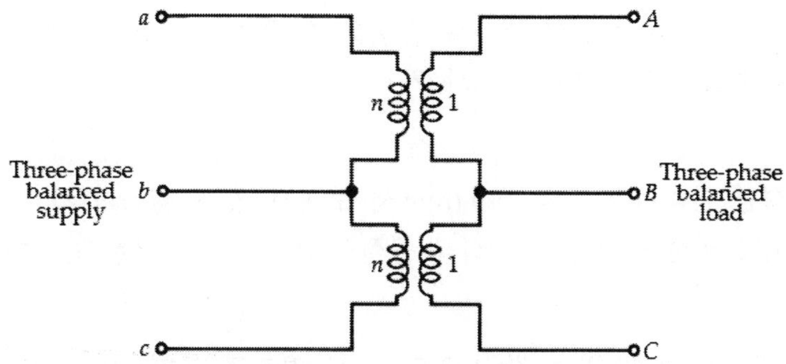

Figure 7.33 Open-delta transformer connection for Problem 7.20.

7.21 그림 7.34는 입력과 출력 3상 계통 사이에 위상 전이(phase shift)를 생성하기 위해 사용될 수 있는 변압기 결선을 보인다.

(a) 각각이 $n:1$의 권수비를 갖는 이상 변압기로 가정하여, 위상 전이가

$$\theta = \tan^{-1}(\sqrt{3}/n)$$

으로 주어짐을 보여라.

(b) 권수비가 $5:1$일 때, 출력과 입력 전압 페이서의 비(ratio)를 결정하라.

(7.6.1 절)

7.22 그림 7.17 (c)에서 보여진 형태의 3상 내철형 변압기가 각 철심각에, N_1 [turn] 권선이 안쪽에 있는, N_1과 N_2 [turn]의 권선을 가진다.

(a) 무한대 투자율의 철심 물질을 가정하여 변압기에 대한 자기 등가회로를 전개하라. 권선 쌍 사이의 누설 경로와 또한 권선의 바깥에서 상부 계철(top yoke)로부터 하부 계철(bottom yoke)로 가는 자속 경로를 포함하라.

(b) 모든 인덕턴스를 N_1 [turn] 권선으로 환산한 전기 등가회로를 유도하라.

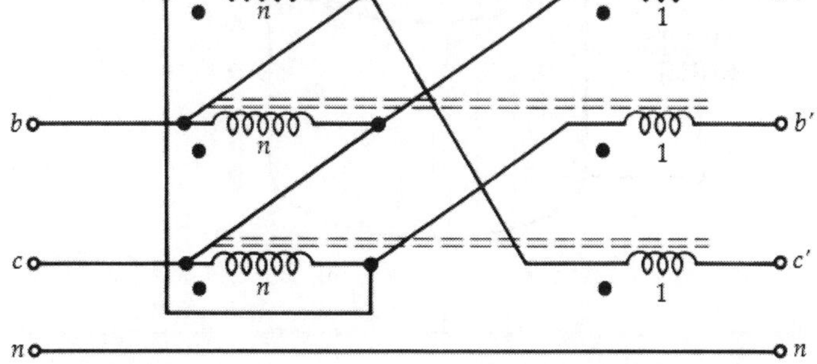

Figure 7.34 Transformer connection for Problem 7.21.

(c) 3개의 N_1 [turn] 권선을 병렬로 연결할 수 있는가? 그리고 결과적인 유닛을 단상 변압기로 사용할 수 있는가?

(7.6.2 절)

7.23 3상, 외철형 변압기가 그림 7.19 (b)에서 보여져 있다. 철심의 각 창 내에 N_1과 N_2 [turn]의 권선을 가정한다. 철심 물질의 비투자율은 무한대로 가정될 수 있다.

(a) 각 창 내에서의 권선 쌍 사이의 누설 경로를 포함하여 자기 등가회로를 전개하라.

(b) 전기 등가회로를 유도하라.

(c) 3개의 N_1 [turn] 권선을 직렬로 연결할 수 있는가? 그리고 결과적인 유닛을 단상 변압기로 사용할 수 있는가?

(7.6.2 절)

7.24 산업 공정이 2400 [V]에서 500 [kVA]의 단상 전원을 요구한다. 이용할 수 있는 설비 전원은 4000 [V]의 전원이다. 단권 변압기가 사용된다.

(a) 요구되는 변압기 권선의 두 부분의 전류 정격을 결정하라.

(b) 단권 변압기의 두 부분이 연결되지 않았다고 가정한다. 결과적인 2권선 변압기의 [kVA] 정격과 각 권선의 전압 정격을 결정하라.

(7.7.1 절)

7.25 그림 7.35는 가변비 변압기(variable-ration transformer)를 보인다. 이동 브러시(sliding brush)는 단층 권선의 위에 있는 절연이 제거된 부분(bared part)과 접

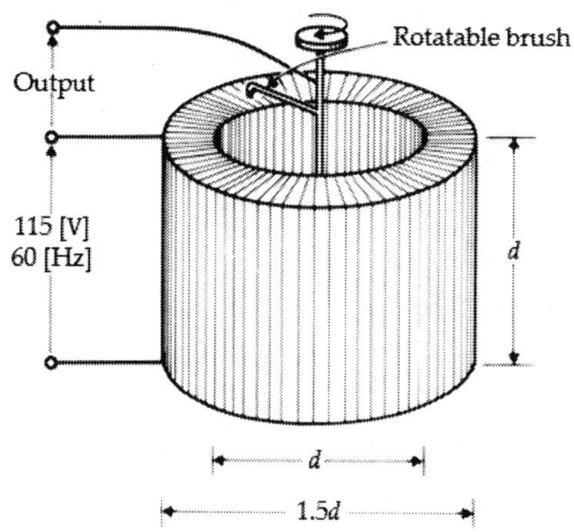

Figure 7.35 Variable-ratio transformer for Problem 7.25.

점을 만든다. 60 [Hz]로 0에서 115 [V] (rms)의 출력 전압과 8.7 [A] (rms)의 출력 전류를 갖는 단권 변압기에 대해 요구되는 권수와 치수 d를 결정하라. 0.25 [mm]의 두께를 갖는 정사각형 구리 도선이 1 [A/mm^2] (rms)의 전류밀도로 사용될 수 있다. 환상 철심은 1.5 [T]의 첨두 자속밀도에서 운전될 수 있다.

(7.7.1 절)

7.26 환상 변류기(toroidal current transformer)가 60 [mm]의 평균 직경과 100 [mm^2]의 단면적인 철심을 가진다. 철심 물질은 자속밀도의 작은 값에 대해 5000의 비투자율을 가진다. 1차는 철심의 구멍(aperture)을 통하여 60 [Hz] 전류를 운반하는 단일 모선 봉(single bus bar)으로 이루어진다.

(a) 800 : 5의 공칭 전류비(nominal current ration)를 주기 위해 철심에서 요구되는 권수는 얼마인가?

(b) 2차측에서 보여지는 자화 리액턴스를 결정하라.

(c) 2차 권선이 2도체 피복 전선(케이블)(two-conductor cable)에 의해 5 [A] 전류계(ammeter)에 연결되었다고 가정한다. 계기, 케이블, 권선 저항, 그리고 누설 리액턴스가 결합된 임피던스가 $0.07 + j0.06$ [Ω]이라고 가정한다. 전류 측정 계통의 크기 오차(magnitude error)를 결정하라.

(d) 변류기가 전력계(wattmeter)의 전류 코일에 공급된다면, 위상에서의 오차가 중요하다. 문제 (c)에서 주어진 결합 임피던스에 대해, 위상 오차를 찾아라.

(e) 변압기의 단락 회로 손실이 측정되었을 때, 문제 (d)의 위상 오차가 전력계의 지시치를 너무 높게 할 것인가 너무 낮게 할 것인가?

(7.7.2 절)

7.27 의도된 운전 범위에 걸쳐, 작동기의 쇄교 자속 λ, 전류 i, 그리고 가동부의 변위 x 사이의 관계가

$$\lambda = \frac{4 \times 10^{-4}}{x^2} i^{1/3} \qquad \text{[Wb]}$$

에 의해 근사화된다. $i = 0.6$ [A] 그리고 $x = 5$ [mm]일 때 x 방향에서의 힘을 결정하라.

(7.8 절)

7.28 회전 작동기(rotary actuator)가 그림 7.36 (a)에 그려져 있다. 코일에 에너지가 공급되었을 때, 회전자는 초기 위치 $\beta = 0$로부터 $\beta = \pi/2$까지, 즉, 토크가 기

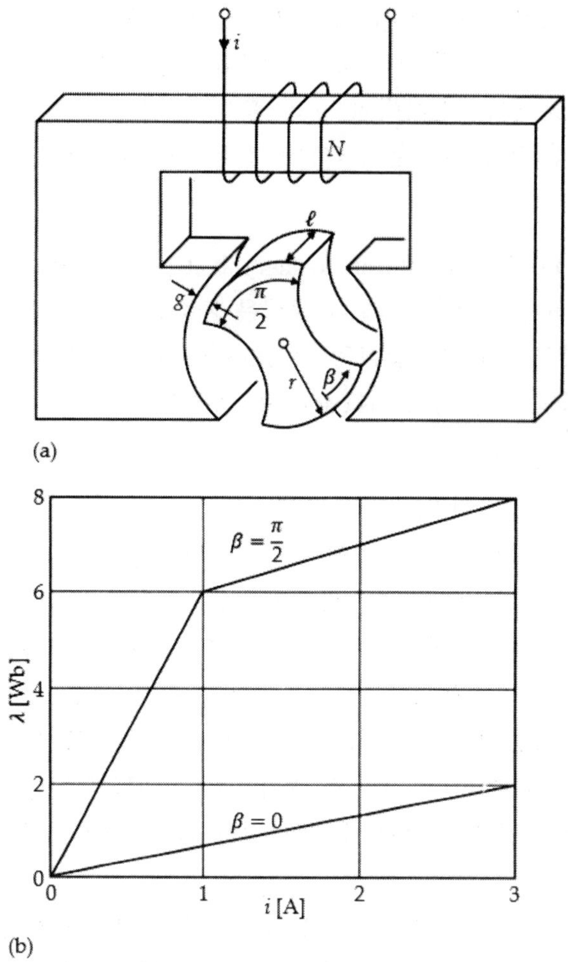

Figure 7.36 (a) Rotary actuator for Problem 7.28 and (b) flux linkage-current relations.

계 부하에 의해 흡수되는 수직으로부터 수평 배향(orientation)까지 회전한다. 코일에 대한 쇄교 자속-전류 관계는 초기와 최종 회전자 위치에 대해 그림 7.36 (b)에서 이상화된 형태로 보여져 있다.

(a) 코일 전류가 3 [A]에서 일정하게 유지되는 것으로 가정하여, 초기 위치로부터 최종 위치까지 회전하는 작동기가 한 일을 결정하라.

(b) 문제 (a)의 운동 동안의 평균 토크를 결정하라.

(c) 코일 전류가 3 [A]까지 증가되는 한편 회전자는 위치 $\beta = 0$에서 유지되는 것으로 가정한다. 그 다음 부하가 없는 회전자가 $\beta = \pi/2$로 매우 빠르게 움직일 때, 한 일과 평균 토크를 추정하라.

(7.8 절)

7.29 예제 3.4에서 주어진 치수를 가진 그림 3.23 (a)에서 보여진 스위치드 릴럭턴스 전동기를 고려한다. 그 예에서는, 자기 계통이 자기적으로 이상적인, 즉, 무한대의 투자율을 갖는, 코일 전류였다. 생성된 토크는 2.32 [N·m]였다. 이제 자극이 상당한 포화를 겪는 더 실제적인 운전을 조사하자. 근사화에 따라, 1.5 [T]의 공극 자속까지 회전자 자극이 고정자 자극과 정렬됨에 따른 포화가 일어나지 않는다고 가정하자. 고정자 자극 쌍에 있는 코일에서의 더 높은 전류에 대해, 쇄교 자속-전류 관계의 기울기가 포화되지 않은 영역에서의 기울기의 10 [%]라고 가정한다. 회전자 공극이 에너지가 공급된(여자된, energized) 고정자 자극과 정렬되었을 때, 쇄교 자속-전류 관계는 닫힌 비포화 조건(closed unsaturated condition)에서의 기울기의 10 [%]로 선형이라고 가정한다. 상 코일(phase coil)에 공급된 10 [A]의 일정 전류로, 이 기계에 의해 생성되는 평균 토크를 결정하라.

(7.8 절)

GENERAL REFERENCES

Blume, L. F., *Transformer Engineering*, 2nd ed., John Wiley and Sons, New York, 1951.

Nasar, S. A., *Electric Machines and Transformers*, Macmillan, New York, 1984.

Say, M. G., *Alternating Current Machines*, 5th ed., Pitman, London, 1983.

Slemon, G. R., *Equivalent Circuits for Transformers and Machines, Including Nonlinear Effects*, *Proceedings*, Vol. 100, Part IV, Institution of Electrical Engineers, July 1953, 129.

8 POWER SEMICONDUCTOR CONVERTERS

많은 전동기 구동의 경우, 일정 주파수 교류 전원에 연결되었을 때 기동과 그 다음 본질적으로 일정한 속도로 동작하는 능력을 갖는 것이 적당하다. 하지만, 광범위하며 증가하고 있는 응용 분야에서 조절할 수 있는 속도 또는 정밀하게 제어할 수 있는 속도가 요구된다. 이 가변속 구동(variable-speed drive)으로 향하는 경향에 영향을 미치는 주된 인자 중 하나는 부하 요구 변화에 따라 가장 효과적인 구동 속도를 사용함으로써 얻어질 수 있는 에너지 절약(energy conservation)에 대한 관심이다.

가변속을 달성하기 위하여, 대부분의 형태의 전동기는 가제어(제어할 수 있는, controllable) 전압 또는 전류의 전원을 요구한다. 정류자기의 경우, 전원은 보통, 그러나 항상은 아닌, 직류 전압 또는 전류이다. 유도기와 동기기의 경우에는, 전원은 가제어 전압 또는 전류와, 덧붙여, 가제어 주파수를 가져야 한다. 그러한 전원은, 이용할 수 있는 일정 전압, 일정 주파수 설비 전원을 요구되는 형태로 변환하는, 전자 스위칭 소자(electronic switching device)를 기초로 한 변환기(converter)의 사용에 의해 가장 잘 만들어진다.

다음의 절에서는, 전력용 반도체 변환기(power semiconductor converter)의 몇 가지 중요한 형태가 소개된다. 접근법은 구동 성능에 영향을 미치는 몇 가지 주된 특징을 나타내는 제한된 목적으로 간략화된 이상화이다. 변환기의 내부 설계(internal design)에 있어서의 많은 양상은 여기의 취급에서는 무시된다. 그러한 양상에 관심이 있으면 전력 전자(power electronics)에 관한 교재를 참고해야 할 것이다.

8.1 POWER SWITCHING DEVICES

전력용 반도체 변환기는 일반적으로 켜거나(on) 끄는(off) 개폐기(스위치, switch)로 동작하는 고체 반도체 소자(solid-state semiconductor device)의 사용을 기초로 한다. 이상적으로, 이 스위치는 켜졌을 때 전압 강하를 가지지 않아야 할 것이며 어떤 인가된 전압을 차단하기 위해 꺼졌을 때 전류를 운반하지 않아야 할 것이다. 실제 소자는 변환기의 주된 성질의 평가가 보통 그러한 이상적 거동을 가정함으로써 이루어질 수 있을 정도로 충분히 이상적 특성에 가깝게 접근하는 특성을 가진다. 전력용 반도체 소자는 광범위하며 증가하고 있는 목록(catalogue)이 있는 한편,

그들은 단지 몇 가지 포괄적인 범주(generic category)로 분류될 수 있다.

소자의 첫 번째 그리고 가장 간단한 집단(group)은 **다이오드 정류기**(*diode rectifier*)이다. 이들은 전류의 단방향 흐름(unidirectional flow)을 제공하며, 소자의 회로 기호(circuit symbol) 역시 내포하고 있는, 그림 8.1의 이상화된 전압-전류 특성을 가진다. 부(음) 인가 전압(negative applied voltage) v로, 초과하지 않아야 하는 첨두 역전압(peak reverse voltage, PRV)까지의 안전 운전 범위(safe operating range)에 걸쳐 소자 전류는 0에 가깝다. 정(양) 인가 전압의 경우, 소자 전류는 다이오드가 연결된 회로에 의해 확립된다. 대부분의 전력용 다이오드(power diode)에서는, 순방향(forward direction)에서의 전압 강하가 0.8에서 1.2 [V]의 범위에 있다. 허용되는 순방향 전류(forward current) i는 반도체 물질 내에서의 발열에 의해 제한된다. 소자의 넓은 범위는 5 [kA]까지와 그것을 넘게 이용할 수 있는 전류 정격과 5 [kV]까지와 그것을 초과하는 전압으로 이용할 수 있는 광범위한 소자가 있다.

소자의 다음 집단은, **반도체**(*semiconductor*) 또는 **실리콘 제어 정류기**(*silicon controlled rectifier, SCR*) 또는 **사이리스터**(*thyristor*)로도 알려져 있는, **제어 정류기**(*controlled rectifier*)로 이루어진다. 이들은 인가 전압이 부(음)일 때 다이오드 정류기와 비슷한 성질을 가지는 3단자 소자(three terminal device)이다. 정(양) 인가 전압으로, 정(양)의 저전력 펄스(positive low-power pulse)가 세 번째 단자 또는 게이트(gate)에 인가될 때 까지는 전류가 무시할 수 있을 정도로 적어서, 그러면 소자는 매우 다이오드처럼 작동한다. 꺼진 상태(off state)를 다시 확립하기 위해서는, 소자 전류가 짧은 시간 내에 0으로 줄여져야 한다. 이 종류의 소자에 대해 대신 사용되는 용어는, 켜질 수 있지만 관련된 회로에 의해 자연적으로 꺼져야 하는 성질을 반영한, **자연 전류 반도체 스위치**(*naturally commutated semiconductor switch*)이다. 제어 정

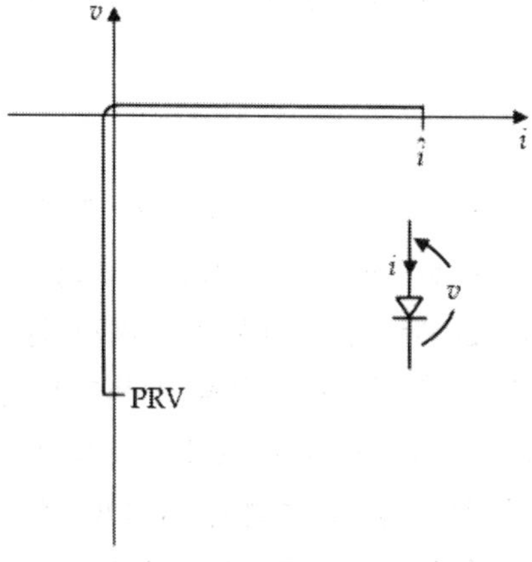

Figure 8.1 Idealized characteristic and symbol for a diode (PRV: peak reverse voltage).

류기의 이상화된 전압-전류 특성이, 통상의 회로 기호 역시 내포하고 있는, 그림 8.2로 제시되어 있다. 도전 상태일 때의 사이리스터의 순방향 전압 강하(forward voltage drop)는, 다이오드보다는 어느 정도 더 높아, 전압 정격(voltage rating)에 종속하여 1에서 2.5 [V]의 범위에 있다. 전류의 이용할 수 있는 한계 값과 첨두 역전압은 다이오드에 필적한다. 순방향 저지 전압(forward blocking voltage, FBV)은 첨두 역전압과 같은 정도의 크기이다. 이 전압이 초과되면 소자는 켜진다.

세 번째 범주의 소자는 **자기 전류 반도체 스위치**(*self-commutated semiconductor switch*)로 나타내어진다. 이 종류의 소자의 일반적인 성질은 세 번째 또는 게이트 단자로 들어오는 몇 가지 형태의 저전력 신호(low-power signal)의 사용에 의해 켜지거나 꺼질 수 있는 능력과 일반적으로 순방향으로만 전류를 운반하는 능력이다. 이 범주에서 이용할 수 있는 다수의 물리적으로 구별되는 스위치의 형태가 있다. 예로는 게이트 소호 스위치(gate turn-off switch, GTO), 양극 접합 트랜지스터(bipolar junction transistor, BJT), 절연 게이트 양극 트랜지스터(insulated gate bipolar transistor, IGBT), 정적 유도 트랜지스터(static induction transistor, SIT), 그리고 산화 금속 반도체 전계 효과 트랜지스터(metal-oxide semiconductor field-effect transistor, MOS-FET)등이 있다. 전자공학 문헌에서는, 이들 각각이 구별되는 회로 기호를 가진다. 이 책에서는, 이 범주의 모든 소자를, 이 소자의 단방향 전류 성질을 가리키는 화살표가 더해진, 스위치에 대한 고전적인 기호로, 그림 8.3 (a)에서 보여

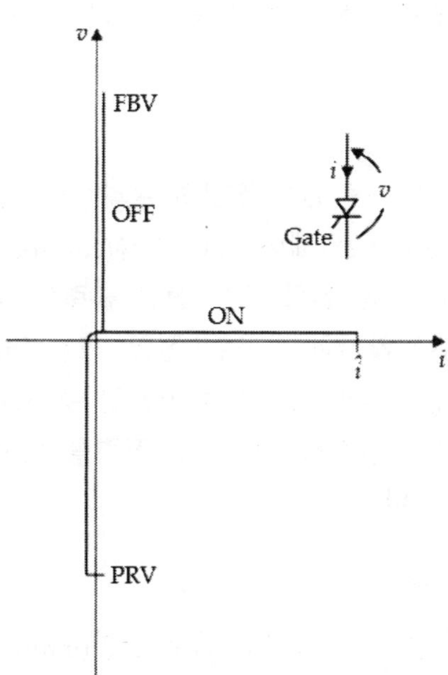

Figure 8.2 Idealized characteristic and symbol for a controlled rectifier (FBV: forward blocking voltage; PRV: peak reverse voltage).

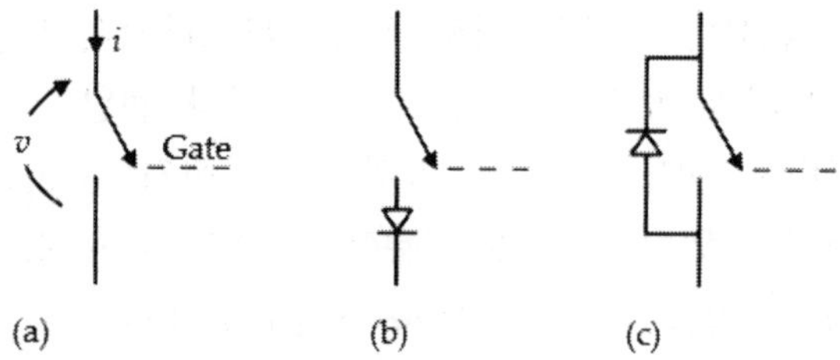

Figure 8.3 Self-commutated semiconductor switch: (a) generic symbol, (b) with series diode for reverse blocking, and (c) with parallel diode for reverse current.

진 포괄적인 기호로 나타낼 것이다. 여러가지 형태의 자기 전류 스위치는 이용할 수 있는 전류 용량(current-carrying capacity), 점호(turn-on) 및 소호(turn-off) 시간, 꺼진 상태(off state)에서 견딜 수 있는 순방향 전압의 능력에서 다르다. 대부분의 형태의 스위치는 중요한 역전압 저지 능력(reverse voltage blocking capability)을 가지지 않는다.

바람직한 경우에는, 반도체 소자의 세 가지 범주에 대한 포괄적인 기호가 결합될 수 있다. 예를 들어, 역전압 저지가 요구되는 곳에서는, 그림 8.3 (b)에서 보여진 바와 같이, 다이오드가 자기 전류 스위치와 직렬로 위치될 수 있다. 또는, 전류가 역방향으로 자유롭게 흐르는 것이 허용된다면, 그림 8.3 (c)에서 보여진 바와 같이, 역방향 다이오드가 자기 전류 스위치와 병렬로 위치될 수 있다. 세 가지 범주에 있는 소자는 어느 것도 기계적 스위치의 단순한 성질을 가진, 즉, 켜졌을 때 양방향으로 도전되며 꺼졌을 때 양방향에서의 전압 저지 능력을 가진, 소자는 없다.

8.2 CONTROLLED RECTIFIER SYSTEMS

제어 정류기 계통(*controlled rectifier system*)은 일정 전압과 주파수의 교류 전력을 제어 직류 전압(controlled direct voltage) 또는 제어 직류 전류(controlled direct current)의 전력으로 변환하는 계통이다. 직류 전압 또는 전류 출력은 정류자기에 전력을 공급하기 위해 사용될 수 있거나 가제어 주파수, 전압, 또는 전류의 교류 전력을 마련하기 위한 역변환기(인버터, inverter)와 함께 사용될 수 있다. 어떤 환경에서는, 예비로 직류측으로부터 교류 전원으로 공급되는 전력을 위해, 즉, 인버터로 동작하는 정류기로, 만들어질 수 있다.

8.2.1 Single-Phase Controlled Rectifier

직류 제어 전압을 직렬 저항 R, 인덕턴스 L, 그리고 내부 전압(internal voltage) e_d로 이루어진 일반화된 부하(정류자기를 나타낼 수 있는 것과 같은)에 공급하기를 원하는 상황을 고려한다. 그림 8.4는 이 부하와 정현 전압 전원 $v_p = \hat{v}\sin\omega t$ 사이에

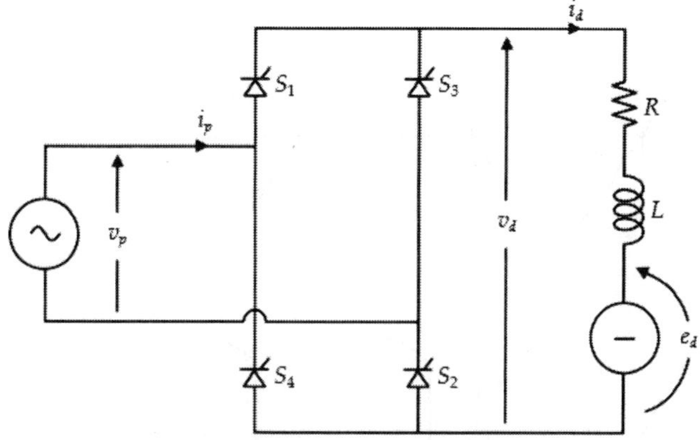

Figure 8.4 Single-phase controlled rectifier/inverter.

있는 4개의 사이리스터의 브릿지 결선(bridge connection)을 보인다. 사이리스터 S_1과 S_2가 각도 $\omega t = \alpha$에서 동시에 켜지는(또는 점호되는, fired) 한편, S_3과 S_4는 반 주기(one-half cycle) 뒤에 켜진다. 그림 8.5는 이상적인 스위치, 무시할 수 있는 직렬 저항 R, 그리고 부하 전류 i_d가 연속적으로 흐르는 것을 유지하기에 충분히 큰 직렬 인덕턴스 L로 된 이상적인 상황에 대한 파형(waveform)을 보인다. S_1과 S_2가 켜진 주기(period) $\alpha < \omega t < \alpha + \pi$ 동안의, 그림 8.5 (b)에서 보여진 부하 전압의 평균 값은

$$\begin{aligned} \bar{v}_d &= \frac{1}{\pi}\int_{\alpha}^{\alpha+\pi} \hat{v}\sin\omega t\, d\omega t \\ &= \frac{2}{\pi}\hat{v}\cos\alpha \qquad [\mathrm{V}] \end{aligned} \tag{8.1}$$

이다. 따라서, 이 운전 모드(mode)의 경우, 단지 점호각(firing angle) α의 제어만으로 평균 부하 전압이 제어될 수 있다. 정상 상태 부하 전류 i_d의 전형적인 정상 파형(steady waveform)이 그림 8.5 (c)에서 보여져 있다. 저항 R이 무시할 수 있을 정도로 작다면, 평균 부하 전압 $\bar{v}_d$는 내부 전압 e_d와 같으며

$$L\frac{di_d}{dt} = v_d - e_d \qquad [\mathrm{V}] \tag{8.2}$$

이다. 그림 8.5 (d)에서 보여진 바와 같이, 부하 전류는 위의 빗금친 주기 동안 증가하며 아래의 빗금친 주기 동안 같은 양(amount)만큼 감소한다. 정상 상태에서 인덕턴스를 가로지르는 평균 전압이 0이기 때문에, 두 개의 빗금친 면적은 같아야 한다. 부하 전류의 맥동(ripple), 즉, 평균 값으로부터의 이탈은 인덕턴스에 역으로 비례한다(역(반)비례한다). 전원 전류의 파형은 그림 8.5 (e)에서 보여져 있다. 인덕턴

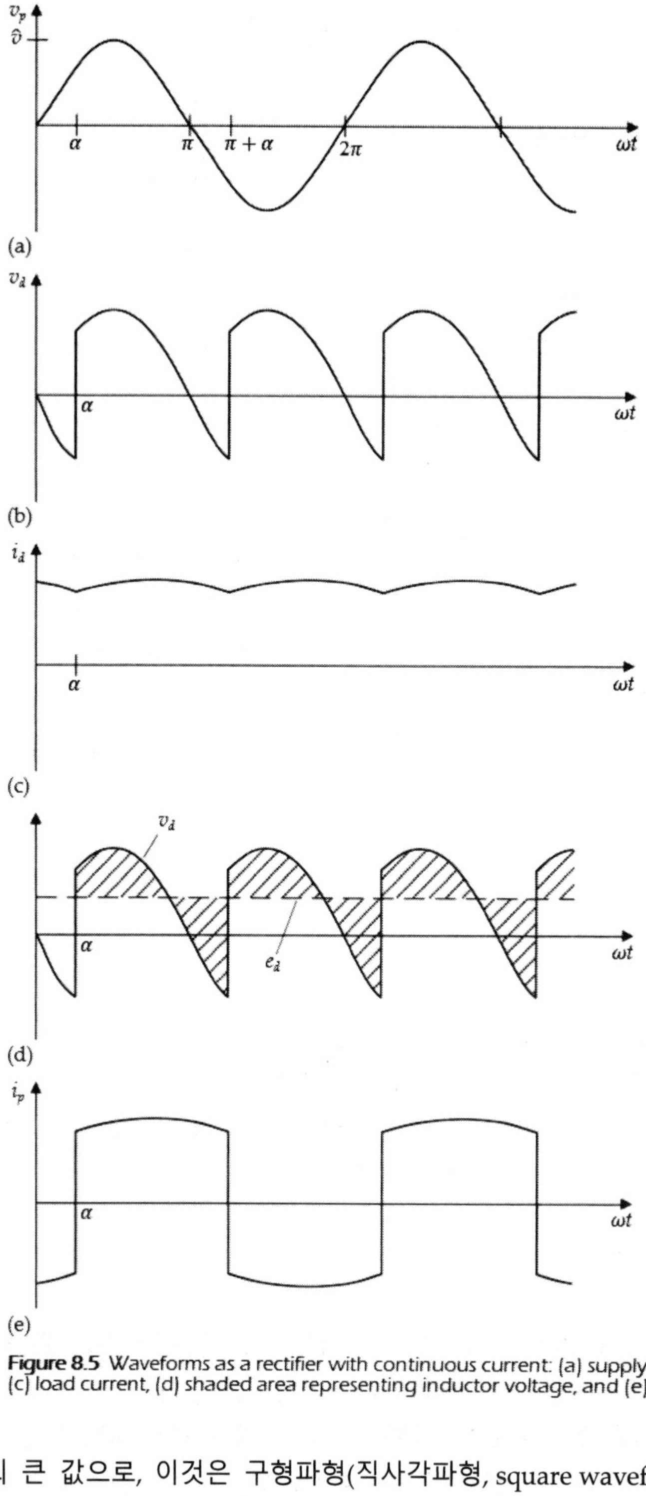

Figure 8.5 Waveforms as a rectifier with continuous current: (a) supply voltage (b) load voltage, (c) load current, (d) shaded area representing inductor voltage, and (e) supply current.

스의 큰 값으로, 이것은 구형파형(직사각파형, square waveform)에 접근한다.

그림 8.4와 같은 계통은 또한, 거꾸로 직류 전원 e_d로부터 교류 전원으로 전력을

공급하는, 인버터 모드로 동작될 수 있다. 다시, 무시할 수 있는 저항과 직류 전원 e_d에 직렬인 큰 인덕턴스를 가정하자. 지연각(delay angle) α가 90° 보다 크게 만들어진다면, 정상 상태 파형은 그림 8.6에서 보여진 것과 같을 것이다. 평균 전압 $\bar{v}_d$는 여전히 식 (8.1)로 주어지지만 이것은 이제 부(음)이며 전류 i_d는 정(양)이어야 한다.

회로 내에서의 유한한 저항 R로, 평균 전류 $\bar{i}_d$는

$$\bar{i}_d = \frac{\bar{v}_d - e_d}{R} \qquad [A] \tag{8.3}$$

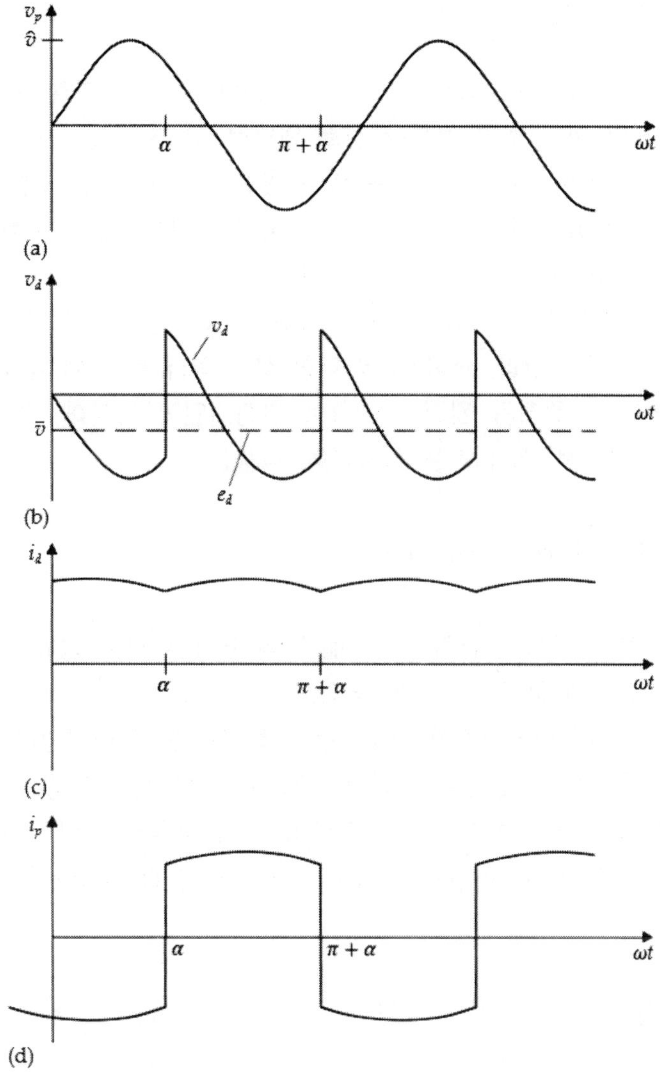

Figure 8.6 Waveforms as an inverter with continuous current.

이다. 큰 인덕턴스 L을 가정하면, 전원 전류는 본질적으로 첨두 값 $\bar{i}_d$의 구형파형을 가질 것이다. 이것은 첨두 값

$$\hat{i}_{1p} = \frac{4}{\pi}\bar{i}_d \qquad [A] \tag{8.4}$$

의 기본파 주파수 성분을 가질 것이며 이 기본파 성분은 전압보다 위상각 α 만큼 뒤질 것이다.

구형 전류파(square current wave)는 또한 첨두 값이

$$\hat{i}_{hp} = \frac{4}{h\pi}\bar{i}_d \quad \text{for } h = 3, 5, 7, \cdots \qquad [A] \tag{8.5}$$

로 주어지는 기수 고조파(odd-order harmonics)의 조합을 가질 것이다. 전원선(supply line)에서의 이 고조파 전류는 선로 인덕턴스(line inductance)와 분로 커패시턴스(shunt capacitance)로 일어날 수 있는 공진(resonance)를 포함하여 다른 계통과의 간섭(interference)의 원인이 될 수 있다. 고조파는 또한, 구형파의 경우 $I_p = \bar{i}_d$가 될, 선전류(line current)의 실효 값에 더해진다.

전원 단자에서의 겉보기 역률(apparent power factor)은 실효치 전원 전압 V_p와 실효치 전원 전류 I_p의 적(곱, product)에 대한 실 전력(유효 전력, real power)의 비(ratio)로 정의된다. 스위치가 완전한 것으로 가정되었기 때문에, 일정 전류로 실 전력은 $\bar{v}_d\bar{i}_d$이다. 따라서, 식 (8.1)을 사용하여, 역률은

$$pf = \frac{\bar{v}_d\bar{i}_d}{V_pI_p} = \frac{2\sqrt{2}}{\pi}\cos\alpha = 0.9\cos\alpha \tag{8.6}$$

이다. 그러므로, 특히 출력 전압이 낮을 때, 전원 역률은 제어 정류기의 경우 단위 값(unity, 1)의 이상적인 값보다 상당히 낮다.

지금까지는, 큰 값의 인덕턴스를 내포하는 부하 회로만 고려하였다. 다른 극단은 무시할 수 있는 인덕턴스, 상당한 저항 R, 그리고 내부 직류 전압 e_d인 경우이다. 이 운전 모드에 대한 전형적인 파형이 그림 8.7에서 보여져 있다. 부하 전류는 순시 전원 전압(instantaneous supply voltage) v_d가 내부 전압 e_d보다 클 때만 흐른다. 즉,

$$i_d = \frac{v_d - e_d}{R} \quad \text{for } i_d > 0 \qquad [A] \tag{8.7}$$

이다. 전류는 그림 8.7 (b)에서 보여진 바와 같이 불연속 펄스(discontinuous pulse)의

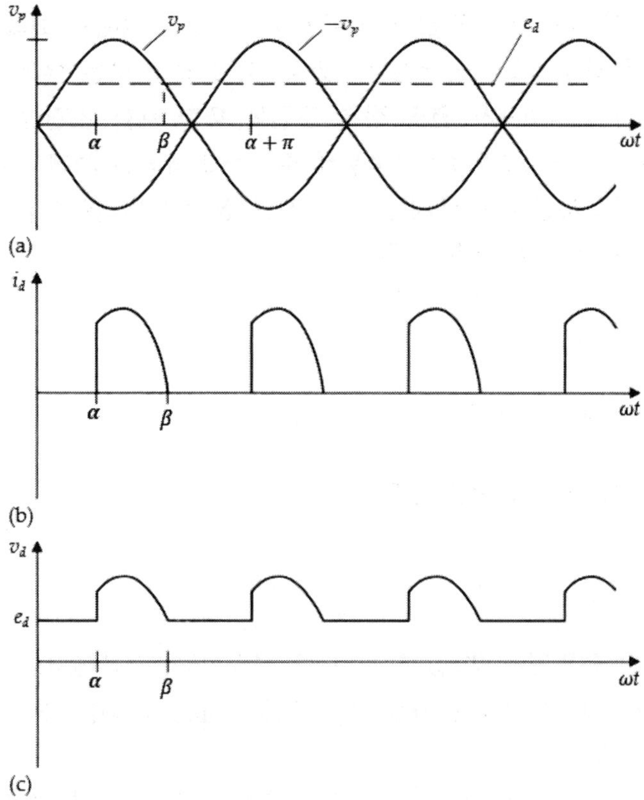

Figure 8.7 Waveforms as single-phase rectifier with discontinuous current.

열(series)이다. 이것은 큰 인덕턴스가 부하 회로에 삽입된 경우는 제외하고 50에서 60 [Hz] 전원으로부터 운전되는 작은 단상 제어 정류기에 대한 보통의 운전 조건이다. 부하 전압 파형이 그림 8.7 (c)에서 보여져 있다. 부하 전압의 평균 값은 더 이상 식 (8.1)에서와 같이 점호각 α에만 종속하는 것이 아니고 내부 전압 e_d에도 종속한다. e_d가 전원의 첨두 값 $\hat{v}$에 접근함에 따라, 평균 부하 전류 $\bar{i}_d$는 0으로 간다.

$R, L,$ 그리고 e_d가 상당한 값인 일반적인 조건의 경우, 전류와 전압 파형은 그림 8.4의 계통에 대한 1계 미분 방정식(first-order differential equation)을, 점호각 α로부터 불연속 운전의 경우에는 전류가 0으로 되돌아갈 때까지 또는 연속 전류 운전의 경우에는 $\alpha+\pi$까지의 구간에 걸쳐, 풂으로써 결정될 수 있다:

$$L\frac{di_d}{dt} + Ri_d + e_d = v_p \qquad [\mathrm{V}] \tag{8.8}$$

운전이 불연속으로부터 연속으로 가는 부하 전류의 표시는 그림 8.5 (d)로부터 전압 차이 $(v_d - e_d)$를 나타내는 빗금친 면적이 $\alpha = \pi/2$ [rad]에서 최대라는 것, 즉, 이 때 $e_d = 0$임에 유의함으로써 얻어질 수 있다. 이 전압 차이는 부하 전류의 상승과 하강을 생성한다. $e_d = 0$에서 연속 전류 운전에 대한 제한 조건(limiting condition)은 부하 전류가 $\alpha = \pi/2$에서 0으로부터 출발하고 $\alpha = 3\pi/2$에서 다시 바로 0에 도달할 때 생긴다. 저항 R은 무시될 수 있지만 상당한 인덕턴스를 가지는 계통의 경우에는, 이 조건에 대한 부하 전류가

$$\begin{aligned} i_d &= \frac{1}{L}\int \hat{v}\sin\omega t\,dt \\ &= -\frac{\hat{v}}{\omega L}\cos\omega t \qquad [\mathrm{A}] \end{aligned} \tag{8.9}$$

로 주어진다. 이 전류 펄스의 평균 값은

$$\bar{i}_d = \frac{2}{\pi}\hat{i}_d = \frac{2\hat{v}}{\pi\omega L} \qquad [\mathrm{A}] \tag{8.10}$$

이다. 0이 아닌 어떤 전압에서 이 값보다 더 큰 평균 부하 전류에서의 운전은 일반적으로, $\alpha = \pi/2$에서의 이 전류가 가장 높은 맥동(ripple)에 대한 조건을 나타내기 때문에, 연속일 것이다.

가역 부하 전압(reversible load voltage) 뿐만 아니라 양방향으로 흐르는 부하 전류를 가지는 것을 원하는 경우에는, 각각이 그림 8.4에서 보여진 형태인, 2개의 역병렬 사이리스터 브릿지(two anti-parallel thyristor bridge)가 그림 8.8의 계통의 형태로 전원과 부하 사이에 연결될 수 있으며, 이것은 보통 **2중 변환기**(*dual converter*)라고 일컬어진다.

그림 8.4의 계통에 있는 사이리스터가 다이오드로 대체된다면, 회로는 전파 다이

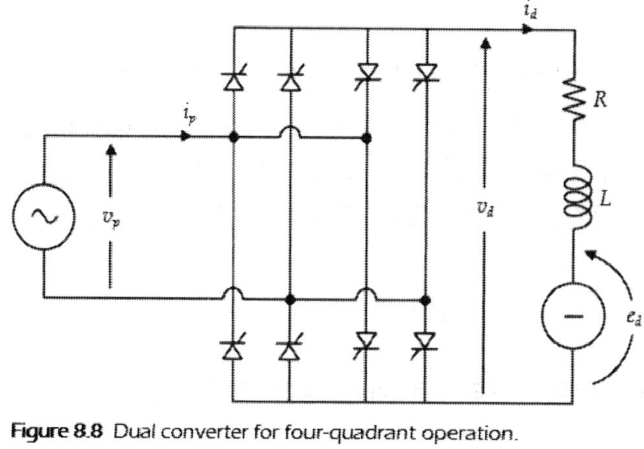

Figure 8.8 Dual converter for four-quadrant operation.

오드 브릿지 정류기(full-wave diode bridge rectifier) 회로이다. 그것의 출력 전압은 본질적으로 일정 교류 전원 전압에 대하여 점호각 α가 0으로 설정된 식 (8.1)에서 주어지는 값으로 일정하다.

EXAMPLE 8.1 특정한 부하가 직렬로 0.8 [Ω]의 저항과 48 [mH]의 인덕턴스를 가진 144 [V]의 직류 전압원으로 모델링될 수 있다. 이 부하에 230 [V], 60 [Hz], 단상 전원과 단상 제어 정류기를 사용하여 20 [A]의 평균 전류를 공급하려 한다.

(a) 연속 전류를 가정하여 요구되는 점호각을 결정하라.

(b) 직류 전압원을 0으로 설정하여 운전이 연속으로부터 불연속 모드로 바뀔 때의 평균 부하 전류를 추정하고, 문제 (a)에서의 연속이, 실제로, 연속인지 아닌지를 결정하기 위해 이 답을 사용하라.

Solution

(a) 요구되는 부하 전압의 평균 값은

$$\bar{v}_d = e_d + R\bar{i}_d = 144 + 0.8 \times 20 = 160 \qquad [\mathrm{V}]$$

그러면, 식 (8.1)로부터,

$$\alpha = \cos^{-1}\left[\frac{\pi}{2}\frac{\bar{v}_d}{\hat{v}}\right] = \cos^{-1}\left[\frac{\pi}{2}\frac{160}{\sqrt{2} \times 230}\right] = 39.4°$$

(b) 저항을 무시하고 $e_d = 0$으로 두어, 연속과 불연속 전류 사이의 경계에서의 평균 전류는 근사적으로, 식 (8.10)으로부터, 다음과 같이 주어진다:

$$\bar{i}_d = \frac{2\hat{v}}{\pi\omega L} = \frac{2\sqrt{2} \times 230}{\pi \times 377 \times 0.048} = 11.4 \qquad [\mathrm{A}]$$

전압 e_d의 더 큰 값에서, 전류 맥동은 더 적을 것이다. 따라서, 저항의 작은 효과를 제외하면, 이 정류기는 144 [V]까지의 직류 전원 전압 e_d의 모든 값에 대하여 연속 전류로 동작할 것이다.

8.2.2 Three-Phase Controlled Rectifier

요구되는 전력이 수 [kW]보다 클 때에는, 편리한 전원이 보통 3상 계통이며, 그림 8.9에서 보여진 바와 같은 회로를 가지는 3상 브릿지 정류기가 종종 사용된다. 6개의 사이리스터가 3상 전압원을 일반화된 부하 회로에 연결한다. 3개의 선-중성 전원 전압의 파형이 그림 8.10 (a)에서 보여져 있다. 사이리스터는 그림 8.9에서 붙여

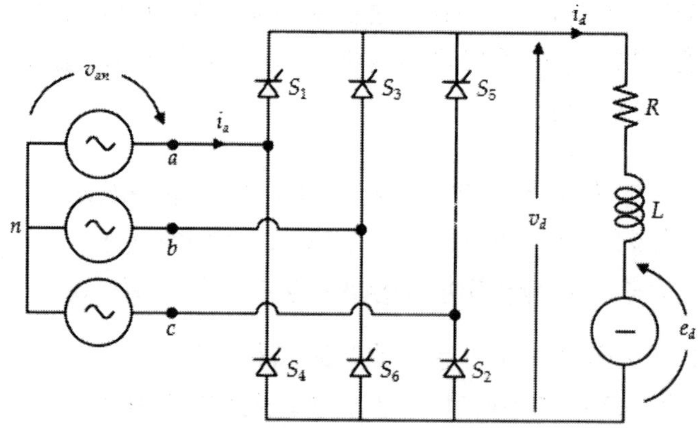

Figure 8.9 Three-phase controlled rectifier/inverter.

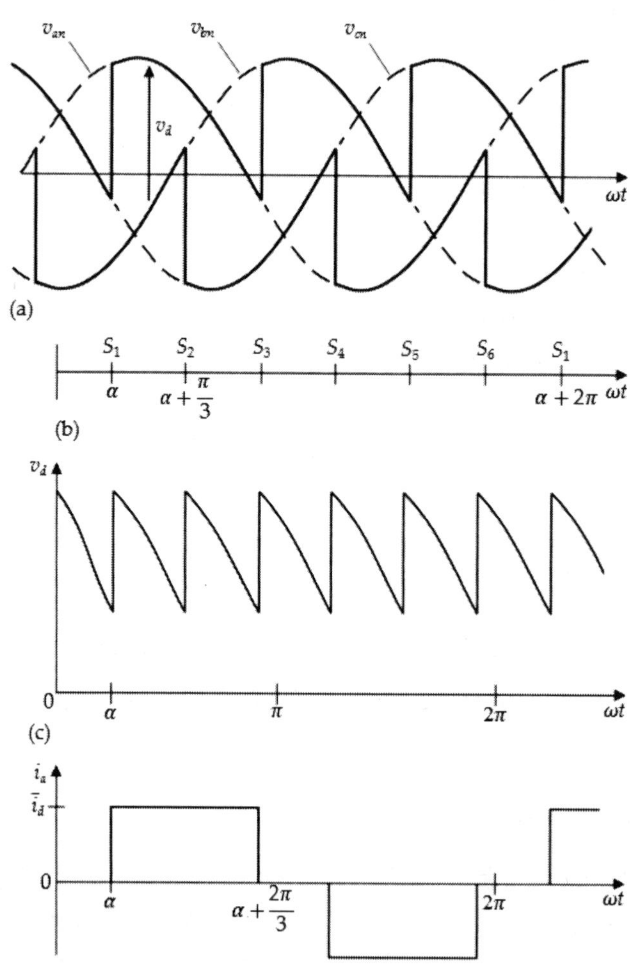

Figure 8.10 Waveforms for three-phase rectifier: (a) phase voltages (dashed lines) with positive and negative load connections (heavy lines), (b) firing sequence, (c) load voltage, and (d) supply current.

진 번호의 순서로 그리고 60°의 구간에서 켜진다. 어떤 순시에서, 2개의 사이리스터가 도통한다. 그림 8.10 (b)에서 보여진 바와 같이, 전원 상(source phase) a를 정(양) 부하 단자에 연결하는 S_1이 각도 α에서 점호된다고 가정한다. 앞의 점호의 결과로서, S_6이 이미 부(음) 부하 단자를 최대 부(음) 전압(most negative voltage)을 가지는 전원 상 b와 연결하고 있다. 그림 8.10 (a)에서 보여진 바와 같이, 이 연결은 S_2가 $\alpha + 60°$에서 점호될 때까지 계속될 것이다. 이 시간에 v_{cn}은 v_{bn}보다 부(음)로 더 크기 때문에, 이것은 S_6에서의 전류가 없어지는 원인이 되며, S_6은 꺼지는 조건(off condition)이 된다. 다음 60° 구간의 경우, 전압 v_{ac}가 부하에 인가될 것이다. 이 과정이 매 60° 구간마다 반복된다. 그림 8.10 (a)에서 굵은 선은 전원 중성점(source neutral)에 대한 2개의 부하 단자의 전압을 가리킨다. 부하를 가로지르는 전압의 파형이 그림 8.10 (c)에서 보여져 있다.

평균 부하 전압의 최대 값을 주는, 즉, $v_{an} = v_{cn}$인 순간을 점호각 α의 측정을 위한 기준으로 선택하는 것이 편리하다. 평균 부하 전압은 그러면

$$\begin{aligned}
\bar{v}_d &= \frac{3}{\pi}\int_{\alpha+\pi/3}^{\alpha+2\pi/3} v_{ab}\, d\omega t \\
&= \frac{3}{\pi}\hat{v}_{L\text{-}L}\cos\alpha \\
&= \frac{3\sqrt{2}}{\pi}V_{L\text{-}L}\cos\alpha \\
&= 1.35V_{L\text{-}L}\cos\alpha \qquad [\mathrm{V}]
\end{aligned} \tag{8.11}$$

로 주어진다. 여기서 $\hat{v}_{L\text{-}L}$은 첨두 선간 전압이며 $V_{L\text{-}L}$은 그것의 실효치(rms value)이다. 이 표현식은 부하 전류가 연속일 때만 적용된다.

정상 상태에서는, 부하 전류의 평균 값이

$$\bar{i}_d = \frac{\bar{v}_d - e_d}{R} \qquad [\mathrm{A}] \tag{8.12}$$

일 것이다. 부하 인덕턴스 L이 크다면, 부하 전류는 $i_d = \bar{i}_d$로 연속에 가까울 것이며 단지 작은 맥동 성분(ripple component) 만을 가질 것이다. 이 조건 하에서는, 전원의 대표 상(representative phase)에서의 전류가 그림 8.10 (d)에서 보여진 이상화된 형태에 근사하는 파형을 가질 것이다. 6개의 사이리스터 각각은 $2\pi/3$ [rad] 또는 120°의 구간 동안 도통한다.

전원 전류의 기본파 주파수 성분의 실효치는 그림 8.10 (d)의 파형의 푸리에 해석에 의해 다음과 같이 얻어질 수 있다:

$$
\begin{aligned}
I_{1a} &= \frac{1}{\sqrt{2}}\frac{4}{\pi}\sin\frac{\pi}{3}\bar{i}_d \\
&= \frac{\sqrt{6}}{\pi}\bar{i}_d \\
&= 0.78\bar{i}_d \qquad [\text{A}]
\end{aligned}
\tag{8.13}
$$

이 기본파 주파수 전류의 상 a의 선-중성 전압에 대한 위상각은 점호각 α이다. 식 (8.11)과 (8.13)을 사용하면, 전원 전류의 기본파 성분으로부터 생기는 전원 전력은 부하 전력과 같음이 바로 보여질 수 있다:

$$
\begin{aligned}
P &= \sqrt{3}V_{L\text{-}L}I_{1a}\cos\alpha \\
&= \sqrt{3}\left[\frac{\pi\bar{v}_d}{3\sqrt{2}}\right]\left[\frac{\sqrt{6}\,\bar{i}_d}{\pi}\right] \\
&= \bar{v}_d\bar{i}_d \qquad [\text{W}]
\end{aligned}
\tag{8.14}
$$

기수 고조파(odd-order harmonics) 항을 포함한 전원 전류의 실효치는

$$
I_{a(\text{rms})} = \sqrt{\frac{2}{3}}\,\bar{i}_d = 0.82\,\bar{i}_d \qquad [\text{A}] \tag{8.15}
$$

이다. 전원 역률은 그러면 이 이상화된 전류 파형에 대하여

$$
\begin{aligned}
pf &= \frac{\bar{v}_d\,\bar{i}_d}{\sqrt{3}V_{L\text{-}L}I_{a(\text{rms})}} \\
&= \frac{3}{\pi}\cos\alpha \\
&= 0.955\cos\alpha
\end{aligned}
\tag{8.16}
$$

으로 주어진다. 따라서, 3상 변환기로는, 역률이 고조파 전류에 의해 식 (8.6)에서 단상 변환기에 대해 유도된 만큼 줄어들지는 않는다. 하지만, 전원 역률은 정류기가 낮은 출력 전압으로 운전될 때 단위 값(unity, 1)보다 훨씬 더 낮아질 수 있다.

전력 정격과 변환기 위치에 따라, 전원선(power supply line)에서의 전류 고조파를 줄이는 것이 필요할 수 있다. 이것은 각 상에서의 직렬 인덕턴스와 정류기 측의 상 사이에 연결된 병렬 커패시터로 된 입력 필터의 사용에 의해 이루어질 수 있다. 그러한 필터로, 정류기 계통의 해석은 더 복잡해 질 것이며, 그에 대한 더 나아간 정보는 전력 전자(power electronics)에 관한 교재를 참고하면 될 것이다.

그림 8.9의 3상 변환기는 점호각 α가 90°를 넘어서 증가된다면 역변환기(인버터, inverter)로서 동작할 것이다. 한계는 순방향 전압(forward voltage)이 여전히 정(양)일 때 각 사이리스터가 점호되는 것을 보장하기 위한 바로 180°보다 충분히 작은

α의 값이다. 또한, 가역 부하 전류를 갖는 4상한 운전(four-quadrant)의 경우에는, 2개의 역병렬, 3상 브릿지(two anti-parallel, three-phase bridge)로 이루어진 2중 변환기(dual converter)가 사용될 수 있다.

어떤 응용에서는, 제어 전압의 전원보다는 제어 직류 전류의 전원이 요구된다. 이것은, 그림 8.11에서 보여진 바와 같이, 출력 직류 전류 i_d를 측정하고 정류기의 점호각을 제어하기 위하여 이 측정된 값과 전류의 원하는 값 i_d* 사이의 차이를 사용하는 수단을 포함하는 제어 정류기 계통의 사용에 의해 이루어질 수 있다.

EXAMPLE 8.2 3상 제어 정류기가 직렬로 0.06 [Ω]의 저항과 12.5 [mH]의 인덕턴스를 가진 속도의 [rad/s]당 3.1 [V]와 같은 전원 전압으로 모델링될 수 있는 정류자기에 전력을 공급하기 위해 사용된다. 이용할 수 있는 전원은 60 [Hz]에서 440 [V] (L-L) 이다.

(a) 전동기가 1700 [rpm]의 속도에서 100 [kW]의 기계 동력을 공급한다면 점호각은 얼마가 되어야 할 것인가?
(b) 전원 전류의 실효치와 전원 역률을 추정하라.
(c) 운전 모드가 0의 속도에서 불연속으로 될 때의 평균 부하 전류를 추정하라.

Solution

(a) 속도는

$$\omega_o = 1700 \times \frac{2\pi}{60} = 178 \qquad \text{[rad/s]}$$

전동기 토크는 그러면 다음과 같이 주어진다:

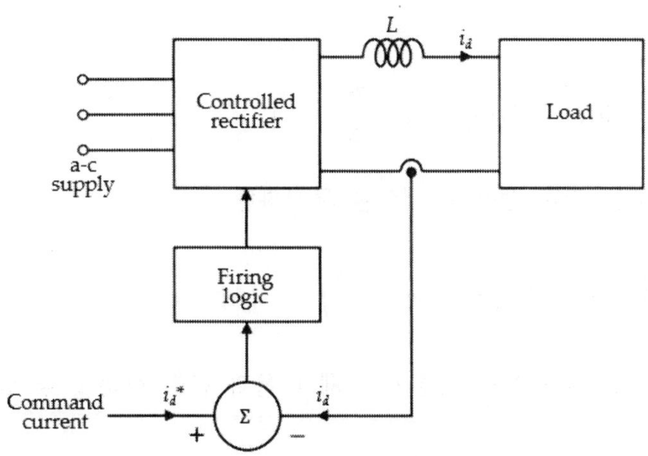

Figure 8.11 Controllable direct-current source.

$$T = \frac{P_o}{\omega_o} = \frac{100000}{178} = 562 \qquad [\text{N}\cdot\text{m}]$$

식 (4.16)을 사용하여, 평균 부하 전류는

$$\bar{i}_d = \frac{T}{k\Phi} = \frac{562}{3.1} = 181.2 \qquad [\text{A}]$$

요구되는 평균 부하 전압은 그러면, 식 (4.22)로부터,

$$\bar{v}_d = k\Phi\omega_o + R_a\bar{i}_d = 3.1 \times 178 + 0.06 \times 181.2 = 562.7 \qquad [\text{V}]$$

그러면, 식 (8.11)로부터, 요구되는 점호각은

$$\alpha = \cos^{-1}\left[\frac{\bar{v}_d}{1.35 \times 440}\right] = \cos^{-1} 0.947 = 18.7^\circ$$

(b) 직렬 인덕턴스가 근사적으로 일정한 부하 전류를 유지하기 위해 충분하다고 가정하면, 식 (8.15)가 평균치 선전류(rms line current)를 추정하기 위해 사용될 수 있다:

$$I_{a(\text{rms})} = 0.82\,\bar{i}_d = 148.6 \qquad [\text{A}]$$

그리고 역률은, 식 (8.16)으로부터, 다음과 같을 것이다:

$$pf = 0.955\cos\alpha = 0.905$$

(c) 0의 속도에서, $e_d = 0$이며 v_d는 무시할 수 있을 정도로 작다고 가정될 수 있다. 이 조건의 경우, 점호각 α는 대략 90°이다. 부하 전압 파형은 다음과 같을 것이다:

$$v_d = \hat{v}_{L\text{-}L}\sin\omega t \quad \text{for } \frac{5\pi}{6} < \alpha < \frac{7\pi}{6} \qquad [\text{V}]$$

이 구간에 대한 부하 전류는, 저항을 무시하면,

$$i_d = \frac{1}{L}\int v_d\,dt = \frac{\hat{v}_{L\text{-}L}}{\omega L}\left(-\cos\omega t - \frac{\sqrt{3}}{2}\right) \qquad [\text{A}]$$

이 구간에 걸친 평균 부하 전류는 이제 다음과 같이 찾아질 수 있다:

$$\bar{i}_d = \frac{3}{\pi}\int_{5\pi/6}^{7\pi/6} i_d\, d\omega t = 0.089\frac{\hat{v}_{L\text{-}L}}{\omega L} = \frac{0.089 \times \sqrt{2} \times 440}{377 \times 0.0125} = 11.75 \qquad \text{[A]}$$

이것은 문제 (a)에서의 부하 전류의 대략 6.5 [%] 이다. 이 정류기는 대부분의 잠재 부하 범위(potential load range)에 걸쳐 연속 전류로 동작할 것으로 기대될 수 있다.

8.3 CHOPPERS

어떤 상황에서는, 일정 직류 전압 전원을 이용할 수 있으며, 요구는 조정할 수 있는 직류 전압 전원일 수 있다. 예로는 일정 직류 전압을 가진 선로측 레일(track-side rail)의 접점으로부터 전력을 받고 다음에는 정류기로부터 공급되는 것이 가능한 지하철 열차(subway train)의 정류자기의 전원이 될 것이다. 이 절에서는, 일정 직류 전압의 전력을 일정 전압보다 더 낮거나 더 높은 가변 직류 전압의 전력으로 변환할 수 있으며, 또한 전력 흐름의 역전(reversal of power flow)을 제공할 수 있는 몇 가지 간단한 스위칭 회로(switching circuit)를 소개할 것이다. 접근법이 전원 전압의 출력 부분을 자르고(chop) 따라서 출력 전압의 평균 값의 제어를 제공하는 자기 전류 반도체 스위치(self-commutated semiconductor switch)를 사용하는 것이기 때문에 일반적인 용어 **초퍼**(*chopper*)가 이러한 회로에 대해 사용된다. 여러가지 형태의 초퍼는 그들이 운전될 수 있는 전압-전류도(voltage-current diagram)의 상한 수(number of quadrants)가 다르다.

8.3.1 Step-Down Choppers

그림 8.12 (a)는, 제한 $\bar{v}_d < V$를 조건으로, 직류 전원 전압 V로부터 일반화된 부하 회로에 가제어 전압 v_d로 전력을 공급할 능력이 있는 강압 초퍼(step-down chopper)의 회로도를 보인다. S_1은 맞춰진 게이트 신호(timed gate signal)에 의해 켜지거나 꺼지는 능력이 있는 자기 전류 스위치(self-commutated switch)이다; D_1은 다이오드이다.

0의 부하 전류와 S_1이 꺼진 초기 조건(initial condition)을 가정한다. e_d가 정(양)이라면, 초기 전류 i_d는 0이다. S_1이 켜졌을 때, 부하 전류 i_d는 그림 8.12 (b)에서 보여진 바와 같이 표현식

$$\frac{di_d}{dt} = \frac{V - e_d - Ri_d}{L} \qquad \text{[A/s]} \tag{8.17}$$

에 따라 증가할 것이다. 저항 강하가 작다면, 이 증가율은 근사적으로 일정하다. S_1

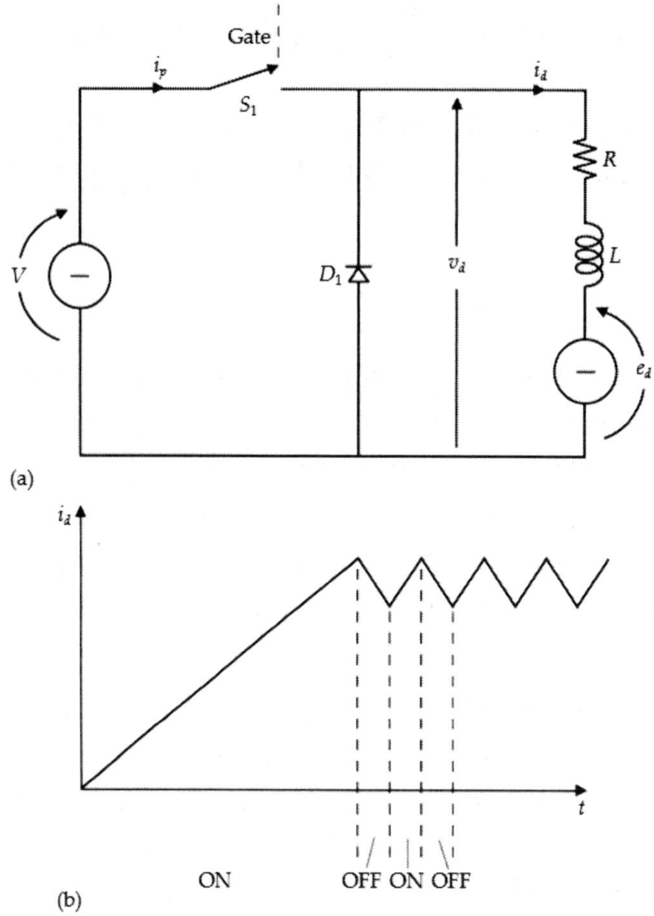

Figure 8.12 (a) Basic circuit of step-down chopper and (b) typical load current on starting.

이 이제 꺼졌다면, 부하 전류는 다이오드 D_1을 통한 흐름을 계속할 것이다. 부하 전류는 이제 비율

$$\frac{di_d}{dt} = \frac{-e_d - Ri_d}{L} \qquad [\text{A/s}] \tag{8.18}$$

로 감소할 것이다. 그림 8.12 (b)는 스위치 S_1의 시간 ON과 시간 OFF 사이의 관계의 적절한 선택에 의해 부하 전류의 평균 값을 일정에 가깝게 유지하는 스위칭 동작의 순서(sequence of switching action)를 보인다.

이 초퍼에 대한 전형적인 정상 상태 파형이 그림 8.13에서 보여져 있다. 스위치 S_1은 시간 t_{ON} 동안에는 ON이며 반복 주기(repetition period) T의 나머지 시간 동안은 OFF이다. OFF 주기 동안, 부하 전압 v_d는 부하 전류가 이상적이라고 가정된 다이오드를 통하여 흐름에 따라 0과 같다. 그림 8.13 (a)로부터, 평균 부하 전압은

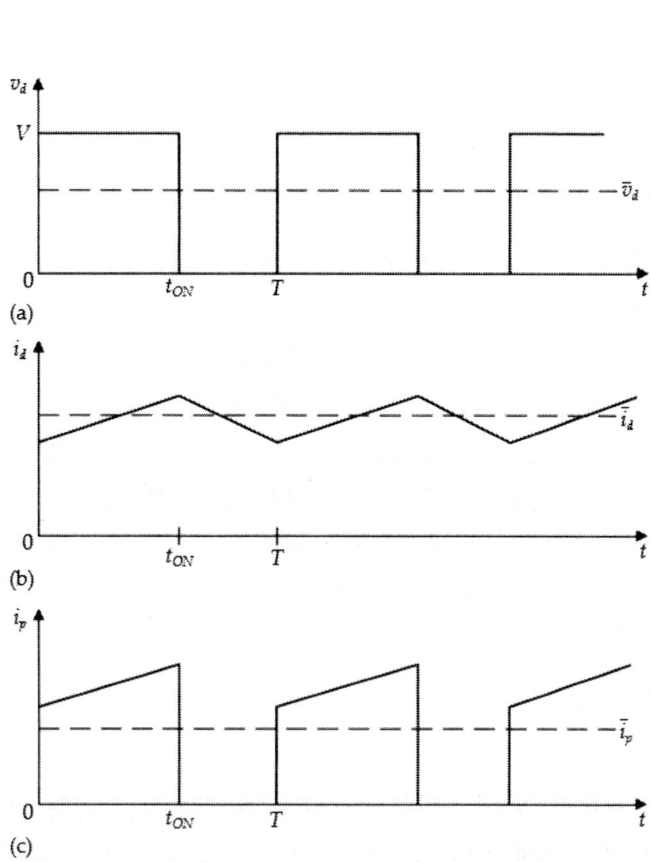

Figure 8.13 (a) Load voltage, (b) load current, and (c) supply current.

주기 T에서의 ON 시간의 비율에 의해 결정됨이 보여진다. 즉,

$$\bar{v}_d = \frac{t_{ON}}{T} V \qquad [V] \tag{8.19}$$

이다.

정상 상태 부하 전류 파형이 그림 8.13 (b)에서 보여져 있다. 이 파형은 1계 미분 방정식 (8.18)과 (8.19)의 지수형 특성(exponential form characteristic)을 가지는 부분으로 만들어진다. 하지만, 시정수(시상수, time constant) $\tau = L/R$이 주기 T 보다 상당히 크다면, 지수의 이 부분은 거의 직선(straight line)으로 근사화될 수 있다. 어떤 경우에는, 평균 부하 전류가

$$\bar{i}_d = \frac{\bar{v}_d - e_d}{R} \qquad [A] \tag{8.20}$$

으로 주어질 것이다. 전원 전류 i_p는, 그림 8.13 (c)의 파형에서 보여진 바와 같이, ON 주기 동안에는 부하 전류 i_d와 같으며 OFF 주기 동안에는 0이다. 그 평균 값

은

$$\bar{i}_p = \frac{t_{ON}}{T}\bar{i}_d \qquad [A] \tag{8.21}$$

이다. 식 (8.19)와 (8.21)로부터, 이 이상화된 계통에서는 출력 전력이 입력 전력과 같음이 보여질 수 있다.

위의 관계는 부하 전류가 연속인 한 적용된다. 이것이 초퍼의 정상 운전 조건(normal operating condition)이다. 전류가 불연속으로 될 수 있는 조건을 추정하기 위하여, 저항 R이 작다면, 식 (8.17)과 (8.18)에 있는 부하 전류의 상승과 하강률이 부하 전류의 크기에 무관함에 유의한다. 따라서, 연속 전류로, 부하 전류에서의 맥동 성분의 크기는 평균 부하 전류 변동과 같게 남아있을 것이다. 연속 부하 전류에 대한 한계 조건(limit condition)이 그림 8.14에서 보여져 있다. 구간 $0 < t < t_{ON}$에 대하여, 그리고 저항 R을 무시하여,

$$i_d = \left(\frac{V - e_d}{L}\right)t \qquad [A] \tag{8.22}$$

이다. 주기 T의 나머지 시간 동안에는, 부하 전류가 0으로 선형적으로 감소한다. 식 (8.19)를 사용하고 저항 R의 효과가 무시될 때 $e_d = \bar{v}_d$임에 유의하면, 이 한계 조건의 경우 평균 부하 전류는

$$\bar{i}_d = \left(V - \frac{t_{ON}}{T}V\right)\frac{t_{ON}}{2L} \qquad [A] \tag{8.23}$$

이다. 이것은 $t_{ON} = T/2$에서 최대 값을 가짐이 보여질 수 있다. 이 절반 전압 출력 조건(condition of half-voltage output)의 경우, 연속 전류 운전의 경계에서의 최대 부하 전류는 그러면

$$\bar{i}_d = \frac{VT}{8L} = \frac{V}{8Lf} \qquad [A] \tag{8.24}$$

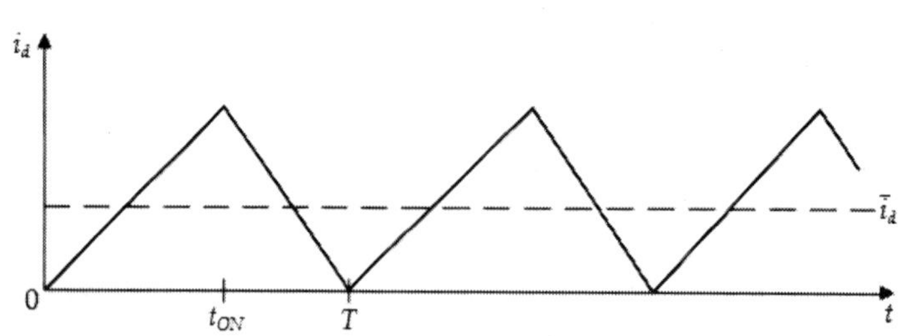

Figure 8.14 Limiting condition for continuous current.

에 의해 근사화된다. 여기서 f는 [cycle/s]로 나타낸 스위치의 주파수이다. 실제 스위칭 주파수는 사용된 스위치의 형태와 크기에 종속된다. 전형적인 값은 대전류 GTO 소자의 경우 0.2에서 1 [kHz]의 범위 또는 소전류 트랜지스터의 경우 3에서 20 [kHz]의 범위일 수 있다. 어떤 장치에서는, 계통에서의 자기력 진동으로 인한 가청 소음(audible noise)를 피하기 위하여 20 [kHz]를 초과하는 스위칭 주파수를 선택하는 것이 바람직하다. 하지만, 그 경우에는 스위칭 주파수에 따라 증가하는 스위치에서의 전력 손실이 있다.

식 (8.22)와 (8.24)에서의 부하 전류에 대한 근사화된 표현식은 회로 저항을 무시하여 전개되었다. 이 근사화가 적절하지 않은 경우에는, 그림 8.14의 직선 전류 부분이 미분 방정식 (8.17)과 (8.18)에 대한 지수 해(exponential solution)의 적절한 부분으로 대체될 수 있다.

기본적인 초퍼는 제어 직류 전압의 전원이다. 그것은 그림 8.11에서 제어 정류기에 대해 보여진 것과 같은 접근법을 사용하여 제어 직류 전류의 전원으로 변환될 수 있다. 측정된 출력 전류와 원하는(desired) 또는 지령(command) 전류 사이의 차이가 초퍼의 ON-OFF 스위칭을 제어하기 위해 사용된다.

제어 직류 전류가 요구되며 원래의 전원이 교류 계통인 경우에는, 일정 직류 전압을 생성하기 위한 다이오드 정류기로 이루어진 배열에 그림 8.11의 계통으로 채택될 수 있는 직류 출력 전류를 제어하는 초퍼가 따라온다. 그것은 운전 범위의 많은 부분에 걸친 제어 정류기의 특성인 교류 전원의 낮은 역률을 극복한다.

EXAMPLE 8.3 직렬로 0.015 [Ω]의 저항과 0.85 [mH]의 인덕턴스를 가진 72 [V]의 직류 전압 전원으로 이루어진 부하에 120 [V] 직류 전압 전원으로부터 420 [A]의 평균 전류가 공급된다. 1 [kHz]의 주파수의 능력이 있는 초퍼가 사용된다. 요구되는 초퍼의 ON 시간을 결정하라.

Solution

합리적으로 만들어질 수 있는 가정을 부여하기 위하여, 먼저 부하의 시정수를 점검하자:

$$\tau = \frac{L}{R} = \frac{0.85 \times 10^{-3}}{0.015} = 57 \qquad [\text{ms}]$$

이것은 초퍼의 $T = 1$ [ms]의 주기보다 훨씬 더 크다; 따라서, 전류 파형 부분은 저항을 무시하여 일정한 기울기로 가정될 수 있다.

요구되는 평균 부하 전압은, 식 (8.20)으로부터,

$$\bar{v}_d = e_d + R\bar{i}_d = 72 + 0.015 \times 420 = 78.3 \qquad [\text{V}]$$

그러면, 식 (8.19)로부터, 시간 t_{ON}은

$$t_{ON} = \frac{\bar{v}_d}{V} T = \frac{78.3}{120} \times 10^{-3} = 0.65 \qquad [\text{ms}]$$

8.3.2 Step-Up Choppers

어떤 상황에서는, 저전압 전원으로부터 더 높은 전압 계통으로의 전력의 공급이 요구된다. 예를 들어, 정류자 구동 전동기로부터 직류 전압 전원으로 전력을 되돌림으로써 지하철 기차에 제동(braking)을 제공하는 것에 적당할 수 있다. 그림 8. 15 (a)는 이러한 운전 모드가 가능한 회로를 보인다. 변수의 기준 방향은 다음 절에

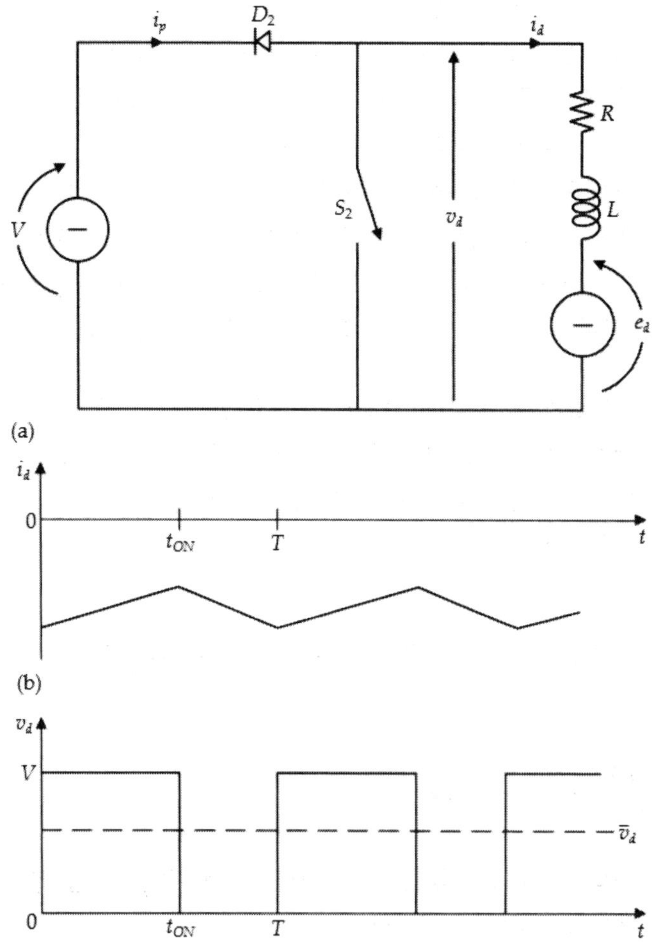

Figure 8.15 Step-up chopper: (a) circuit, (b) load current, and (c) load voltage waveform.

서 명백해질 이유로 강압 초퍼의 경우와 같게 선택되었다. 내부 전압 e_d가 전원 전압 V보다 낮게 가정되기 때문에, 자기 전류 스위치 S_2가 켜질 때까지는 아무 일도 일어나지 않는다. S_2가 켜지는 것은 전류 i_d가 부(음) 방향으로 증가하는 원인이 된다. 이제, S_2가 꺼졌을 때, 인덕턴스 L의 존재가 부하 전류가 다이오드 D_2를 통하여 전원 쪽으로의 흐름을 계속하는 것을 보장한다. S_2가 켜진 시간 구간 동안에는,

$$\frac{di_d}{dt} = \frac{-e_d - Ri_d}{L} \qquad [\text{A/s}] \tag{8.25}$$

이다. S_2가 꺼진 시간 구간 동안에는,

$$\frac{di_d}{dt} = \frac{V - e_d - Ri_d}{L} \qquad [\text{A/s}] \tag{8.26}$$

이다. 부하 전류 i_d가 그림 8.15 (b)에서 보여진 바와 같이 D_2를 통하여 거꾸로 흐르고 있는 출발점(starting point)을 고려한다. 다음 절에서는, 2상한 계통(two-quadrant system)을 달성하기 위하여 이 초퍼를 강압 유닛(step-down unit)과 결합하기를 원할 것이다. 이런 이유로, t_{ON}을 다이오드를 통하는 도통의 시간 구간으로 나타낼 것이다. 이 구간 동안에, 전류의 변화율은 정(양)이다. 즉, 식 (8.26)으로부터, 부(음) 전류 i_d의 크기는 감소한다. t_{ON}에서 스위치 S_2가 닫히며 전류의 변화율은 부(음)가 되어, 부하 전류의 크기는 증가한다.

그림 8.15 (c)에서 보여진 바와 같이, 부하 전압은 다이오드가 도통일 때 V이며 스위치 S_2가 닫히면 0이다. 따라서, 평균 부하 전압은

$$\bar{v}_d = \frac{t_{ON}}{T} V \qquad [\text{V}] \tag{8.27}$$

에 의해 전원 전압과 관련된다. 평균 부하 전류는

$$\bar{i}_d = \frac{\bar{v}_d - e_d}{R} \qquad [\text{A}] \tag{8.28}$$

이다. 전류 방향의 선택과 t_{ON}의 지정 때문에, 이 표현식은 식 (8.19)와 (8.20)에서의 강압 초퍼의 경우와 같다. 평균 전원 전류는 식 (8.21)에서 주어진 것과 같다.

8.3.3 Two- and Four-Quadrant Choppers

종종, 승압과 강압 초퍼의 성질의 결합이 요구된다. 이것은 그림 8.16 (a)의 회로에 의해 제공될 수 있다. 이 회로는 가제어 정(양) 평균 부하 전압 v_d를 제공하는 한편

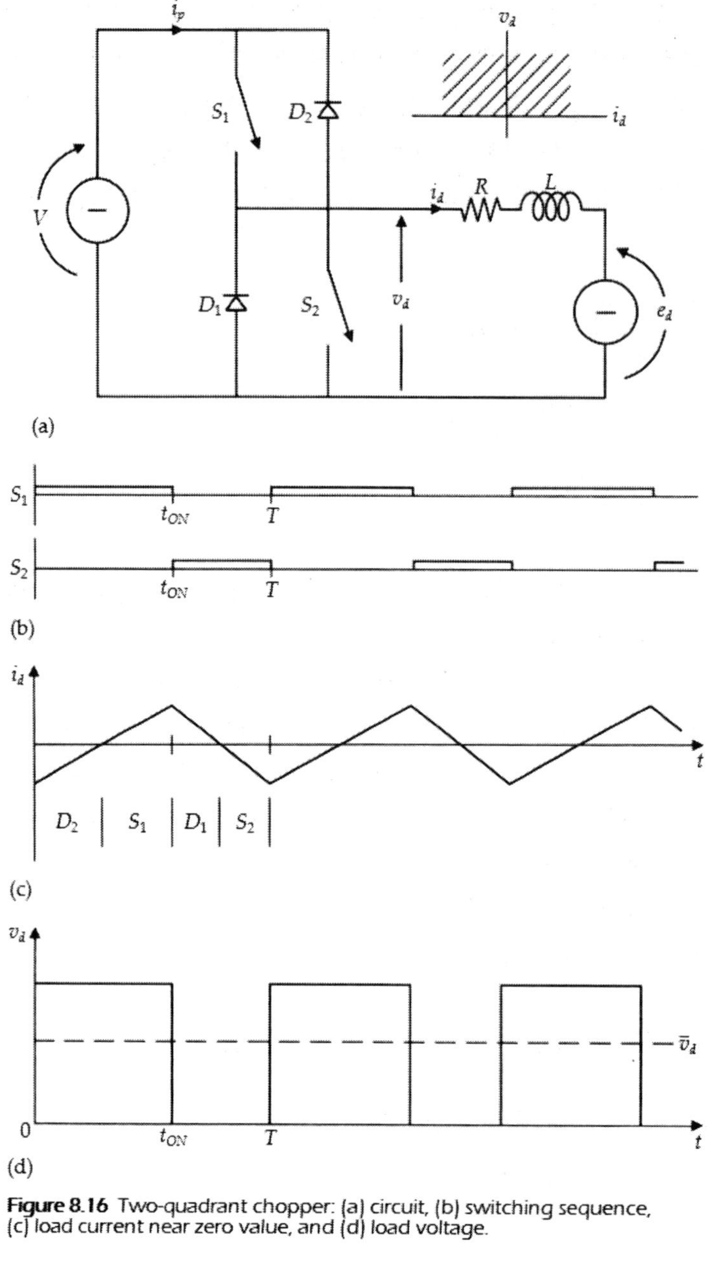

Figure 8.16 Two-quadrant chopper: (a) circuit, (b) switching sequence, (c) load current near zero value, and (d) load voltage.

0 전류를 통한 매끄러운 천이(smooth transition)로 부하전류가 어느 방향으로든 수용될 수 있는 능력이 있다. 즉, 이것은 보여진 v_d-i_d 도(v_d-i_d diagram)의 1 및 2상한에서 동작한다.

이 초퍼에서는, 그림 8.16 (b)에서 보여진 바와 같이, 꺼지는 스위치가 순방향 차단 능력(forward blocking capability)을 회복하는 것을 허용하는 둘 사이의 매우 짧은 간격으로, 스위치 S_1과 S_2가 교대로 켜진다. i_d가 항상 정(양)인 운전의 경우, 스위치 S_1과 다이오드 D_1은 강압 초퍼로서 작동한다. S_2 또는 D_2 어느 것도 이 전류 방향에서는 작동하지 않는다. 비슷하게, i_d가 항상 부(음)일 때에는, S_1과 D_1은 무시되는 것을 허용하며, 스위치 S_2와 다이오드 D_2가 승압 초퍼로서 작동한다. 그림 8.16 (c)는 정(양)으로부터 부(음) 전류로 천이하는 동안의 전형적인 전류 파형을 보인다. 전류가 정(양)일 때에는, 그것이 S_1 또는 D_1을 통하여 흐르는 한편 부(음) 전류는 S_2 또는 D_2를 통하여 흐른다.

이 2-상한 초퍼에 대한 전압과 전류 관계식은 강압과 승압 계통 둘 다와 같다. 즉,

$$\bar{v}_d = \frac{t_{ON}}{T} V \qquad [V] \tag{8.29}$$

그리고

$$\bar{i}_d = \frac{\bar{v}_d - e_d}{R} \qquad [A] \tag{8.30}$$

이다.

어떤 응용은 4-상한 초퍼, 즉, 가역 극성(reversible polarity)의 전압과 가역 극성의 전류를 제공하는 능력을 요구한다. 예는, 정(양) 전류가 가속을 위해 필요해지며 부(음) 전류가 감속을 위해 필요해지는 로봇 팔(robot arm)을 위한 구동 전동기에서 생길 것이다. 정(양) 전압이 정방향 속도(forward velocity)를 위해 그리고 부(음) 전압이 역방향 속도(negative velocity)를 위해 필요하게 될 것이다. 이 4상한 운전은 그림 8.17에서 보여진 바와 같이 연결된 2개의 그림 8.16 (a)의 계통의 사용에 의해 이루어질 수 있다. 정(양) 전압 v_d로 운전하는 경우, 스위치 S_4는, 다이오드 D_3과 함께, 효과적으로 그림 8.16 (a)의 부하 연결을 생성하는 ON 조건에서 유지된다. 부(음) 부하 전압의 경우에는, 소자 $S_3, D_3, S_4,$ 그리고 D_4가 상한 3과 4에서

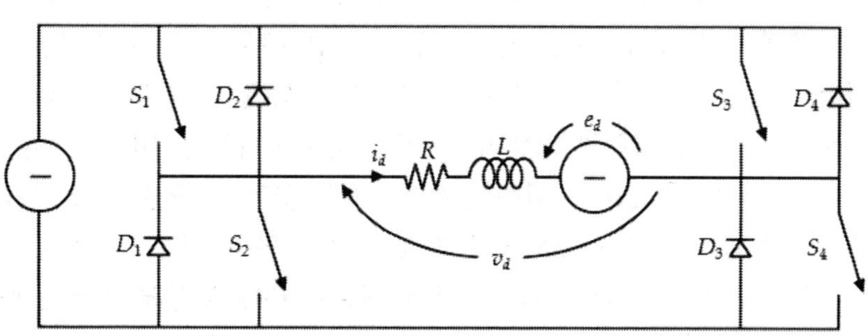

Figure 8.17 Four-quadrant chopper.

초퍼로서 작동하는 것을 허용하며, 스위치 S_2는 ON 조건에서 유지된다.

8.4 INVERTERS

역변환기(인버터, *inverter*)의 목적은 직류 전압 또는 전류원으로부터 가제어 전압 또는 전류인 가제어 주파수 출력으로 전력을 변환하는 것이다. 어떤 인버터에서는, 전력 전달의 방향도 또한 가역일 수 있다. 이 절에서는 몇 가지 인버터의 간단한 형태를 소개하고 어떤 이상화된 성질을 논의한다. 더 상세한 취급을 원하는 독자는 전력 전자 교재를 참고해야 할 것이다.

대부분의 응용에서는, 비교적 낮은 전력의 경우에는 단상이거나 높은 부하의 전력인 경우에는 3상인, 전력의 원천이 교류 전원이다. 대부분의 인버터에 대한 입력으로 직류 전압은 8.3절에서 논의된 것과 같은 정류기를 사용하여 생성될 수 있다. 경우에 따라서는, 직류 전압 전원이 전기 차량에서의 축전지로부터 또는 태양 에너지 변환기(solar-energy converter)에서의 실리콘 전지(silicon cell)로부터 같은 것이 이용될 수 있다.

8.4.1 A Simple Voltage-Source Inverter

이 교재에서의 주된 관심은 유도 및 동기전동기에 공급하기 위한 가변 전압 및 주파수의 3상 전력의 준비이다. 그림 8.18 (a)는 단순한 3상 전압원 인버터(voltage-source inverter)의 회로를 보인다. 이 계통은, 가변 주파수 출력을 생성하기 위하여, S_1에서 S_6의 6개의 자기 전류 스위치를 사용한다. 이것은 가변 교류 전압 출력을 마련하기 위하여 가제어 직류 전압원을 요구한다. 그림 8.18 (a)에서는, 이 가제어 직류 전압원이 교류 전원으로부터 동작하는 제어 정류기이다. 전형적으로, 큰 커패시터 C가 정류기와 인버터 사이의 직류 전압 링크(direct-voltage link)를 가로질러 연결된다. 이것은 8.3절에서의 정류기의 부하 회로에서 나타내어진 내부 전원 전압과 근사적으로 등가인 것으로 고려될 수 있다.

이 인버터에서는, 스위치가 번호가 붙여진 순서로 켜진다. 스위치를 ON 조건으로 유지하는 게이트 신호(gate signal)가 그림 8.18 (b)에서 보여져 있다. 각각은 바로 반 주기(one-half cycle)동안 ON으로 유지되며 그 다음 OFF로 전환된다. 이것은 보통 어떤 시간에 연결된 3개의 스위치가 2개는 전원의 한 단자에 연결되고 1개는 다른 단자에 연결되는 원인이 된다는 것이 보여질 것이다. 어떤 스위치가 ON일 때, 그것과 역병렬로 연결된 다이오드와 함께 유효한 단락 회로(effective short circuit)를 구성한다. 따라서, 1개의 전원 단자에 연결된 ON 조건에 있는 2개의 스위치로, 2개의 대응하는 출력 또는 부하 상(load phase) 사이에 단락 회로가 있다. 선

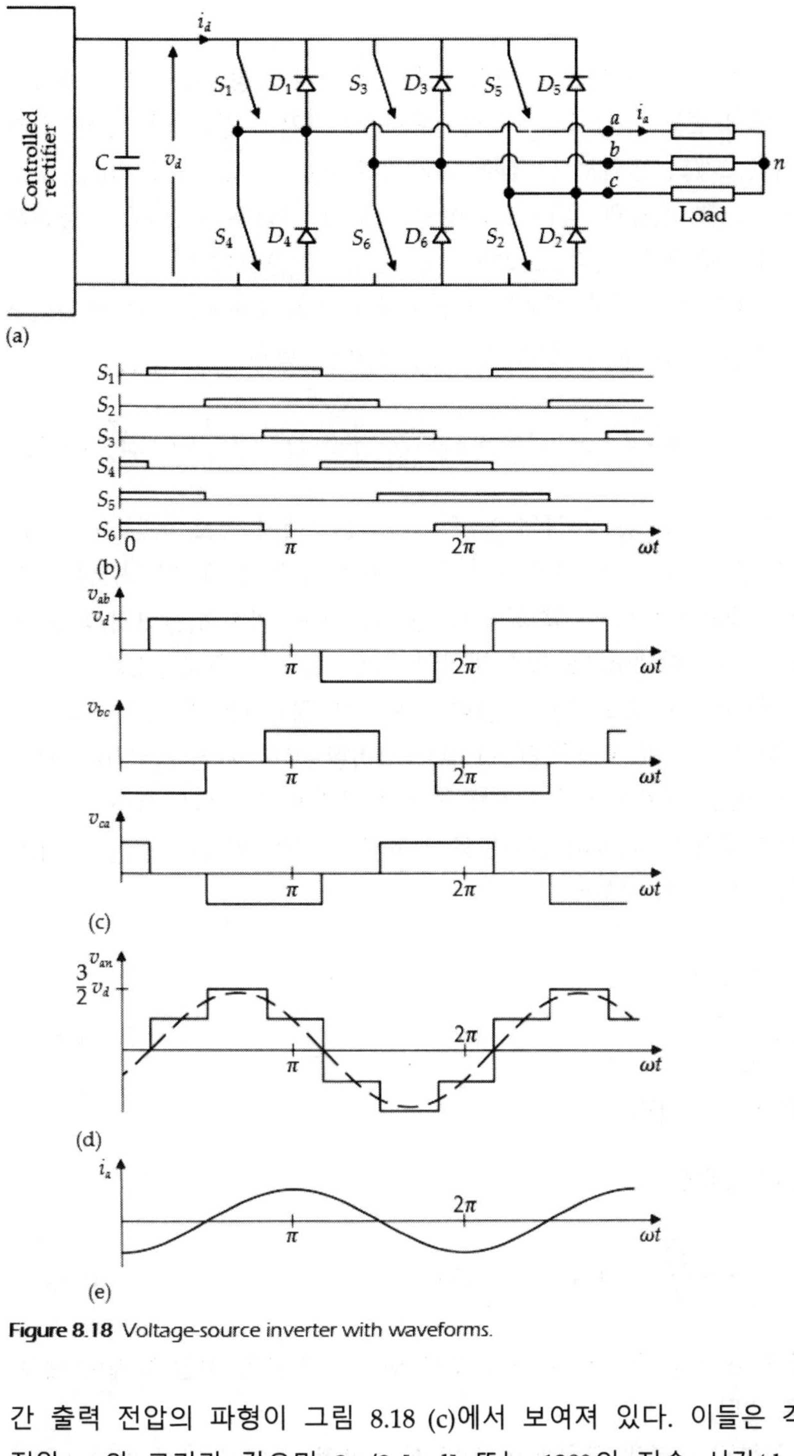

Figure 8.18 Voltage-source inverter with waveforms.

간 출력 전압의 파형이 그림 8.18 (c)에서 보여져 있다. 이들은 각각이 직류 링크 전압 v_d와 크기가 같으며 $2\pi/3$ [rad] 또는 120°의 지속 시간(duration)을 가지는 전압의 구형(사각)파(square wave)의 반주기(half-cycle)로 이루어진다. 남은 60° 동안, 전압은 0이다.

일반적으로, 3상 부하 계통은 평형일 것이다. 단락된 2개의 상(phase)과 함께 60°의 각 구간 동안, 전원 전압 v_d는 그 크기의 3분의 2는 1개의 상을 가로질러 그리고 나머지 3분의 1은 2개의 병렬로 된 상에 분포될 것이다. 부하 중성점(load neutral)에 관한 기준 상 a의 전압에 대한 전형적인 파형이 그림 8.18 (d)에서 보여져 있다. 상 b와 c에 대한 파형은, 각각, $2\pi/3$와 $4\pi/3$ [rad] 만큼 뒤진다.

그림 8.18의 전압 파형은 푸리에 해석을 사용하여 사인파(sine wave)의 열(series)로 나타내어질 수 있다. 예를 들어, 선간 전압 v_{ab}에 대한 열은

$$v_{ab} = \frac{4}{\pi}\cos(\pi/6)\left[\sin\omega t - \frac{1}{5}\sin 5\omega t + \frac{1}{7}\sin 7\omega t + (-1)^{(h+1)/2}\frac{1}{h}\sin h\omega t\right] \quad (8.31)$$

로 주어진다. 3의 배수 고조파는, 그들이 3개의 선간 전압에서 서로 동상(in phase)이며 이 3개의 전압은 합(sum)이 0이어야 하기 때문에, 없음에 유의하라. 남은 기수 고조파(odd-order harmonics)는 고조파 차수(order) h에 역비례(반비례)하는 크기를 가진다. 고도로 유도성인(inductive) 부하의 경우, 유도성 임피던스가 고조파 차수에 비례하기 때문에, 이 고조파는 특별히 중요하지 않을 수 있다; 따라서, 고조파 전류는 근사적으로 h^2에 역비례할 것이다. 그러한 부하의 경우, 부하에서의 상 전류(phase current)는 기본파 주파수에서 정현에 가까울 수 있다. 그러므로, 많은 해석의 경우 부하 전압의 기본파 성분만을 사용하는 것이 편리하다. 선간 기본파 전압의 실효치는, 식 (8.31)로부터,

$$\begin{aligned} V_{1(L\text{-}L)} &= \frac{1}{\sqrt{2}}\frac{4}{\pi}\sin\frac{\sqrt{3}}{2}v_d \\ &= \frac{\sqrt{6}}{\pi}v_d \\ &= 0.78\,v_d \qquad \text{[V]} \end{aligned} \quad (8.32)$$

이며 선-중성 기본파 전압은

$$V_{1(L\text{-}N)} = \frac{V_{1(L\text{-}L)}}{\sqrt{3}} = \frac{\sqrt{2}}{\pi}v_d = 0.45\,v_d \qquad \text{[V]} \quad (8.33)$$

이다. 이 관계식을 이용하여, 페이서 표기가 부하 회로의 기본파 정상 상태의 해석을 위해 채용될 수 있다.

선-중성 전압의 기본파 성분이 그림 8.18 (d)의 상 a 파형 v_{an}에서 파선 형태(dashed form)로 보여져 있다. 부하가 어느 정도 유도성이며 고조파 전류가 무시된다면,

상 a 전류는, 그림 8.18 (e)에서 보여진 바와 같이, 상 전압(phase voltage)보다 뒤질 것이다. 스위치 S_1이 ON으로 전환될 때 상 a 전류는 여전히 부(음)임에 유의하라. 이 부(음) 전류는 역병렬 다이오드 D_1을 통하여 직류 전압 전원으로 거꾸로 흐를 것이다. 스위치 S_1은 상 전류가 정(양)으로 될 때만 실제로 도통할 것이다. 이 방식에서, 유도성 부하의 무효(리액티브) 에너지(reactive energy)는 직류 전압 링크로 되돌아간다.

그림 8.18의 인버터는 또한 교류측으로부터 직류 전압 링크로 전력을 공급하도록 작동할 수 있다. 이것은 교류 구동 전동기가 출력 단자에 부착되며 그것이 제동 작용 동안 회생할(regenerated) 때 이루어질 수 있다. 이 조건의 경우, 그림 8.19의 파형에서 보여진 바와 같이, 상 a에서의 전류는, 부분적으로 유도성인 교류 계통에 대하여, 상 a에서의 선-중성 전압의 기본파 성분보다 90°와 180° 사이만큼 뒤질 것이다. 이 파형 아래의 것은 각 시간 구간 내에서 켜지는 스위치의 목록이다. 전류 $i_a = i_d$가 부(음)일 때에는, 그것이 다이오드 D_1 내에서 흐르며, 정(양)일 때에는 스위치 S_1 내에서 흐른다는 것에 유의해야 할 것이다. $i_a = -i_d$인 다음 반주기의 경우, 다이오드 D_4와 스위치 S_4가 상 전류를 운반한다. 이 모드 내에서 동작할 때, 평균 링크 전류 i_d는 부(음)일 것이다. 인버터는 정류기로서 유효하게 작동한다. 역전된 링크 전류를 공급하기 위하여, 입력 정류기는, 하나는 정(양) 링크 전류에 대한 그림 8.9에서 보여진 형태이며 다른 하나는 링크 전류가 부(음)일 때 전력을 전원으로 거꾸로 공급하는 인버터로서 작동하는 역전된 사이리스터로 된, 2개의 역병렬 유닛으로 이루어져야 한다.

정적 교류 부하(static a-c load)의 경우, 3개의 출력 상(output phase)의 순서는 보통 중요하지 않다. 하지만, 전동기 부하의 경우에는, 이 순서가 기계에서의 회전 자

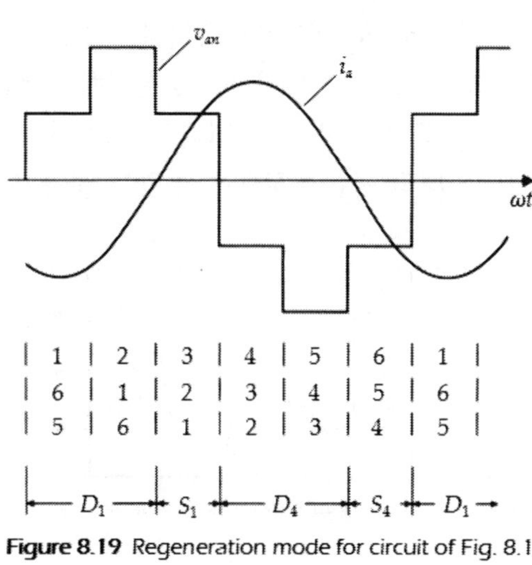

Figure 8.19 Regeneration mode for circuit of Fig. 8.18 (a).

계의 방향을 결정한다. 점호 순서(firing sequence) 1-2-3-4-5-6은 출력 상순 *a-b-c*를 생성한다. 역상순(reversed phase sequence) *c-b-a*는 점호 순서 6-5-4-3-2-1을 사용하여 바로 생성될 수 있다.

EXAMPLE 8.4 3상 전원이 선간 전압 208 [V] 또는 선-중성 전압 120 [V]로 400 [Hz]의 주파수를 갖는 것이 요구된다. 그림 8.18 (a)의 단순한 전압원 인버터를 사용하여, 다음을 결정하라:

(a) 요구되는 직류 링크 전압,
(b) 선간 전압의 실효치.

Solution
(a) 선간 전압의 기본파 성분의 실효치는 208 [V]가 된다. 따라서, 식 (8.32)로부터, 요구되는 링크 전압은

$$v_d = \frac{\pi}{\sqrt{6}}(208) = 267 \qquad [V]$$

(b) 실제 선간 전압파는 각 반주기의 3분의 2에 걸쳐 267 [V]에서 일정하다. 따라서,

$$V_{rms} = \sqrt{\frac{2}{3}}(267) = 218 \qquad [V]$$

8.4.2 Pulse-Width-Modulated Voltage-Source Inverters

8.4.1절의 단순한 전압원 인버터의 한 가지 불리한 점은 출력 전압 크기의 제어가 제어 정류기의 점호각 α의 제어를 요구한다는 점이다. 8.2.2절, 식 (8.16)에서 유의한 바와 같이, 이것은, 특히 링크 전압이 낮을 때, 낮은 전원 역률로 이끌 수 있다. 그 대신으로, 어느 정도 더 정교한 전압원 인버터가 그림 8.20에서 블록도(block diagram)로 보여져 있다. 이 인버터는 본질적으로 일정한 링크 전압 V_d를 생성하는

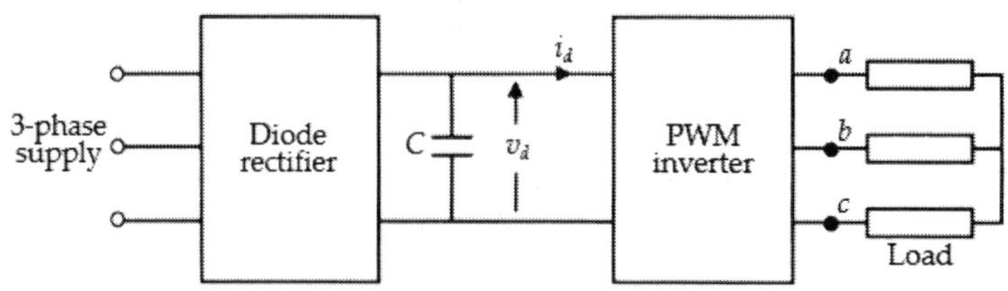

Figure 8.20 Block diagram of pulse-width-modulated inverter.

단순한 다이오드 정류기로부터 전력을 끌어낸다.

인버터 출력 전압의 제어는 선간 출력 전압의 각 반파(each half-wave of line-to line output voltage)가 크기 V_d와 가변 폭(variable width)의 다수의 분리된 펄스(separate pulse)로 이루어지도록 하는 그림 8.18 (a)의 6개의 자기 전류 스위치의 더 빈번한 동작에 의해 달성된다. 그림 8.21은 각 반주기(half cycle)에 대해 단지 2개의 전압 펄스만이 있는 간단한 펄스폭 변조 인버터(pulse-width modulated (PWM) inverter)에 대한 선간 전압 파형을 보인다. 푸리에 해석에 의해 찾아질 수 있는 이 전압의 기본파 성분은 펄스의 폭의 변화에 의해 수정된다. 3개의 선간 전압 모두가 0인 구간이 있음에 유의해야 할 것이다. 이것은, 단자 a, b, 그리고 c를 함께 유효하게 연결하여, S_1, S_3, 그리고 S_5, 또는 그 대신으로 S_2, S_4, 그리고 S_6이 동시에 켜짐으로써 이루어진다.

대부분의 PWM 인버터에서는, 지배적인 사인파 성분(dominant sine-wave component)과 작은 고조파 성분을 가지는 전압파를 합성하기 위하여 주기(cycle)당 많은 수의 펄스가 사용된다. 간단한 예가 펄스의 상대적인 폭이 원하는 사인파에 근사적으로 비례하도록 만들어졌으며 모든 펄스의 절대적인 폭(absolute width)이 원하는 파의 유효 진폭(effective amplitude)의 제어를 위해 동시에 바뀌는 그림 8.22의 전압 파형에서 보여져 있다.

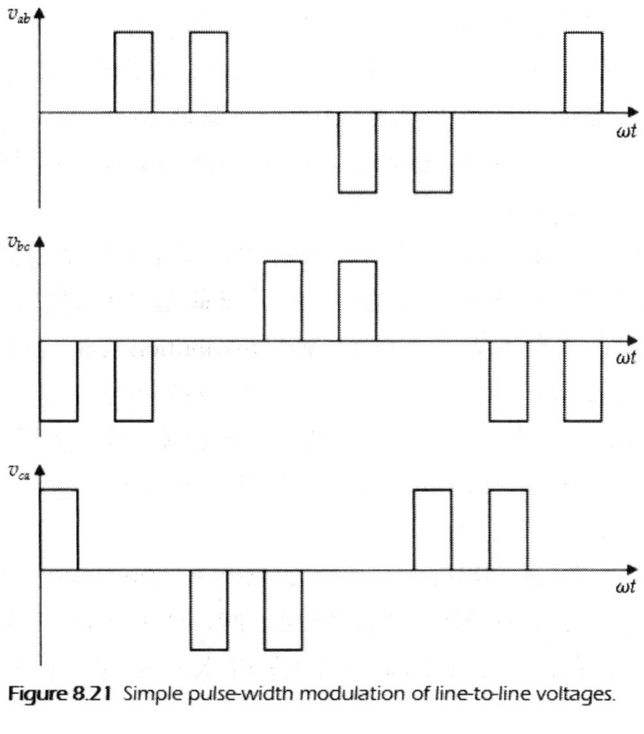

Figure 8.21 Simple pulse-width modulation of line-to-line voltages.

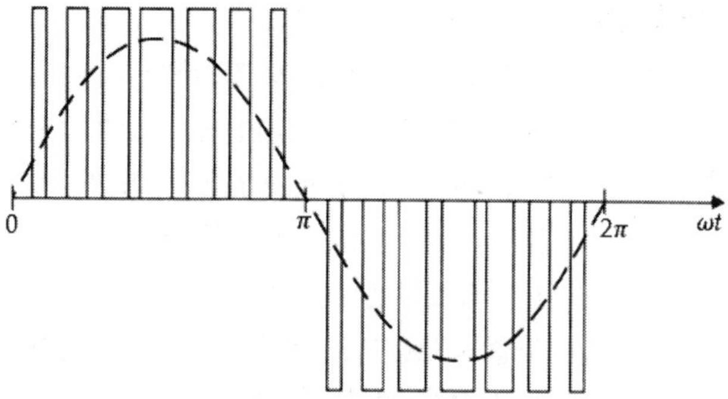

Figure 8.22 Sinusoidal pulse-width modulation.

반주기당 더 많은 수의 펄스로, 출력 전압에서의 첫째로 중요한 고조파 성분의 차수(order)가 더 높아질 것이다. 유도성 부하에서는, 이 높은 차수 고조파에 기인한 전류는 종종 무시되어, 단순한 전압원 인버터와 비교하여 개선된 효율을 이끌어낸다. 다른 한편으로, 실제로, 각 꺼지는 동작(each turn-off operation)이 약간의 에너지 손실을 포함하기 때문에, 더 높은 스위칭 주파수는 인버터에서의 더 큰 전력 손실로 귀결한다. 덧붙여, 각 스위치는, 그 형태에 따라, 스위치의 꺼짐(switch off)에 유한한 시간을 요구하며, 이것이 최대 스위칭 주파수를 제한한다.

8.4.3 Current-Source Inverters

어떤 응용에서는, 전압원으로부터 보다는 제어 교류 전류원으로부터 3상 부하를 공급하는 것이 바람직하다. 그 예는 임피던스가 단락 회로에 가까운 조건을 포함하여 넓은 범위에 걸쳐 변동할 수 있는 전호(전기 용접, electric arc)와 같은 부하의 전원에서 생길 수 있다. 전류원 인버터(current-source inverter)는 정격 부하 전류가 초과되지 않을 것을 보장할 수 있다.

단순한 전류원 인버터는 직류 전류원과 자기 전류 스위치의 조합을 사용하여 조립될 수 있다. 일반적으로, 원래의 전원은, 본질적으로 일정한 전압과 주파수인, 단상 또는 3상인, 교류 전력 배전 계통(a-c power distribution system)이다. 직류 전류원은, 그림 8.11의 블록도에서 보여진 바와 같이, 직류 전류의 원하는 값을 궤환 루프(feedback loop)를 가진 제어 정류기 계통의 사용에 의해 얻어질 수 있다. 인버터의 직류 전류 링크(direct-current link)에 위치된 인덕터는 전류가 맥동이 거의 없도록 충분히 크게 만들어진다.

3상 출력을 갖는 전류원 인버터는, 그림 8.23 (a)에서 보여진 바와 같이, 6개의 자기 전류 스위치로 구성될 수 있다. 이상적으로, 부하 상(load phase)의 2개를 직류 전류원에 직렬로 연결하는, 단지 2개의 스위치만이 동시에 켜진다. 각 60° 구간 동

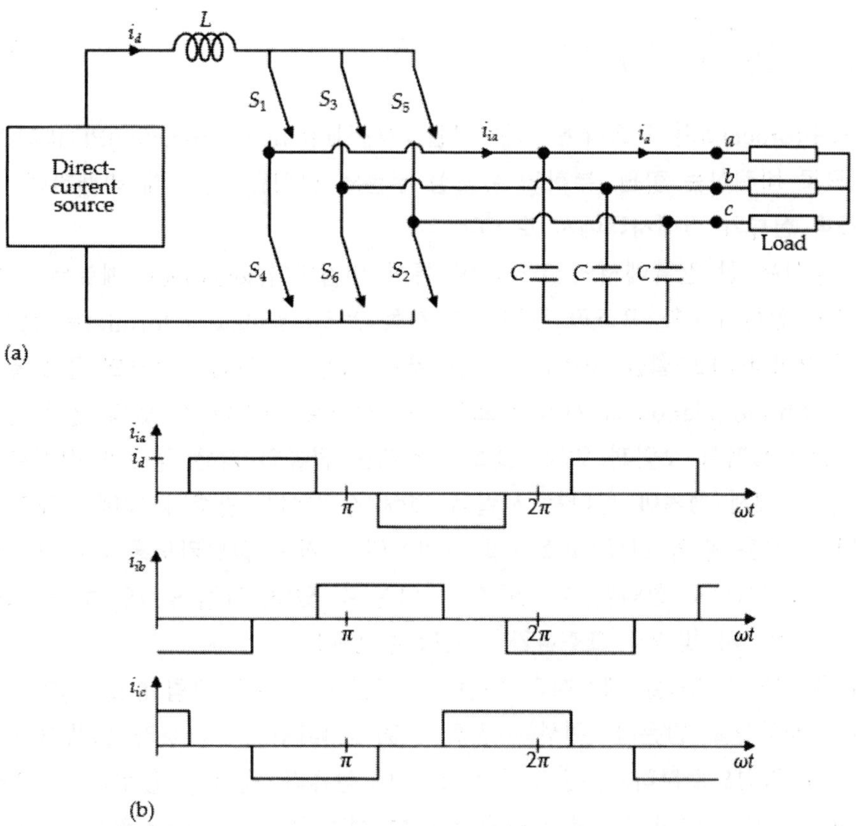

Figure 8.23 (a) Current source inverter circuit and (b) current waveforms.

안, 한 개의 부하 상은 개방 회로이다. 인버터 출력 전류 i_i의 이상화된 파형이 3상에 대하여 그림 8.23 (b)에서 보여져 있다. 각 스위치는 120° 구간에 대하여 도통한다.

전후 관계상 관심을 갖는 대부분의 부하 계통은 어느 정도 유도성이다. 인덕턴스를 통하여 전류에서 순간적인 변화(instantaneous change)를 생성하는 것은 불가능하다. 따라서, 적당한 커패시터 C가 부하의 각 상을 가로질러 연결될 수 있다. 적절한 이 커패시터로, 부하에서의 상 전류는 더욱 거의 정현적이다.

그림 8.23 (b)에서 보여진 인버터 출력 전류는 푸리에 해석(Fourier analysis)을 사용하여 기본파 주파수와 고조파 성분의 조합으로 분해될 수 있다. 상 a의 경우,

$$i_{ia} = \frac{4}{\pi}\cos\frac{\pi}{6} i_d \left[\sin\omega t - \frac{1}{5}\sin 5\omega t + \frac{1}{7}\sin 7\omega t + (-1)^{(h+1)/2}\frac{1}{h}\sin h\omega t\right] \qquad (8.34)$$

이다. 전류의 기본파 성분의 실효치는

$$I_i = \frac{1}{\sqrt{2}}\frac{4}{\pi}\frac{\sqrt{3}}{2}i_d = \frac{\sqrt{6}}{\pi}i_d = 0.78\, i_d \qquad \text{[A]} \tag{8.35}$$

이다. 차수(order) h의 고조파에 대한 병렬 커패시터(shunt capacitor)의 임피던스는 h에 역으로 비례하는 한편, 부하의 유도성 부분의 임피던스는 h에 비례하여, 더 많은 고조파 전류가 커패시터에서 흐른다.

어떤 부하는 상 전류에서의 고조파에 특히 민감하다(sensitive). 예로는 5차와 7차 고조파 전류가 6차 고조파 주파수의 진동 토크(oscillatory torque)를 생성하는 유도전동기이다(10.2.2절을 보라). 그러한 골치 아픈 고조파는 전류의 펄스폭 변조(pulse-width modulation)의 사용에 의해 효과적으로 제거될 수 있다. 전형적인 파형이 그림 8.24에서 보여져 있다. 펄스의 위치는 전류의 같은 펄스가 직렬로 연결된 상 둘 다에서 생겨야 한다는 사실에 의해 강제된다. 반주기 내에 N개의 펄스가 있다면, 같은 수의 전류 고조파의 효과적인 소거를 일으키도록 $(N-1)/2$개의 점호각이 독립적으로 선택될 수 있음이 보여질 수 있다. 그림 8.24의 5펄스 파형의 경우, 가장 큰 5차 및 7차 고조파가 소거될 수 있다.

거의 정현인 전류원을 생성하기 위한 그 대신의 계통은 그림 8.18 (a)의 전압원 인버터의 사용으로 만든다. 원하는 전류 파형에 비례하는 신호가 발생되며 실제 상 전류의 측정으로부터의 신호와 비교된다. 전류가 원하는 값보다 고정된 양(amount) δ만큼 작다면, 그 상의 단자가 직류 전압 링크의 정(양) 측(positive side)에 연결된다. 전류가 원하는 값보다 증분(increment) δ만큼 더 크다면 단자는 링크의 부(음) 측으로 절환된다(switched). 증분 δ를 적게 만듦으로써, 어떤 원하는 파형이 근사화될 수 있다. 하지만, δ에서의 감소는 스위칭 주파수에서의 증가를 요구한다. 이 계통은 보통 **히스테리시스** 또는 **뱅뱅 제어**(*hysteresis* or *bang-bang control*)로 알려져 있다.

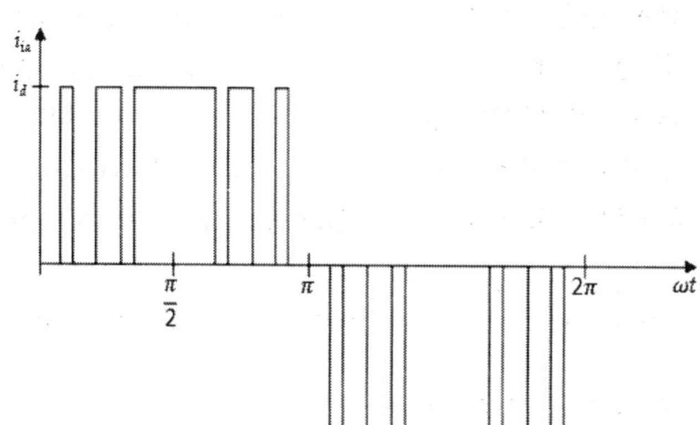

Figure 8.24 Pulse-width modulated current.

EXAMPLE 8.5 특별한 정적 부하가 400 [V] (L-L), 3상, 50 [Hz] 전원으로부터 0.9 지상 역률에서 25 [kW]의 정격 전력을 취한다. 이 부하가 이제 주파수 범위 0에서 50 [Hz]에 걸친 단순한 전류원 인버터로부터 공급된다. 인버터 용량의 가장 좋은 사용을 만들기 위하여, 50 [Hz]에서 단위 역률의 순 부하(net load)가 되도록 충분한 커패시턴스가 부하를 가로질러 델타로 연결된다. 부하는 각 상에 직렬로 인덕턴스가 있는 저항으로 모델링될 수 있다.

(a) 3개의 커패시터 각각의 요구되는 커패시턴스를 결정하라.

(b) 인버터가 50 [Hz]의 주파수에서 위의 정격 전력을 제공할 때, 인버터와 부하에서의 상당(per phase) 5차 고조파 전류를 결정하라.

(c) 문제 (b)에서의 조건의 경우, 기본파 주파수 부하 전압에 대한 5차 고조파 부하 전압의 비(ratio)를 찾아라.

Solution

(a) 선-중성 전압을 기준으로 사용하여,

$$\vec{V}_1 = \frac{400\angle 0^\circ}{\sqrt{3}} = 231\angle 0^\circ \qquad [\text{V}]$$

그러면, 상당(per phase) 부하 전류는

$$\begin{aligned}\vec{I}_{1L} &= \frac{25000}{3 \times 231 \times 0.9}\angle \cos^{-1} 0.9 \\ &= 40.1\angle -25.8^\circ \\ &= 36.1 - j17.45 \qquad [\text{A}]\end{aligned}$$

역률을 단위 값(unity, 1)으로 고치기 위해서는, 상당(per phase) 용량성 전류가 다음이 되어야 한다:

$$\vec{I}_{1C} = j17.45 \qquad [\text{A}]$$

커패시턴스의 중성에 대한 어드미턴스(admittance)는

$$Y_{1C} = \frac{j17.45}{231} = j0.076 \qquad [\text{S}]$$

그리고 델타로 연결된 각 커패시턴스의 값은

$$C = \frac{1}{3}\frac{Y_{1c}}{\omega} = \frac{0.076}{3 \times 314} = 80.7 \qquad [\mu\text{F}]$$

(b) 역률이 단위 값으로 고쳐졌을 때, 인버터 전류의 기본파 성분은

$$I_{1i} = 36.1 \qquad [A]$$

5차 고조파 인버터 전류는 그러면

$$I_{5i} = \frac{36.1}{5} = 7.22 \qquad [A]$$

5차 고조파에서 인버터 전류에 대한 부하 전류의 비는 인버터에서 본 것으로써 어드미턴스 Y_{5i}에 대한 부하의 어드미턴스 Y_{5L}의 비와 같다. 50 [Hz]에서, 부하 임피던스는

$$Z_{1L} = \frac{231\angle 0°}{40.1\angle -25.8°} = 5.18 + j2.51 \qquad [\Omega]$$

5차 고조파에서는,

$$Z_{5L} = 5.18 + j(2.51 \times 5) = 13.58\angle 67.6° \qquad [\Omega]$$

그리고

$$Y_{5L} = 0.074\angle -67.6° = 0.028 - j0.068 \qquad [S]$$

문제 (a)로부터 커패시터의 기본파 어드미턴스를 사용하여, 총(total) 어드미턴스는

$$\begin{aligned} Y_{5i} &= Y_{5L} + Y_{5C} \\ &= 0.028 - j0.068 - j(0.076 \times 5) \\ &= 0.313\angle -86.4° \qquad [S] \end{aligned}$$

그러면

$$I_{5L} = \frac{Y_{5L}}{Y_{5i}} I_{5i} = \frac{0.074}{0.313}(7.22) = 1.71 \qquad [A]$$

(c) 기본파 전압에 대한 5차의 비는

$$\frac{I_{5i}}{Y_{5i}V_1} = \frac{7.22}{0.313 \times 231} = 0.10$$

8.5 CYCLOCONVERTERS

사이클로콘버터(*cycloconverter*)는 일정 전압, 일정 주파수 전원으로부터 가변 전압, 가변 주파수 출력으로 교류 전력을 변환할 수 있는 스위치 계통이다. 3상 입력, 3상 출력 계통에 대한 기본 회로가 그림 8.25 (a)에서 보여져 있다. 각 출력 상(output phase)은, 하나는 출력의 정(양) 반주기 동안 전압을 제공하며 하나는 부(음) 반주기 동안 전압을 제공하는, 2개의 3상 정류기에 의해 공급된다. 사이리스터의 점호각은 입력 전압파로부터의 반복적인 부채꼴(successive sector)이 근사적으로 사인 형태(sine form) 더하기 다수의 높은 주파수 항을 가지는 출력 파형을 생성하도록 제어된다. 전형적인 출력 전압 파형이 그것의 기본파 성분과 함께 그림 8.25 (b)에서 실선(solid line)으로 보여져 있다.

사이클로콘버터는 낮은 가제어 주파수(controllable frequency)에서 출력을 생성하는데 유용하다. 실제로, 최대로 유용한 출력 주파수는 3상 계통의 경우 대략 전원 주파수의 3분의 1이다.

PROBLEMS

8.1 120 [V], 60 [Hz] 전원에 연결된 단상 제어 브릿지 정류기가 직렬로 0.6 [Ω]의

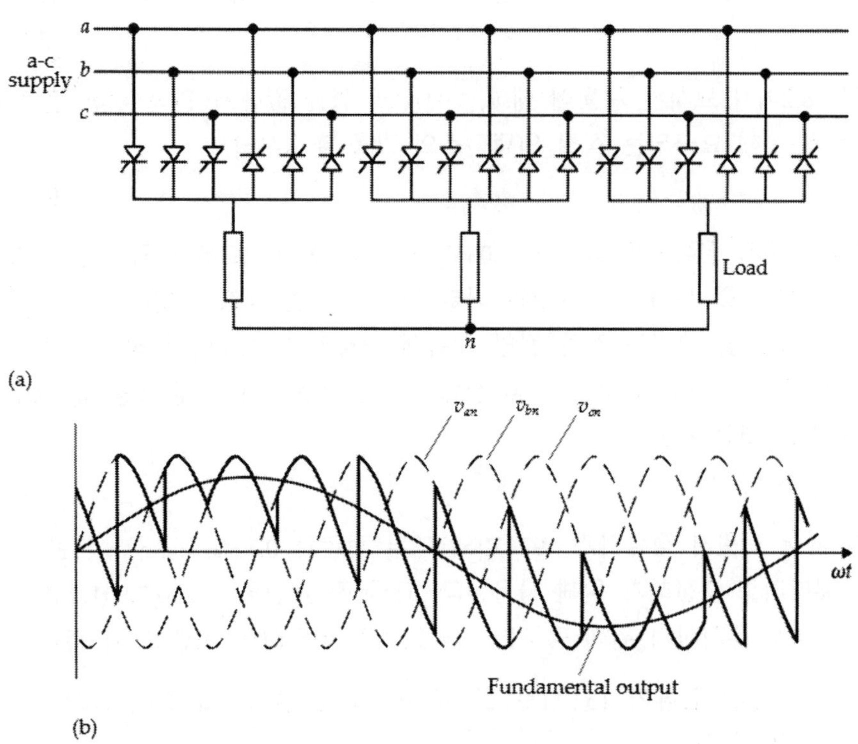

Figure 8.25 (a) Cycloconverter circuit and (b) voltage waveform.

저항을 가진 96 [V]의 전원으로 모델링될 수 있는 저장 전지(배터리)(storage battery)를 충전하기 위해 사용된다. 전류에 본질적으로 맥동이 없게 만들기 위하여 충분한 인덕턴스가 배터리에 직렬로 위치된다.

(a) 12 [A]의 충전 전류의 경우 요구되는 점호각을 결정하라.
(b) 전원 역률은 얼마인가?

(8.2.1 절)

8.2 저항이 0으로부터 12 [Ω]까지 변동하는 부하에 20 [A]의 제어 전류를 공급하기 위해 직류 전류 전원이 요구된다. 전원은 208 [V] (L-L), 60 [Hz], 3상 전원, 제어 브릿지 정류기, 그리고 큰 직렬 인덕터로 구성된다.

(a) 점호각의 최대 값과 최소 값을 결정하라.
(b) 전원 역률의 최대 값과 최소 값을 결정하라.
(c) 전원 [kVA]의 최대 값과 최소 값을 결정하라.

(8.2.1 절)

8.3 직렬 인덕턴스가 제거된 문제 8.2의 계통을 고려한다. 12 [Ω] 부하에 2.5 [kW]의 전력을 제공하기 위해서는 점호각은 얼마로 설정되어야 할 것인가?

(8.2.1 절)

8.4 문제 8.2에서 묘사된 계통에 대해, 20 [A]의 평균 값에서 연속 부하 전류를 유지하기 위해 요구되는 직렬 인덕턴스의 값을 추정하라.

(8.2.1 절)

8.5 단상 브릿지 정류기/인버터가 120 [V], 60 [Hz] 전원으로부터 공급된다. 그것은 큰 인덕턴스를 통하여 0.8 [Ω]의 내부 저항과 가변 유기 전압(variable generated voltage)을 가지는 직류 전압 계통에 연결된다. 12 [A]의 직류 전류와 110 [V]의 직류 유기 전압으로 교류 전압원에 전력을 거꾸로 공급할 때 요구되는 점호각을 결정하라.

(8.2.1 절)

8.6 3상 제어 브릿지 정류기가 192 [V]의 내부 전압과 0.8 [Ω]의 내부 저항을 가지는 배터리를 충전하기 위해 사용된다. 교류 전원 전압은 230 [V] (L-L)이다. 연속 전류를 유지하기 위해 충분한 인덕턴스가 배터리와 직렬로 위치된다.

(a) 최대 충전 전류가 15 [A]로 될 때 요구되는 점호각의 최대 값과 최소 값을 결정하라.
(b) 최대 충전 전류의 조건의 경우에 대한 상당 실효치 전원 전류를 추정하라.

(c) 문제 (b)의 경우에 대한 교류 전원에서의 역률을 결정하라.

(8.2.2 절)

8.7 3상 브릿지 정류기/인버터가 460 [V] (L-L), 60 [Hz], 3상 설비 전원을 0.12 [Ω]의 내부 저항을 갖는 가변 직류 전압에 연결한다. 직류 전압 전원은 500으로부터 –500 [V]까지 변할 수 있다. 평균 직류 전류의 최소 값이 150 [A]로 될 때 연속 전류 운전을 보장하기 위해 직류 전원에 직렬로 연결되어야 할 직렬 인덕턴스의 값은 얼마인가?

(8.2.2 절)

8.8 강압 초퍼가 600 [V] 가공선(overhead wire)으로부터 무궤도 버스(trolley bus)에 있는 정류자 전동기에 전력을 공급하기 위해 사용된다. 전동기는 직렬로 0.2 [Ω]의 저항과 25 [mH]의 인덕턴스를 가진 유기 직류 전압으로 모델링될 수 있다. 초퍼의 주파수는 500 [Hz]로 설정되었다.

(a) 버스가 정지되었을 때, 150 [A]의 전동기 전류를 제공하기 위한 초퍼의 ON 시간은 얼마로 되어야 할 것인가?

(b) 150 [A]의 전류가 공급될 수 있는 전동기의 최대 가능 유기 전압은 얼마인가?

(c) 문제 (a)와 (b)의 조건의 경우 전원 전류의 평균 값은 얼마인가?

(d) 전동기 전류가 연속일 때, 그 최소 값은 얼마가 되어야 할 것인가?

(8.3.1 절)

8.9 문제 8.8에서의 무궤도 버스가 언덕을 내려갈 때, 초퍼는 그림 8.15에서 보여진 배치로 다시 연결된다. 전동기 유기 전압이 500 [V]이며 50 [kW]의 전력이 전원으로 되돌려진다면, 초퍼 스위치가 도전 조건에 있어야 할 시간의 길이는 얼마인가?

(8.3.1 절)

8.10 그림 8.16에서 보여진 형태의 2-상한 초퍼가 구동되고 제동될 때 정류자 전동기의 속도를 제어하기 위해 사용된다. 전동기는 2.5 [Ω]의 저항과 전동기 전류가 본질적으로 맥동이 없게 만들 정도로 충분히 큰 인덕턴스를 가진다. 직류 전원 전압은 48 [V]이다. 초퍼 주파수는 1 [kHz]이다.

(a) 전동기가 4.5 [A]의 전류 그리고 초퍼가 $t_{ON} = 200$ [μs]로 설정되어 구동할 때의 전동기의 유기 전압을 결정하라.

(b) 기계가 4.5 [A]의 전류와 30 [V]의 유기 전압으로 제동 모드에 있을 때의

시간 t_{ON}을 결정하라.

(8.3.3 절)

8.11 그림 8.18에서 보여진 단순한 3상 전압원 인버터에서, 링크에서의 직류 전압 v_d는 550 [V]이다. 인버터 출력의 주파수는 200 [Hz]이다. 다음을 결정하라:

(a) 선간 및 선-중성 출력 전압의 기본파 성분의 실효치, 그리고
(b) 선간 및 선-중성 실제 출력 전압의 실효치.

(8.4.1 절)

8.12 400 [Hz]의 주파수에서 208 [V] (L-L)의 3상 정현 전압원을 제공하기 위한 비상 전원이 요구된다. 전력은, 각 셀(cell)이 2.2 [V]의 내부 전압과 0.006 [mΩ]의 내부 저항을 가지는, 직렬로 된 셀의 전지(battery)로부터 얻어진다. 3상, 400 [Hz] 계통에 있는 부하는 0.9 역률 지상에서 7.2 [kVA]의 기본파 주파수 피상 전력(apparent power)을 요구한다. 부하의 인덕턴스는 고조파 전류를 무시할 수 있게 한다. 요구되는 출력을 제공하기 위하여 얼마나 많은 셀이 직렬로 연결되어야 하는가? 스위치는 이상적이라고 가정될 수 있다.

(8.4.1 절)

8.13 그림 8.23에서 보여진 형태의 단순한 전류원 인버터가 각 상이 직렬로 1.2 [mH]의 인덕턴스가 있는 1.8 [Ω]의 저항으로 모델링될 수 있는 3상 부하에 전력을 공급한다. 각각이 150 [μF]인 3개의 커패시터가 부하에 병렬로 델타로 연결되었다. 직류 링크 전류가 240 [A]이며 주파수가 90 [Hz]일 때,

(a) 선간 부하 전압의 기본파 성분의 실효치를 결정하라.
(b) 선간 부하 전압의 5차 고조파 성분의 실효치를 결정하라.
(c) 이상적인 인버터로 가정하여, 직류 전류 링크에서의 전압을 추정하라.

(8.4.3 절)

GENERAL REFERENCES

Baliga, B. J. and Chen, D. Y., *Power Transistors: Device Design and Application,* IEEE Press, New York, 1984.

Bose, B. K., *Power Electronics and AC Drives,* Prentice-Hall, Englewood Cliffs, New Jersey, 1986.

Brichant, F., *Forced Commutated Inverters–Design and Industrial Applications,* Macmillan, New York, 1984.

Dewan, S. B. and Straughen, A., *Power Semiconductor Circuits,* John Wiley and Sons, New York, 1975.

McMurray, W., *The Theory and Design of Cycloconverters*, Wiley Interscience, New York, 1971.

Pelly, B. R., *Thyristor Phase Controlled Converters and Cycloconverters*, Wiley Interscience, New York, 1971.

Sedra, A. S. and Smith, K. C., *Microelectronic Circuits*, 2nd ed., Holt, Rinehart and Winston, New York, 1987.

Shepherd, W., *Thyristor Control of AC Circuits*, Crosby Lockwood Staples, London, 1975.

9 COMMUTATOR MOTOR DRIVES

약간의 정류자 전동기는, 일정 직류 전압 전원으로부터 운전되는, 일정 속도 구동에 사용된다. 예는, 자동차에서의 송풍 전동기(fan motor)이다. 이 운전 모드는 4.6 절에서 논의되었다. 이 장에서는 넓은 범위의 정밀한 속도, 위치, 또는 토크 제어를 요구하는 계통에서의 정류자 전동기의 사용을 검토한다. 전형적인 예는 종이 띠(paper strip)가 찢어지거나 권축(롤러, roller) 사이에서 늘어지지(droop) 않도록 롤러 속도 또는 각 위치(angular position)가 정밀하게 제어되어야 하는 전동기 구동 롤러 쌍(motor-driven pairs of rollers)의 열(sequence)로 이루어진 제지 공장(paper mill)에서 나타난다. 다른 예는 로봇 선단부(robot head)의 이리저리로의 빠른 이송과 소재(work piece)에 대한 선단부의 정확한 위치 결정(positioning) 둘 다를 제공하기 위하여 산업용 로봇의 각 관절(joint)에서 요구되는 구동일 것이다.

구동에서 만나야 하는 몇 가지 요구를 평가하기 위하여, 그림 9.1 (a)에 개략적으로 그려진 승강기(엘리베이터) 계통(elevator system)을 고려한다. 홈이 파인 원통형 도르래 주위에 감긴 강삭(케이블, cable)은 한 쪽 끝에 질량 m_e의 승강기 칸(elevator cage)과 다른 쪽에 질량 m_c의 평형추(counterweight)를 가진다. 도르래는 감속 치차(gear)(reduction gear)를 통하여 전동기에 의해 구동된다. 한 가지 요구 조건은 기동(starting)과 정지(stopping) 동안의 승강기의 가속도(acceleration)의 제어가 될 수 있다. 편안함과 안전을 위하여, 이 가속도는 대략 1에서 1.5 [m/s²]로 제한될 수 있다. 이 가속도 a를 달성하기 위해서는, 도르래에서의 순 접선력(net tangential force) F가

$$F = m_e(g + a) - m_c(g - a) \qquad [\mathrm{N}] \tag{9.1}$$

이 되어야 할 것이다. 여기서 g는 중력 상수(gravitational constant) $g = 9.81$ [m/s²]이다. 이 힘은 승강기 부하의 변화와 가속의 방향에 따라 두 질량의 상대적인 값에 종속하여 정(양) 또는 부(음)일 수 있다. 승강기는 지정된 최대 속도 $\hat{v}$를 조건으로 위와 아래로 운전해야 하기 때문에, 구동은 그림 9.1 (b)의 힘-속도 평면(force-velocity plane)의 4개의 상한 모두에서 운전하는 능력이 있어야 한다.

기동과 정지에서의 더 나아간 요구 조건은 보통 가속도의 변화율인 가가속도(jerk) j의 제어이다:

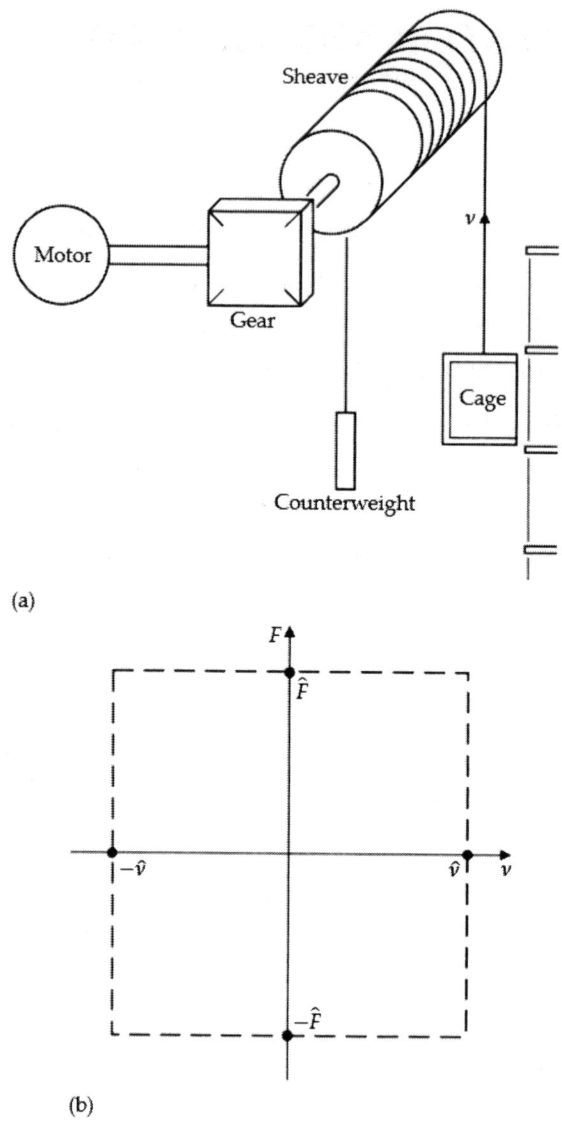

Figure 9.1 (a) Drive for an elevator and (b) force-velocity plane.

$$j = \frac{da}{dt} \qquad [\mathrm{m/s^3}] \tag{9.2}$$

공중 승강기(public elevator)의 경우, 최대 가가속도의 전형적인 값은 $a = 1\,[\mathrm{m/s^2}]$의 가속도에 도달할 때까지 1 [s]가 걸리는 $1\,[\mathrm{m/s^3}]$일 수 있다. 가가속도에 대한 같은 강제가 정지에도 적용될 것이다. 승강기가 정지함에 따라, 부하에 관계없이, 전형적으로 1에서 2 [mm]의 정확도 이내에서 위치가 정해지는 것이 요구될 것이다. 다른 명세는 진동과 소음으로부터의 자유, 비상시의 고장 안전 동작(fail-safe operation), 낮은 유지비(low-maintenance), 그리고 긴 기대 수명(expected lifetime)과 관련될 수 있다.

각 가변속 구동(each variable-speed drive)은, 그림 9.2의 블록도에서 보여진 바와 같이, 구동되는 기계 계통, 전동기, 가제어 전원, 그리고 측정 및 제어 계통으로 이루어진 계통의 일부분이다. 첫째로는, 주된 구동 성질에 대한 이해를 발전시키고, 둘째로는, 구동 성능의 예측이 가능하도록, 그리고 셋째로는, 고객의 명세를 충족하는 계통의 설계를 위하여, 계통의 이러한 양상의 각각에 대한 약간의 지식이 필요하게 된다. 다음의 절에서는, 이 목적을 다루는 약간의 기계 계통 모델링과 함께, 4장에서의 정류자기의 검토와 8장에서의 전력용 반도체 변환기의 소개로부터 개념과 모델을 함께 그리는 것을 시도할 것이다. 여기에서 논의되는 개념의 약간은 또한 이후의 장에서의 다른 구동 형태의 검토에도 적용할 수 있을 것이다.

9.1 MECHANICAL SYSTEM MODELING

전동기의 회전축에 연결된 기계 계통은 보통 상당한 극 관성 모멘트(polar moment of inertia) J_L을 가질 것이다. 그림 9.3에서 보여진 순 관성 부하(pure inertia load)를 가속하기 위해 요구되는 토크는

$$T_J = J_L \frac{d\omega_o}{dt} \qquad [\text{N·m}] \tag{9.3}$$

이다. 이 토크는 일정 속도 운전의 경우에는 0일 것이다. 기계 부하의 관성을 추정할 목적을 위하여, 축에 대해 회전하는 질량 m과 반경 r의 얇고 속이 빈 원통(thin, hollow cylinder)은

$$J = mr^2 \qquad [\text{kg·m}^2] \tag{9.4}$$

의 극 관성 모멘트를 가진다. 고체(속이 꽉 찬, solid) 원통의 경우에는, r에 관한 적

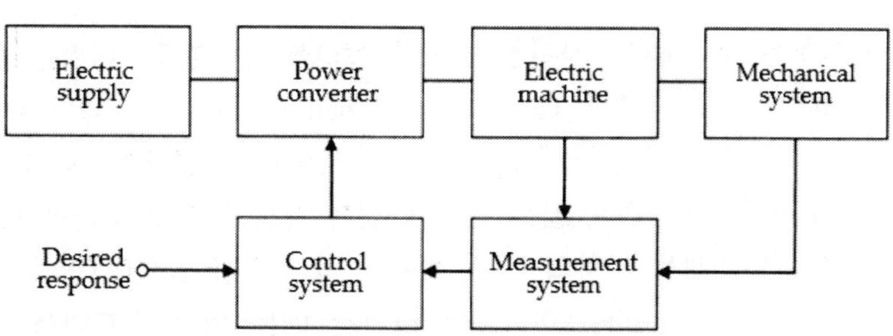

Figure 9.2 Block diagram of a drive system.

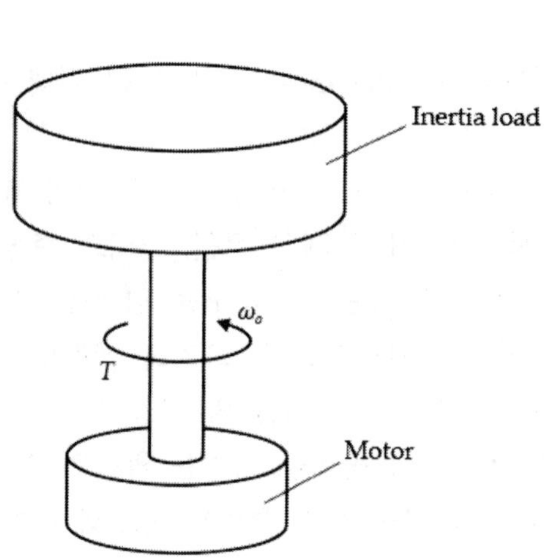

Figure 9.3 Motor driving pure inertia load.

분이

$$J = \frac{1}{2}mr^2 \qquad [\mathrm{kg{\cdot}m^2}]$$

을 준다. 고체 원통이 밀도 ρ [kg/m^3]의 물질로 만들어졌으며 외반경(outer radius) r과 길이 ℓ을 가진다면, 이 관성은

$$J = \frac{\pi}{2}\rho\ell r^4 \qquad [\mathrm{kg{\cdot}m^2}] \tag{9.5}$$

로 표현될 수 있다. 관성이 반경에 매우 민감하다는 것이 보여진다.

많은 기계 부하는 유체(fluid) 또는 공기역학적 마찰(aerodynamic friction)을 극복하기 위하여 토크의 대부분을 요구한다. 예로는 선풍기(fan), 양수기(펌프, pump), 고속 차량(운동체)(high-speed vehicle)이 있다. 이 형태의 마찰 부하는, 그림 9.4에서 보여진 바와 같이, 근사적으로 속도의 제곱에 비례하는 토크를 요구한다:

$$T = k\omega_o^2 \qquad [\mathrm{N{\cdot}m}] \tag{9.6}$$

어떤 기계 부하는 운전될 때 사실상 일정한 토크를 요구한다. 예로는 광석(ore)을 분쇄하기 위해 사용되는 그림 9.5 (a)의 볼 밀(ball mill)이 있다. 내부 부하(internal load)는 항상 물질의 각도 특성(angle characteristic)에서 불균형이며 따라서, 그림 9.5 (b)에서 보여진 바와 같이, 넓은 범위에 걸쳐 속도와 거의 무관한 토크를 요구한다. 일정 토크에 가까운 부하의 다른 예는 거의 일정한 압력에 반하여 동작하는 압축기(compressor) 또는 펌프이다. 더 나아간 예는 일정 속도에서 운전하는 그림 9.1의 승강기이다.

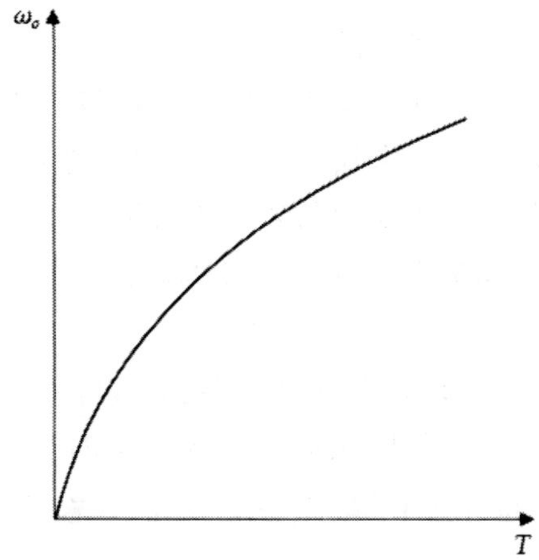

Figure 9.4 Speed-torque relation for fluid friction.

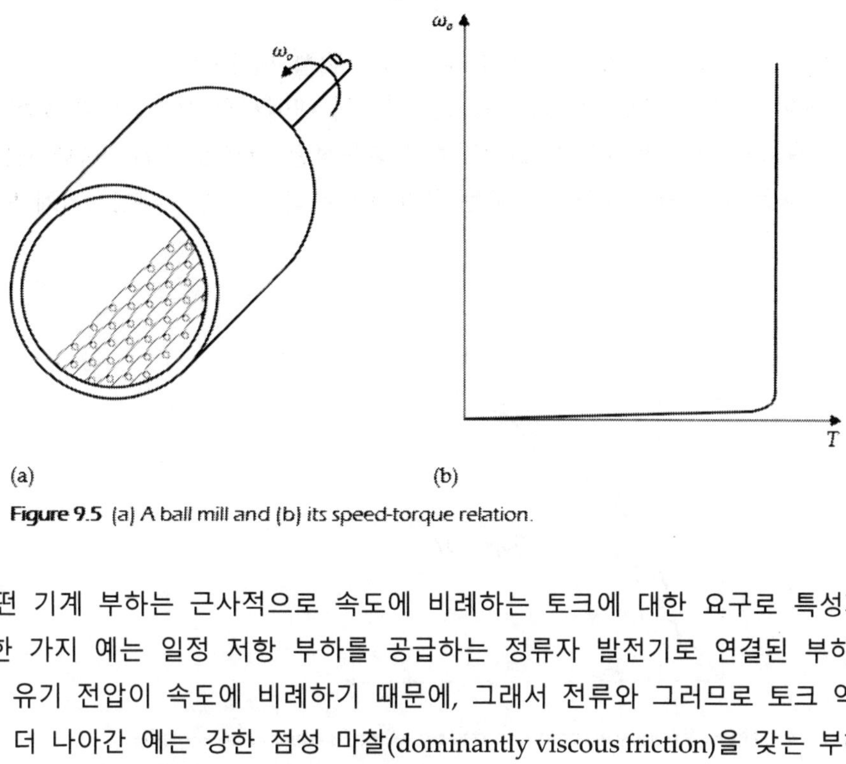

Figure 9.5 (a) A ball mill and (b) its speed-torque relation.

어떤 기계 부하는 근사적으로 속도에 비례하는 토크에 대한 요구로 특성지어진다. 한 가지 예는 일정 저항 부하를 공급하는 정류자 발전기로 연결된 부하일 것이다. 유기 전압이 속도에 비례하기 때문에, 그래서 전류와 그러므로 토크 역시 그렇다. 더 나아간 예는 강한 점성 마찰(dominantly viscous friction)을 갖는 부하에서 찾아진다. 이 부하에 대한 이상화된 관계식은

$$T_b = b\omega_o \qquad [\text{N}\cdot\text{m}] \tag{9.7}$$

이다.

많은 부하는, 예를 들어, 윈디지(windage) 더하기 점성 마찰로부터, 그리고, 예를

들어, 베어링(bearing) 더하기 0에 가까운 속도에서의 정적 또는 쿨롱 마찰(coulomb friction)로부터와 같은, 유체 마찰의 성분을 내포할 것이다. 전체(overall) 속도-토크 관계는 그림 9.6에서 보여진 바와 같이 비선형 형태를 가질 수 있다. 해석의 목적으로, 그러한 관계는 종종 직선으로 근사화되고 식 (9.7)로 나타내어질 수 있다. 하지만, 선형성으로부터의 이탈은 어떤 경우에는 결정적으로 중요한 것일 수 있다.

어떤 상황에서는, 비틀림(torsion)이, 특히 기계적 공진(mechanical resonance)이 조사되는 곳에서는, 중요할 수 있다. 예로는 전동기로부터 회전 톱날(rotating saw blade)까지의 긴 축(long shaft)에서 일어날 수 있다. 그림 9.7에서 축에 의해 흡수되는 토크는

$$T_K = T_o - T_L = K(\theta_o - \theta_L) \qquad [\text{N·m}] \tag{9.8}$$

로 주어지는 바와 같이 비틀림 각(twist angle)에 직접 비례한다.

전기기계에 의해 생성될 수 있는 토크는 자성체 내에서의 자속밀도와 도체 내에서의 전류밀도에 의해 제한된다. 전기기계의 효율적인 사용을 만들기 위해서는, 보통 비교적 높은 회전 속도에서 운전하는 것이 필요하다. 그러한 속도는 기계 부하에

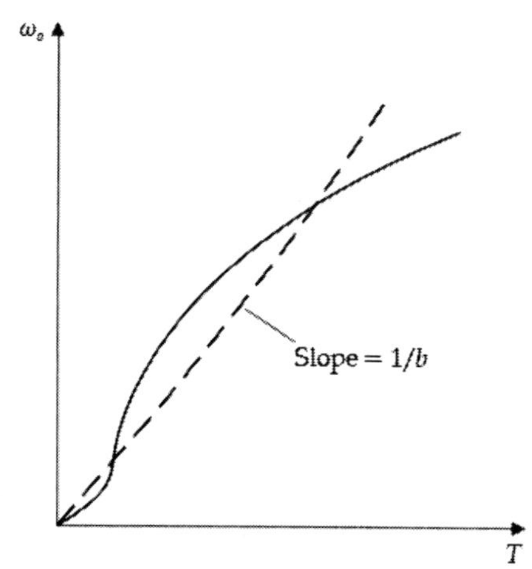

Figure 9.6 Typical composite load curve and its linear approximation.

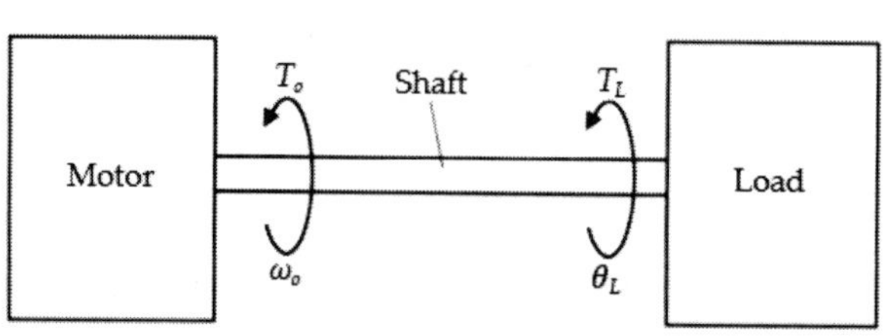

Figure 9.7 Torsion in a shaft.

대한 최적 값보다 훨씬 더 높을 수 있다. 따라서, 부하는 종종 치차(기어) 계통(gear system)을 통하여 전동기와 결합된다. 간단한 기어 쌍(pair of gears)이 그림 9.8에서 보여져 있다. 내부 마찰(internal friction)이 없다고 가정하고 기어 자체의 관성을 무시하면, 기어는 이상적인 결과를 발생할 것이다. 즉,

$$\omega_o T_o = \omega_L T_L \qquad [\mathrm{W}] \tag{9.9}$$

이다. 각각, 반경 r_1과 r_2 그리고 치수(tooth number) N_1과 N_2인 기어의 경우, 이상적인 기어 관계식은

$$\frac{\omega_L}{\omega_o} = \frac{T_o}{T_L} = \frac{N_1}{N_2} = \frac{r_1}{r_2} \tag{9.10}$$

이다. 기어는 변압기가 전기 계통에서 동작하는 것과 같이 기계 계통에서 동작한다. 관계식

$$T_L = J_L \frac{d\omega_L}{dt} + b_L \omega_L \qquad [\mathrm{N{\cdot}m}] \tag{9.11}$$

로 나타내어질 수 있는 부하를 고려한다. 전동기가 비(ratio) $N_1 : N_2$의 이상적인 기어를 통하여 전동기와 결합된다면, 전동기에서 보여지는 등가 부하는

$$\begin{aligned} T_o &= \frac{N_1}{N_2} T_L \\ &= \left(\frac{N_1}{N_2}\right)^2 J_L \frac{d\omega_o}{dt} + \left(\frac{N_1}{N_2}\right)^2 b_L \omega_o \qquad [\mathrm{N{\cdot}m}] \end{aligned} \tag{9.12}$$

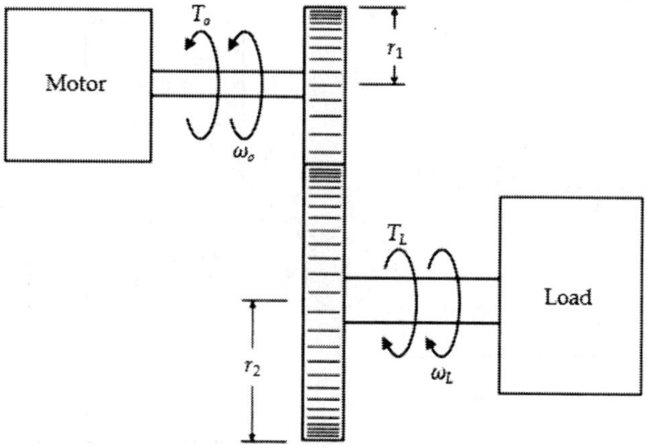

Figure 9.8 Gear coupling.

가 될 것이다.

구동 계통의 모델링과 해석에 있어서는, 보통 전동기 관성과 마찰 그리고 윈디지를 전동기 공극에서 생성되는 토크 T가 인가되는 총(total) 기계 부하의 일부로 고려하는 것이 편리하다.

9.2 DYNAMIC RELATIONS FOR DRIVE SYSTEMS

정류자 전동기를 사용하는 기본적인 구동 계통이 그림 9.9에서 블록도의 형태로 보여져 있다. 전동기는, 그림 4.12로부터, 전기자 회로 저항 R_a, 전기자 회로 인덕턴스 L_a, 그리고 유기 전압 e_a로 이루어진, 이상화된 등가회로로 나타내어져 있다. 가제어(제어할 수 있는, controllable) 전기자 단자 전압 v_t가 정류기 또는 초퍼 같은 전원으로부터 공급된다. 전동기 계자 회로(field circuit)는 적당한 계자 전압원 v_f로부터 공급되거나 또는, 그 대신으로, 영구자석에 의해 마련될 수 있다. 어떤 경우에서든, 계자 자속(field flux) Φ는 각 극에서 생성된다. 식 (4.15)와 (4.16)으로부터, 유기 전압은

$$e_a = k\Phi\omega_o \qquad [\text{V}] \tag{9.13}$$

에 의해 속도와 관련되며, 전동기 공극에서 생성되는 토크는

$$T = k\Phi i_a \qquad [\text{N·m}] \tag{9.14}$$

에 의해 전기자 전류와 관련된다. 여기서 k는 식 (4.7)로 주어지는 전동기 전기자 권선에 대한 상수이다. 전기자 전류는 관계식

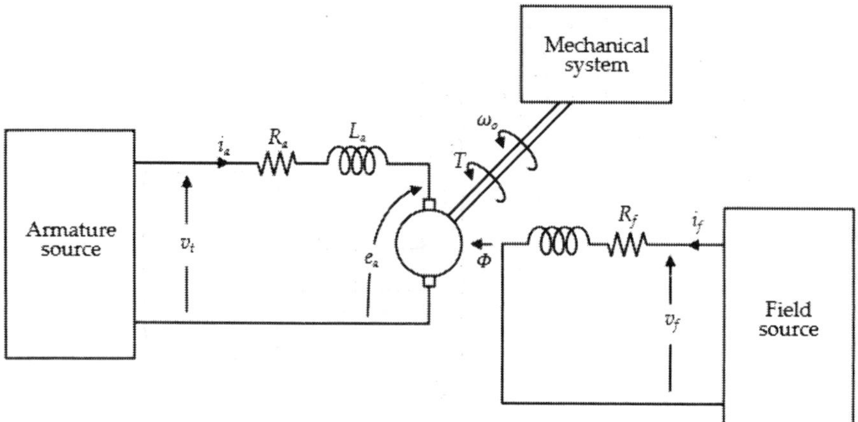

Figure 9.9 Drive system with commutator motor.

$$v_t = R_a i_a + L_a \frac{di_a}{dt} + k\Phi\omega_o \qquad [\text{V}] \tag{9.15}$$

로 나타내어진다.

기계 부하는, 전동기의 기계적인 성분을 포함하여, 종종 전동기에서 보여지는 부하와 전동기의 총(total) 유효 관성 J 더하기 점성 마찰 계수 b 더하기, 어떤 경우에는, 일정 부하 토크 T_c에 의해 모델링될 수 있다. 따라서, 기계 계통은 이상화된 관계식

$$T = J\frac{d\omega_o}{dt} + b\omega_o + T_c \qquad [\text{N·m}] \tag{9.16}$$

에 의해 나타내어질 수 있다.

전원 전압 v_f에 연결된 권선 계자(wound field)의 경우에는, 계자 회로가 관계식

$$v_f = R_f i_f + \frac{d\lambda_f}{dt} \qquad [\text{V}] \tag{9.17}$$

에 의해 나타내어질 수 있다. 여기서 계자 쇄교 자속 λ_f는 계자 전류 i_f의 비선형 함수이다. 많은 구동에 있어서는, 자속 Φ는 계자 코일 온도에서의 한계와 일치하는 최대 허용 값에서 일정하게 유지한다. 하지만, 어떤 응용에서는, 더 높은 속도를 달성하기 위해 계자 전류의 가벼운 감소(slow reduction)가 요구될 수 있다. 식 (9.17)의 비선형 성질의 관점에서 다행한 형편으로, 정류자기의 계자 회로의 과도 거동(transient behavior)이 중요한 경우는 드물다.

위의 관계식에서는, 전기자와 상호작용하는 자속이 전기자 전류에 의해 영향을 받지 않는 것으로 가정되었다. 어떤 정류자기에서는, 전기가 전류 i_a의 큰 값이 자속 형태(flux pattern)의 왜곡(distortion)을 일으킬 때 자속 Φ가 어느 정도 감소될 수 있다. 제어 목적으로 사용되는 기계에서는, 이 상호작용을 피하기 위한 설계 양상이 기계에 도입된다; 이것은 9.8절에서 논의될 것이다.

이 교재의 대부분의 독자는 전기회로의 과도 해석에 친숙하기 때문에, 완전한 구동 계통을 이상화된 전기 등가회로로 나타내는 것이 편리하다. 식 (9.13)과 (9.14)는, 전기자 전류 i_a와 유기 전압 e_a 사이의 관계를 제공하도록, 식 (9.16)에서의 토크와 속도 변수를 대체하기 위해 사용될 수 있다:

$$\begin{aligned} i_a &= \frac{T}{k\Phi} \\ &= \frac{J}{(k\Phi)^2}\frac{de_a}{dt} + \frac{b}{(k\Phi)^2}e_a + \frac{T_c}{k\Phi} \qquad [\text{A}] \end{aligned} \tag{9.18}$$

이 식의 형태로부터, 기계 계통이 관성을 나타내는 커패시턴스 C, 점성 마찰 부하를 나타내는 저항 R_b, 그리고 어떤 일정 토크 부하를 나타내는 전류 싱크(current sink) i_c로써 전기회로로 변환될 수 있음이 보일 것이다. 즉,

$$i_a = C\frac{de_a}{dt} + \frac{e_a}{R_b} + i_c \qquad [\mathrm{A}] \tag{9.19}$$

이다. 여기서

$$C = \frac{J}{(k\Phi)^2} \quad [\mathrm{F}], \quad R_b = \frac{(k\Phi)^2}{b} \quad [\Omega] \quad \text{and} \quad i_c = \frac{T_c}{k\Phi} \quad [\mathrm{A}]$$

이다. 계통은 이제 그림 9.10의 등가 전기회로로 나타내어질 수 있다.

이제, 전동기와 기계 부하에 대한 이상화된 모델을 가지고, 어떻게 구동 속도가 전기자 전압 v_t의 변화에 응답하는지를 고려하자. 그림 9.10의 등가회로의 조사는 계통 내에 2개의 에너지 저장 요소(소자)가 있으며 그러므로 응답에 있어서 2개의 지연(delay)의 원천이 있음을 나타낸다. 대부분의 정류자 전동기 구동에서는, 관성을 나타내는 등가 커패시턴스 내에 저장되는 에너지는 전기자 인덕턴스 내에 저장되는 것보다 훨씬 더 크다. 그러므로, 이 인덕턴스를 무시함으로써 과도 응답(transient response)의 근사적인 상(approximate picture)을 얻을 수 있다.

먼저 무부하 전동기를 고려하자. 과도 거동은 미분 방정식 (9.15)와 (9.16)의 라플라스 변환(Laplace transform)의 사용에 의해 해석될 수 있다. 0의 초기 조건(initial condition)으로,

$$\begin{aligned} Js\omega_{o(s)} &= T \\ &= k\Phi i_{a(s)} \\ &= \frac{k\Phi}{R_a}\left(v_{t(s)} - k\Phi\omega_{o(s)}\right) \qquad [\mathrm{N{\cdot}m}] \end{aligned} \tag{9.20}$$

이다. 다시 배열하면, 이것은

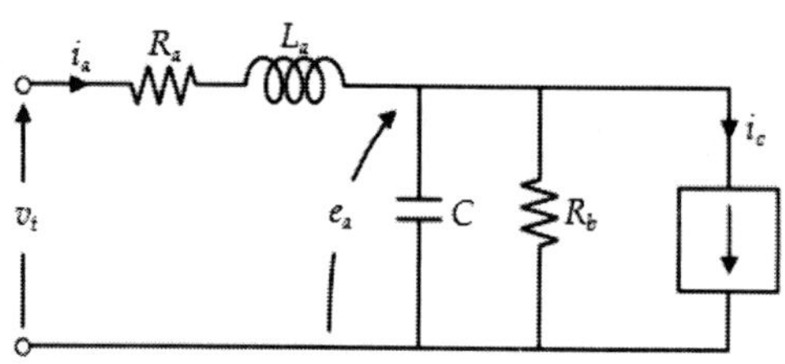

Figure 9.10 Equivalent electric circuit of an idealized drive system.

$$\omega_{o(s)} = \frac{v_{t(s)}}{k\Phi(s\tau_e + 1)} \qquad \text{[rad/s]} \tag{9.21}$$

이 되며, 유효 시정(상)수(effective time constant)는

$$\tau_e = \frac{JR_a}{(k\Phi)^2} \qquad \text{[s]} \tag{9.22}$$

이다. v_t가 $t = 0$에 인가되는 계단 전압(step voltage) V라면, 속도는

$$\omega_o = \frac{V}{(k\Phi)}\left(1 - \epsilon^{-t/\tau_e}\right) \qquad \text{[rad/s]} \tag{9.23}$$

일 것이며, 전기자 전류는

$$i_a = \frac{V}{R_a}\epsilon^{-t/\tau_e} \qquad \text{[A]} \tag{9.24}$$

일 것이다.

이 전류 표현식은 부과되어야 하는 실제적인 한계의 한 가지를 제시한다. 보통, 정류자기의 전기자 회로에서 허용될 수 있는 최대 전류는 대략 연속 정격 값의 3배에서 5배로 제한된다. 따라서, 모든 그러나 매우 소형인 기계는 제외하고, 과도 동안에 전기자 전류를 제한하기 위한 전기자 전원 전압 제어의 수단이 도입되어야 한다. 전원이 제어 정류기라면, 그림 8.11에서 보여진 배치를 사용하여 그것이 바로 전류원으로 변환될 수 있다.

점성 마찰 항 $b\omega_o$를 가지는 기계 부하 토크가 해석에 포함된다면, 속도와 전원 전압 사이의 운전 관계식(operational relation)이 그림 9.10의 등가회로로부터 (여전히 인덕턴스 L_a는 무시하여)

$$\omega_{o(s)} = \frac{e_{a(s)}}{k\Phi} = \left(\frac{R_b}{R_a + R_b}\right)\frac{v_{t(s)}}{k\Phi(s\tau_e + 1)} \qquad \text{[rad/s]} \tag{9.25}$$

와 같이 유도될 수 있다. 여기서

$$\tau_e = C\frac{R_aR_b}{R_a + R_b} = \frac{JR_a}{(k\Phi)^2\left[1 + \dfrac{bR_a}{(k\Phi)^2}\right]} \qquad \text{[s]} \tag{9.26}$$

이다. 일정 전원 전압의 경우, 정상 상태 속도는 식 (9.25)에서 $s = 0$으로 둠으로써 찾아진다. 이 속도는 비(ratio) $R_b/(R_a + R_b)$에 종속하는 것으로 보여진다. 이 비는 효율적인 기계의 경우 단위 값(unity, 1)에 가깝다. 이 형태의 부하의 경우, 정상 상

태 속도는 전원 전압에 비례한다. 과도 시정수(transient time constant)는 총 관성을 나타내는 커패시턴스 C에 커패시턴스로부터 보여지는 회로의 저항, 즉, R_b와 병렬인 R_a가 곱해진 것과 같게 되는 것으로 보인다.

마찰 부하가 있는 전동기는 어느 정도 더 작은 시정수(식 (9.26))를 가지며, 그러므로 마찰 부하가 없는 경우보다 더 짧은 시간에 최종 속도(final speed)에 도달한다는 것이 의외로 보일 수 있다. 이것은 계단 전원 전압의 적용에서의 초기 가속도가 두 경우에 동일하지만 마찰 부하가 있는 최종 속도가 어느 정도 더 낮다는 것에 유의함으로써 설명될 수 있다.

어떤 구동에서는, 전기자 인덕턴스의 효과가 중요하게 될 수 있을 것이며 동적 관계식(dynamic relation)에 포함되어야 할 것이다. $i_c = 0$인 그림 9.10의 등가회로에 의해 나타내어질 수 있는 계통의 경우, 전기자 전류는

$$i_{a(s)} = \frac{v_{t(s)} - e_{a(s)}}{R_a(s\tau_a + 1)} \qquad [\text{A}] \tag{9.27}$$

과 같이 표현될 수 있다. 여기서 $\tau_a = L_a/R_a$는 전기자 시정수이다. 유기 전압은

$$e_{a(s)} = \frac{R_b i_{a(s)}}{s\tau_L + 1} \qquad [\text{V}] \tag{9.28}$$

이다. 여기서 부하 시정수 τ_L은

$$\tau_L = CR_b = \frac{J}{b} \qquad [\text{s}] \tag{9.29}$$

로 주어진다. 속도와 전기자 전압 사이의 운전 관계식은 그러면 식 (9.27)과 (9.28)을 사용하여

$$\omega_{o(s)} = \frac{e_{a(s)}}{k\Phi} = \frac{R_b}{R_a k\Phi}\frac{\left(v_{t(s)} - k\Phi\omega_{o(s)}\right)}{(s\tau_a + 1)(s\tau_L + 1)} \qquad [\text{rad/s}] \tag{9.30}$$

과 같이 유도될 수 있으며, 다시 배열할 때,

$$\begin{aligned}\omega_{o(s)} &= \frac{K}{K+1}\frac{v_{t(s)}}{s^2\dfrac{\tau_a\tau_L}{1+K} + s\dfrac{\tau_a+\tau_L}{1+K} + 1} \\ &= \frac{K}{K+1}\frac{v_{t(s)}}{(s\tau_1 + 1)(s\tau_2 + 1)} \qquad [\text{rad/s}]\end{aligned} \tag{9.31}$$

을 준다. 여기서 $K = R_b/R_a$이다. s의 2차 표현식(quadratic expression)의 근(root)은

보통은 실수(real)이지만 작은 관성을 가진 어떤 계통에서는, 진동 응답(oscillatory response)을 주는, 복소수(complex)일 수 있다. 인가 전기자 계단 전압에 대한 전형적인 속도 응답이 그림 9.11에서 보여져 있다. 과도 전기자 전류 역시 보여져 있다.

비슷한 방식으로, 과도 토크 외란(transient torque disturbance)에 대한 속도 응답이 그림 9.10에서 i_c를 인가 기계 토크를 나타내는 과도 변수 T_c로 두고 v_t를 0으로 둠으로써 찾아질 수 있다. 결과는

$$\omega_{o(s)} = \frac{(1/b)(s\tau_a + 1)T_{c(s)}}{(s\tau_a + 1)(s\tau_L + 1) + (k\Phi)^2/R_a b} \qquad [\text{rad/s}] \tag{9.32}$$

이다. 라플라스 변환법에 익숙한 독자는 이제 특정한 구동 상황에 대한 과도 거동 또는 주파수 응답의 예측을 완성할 수 있을 것이다.

EXAMPLE 9.1 정류자 전동기가 3500 [rpm]의 속도에서 15 [kW]의 정격 기계 동력을 가진다. 그 속도에서의 유기 전압은 230 [V]이다. 전기자 저항은 0.142 [Ω], 전기자 인덕턴스는 1.1 [mH], 그리고 극 관성 모멘트는 0.088 [kg·m²]이다. 전동기는 3 : 1 감속 기어를 통하여 기계 부하와 연결되어 있다. 부하 동력은 점성 마찰로 소산되는 것으로 고려될 수 있으며 부하 관성은 0.75 [kg·m²]이다.

(a) 전동기에서 보여지는 극 관성 모멘트 J를 찾아라.
(b) 이 관성의 등가 커패시턴스 C를 결정하라.
(c) 마찰 계수 b와 그것의 등가 저항 R_b를 찾아라.
(d) 전기자 시정수 τ_a와 부하 시정수 τ_L을 결정하라.

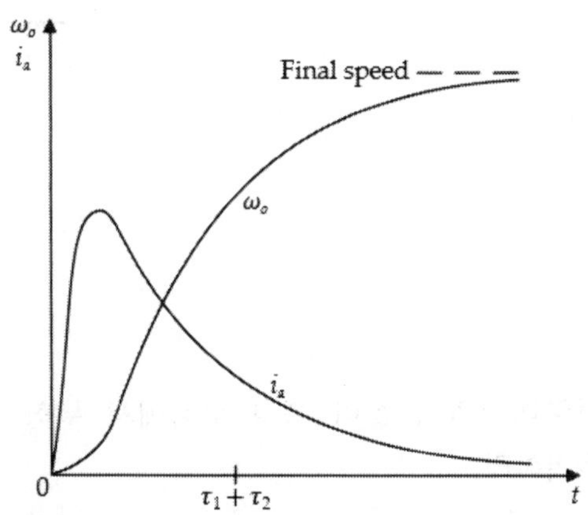

Figure 9.11 Speed response to a step in applied armature voltage together with the armature current transient.

(e) 전기자 시정수를 무시하여, 계통의 유효 시정수를 결정하라.

Solution
정격 속도는

$$\omega_o = \frac{3500 \times 2\pi}{60} = 366.5 \qquad \text{[rad/s]}$$

이 기계에 대한 자속 상수는

$$k\Phi = \frac{230}{366.5} = 0.628 \qquad \text{[V·s/rad]}$$

(a) 기어 비 $N_1/N_2 = 1/3$으로, 식 (9.12)로부터,

$$J = J_{motor} + \left(\frac{N_1}{N_2}\right)^2 J_{load} = 0.088 + \frac{0.75}{9} = 0.171 \qquad \text{[kg·m}^2\text{]}$$

(b) 등가 커패시턴스는, 식 (19)로부터,

$$C = \frac{J}{(k\Phi)^2} = \frac{0.171}{0.628^2} = 0.434 \qquad \text{[F]}$$

(c) 15 [kW]가 자신의 마찰과 풍손(windage loss)를 포함하는 전동기에 의해 생성되는 기계동력으로 취해진다면, 동력은

$$P = T\omega_o = b\omega_o^2 \qquad \text{[W]}$$

이로부터

$$b = \frac{15000}{366.5^2} = 0.112 \qquad \text{[N·m·s]}$$

그리고

$$R_b = \frac{(k\Phi)^2}{b} = \frac{0.628^2}{0.112} = 3.52 \qquad [\Omega]$$

비 R_a/R_b는 0.04이며, 이것은 전기자 저항에서의 손실이 정격 부하에서 부하 동력의 대략 4 [%]라는 것을 가리킴에 유의하라.

(d) 전기자 시정수는

$$\tau_a = \frac{L_a}{R_a} = \frac{1.1 \times 10^{-3}}{0.142} = 7.75 \qquad [\text{ms}]$$

부하 시정수는

$$\tau_L = CR_b = 0.434 \times 3.52 = 1.53 \qquad [\text{s}]$$

(e) 전기자 인덕턴스를 무시하여, 유효 시정수는, 식 (9.26)으로부터,

$$\tau_e = C\frac{R_a R_b}{R_a + R_b} = 0.434\frac{0.142 \times 3.52}{3.66} = 59.2 \qquad [\text{ms}]$$

9.3 CLOSED-LOOP SPEED CONTROL

여러 해 동안, 정류자기가 속도와 전기자 전압 사이의 거의 일정하며 선형인 관계 때문에 많은 제어 응용에 대해 우선적인 선택이었다. 하지만, 그림 9.9의 단순한 구동 배열은 속도 유지의 정확도가 부하 또는 매개변수의 변화에 기인하여 충분하지 않거나 원하는 지령에 대한 응답 속도가 너무 느리기 때문에 많은 구동에 대해 적절하지 않을 수 있다. 그러한 경우는 공작 기계의 구동, 제강 및 제지 공장 구동, 그리고 로봇 등의 경우이다.

속도 제어의 정확도와 응답 속도는 둘 다 그림 9.12에서 보여진 바와 같은 궤환(feedback) 또는 폐루프 계통(closed-loop system)의 사용에 의해 개선될 수 있다. 먼저, 구동의 실제 속도가 측정된다. 이것은, 예를 들어, 전동기 축에 부착된 일정 영구자석 자계를 가진 작은 정류자기인, 회전 속도계(타코미터, tachometer)에 의해

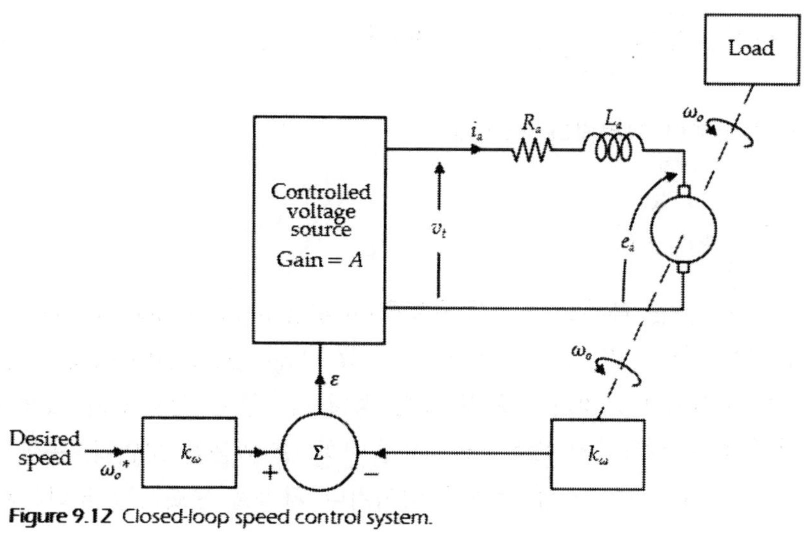

Figure 9.12 Closed-loop speed control system.

이루어질 수 있다. 측정된 속도 신호는 합산 회로(adder circuit)에서 원하는 속도 신호와 비교되며, 차이가 전기자 전압원을 제어하기 위해 사용된다. 그러한 계통의 성능의 최적화는 이 책에서 다루는 범위를 벗어나며 표준 제어 계통 교재(standard control system text)로부터 얻어질 수 있는 다수의 개념을 요구한다. 폐루프 제어의 주된 특징을 평가하기 위하여, 단지 전기자 전압이 속도 차이 신호(speed difference signal)에 직접 비례하여 만들어지는 간단한 상황 만을 검토할 것이다.

원하는 또는 지령 속도(command speed)가 $\omega_o{}^*$이며 회전 속도계 상수가 k_ω라면, 속도 차이 신호는

$$\varepsilon = k_\omega(\omega_o{}^* - \omega_o) \qquad [\mathrm{V}] \tag{9.33}$$

이다. 전동기에 대한 제어 전압원의 출력은 그러면

$$v_t = A\varepsilon \qquad [\mathrm{V}] \tag{9.34}$$

이다. 여기서 A는 전원의 전압 증폭률(voltage amplification)이다. 전동기가 점성 마찰 부하를 가지며 속도와 전기자 전압 사이의 관계가 식 (9.25)에 의해 주어진다고, 즉, 간단을 위하여 전기자 인덕턴스를 무시하여,

$$\omega_{o(s)} = \frac{R_b}{R_a + R_b}\frac{v_{t(s)}}{k\Phi(s\tau_e + 1)} \qquad [\mathrm{rad/s}] \tag{9.35}$$

로 주어진다고 가정한다. 이제 식 (9.33), (9.34), 그리고 (9.35)가 결합되면, 구동 속도(drive speed)는

$$\omega_{o(s)} = \left(\frac{G}{G+1}\right)\frac{\omega_{o(s)}{}^*}{s\dfrac{\tau_e}{G+1} + 1} \qquad [\mathrm{rad/s}] \tag{9.36}$$

에 의해 지령 속도와 관련된다. 여기서

$$G = A\frac{k_\omega}{k\Phi}\frac{R_b}{R_a + R_b} \tag{9.37}$$

이다. 양(quantity) G는 폐루프의 전체 증폭률(overall amplification factor)로 알려져 있다. 이 인자는 주로 제어 전압원의 전압 이득(voltage gain) A에 종속한다. 식 (9.36)의 조사는 지령에 어울리는 속도에 대한 정확도는 증폭 인자 G가 크게 만들어질 수 있다면 정상 상태에서 매우 높게 만들어질 수 있음을 보인다. 또한, $G \gg 1$로, 이 정확도는 매개변수 R_b에 영향을 미치거나 자속을 변화시킬 부하에서의 변

화와 같은 매개변수에서의 변화에 거의 무관하게 된다. 덧붙여, 식 (9.36)과 식 (9.25)에서의 개루프 계통(open-loop system)에 대한 관계식의 비교는 유효 시정수가 인자 $G+1$로 줄어듦을 보인다. 따라서, 지령의 작은 변화에 대한 매우 빠른 응답이 기대될 수 있다.

식 (9.36)의 이상화된 관계식은 잠재적으로 응답의 정확도와 속도가 이득 A의 증가에 의해 무한히 개선될 수 있다는 인식을 주도록 현혹시킨다. 하지만, 전기자 인덕턴스의 효과가 식 (9.31)에서와 같이 포함된다면, 관계식은

$$\omega_{o(s)} = \frac{G}{G+1} \frac{\omega_{o(s)}{}^{*}}{s^2\left(\frac{\tau_a \tau_L}{G+1}\right) + s\left(\frac{\tau_a + \tau_L}{G+1}\right) + 1} \qquad \text{[rad/s]} \qquad (9.38)$$

로 된다. 이득이 증가됨에 따라, 계단 지령 속도에 대한 속도 응답(계단 응답)은, 그림 9.13에서 보여진 바와 같이, 원하는 값을 넘어서는 오버슈트(overshoot)가 증가하는 감쇠 정현 진동(damped sinusoidal oscillation)으로 된다. 응답은 표현식

$$\omega_o = \frac{G}{G+1} \omega_o{}^{*} \left[1 - \frac{\omega_n}{\omega_d} \epsilon^{-\alpha t} \cos(\omega_d t - \theta)\right] \qquad \text{[rad/s]} \qquad (9.39)$$

로 주어진다. 여기서

$$\omega_n = \left(\frac{G+1}{\tau_a \tau_L}\right)^{1/2} \qquad \text{[rad/s]} \qquad (9.40)$$

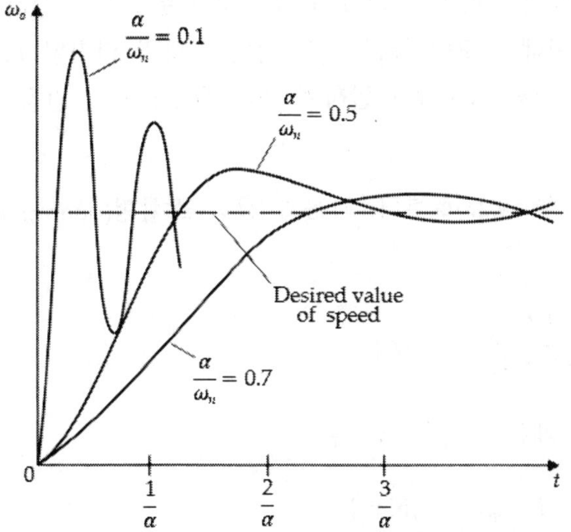

Figure 9.13 Transient response to a step in speed command.

$$\alpha = \frac{1}{2}\left(\frac{1}{\tau_a} + \frac{1}{\tau_L}\right) \qquad [\mathrm{s}^{-1}] \tag{9.41}$$

$$\omega_d = (\omega_n{}^2 - \alpha^2)^{1/2} \qquad [\mathrm{rad/s}] \tag{9.42}$$

그리고

$$\theta = \cos^{-1}\frac{\omega_d}{\omega_n} \tag{9.43}$$

이다. ω_n에 대한 α의 비(ratio)는 **비제동률**(*relative damping ratio*)로 알려져 있다. 이 비의 여러가지 값에 대한 과도(transient)가 그림 9.13에서 보여져 있다. 진동 감쇠(oscillation decay)에 있어서의 포락선(envelope)은 이득에 무관한 것으로 보여진다. 단지 진동의 주파수 만이 이득의 증가에 따라 증가한다. 속도 응답의 개선에 대한 더 정교한 수단에 대해서는 제어 계통 교재에서의 논의를 참고하기 바란다.

EXAMPLE 9.2 그림 9.12에서 보여진 속도 제어 계통에서, 전동기 속도는 0.2 [V·s/rad]을 생성하는 회전 속도계에 의해 측정된다. 내부 증폭기(internal amplifier)를 가진 제어 전압원은 증폭률 A를 가진다. 전동기는 0.4 [Ω]의 전기자 저항과 0.02 [H]의 전기자 인덕턴스를 가지며, 전기자 전류에 대하여 1.1 [N·m/A]의 토크를 생성한다. 전동기와 부하의 극 관성 모멘트는 2 [kg·m²]이다. 전동기와 부하 둘 다의 마찰손은 무시될 수 있다.

(a) 지령 속도에 대한 부하 속도에 관한 전달 함수(transfer function)를 전개하라.
(b) 0.7의 비제동률을 생성하기 위해 요구되는 증폭률 A를 결정하라.
(c) 계통이 원래 정지해 있으며 계단 속도 지령 신호가 인가된다고 가정한다. 첫번째로 정상 상태 지령 속도에 도달하기 위해 요구되는 시간을 추정하라.

Solution

(a) 전기자 전류는, 식 (9.27)로부터, 다음과 같이 조작형(operational form)으로 표현될 수 있다:

$$i_{a(s)} = \frac{v_{t(s)} - k\Phi\omega_{o(s)}}{R_a(s\tau_a + 1)} \qquad [\mathrm{A}]$$

손실이 없는 이 계통의 경우, 토크는

$$T = k\Phi i_{a(s)} = Js\omega_{o(s)} \qquad [\mathrm{N{\cdot}m}]$$

이 두 표현식을 재배열하면 다음을 준다:

$$\omega_{o(s)} = \frac{v_{t(s)}}{k\Phi[s\tau_e(s\tau_a + 1) + 1]} \qquad [\text{rad/s}]$$

여기서

$$\tau_e = \frac{JR_a}{(k\Phi)^2} \qquad [\text{s}]$$

폐루프로,

$$v_{t(s)} = Ak_\omega\left(\omega_{o(s)}{}^* - \omega_{o(s)}\right) \qquad [\text{V}]$$

따라서,

$$\omega_{o(s)} = \frac{G}{G+1}\frac{\omega_{o(s)}{}^*}{s^2\dfrac{\tau_e\tau_a}{G+1} + s\dfrac{\tau_e}{G+1} + 1} \qquad [\text{rad/s}]$$

여기서

$$G = Ak_\omega/k\Phi$$

(b) 문제 설명으로부터:

$$k_\omega = 0.2 \qquad [\text{V·s}]; \qquad R = 0.4 \qquad [\Omega]$$
$$\tau_a = \frac{0.02}{0.4} = 0.05 \qquad [\text{s}]$$
$$k\Phi = 1.1 \qquad [\text{V·s/rad}]$$
$$\tau_e = \frac{2 \times 0.4}{1.1^2} = 0.66 \qquad [\text{s}]$$
$$G = A\frac{0.2}{1.1} = 0.182A$$

따라서,

$$\omega_{o(s)} = \frac{G}{G+1}\frac{\omega_{o(s)}{}^*}{s^2\dfrac{0.66 \times 0.05}{G+1} + s\dfrac{0.66}{G+1} + 1} \qquad [\text{rad/s}]$$

계수 α는 s^2의 계수에 대한 s의 계수의 비(ratio)의 절반으로 찾아진다:

$$\alpha = \frac{1}{2}\frac{1}{0.05} = 10 \qquad [\text{s}^{-1}]$$

그러면, 0.7의 제동비(damping ratio)의 경우, 자연 주파수(natural frequency)는 다음과 같아야 한다:

$$\omega_n = \frac{\alpha}{0.7} = 14.3 \qquad [\text{rad/s}]$$

s^2의 계수를 사용하여,

$$\omega_n{}^2 = \frac{G+1}{0.66 \times 0.05} = 204.1$$

그러므로,

$$G = 5.74 \quad \text{and} \quad A = \frac{5.74}{0.182} = 31.5$$

(c) 그림 9.13에서 보여진 전형적인 응답으로부터, $\alpha/\omega_n = 0.7$에 대한 속도가 원하는 값과 교차하는 첫번째 시간은 대략

$$t = \frac{2.35}{\alpha} = 0.235 \qquad [\text{s}]$$

9.4 POSITION CONTROL

정확한 위치 제어가 로봇, 공작 기계, 승강기, 그리고 디스크 구동(disk drive) 같은 많은 응용에서 요구된다. 그림 9.14에서 보여진 예에서, 망원경의 수평 각도 θ_L는 지령 각도 신호 θ_L*에 응답하도록 제어된다. 망원경 거치대는 감속 기어비 n을 통하여 정류자 전동기에 의해 회전된다. 각도 θ_L은 회전 전위차계(rotary potentiometer) 같은 위치 감지기(센서)(position sensor)에 의해 측정된다. 각도의 측정 값과 원하는 값 사이의 차이는 전기자 전압의 제어를 위해 사용된다.

이 계통의 주된 특징을 평가하기 위하여, 부하 관성 J_L과 전동기 관성 J_o로 이루어진 손실없는 부하를 가정한다. 그러면, 식 (9.12)로부터, 전동기에서 보여지는 유효 관성(effective inertia)은

$$J = J_o + J_L/n^2 \qquad [\text{kg·m}^2] \tag{9.44}$$

이다. 전동기 인덕턴스가 무시된다면, 개루프 속도 응답은, 식 (9.21)로부터,

$$\omega_{o(s)} = \frac{v_{t(s)}}{k\Phi(s\tau_e + 1)} \qquad [\text{rad/s}] \tag{9.45}$$

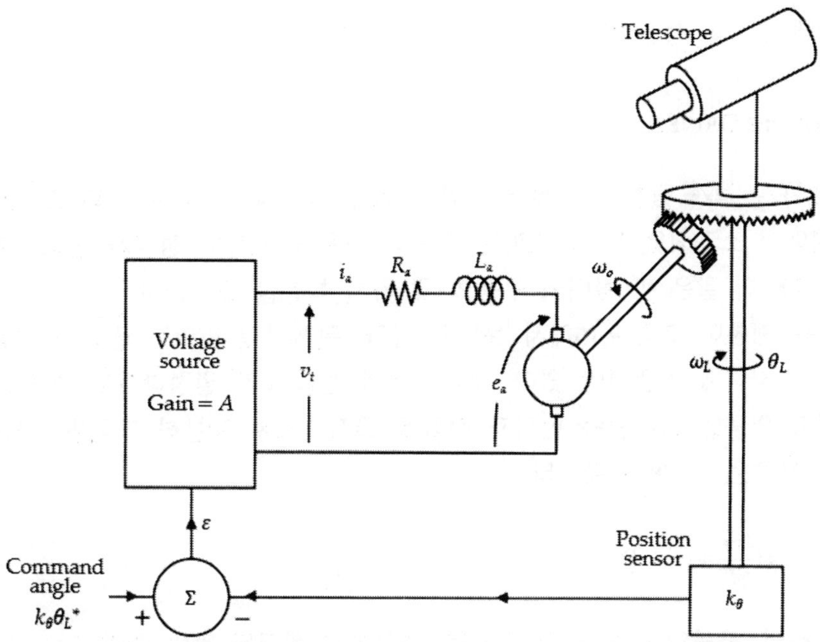

Figure 9.14 Position control system.

이다. 궤환 루프(feedback loop)는 전동기 단자 전압과 각도 오차 사이의 관계

$$v_{t(s)} = Ak_\theta(\theta_L{}^* - \theta_L) \qquad [\mathrm{V}] \tag{9.46}$$

를 생성한다.

$\omega_L = d\theta_L/dt$이기 때문에, 부하 각도는 관계식

$$\theta_{L(s)} = \frac{\omega_{L(s)}}{s} = \frac{\omega_{o(s)}}{ns} = \frac{\theta_{L(s)}{}^*}{s^2\frac{\tau_e}{G} + s\frac{1}{G} + 1} \qquad [\mathrm{rad}] \tag{9.47}$$

에 의해 그것의 지령 값과 관련될 수 있다. 여기서

$$G = \frac{Ak_\theta}{nk\Phi} \tag{9.48}$$

이다. 결과는 계단 지령에 대한 과도 응답이 그림 9.13에서 속도에 대해 보여진 것과 같은 일반형을 가질 2차 표현식(second-order expression)이다. 전기자 인덕턴스의 효과가 포함되었다면, 결과가 3차 관계식이 되었을 것이다. 식 (9.47)에서 $s = 0$으로 두는 것은 지령 각도 설정에 어울리는 정상 상태 오차가 이상적으로 0이라는 것을 가리킨다. 실제로는, 구동 계통에서의 정적 마찰(static friction)이 보통 약간의

정상 상태 오차를 생성한다.

9.5 CHOPPER DRIVES

1개, 2개, 또는 4개 상한에서 제어 직류 전압을 생성할 수 있는 초퍼 회로의 조합이 8.3절에서 소개되었다. 이 초퍼는 가변속 구동을 위하여 정류자 전동기와 결합될 수 있다. 이 절은 이 형태의 구동의 몇 가지 특징을 조사한다.

초퍼 구동 계통이 그림 9.15에서 보여져 있다. 뒤에서 논의되는 필터가 직류 전압원과 초퍼 사이에 삽입되어 있다. 초퍼에서의 전압 V가 일정하다고 가정하자. 전기자 회로 인덕턴스가 연속 전기자 전류를 유지하도록 충분히 크다면, 평균 전기자 단자 전압은, 식 (8.19)로부터,

$$\bar{v}_t = \frac{t_{ON}}{T} V \qquad [\text{V}] \tag{9.49}$$

이다. 따라서, 구동의 정상 상태 거동은 4.5절에서 전개된 바와 같이

$$\omega_o = \frac{V}{k\Phi}\frac{t_{ON}}{T} - \frac{R_a T}{(k\Phi)^2} \qquad [\text{rad/s}] \tag{9.50}$$

으로 주어진다. 과도 거동은 이미 9.2절부터 9.4절에서 논의되었다.

하지만, 초퍼 전압원에서 중요한 몇 가지 부가적인 고려 사항이 있다. 그 중 한 가지는 전기자 전류에서의 고조파 성분의 효과이다. 그림 8.13에서 보여진 단자 전압에 대한 푸리에 급수(Fourier series)는 식 (9.49)의 일정 항 더하기 $h = 1, 2, 3, \cdots$에 대하여 첨두 크기

$$\hat{v}_h = \frac{2V}{h\pi}\sin\left(h\pi\frac{t_{ON}}{T}\right) \qquad [\text{V}] \tag{9.51}$$

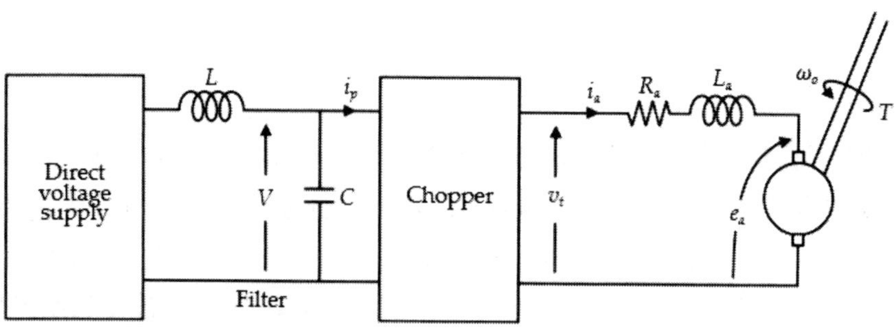

Figure 9.15 Commutator motor drive with chopper supply.

을 가지는 차수 h의 고조파의 조합이다. 가장 큰 고조파 항은 주파수 $f = 1/T$ 에서 $h = 1$에 대한 첫번째이며, 그 최대 값은 $t_{ON} = T/2$, 즉, 2분의 1전압 출력에서 생긴다. 여기서

$$\hat{v}_1 = \frac{2V}{\pi} \qquad [\mathrm{V}] \tag{9.52}$$

이다. 전기자 전류는 이 주파수의 성분을 내포할 것이다. 전기자 임피던스의 저항 부분이 무시된다면, 이 전류 성분의 실효 값은

$$I_1 = \frac{\hat{v}_1}{\sqrt{2}}\frac{1}{\omega_1 L_a} = \frac{VT}{\sqrt{2}\pi^2 L_a} \qquad [\mathrm{A}] \tag{9.53}$$

으로 주어진다.

이 전류는 전기자 회로 저항에서의 손실과 그러므로 기계의 발열에 더해질 것이다. I_b의 연속 전류 정격을 가지는 기계의 경우, 초퍼 전원을 가진 최대 연속 평균 전기자 전류 $\bar{i}_a$는 그러므로

$$\bar{i}_a = \left[I_b^2 - I_1^2\right]^{1/2} \qquad [\mathrm{A}] \tag{9.54}$$

로 제한되어야 할 것이다. 물론, 더 높은 고조파 주파수에서의 전기자 전류 성분이 있을 것이다. 하지만, I_h가 $1/h^2$에 비례하며 그러므로 I_h^2이 $1/h^4$에 비례하기 때문에 발열에 대한 그들의 효과는 작을 것이다. 따라서, 식 (9.54)는 초퍼 전원에서의 사용을 위해 전동기가 정격 저하되어야(derated) 할 양(amount)에 대한 합당한 지시를 준다.

전기자 전류에서의 맥동은 또한 정류자의 동작에서 문제의 원인이 된다; 따라서, 전동기 제조자는 기계에 대한 최대 허용 맥동 전류를 지정할 수 있다. 맥동 전류의 감소는 초퍼 주파수를 증가시키거나 전기자 회로에 외부 인덕턴스를 부가함으로써 이루어질 수 있다.

초퍼가 일정 전압 전원 V로부터 취하는 전류 i_p는 그림 8.13 (c)에서 보여진 형태의 파형을 가진다. 이 파형은 그것의 평균 값에 더하여 주파수 hf의 고조파를 내포한다. 어떤 설비에서는, 다른 계통과의 간섭(interference)을 피하기 위하여 전원 계통에서의 고조파를 작은 값으로 제한하는 것이 필요할 수 있다. 예로는 중앙 정차장(central station)에서 정류기에 의해 공급되는 가공 도체의 쌍(pair of overhead conductor)으로부터 일정 직류 전압에서 전력을 취하는 전기 무궤도 버스(electric trolley bus)일 것이다. 이 가공 도체에서의 고조파 전류는 가까운 통신 회로(communication circuit)에 심각한 간섭의 원인이 될 수 있다. 그러한 고조파 전류의 제어는 종종 적절한 필터의 편입을 포함한다.

전기자 전류가 본질적으로 그 평균 값 $\bar{i}_a$에서 일정하다고 가정하면, 그림 9.15의 계통에서의 전원 전류 i_p는 첨두 값 $\hat{i}_p = \bar{i}_a$와 평균 값

$$\bar{i}_p = \frac{t_{ON}}{T}\bar{i}_a \qquad [\mathrm{A}] \tag{9.55}$$

의 직사각파(rectangular wave)이다. 전원 전류에서 차수 h의 고조파 성분의 첨두 값은 그러면

$$\hat{i}_{hp} = \frac{2\bar{i}_a}{h\pi}\sin\left(h\pi\frac{t_{ON}}{T}\right) \qquad [\mathrm{A}] \tag{9.56}$$

으로 주어진다. 다시, 가장 큰 고조파는 기본 초퍼 주파수 $f = 1/T$에 대해 출력 전압 수준 $\bar{v}_t = V/2$에서 생기는 것이 보여진다. 이것은 보통 필터 설계의 관점에서 가장 중요한 고조파이다. 필터가 그림 9.15의 이상적인 인덕턴스 L과 커패시턴스 C로 이루어졌다고 가정하면, 고조파 차수 h에서 필터에 공급하는 선(line)에서의 고조파 전류의 첨두 값은

$$\hat{i}_{hL} = \frac{\hat{i}_{hp}}{\omega_h{}^2 LC - 1} \qquad [\mathrm{A}] \tag{9.57}$$

이다. 가장 낮은 고조파 차수에서 유효하게 하기 위해서는, $LC \gg 1/\omega_1{}^2$이 필요하다. 따라서, 주파수 hf에서 실효 고조파 선전류 성분은

$$I_{hL} = \frac{\sqrt{2}\,\bar{i}_a}{h\pi(\omega_h{}^2 LC)} = \frac{\bar{i}_a}{2\sqrt{2}\pi^3 h^3 LCf^2} \qquad [\mathrm{A}] \tag{9.58}$$

로 표현될 수 있다. L과 C의 적절한 값은 이제 허용되는 고조파 전류의 명세(specification)를 충족시키도록 선택될 수 있다.

EXAMPLE 9.3 노면 전차(streetcar)가 20000 [kg]의 질량을 가진다. 그것은 정지로부터 기동하여 수평으로(on the level) 1.1 [m/s²]의 일정한 비율로 가속된다. 정류자 전동기가 420 [rad/s]의 전동기 속도에 대해 20 [m/s]의 차량 속도를 주는 감속 기어를 통하여 구동 바퀴 축(drive wheel shaft)에 결합된다. 전동기는 600 [V] 가공 도체로부터 초퍼에 의해 공급된다. 전동기는 0.04 [Ω]의 전기자 저항을 가지며 전기자 전류의 [A]당 2.75 [N·m]의 토크를 제공한다. 전동기와 기어의 관성은 물론

전동기, 기어, 계통 그리고 차량 마찰에서의 기계적 손실은 무시될 수 있다.

(a) 원하는 가속도와 전기자 전류의 대응하는 값을 제공하기 위해 요구되는 토크를 찾아라.

(b) 6 [m/s]의 차량 속도에서 이 가속도를 제공하기 위한 초퍼의 스위칭 비(switching ratio)는 얼마가 되어야 할 것인가?

(c) 얼마의 차량 속도까지 전 가속도(full acceleration)가 유지될 수 있는가?

(d) 문제 (c)에서 찾아진 속도를 넘어선 운전의 경우, 전기자 전압과 입력 전력은 일정하게 유지하며, 계자 자속이 감소된다. 20 [m/s]의 속도를 생성하기 위하여 자속 상수는 얼마로 줄어야 하며, 이 조건 하에서의 가속도는 얼마가 될 것인가?

(e) 초퍼 주파수는 400 [Hz] 그리고 전기자 인덕턴스는 3 [mH]로 가정한다. 이 초퍼 전원으로 운전되는 전동기의 정격 저하는 얼마이어야 할 것인가?

(f) 초퍼 주파수에서 선전류의 최대 실효치가 3 [A]일 때, 선 필터(line filter)의 요구되는 적(곱, product) LC를 결정하라.

Solution

(a) $a = 1.1$ [m/s^2]의 가속도의 경우, 차량에 요구되는 추력(thrust)은

$$F = ma = 20000 \times 1.1 = 22 \qquad \text{[kN]}$$

전동기 속도 ω_o는 차량의 선형 속도(linear speed) v와 다음에 의해 관련된다:

$$\omega_o = \frac{420}{20} v = 21v \qquad \text{[rad/s]}$$

그러면, 손실없는 계통의 경우, 요구되는 토크는

$$T = \frac{Fv}{\omega_o} = \frac{22000}{21} = 1048 \qquad \text{[N·m]}$$

요구되는 전기자 전류는

$$i_a = \frac{T}{k\Phi} = \frac{1048}{2.75} = 381 \qquad \text{[A]}$$

(b) $v = 6$ [m/s]의 경우, $\omega_o = 6 \times 21 = 126$ [rad/s]이다. 이 전동기 속도에서, 요구되는 평균 전기자 전압은 다음이 되어야 한다:

$$\bar{v}_t = k\Phi\omega_o + R_a\bar{i}_a = 2.75 \times 126 + 0.04 \times 381 = 361.7 \qquad \text{[V]}$$

따라서,

$$\frac{t_{ON}}{T} = \frac{361.7}{600} = 0.603$$

(c) $t_{ON} = T$로, $v_t = 600$ [V]이다. 이 조건에서,

$$\omega_o = \frac{600 - 0.04 \times 381}{2.75} = 212.6 \qquad [\text{rad/s}]$$

그리고

$$v = \frac{212.6}{21} = 10.13 \qquad [\text{m/s}]$$

(d) 속도 범위 $10.13 < v < 20$ [m/s]의 경우, 전동기에 대한 전력 입력은 $P = 600 \times 381 = 228.6$ [kW]에서 일정하게 된다. $v = 20$ [m/s] 또는 $\omega_o = 420$ [rad/s]의 최대 속도에서, 자속 상수는 다음이 되어야 한다:

$$k\Phi = \frac{600 - 0.04 \times 381}{420} = 1.39 \qquad [\text{N·m/A}]$$

이 자속의 경우, 전동기 토크는 $T = 1.39 \times 381 = 530$ [N·m]이며 차량에서의 추력(thrust force)은 $F = 530 \times 21 = 11130$ [N]이 될 것이다. 이 추력으로, 차량 가속도는 다음이 될 것이다:

$$a = \frac{F}{m} = \frac{11130}{20000} = 0.56 \qquad [\text{m/s}^2]$$

(e) 초퍼 주기는 $T = 1/f = 2.5$ [ms]이다. 식 (9.53)으로부터, 가장 나쁜 조건 하에서 전기자에서의 고조파 전류의 기본파 성분은

$$I_1 = \frac{VT}{\sqrt{2}\pi^2 L_a} = \frac{600 \times 2.5 \times 10^{-3}}{\sqrt{2}\pi^2 \times 3 \times 10^{-3}} = 35.8 \qquad [\text{A}]$$

따라서, 전동기의 정격 또는 기저 전류(base current)는 다음이 되어야 할 것이다:

$$i_{a(b)} = \left(381^2 + 35.8^2\right)^{1/2} = 382.7 \qquad [\text{A}]$$

그러므로, 고조파 전류 때문에 요구되는 전동기의 의미있는 정격 저하는 없다.

(f) 식 (9.57)로부터, 400 [Hz]의 주파수에서, 기본파 맥동 전류를 3 [A]로 제한하기 위한 LC 적(곱)은

$$LC = \frac{\bar{i}_a}{2\sqrt{2}\pi^3 f^2 I_{1L}} LC = \frac{381}{2\sqrt{2}\pi^3 400^2 \times 3} = 9.1 \times 10^{-6} \qquad [s^2]$$

이제 L과 C의 적절한 값이, 보통 두 요소(소자, element)의 상대적인 비용을 기초로 하여, 선택될 수 있다.

9.6 CONTROLLED RECTIFIER DRIVES

구동을 위하여 정류자기를 사용하는 산업 응용에서는, 이용할 수 있는 전원이 보통 50 또는 60 [Hz]의 주파수이며, 적당히 일정한 정현인 교류 전압인 3상이다. 이 상황의 경우에는, 그림 9.16에서 보여진 바와 같은 제어 정류기 구동 계통이 널리 채용된다.

3상 제어 정류기의 주된 특성은 8.2.2절에서 논의되었다. 정상적인(normal) 연속 전류 모드에서는, 평균 전기자 전압 $\bar{v}_t$는, 식 (8.11)로부터,

$$\bar{v}_t = 1.35 V_{L\text{-}L} \cos\alpha \qquad [V] \tag{9.59}$$

에 의해 선간(line-to-line) 실효치 전원 전압과 관련된다. 여기서 α는 점호각이다. 부하가 올려지고 내려지지만 케이블 힘(cable force) F와 따라서 전동기 토크 T는 항

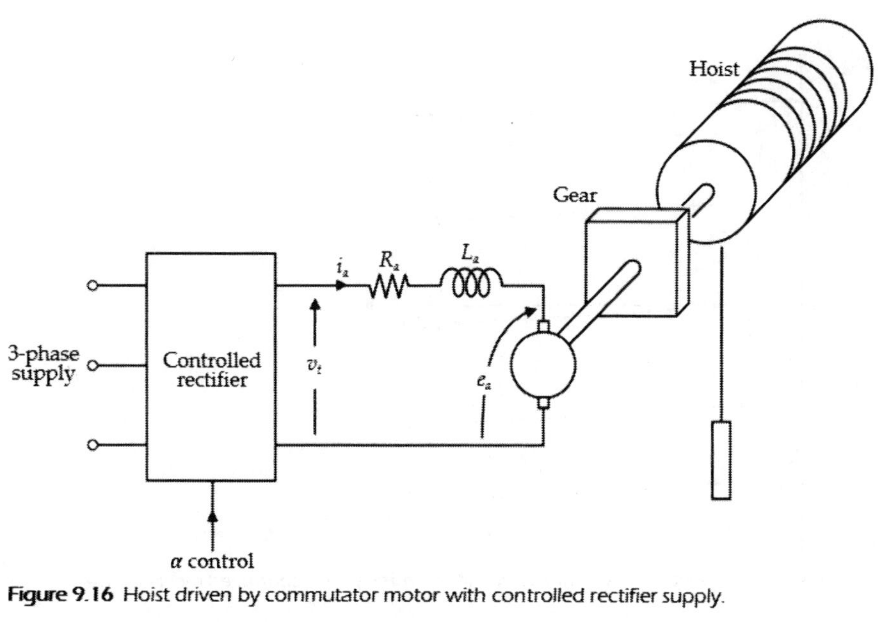

Figure 9.16 Hoist driven by commutator motor with controlled rectifier supply.

상 정(양, positive)인 그림 9.16의 권양기 구동(hoist drive)을 고려한다. 이 상황의 경우, 그림 8.9의 제어 정류기가 사용될 수 있다. 정상 상태 속도-토크 관계는

$$\omega_o = \frac{1.35V_{L\text{-}L}\cos\alpha}{k\Phi} - \frac{R_a T}{(k\Phi)^2} \qquad [\text{rad/s}] \tag{9.60}$$

으로 주어진다. α의 여러가지 값에 대한 속도-토크 관계의 전형적인 조합이 그림 9.17에서 보여져 있다. 대부분의 토크 범위에 걸쳐, 관계식은 식 (9.60)에서 주어진 것과 같다. 하지만, 전기자 전류가 불연속으로 될 것이며 토크가 증가함에 따라 속도가 급하게 떨어지는 낮은 토크 영역이 있을 것이다. 충분한 권양기 부하로, 이 영역과는 마주치지 않을 수 있다. 부하 저하(lowering)는 90°와 같거나 더 큰 α로 이루어진다. 4-상한 운전이 요구되는 상황에서는, 2중(dual), 3상 제어 정류기/인버터 계통이 채용될 수 있다. 4-상한 정류기/인버터의 단상 판(single-phase version)이 그림 8.8에서 보여져 있다.

더 정확하고 빠른 속도 제어를 위해서는, 그림 9.12의 폐루프 계통이 사용될 수 있다. 이 계통의 해석은 9.3절에서 이미 논의되었다. 이 해석에 있어서의 한 가지 복잡한 상황은, 그림 9.18에서 보여진 바와 같은, 전기자 전압과 점호각 사이의 비선형 관계이다. 첫번째 근사화로서, 이 코사인 곡선(cosine curve)이

$$\bar{v}_t \approx 0.9\hat{v}_t\left(\frac{\pi}{2} - \alpha\right) \qquad [\text{V}] \tag{9.61}$$

과 같이 표현될 수 있는 직선에 의해 근사화될 수 있다.

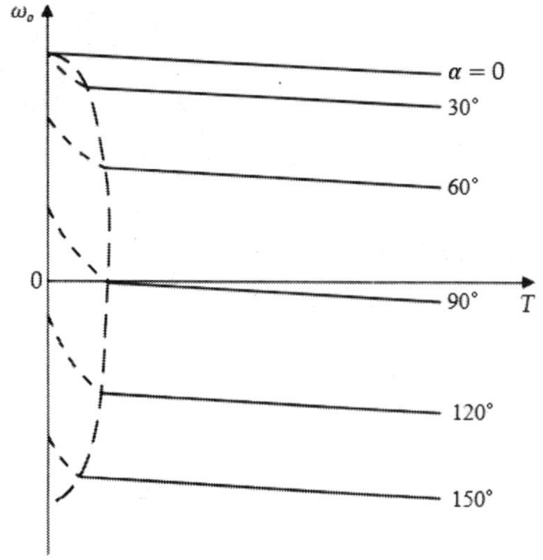

Figure 9.17 Speed-torque characteristics for a three-phase controlled rectifier drive.

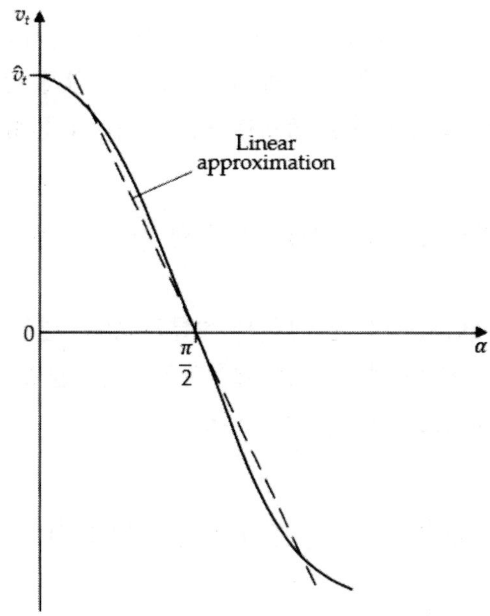

Figure 9.18 Linear approximation for rectifier control function.

3상 정류기에 대한 전형적인 출력 전압 파형이 그림 8.10 (c)에서 보여져 있다. 전원 주파수 ω_s에 대한 이 파형의 푸리에 급수는

$$v_t = \frac{3\sqrt{2}}{\pi} V_{L\text{-}L} \cos\alpha + \frac{6\sqrt{2}}{\pi} V_{L\text{-}L} \left[\left(\frac{\cos 7\alpha}{14} - \frac{\cos 5\alpha}{10} \right) \sin 6\omega_s t + \left(\frac{\sin 7\alpha}{14} - \frac{\sin 5\alpha}{10} \right) \cos 6\omega_s t \right] + \text{12th} + \text{18 th harmonics} \quad [\text{V}] \tag{9.62}$$

이다. 가장 큰 고조파 전류는 차수 6의 것이며, 그것의 최대 크기는 $\alpha = \pi/2$, 즉, 0의 평균 출력 전압의 조건에서 생긴다. 이 조건에서, 실효치 6차 고조파 전압은

$$V_6 = \frac{6}{\pi} V_{L\text{-}L} \left(\frac{1}{14} + \frac{1}{10} \right) = 0.327 V_{L\text{-}L} \qquad [\text{V}] \tag{9.63}$$

이다. 전기자 회로에서의 6차 고조파 전류는 이제 전기자 저항을 무시하여 (상투적으로) 근사화될 수 있으며

$$I_6 = \frac{V_6}{6\omega_s L_a} \qquad [\text{A}] \tag{9.64}$$

를 준다. 이 전류를 사용하여, 이 계통에서의 사용을 위해 전동기가 정격 저하되어야 할 한도를 보는 점검이 이루어질 수 있다.

EXAMPLE 9.4 정류자 전동기가 0.045 [Ω]의 전기자 저항과 0.73 [mH]의 인덕턴스를 가진다. 그 유기 전압은 3500 [rpm]에서 구동될 때 230 [V]이다. 정격 전기자 전류는 89 [A]이다. 전동기는 제어 정류기를 통하여 3상, 60 [Hz] 전원으로부터 공급받는다.

(a) 230 [V]의 최대 직류 출력 전압을 제공하기 위한 선간 전원 전압은 얼마가 되어야 할 것인가?

(b) 이 구동에 대해 정격 저하되어야 할 전기자 전류의 값은 얼마인가?

(c) 600 [rpm]의 속도에서 최대 출력 토크를 제공하기 위한 점호각은 얼마가 되어야 할 것인가? 기계적 손실은 무시될 수 있다.

Solution

(a) 230 [V]까지 전동기에 공급할 때, 선간 전원 전압은 다음이어야 한다:

$$V_{L\text{-}L} = \frac{230}{1.35} = 170 \qquad [\mathrm{V}]$$

(b) 6차 고조파 전압은 $\alpha = \pi/2$에서 최대일 것이며, 다음의 값을 가질 것이다:

$$V_6 = 0.327 \times 170 = 55.6 \qquad [\mathrm{V}]$$

6차 고조파 전류는

$$I_6 = \frac{55.6}{0.045 + j\left(12\pi \times 60 \times 0.73 \times 10^{-3}\right)} = 33.7 \qquad [\mathrm{A}]$$

89 [A]의 정격 전기자 전류에 대하여, 제어 정류기 전원을 사용한 최대 연속 전류는 다음이 될 것이다:

$$i_a = \left(89^2 - 33.7^2\right)^{1/2} = 82.4 \qquad [\mathrm{A}]$$

(c) 전동기의 자속 상수는

$$k\Phi = \frac{230}{3500 \times \dfrac{2\pi}{60}} = 0.628 \qquad [\mathrm{N{\cdot}m/A}]$$

허용되는 연속 전류로 최대 토크는

$$T = k\Phi i_a = 0.628 \times 82.4 = 51.7 \qquad [\mathrm{N{\cdot}m}]$$

$\omega_o = 600$ [rpm] $= 62.8$ [rad/s]의 속도에 대하여, 점호각은 식 (9.60)으로부터 다음과 같이 구해질 수 있다:

$$\begin{aligned}\alpha &= \cos^{-1}\left(\frac{k\Phi\omega_o - R_a T/k\Phi}{1.35V_{L\text{-}L}}\right)\\ &= \cos^{-1}\left(\frac{0.628\times 62.8 - 0.045\times 51.7/0.628}{1.35\times 170}\right)\\ &= \cos^{-1}0.156 = 81^\circ\end{aligned}$$

9.7 SERIES COMMUTATOR MOTORS

직권 정류자 전동기(*series commutator motor*)에서는, 전기자가 적절히 설계된 직권 계자 권선과 직렬로 연결된다. 기계에 대한 등가회로가 그림 9.19 (a)에서 보여져 있다. 4.5절에서, 넓은 속도 범위가, 전원 전압에 필적하는 전압을 생성하기 위하여 전동기가 더 빠르게 움직이는 것을 요구하는, 약계자(계자 약화, weakening the field flux)에 의해 이루어질 수 있다는 것이 유의되었다. 직권 전동기에서는, 이 계자 자속 변동이 부하 변화에 응답하여 선천적으로 생긴다. 부하에서의 증가는, 계자 전류와 같게 되는, 전기자 전류를 증가시키고, 다음에 계자 자속을 증가시킨다. 결과는 일정 전압 전원으로부터 운전할 때 증가하는 토크에 따라 가파른 속도 강하 특성(steepy dropping speed characteristic)을 가지는 전동기이다.

직권 정류자 전동기에 대한 기본 정상 상태 속도-토크 관계식은, 식 (4.26)으로부터,

$$\omega_o = \frac{v_t}{k\Phi} - \frac{(R_a + R_s)T}{(k\Phi)^2} \qquad \text{[rad/s]} \tag{9.65}$$

이다. 여기서 R_s는 직권 계자 권선의 저항이다. 자속 상수 $k\Phi$는 그림 9.19 (b)에서 보여진 형태의 비선형 곡선에 의해 계자 권선 내에서 흐르는 전기자 회로 전류와 관련된다. 전동기 전류가 이 자화 곡선의 선형 범위 내에 있을 때에는, 자속 상수는

$$k\Phi = k_f i_a \tag{9.66}$$

으로 표현될 수 있다. 이 조건의 경우, 전동기에서 생성되는 토크는

$$T = k\Phi i_a = k_f {i_a}^2 \qquad \text{[N·m]} \tag{9.67}$$

이다. 식 (9.67)을 (9.65)에 대입하면

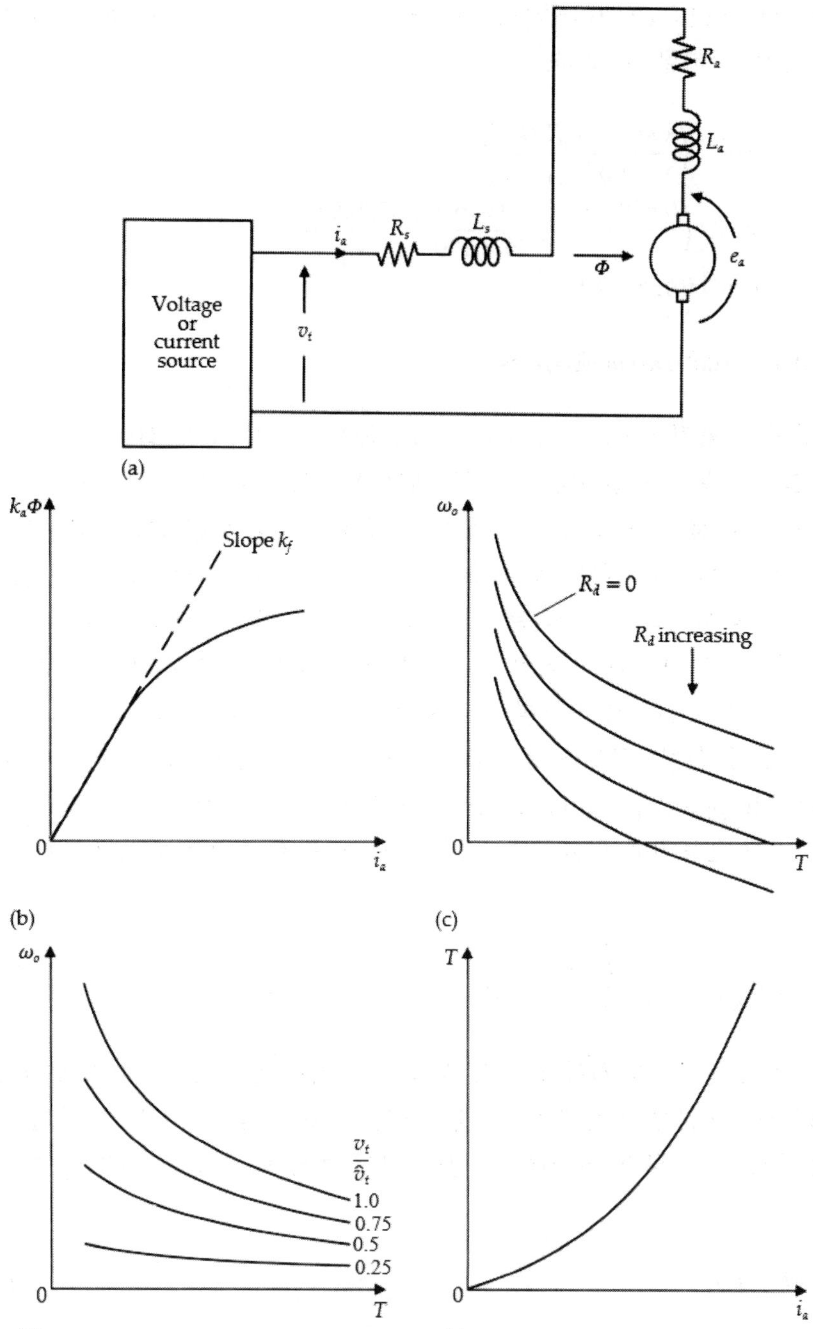

Figure 9.19 (a) Series motor, (b) magnetization curve, (c) speed-torque characteristic with series resistance R_d, (d) speed-torque curves with controlled supply voltage, and (e) speed-torque relation with controlled supply current.

$$\omega_o = \frac{v_t}{(k_f T)^{1/2}} - \frac{R_a + R_s}{k_f} \qquad [\text{rad/s}] \tag{9.68}$$

로 선형 자속 영역 내에서의 속도-토크 관계식을 준다.

직권 전동기는 가변 저항기(variable resistor) R_d를 통하여 일정 직류 전압 전원에 그것을 연결함으로써 다소 비효율적인 조절 가능한 속도 구동(adjustable speed drive)으로 운전될 수 있다. R_d의 여러가지 값에 대한 속도-토크 관계의 조합이 그림 9.19 (c)에서 보여져 있다.

어떤 형태의 기계 부하의 경우에는 부하 토크의 증가에 따라 속도에서의 상당한 강하가 바람직하다. 예를 들어, 견인(traction) 응용에서는, 높은 추력(thrust)으로 올라갈 때에는 낮은 속도, 그리고 낮은 추력으로 수평으로 달릴 때에는 높은 속도가, 전원 선으로부터 취해지는 더욱 거의 일정한 전력을 요구한다.

그림 9.19 (c)의 속도-토크 곡선으로부터 직권 전동기는 기계 부하 없이 일정 전압 전원에서는 운전될 수 없음이 명백하다. 부하의 제거는 속도의 증가, 전류와 자속의 감소, 그리고, 그러므로 마찰과 윈디지 만으로 제한되는 위험하게 높은 수준의 누진적 속도 증가(progressive increase in speed)를 야기한다.

효율적인 가변속 구동은 전력용 반도체 변환기 전원과 함께 직권 전동기를 사용하여 얻어질 수 있다. 전동기가 제어 정류기 또는 초퍼로부터 제어 전압이 공급된다면, 여러가지 전압 설정에 대한 속도-토크 관계가 그림 9.19 (d)에서 보여진 형태를 가질 것이다. 가변 전류 전원이 사용된다면, 결과는 식 (9.67)에서 주어진 것과 같은 발생 토크의 제어된 값(controlled value)이다. 토크는 낮은 값에 대해서는 전류의 제곱에 따라 바뀌지만 자계 계통이 포화함에 따라 전류에 더 거의 직선적 비례로 된다. 전형적인 곡선이 그림 9.19 (e)에서 보여져 있다.

전동기 전류의 역전은 자속 방향과 전기자 전류의 방향 둘 다를 역전시켜, 식(9.67)에서 보여지는 바와 같이, 토크 방향은 변화하지 않는다. 그러므로, 적당하게 설계된 직권 전동기는 교류 전압 전원에서 동작될 수 있다. 교류 전류로, 토크는 0과 평균 값의 2배 사이를 맥동하지만, 선 주파수의 2배가 되는, 맥동(pulsation)의 주파수는 보통 심각한 비틀림 진동(torsional vibration)을 피할 수 있을 정도로 충분히 높다.

교류 직권 전동기는 과도한 와류손을 피하기 위하여 성층 자극과 계철을 요구한다. 또한 정류 중에 단락 회로가 되는 코일 내에 변압기 동작으로 유도되는 전압 때문에 정류에서 특별한 문제가 있다. 이 인자가 교류 직권 전동기의 토크 정격을 제한한다.

실효 값 V_t와 주파수 ω의 교류 전압의 전원에 연결된 직권 전동기의 경우, 전기

자 전류 페이서는 자기적으로 선형인 영역에서 그림 9.19 (a)의 등가회로로부터

$$\vec{I}_a = \frac{\vec{V}_t}{(k_f\omega_o + R_a + R_s) + j\omega(L_a + L_s)} \qquad [A] \tag{9.69}$$

와 같이 유도될 수 있다. 여기서 L_s는 직권 계자 회로의 인덕턴스이다. 기동의 경우, 전류는 주로 유도성 임피던스에 의해 제한되며, 직입 기동(direct-line starting)이 허용된다.

직류 또는 교류 전압 전원 둘 다에서 사용될 수 있는 소형 직권 전동기는 **만능(유니버설) 전동기**(*universal motor*)로 알려져 있다. 그들은 수공구(hand tool)와 가전(domestic appliance)에 광범위하게 사용된다. 그들의 전력 정격은 일반적으로 1 [kW] 보다 작으며, 전부하 속도(full-load speed)는 10000 [rpm]을 초과할 수 있다.

EXAMPLE 9.5 만능 직권 전동기가 3 [A]의 직류 전류를 운반할 때 2 [N·m]의 정지 토크(standstill torque)를 생성한다. 단자 사이의 저항은 2.5 [Ω] 이며 인덕턴스는 0.04 [H]이다. 자기적 선형성이 가정될 수 있으며 회전손(rotational loss)은 무시될 수 있다. 전동기는 115 [V], 60 [Hz], 교류 전압 전원에 연결되었다고 가정한다.

(a) 전동기의 평균 기동 토크를 결정하라.
(b) 전동기 전류가 3 [A]일 때 생성되는 속도, 토크, 그리고 기계 동력을 결정하라.
(c) 문제 (b)의 조건의 경우 역률을 결정하라.

Solution

직류 전류에 의한 토크 측정으로부터

$$T = k_f i_a^2 \quad [N\cdot m]; \qquad k_f = \frac{2.0}{3^2} = 0.222 \qquad [N\cdot m/A^2]$$

(a) 정지 상태에서

$$\vec{I}_a = \frac{115\angle 0^\circ}{2.5 + j(2\pi \times 60 \times 0.04)} = \frac{115\angle 0^\circ}{15.29\angle 80.6^\circ} = 7.52\angle -80.6^\circ \qquad [A]$$

$$T = k_f I_a^2 = 12.6 \qquad [N\cdot m]$$

(b) 전동기에서의 유기 전압은

$$E_a = k_f I_a \omega_o \qquad [V]$$

따라서,

$$|V_s| = |E_a + (R + j\omega L)I_a| \qquad [\text{V}]$$

$$\frac{115}{3} = |0.222\omega_o + 2.5 + j15.1| = 38.3 \qquad [\Omega]$$

그리고

$$\omega_o = \frac{1}{0.222}\left[\left(38.3^2 - 15.1^2\right)^{1/2} - 2.5\right] = 147.2 \qquad [\text{rad/s}]$$

$$T = 0.222 \times 3^2 = 2 \qquad [\text{N·m}]$$

$$P_o = T\omega_o = 2 \times 147.2 = 294 \qquad [\text{W}]$$

(c) $I_a = 3$ [A]에서 전동기 임피던스는

$$Z = 35.2 + j15.1 \qquad [\Omega]$$

따라서,

$$pf = \frac{35.2}{38.3} = 0.92 \qquad [\text{pu}]$$

9.8 ARMATURE REACTION AND COMMUTATION

지금까지는 공극을 가로지르며 전기자 전류와 상호작용하는 자속이 계자 코일 또는 계자 자석의 기자력에만 종속하는 것으로 가정되었다. 하지만, 전기자 권선 또한 기자력을 생성한다. 높은 전기자 전류 조건 하에서는, 이 전기자 기자력이 유용한 자속에 상당한 효과를 가질 수 있다.

이 효과의 이해는 그림 9.20 (a)에서 보여진 2극 단면의 조사로부터 얻어질 수 있다. 균일한 공극이며 전기자 전류가 없을 때에는, 그림 9.20 (b)에서 보여진 바와 같이, 자극 아래의 공극에서의 자속밀도는 본질적으로 자극면(pole face)에 걸쳐 일정하다. 전기자 코일은 그들이 자극 사이의 중간(midway)에 있을 때 정류를 겪는다. 따라서, 하나의 자극 아래에 있는 모든 전기자 도체는 한 방향으로 전류를 운반하는 한편, 인접 자극 아래에서는, 모든 전류가 반대 방향이다. 그림 9.20 (a)의 경로 1의 경우, 둘러싸이는 순(net) 전기자 전류는 0이며, 자극의 중심에서 공극 자속밀도에 미치는 효과는 없다. 경로 2의 경우에는, 순 전기자 기자력이 계자 기자력과 반대되는 방향이어서, 따라서 자극의 이 쪽에서의 자속밀도가 줄어든다. 경로 3의 경우에는 전기자 기자력이 계자 기자력에 더해져, 자속밀도가 증가한다.

기계의 자기 계통이 참으로 선형이라면, 그림 9.20 (b)에서 보여진 바와 같이, 자극의 한 쪽에서의 자속의 감소는 다른 쪽에서의 자속의 증가와 정확히 균형될 것

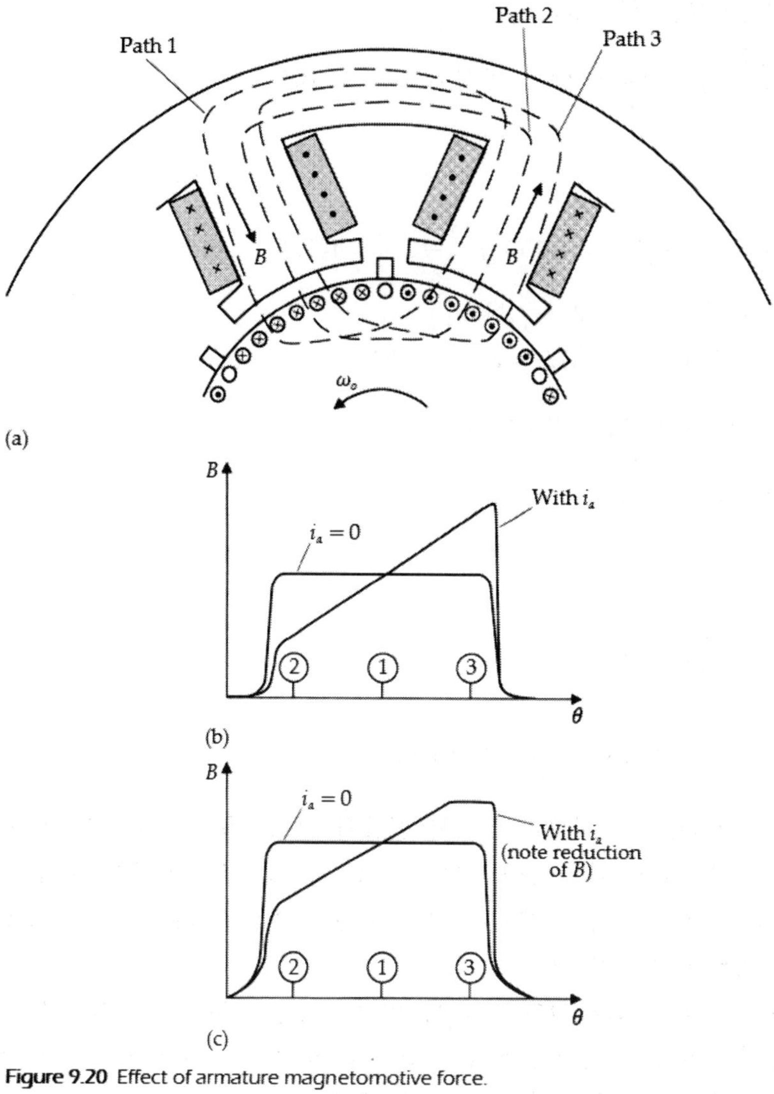

Figure 9.20 Effect of armature magnetomotive force.

이다. 각 전기자 코일에서 유기되는 전압 파형의 형상은 바뀔 것이지만 그 평균값은 변하지 않을 것이다. 하지만, 전기자 기자력이 전기자 치(teeth) 그리고/또는 하나의 자극 끝부분(pole tip) 가까이의 극철(pole iron)에서 포화가 일어나는 값까지 증가된다면, 자속밀도 분포는 그림 9.20 (c)에서 보여진 형태를 가질 수 있다. 그러므로, 총 극 자속(total pole flux)은 큰 전기자 기자력의 효과에 의해 줄어들 수 있다. 이 효과는 일반적으로 **전기자 반작용**(*armature reaction*)으로 알려져 있다.

보통, 정류자기는 자극 자속에 대한 전기자 기자력의 효과가 정격 부하까지는 무시할 수 있도록 설계된다. 전기자 전류의 가장 높은 과도 값에서 조차, 자속의 감소는 비교적 작은 백분율(비율, percentage)로 제한된다. 많은 기계에서는, 이것이 극당 계자 기자력이 정격 전류에서의 전기자 기자력보다 상당히 크도록 공극 길이를 선택함으로써 이루어진다.

정류자 발전기에서는, 전기자 전류에 기인한 자속의 감소가 유기 전압에서의 감소의 원인이 될 것이며 따라서 단자 전압이 전기자 저항을 가로지르는 전압 강하에 기인한 양(amount)보다 더 크게 감소하는 원인이 된다. 전동기에서는, 정상 상태 속도에서의 자속 감소의 효과가 표현식

$$\omega_o = \frac{v_t - R_a i_a}{k\Phi} \qquad [\text{rad/s}] \tag{9.70}$$

을 조사함으로써 평가될 수 있다. 자속 감소가 충분히 크다면, 속도는 부하 토크와 전기자 전류가 증가됨에 따라 실제로 증가할 수 있다. 이 조건은 기계적 불안정(mechanical instability)으로 이끌 수 있으며 피해져야 한다.

전기자 기자력으로 말미암은 자속 일그러짐(flux distortion)은, 그림 9.21에서 보여진 바와 같이, 자극면에 있는 슬롯 또는 구멍(hole) 내에 위치된 보상 코일의 조합을 통하여 전기자 전류를 공급함으로써 효과적으로 제거될 수 있다. 이 보상 권선(compensating winding) 내의 도체수는 그것의 기자력이 전기자에 의해 생성되는 기자력과 같으며 반대 방향이 되도록 선택된다. 그러한 보상 권선은 종종 전기자 전류의 큰 과도 값을 겪을 수 있는 제어 전동기 내에 편입된다.

그림 4.11에서 보여진 바와 같은 영구자석 정류자 전동기에서는, 전기자 기자력이 자석 원호를 가로지르는 자속밀도 분포를 일그러뜨리는 것과 같은 효과를 가질 수 있다. 그것은 하나의 극 단부(pole edge) 아래의 치(teeth)에서의 포화를 일으키고 따라서 극당 순 자속(net flux)을 줄일 수 있다. 영구자석 기계에 대한 부가적인 고려 사항은 자석의 다른 단부에서의 자속밀도가, 그림 1.18의 B-H 루프에서 임계

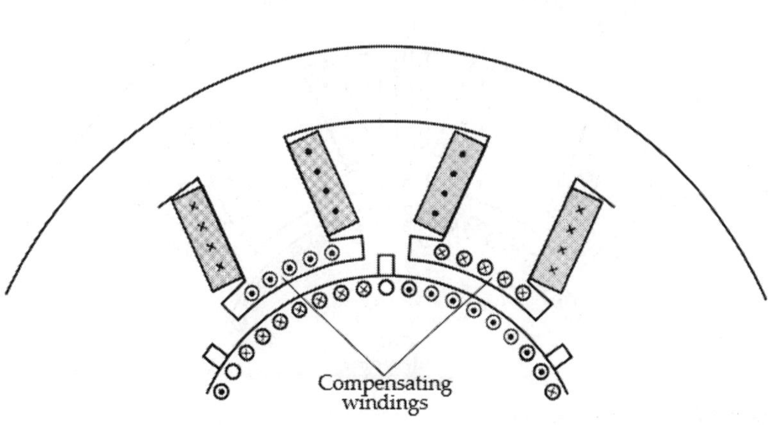

Figure 9.21 Use of compensating windings.

값(critical value) B_D 아래로 자속밀도가 줄어든다면 일어날 것과 같은, 영구 감자(permanent demagnetization)로 귀결할 값까지 줄어들지 않아야 한다는 것이다.

정류(*commutation*)는 기계가 회전함에 따르는 한 경로로부터 다른 경로로의 전기자 도체의 절환 과정(process of switching)이다. 그림 9.22의 기계 내에서의 특정한 코일은 그 코일 변(coil side)이 자극쌍의 아래에 있을 때 전류 i_a/a를 가진다. 여기서 a는 전기자 권선 회로의 병렬 경로의 수이다. 코일 변이 자극 사이의 중간에 있을 때에는, 코일이 정류자와 접촉하는 정지 브러시(stationary brush)에 의해 짧은 시간 t_c 동안 단락 회로로 된다. 코일이 브러시를 통과하자마자 곧, 그것의 전류는 $-i_a/a$가 된다. 이 코일 전류의 역전이 브러시의 단부와 정류자 봉(commutator bar) 사이의 접점에서 주목할만한 불꽃 발생(significant sparking)이 일어나지 않도록 되어야 할 것이다.

코일 전류가 정류 주기(commutation period) t_c에 걸쳐 선형 비율(linear rate)로 변화하고 개방 회로로 되는 것과 동시에 옳은 값에 도달한다면 이상적일 것이다. 이것은 코일이 정류를 겪고있는 동안 코일 내에 적절한 전압 e_c를 유기함으로써 근사적으로 이루어질 수 있다. 이 코일은 그것이 존재하는 전기자 슬롯의 형상에 어느 정도 종속하는 인덕턴스 L_c를 가진다. 코일과 브러시 접점(brush contact)의 저항이 무시된다면, 이 유기 전압의 값은

$$e_c = L_c \frac{di}{dt} = L_c \frac{2i_a}{at_c} \qquad [\mathrm{V}] \tag{9.71}$$

이어야 할 것이다. 그림 9.22는 이 전압이 어떻게 생성될 수 있는 지를 보인다. 전기

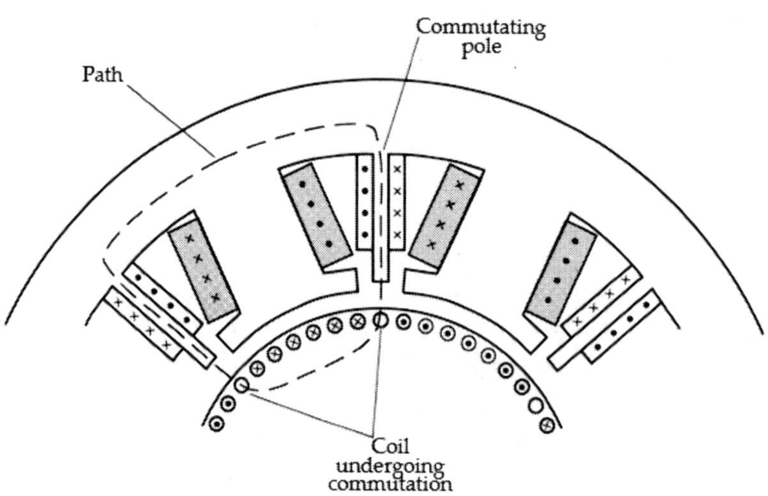

Figure 9.22 Commutating poles.

자 전류를 운반하는 권선을 가진 좁은 정류극(commutating pole), 또는 **보극**(*inter-pole*)은 정류를 겪고있는 코일의 영역 내에 자속밀도를 생성한다. 코일 내에서 유기되는 전압은 따라서 전기자 전류에 비례할 것이며 또한 속도에 비례할 것이다. 이것은 시간 t_c가 속도에 역으로 비례하기 때문에 식 (9.71)을 만족한다.

실제로는, 특히 높은 속도에서 자속 약화(약계자, flux weakening)에 부닥치는 기계에서, 부하 조건의 넓은 범위에 걸쳐 양호한 불꽃없는 정류(spark-free commutation)를 이루기가 어렵다. 정류자(commutator)는 주기적인 유지 보수(maintenance)를 요구하며, 브러시는 정기적인 교체(replacement)를 요구한다.

PROBLEMS

9.1 170 [kg·m²]의 극 관성 모멘트와 속도의 [rad/s]당 50 [N·m]의 토크를 요구하는 기계 부하가 400 [rpm]의 최대 회전 속도에서 구동된다. 정류자 구동 전동기의 최대 속도는 3000 [rpm]이다. 그것의 극 관성 모멘트는 1.8 [kg·m²]이다.

(a) 적절한 기어비를 선택하라.

(b) 모든 손실과 기어의 관성을 무시하여, 전동기의 공극에서 보여지는 등가 총(total) 극 관성 모멘트와 등가 마찰 부하의 상수 b를 결정하라.

(c) 손실을 무시하여, 최대 속도에서의 전동기 기계 동력을 찾아라.

(9.1 절)

9.2 그림 9.1 (a)에서 보여진 형태의 승강기가 12 : 1의 거의 이상적인 감속 기어를 통하여 승강기 케이블이 주위에 감긴 반경 0.3 [m]의 드럼(drum)에 결합된 정류자 전동기를 가진다. 속이 빈 승강기 칸은 800 [kg]의 질량을 가지며, 균형추는 1200 [kg]의 질량을 가진다. 다음 조건에 대하여, 모든 손실을 무시하여, 칸(cage)의 상향력(upward force), 드럼의 각속도, 전동기의 각속도, 전동기의 토크, 그리고 전동기 기계 동력을 찾아라.

(a) 승강기가 10 [m/s]의 일정한 속도에서 12명의 75 [kg] 승객과 함께 위로 움직이는 경우.

(b) 승강기가 10 [m/s]의 속도에 도달하는 순간의 가속도가 1.5 [m/s²]로 12명의 승객 부하와 함께 위로 움직이는 경우.

(c) 속이 빈 승강기로 4 [m/s]의 속도에서, 그리고 1.5 [m/s²]의 감속도에서 아래로 움직이는 경우.

(9.1 절)

9.3 빠른 수송 차량(transit car)이 총(total) 20000 [kg]의 질량을 가진다. 그것은 각각이 7 : 1의 감속 기어를 통하여 반경 0.4 [m]의 강 차륜(steel wheel)의 쌍을 가지는 굴대(차축, axle)에 결합된 2대의 전동기에 의해 구동된다. 각 차륜 조합은 30 [kg·m^2]의 극 관성 모멘트를 가진다. 각 전동기는 0.5 [kg·m^2]의 극 관성 모멘트를 가진다. 모든 손실을 무시하면, 차량을 수평 선로(level track)에서 1.2 [m/s^2]로 가속하기 위해 차륜 테(wheel rim)에서 발휘되어야 하는 총 힘(total force)은 얼마이며, 각 전동기에서 요구되는 대응하는 토크는 얼마인가?

(9.1 절)

9.4 영구자석 정류자 전동기가 다음의 명판 자료(name plate data)를 가진다: 230 [V], 40 [A], 7.4 [kW] (mech), 1000 [rpm], $R_a = 0.5$ [Ω].

(a) 전동기에 대한 양(quantity) $k\Phi$의 값을 찾아라.

(b) 기계에서의 손실 토크가 속도에 비례하는 것으로 가정한다. 비례 상수를 찾아라.

(c) 전동기가 8 : 1의 감속 기어를 통하여 100 [N·m]의 일정 토크를 요구하는 부하에 연결된다. 부하를 62.5 [rpm]의 속도에서 구동하기 위해 요구되는 전기자 단자 전압은 얼마인가?

(d) 문제 (c)의 조건의 경우, 230 [V] 직류 전압 전원이 사용된다면 전기자에 직렬로 요구되는 저항은 얼마가 되어야 할 것인가?

(9.2 절)

9.5 정류자기가 1170 [rpm]의 속도에서 구동된다. 개방 회로 전기자 단자 전압 v_t가 계자 전류 i_f의 값의 조합에 대하여 측정되어 다음의 자료를 주었다:

i_f [A]	0.1	0.2	0.3	0.4	0.5	0.6	0.7	0.8
v_t [V]	55	110	161	218	265	287	303	312

(a) 계자 전류가 0.7 [A]일 때 기계에 대한 $k\Phi$의 양(quantity)을 찾아라.

(b) 0.7 [A]의 계자 전류와 25 [A]의 전기자 전류로 기계가 생성하는 토크는 얼마일 것인가?

(c) 기계가 자기적으로 선형인 영역 내에서 운전될 때, 계자와 전기자 전류의 적(곱, product)의 단위 값당 토크인 양(quantity) k_f의 값을 추정하라.

(9.2 절)

9.6 정류자기의 계자 회로가 18.4 [H]의 인덕턴스와 9 [Ω]의 저항을 가진다.

(a) 계자 전류가 10 [A]의 정상 상태 계자 전류를 주도록 조정된 가변 저항기

와 직렬로 125 [V] 전원으로부터 공급된다고 가정한다. 이 전원이 연결된 후 얼마의 시간에서 계자 전류가 9 [A]에 도달할 것인가?

(b) 계자 회로를 전원에 연결하는 스위치가 열렸을 때 달리 일어날 수 있었던 과도한 전압으로부터 계자 코일의 절연을 보호하기 위하여 저항기가 종종 계자 회로를 가로질러 연결된다. 절연은 2000 [V]의 최대 전압에 안전하게 견딘다고 가정한다. 초기 계자 전류가 125 [V] 전원으로부터 얻을 수 있는 최대 값이라면, 이 값에 대해 계자 회로 단자에서의 전압을 제한하기 위해 요구되는 보호 저항의 값은 얼마인가?

(9.2 절)

9.7 문제 9.1에서의 정류자 구동 전동기가 4000 [rpm]의 속도에서 230 [V]의 유기 전압을 가진다고 가정한다.

(a) 전동기로부터 보여지는 계통의 총(total) 관성과 등가인 커패시턴스를 결정하라.

(b) 전동기로부터 보여지는 마찰 부하와 등가인 저항을 결정하라.

(c) 전동기가 0.045 [Ω]의 전기자 회로 저항과 무시할 수 있다고 가정되는 인덕턴스를 가질 때, 전원 전압의 변화에 응답하는 부하 속도에 대한 시정수를 찾아라.

(9.2 절)

9.8 정류자 전동기가 0.8 [kg·m^2]의 극 관성 모멘트를 가지며 연속 회전을 위해서는 무시할 수 있는 토크를 요구하는 부하를 회전시키기 위해 사용된다. 전동기는 0.05 [kg·m^2]의 극 관성 모멘트, 0.5 [Ω]의 전기자 저항, 무시할 수 있는 전기자 인덕턴스, 그리고 무시할 수 있는 회전손을 가진다. 60 [V]의 전기자 전압으로, 전동기는 120 [rad/s]의 정상 상태 속도를 가진다.

(a) 어떤 시간에, 전기자 전압이 60으로부터 80 [V]로 갑자기 증가되었다. 변화가 이루어진 후 1 [s]에서의 전동기의 속도를 결정하라.

(b) 전동기가 60 [V]의 전기자 전압으로 꾸준하게 운전될 때, 5 [N·m]의 일정 토크를 요구하는 기계 부하가 축(shaft)에 인가되었다. 이 변화가 이루어진 후 1 [s]에서의 전동기의 속도를 결정하라.

(9.2 절)

9.9 220 [V], 1750 [rpm], 89 [A] 정류자 전동기가 0.086 [Ω]의 전기자 저항, 2.2 [mH]의 전기자 회로 인덕턴스, 그리고 0.30 [kg·m^2]의 극 관성 모멘트를 가진다. 그것의 회전손은 무시될 수 있다. 그것이 비(ratio) 9 : 1의 손실없는 감속 기

어를 통하여 120 [kg·m^2]의 극 모멘트의 순 관성(pure inertia)으로 간주될 수 있는 부하를 구동한다.

(a) 전기자 인덕턴스를 무시하여, 전기자 전압에 대한 전동기 속도에 관련된 전달 함수를 전개하라. 이 전달 함수에 대한 시정수를 구하라.

(b) 계통이 최초에 정지 상태로, 20 [V]의 직류 전압이 전기자 단자에 인가된다. 시간의 함수로 속도와 전기자 전류를 유도하고 그들을 그림으로 나타내어라.

(c) 전기자 인덕턴스를 포함하여 문제 (a)와 (b)를 반복하라. 전기자 인덕턴스 무시의 정당성을 검사하기 위하여 결과를 비교하라.

(9.2 절)

9.10 낮으며 5 [Hz]까지의 가변 주파수인 단상 전원이 50 [Ω] 저항 부하에 115 [V] (rms)의 정현 전압을 공급하기 위해 요구된다. 이용할 수 있는 정류자기는 200 [V], 500 [W], 그리고 1200 [rpm]의 정격을 가진다. 이 기계는 정격 속도에서 무부하 정격 전압을 제공하기 위해 0.2 [A]의 계자 전류를 요구한다. 기계는 자기적으로 선형인 것으로 간주될 수 있다. 기계의 다른 매개변수는 전기자 저항 5 [Ω], 전기자 인덕턴스 0.11 [H], 계자 저항 200 [Ω], 그리고 계자 인덕턴스 10 [H]이다. 무시할 수 있는 내부 임피던스를 가진 낮은 주파수의 전기 발진기(low-frequency electric oscillator)가 계자에 연결된다. 기계는 정격 속도에서 구동된다.

(a) 5 [Hz]의 주파수에서 계자 단자에 인가되어야 하는 전압의 실효치를 결정하라.

(b) 문제 (a)의 조건에 대한 부하 전압과 계자 전압 사이의 위상 전이(phase shift)를 결정하라.

(c) 위의 부하로 5 [Hz]에서 구동할 때 기계의 전력 증폭률(이득)(power amplification)을 결정하라.

(9.2 절)

9.11 영구자석 정류자 전동기의 기동기가, 기동 동안의 최대 전류의 값을 정격 전류의 2배로 제한하도록 조정된, 단일 저항기로 이루어진다. 유기 전압은 1800 [rpm]의 속도에서 200 [V]이다. 정격 전기자 전류는 18 [A]이며 전기자 저항은 1.2 [Ω]이다. 전동기와 그것에 연결된 부하의 극 관성 모멘트는 2.5 [kg·m^2]이다. 회전손과 전기자 회로 인덕턴스는 무시될 수 있다. 전원 전압은 200 [V]이다. 기동 저항기가 탈락될 때 전기자 전류가 바로 그 정격 전류의 2배로 상승

한다면, 얼마나 긴 시간 동안 기동 저항기가 회로 내에 남아있어야 할 것인가?

(9.2 절)

9.12 제트 터빈 엔진(jet turbine engine)을 위한 영구자석 시동 전동기(starting motor)가 1 : 5 증속기(speed increaser)를 통하여 엔진 회전자와 연동된다. 엔진 회전자의 극 관성 모멘트는 0.4 [kg·m^2]이다. 엔진 회전자의 윈디지와 마찰 토크는 근사적으로 [rad/s]당 0.02 [N·m]이다. 시동 전동기는 전기자 전류의 [A]당 0.8 [N·m]의 토크를 생성한다. 그것의 전기자 저항은 0.8 [Ω]이며 극 관성 모멘트는 0.01 [kg·m^2]이다. 100 [V] 직류 전압 전원이 사용된다면, 엔진이 250 [rad/s]의 시동 속도에 도달하기 위해서는 얼마나 긴 시간이 요구되는가?

(9.2 절)

9.13 회전반(턴테이블, turntable)을 위한 속도 제어 계통이 그림 9.23에서 보여져 있다. 영구자석 정류자 전동기가 4 : 1 감속 기어를 통하여 2 [kg·m^2]의 극 관성 모멘트를 가지는 턴테이블에 결합된다. 턴테이블의 속도는 속도의 [rad/s]당 0.25 [V]의 유기 전압을 가지는 회전 속도계에 의해 측정된다. 회전 속도계 전압과 지령 전압 v^* 사이의 차이가 이득 A의 전압 증폭기에 입력으로 사용된다. 전동기 매개변수는 $R_a = 0.3$ [Ω], $L_a = 2.3$ [mH], $J = 0.07$ [kg·m^2], $k\Phi = 0.9$ [N·m/A]이다. 전원의 전압 증폭률 A는 135로 설정된다. 계단 직류 지령 전압이 시간 $t = 0$에서 인가된다. 계통에 대한 속도-시간 관계식을 유도하고 그림으로 나타내어라.

(9.3 절)

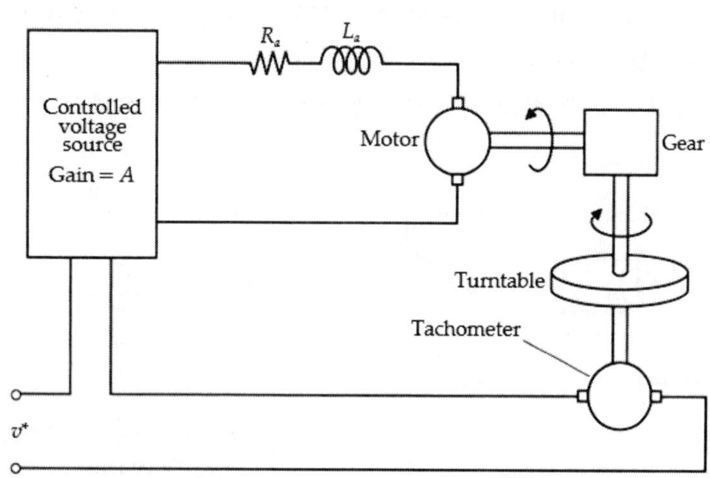

Figure 9.23 Speed-control system for Problem 9.13.

9.14 기계 공구(machine tool)의 위치 결정(positioning)을 위한 계통이 그림 9.24에서 보여져 있다. 공구는 전동기 축의 매 회전에 대하여 2.5 [mm]가 움직여진다. 공구의 위치는 변위(displacement)에 대하여 0.1 [V/mm]의 전압을 주는 선형 전위차계(linear potentiometer)에 의해 측정된다. 영구자석 전동기는 12 [Ω]의 전기자 저항, 무시할 수 있는 전기자 인덕턴스, 그리고 무시할 수 있는 마찰손을 가진다. 전동기와 부하의 극 관성 모멘트는 10^{-5} [kg·m^2]이다. 전동기는 전기자 전류의 [A]당 0.1 [N·m]의 토크를 생성한다. 증폭기는 증폭률 A와 10 [Ω]의 내부 저항을 가진다.

(a) 지령 전압 v^*에 대한 공구의 위치 x와 관련된 전달 함수를 전개하라.

(b) 0.5의 비제동비(relative damping ratio)를 생성하기 위해 요구되는 증폭률을 결정하라.

(c) 공구 위치에서의 변화가 지령 전압에서의 계단 변화에 의해 시작된다. 공구가 위치에서의 총(total) 변화의 5 [%] 이내에 남아있기 위해 요구되는 시간을 추정하라.

(9.4 절)

9.15 230 [V], 100 [A], 1200 [rpm] 정류자 전동기가 300 [V]의 입력 전압과 300 [Hz]의 초핑 주파수를 가진 2-상한 초퍼로부터 공급된다. 전동기의 전기자 저항은 0.12 [Ω]이며 그것의 인덕턴스는 2 [mH]이다. 회전손은 무시될 수 있다.

(a) 연속 직류 전류에 대한 전동기의 정격 토크를 결정하라.

(b) 전동기를 문제 (a)에서 찾아진 토크의 90 [%]와 500 [rpm]의 속도에서 회생 모드(regenerating mode)에서 운전하기 위한 초퍼의 스위칭 비(switching ratio)를 결정하라.

(c) 이 전동기가 어떤 값의 속도에서 전기자의 과열없이 연속적으로 제공할 수

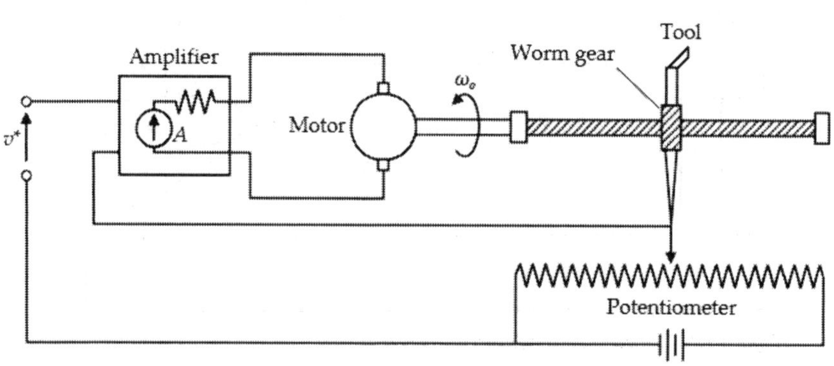

Figure 9.24 Position control system for Problem 9.14.

있는 최대 토크를 추정하라. 토크를 문제 (a)에서 찾아진 정격 값의 비(ratio)로 표현하라.

(9.5 절)

9.16 230 [V], 10 [kW], 50 [A], 1500 [rpm], $R_a = 0.3\,[\Omega]$, $L_a = 3\,[\text{mH}]$ 정류자 전동기가 4-상한 초퍼와 250 [V] 직류 전압 전원으로부터 공급된다. 회전손은 속도에 비례하는 것으로 고려될 수 있다. 초퍼 주파수는 400 [Hz]이다.

(a) 1000 [rpm]에서 50 [N·m]의 축 토크로 부하를 구동하기 위해 각 스위치에 대해 요구되는 스위칭 비를 찾아라.

(b) −1000 [rpm]에서 50 [N·m]의 축 토크에 대해 문제 (a)를 반복하라.

(9.5 절)

9.17 20000 [kg]의 부하 질량을 갖는 전기 무궤도 버스가 60 [km/h]의 최대까지 어떤 속도에서든 연속적으로 6 [%] 경사를 올라가거나 내려가게 구동될 수 있다. 가공선에 있는 직류 전압 전원은 600 [V]이다. 500 [Hz] 초퍼를 통하여 정류자 전동기에 공급된다. 전동기 초퍼, 기어, 그리고 바퀴에서의 모든 손실은 무시될 수 있다.

(a) 버스는 역으로 운전하는 경우에서의 사용을 위한 접촉기(contactor)를 갖추고 있다. 적절한 초퍼의 회로를 그려라.

(b) 요구되는 정류자 전동기의 전압, 전류, 그리고 전력 정격을 추정하라.

(c) 버스가 30 [km/h]의 일정한 속도에서 4 [%] 경사를 내려갈 때 초퍼의 스위칭 비를 결정하라.

(d) 문제 (c)의 조건의 경우 평균 전동기 전류와 평균 전원 전류를 결정하라.

(9.5 절)

9.18 문제 9.17의 전기 무궤도 버스에서, 가장 낮은 고조파 주파수에서 고가 가공선에서의 최대 허용되는 교류 전류가 1.0 [A] (rms)로 제한된다고 가정한다. 인덕턴스-커패시턴스 필터가 사용된다. 인덕터에서의 저장 에너지 비용이 커패시터에서의 저장 에너지 비용의 5배라는 가정으로 인덕턴스와 커패시턴스에 대한 적절한 값을 결정하라.

(9.5 절)

9.19 정류자 전동기가 일정 전류에서 다음의 정격을 가진다: 110 [V], 2000 [rpm], 12 [A], $R_a = 0.5\,[\Omega]$, $L_a = 2.5\,[\text{mH}]$. 전동기는 96 [V] 배터리 전원에 연결된 강압 초퍼로부터 공급된다. 초퍼는 500 [Hz]의 주파수에서 동작한다. 회전손은

무시될 수 있다.

(a) 전동기가 속도의 어떤 값의 조합에서든 과열없이 연속적으로 생성할 수 있는 최대 토크는 얼마인가? 속도의 저하로 인한 냉각 능력에서의 손실은 없다고 가정하라.

(b) 얼마의 속도에서 문제 (a)의 제한 조건이 생길 것인가?

(9.5 절)

9.20 개인 고속 수송 계통에 있는 각 차량이 6명의 승객 용량을 가진다. 그것의 전부하 질량(fully loaded mass)은 1500 [kg]이다. 1.5 [m/s^2]의 가속도가 가능한 한편 5.5 [m/s]의 속도에 도달할 때까지 6 [%] 경사를 올라가며 주행할 수 있다. 5.5로부터 11 [m/s]의 속도 범위에서, 정류자 전동기의 계자 전류는 줄여진다. 정류자 전동기는 기어 상자를 통하여 0.5 [m] 직경의 구동 차륜에 연결된다. 전동기는 철로측 레일과의 접촉을 통하여 600 [V] 전원에 연결된 초퍼로부터 공급된다.

(a) 이 응용에 대해 적절한 초퍼의 형태를 찾아라.

(b) 모든 손실을 무시하여, 전동기로부터 요구되는 최대 전력과 또한 그것의 최대 전기자 전류를 결정하라.

(c) 전동기의 최대 속도가 4500 [rpm]으로 될 때, 적절한 기어비(gear ratio)를 결정하라.

(d) 전동기의 자속 상수 $k\Phi$의 최대와 최소 값을 결정하라.

(9.5 절)

9.21 단상 브릿지 정류기가 3.75 [kW], 115 [V], 30 [A], 1200 [rpm] 정류자 전동기의 속도를 제어하기 위해 사용된다. 전기자 저항은 0.4 [Ω]이다. 이용할 수 있는 설비 전원은 120 [V], 60 [Hz]의 것이다.

(a) 전동기가 정격 전기자 전류로 운전될 때 1000 [rpm]의 전동기 속도를 주기 위한 점호각을 결정하라.

(b) 문제 (a)의 조건에 대한 전원 역률을 결정하라.

(c) 공극 토크가 16 [N·m]이며 점호각이 60°라면, 전동기 속도는 얼마인가?

(d) 문제 (c)의 조건의 경우 각 스위치에서의 실효치 전류는 얼마인가?

(9.6 절)

9.22 정격이 230 [V], 50 [A], 1500 [rpm] 인 영구자석 정류자 전동기가 3상, 230 [V] (L-L), 60 [Hz] 제어 정류기/인버터로부터 공급된다. 전기자 저항은 0.5 [Ω] 이며

전기자 인덕턴스는 전기자 전류가 맥동이 없다고 고려될 수 있을 정도로 충분히 크다. 회전손은 무시될 수 있다.

(a) 1200 [rpm]의 속도에서 55 [N·m]의 일정 토크를 요구하는 부하를 구동하기 위해 필요한 점호각을 찾아라.
(b) 600 [rpm]의 부(음) 속도에서 같은 토크에 대한 점호각을 찾아라.
(c) 문제 (a)의 부하 조건에 대한 전원 역률을 찾아라.
(d) 최대 속도는 2250 [rpm]을 초과하지 않는다. 점호각이 0°로 줄어들 수 있는가?

(9.6 절)

9.23 권양기(윈치, winch)가 1.2 [m/s]의 최대 속도에서 8000 [kg]의 질량을 올리거나 내리는 것이 요구된다. 윈치 케이블은 0.2 [m]의 반경을 가진 드럼 주위에 감겨있다. 드럼은 기어 박스를 통하여 정류자 전동기에 의해 구동된다. 전동기는 230 [V] (L-L), 60 [Hz] 전원에 연결된 3상 제어 정류기/인버터로부터 공급된다. 최대 전동기 속도는 3500 [rpm]이다.

(a) 적절한 기어비를 결정하라.
(b) 전동기의 정격 전압에 대한 적절한 값을 선택하라.
(c) 윈치가 시간의 40 [%] 동안 부하를 올리거나 내리며 나머지 시간은 쉬는 것으로 가정한다. 전동기의 정격 전류에 대한 적절한 값을 선택하라.
(d) 부하를 올릴 때 각 정류 사이리스터에서의 실효치 전류를 추정하라.

(9.6 절)

9.24 직권 전동기가 25 [rps]에서 4 [N·m]의 토크를 요구하는 부하를 구동하기 위해 사용된다. 200 [V] 직류 전압 전원을 이용할 수 있다. 정지 상태에서의 전동기의 시험은 5 [A]의 단자 전류가 10 [V]의 단자 전압으로 4 [N·m]의 축 토크를 생성하는 것을 보인다. 기계의 회전손은 무시될 수 있는 것으로 고려된다.

(a) 요구되는 부하 조건을 만나기 위해 200 [V] 전원에 직렬로 요구되는 저항은 얼마인가?
(b) 전동기가 자기적으로 선형이라고 가정하여, 25 [rps]에서 2 [N·m]의 토크에 대해 문제 (a)를 반복하라.

(9.7 절)

9.25 4극 직렬권(series-wound) 팬 전동기가 그것의 계자 코일이 직렬로 연결되었을 때 100 [rad/s]에서 회전하며 200 [V] 직류 전압 전원으로부터 20 [A]를 취한

다. 속도를 증가시키기 위하여, 계자 코일을, 각 그룹이 직렬로 2개의 코일을 가지는, 2개의 병렬 그룹으로 다시 연결하기로 결정되었다. 팬 부하는 속도의 3승에 따라 변하는 동력을 요구한다. 전동기는 자기적으로 선형인 것으로 고려될 수 있으며 모든 손실은 무시될 수 있다. 전동기 속도와 전동기 전류의 새로운 값을 결정하라.

(9.7 절)

9.26 115 [V], 60 [Hz] 만능 전동기가 단자 사이에 1.3 [Ω]의 총(total) 저항과 0.025 [H]의 총 인덕턴스를 가진다. 2.5 [N·m]의 일정 토크로 부하를 구동할 때 전원으로부터 8 [A] (rms)의 전류를 취한다. 자기적 선형성이 가정될 수 있으며 회전손은 무시될 수 있다.

(a) 전동기의 속도를 결정하라.
(b) 입력 역률을 결정하라.
(c) 전동기가 이제 115 [V] 직류 전압 전원에 연결되었다면, 2.5 [N·m] 토크 부하는 얼마의 속도에서 구동될 것인가?

(9.7 절)

9.27 자동차의 팬 전동기가 페라이트 영구자석 계자를 가진다. 전동기는 11.2 [V] 배터리로부터 공급된다. 20 [°C]의 온도에서, 전동기 매개변수는 $R_a = 0.55$ [Ω], $k\Phi = 0.05$이다. 팬과 전동기 기계적 손실의 결합 토크는 0.24 [N·m]이다. 전동기의 온도가 20으로부터 120 [°C]로 올라감에 따라, 속도가 증가할 것인가 또는 감소할 것인가? 자석 물질에서의 자속밀도의 온도 계수는 −0.2 [%/°C]이며, 권선에서의 구리의 온도 계수는 0.393 [%/°C]이다.

(9.7 절)

GENERAL REFERENCES

Dewan, S. B., Slemon, G. R. and Straughen, A., *Power Semiconductor Drives*, John Wiley and Sons, New York, 1984.

Dubey, G. K., *Power Semiconductor Controlled Drives*, Prentice-Hall, Englewood Cliffs, New Jersey, 1989.

Kusko, A., *Solid-State DC Motor Drives*, M.I.T. Press, Cambridge, Mass., 1969.

Leonard, W., *Control of Electric Drives*, Springer-Verlag, New York, 1985.

Lightband, D. A. and Bicknell, D. A., *The Direct Current Traction Motor–Its Design and Characteristics*, Business Books, London, 1970.

Nasar, S. A., *Handbook of Electric Machines*, McGraw-Hill, New York, 1987.

Nene, V. D., *Advanced Propulsion Systems for Urban Rail Vehicles*, Prentice-Hall,

Englewood Cliffs, New Jersey, 1985.
Sen, P. C., *Thyristor DC Drives*, Wiley Interscience, New York, 1981.

10 INDUCTION MOTOR DRIVES

정류자 전동기와 비교하여, 유도전동기는 튼튼하고, 쉽게 유지 관리되며, 더 신뢰도가 높다. 그들은 더 낮은 비용, 중량, 그리고 관성을 가진다. 그들은 오염되고 위험한 환경에서 운전할 수 있다. 그 결과로서, 실질적으로 모든 전동기의 대부분이 이 형태의 것이다. 이들 대부분은 본질적으로 일정 속도가 허용되는 응용에서 설비된다.

반도체 스위치의 능력이 개선되고 그 가격이 감소함에 따라, 가변 주파수 전압 그리고/또는 전류 전원을 제공하는 변환기를 생성하는 것이 가능해지고 경제적인 것으로 되었다. 이들은 유도전동기와 함께, 성능과 비용 둘 다에서 정류자기와 경쟁할 수 있는, 구동을 생성하기 위해 사용될 수 있다. 일정 속도 유도전동기가 관습적으로 사용된 많은 응용이 이제는 각 운전 조건에 대해 최적 속도가 선택될 수 있도록 조정 가능한 속도 구동(adjustable-speed drive)으로 바뀌어, 따라서 더 높은 계통 효율과 에너지 절약(energy conservation)을 달성한다. 또한 반도체 변환기와 함께 유도전동기는 정밀하며 빠른 속도와 위치 제어를 요구하는 응용에 대해 광범위하게 사용되게 되었다.

유도전동기의 기본 구조와 정상 상태 성질은 5장에서 소개되었다. 이 장은 유도기의 과도 및 정상 상태 거동 둘 다의 예측을 허용할 개념과 등가회로의 전개로 시작한다. 그 다음 몇 가지 유용한 구동 형태가 소개되고 논의된다. 마지막으로, 약간의 특별한 유도기 응용이 설명된다.

이 장과 다음 장을 통하여, 특히 초당 기계 호도(라이안)(mechanical radians per second)인 기계 속도 ω_{mech}가 사용될 토크를 논하는 경우를 제외하고는, 보통 초당 전기 호도(electrical radians per second)인 변수 ω_o로 기계의 회전 속도를 나타낼 것이다.

10.1 A TRANSIENT MODEL OF THE INDUCTION MACHINE

3상 유도기는 고정자에 대하여 3개의 전류 변수와 3개의 전압 변수를 가진다. 그것이 권선형 회전자(wound rotor) 구조의 것이라면, 비슷한 수의 회전자 변수를 가진다. 농형 회전자(squirrel-cage rotor)를 가진다면, 그것이 가지는 회전자 봉(rotor bar)으로써 많은 전류 변수를 가질 수 있다. 일견하여, 그러한 기계에 대한 과도 모델의 전개는 매우 복잡하게 나타날 것이다. 하지만, 대칭적인 상 권선의 배열 때문에 그리고 이 권선의 거의 정현적인 분포 때문에, 비교적 간단한 과도 모델이 생성될 수 있다.

유도기는 고정자에서의 가변 전류(variable current)의 사용이 회전 자계(revolving magnetic field)를 생성한다는 개념을 기초로 한다. 이를 이루기 위하여, 고정자 슬롯은 원주 주위에 거의 정현적인 각도 분포로 배열된 권선으로 채워진다. 이 정현 분포는 각도로 이격된 권선의 조합의 총 효과(total effect)가 순시 권선 전류의 어떤 조합에 대해서든 항상 각도 공간(angular space) 내에서 정현적으로 분포하도록 선택된다.

그림 10.1에서 단면으로 보여진 기계 고정자를 고려한다. 보여진 상 a에 대한 권선은

$$n_a = \frac{N_{se}}{2}\sin\theta_s \tag{10.1}$$

의 도체 밀도로 분포된 유효 권수 N_{se}를 가진다. 간단을 위하여, 2극기가 먼저 해석될 것이며, 다중 자극 쌍(multiple-pole pair)의 효과가 나중에 유도될 것이다. 권선 b와 c는 그 축이 권선 a 보다 $2\pi/3$과 $4\pi/3$ [rad] 앞서서 위치된 것을 제외하고는 권선 a와 비슷하다. 전류 i_a는, 5.1절에서 유도된 바와 같이, 고정자와 회전자 사

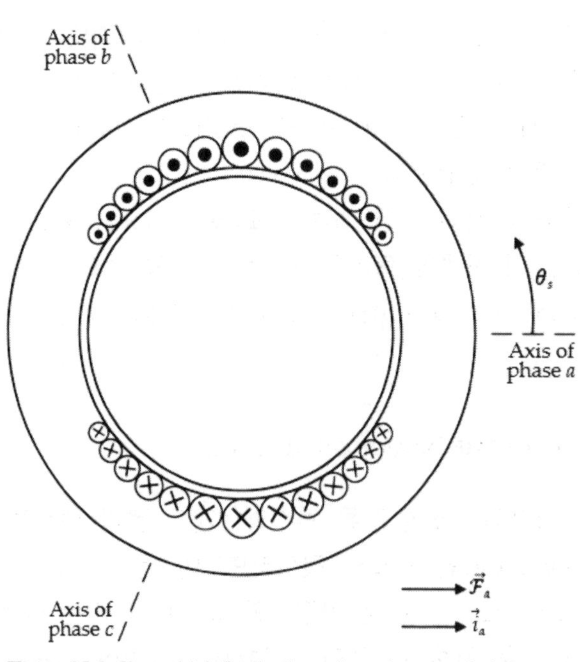

Figure 10.1 Sinusoidal distribution of conductors of phase a, together with the space vectors of magnetomotive force and current.

이의 공극(stator-to-rotor air gap)을 가로지르는 기자력

$$\mathcal{F}_{a\theta} = \frac{N_{se} i_a}{2} \cos\theta_s \qquad [\mathrm{A}] \tag{10.2}$$

를 생성한다. 이것과 다른 변수가 공극 원주 주위에 비슷하게 분포될 것이기 때문에, 그들을 공간 벡터로 나타내는 것이 편리하다. 이 공간 벡터 각각은 변수의 첨두 크기와 같은 크기와 이 정(양, positive) 첨두 값의 각 위치와 같은 각도를 가지는 복소수(complex number)로 나타내어진다. 적절하게, 각 공간 벡터는 기계 원주 주위에 여현적인 분포(cosinusoidal distribution)를 가지는 것으로 고려된다. 따라서, 식 (10.2)에서 표현된 것과 같은 권선 a에서의 전류 i_a에 기인한 기자력은, 그림 10.1에서 보여진 바와 같이, 기호 $\vec{\mathcal{F}}_a$에 의해 나타내어지며 "a" 축을 따르는 공간 벡터로 표시된다.

기자력 분포 $\mathcal{F}_{a\theta}$는 a 권선의 축에 의해 공간 내에서 고정되며 i_a에 직접 비례하기 때문에, 권선 전류 또한

$$\vec{\mathcal{F}}_a = \frac{N_{se}}{2} \vec{i}_a \qquad [\mathrm{A}] \tag{10.3}$$

이 되도록 공간 벡터 $\vec{i}_a$로 나타내는 것이 편리하다. 여기서 $\vec{i}_a$는 그림 10.1에서 보여진 바와 같이 권선 a의 축을 따라 놓이며 권선 전류의 순시치 i_a와 같은 크기를 가진다.

비슷한 방식으로, 권선 b와 c에서의 상 전류(phase current) i_b와 i_c의 효과는 그 권선의 축을 따르는 공간 벡터 $\vec{i}_b$와 $\vec{i}_c$로 나타내어질 수 있다. $2\pi/3$ [rad] 또는 120° 의 정(양) 회전(positive rotation)이

$$\alpha = \epsilon^{j(2\pi/3)} \tag{10.4}$$

로 나타내어진다면, 그러면

$$\vec{i}_b = \epsilon^{j(2\pi/3)} i_b = \alpha i_b \qquad [\mathrm{A}] \tag{10.5}$$

그리고

$$\vec{i}_c = \epsilon^{j(4\pi/3)} i_c = \alpha^2 i_c \qquad [\mathrm{A}] \tag{10.6}$$

이다. 모든 3개의 상 권선에서의 순시 전류의 조합의 총 효과(total effect)는 그러면 간단한 벡터 합산(vector addition)에 의해

$$\vec{i} = \vec{i}_a + \vec{i}_b + \vec{i}_c \qquad [A] \tag{10.7}$$

로 찾아진다. 그림 10.2 (b)는 그림 10.2 (a)에서 보여진 정현 상 전류(phase current)의 평형 조합에서 특정한 순간에 대한 이 벡터 합산을 보인다.

대부분의 유도기 고정자 권선은 단지 3개의 단자를 가지며, 이용할 수 있는 중성 연결(neutral connection)은 없다. 따라서, 이 조건에 대하여,

$$i_a + i_b + i_c = 0 \qquad [A] \tag{10.8}$$

이다. 그러면, 전류 벡터 $\vec{i}$는

$$\vec{i} = i_a + \left(-\frac{1}{2} + j\frac{\sqrt{3}}{2}\right) i_b + \left(-\frac{1}{2} - j\frac{\sqrt{3}}{2}\right) i_c = \frac{3}{2} i_a + j\frac{\sqrt{3}}{2}(i_b - i_c) \qquad [A] \tag{10.9}$$

로 표현될 수 있다.

고정자 전류의 결합된 효과를 나타내기 위하여 공간 벡터 $\vec{i}$를 사용할 수 있는 한편, 정현 정상 상태에서 운전할 때 한 개의 상 전류의 첨두 값과 같은 크기를 전류 공간 벡터에 대한 크기로 사용하는 것이 편리하다. 이 고정자 전류 벡터가 $\vec{i}_s$로 표시된다면, 그러면

$$\begin{aligned} \vec{i}_s &= \frac{2}{3}\vec{i} = \frac{2}{3}(\vec{i}_a + \vec{i}_b + \vec{i}_c) \\ &= i_a + j\frac{i_b - i_c}{\sqrt{3}} = i_a + j\frac{i_a + 2i_b}{\sqrt{3}} \qquad [A] \end{aligned} \tag{10.10}$$

이다.

3상 전류의 효과가 단일 복소 변수(single complex variable)로 집중된 것을 가지

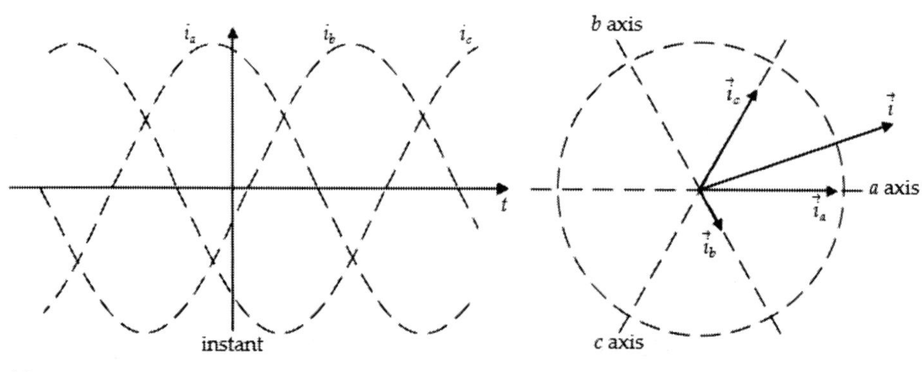

Figure 10.2 (a) A particular instant in a set of phase currents and (b) summation of phase current space vectors to give the total effect.

고, 이제 역 과정(converse process)을 고려하자. 어떤 순시에서, 공간 벡터 $\vec{i}_s$를 안다면, 그림 10.3에서 도식적으로 보여진 바와 같이, *a*, *b*, 그리고 *c* 축에의 벡터 $\vec{i}_s$의 사영(projection)에 의해 개별 상 전류의 순시 값을 찾을 수 있다. 이 사영의 해석적인 등가(analytical equivalent)는

$$i_a = \mathcal{R}e\,\vec{i}_s; \qquad i_b = \mathcal{R}e\,\alpha^2\vec{i}_s; \qquad i_c = \mathcal{R}e\,\alpha\vec{i}_s \qquad [\text{A}] \qquad (10.11)$$

이다. 여기서 $\mathcal{R}e$는 복소수의 "실수부(real part)"를 나타낸다.

다음으로, 그림 10.4에서 보여진 바와 같이, 관심있는 순간에 상 *A*의 축이 고정자 상 *a*의 축과 각도 β인 3상 권선 *A*, *B*, 그리고 *C*의 조합을 역시 가지는 권선형 회

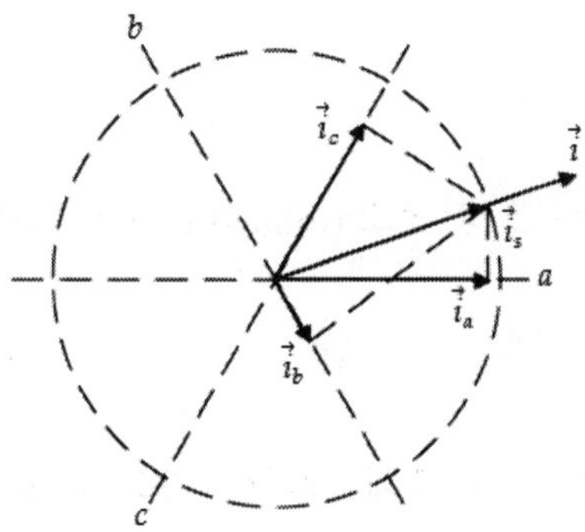

Figure 10.3 Derivation of phase current vectors from the stator current space vector $\vec{i}_s$.

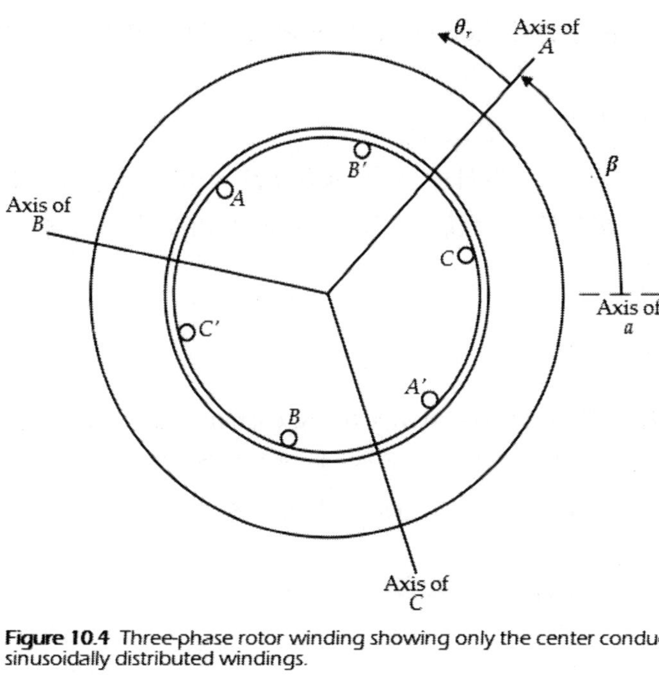

Figure 10.4 Three-phase rotor winding showing only the center conductors of sinusoidally distributed windings.

전자(wound rotor)를 고려하자. 각각이 N_{re}의 유효 권수(effective turn)인, 정현 분포 권선으로 가정하면, 상 A의 도체 분포는

$$n_A = \frac{N_{re}}{2}\sin\theta_r \tag{10.12}$$

이다.

5장에서 보여진 바와 같이, 보통 모든 회전자 변수를 고정자 등가 권수로 환산하는 것이 편리하다. 따라서, 전류 i_A를 운반하는 [rad]당 n_A [turn]의 실제 권선이 해석적인 목적으로 전류 i_A'를 운반하는 [rad]당 n_A' [turn]의 권선으로 대체된다. 여기서

$$n_A' = \frac{N_{se}}{N_{re}}n_A \quad \text{and} \quad i_A' = \frac{N_{re}}{N_{se}}i_A \qquad [\text{A}] \tag{10.13}$$

이다. 회전자 권선에서의 순시 상 전류의 조합의 총 효과(total effect)는 이제

$$\vec{i}_r' = \frac{2}{3}\left(\vec{i}_A' + \vec{i}_B' + \vec{i}_C'\right) = \frac{2}{3}(i_A' + \alpha i_B' + \alpha^2 i_C') \qquad [\text{A}] \tag{10.14}$$

로 표현될 수 있다. 이것은 각도가 회전자 상 A의 축에 대하여 측정된 공간 벡터이다. 이 벡터가 알려진다면, 식 (10.11)에서 했던 바와 같이 순시 회전자 상 전류를 얻기 위하여 A, B, 그리고 C축에 사영될 수 있다.

고정자의 상 a 축 위의 관측자(observer)에 의해 보여지는 회전자 전류의 효과는

$$\vec{i}_r = \vec{i}_r'\epsilon^{j\beta} \qquad [\text{A}] \tag{10.15}$$

와 같이 $\vec{i}_r'$보다 각도 β 만큼 앞서는 공간 벡터 $\vec{i}_r$로 나타내어질 수 있다. 고정자 전류 $\vec{i}_s$와 이 변환된 회전자 전류 $\vec{i}_r$의 결합된 효과가 기계의 공극에서 자계를 생성한다. 그 합(sum)은

$$\vec{i}_m = \vec{i}_s + \vec{i}_r \qquad [\text{A}] \tag{10.16}$$

으로 주어지는 자화 전류 공간 벡터(magnetizing current space vector) $\vec{i}_m$으로 표시될 수 있다. 이 자화 전류는 공극 기자력 $\vec{\mathcal{F}}_m$를 생성한다. 식 (10.3)과의 상사(analogy)에 의해 그리고 식 (10.10)의 2/3 인자를 상기하면, 이 기자력은

$$\vec{\mathcal{F}}_m = \frac{3}{4}N_{se}\vec{i}_m \qquad [\text{A}] \tag{10.17}$$

로 나타내어질 수 있다. 유효 공극 길이가 g_e이며 고정자와 회전자 철(iron)이 이상적이라고 간주될 수 있다면, 공극 자속밀도는 공간 벡터

$$\vec{B}_g = \frac{\mu_0}{g_e}\vec{\mathcal{F}}_m \qquad [\mathrm{T}] \tag{10.18}$$

에 의해 나타내어질 수 있다. 즉, 자화 기자력 벡터의 최대 값과 같은 축을 따르는 최대 정(양)의 값을 갖는 여현 분포이다.

5.3절에서, 자화 전류 $\vec{i}_m$에 기인한 공극 자속밀도 $\vec{B}_g$가 분포 권수 N_{se}의 권선 내에 값

$$\vec{\lambda}_m = L_m\vec{i}_m \qquad [\mathrm{Wb}] \tag{10.19}$$

의 쇄교 자속 $\vec{\lambda}_m$을 생성함이 보여졌다. 여기서, 식 (5.50)으로부터, p-극 기계의 자화 인덕턴스는 표현식

$$L_m = \frac{3\pi}{2p^2}{N_{se}}^2\frac{\mu_0\ell r}{g_e} \qquad [\mathrm{H}] \tag{10.20}$$

에 의해 공극 반경 r 그리고 축 방향 길이 ℓ과 관련된다. 식 (10.16)에서 (10.19)의 공간 벡터 사이의 전형적인 관계가 그림 10.5에서 보여져 있다.

공극에서 회전자로 가로지르는 자속으로부터 생기는 고정자 권선의 쇄교 자속은 λ_m이다. 덧붙여, 고정자 원주 주위에 고정자 치(stator tooth)에서 고정자 치로 가는 경로를 따라 그리고 또한 고정자 단부 권선(stator end winding) 주위에 확립되는 고정자 자속의 성분이 있다. 이 누설 쇄교 자속은 이상적인 철(iron)의 가정으로 고정자 전류에 직접 비례한다. 그 비례 상수는 고정자 누설 인덕턴스 L_{ls}이다. 비슷하게, 공극을 가로지르는 모든 자속 중에서, 일부는 회전자 권선과 쇄교할 것이지만, 회전자 전류에 비례하는 다른 부분은 회전자 원주 주위, 치(tooth)에서 치, 그

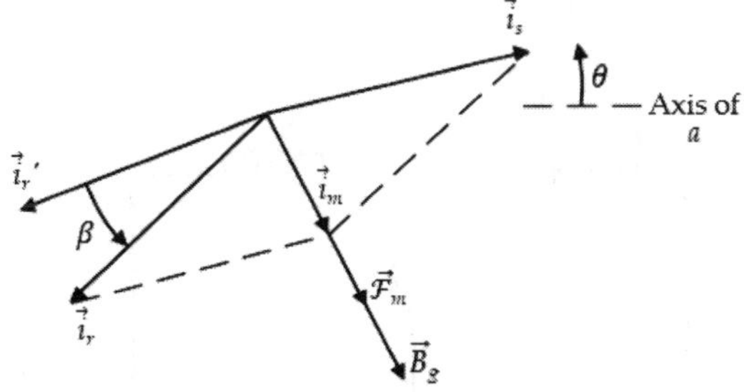

Figure 10.5 Current, mmf, and flux-density space vectors.

리고 또한 그것의 단부 접속(end connection) 주위의 누설 경로를 취할 것이다. 이 부분은, 등가 고정자 권수 N_{se}로 환산된, 쇄교 자속 $L_{lr}i_r$로 나타내어진다. 여기서 L_{lr}은 회전자 누설 인덕턴스이다. 하지만, 총 누설 인덕턴스의 고정자와 회전자 성분으로의 분리는 어느 정도 부자연스럽다. 이 장에서 뒤에 전개될 모델은 단지 총 누설 인덕턴스 만을 사용한다.

고정자 권선과 환산된 회전자 권선의 쇄교 자속 공간 벡터는 이제 방정식의 조합

$$\begin{aligned}\vec{\lambda}_s &= (L_{ls} + L_m)\vec{i}_s + L_m\vec{i}_r \\ \vec{\lambda}_r &= L_m\vec{i}_s + (L_{lr} + L_m)\vec{i}_r\end{aligned} \qquad [\mathrm{Wb}] \tag{10.21}$$

에 의해 권선 전류와 관련될 수 있다. 기계는 이제 그림 10.6의 쇄교 자속-전류 등가회로에 의해 나타내어질 수 있다. 기계에 대한 해석적인 모델을 전개하는 마지막 단계는 고정자와 회전자 전압의 유도이다. 고정자의 경우, 유도 전압은 고정자 쇄교 자속의 시간 변화율이다. 상당(per phase) 고정자 저항이 R_s라면, 고정자 전압을 나타내는 공간 벡터는

$$\vec{v}_s = R_s\vec{i}_s + p\vec{\lambda}_s \qquad [\mathrm{V}] \tag{10.22}$$

로 주어진다. 여기서 $p = d/dt$이다.

회전자에서의 권선 A의 저항이 R_A라면, 고정자 권수로 환산된 등가 저항은

$$R_r = \left(\frac{N_{se}}{N_{re}}\right)^2 R_A \qquad [\Omega] \tag{10.23}$$

이다. 회전자 권선의 전압과 전류는, 실제 단자 값이 권수비(turns ratio)를 통하여 공간 벡터형으로 환산된, 공간 벡터 $\vec{v}_r{}'$와 $\vec{i}_r{}'$로 표현될 수 있다. 회전자 단자 전압 벡터는

$$\vec{v}_r{}' = R_r\vec{i}_r{}' + p\vec{\lambda}_r{}' \qquad [\mathrm{V}] \tag{10.24}$$

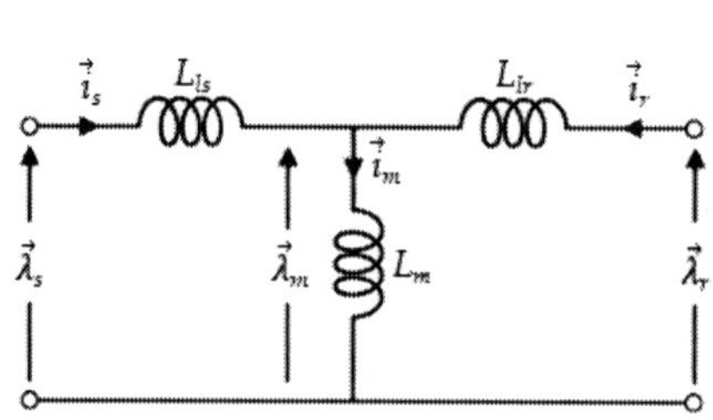

Figure 10.6 Flux linkage-current model.

에 의해 회전자 쇄교 자속 그리고 회전자 전류와 관련된다. 모든 회전자 양(quantity)을 등가 고정자 권수로 환산하는 것에 덧붙여, 고정자 상 a가 모든 공간 변수에 대한 각도 기준(angle reference)으로 사용된 모델을 전개하는 것으로 선택하였다. 회전하는 회전자에서의 전류 $\vec{i}_r'$는 회전자 상 A의 축과 관련된 그것의 각도를 가진다. 이 전류는 이미 식 (10.15)를 사용하여 정지(stationary) 또는 고정자 기준 좌표계(stator reference frame)에서의 등가 전류 $\vec{i}_r$로 변환되었다. 각도 $\epsilon^{j\beta}$를 통하는 비슷한 변환이 이제 회전자 변수 $\vec{\lambda}_r'$와 $\vec{v}_r'$로부터 변수 $\vec{\lambda}_r$와 $\vec{v}_r$의 새로운 조합을 생성할 것이다. 이제 식 (10.24)의 변환에서는 주의가 기울여져야 한다. 왜냐하면, 움직이는 회전자에 대하여, 회전자 위치 β가 시간에 따라 변하기 때문에 양(quantity) $\epsilon^{j\beta}$ 역시 시간의 함수이기 때문이다. 따라서, 식 (10.15)를 사용하여,

$$\begin{aligned}\vec{v}_r &= \vec{v}_r'\epsilon^{j\beta} = R_r\vec{i}_r'\epsilon^{j\beta} + (p\vec{\lambda}_r')\epsilon^{j\beta} \\ &= R_r\vec{i}_r + p(\vec{\lambda}_r\epsilon^{-j\beta})\epsilon^{j\beta} = R_r\vec{i}_r + p\vec{\lambda}_r - j\omega_o\vec{\lambda}_r \qquad [\text{V}]\end{aligned} \tag{10.25}$$

이다. 왜냐하면, 2-극기의 경우, 순시 회전자 속도 ω_o는

$$\omega_o = p\beta \qquad [\text{rad/s}] \tag{10.26}$$

이기 때문이다.

이 순시 공간 벡터량을 통합한 등가회로가 이제 식 (10.21)과 함께 식 (10.22)와 (10.25)를 사용하여 세워질 수 있다. 결과가 그림 10.7에서 보여져 있는데, 여기서 전원 전압 $\vec{e}_o$는

$$\vec{e}_o = -j\omega_o\vec{\lambda}_r \qquad [\text{V}] \tag{10.27}$$

로 주어진다. 농형 기계(squirrel-cage machine)에서는, 회전자 봉(rotor bar)이 단락된다. 따라서, 회전자 단자 전압과 고정자 [turn]으로 환산된 그것의 공간 벡터 등가 $\vec{v}_r'$는 0과 같다.

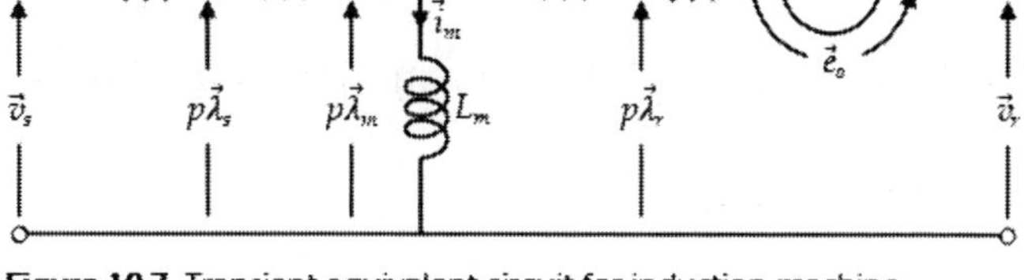

Figure 10.7 Transient equivalent circuit for induction machine.

10.1.1 An Alternative Form of Transient Model

자기적으로 선형인 것으로 가정될 수 있는 유도기의 경우, 그림 10.7의 등가회로는 사실상 필요로 하는 것보다 더 복잡하다. 그것은 5장에서의 기본 도입부(elementary introduction)에서 사용된 2개와 비교하여 3개의 인덕턴스 매개변수를 내포한다. 변수의 간단한 변화의 사용에 의하여, 단지 2개의 인덕턴스만을 가진 수학적인 등가회로가 생성될 수 있다.

쇄교 자속-전류 관계식의 조합이 식 (10.21)에서 기술되었다. 원래의 조합과

$$\vec{\lambda}_R = \gamma\vec{\lambda}_r \qquad [\text{Wb}] \tag{10.28}$$

그리고

$$\vec{i}_R = \frac{\vec{i}_r}{\gamma} \qquad [\text{A}] \tag{10.29}$$

에 의해 관련되는 회전자 변수의 새로운 조합을 도입한다고 가정한다. 이 새로운 변수를 식 (10.21)의 쇄교 자속-전류 관계식에 대입하면

$$\begin{aligned}\vec{\lambda}_s &= (L_{ls} + L_m)\vec{i}_s + \gamma L_m\vec{i}_R \\ \vec{\lambda}_R &= \gamma L_m\vec{i}_s + \gamma^2(L_{lr} + L_m)\vec{i}_R\end{aligned} \qquad [\text{Wb}] \tag{10.30}$$

을 준다.

γ의 값의 선택은 식 (10.30)의 정당성이 바뀜이 없이 임의로 이루어질 수 있다. γ를

$$\gamma = \frac{L_{ls} + L_m}{L_m} = \frac{L_M}{L_m} \tag{10.31}$$

로 선택한다고 가정한다. 그러면, 식 (10.30)은

$$\begin{aligned}\vec{\lambda}_s &= L_M\vec{i}_s + L_M\vec{i}_R \\ \vec{\lambda}_R &= L_M\vec{i}_s + (L_L + L_M)\vec{i}_R\end{aligned} \qquad [\text{Wb}] \tag{10.32}$$

와 같이 다시 적어질 수 있으며, 여기서 총(total) 유효 누설 인덕턴스는

$$L_L = \gamma L_{ls} + \gamma^2 L_{lr} \qquad [\text{H}] \tag{10.33}$$

이다.

식 (10.22)와 (10.25)의 과도 관계식은 이제

$$\begin{aligned}\vec{v}_s &= R_s\vec{i}_s + p\vec{\lambda}_s \\ &= R_s\vec{i}_s + pL_M\vec{i}_s + pL_M\vec{i}_R \qquad [\mathrm{V}]\end{aligned} \tag{10.34}$$

$$\begin{aligned}\vec{v}_R &= R_R\vec{i}_R + p\vec{\lambda}_R - j\omega_o\vec{\lambda}_R \\ &= R_R\vec{i}_R + (p - j\omega_o)[L_M\vec{i}_s + (L_L + L_M)\vec{i}_R] \qquad [\mathrm{V}]\end{aligned} \tag{10.35}$$

와 같이 다시 적어질 수 있다. 이 표현식에서 유효 회전자 저항 R_R은

$$R_R = \gamma^2 R_r \qquad [\Omega] \tag{10.36}$$

에 의해 식 (10.23)의 저항 R_r과 관련된다.

이와 같은 변수의 변화와 반영된 회전자 양(reflected rotor quantity)에 대한 개정된 표기로, 식 (10.34)와 (10.35)의 관계식은 그림 10.8의 등가회로로 통합될 수 있다. 이 회로는 5장에서 유도되고 그림 5.16에서 보여진 것과 같은 인덕턴스 항을 가진다. 그림 10.8의 회로는, 그림 10.7의 T-모델과 대비하여, 인덕턴스의 연결에 대한 문자의 유사성 때문에 Γ-모델로 명명되었다.

전압 $\vec{e}_O$는

$$\vec{e}_O = -j\omega_o\vec{\lambda}_R = \gamma\vec{e}_o \qquad [\mathrm{V}] \tag{10.37}$$

에 의해 전압 변수 $\vec{e}_o$와 관련된다. 식 (10.28)과 (10.29)에서 기술된 변수의 변화는 비(ratio) γ의 이상 변압기를 가로지른 변환과 등가인 것으로 고려될 수 있다. 따라서, 권선형 회전자 기계의 경우, 그림 10.7의 회전자 단자 전압 $\vec{v}_r$는 개정된 등가회로에서

$$\vec{v}_R = \gamma\vec{v}_r \qquad [\mathrm{V}] \tag{10.38}$$

로 변환될 수 있다. 또한, 권선형 회전자 기계의 슬립 링(slip ring)에 연결된 어떤 회로 요소(소자) 역시 그림 10.8의 회로 내로 통합되도록 비슷하게 변환될 수 있다.

10.1.2 Instantaneous Power and Torque Relations

기계를 통하는 전력의 흐름(power flow)은 그림 10.8의 등가회로를 사용하여 추적될

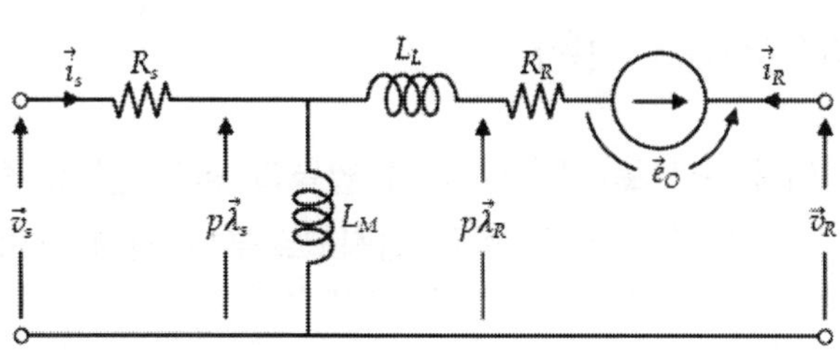

Figure 10.8 Alternate Γ-type equivalent circuit.

수 있다. 고정자 권선으로 들어가는 순시 전력(instantaneous power)은 관계식

$$p_s = \frac{3}{2}\mathcal{R}e(\vec{v}_s{}^* \vec{i}_s) \qquad [\mathrm{W}] \tag{10.39}$$

를 사용하여 고정자 전류와 고정자 전압의 공간 벡터로부터 찾아질 수 있다. 전류와 전압의 공액(conjugate)의 적(곱, product)은 정상 상태 해석에서의 그들의 대응하는 페이서의 적(곱)과 상사(analogous)이다. 2의 인자는 $\vec{v}_s$ 와 $\vec{i}_s$ 가 실효량(rms quantity)이 아니라 첨두량(peak quantity)이라는 사실에서 생기며 3의 인자는 3상으로 간주한 것이다. 식 (10.39)의 정당성의 증명은, 고정자 전류의 합(sum)은 0이라는 것에 유의하여, 다음에 의해 주어진다:

$$\begin{aligned} p_s &= \frac{3}{2}\mathcal{R}e\left[\frac{2}{3}(v_a + \alpha^2 v_b + \alpha v_c)\frac{2}{3}(i_a + \alpha i_b + \alpha^2 i_c)\right] \\ &= \frac{3}{2}\mathcal{R}e\left\{v_a\left[i_a - \frac{1}{2}(i_b + i_c) + j\frac{\sqrt{3}}{2}(i_b - i_c)\right]\right. \\ &\qquad + v_b\left[i_b - \frac{1}{2}(i_c + i_a) + j\frac{\sqrt{3}}{2}(i_c - i_a)\right] \\ &\qquad \left. + v_c\left[i_c - \frac{1}{2}(i_a + i_b) + j\frac{\sqrt{3}}{2}(i_a - i_b)\right]\right\} \\ &= v_a i_a + v_b i_b + v_c i_c \qquad [\mathrm{W}] \end{aligned} \tag{10.40}$$

고정자 권선에서의 순시 전력 손실은

$$p_{R_s} = \frac{3}{2}\mathcal{R}e(R_s \vec{i}_s \vec{i}_s{}^*) = \frac{3}{2}R_s i_s{}^2 \qquad [\mathrm{W}] \tag{10.41}$$

이다. 식 (10.41)과 비슷한 표현식이 회전자에서의 전력 소산(손실, dissipation)을 준다. 그림 10.8의 2개의 인덕턴스 각각의 에너지 저장으로 들어가는 전력의 순시 흐름(instantaneous flow)은 전류와 유도 전압의 적절한 순시 공간 벡터를 사용하여 비슷하게 찾아질 수 있다. 기계가 슬립 링을 통하여 외부 계통과 연결된 회전자 권선을 가진다면, 계통으로의 전력 출력은

$$p_r = -\frac{3}{2}\mathcal{R}e(\vec{v}_R{}^* \vec{i}_R) \qquad [\mathrm{W}] \tag{10.42}$$

로 주어질 것이다. 이제 순시로 간주된 전기 입력과 출력 전력, 손실 전력과 자계 저장으로 들어가는 전력으로, 에너지 보존 법칙으로부터 기계 동력 출력은

$$\begin{aligned} p_o &= \frac{3}{2}\mathcal{R}e(\vec{e}_O{}^* \vec{i}_R) \\ &= \frac{3}{2}\mathcal{R}e(-j\omega_o\vec{\lambda}_R{}^* \vec{i}_R) \\ &= -\frac{3}{2}\omega_o \mathcal{I}m(\vec{\lambda}_R{}^* \vec{i}_R) \qquad [\mathrm{W}] \end{aligned} \tag{10.43}$$

이라는 것이 따라온다.

p-극 기계에 의해 생성되는 순시 토크는 그러면

$$\begin{aligned} T &= \frac{p_o}{\omega_{mech}} \\ &= \frac{p}{2}\frac{p_o}{\omega_o} \\ &= -\frac{3p}{4}\mathcal{I}m(\vec{\lambda}_R{}^* \vec{i}_R) \qquad [\mathrm{N{\cdot}m}] \end{aligned} \tag{10.44}$$

로 주어진다. 순시 전력(instantaneous power), 자극 수(number of poles), 그리고 시간 미분(time differentiation)에 대한 표준 기호 p의 사용에 너무 혼동하지 않기를 바란다.

토크에 대한 그 대신의 표현식이 인덕턴스 요소에서의 쇄교 자속의 모든 성분이 그들의 대응하는 전류와 공선적이며(collinear) 따라서 토크 표현식에서 허수 성분(imaginary component)에는 기여하지 않는다는 것을 상기함으로써 유도될 수 있다. 따라서, 식 (10.21)로부터 (10.44)로의 적절한 대입으로,

$$T = -\frac{3p}{4}L_M \mathcal{I}m(\vec{\lambda}_s{}^* \vec{i}_R) = \frac{3p}{4}\mathcal{I}m(\vec{\lambda}_s{}^* \vec{i}_s) \qquad [\mathrm{N{\cdot}m}] \tag{10.45}$$

가 보여질 수 있다.

이 토크가 기계 부하 더하기 전동기 자체의 관성과 손실 토크를 포함하는 기계 계통에 인가된다. 그것은,

$$T = J\frac{d\omega_{mech}}{dt} + T_L \qquad [\mathrm{N{\cdot}m}] \tag{10.46}$$

과 같이, 9.2절에서 논의된 형태의 관계식에 의해 묘사될 수 있다. 여기서 J는 극관성 모멘트이며 T_L은, 속도 그리고/또는 시간의 함수일 수 있는, 부하 토크이다.

기계의 과도 성능(transient performance)이 이제 3개의 미분 방정식 (10.34), (10.35), 그리고 (10.46)을 사용하여 예측될 수 있다. 예를 들어, 고정자에 인가되는 상전압이 시간의 함수로써 알려진다면, 그들은 식 (10.10)과 상사(analogy)인 관계식

을 사용하여 시변 공간 벡터(time-varying space vector)로 표현될 수 있다. 즉,

$$\vec{v}_s = v_a + j\frac{v_b - v_c}{\sqrt{3}} \qquad [\text{V}] \tag{10.47}$$

이다. 고정자와 회전자 전류에 대한 (그리고, 그러므로, 그들의 공간 벡터에 대한) 알려진 초기 조건(initial condition) 더하기 회전자 속도의 초기 값으로, 3개의 미분 방정식이 시간의 함수로써 변수를 제공하기 위하여 복소수를 사용하여 풀어질 수 있다. 토크가 두 변수의 적(곱, product)이라는 것을 포함하여, 토크 표현식의 비선형 성질 때문에, 정확한 해(닫힌 해, closed solution)는 단지 제한된 수의 상황에서만 가능할 것이다. 일반적인 해석의 경우, 방정식은 수치 계산(numerical computation)에 의해 값이 구해질 수 있다. 이 과정의 경우 종종 방정식을 다음과 같이 1계 관계식(first-order relation)으로 재배열하는 것이 편리하다: 단락된 회전자를 가정하면,

$$\begin{aligned} \frac{d\vec{\lambda}_s}{dt} &= \vec{v}_s - R_s\vec{i}_s \\ \frac{d\vec{\lambda}_R}{dt} &= j\omega_o\vec{\lambda}_R - R_R\vec{i}_R \\ \frac{d\omega_{mech}}{dt} &= -\frac{1}{J}\left[-\frac{3p}{4}Im(\vec{\lambda}_R{}^*\,\vec{i}_R) - T_L\right] \end{aligned} \tag{10.48}$$

이다. 수치 적분(numerical integration)의 각 단계에서, 전류가 관계식

$$\begin{aligned} \vec{i}_R &= \frac{\vec{\lambda}_R - \vec{\lambda}_s}{L_L} \\ \vec{i}_s &= \frac{\vec{\lambda}_s}{L_M} - \vec{i}_R \end{aligned} \qquad [\text{A}] \tag{10.49}$$

를 사용하여 알려진 쇄교 자속으로부터 구해질 수 있다. 그 대신으로, 방정식이 계수형 모의 장치(디지털 시뮬레이터, digital simulator)에서 프로그래밍될 수 있다.

EXAMPLE 10.1 4극 농형 유도전동기가 5 [mH]의 누설 인덕턴스, 0.1 [Ω]의 고정자 저항, 그리고 0.13 [Ω]의 고정자로부터 보여지는 회전자 저항을 가진다. 그것이 208 [V] rms (L-L)인 3상, 60 [Hz] 전원에서 기동된다. 자화 인덕턴스는 자화 전류가 기동 조건 동안에 무시될 수 있을 정도로 충분히 크다.

(a) 전동기가 전원에 절환된(switched on) 후 첫 두 주기에 대한 상 전류를 결정하고 그려라.

(b) 전동기가 전원에 절환된 후 첫 두 주기에 대해 생성되는 토크를 결정하고 그려라.

Solution

(a) 농형 유도기의 회전자는 단락되었기 때문에, 그림 10.8의 등가 Γ-회로에서 회전자 전압 $\vec{v}_R$은 0과 같다.

고정자 상 a에서의 전압이 최대일 때 시간 $t = 0$에서 전동기가 전원에 연결된다고 가정한다. 그러면, $t = 0$ 이후에는,

$$\vec{v}_s = \hat{v}_s \epsilon^{j\omega_s t} \qquad [\text{V}]$$

여기서

$$\hat{v}_s = \frac{208}{\sqrt{3}}\sqrt{2} = 169.8 \qquad [\text{V}]$$

그리고

$$\omega_s = 2\pi(60) = 377 \qquad [\text{rad/s}]$$

전원 전류의 첫 짧은 몇 주기(first few cycles) 동안 속도가 본질적으로 0에 머문다고 가정하자. 따라서, $\vec{e}_O = 0$이다. 고정자 전류는 그러면 다음으로 주어진다:

$$\vec{i}_s = \frac{\vec{v}_s}{R_s + R_R + pL_L} = \frac{169.8\epsilon^{j377t}}{0.23 + p(5 \times 10^{-3})} \qquad [\text{A}]$$

이 1계 미분 방정식의 해는 $p = j\omega_s$에 대한 특수 적분(particular integral)과 시정수

$$\tau = \frac{5 \times 10^{-3}}{0.23} = 21.7 \qquad [\text{ms}]$$

를 가진 단순 지수 보조 함수(simple exponential complementary function)로 이루어진다. $t = 0$에서 $\vec{i}_s = 0$인 초기 조건을 만나기 위해서는, 모든 각도를 [rad]으로, 고정자 전류 표현식은

$$\begin{aligned}\vec{i}_s &= \frac{169.8\epsilon^{j377t}}{0.23 + j(5 \times 10^{-3} \times 377)} + (const)\epsilon^{-t/\tau} \\ &= 89.2\epsilon^{j(377t-1.45)} - 89.2\epsilon^{-j1.45}\epsilon^{-t/0.0217} \qquad [\text{A}]\end{aligned}$$

이제, 공간 벡터형으로 찾아진 전류로, 개별 상 전류가 식 (10.11)을 사용하여 구해질 수 있다:

$$\begin{aligned} i_a &= \mathcal{R}e\,\vec{i}_s = 89.2\cos(377t - 1.45) - 10.8\epsilon^{-t/0.0217} \\ i_b &= \mathcal{R}e\,\alpha^2\vec{i}_s = 89.2\cos(377t + 2.74) + 82.1\epsilon^{-t/0.0217} \qquad [\mathrm{A}] \\ i_c &= \mathcal{R}e\,\alpha\vec{i}_s = 89.2\cos(377t + 0.64) - 71.3\epsilon^{-t/0.0217} \end{aligned}$$

이 상 전류가 그림 10.9 (a)에서 보여져 있다. 이 예에서는, 첨두 상 전류가 상 b에서 생기며 사인(sine) 항의 한 주기보다 어느 정도 더 큰 시정수를 가지는 단방향 성분(unidirectional component)에 기인한 정현 성분의 첨두 값보다 대략 60 [%] 정도 더 크다. 이 시정수가 주기에 비해 컸다면 첨두 전류는 정현 성분의 첨두 값의 2배에 접근했을 수 있다.

(b) 토크에 대한 표현식이 식 (10.44)와 (10.45)에서 주어졌다. L_M을 포함하는 한 식은 이 인덕턴스가 무시될 수 있을 정도로 충분히 크다고 가정되었기 때문에

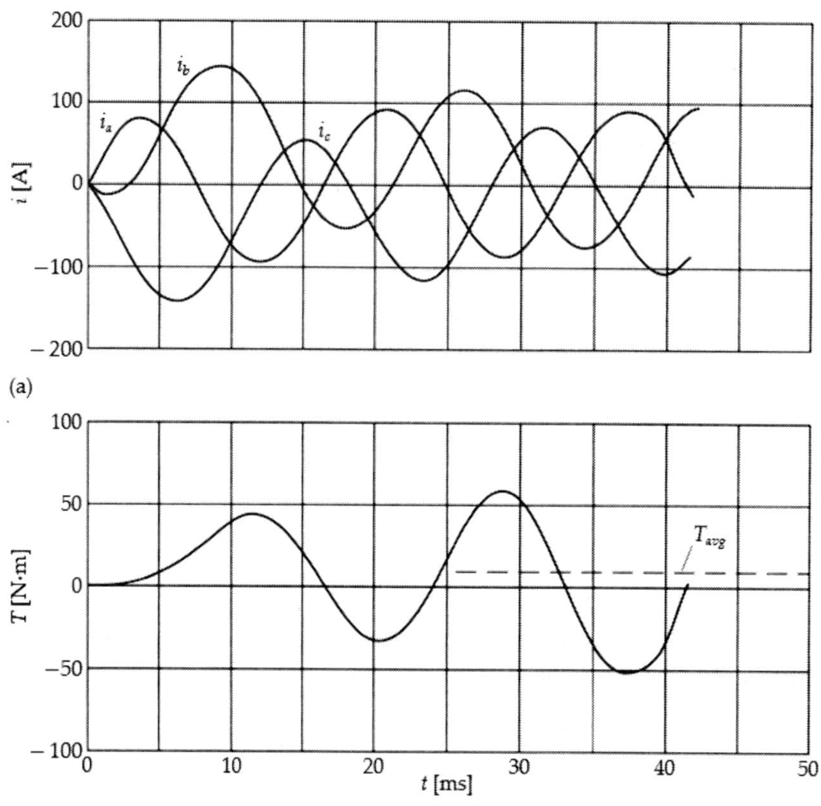

Figure 10.9 (a) Phase currents for Example 10.1 and (b) transient torque.

여기에서는 적절하지 않다. 고정자 쇄교 자속은 고정자 전압으로부터 저항 강하를 빼고 결과를 적분함으로써 찾아질 수 있다. 더 직접적인 접근법은 정지 상태에서 $\vec{v}_R = 0$ 그리고 $\vec{e}_O = 0$이기 때문에 회전자 저항을 가로지르는 전압의 적분으로써 회전자 쇄교 자속 $\vec{\lambda}_R$을 계산하는 것으로 나타난다.

$$\vec{i}_s = \hat{i}_s\epsilon^{-j\alpha}\left(\epsilon^{j\omega t} - \epsilon^{-t/\tau}\right) = -\vec{i}_R \qquad \text{[A]}$$

라 하자. 회전자 쇄교 자속은 시간 $t = 0$에서 0과 같으며 다음과 같이 주어진다:

$$\vec{\lambda}_R = \int R_R\vec{i}_s\,dt = R_R\hat{i}_s\epsilon^{-j\alpha}\left[\frac{\epsilon^{j\omega t} - 1}{j\omega} + \tau\left(\epsilon^{-t/\tau} - 1\right)\right] \qquad \text{[Wb]}$$

식 (10.44)로부터, 토크는

$$\begin{aligned} T &= \frac{3p}{4}Im(\vec{\lambda}_R{}^*\,\vec{i}_s) = \frac{3p}{4}R_R i_s{}^2\,Im\left\{\left[\frac{\epsilon^{-j\omega t} - 1}{-j\omega} + \tau\left(\epsilon^{-t/\tau} - 1\right)\right]\left(\epsilon^{j\omega t} - \epsilon^{-t/\tau}\right)\right\} \\ &= \frac{3\times 4}{4}\frac{0.13\times 89.2^2}{377}Im\left[\left(\epsilon^{-t/\tau} + 1\right)(1 - \cos\omega t) + \tau\omega_o\left(\epsilon^{-t/\tau} - 1\right)\sin\omega t\right] \\ &= 8.23\left[1 + \epsilon^{-t/0.0217}(1 - \cos 377t) + 8.18\left(\epsilon^{-t/0.0217} - 1\right)\sin 377t\right] \qquad \text{[N·m]} \end{aligned}$$

이 토크 파형이 그림 10.9 (b)에 그려져 있다. 기동 토크(starting torque)는 고도로 진동적인 것으로(highly oscillatory) 보인다. 8.23 [N·m]의 평균 토크가 쇄교 자속과 전류의 회전 성분에 의해 생성된다. 토크의 큰 진동 성분은 정지 감쇠 자속 및 전류 성분(stationary decaying flux and current component)과 자속 또는 전류의 회전 성분의 상호작용으로부터 생긴다.

과도 전류와 토크에 대한 이 표현식은 속도에서의 증가와 자화 전류의 효과를 무시한 것이다. 이들이 식 (10.48)의 3개의 방정식의 수치 풀이(numerical solution)에 포함되었을 때에는, 진동 토크가 몇 전원 주기 후에 정상 상태 모델로부터 구해지는 평균 값을 향하여 감소되는 것이 찾아진다.

10.1.3 Steady-State Analysis

많은 응용에 있어서, 유도기는 일정한 첨두 크기의 3상 정현 전압으로 공급되며, 속도는 일정하거나 시간에 따라 천천히 변한다. 이 상황의 경우에는, 속도, 토크, 입력 전류, 역률, 그리고 효율의 예측에 관심이 있다. 인버터 전원으로 얻어지는 것과 같이, 전원이 정현이 아닐지라도, 기본파 주파수 성분으로부터 생기는 응답이 지배적인 관심사이다.

전원 전압 공간 벡터가

$$\vec{v}_s = \hat{v}_s \epsilon^{j\omega t} \qquad [\mathrm{V}] \tag{10.50}$$

그리고 고정자 전류 공간 벡터가

$$\vec{i}_s = \hat{i}_s \epsilon^{j\omega t + \phi_s} \qquad [\mathrm{A}] \tag{10.51}$$

이라고 가정한다. 정상 정현 상태에서는, $p\vec{i}_s = j\omega_s \vec{i}_s$ 이며, 페이서 표기를 사용하는 것이 편리하다. 여기서, 정의에 의해, 페이서 크기(phasor magnitude)는 벡터 크기(vector magnitude)의 $1/\sqrt{2}$이며 페이서 각도(phasor angle)는 시간 $t=0$에서의 벡터의 각도이다:

$$\vec{V}_s = \frac{\vec{v}_s}{\sqrt{2}} \epsilon^{-j\omega t} = \frac{\hat{v}_s}{\sqrt{2}} \epsilon^{j0} \qquad [\mathrm{V}] \tag{10.52}$$

그리고

$$\vec{I}_s = \frac{\vec{i}_s}{\sqrt{2}} \epsilon^{j\phi_s} \qquad [\mathrm{A}] \tag{10.53}$$

일반적인 과도 해석에 대해 식 (10.34)와 (10.35)에서 전개된 표현식은 이제 정상 상태에 대하여 다시 적어질 수 있다:

$$\vec{V}_s = (R_s + j\omega_s L_M)\vec{I}_s + j\omega_s L_M \vec{I}_R \qquad [\mathrm{V}] \tag{10.54}$$

$$\vec{V}_R = j(\omega_s - \omega_o) L_M \vec{I}_s + [R_R + j(\omega_s - \omega_o)(L_L + L_M)]\vec{I}_R \qquad [\mathrm{V}] \tag{10.55}$$

등가 전기회로를 전개하기 위해서는, 양방 상호 임피던스(bilateral mutual impedance)가 있는 방정식 조합이 필요하다. 식 (10.55)를 (10.54)와 함께 이 성질을 가지는 형태로 변환하기 위하여, $\vec{V}_R$에 대한 표현식에 인자

$$\frac{\omega_s}{\omega_s - \omega_o} = \frac{\omega_s}{\omega_r} \tag{10.56}$$

이 곱해질 수 있다. 여기서 ω_r은 회전자 전류의 실제 주파수이다. 변환된 회전자 방정식은 그러면

$$\frac{\omega_s}{\omega_r}\vec{V}_R = j\omega_s L_M \vec{I}_s + \left[R_R \frac{\omega_s}{\omega_r} + j\omega_s (L_L + L_M)\right]\vec{I}_R \qquad [\mathrm{V}] \tag{10.57}$$

로 된다.

농형 기계의 경우에는, 회전자 전압 $\vec{V}_R$이 0이다. 식 (10.55)와 (10.57)은 이제 그림 10.10 (a)의 정상 상태 등가회로를 나타낸다. 이것은 5장에서 더 물리적인 관점으로부터 정상 상태에 대해 유도되고 그림 5.16에서 보여진 것과 같은 회로이다. 거기에서 논의된 바와 같이, 저항 $R_R\,\omega_s/\omega_r$는 상당(per phase) 생기는 회전자 손실인 성분 R_R 더하기 기계 부하의 상당 효과를 나타내는 성분 $R_R\,\omega_o/\omega_r$을 내포한다. 기계 동력이 토크에 기계 각속도를 곱한 것이기 때문에, 농형 기계에 대한 정상 상태 토크는

$$T = \frac{3p}{2\omega_o}\left(\frac{R_R\omega_o}{\omega_r}I_R^2\right) = \frac{3p}{2}\frac{R_R}{\omega_r}I_R^2 \qquad [\text{N}\cdot\text{m}] \tag{10.58}$$

이다. 양(quantity) ω_r/ω_s는 일반적으로 **슬립**(*slip*) s로 알려져 있다. 이것은 고정자 주파수가 일정한 많은 상황에 대해 유용한 단위법 양(per-unit quantity)이다. 이 장에서의 많은 비중(emphasis)이 가변 주파수 운전에 있기 때문에, 고정자와 회전자 주파수의 동일성(identity)이 다음의 취급에서는 보류될 것이다.

권선형 회전자 유도기에서는, 등가회로 모델이 실제 회전자 전압과 전류 페이서 $\vec{V}_{rot}$와 $\vec{I}_{rot}$가 내부 페이서 $\vec{V}_R$와 $\vec{I}_R$에 관련되는 수단을 포함하여, 여러가지 매개변수가 한 쪽에서 다른 쪽으로 전달될 수 있는 것이 중요하다. 이 관계가 그림 10.10 (b)의 등가회로에서 단계형(step form)으로 보여져 있다. 오른쪽 이상 변압기는 권수비 $N_{se} : N_{re}$를 나타낸다. 가운데 이상 변압기는 식 (10.31)의 양(quantity) γ를 참작한다. 마지막으로, 왼쪽의 이상 변압기는 전압비 $\omega_s : \omega_r$을 나타내는 한편 $1:1$의

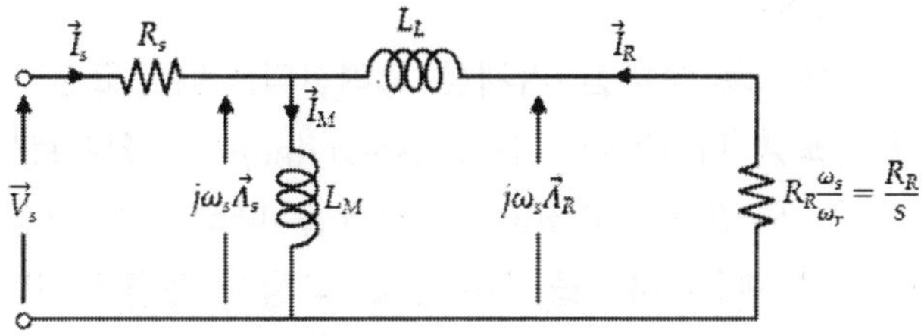

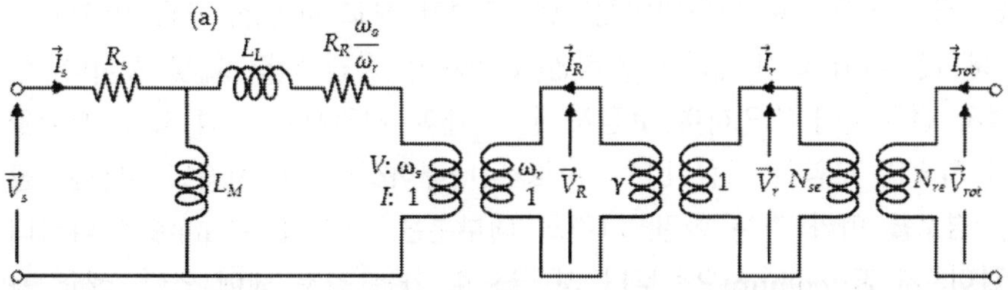

Figure 10.10 Steady-state equivalent circuits for induction machine: (a) squirrel cage and (b) wound rotor.

전류비를 유지하기 위해 도입되었다. 이 변환의 3개 모두 양(quantity)을 회전자로부터 고정자로 또는 그 역으로 환산할 때 편의를 위하여 결합될 수 있다.

평형 정상 상태에서 운전하는 어떤 다상 유도기에 대하여, 토크는 공극을 통과하여 회전자로 가는 총 전력을 동기 기계 각속도(synchronous mechanical angular speed)로 나눔으로써 찾아질 수 있다. 식 (10.44)와 (10.45)로부터, 토크에 대한 적절한 표현식은

$$\begin{aligned} T &= \frac{3p}{2\omega_s}\mathcal{R}e[(j\omega_s\vec{\Lambda}_s)^*\vec{I}_s] \\ &= \frac{3p}{2}\mathcal{I}m(\vec{\Lambda}_s{}^*\vec{I}_s) \\ &= -\frac{3p}{2}\mathcal{I}m(\vec{\Lambda}_R{}^*\vec{I}_R) \qquad [\mathrm{N{\cdot}m}] \end{aligned} \tag{10.59}$$

이다. 이 표현식의 두번째는 일정한 크기와 주파수의 고정자 전압의 적용에 의해 고정자 자속 $\vec{\Lambda}_s$가 본질적으로 일정하게 유지되는 빈번한 상황에서 특히 유용하다.

10.1.4 Modeling of Saturation Effects

지금까지는 유도기의 모델링에 있어서, 회전자와 고정자의 철(iron)이, 자속 경로의 철 부분에 자속을 확립하기 위하여 의미있는 자계의 세기를 요구하지 않아, 자기적으로 이상적인 것으로 가정되었다. 하지만, 기계는 보통, 포화 수준이 주어진 철과 권선 구조에서 더 높은 전압 수준과 그러므로 주어진 정격에 대해 더 작은 기계를 허용하기 때문에, 철 포화가 직접 관련이 있는 자속 수준에서 운전한다. 이 절에서는 철 부분의 비선형 효과가 등가회로 모델에 적당한 정확도로 도입될 수 있는 적절한 수단을 검토한다.

그림 10.11 (a)에서 단면으로 보여진 기계를 고려한다. 원은 고정자 권선 내에서의 자화 전류의 정현 분포를 나타낸다. 파선(dashed line)은 고정자로부터 회전자로 공극을 가로지르는 상호 자속(mutual flux)의 모양을 나타낸다. 고정자에서는, 이 자속이 고정자 치(teeth)와 계철(yoke)을 지나간다. 고정자 전류가, 이 경우에는 자화 전류 $\vec{i}_m$인, 공간 벡터 $\vec{i}_s$로 나타내어진다면, 고정자 쇄교 자속은, 그림 10.7의 등가회로에서 보여진 바와 같이 $\vec{i}_m$과 공선적인(collinear), 공간 벡터 $\vec{\lambda}_m$일 것이다. 다음으로, 고정자 전류 $\vec{i}_s$에 기인하여 고정자 권선 내에 세워지는 누설 쇄교 자속을 고려한다. 이 자속의 모양이 그림 10.11 (b)로 나타내어졌다. 이 자속의 약간은 공극을 따르는 경로를 따라 가는 한편, 그것의 대부분은, 그림 10.11 (c)에서 나타내어진 바와 같이, 치 끝(toothtip)으로부터 치 끝으로 가는 경로 내에 있다. 쇄교 자속의 이 성분은 고정자 전류에 비례하며 공선적이다. 이것은, 그림 10.7에서 보여진

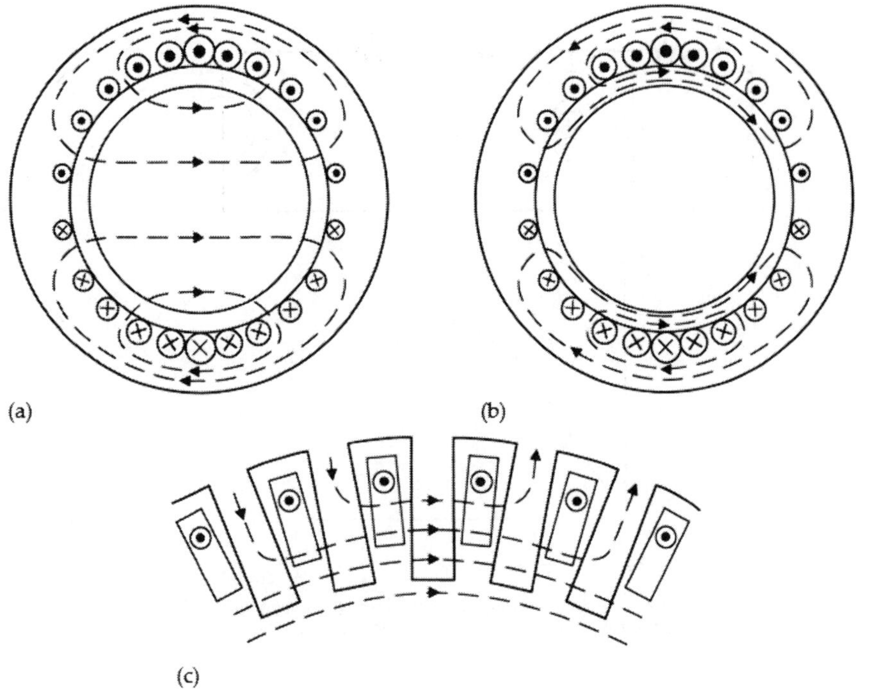

Figure 10.11 (a) Mutual flux, (b) stator leakage flux, and (c) paths of stator leakage flux.

바와 같이, $L_{ls}\vec{i}_s$로 나타내어졌다. 이 두 성분을 함께 더하면

$$\vec{\lambda}_s = L_{ls}\vec{i}_s + \vec{\lambda}_m \qquad [\text{Wb}] \tag{10.60}$$

으로 총(total) 고정자 쇄교 자속을 준다.

이상적으로 정현적으로 분포된 권선으로 그리고 자기 포화 없이, 자속의 이 성분 둘 다는 고정자 치 내에 정현적으로 분포되는 자속밀도를 확립할 것이다. 고정자 치 자속밀도 공간 벡터 $\vec{B}_{ts}$는 그러면 자화 및 고정자 전류에 기인한 자속밀도 성분의 벡터합(vector sum)일 것이다. 고정자 치에 이 자속밀도를 확립하기 위해서는, 고정자 쇄교 자속 $\vec{\lambda}_s$의 비선형 함수가 될, 자화 전류의 부가적인 성분을 요구할 것이다. 덧붙여, 그림 10.11로부터, 고정자 계철은 고정자와 쇄교하는 총 자속을 운반한다는 것에 주목한다. 따라서, 계철에 대한 자화 전류의 성분도 역시 고정자 쇄교 자속에 비선형적으로 종속될 것이다. 그러므로, 고정자 치와 계철에 의해 요구되는 기자력의 결합 효과는 쇄교 자속 $\vec{\lambda}_s$를 가로지르는 적절한 비선형 유도성 요소(소자)를 부가함으로써 등가회로 모델에 통합될 수 있다. 그림 10.12 (a)의 등가회로에서는, 이것이 그림 10.12 (b)의 단일 비선형 $\vec{\lambda}_s$-$\vec{i}_M$ 관계를 주도록 선형 인덕턴스 L_M과 미리 통합되었는데, 편의를 위하여 여전히 L_M으로 표시될 것이다.

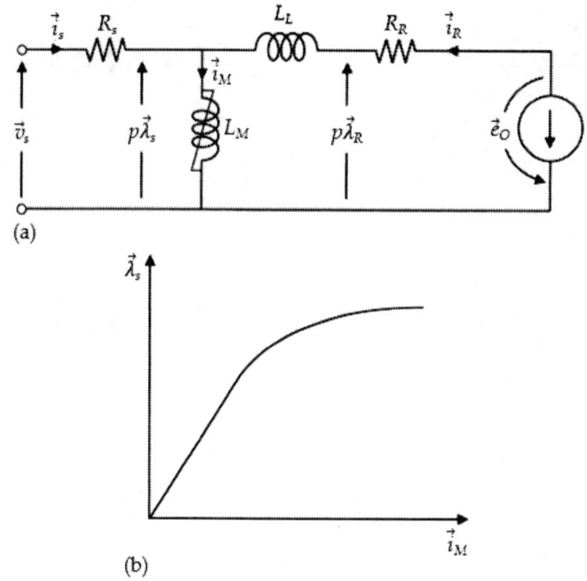

Figure 10.12 (a) Equivalent circuit including stator iron saturation and (b) graph of equivalent magnetizing inductance L_M.

회전자에서는, 회전자 치(rotor teeth)와 회전자 철심 내에서의 자속이 공극을 가로지르는 자속 빼기 회전자 원주 주위의, 주로 회전자 표면을 따라 치로부터 치로 가는, 경로를 취함으로써 회전자 권선을 우회하는 회전자 누설 자속과 같다. 그러므로, 회전자 치와 철심에 의해 요구되는 부가적인 기자력을 나타내기 위하여 부가적인 자화 전류 성분이 요구될 수 있다. 이 성분은 그림 10.7의 등가회로에서 보여진 순(net) 회전자 쇄교 자속 $\vec{\lambda}_r$의 비선형 함수일 것이다. 그것은 $\vec{\lambda}_r$을 가로지르는 비선형 인덕턴스에 의해 회로 내에서 나타내어질 수 있다. 그것은 식 (10.28)과 (10.29)의 변환을 사용하여 그림 10.12 (a)의 등가회로의 Γ-형에서 $\vec{\lambda}_R$을 가로지르는 비선형 인덕턴스에 의해 동등하게 잘 나타내어질 수 있다.

유도기의 많은 해석에 있어서, 회전자에서의 자기적 비선형성의 효과는 고정자에서의 그것과 비교하여 작다. 극단적인 예는, 고정자 쇄교 자속 $\vec{\lambda}_s$가 일정한 인가 고정자 전압 $\vec{v}_s$에 의해 결정되지만, 회전자 쇄교 자속 $\vec{\lambda}_R$은 비교적 작고, 고정자 쇄교 자속의 대부분이 누설 인덕턴스 L_L에서 흡수되는, 유도전동기의 기동 성능일 것이다. 정상 부하 조건에서조차도, 회전자 쇄교 자속의 크기는 누설 인덕턴스를 가로지르는 강하(drop)의 벡터 덧셈(vector addition)에 의해 고정자 쇄교 자속의 크기 아래로 줄어들 것이다. 따라서, 이러한 상황에서는, 회전자 비선형성이 종종 무시될 수 있다. 고정자에 관련된 모든 자화 비선형성이 있는 그림 10.12 (a)의 회로는 따라서 적절한 근사로서 사용될 수 있다.

철(iron) 내에서의 와류 및 히스테리시스 손실의 효과도 또한 원한다면 등가회로 내에 통합될 수 있다. 고정자에서는, 이 손실이 고정자 치와 계철에서의 자속밀도에 종속된다. 따라서, 1.10절에서 전개된 접근법에 따라, 이 철손(core loss)이 그림 10.12 (a)에서 자화 인덕턴스 L_M과 병렬인 비선형 저항 R_c로 나타내어질 수 있다. 전압과 전류 벡터 또는 페이서 사이의 관계를 예측하려고 하는 해석에서는, 철손 전류(core loss current)가 작기 때문에 보통 무시될 수 있다. 하지만, 효율 예측에 있어서는 철손이 중요하다.

철손은 또한 회전자 철에서도 생기지만 보통 무시될 수 있다. 정상 운전 조건 하에서, 회전자 주파수 ω_r은 매우 작다; 따라서, 손실이 작다. 기동과 운전 조건 둘 다에서는, 회전자 철에서의 와류와 히스테리시스 전류가 실제로 기계의 발생 토크에 기여하며 손실로 분류되지 않아야 할 것이다. 극단적인 경우에서는, 고체 철 원통(solid iron cylinder)으로 만들어진 회전자가 큰 와전류를 가질 것이며 유용한 토크를 생성할 것이다. 그러한 회전자는 초고속 유도기(very high-speed induction machine)에서 때때로 사용된다.

다른 정교함이 요구된다면 그림 10.12 (a)의 단순한 등가회로 모델에 부가될 수 있다. 예를 들어, 약간의 고정자 누설 쇄교 자속은 고정자 단부 권선(end winding) 주위의 자속으로부터 생긴다. 더 큰 정확도를 위하여, 이것이 저항 R_s에 직렬인 분리된 선형 인덕턴스로 나타내어질 수 있다. 그러한 정교함은 실제로는 드물게 정당화되며 부가적인 회로 요소(소자)가 기계 단자에서 이루어지는 측정으로부터 바로 결정될 수 없다는 어려움을 나타낸다.

10.1.5 Modeling of Deep Rotor Bar Effects

10.1.4절에서의 앞선 전개는 회전자가 누설 인덕턴스와 저항을 가진 단일 회로로 나타내어졌다. 하지만, 5.8절에서 논의된 바와 같이, 대부분의 유도전동기는 그림 5. 19 (a)에서 보여진 바와 같은 2중 농형(double cage) 또는 깊은, 고체 회전자 봉(deep, solid rotor bar)을 가진 형태로 설계된다. 이 설계의 목적은, 운전 조건 하에서 회전자 주파수가 낮을 때에는 낮은 유효 회전자 회로 저항과, 회전자 주파수가 높을 때에는 큰 기동 토크를 주는, 직입 기동(on-line starting) 동안의 더 높은 유효 회전자 회로 저항이 결합되는 것을 마련하기 위한 것이다.

이 효과는, 단순한 2중 농형 회전자에 대하여 그림 10.13에서 보여진 바와 같이, 과도 및 정상 상태 등가회로 내로 바로 모델링될 수 있다. 기호는 그림 5.19 (b)의 기호와 상사(analogous)이다. 어떤 상황에서는, 심구 봉 회전자(deep-bar rotor)를 나타내기 위해 누설 인덕턴스와 회전자 저항의 더 복잡한 사다리꼴이 바람직할 수 있다. 이 회로망(network)은 7.1.1절에서 전개된 자기-전기회로 변환 기법(magnetic-

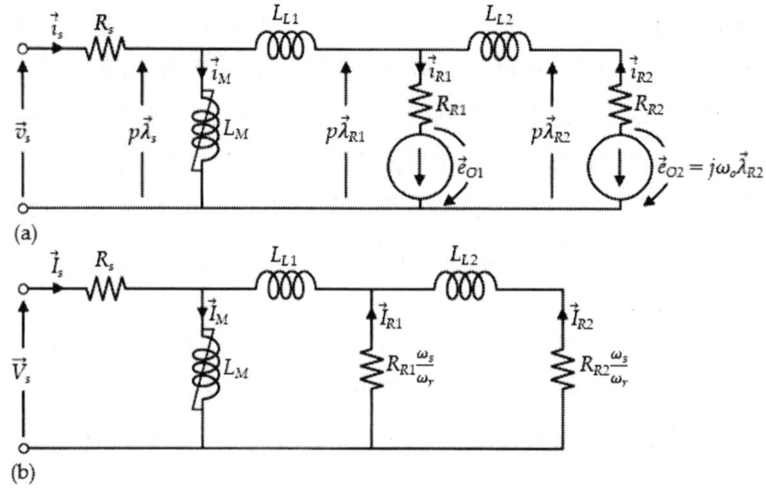

Figure 10.13 Equivalent circuits for induction machine with double-cage rotor: (a) transient and (b) steady-state.

to-electric circuit transformation technique)을 사용하여 전개될 수 있다.

10.2 VARIABLE-VOLTAGE, VARIABLE-FREQUENCY OPERATION

가변 전압, 가변 주파수 인버터로부터 공급되는 유도전동기는 높은 효율과 좋은 과도 성능 둘 다가 가능한 구동을 제공한다. 단순한 전압원 인버터(simple voltage-source inverter)를 사용한 그러한 구동 계통에 대한 블록도(block diagram)가 그림 10.14 (a)에서 보여져 있다. 이 인버터는 8.4.1절에서 논의되었으며, 회로는 그림 8.18

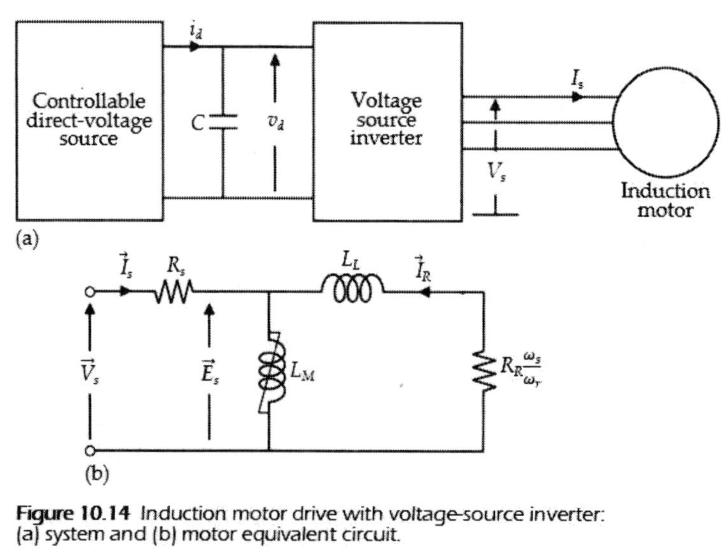

Figure 10.14 Induction motor drive with voltage-source inverter: (a) system and (b) motor equivalent circuit.

에서 보여져 있다.

10.2.1 Fundamental-Frequency Performance

먼저 인가 고정자 전압의 기본파 주파수 성분만을 고려하여 이 구동의 기본 성질을 재검토하자. 주어진 제어 가능한 크기의 직류 전압 전원 v_d로, 인버터는, 그림 8.17에서 보여진 바와 같이, 각 상에 대해 120° 직사각 전압 파형을 생성한다. 식 (8.33)으로부터, 선-중성 또는 상 전압의 실효치 기본파 주파수 성분은

$$V_s = \frac{\sqrt{2}}{\pi} v_d = 0.45 v_d \qquad [\mathrm{V}] \tag{10.61}$$

이다.

가변 주파수 전원을 사용한 유도전동기 구동은 항상 최소한의 손실로 그리고 따라서 가장 높은 효율로 토크를 얻기 위하여 회전자 주파수의 작은 값으로 운전한다. 따라서, 그림 10.14 (b)의 등가회로는 2중 농형 또는 심구 봉 회전자의 경우까지도 정상 상태 해석을 위해 사용될 수 있다. 더욱이, 구동의 기본 성질은 보통 고정자 저항과 누설 인덕턴스 둘 다를 무시함으로써 적절하게 근사화될 수 있다. 최소 전류와 그러므로 최소 권선 손실로 최대 토크를 얻기 위하여, 기계는 일반적으로 실효 값 Λ_s의 고정자 쇄교 자속의 정격 값에서 또는 그 부근에서 운전된다. 그러면, 고정자 저항 강하를 무시한 첫번째 근사로, 어떤 운전 주파수 ω_s에 대한 기본파 주파수 고정자 전압은

$$\vec{V}_s = j\omega_s \vec{\Lambda}_s \qquad [\mathrm{V}] \tag{10.62}$$

가 되도록 맞추어져야 한다. 요구되는 직류 링크 전압(direct-link voltage)은 그러면

$$v_d = \frac{\omega_s \Lambda_s}{0.45} \qquad [\mathrm{V}] \tag{10.63}$$

으로 주어진다.

이 관계식 때문에, 이 운전 모드는, 특히 낮은 속도에서, 보통 고정자 저항 강하를 보상하기 위한 약간의 조정이 요구되는데도 불구하고, 종종 "일정 [V/Hz] 제어 (constant [V/Hz] control)"로 표시된다.

정상 상태 토크는 식 (10.58)로부터

$$T = \frac{3p}{2} \frac{R_R}{\omega_r} I_R^2 \qquad [\mathrm{N \cdot m}] \tag{10.64}$$

와 같이 유도된다. 누설 인덕턴스 효과가 무시된다면, 회전자 전류는

$$\begin{aligned}\vec{I}_R &\approx -\frac{\vec{E}_s\omega_r}{R_R\omega_s} \\ &= -\frac{j\omega_s\vec{\Lambda}_s\omega_r}{R_R\omega_s} = -j\vec{\Lambda}_s\frac{\omega_r}{R_R} \qquad [\mathrm{A}]\end{aligned} \tag{10.65}$$

로 근사화될 수 있다. 토크는 이제 식 (10.58)과 (10.65)를 사용하여 고정자 쇄교자속의 함수로써 표현될 수 있다:

$$T \approx \frac{3p}{2}\Lambda_s^2\frac{\omega_r}{R_R} \qquad [\mathrm{N\cdot m}] \tag{10.66}$$

기계에 대한 근사 속도-토크 관계식은 그러므로

$$\begin{aligned}\omega_{mech} &= \frac{2}{p}(\omega_s - \omega_r) \\ &= \frac{2}{p}\omega_s - \left(\frac{2}{p}\right)^2\frac{R_R T}{3\Lambda_s^2} \qquad [\mathrm{rad/s}]\end{aligned} \tag{10.67}$$

이다. 이 관계가 고정자 주파수의 여러가지 값에 대하여 그림 10.15에서 보여져 있

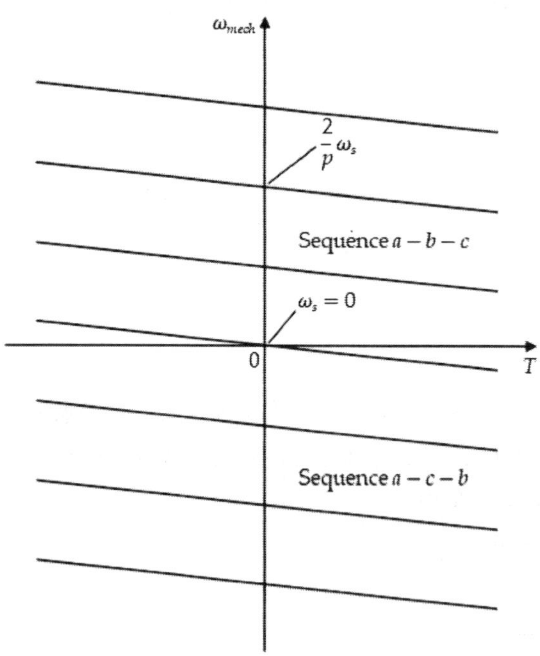

Figure 10.15 Speed-torque relation for variable-frequency induction motor drive.

다. 고정자 주파수 ω_s의 부(음, negative) 값은 역상순(reversed phase sequence) *a-c-b*의 사용에 의해 얻어진다. 2 및 4상한에서의 운전을 위해서는, 직류 전압 전원이 발전기로서의 기계 동작에 의해 전력을 거꾸로 흡수할 수 있어야 한다. 즉, 직류 전류 i_d가 역으로 되어야 한다. 그러한 전원의 예는 그림 8.17의 4-상한 초퍼와 그림 8.8의 2중 정류기/인버터이다.

전동기의 고정자로 들어가는 총 전력 입력은

$$P_s = 3\,\mathcal{R}e(\vec{V}_s{}^*\,\vec{I}_s) \qquad [\text{W}] \tag{10.68}$$

이다. 이상적인 손실없는 인버터를 가정하면, 링크에서의 평균 직류 전류는

$$\bar{i}_d = \frac{P_s}{v_d} \qquad [\text{A}] \tag{10.69}$$

일 것이다. 순시 전류 i_d는 또한 주파수 $6\omega_s$의 정수 배(integral multiple)에서의 성분을 내포할 것이다. 커패시터 C는 이 성분을 부분적으로 흡수하기 위하여 링크 전압(link-voltage)을 가로질러 연결된다.

실제 직류 전압 전원은 링크 전압 v_d의 최대로 이용할 수 있는 값을 가진다. 그러므로, 전(full) 또는 정격 고정자 쇄교 자속이 유지될 수 있는 최대 고정자 주파수 ω_b가 있다. 이 주파수와 그것에 대응하는 속도까지, 전-정격 토크(full-rated torque)가 생성될 수 있다. 어떤 구동에서는, 근사적으로 일정한 전력(동력) 특성으로, 줄어든 토크에서 이 값보다 높은 속도로 운전하는 것이 바람직하다.

$\omega_s > \omega_b$에서의 운전의 경우, 일정한 링크 전압 v_d와 그러므로 일정한 고정자 전압 V_s로, 실효치 고정자 쇄교 자속은 근사적으로

$$\Lambda_s = \frac{V_s}{\omega_s} = \frac{\omega_b}{\omega_s}\Lambda_{s(\max)} \qquad [\text{Wb}] \tag{10.70}$$

으로 주어진다. 고정자 쇄교 자속의 약화(reduction)는, 식 (10.67)로부터 보여지는 바와 같이, 이 속도 범위 내에서 속도-토크 곡선의 아래 방향으로의 기울기가 증가하는 원인이 된다. 또한, 주파수가 증가함에 따라, 누설 인덕턴스의 효과가 더 중요하게 된다. 5.7절로부터, Λ_s의 주어진 값에 대해 생성될 수 있는 최대 토크는

$$\hat{T} = \frac{3p}{4}\frac{\Lambda_s{}^2}{L_L} = \left(\frac{\omega_b}{\omega_s}\right)^2 \hat{T}_{\text{at}\ \omega_b} \qquad [\text{N·m}] \tag{10.71}$$

이다. ω_b와 그것을 넘는 여러가지 고정자 주파수에 대한 속도-토크 곡선의 조합이 그림 10.16에서 보여져 있다. 최대 이용할 수 있는 토크 $\hat{T}$는 주파수가 증가함에 따

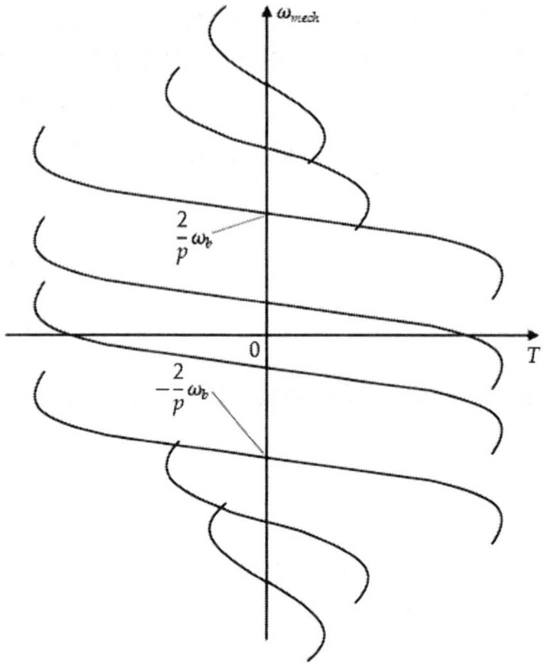

Figure 10.16 Speed-torque curves showing the reduction in torque above base frequency ω_b.

라 급격히 감소한다. 거의 일정한 출력 동력 특성은 따라서 단지 제한된 속도 범위에 대해서만 유지될 수 있다.

EXAMPLE 10.2 440 [V], 60 [Hz], 6극 유도전동기가, 전원이 460 [V], 3상, 60 [Hz] 전원, 제어 정류기, 그리고 단순한 전압원 인버터로부터 얻어지는, 가변속 구동으로 통합되었다. 전동기는 8 [mH]의 누설 인덕턴스와 0.3 [Ω]의 회전자 저항을 가진다.

(a) 인버터가 공급할 수 있는 기본파 주파수 전압의 최대 값은 얼마인가?
(b) 쇄교 자속의 정격 값에서 얼마의 고정자 주파수까지 전동기가 운전될 수 있는가?
(c) 문제 (b)의 주파수에서 생성될 수 있는 최대 토크는 얼마이며, 그것이 생기는 회전자 속도는 얼마가 될 것인가?
(d) 고정자 주파수가 문제 (b)에서 얻어진 값의 1.6배로 증가된다면, 얻어질 수 있는 최대 토크는 얼마인가?
(e) 전형적으로, 이 전동기는 대략 문제 (c)에서 찾아진 첨두 값의 40 [%]의 정격 토크를 가질 수 있다. 이 정격 토크에서 기동하여 얼마의 근사 속도까지 이 구동이 일정 동력 특성을 유지할 것인가?

Solution

(a) $\alpha = 0$으로 설정한 정류기로, 링크 전압의 최대 값은, 식 (8.11)로부터,

$$\hat{v}_d = 1.35V_{L\text{-}L} = 1.35(460) = 621 \qquad [\text{V}]$$

이 링크 전압에서, 전동기 고정자에서의 기본파 상 전압은, 식 (10.61)로부터, 다음이 될 것이다:

$$V_s = 0.45\hat{v}_d = 0.45(621) = 279.5 \qquad [\text{V}]$$

(b) 고정자 저항을 가로지르는 강하가 무시될 수 있기 때문에, 전동기의 정격 고정자 쇄교 자속은

$$\Lambda_b = \frac{440}{\sqrt{3} \times 2\pi \times 60} = 0.67 \qquad [\text{Wb}]$$

이 쇄교 자속이 유지될 수 있는 한계 주파수(breakpoint frequency)는 그러면

$$\omega_b = \frac{V_s}{\Lambda_b} = \frac{279.5}{0.67} = 415 \qquad [\text{rad/s}]$$

(c) 최대 토크는, 식 (10.71)로부터,

$$\hat{T} = \frac{3p}{4}\frac{\Lambda_s^2}{L_L} = \frac{3 \times 6}{4}\frac{0.67^2}{0.008} = 256 \qquad [\text{N·m}]$$

이 최대 토크는 회전자 주파수가 다음과 같을 때 생긴다:

$$\omega_r = \frac{R_R}{L_L} = \frac{0.3}{0.008} = 37.5 \qquad [\text{rad/s}]$$

그러면, 전동기 속도는

$$\omega_{mech} = \frac{2}{p}(\omega_s - \omega_r) = \frac{2}{6}(415 - 37.5) = 125.8 \qquad [\text{rad/s}]$$

(d) 쇄교 자속은 인자 1.6으로 줄어들 것이다. 그러므로, 최대 토크는 다음이 될 것이다:

$$T = \frac{256}{1.6^2} = 100 \qquad [\text{N·m}]$$

(e) 일정 동력 특성의 경우, 정격 또는 기저 토크는

$$T_b = 0.4(256) = 102.4 \qquad [\text{N}\cdot\text{m}]$$

기저 속도는 $\omega_{b(mech)} = 125.8$ [rad/s]이다. 더 높은 속도의 경우, 일정 동력 곡선 위에서의 토크는

$$T = \frac{T_b \omega_{b(mech)}}{\omega_{mech}} \qquad [\text{N}\cdot\text{m}]$$

주파수 ω_s에서 이용할 수 있는 첨두 토크는

$$\hat{T} = 256\left(\frac{415}{\omega_s}\right)^2 \qquad [\text{N}\cdot\text{m}]$$

그리고 이것은 다음의 기계 속도에서 생긴다:

$$\omega_{mech} = \frac{2}{p}(\omega_s - \omega_r) = \frac{\omega_s - 37.5}{3} \qquad [\text{rad/s}]$$

따라서, 일정 동력 곡선 위에서 이루어질 수 있는 최대 주파수는 $T = \hat{T}$일 때 생긴다. 즉,

$$\omega_{mech} = \frac{(102.4 \times 125.8)3}{\omega_s - 37.5} = 256\left(\frac{415}{\omega_s}\right)^2$$

또는

$$\omega_s^2 - 1140\omega_s + 42800 = 0$$

이로부터 $\omega_s = 1100$ [rad/s]이며

$$\omega_{mech} = \frac{1100 - 37.5}{3} = 356 \qquad [\text{rad/s}]$$

10.2.2 Effects of Voltage Harmonics

단순한 전압원 인버터에 의해 생성되는 계단 전압 파형(stepped voltage waveform)은 3의 배수를 제외한 모든 기수 차(odd order) h, 즉,

$$h = 1 + 6k \quad \text{where } k = 0, \pm 1, \pm 2, \cdots \tag{10.72}$$

의 고조파의 조합을 내포한다. 식 (8.31)로부터, 고조파 전압의 실효 값은 고조파 차수에 역으로 비례한다:

$$V_{hs} = \frac{1}{h} V_{1s} \qquad [\text{V}] \tag{10.73}$$

기본파의 상순(phase sequence)이 a-b-c라면, 5차 고조파의 상순은 그것의 상 b가 상 a보다 $120 \times 5 = 600° = 240°$ 만큼 뒤지기 때문에 a-c-b가 되는 것으로 보인다. 식 (10.72)에서 정(양)의 값 k인 차수의 고조파는 정상순(positive sequence)을 가지는 한편 부(음)의 값 k인 고조파는 역상순(negative sequence)을 가진다.

고정자 전류에 대한 이 고조파 전압의 효과는 그림 10.17 (a)의 고조파 등가회로의 조사에 의해 근사화될 수 있다. 정상 운전 조건 하에서, 등가, 2극 회전자 속도 ω_o는 전원 주파수 ω_s와 근사적으로 같다. 고조파 회전자 주파수는 그러므로

$$\begin{aligned} \omega_{hr} &= h\omega_s - \omega_o \\ &\approx \begin{cases} -6\omega_s & \text{for } h = -5 \\ \;\;6\omega_s & \text{for } h = 7 \end{cases} \qquad [\text{rad/s}] \end{aligned} \tag{10.74}$$

이다. 그림 10.17 (a)의 회전자 회로에서의 유효 저항은 따라서 회전자 저항 R_R과 근사적으로 같으며 누설 리액턴스 $h\omega_s L_L$보다 훨씬 더 작다. 따라서, 고조파 주파수에 대하여, 회전자는, 그림 10.17 (b)에서 보여진 바와 같이, 인덕턴스 L_h로 근사적으로 나타내어질 수 있다. 여기서, 고정자와 회전자 둘 다의 저항을 무시하여,

$$L_h = \frac{L_M L_L}{L_M + L_L} \approx L_L \qquad [\text{H}] \tag{10.75}$$

이다. 전동기에서의 고조파 상 전류는 그러면

$$I_{hs} = \frac{V_{hs}}{h\omega_s L_h} = \frac{V_{1s}}{h^2 \omega_s L_h} = \frac{\Lambda_s}{h^2 L_h} \qquad [\text{A}] \tag{10.76}$$

으로 근사화된다.

권선 발열에서의 이 고조파 전류의 효과는 전형적으로 유도전동기가 0.12에서 0.2 [pu]의 범위에서 누설 인덕턴스를 가질 수 있다는 것을 상기함으로써 평가될 수

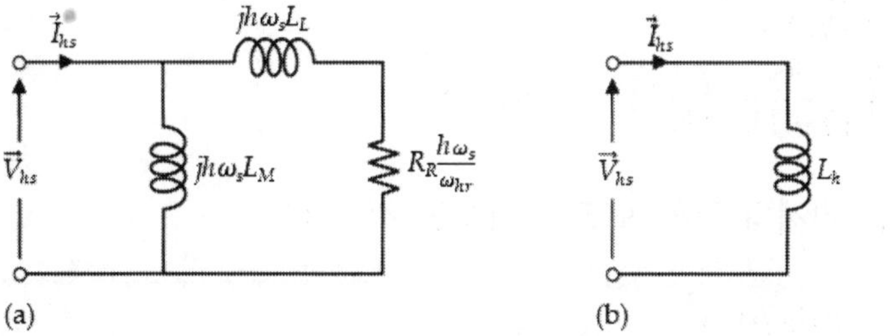

Figure 10.17 (a) Harmonic equivalent circuit and (b) approximate circuit.

수 있다. 따라서, 1 [pu] 고정자 쇄교 자속으로, 가장 중요한 고조파 전류는

$$I_{5s} \approx 0.2 \text{ to } 0.33 \qquad [\text{pu}]$$

그리고

$$I_{7s} \approx 0.1 \text{ to } 0.17 \qquad [\text{pu}]$$

이다. 기본파 쇄교 자속이 일정하게 유지된다면 이 값은 토크와 속도에 무관함에 유의하라. 정격 고정자 전류는 일반적으로 기본파 주파수 전류만을 기초로 하기 때문에, 고정자 전류의 운전 값은 이 값 아래로 정격 저하되어야(derated) 할 것이다. 0.12 [pu] 누설 인덕턴스를 가진 기계에 대한 정격 저하 양(amount)은 첫 4개의 고조파로부터

$$1 = \left(I_{1s}{}^2 + 0.33^2 + 0.17^2 + 0.07^2 + 0.05^2\right)^{1/2} \qquad [\text{pu}] \tag{10.77}$$

에 따라

$$I_{1s} \approx 0.925 \qquad [\text{pu}]$$

로 추정될 수 있다. 심구 봉 또는 농형 전동기에 대해 논의된 바와 같이, 유효 회전자 저항이 회전자 주파수에 따라 상당히 증가하기 때문에, 기계의 실제 발열은 이 표현식으로 가리켜지는 것보다 더 클 수 있다. 유효 고정자 저항도 또한 주파수에 따라 어느 정도 증가할 수 있다. 또한 자속 고조파에 기인한 고정자 철(iron)에서의 와전류 손실에서의 증가도 있다. 따라서, 정격 저하 인자(derating factor)는 종종 운전 경험으로부터 유도된다.

이 고조파 전압에 의해 생성되는 평균 토크는 보통 무시할 수 있다. 그림 10.17 (a)의 등가 고조파 회로로부터, 고조파 회전자 전류는 근사적으로 Λ_{hs}/L_L이다. 그러면 고조파 h에서의 토크는 근사적으로

$$\begin{aligned} T_h &= \frac{3p}{2}\frac{R_R}{\omega_{hr}}\left(\frac{\Lambda_{hs}}{L_L}\right)^2 \\ &\approx \frac{3p}{2}\frac{R_R}{(h-1)\omega_s}\left(\frac{\Lambda_{hs}}{hL_L}\right)^2 \qquad [\text{N·m}] \end{aligned} \tag{10.78}$$

이다. 이 토크는 기계의 기동 토크와 비교될 수 있다:

$$T_{start} \approx \frac{3p}{2}\frac{R_R}{\omega_s}\left(\frac{\Lambda_{1s}}{L_L}\right)^2 \qquad [\text{N·m}] \tag{10.79}$$

이 표현식을 비교하면 $T_h \approx T_{start}/h^3$이며 따라서 대부분의 상황에서 무시할 수 있는 정도임을 보인다. $h = 5$인 가장 큰 성분에 대한 토크는 부(음, negative)라는 것을 유의하는 것이 좋다.

고조파의 가장 중요한 효과는 심각한 진동과 소음을 일으킬 수 있는 고조파 토크의 생성이다. 전동기를 그림 10.18 (a)의 고조파 등가회로로 나타낸다고 가정한다. 식 (10.45)로부터, 기본파 토크는

$$T_1 = \frac{3p}{4} Im(\vec{\lambda}_{1s}{}^* \vec{i}_{1s}) \approx \frac{3p}{4} \hat{\lambda}_{1s} \hat{i}_{1s} \qquad [\text{N·m}] \tag{10.80}$$

과 같이 표현될 수 있다. 왜냐하면, 무시할 수 있는 자화 전류와 누설인덕턴스로

$$\vec{i}_{1s} \approx \frac{\vec{v}_{1s}\omega_{1r}}{R_R \omega_s} = j\frac{\vec{\lambda}_{1s}\omega_r}{R_R} \qquad [\text{A}] \tag{10.81}$$

이기 때문이다. 기본파 토크는, 그림 10.18 (b)에서 보여진 바와 같이, 둘 다 각속도 ω_s에서 순방향으로(정방향, forward) 또는 반시계 방향으로 회전하는, 정현적으로 분

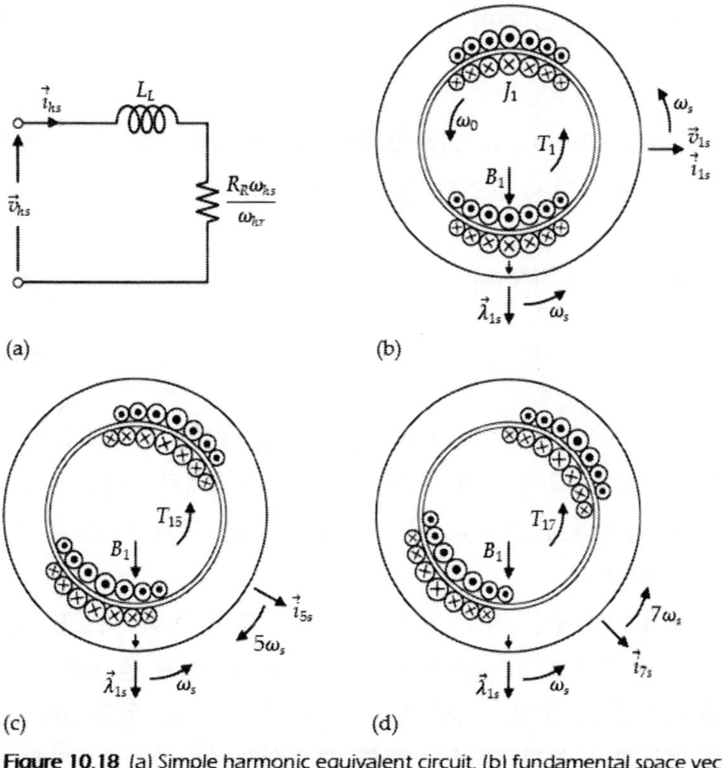

Figure 10.18 (a) Simple harmonic equivalent circuit, (b) fundamental space vectors and torque, (c) torque due to 5th harmonic current and fundamental flux, and (d) torque due to 7th harmonic current and fundamental flux.

포된 자속밀도 B_1과 정현적으로 분포된 회전자 전류밀도 J_1의 상호작용에 의해 생성된다.

공간 벡터 $\vec{i}_{5s}$로 나타내어진 5차 고조파 전류는 고정자 내에, 그림 10.18 (c)에서 보여진 바와 같이, 각속도 $-5\omega_s$에서 역방향으로(backward) 또는 시계 방향으로 회전하는 정현적으로 분포된 전류밀도를 생성한다. 5차 고조파 회전자 전류는 근사적으로 같으며 방향이 반대일 것이다. 이 회전자 전류밀도는 6차 고조파 주파수에서, 크기가

$$T_{15} \approx \frac{3p}{4} Im(\vec{\lambda}_{1s} * \vec{i}_{5s}) \qquad [\text{N·m}] \tag{10.82}$$

로 주어지는 진동 토크(oscillatory torque)를 생성하도록 순방향 회전 기본파 쇄교자속과 상호작용한다. 비슷하게, 7차 고조파 전류 $\vec{i}_{7s}$는 각속도 $7\omega_s$에서 순방향으로 회전하는 정현적으로 분포된 전류밀도를 생성하고, 그림 10.18 (d)에서 보여진 바와 같이, 각속도 ω_s에서 순방향으로 회전하는, $\vec{\lambda}_{1s}$로 나타내어진, 기본파 자속밀도와 상호작용하여, 6차 고조파 토크

$$T_{17} \approx \frac{3p}{4} Im(\vec{\lambda}_{1s} * \vec{i}_{7s}) \qquad [\text{N·m}] \tag{10.83}$$

을 생성한다.

또한 6차 고조파 토크를 생성하도록 기본파 전류 $\vec{i}_{1s}$와 상호작용하는 고조파 쇄교 자속 $\vec{\lambda}_{5s}$와 $\vec{\lambda}_{7s}$에 의해 생성되는 고조파 토크 성분도 있다:

$$T_{51} = \frac{3p}{4} Im(\vec{\lambda}_{5s} * \vec{i}_{1s}) \qquad [\text{N·m}] \tag{10.84}$$

$$T_{71} = \frac{3p}{4} Im(\vec{\lambda}_{7s} * \vec{i}_{1s}) \qquad [\text{N·m}] \tag{10.85}$$

총(total) 6차 고조파 토크는 식 (10.82)에서 (10.85)에 있는 4성분의 벡터합이다. 단순한 전압원 인버터의 경우, 결과는 보통 기본파 토크의 10 내지 20 [%]인 6차 고조파 첨두 토크이다. 주파수 $12\omega_s$와 $18\omega_s$에서의 토크 성분 역시 더 높은 주파수 고조파의 쌍에 의해 생성된다.

많은 가변속 구동은 제한된 운전 속도 범위를 가진다. 예를 들어, 속도의 제곱에 비례하는 토크를 가진 팬 구동은 70 [%] 속도에서 대략 34 [%]로 줄어든 기계 동력을 가진다. 이 구동의 경우, 토크 고조파는 그들이 작은 속도 동요(little speed fluctuation)와 함께 전동기와 부하 관성에 의해 흡수되기 때문에 중요하지 않을 수 있다. 하지만, 낮은 값의 속도에서 운전해야 하는 구동은 전동기가 단순한 전압

인버터의 파형에 의해 공급된다면 토크 고조파에 기인하여 매우 덜컹거릴(jerky) 것이다. 이러한 구동의 경우, 더 거의 정현인 전원 전압이 8.4.2절에서 논의된 형태의 펄스폭 변조 전압원 인버터(pulse-width modulated voltage source inverter)를 사용하여 마련될 수 있다.

10.2.3 Closed-Loop Speed Control

속도의 정밀한 제어가 요망될 때에는, 그림 10.19에서 보여진 바와 같은 구동 계통이 사용될 수 있다. 2극 값 ω_o로 변환된 전동기 속도가 측정되고 원하는 속도 ω_o^*와 비교된다. 차이는, 식 (10.66)으로부터, 속도 오차를 줄이는 방향의 비례 토크를 생성할 회전자 주파수의 요구 값(demand value) ω_r^*로 생각될 수 있다. 이 회전자 주파수는 이제 요구되는 고정자 주파수 ω_s를 생성하기 위해 속도 ω_o에 더해진다. 이 주파수 신호는 인버터의 점호(firing)를 제어하기 위해 사용된다. 그것은 또한 식 (10.62)에 의해 요구되는 것과 같은 주파수에 비례하는 링크 전압의 원하는 수준을 확립하기 위해 사용된다.

여러가지 정교한 회로(variety of refinements)가 그림 10.19의 기본 계통에 더해질 수 있다. 예를 들어, 한계(limit)가 보통은 회전자 주파수 ω_r^*의 최대 값에 두어진다. 따라서, 요구 속도 ω_o^*의 꽤 많은 단계(large step)는 실제 속도가 그 요구 값에 가까운 범위 내로 될 때까지 본질적으로 일정한 회전자 주파수 ω_r^*와 일정한 토크를 생성한다.

10.3 VARIABLE-CURRENT, VARIABLE-FREQUENCY OPERATION

가변 주파수인 제어 가능한 전류원을 생성하기 위한 인버터 계통이 8.4.3절에서 논

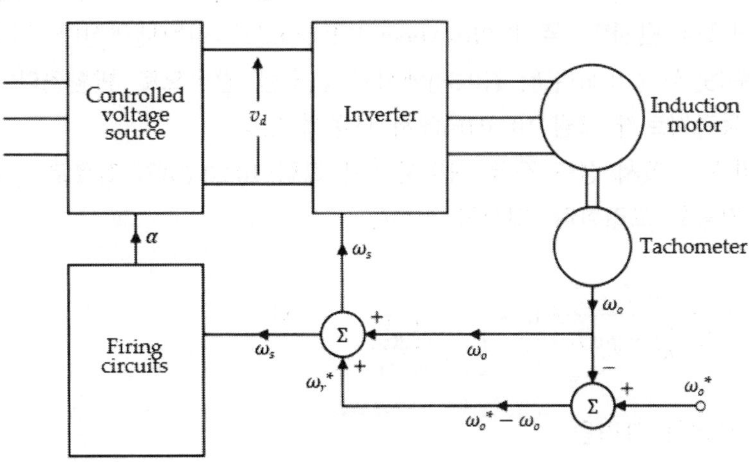

Figure 10.19 Closed-loop speed control system.

의되었다. 전류원에서의 유도전동기의 성능은 전압원의 경우와는 현저하게 다르다. 전류 구동 전동기의 과도 및 정상 상태 성능 둘 다의 해석은 더욱 다른 형태의 등가회로의 전개에 의해 손쉽게 될 것이다.

10.1.1절에서는, 그림 10.6에서 보여진 바와 같은 T-형 등가회로의 쇄교 자속-전류 방정식이 비(ratio) γ의 적절한 선택에 위해 그림 10.7의 Γ-형 회로로 변환될 수 있음이 보여졌다. 이제,

$$\gamma = \frac{L_m}{L_m + L_{lr}} \tag{10.86}$$

을 사용하여, 회전자 변수의 새로운 조합

$$\vec{\lambda}_R{}' = \gamma \vec{\lambda}_r \qquad \text{[Wb]} \tag{10.87}$$

그리고

$$\vec{i}_R{}' = \vec{i}_r / \gamma \qquad \text{[A]} \tag{10.88}$$

을 주는, 관계식 (10.21)을 대신하는 변환을 고려한다. 결과적인 관계식은

$$\begin{aligned} \vec{\lambda}_s &= (L_L{}' + L_M{}')\vec{i}_s + L_M{}'\vec{i}_R{}' \\ \vec{\lambda}_R{}' &= L_M{}'\vec{i}_s + L_M{}'\vec{i}_R{}' \end{aligned} \qquad \text{[Wb]} \tag{10.89}$$

이다. 여기서

$$L_L{}' = L_{ls} + \gamma L_{lr} \quad \text{and} \quad L_M{}' = \gamma L_m \qquad \text{[H]} \tag{10.90}$$

이다. 이것은 그림 10.20 (a)의 과도 등가회로로 통합될 수 있다. 이 회로는, 그것의 인덕턴스 구조를 반영한, 역 Γ-형(inverse Γ-type)으로 나타내어진다. 나머지 매개변수와 변수는 식 (10.36)부터 (10.38)에서와 비슷한 방식으로 변환된다. 대응하는 정상 상태 등가회로가 그림 10.20 (b)에서 보여져 있다.

먼저 주파수 ω_s에서 정현 전류 페이서 $\vec{I}_s$가 그림 10.20 (b)의 회로로 주입될 때의 정상 상태 거동을 고려한다. 회전자 전류는

$$\vec{I}_R' = \frac{j\omega_s L_M{}'}{R_R{}'\dfrac{\omega_s}{\omega_r} + j\omega_s L_M{}'}\vec{I}_s = \frac{\vec{I}_s}{1 - j\dfrac{R_R{}'}{\omega_r L_M{}'}} \qquad \text{[A]} \tag{10.91}$$

일 것이다. 토크는 그러면

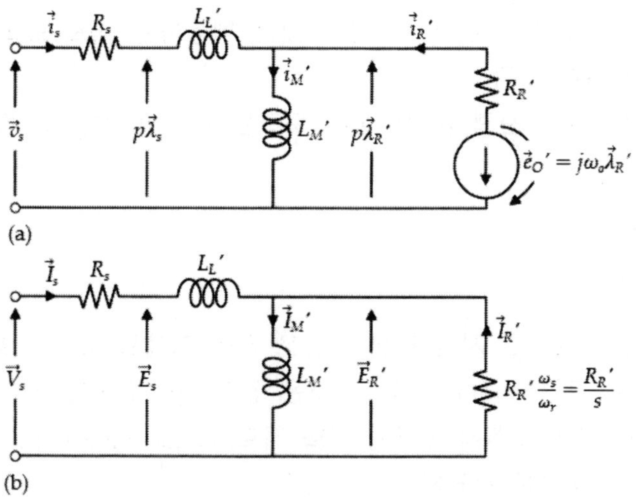

Figure 10.20 Inverse-Γ form of equivalent circuit: (a) transient and (b) steady-state.

$$T = \frac{3p}{2\omega_s} R_R' \frac{\omega_s}{\omega_r} I_R'^2 = \frac{3pR_R'}{2\omega_r} \frac{I_s^2}{1 + \left(\frac{R_R'}{\omega_r L_M'}\right)^2} \qquad [\text{N·m}] \tag{10.92}$$

로 주어진다. 많은 유용한 운전 범위에 걸쳐, $\omega_r \gg R_R'/L_M'$이며, 토크는

$$T \approx \frac{3pR_R'}{2\omega_r} I_s^2 \qquad [\text{N·m}] \tag{10.93}$$

으로 근사화될 수 있다. 식 (10.92)의 토크 관계식이, 일정한 고정자 주파수와 가변 회전자 주파수에서 1 [pu]의 정격 고정자 전류에 의한 운전에 대해, 그림 10.21에서

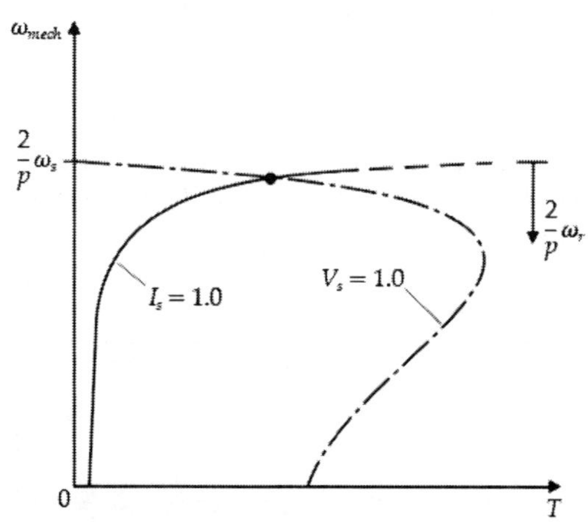

Figure 10.21 Speed-torque relation with current source (curve with voltage source shown for comparison).

보여져 있다. 정격 고정자 전압에서의 운전에 대한 대응하는 속도-토크 관계 역시 비교를 위하여 보여져 있다.

이론적으로, 이 일정 전류 관계식에서 첨두 토크는 $\omega_r = R_R'/L_M'$일 때 생긴다. 이 조건에서는,

$$I_M' = I_R' = \frac{I_s}{\sqrt{2}} \qquad [\text{A}] \tag{10.94}$$

이다. 이 조건은, 그렇지 않으면 자화 전류의 높은 값이 기계를 깊은 포화 속에서 구동할 것이기 때문에, 고정자 전류의 매우 낮은 값에서만 정당할 것이다. $\omega_r < R_R'/L_M'$인 영역은, 대부분의 고정자 전류가 자화 지로(magnetizing branch)를 통하여 흐를 것이기 때문에, 보통은 사용되지 않는다.

전류 구동 유도전동기의 중요한 양상은 그림 10.21의 속도-토크 곡선의 실선 부분(solid part) 위의 어떤 점에서의 운전이 특별한 제어 수단이 사용되지 않으면 불안정하다는(unstable) 것이다. 고정자 주파수가 일정하게 유지될 때 부하 토크의 적용을 고려한다. 이것은 속도를 감소시킬 것이며, 따라서 회전자 주파수가 증가한다. 식 (10.93)으로부터, 그 효과는, 더 큰 감속도(deceleration)와 속도 감소를 일으키는, 즉, 불안정(instability)의 원인이 되는, 발생 토크의 감소일 것이다. 그러므로 폐루프 속도 제어가 요구된다.

전류 구동 유도전동기에 대한 속도 제어 계통이 그림 10.22에서 보여져 있다. 전동기 속도 ω_o가 측정된다. 이것이 전류원 인버터가 점호될 시점에 대해 요구되는 고정자 주파수 ω_s를 주기 위해 회전자 주파수의 요구 값 ω_r*에 더해진다. 회전자 주

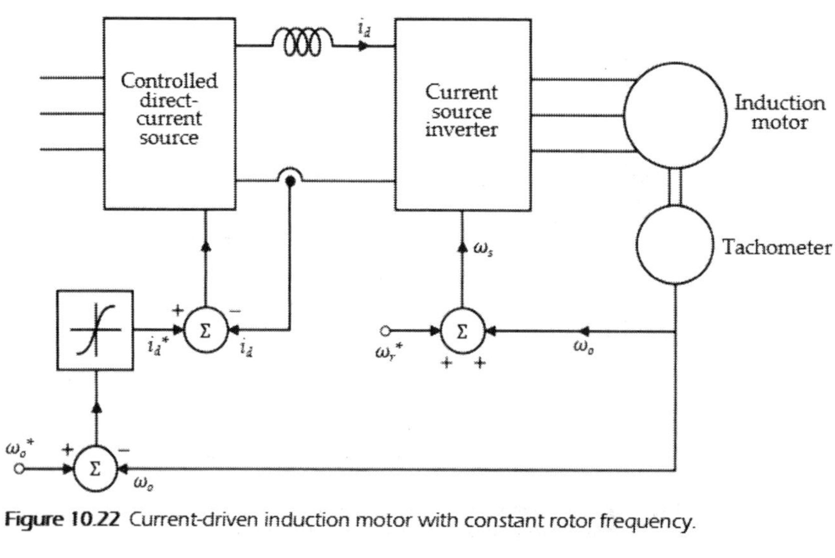

Figure 10.22 Current-driven induction motor with constant rotor frequency.

파수의 절절한 선택은 전동기에 대한 정격 값, 즉, 그림 10.21의 2개의 속도-토크 곡선의 교점(intersection)에서의 값일 수 있다. 속도를 제어하기 위하여, 원하는 속도 ω_o*와 실제 속도 ω_o 사이의 오차는 링크 전류에 대한 요구 값 i_d*를 주도록 처리된다. 고정자 전류는 i_d에 비례하며 토크는 I_s^2에 비례하기 때문에, 속도 오차에 비례하는 토크는 링크 전류 i_d가 속도 오차의 제곱근(square root)에 비례하여 만들어지는 것을 요구할 것이다. 정(양)의 회전자 주파수로, 이 구동은 단지 정(양)의 토크만 낼 수 있다. 부(음)의 토크가 요구된다면, 속도 오차가 부(음)일 때 ω_r*의 부(음)의 값이 사용되어야 할 것이다.

전류 구동 유도전동기를 기초로 한 구동은 **벡터 제어**(*vector control*)로 알려진 접근법의 사용에 의해 뛰어난 과도 성능을 갖도록 만들어질 수 있다. 회전자 쇄교자속 공간 벡터 $\vec{\lambda}_R'$의 각 위치(angular position)를 측정하는 것이 가능했다고 가정한다. 그림 10.20 (a)의 등가회로의 조사는 고정자 전류가 $\vec{\lambda}_R'$와 공간 동상인(in space phase) 크기 $\vec{\lambda}_M'$의 자화 성분을 가져야 할 것이라는 것을 제시한다. 이 전류 크기가 일정하게 유지된다면, 쇄교 자속은 원하는 값에서 크기가 일정할 것이다. 고정자 전류는 이제 회전자 쇄교 자속 $\vec{\lambda}_R'$보다 각도 공간(angular space)에서 90° 뒤지는 더 나아간 성분을 가지도록 강제될 수 있다. 이 성분의 크기 $\vec{i}_R'$는 요구 토크에 비례하도록 만들어질 수 있다. 식 (10.44)로부터, 토크는 그러면

$$T = -\frac{3p}{4} Im(\vec{\lambda}_R' \vec{i}_R') = \frac{3p}{4} \hat{\lambda}_R' \hat{i}_R' \qquad [\text{N·m}] \tag{10.95}$$

로 표현될 수 있다. 요구되는 고정자 전류는 이 두 성분의 벡터합이다. 이 고정자 전류가 크기 $\vec{i}_s$와 공간 각도(space angle) 둘 다가 순시로(instantaneously) 확립될 수 있는 본질적으로 이상적인 3상 전류원으로부터 공급될 수 있다면, 구동은 이론적으로 지령 신호(command signal)에 응답하는 순시 토크를 생성할 수 있을 것이다. 그러한 제어 고정자 전류(controlled stator current)는 8.4.3절에서 설명된 히스테리시스 제어 책략(hysteresis control scheme)의 사용에 의해 근사적으로 생성될 수 있다.

순(net) 회전자 자속의 각 위치의 직접 측정은, 원하는 자속의 경로가 회전자 권선에 깊숙이 있으며 회전자가 회전하기 때문에, 일반적으로 실행할 수 없다. 하지만, 간접법(indirect method)이 회전자 쇄교 자속 공간 벡터 $\vec{\lambda}_R'$의 각 위치 θ_R'를 구하기 위해 사용될 수 있다. 한 가지 접근법이 그림 10.23의 계통에서 보여져 있다. 2개의 고정자 전압과 2개의 고정자 전류가 측정되고 각각 복소수(complex number)로써 공간 벡터 $\vec{v}_s$와 $\vec{i}_s$를 생성하도록 조작된다. $\vec{i}_s$와 $\vec{v}_s$에 대한 적절한 표현식이 식 (10.10)과 (10.47)에 주어져 있다. 유도 전압 벡터 $\vec{e}_s$를 주도록 저항 강하 $R_s\vec{i}_s$

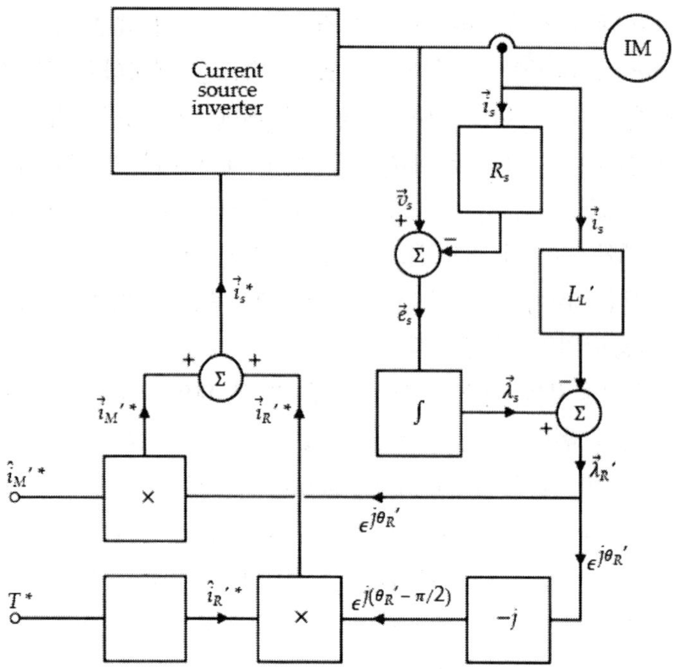

Figure 10.23 Vector control system.

가 고정자 전압 $\vec{v}_s$에서 빼진다. 그 다음 이것이 고정자 쇄교 자속 $\vec{\lambda}_s$를 얻기 위해 적분되고, 이로부터 회전자 쇄교 자속 공간 벡터 $\vec{\lambda}_R' = \hat{\lambda}_R' \epsilon^{j\theta_R'}$를 유도하기 위해 누설 쇄교 자속 $L_L'\vec{i}_s$이 빼질 수 있다. 이제 요구되는 자화 전류의 공간 벡터 $\vec{i}_M'^*$를 얻기 위해 이 공간 벡터에 원하는 크기 $\hat{i}_M'^*$가 곱해진다. 그 다음 이보다 $\pi/2$ [rad] 뒤지는 각도에 요구 토크 T^*에 비례하는 원하는 회전자 전류 크기 $\vec{i}_R'^*$가 곱해진다. 두 벡터 성분이 이제 요구되는 고정자 전류의 공간 벡터 $\vec{i}_s^*$를 생성하도록 더해진다. 전류원 인버터의 히스테리시스 제어기(hysteresis controller)가 그 다음 고정자 권선 내로 주입하기 위해 요구되는 순시 상 전류를 생성하는 것을 진행한다. 보통은, 그림 10.23의 계통에서의 동작은 모두는 아니라도 대부분은 계수적으로(디지털 방식으로, digitally) 수행된다.

그림 10.23에서 보여진 벡터 제어 계통은 상 권선에서의 유도 전압이 자속 각도의 적절한 추정을 얻기에는 너무 작아지기 때문에 매우 낮은 값의 속도에서는 운전할 수 없다. 벡터 제어의 다른 형태(version)는 회전자의 각 위치를 얻기 위해 축 위치 센서(shaft position sensor)를 사용하고 그 다음 회전자 쇄교 자속의 각도의 예측을 얻기 위해 이것에 예측된 회전자 주파수 ω_r의 적분으로부터 유도된 계산된 각도를 더한다.

10.4 VARIABLE-VOLTAGE, CONSTANT-FREQUENCY OPERATION

어떤 구동은 기동하는 능력에 덧붙여 작은 운전 속도 범위 만을 요구한다. 예로는 대략 80 [%]로의 속도 저하에 의해 팬 동력(fan power)이 대략 50 [%]로 줄어드는 팬 구동(fan drive)일 수 있다. 이 제한된 능력을 가진 구동은 그림 10.24 (a)에서 보여진 간단한 계통을 사용하여 이루어질 수 있다. 역병렬로 접속된(백 투 백, back-to-back) 사이리스터가 각 고정자 상에 직렬로 연결된다. 각 사이리스터가 전원 전압의 대응하는 사인파(sine wave)의 시작에서 켜진다면(turned on), 그림 10.24 (b)의 파형에서 보여진 바와 같이, 전 전압(full voltage)이 고정자에 공급될 것이다. 사실상, 사이리스터의 게이트 신호(gate signal)는 상 전류가 정(양)으로 가는 역률 각 ϕ

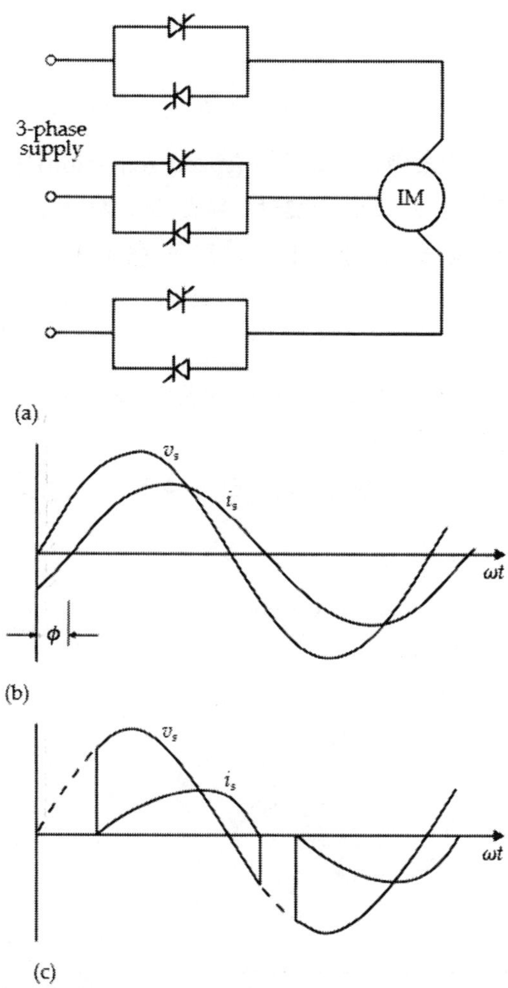

Figure 10.24 (a) Induction motor with voltage controller, (b) phase voltage and current at full voltage, and (c) phase voltage and current with delayed firing of thyristors.

만큼의 지연 후까지 유지되어야 한다.

각 사이리스터의 점호각이 전압이 0이된 이후로 역률 각 ϕ보다 더 크게 지연된다면, 전압의 잘려진 사인파(chopped sine wave)가 고정자 권선에 인가될 것이다. 이 전압 파형은, 그림 10.24 (c)에서 보여진 바와 같이, 사이리스터가 꺼져 고정자 전류의 불연속 펄스가 0으로 갈 때까지 계속할 것이다. 따라서, 인가 고정자 전압의 유효 또는 기본파 주파수 성분은 사이리스터의 점호각의 지연에 의해 줄어들 수 있다. 따라서, 고정자 저항 강하를 무시하면, 일정한 주파수 ω_s에서 기본파 고정자 쇄교 자속 Λ_s가 제어될 수 있다. 누설 인덕턴스가 무시된 그림 5.13의 단순화된 등가회로를 사용하면, 전동기의 토크는, 식 (10.66)으로부터,

$$T = \frac{3p}{2}\frac{\Lambda_s^2\omega_r}{R_R} \qquad [\text{N}\cdot\text{m}] \tag{10.96}$$

으로 주어진다.

전원 주파수가 일정하게 남아있기 때문에, 속도 저하(speed reduction)는 회전자 주파수 ω_r의 증가에 의해서만 이루어진다. 그림 10.25는 유효 고정자 전압 또는 쇄교 자속의 여러가지 값에 대한 토크-속도 곡선을 보인다. 또한 형태가

$$T = k\omega_{mech}^2 \qquad [\text{N}\cdot\text{m}] \tag{10.97}$$

인 팬 부하(fan load)에 대한 속도-토크 관계도 보인다. 전동기 곡선과 이 곡선의 교점이 정상 상태 속도의 가능한 값을 준다.

이 계통에서의 사용을 위한 유도전동기는 보통 높은 값의 회전자 저항을 가지며,

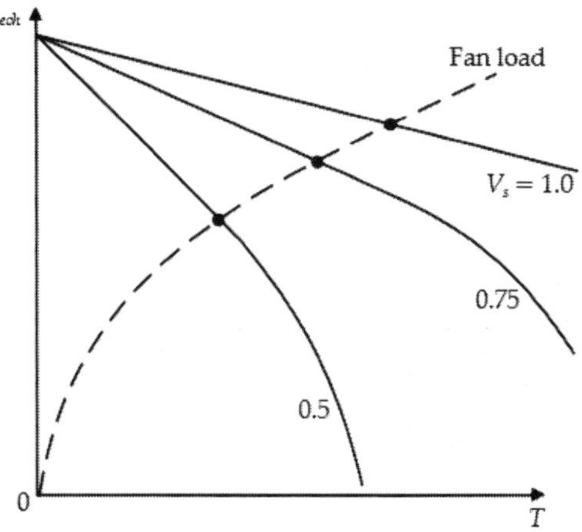

Figure 10.25 Control of fan speed by adjustment of stator voltage (V_s in per unit of rated value).

그림 5.19 (c)에서 보여진 등급 D 설계(class-D design)의 것이다. 그 효율은 비교적 낮으며, 이상적인 경우조차도, 단지 공극 전력의 분수(비율, fraction) ω_o/ω_s만이 기계 동력으로 변환되기 때문에, 고정자 전압이 줄어듦에 따라 감소한다. 또한 전원 전압과 전류에서의 고조파에 기인한 손실도 있다. 하지만, 줄어든 동력 출력에서의 낮은 효율은 어떤 경우에는 받아들여질 수 있다.

전동기 구동 팬 부하에서의 회전자 전류와 회전자 손실이 전 전압(full-voltage), 최대 속도 조건에서 반드시 최대는 아닐 것이다. 2극 전동기의 경우, 발생 토크는

$$T = \frac{3R_R}{\omega_r} I_R^2 \qquad [\text{N·m}] \tag{10.98}$$

로 표현될 수 있다. 이것을 식 (10.97)과 결합하면, 회전자 전류는

$$I_R = \left[\frac{k(\omega_s - \omega_r)^2 \omega_r}{3R_R}\right]^{1/2} \qquad [\text{A}] \tag{10.99}$$

에 의해 회전자 주파수와 관련된다. I_R을 ω_r에 관하여 미분하고 결과를 0과 같게 두면 최대 회전자 전류에 대한 조건을

$$\omega_r = \omega_s/3 \qquad [\text{rad/s}] \tag{10.100}$$

과 같이, 즉, 1/3의 슬립으로 준다. 정격 부하에서의 전형적인 등급 D 전동기의 회전자 주파수는 보통 정격 주파수의 1/3보다 대체로 낮다. 따라서, 전압 저하에 의해 속도가 줄어듦에 따라 전동기 전류는 올라가는 경향이 있을 것이다. 그러므로, 전동기는 어떤 기대되는 부하 조건에서 과열되지 않도록 적절하게 정격 저하되어야(derated) 할 것이다.

그림 10.24의 배열은 유도전동기의 "유연 기동(소프트 스타트, soft start)"을 제공하기 위해 때때로 사용된다. 유도전동기가 전원선에서 직접 켜진다면, 초기 기동 전류(initial starting current)는 종종 정격의 5에서 8배의 범위에 있을 것이다. 줄어든 고정자 전압으로, 기동 전류와 따라서 같은 전원에 접속된 다른 장치에 미치는 영향이, 줄어든 기동 토크를 대가로 하여, 비례적으로 줄어든다.

EXAMPLE 10.3 등급 D, 4극, 60 [Hz] 유도전동기가 1530 [rpm]의 정격 전부하 속도(rated full-load speed)를 가진다. 넓은 속도 범위에 걸쳐 가변 고정자 전압으로 팬 부하를 구동한다면, 이 전동기가 정격 저하되어야 할 인자는 얼마일 것인가?

Solution

정격 부하에서 이 전동기의 회전자 주파수는, 기저 또는 정격에 대하여 하첨자 b 를 사용하여,

$$\omega_{rb} = \left[\frac{1800 - 1530}{1800}\right]60 = 9 \qquad [\text{Hz}]$$

정격 회전자 전류를 I_{Rb}라 하자. 누설 인덕턴스가 무시된 전동기에 대한 이상화된 모델을 사용하면, 회전자 전류는 회전자 전류에 직접 비례할 것이다. 식 (10.100)으로부터, 회전자 전류의 최대 값 $\hat{I}_R$은 $\omega_r = \omega_s/3$ 또는 20 [Hz]에서 생길 것이다. 따라서, 식 (10.99)로부터,

$$\frac{\hat{I}_R}{I_{Rb}} = \left[\left(\frac{\omega_s - \hat{\omega}_r}{\omega_s - \omega_{rb}}\right)^2 \frac{\hat{\omega}_r}{\omega_{rb}}\right]^{1/2} = \left[\left(\frac{40}{51}\right)^2 \frac{20}{9}\right]^{1/2} = 1.17$$

전동기의 전류 정격과 그러므로 전력(동력) 정격은 따라서 인자 $1/1.17 = 0.86$에 의해 줄어야 할 것이다. 그 대신으로, 전부하 전력(동력)에 대해 필요한 것보다 적어도 17 [%] 더 큰 정격을 가지는 전동기가 선택되어야 할 것이다.

10.5 SPEED CONTROL BY ROTOR-POWER RECOVERY

권선형 회전자 유도전동기는 회전자에 있는 슬롯 내에 통상의 3상 권선을 가진다. 이 권선은 회전자 축에 있는 3개의 슬립 링(slip ring)으로 꺼내어진다. 10.1.3절에서는, 공극을 가로지르는 전력의, 분수(비율, fraction) ω_o/ω_s이 기계 동력으로 변환되는 한편 나머지 분수 ω_r/ω_s는 회전자 회로로 전달된다는 것이 보여졌다. 농형 전동기에서는, 이 뒤의 분수가 전력 손실이다. 권선형 회전자 전동기로는, 그림 10.26의 계통을 사용하여 전원 전압과 주파수로 되돌려 변환함으로써 회전자 회로로 전달되는 이 전력의 대부분을 회생하는(되찾는, recover) 것이 가능하다. 이 계통에서

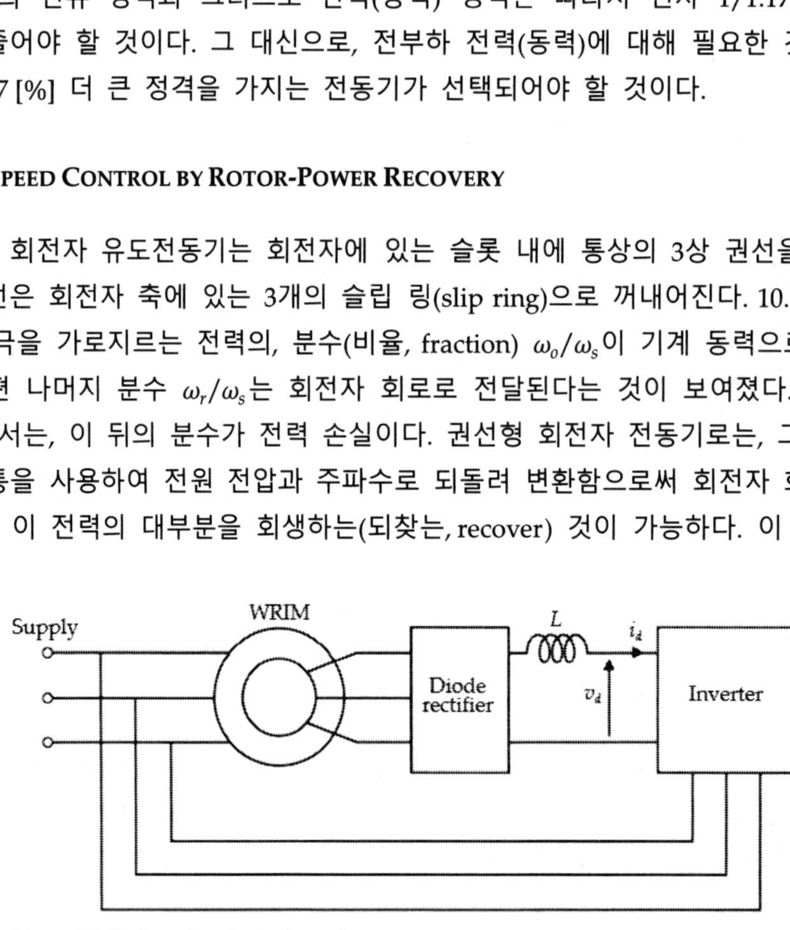

Figure 10.26 Speed control using rotor-power recovery.

는, 회전자 슬립 링에 접촉된 브러시(brush)가 사이리스터 대신 다이오드를 사용하는 그림 8.9에서 보여진 형태의 3상 정류기에 연결된다. 직류 전압 링크 내의 전력은 그림 8.9에서 보여진 것과 같은 형태의 6개의 사이리스터로 된 3상 인버터를 사용하여 전원선으로 거꾸로 공급된다.

이 계통의 기본적인 성질은 8.2.2절로부터의 정류기/인버터 관계식들과 함께 그림 10.10 (b)의 정상 상태 등가회로를 사용하여 유도될 수 있다. 정지 상태에서 회전자 개방 회로로 고정자 전압에 대한 회전자 전압의 비(ratio)가 n으로 표시된다고 가정한다. 고정자 저항을 무시하면,

$$n = \gamma \frac{N_{se}}{N_{re}} \qquad [\text{N·m}] \tag{10.101}$$

이다. 여기서 N_{se}와 N_{re}는 고정자와 회전자의 상당(per phase) 유효 정현 분포 권수이며, γ는 Γ-모델 등가회로의 유도에서 식 (10.31)에서 도입된 1에 가까운 인자(near-unity factor)이다. 전동기가 속도 $\omega_{mech} = \omega_o(2/p)$에서 운전될 때, 회전자 주파수는

$$\omega_r = \omega_s - \omega_o \qquad [\text{rad/s}] \tag{10.102}$$

이다.

계통 거동에 대한 첫번째 근사화는 전동기를 이상적인 것으로 고려함으로써, 즉, 고정자와 회전자 저항 둘 다와 누설 인덕턴스를 무시함으로써 얻어질 수 있다. 회전자 권선에서의 상당(per phase) 실효치 유도 전압은 그러면

$$V_R = \frac{V_s}{n}\frac{\omega_r}{\omega_s} \qquad [\text{V}] \tag{10.103}$$

으로 주어진다. 여기서 V_s는 상당 실효치 전원 전압이다. 이 회전자 전압이 다이오드 정류기에서 정류될 때, 링크 전압은, 식 (8.11)로부터,

$$\bar{v}_d = \frac{3\sqrt{6}}{\pi} V_R = 2.34 V_R \qquad [\text{V}] \tag{10.104}$$

일 것이다. 링크 전압은 이제 식 (8.11)의 인버터 관계식을 사용하여 전원 전압과 결합된다. 즉,

$$\bar{v}_d = -2.34 V_s \cos\alpha \qquad [\text{V}] \tag{10.105}$$

이다. 이 표현식에서 빼기 부호(minus sign)는, 정류기가 지연각(delay angle) $\alpha > \pi/2$로 인버터 모드에서 동작될 때, 그 직류 전압이 역전된다는 사실에서 생긴다.

식 (10.103)과 (10.105)의 결합은 그러면 이상화된 관계식

$$\omega_r = -\omega_s n \cos\alpha \qquad \text{[rad/s]} \tag{10.106}$$

$$\omega_{mech} = \frac{2}{p}(\omega_s - \omega_r) = \frac{2}{p}\omega_s(1 + n\cos\alpha) \qquad \text{[rad/s]} \tag{10.107}$$

을 준다. 그러므로, 구동의 속도는 $\alpha = 90°$로 그것의 동기 값(synchronous value) $\omega_s(2/p)$으로부터 α가 180°에 접근함에 따라 그 값의 분수(비율, fraction) $(1 - n)$으로 떨어지는 값까지 조정될 수 있다.

이상화된 전동기에 대한 토크는 식 (8.13)을 사용하고

$$P_{mech} = T\omega_{mech} = \frac{\omega_o}{\omega_s}P_{air\,gap} \qquad \text{[W]} \tag{10.108}$$

을 상기함으로써 유도될 수 있다. 따라서

$$T = \frac{3p}{2}\frac{V_s}{\omega_s}(0.78i_d) = 1.17p\Lambda_s i_d \qquad \text{[N·m]} \tag{10.109}$$

이다.

실제 구동에서는, 속도-토크 관계가, $n = 0.5$에 대하여, 그림 10.27에서 보여진 바와 같이, 화전자 저항 그리고 정류기와 인버터 둘 다에서의 손실에 기인하여 부(음) 기울기(negative slope)를 가질 것이다. 많은 응용에 있어서, 요구되는 속도 범위가 작아, 전형적으로 25 [%] 저하보다 작다. 따라서, 비(ratio) n은 작으며 정류기와 인버터의 정격은 단지 근사적으로 전동기 전력(동력) 정격의 분수(비율, fraction)

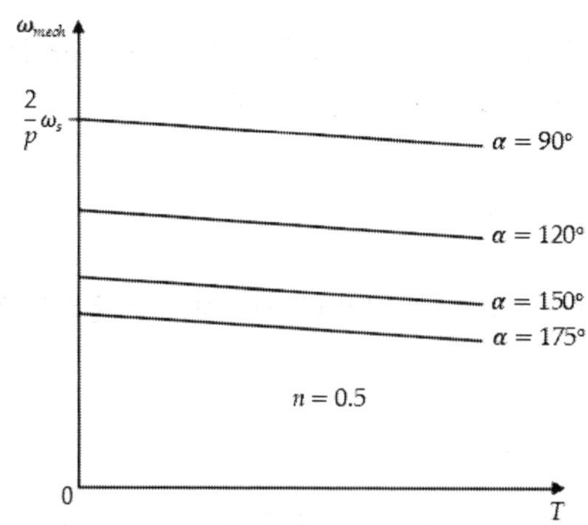

Figure 10.27 Speed-torque relations for drive with rotor-power recovery.

n일 뿐이다. 그러한 제한된 속도 범위를 가진 계통의 경우, 전동기는 회전자 단자에 연결된 저항으로 기동될 수 있다. 정류기/인버터 계통은 그러면 전동기가 최고 속도일 때 연결될 수 있다.

10.6 UNBALANCED OPERATION

이 장을 통하여, 전원 전압이 평형이라고, 즉, 크기가 같으며 $2\pi/3$ [rad]의 위상 변위(phase displacement)로 대칭적으로 배열된다고 가정되었다. 실제 상황은 보통 가정을 정당화하는 이 이상적인 상황에 충분히 가까운 한편, 기계가, 일시적으로 또는 영구히, 불평형 전압 조건 하에서 운전되는 상황이 있다. 예를 들어, 유도전동기가 한 상이 개방되어 운전되거나, 3상 전원에서의 큰 단상 부하의 효과에 기인하여 전원이 불평형일 수 있다. 그러므로, 불평형 조건 동안의 토크 용량(torque capability)과 고정자 전류를 예측할 수 있는 능력(ability)이 중요하다.

불평형 3상 계통의 정상 상태 해석은, 중첩의 원리(principle of superposition)를 기초로 한, **대칭 성분**(**대칭분**, **대칭 좌표법**, *symmetrical components*)으로 알려져 있는 기법의 사용에 의해 가능해질 수 있다. 이것에서는, 어떤 상 전압의 불평형 조합이, 각각이 3개의 전압인, 3개의 조합(set)의 중첩으로 나타내어진다. 첫번째는 정상순(positive sequence)으로 나타내어지는 상순 *a-b-c*를 가진 평형 조합 $\vec{V}_{1a}, \vec{V}_{1b}$, 그리고 $\vec{V}_{1c}$이다. 두번째는 역상순(negative sequence) *a-c-b*를 가진 평형 조합 $\vec{V}_{2a}, \vec{V}_{2b}$, 그리고 $\vec{V}_{2c}$이다. 세번째 조합 $\vec{V}_{0a}, \vec{V}_{0b}$, 그리고 $\vec{V}_{0c}$는 3개의 상이 모두 같은 전압 페이서로 이루어지며 영상순 조합(zero-sequence set)으로 나타내어진다. 일견하여, 3개의 전압으로부터 9개로의 확장은 문제를 더 복잡하게 하는 것으로 보인다. 하지만, 전압의 평형 조합으로 운전할 때의 3상 기계에 대한 간단한 정상 상태 모델을 전개하였으며 이들을 해석에 바로 사용할 수 있다.

전압 페이서 $\vec{V}_a$는

$$\vec{V}_a = \vec{V}_{1a} + \vec{V}_{2a} + \vec{V}_{0a} \qquad [\mathrm{V}] \tag{10.110}$$

으로 주어진다. 보통 평형 계통에서 모든 상(phase)의 대표로서 상 a를 사용하기 때문에, 식 (10.110)에서와 같은 변수의 항으로 다른 상 전압을 기술하는 것이 편리하다. 따라서,

$$\begin{aligned}\vec{V}_b &= \vec{V}_{1b} + \vec{V}_{2b} + \vec{V}_{0b} \\ &= \alpha^2\vec{V}_{1a} + \alpha\vec{V}_{2a} + \vec{V}_{0a} \qquad [\mathrm{V}]\end{aligned} \tag{10.111}$$

그리고

$$\vec{V}_c = \alpha\vec{V}_{1a} + \alpha^2\vec{V}_{2a} + \vec{V}_{0a} \qquad [\mathrm{V}] \tag{10.112}$$

이다. 여기서

$$\alpha = 1\angle 2\pi/3 = 1\angle 120^\circ$$

그리고

$$\alpha^2 = 1\angle 4\pi/3 = 1\angle 240^\circ$$

이다. 모든 양(quantity)이 상 a 성분의 항으로 표현되었다는 것이 납득된다면, 하첨자 a가 생략될 수 있다. 어떤 불평형 조합을 생성하기 위한 상분 전압(sequence voltage)의 합성은 이제 행렬형(matrix form)으로

$$\begin{bmatrix}\vec{V}_a\\ \vec{V}_b\\ \vec{V}_c\end{bmatrix} = \begin{bmatrix}1 & 1 & 1\\ \alpha^2 & \alpha & 1\\ \alpha & \alpha^2 & 1\end{bmatrix}\begin{bmatrix}\vec{V}_1\\ \vec{V}_2\\ \vec{V}_0\end{bmatrix} \qquad [\mathrm{V}] \tag{10.113}$$

과 같이 표현될 수 있다. 식 (10.113)에 있는 3개의 관계식의 풀이(해, solution)는 대칭분으로의 3개의 불평형 전압 페이서의 분해(analysis)를 준다:

$$\begin{bmatrix}\vec{V}_1\\ \vec{V}_2\\ \vec{V}_0\end{bmatrix} = \frac{1}{3}\begin{bmatrix}1 & \alpha & \alpha^2\\ 1 & \alpha^2 & \alpha\\ 1 & 1 & 1\end{bmatrix}\begin{bmatrix}\vec{V}_a\\ \vec{V}_b\\ \vec{V}_c\end{bmatrix} \qquad [\mathrm{V}] \tag{10.114}$$

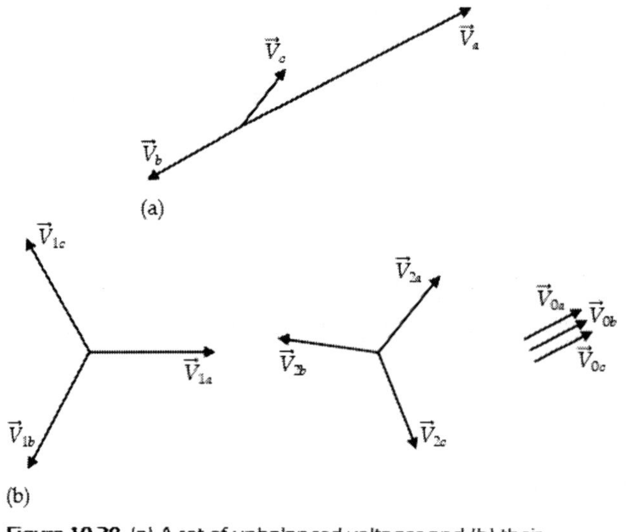

Figure 10.28 (a) A set of unbalanced voltages and (b) their positive, negative, and zero sequence component sets.

그림 10.28은 대칭분의 조합과 함께 불평형 전압 페이서의 전형적인 조합을 보인다.

전원 전압의 평형 조합으로, 10.1.3절에서 유도되고 그림 10.29에서 보여진 유도기에 대한 정상 상태 등가회로가 해석을 위해 사용될 수 있다. 정상분 전압(positive-sequence voltage)으로는, 고정자 주파수 ω_s는 정(양)인 것으로 고려된다. ω_s 빼기 속도 ω_o와 같은, ω_{1r}로 나타낸, 회전자 주파수 역시, 속도가 발전 동작의 경우에서 나타날 것과 같은 동기 값보다 더 큰 경우 외에는, 정(양)이다. 역상분 전압(negative-sequence voltage)으로는, 기계 내에서 자계가 반대 방향으로 회전한다. 이 상분(sequence)의 경우에는, 고정자 주파수 ω_{2s}를 부(음)로, 즉, $-\omega_{1s}$와 같게 나타내는 것이 편리하다. 역상분에 대한 대응하는 회전자 주파수는

$$\omega_{2r} = \omega_{2s} - \omega_o = -(\omega_{1s} + \omega_o) \qquad [\text{rad/s}] \tag{10.115}$$

이다.

유도기가 순방향(forward direction)으로 거의 동기 속도로 회전할 때, 정상분 회전자 주파수는 작지만 역상분 회전자 주파수는 거의 전원 주파수의 2배이다. 정(양) 동기 속도에 가까운 역상분 운전에 대한 그림 10.29의 회전자 지로의 유효 저항은 근사적으로 $R_R/2$이다. 그러므로, 역상분에 대한 기계의 임피던스는 주로 유도성이며 기동 동안 또는 정지 상태에서 정상분에 대한 값에 필적한다. 많은 기계에 대한 유효 저항은 5.8절에서 심구 봉 기계에 대하여 논의된 바와 같이 회전자 주파수에 따라 증가한다. 정확한 해석을 위해서는, 이 효과가 포함되어야 할 것이다.

위의 논의로부터, 유도기는 역상분 전류에 대한 임피던스의 낮은 값에 기인하여 작은 역상분 전압일지라도 큰 역상분 전류를 생성할 수 있기 때문에 역상분 성분을 가지는 전압의 적용에 매우 민감하다고 인정될 수 있다.

많은 유도기는 단지 3개의 고정자 단자만을 가져, 3상 전류의 합(sum)은 0이어야 한다. 그래서 3개의 상(phase)에서 전류의 동일한 성분 또는 영상분(zero-sequence)이 0일 수 있다는 것이 따라온다. 그러므로, 델타(delta, Δ) 결선 고정자 권선 또는

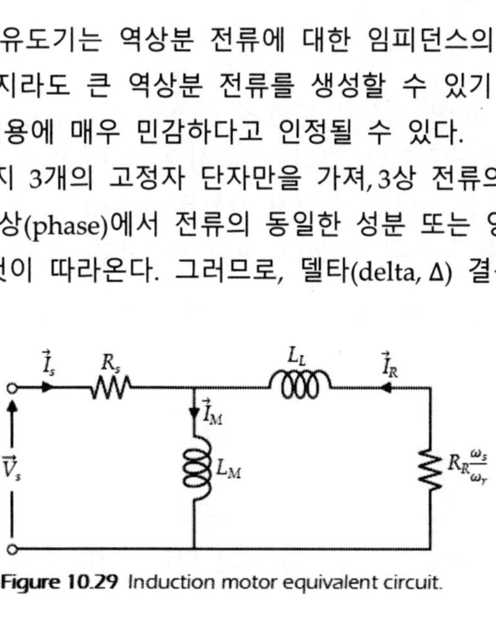

Figure 10.29 Induction motor equivalent circuit.

개방 중성선(open neutral)인 성형 결선(star-connection)을 가진 기계의 영상분 임피던스는 무한대이다(infinite). 전형적으로는 접지(ground)로, 중성선 결선(neutral connection)이 있다면, 3개의 상에 동일한 전류가 흐를 수 있다. 각 권선이 기계 원주 주위의 각도 공간(angular space) 내에서 이상적으로 분포되었다면, 공극을 가로질러 생성되는 순 기자력(net mmf)은 0일 것이다. 더욱이, 기계 주위의 어떤 점에서 순(net) 전류밀도는 이론적으로 0일 것이다. 이상적으로, 영상분 전류의 임피던스는 단지 권선 저항 R_s만 일 것이다.

실제로는, 권선이 이상적으로 정현 분포되지 않는다. 대부분의 고정자 슬롯은 상당한 순 영상분 전류(net zero-sequence current)를 가질 것이며 따라서 국부 누설 자속(local leakage flux)을 가질 것이다. 순 영상분 전류가 없는 슬롯 조차 각 도체의 주위와 내부에 자속을 가질 것이다. 덧붙여, 고정자 단부 권선(stator end winding) 주위의 누설 자속이 있을 것이다. 결과로서, 영상분 전류에 대한 작지만 유한한 인덕턴스 L_0이 있을 것이다.

정상분, 역상분, 그리고 영상분 전류 $\vec{I}_1, \vec{I}_2$, 그리고 $\vec{I}_0$는 이제 적절한 정상 상태 등가 전류에 정상분, 역상분, 그리고 영상분 전압 $\vec{V}_1, \vec{V}_2$, 그리고 $\vec{V}_0$를 적용함으로써 구해질 수 있다. 마지막 단계는 실제 상 전류의 결정이다. 식 (10.113)과의 상사(analogy)에 의해, 이들은

$$\begin{bmatrix} \vec{I}_a \\ \vec{I}_b \\ \vec{I}_c \end{bmatrix} = \begin{bmatrix} 1 & 1 & 1 \\ \alpha^2 & \alpha & 1 \\ \alpha & \alpha^2 & 1 \end{bmatrix} \begin{bmatrix} \vec{I}_1 \\ \vec{I}_2 \\ \vec{I}_0 \end{bmatrix} \quad [\mathrm{A}] \tag{10.116}$$

으로 주어진다.

EXAMPLE 10.4 1770 [rpm]의 속도로 운전 중인 460 [V], 60 [Hz], 4극 유도전동기의 2개의 상(phase)이 함께 단락된다. 결과는 한 상으로부터 다른 두 상까지 440 [V]의 전압이다. 고정자 저항은 0.1 [Ω], 회전자 저항은 0.13 [Ω], 그리고 누설 인덕턴스 5 [mH]이다. 자화 전류는 무시될 수 있다. 고정자는 단지 3개의 단자만을 가진다.

(a) 속도 변화가 없다고 가정하여, 단락 회로에 따르는 정상 상태 상 전류를 결정하라.

(b) 문제 (a)에서의 최대 상 전류를 정격 전압에서 정상 기동하는 동안에 기대될 최대 상 전류와 비교하라.

Solution

(a) 상 a에 대한 대칭성으로 상 b와 c가 함께 단락되었다고 가정한다. 영상분 임피

던스가 무한대이기 때문에, 영상분 전류는 0이며 영상분 전압은 중요하지 않다. 그러므로, 중성점(neutral point)은 자유롭게 선택될 수 있다.

$$\vec{V}_a = 220\angle 0°; \qquad \vec{V}_b = \vec{V}_c = 220\angle 180° \qquad [V]$$

라 하자. 식 (10.114)를 사용하여

$$\begin{bmatrix} \vec{V}_1 \\ \vec{V}_2 \end{bmatrix} = \frac{1}{3}\begin{bmatrix} 1 & \alpha & \alpha^2 \\ 1 & \alpha^2 & \alpha \end{bmatrix}\begin{bmatrix} \vec{V}_a \\ \vec{V}_b \\ \vec{V}_c \end{bmatrix} = \begin{bmatrix} 146.7\angle 0° \\ 146.7\angle 0° \end{bmatrix} \qquad [V]$$

기계의 임피던스는

$$Z = 0.1 + 0.13\frac{\omega_s}{\omega_r} + j(0.005 \times 377) \qquad [\Omega]$$

정상분에 대하여,

$$\frac{\omega_{1s}}{\omega_{1r}} = \frac{1800}{30} = 60$$

역상분에 대하여,

$$\frac{\omega_{2s}}{\omega_{2r}} = \frac{-1800}{-3570} = 0.504$$

상분 전류(sequence current)는 이제 다음으로 주어진다:

$$\begin{bmatrix} \vec{I}_1 \\ \vec{I}_2 \end{bmatrix} = \begin{bmatrix} \vec{V}_1/Z_1 \\ \vec{V}_2/Z_2 \end{bmatrix} = \begin{bmatrix} 17.6 - j4.2 \\ 6.7 - j77.8 \end{bmatrix} \qquad [A]$$

상 전류는 이제 식 (10.116)을 사용하여 다음과 같이 구해질 수 있다:

$$\begin{bmatrix} \vec{I}_a \\ \vec{I}_b \\ \vec{I}_c \end{bmatrix} = \begin{bmatrix} 85.6\angle -73.4° \\ 60.4\angle 31.4° \\ 91.2\angle 146.4° \end{bmatrix} \qquad [A]$$

(b) 정격 전압으로 기동하는 경우,

$$\vec{V}_1 = \frac{460}{\sqrt{3}}\angle 0° \qquad [V]$$

$$Z_1 = 0.23 + j1.89 \qquad [\Omega]$$

$$\vec{I}_1 = 139.5\angle -83° \qquad [A]$$

따라서, 문제 (a)에서의 상 c 전류는 설계 기동 전류의 대략 65 [%]이며 단락 이전의 고정자 전류의 대략 4배이다.

10.6.1 Operation with One Phase Open

대칭분은 또한 전원의 전압은 평형이지만 전동기의 권선으로의 연결 또는 선 임피던스에서 불평형이 있는 상황을 해석하기 위해 사용될 수 있다. 예를 들어, 유도전동기로의 한 개의 상 연결이 개방된 그림 10.30 (a)에서 보여진 상황을 고려한다. $\vec{I}_a = 0$이라는 관찰로부터,

$$\vec{I}_1 + \vec{I}_2 + \vec{I}_0 = 0 \qquad [A] \tag{10.117}$$

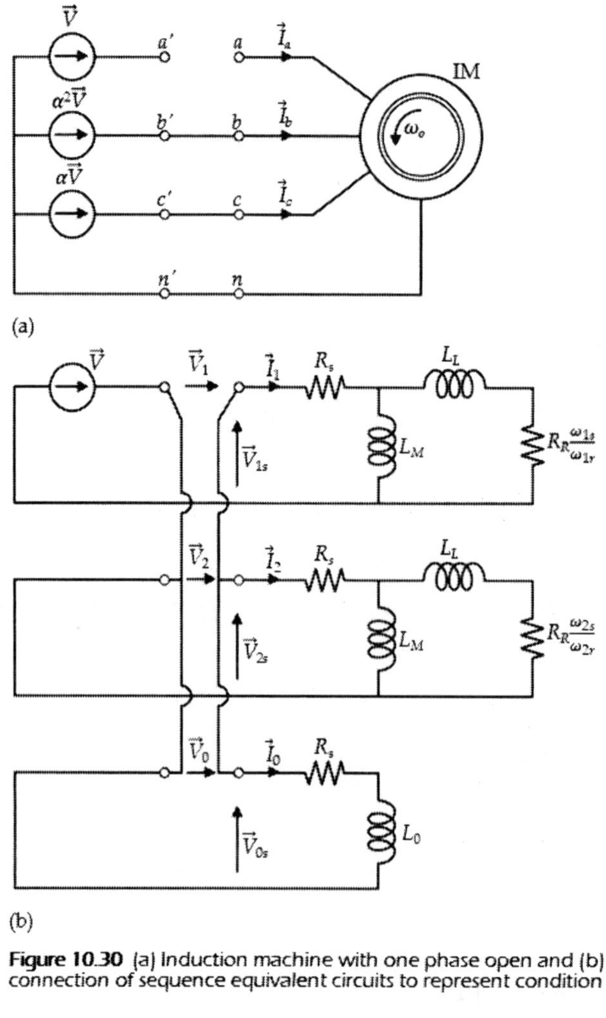

Figure 10.30 (a) Induction machine with one phase open and (b) interconnection of sequence equivalent circuits to represent condition of (a).

이 따라온다. 다음으로, 전원과 전동기 사이의 전압의 조합을 고려한다.

$$\vec{V}_{b'b} = \vec{V}_{c'c} = 0 \qquad [\mathrm{V}]$$

임에 유의하라. 식 (10.113)으로부터, 이 전원-전동기 전압의 대칭분이 관계식

$$\alpha^2\vec{V}_1 + \alpha\vec{V}_2 + \vec{V}_0 = 0 \qquad [\mathrm{V}] \tag{10.118}$$

$$\alpha\vec{V}_1 + \alpha^2\vec{V}_2 + \vec{V}_0 = 0 \qquad [\mathrm{V}] \tag{10.119}$$

를 가져야 함이 따라온다. 이 두 식을 서로 빼면

$$(\alpha^2 - \alpha)\vec{V}_1 + (\alpha - \alpha^2)\vec{V}_2 = 0 \qquad [\mathrm{V}] \tag{10.120}$$

을 주며, 이로부터

$$\vec{V}_1 = \vec{V}_2 \qquad [\mathrm{V}]$$

이 된다. 이것을 두 식에 삽입하면

$$\vec{V}_0 = \vec{V}_1 = \vec{V}_2 \qquad [\mathrm{V}] \tag{10.121}$$

을 준다.

계통은 이제 그림 10.30 (b)의 등가회로 결선으로 나타내어질 수 있다. 전원은 이상적인 것으로 고려되었기 때문에, 그것은 정상분 전압 $\vec{V}$만을 가지며, 역상분과 영상분 전류에 대한 임피던스는 가지지 않는다. 요구된다면 전원 계통에 대한 더 정교한 표현이 사용되었을 수 있다. 그림 10.30 (b)의 회로망은 이제 전동기 내로 들어가는 상분 전류(sequence current) $\vec{I}_1, \vec{I}_2$, 그리고 $\vec{I}_0$를 찾기 위해 해석될 수 있다. 이로부터, 상 전류가 구해질 수 있다.

앞 절에서는, 영상분 임피던스가 일반적으로 작다는 것이 주목되었다. 그림 10.30 (b)의 조사는 영상분 임피던스 Z_0이 역상분 임피던스 Z_2에 병렬로 연결되며 그 결합이 정상분 회로에 직렬로 연결된다는 것을 보인다. Z_0이 작기 때문에, 전압 $\vec{V}_1, \vec{V}_2$, 그리고 $\vec{V}_0$ 역시 어떤 값의 속도에서든 작다. 따라서, 고정자에서의 정상분 전류는 한 상의 개방 때문에 작게 변화될 것이다; 하지만, 상 전류는 상이 개방된 후에 두드러지게 다를 것이다.

정상 상태 운전에 대해 앞에서 전개된 이유에 따라, 토크는 공극을 가로지르는 전력을 동기 기계 속도로 나눈 것과 같다. 불평형 조건 하에서는, 정상분 회로의 공극에서의 상당(per phase) 전력 P_{1M}과 역상분 회로의 공극에서의 전력 P_{2M}이 있

다. 회전의 정방향(positive direction)에서의 순(net) 토크는 그러면

$$T = \frac{3p}{2\omega_s}(P_{1M} - P_{2M}) \qquad [\text{N·m}] \tag{10.122}$$

이다.

그림 10.29에서의 전동기가 중성선을 가지지 않는다면, 그림 10.30 (b)의 영상분 회로에 대한 접속이 생략될 수 있다. 0의 속도에서, 정상분과 역상분 회로는 이제 $\vec{I}_2 = -\vec{I}_1$로 실제상 역직렬(effectively in series opposition)임이 보여질 수 있다. 기동 조건 아래에서는, 정상분 및 역상분 공극 전력이 동일하여, 순(net) 기동 토크가 없는 것으로 귀결한 것이다. 하지만, 전동기에 어느 방향으로든 회전하는 기동 추력(starting thrust)이 주어진다면, 그 상분(sequence)에서의 유효 회전자 회로 저항이 증가하는 한편 다른 상분에서의 저항은 감소할 것이다. 결과는 회전 방향에 있는 토크일 것이다. 거의 동기 속도에서는, 회전에 반대 방향인 상분(sequence)에서의 전력이 비교적 작을 것이기 때문에, 토크는 상 a가 연결되었을 때보다 단지 조금만 작을 것이다. 이것은 5.9절에서 소개되었던 단상 유도전동기의 거동에 대한 그 대신의 설명을 제공한다.

개방 상(open phase)에 대한 이 예에서 설명된 기법은 매우 다양한 불평형 운전 조건에 적용될 수 있다. 일반적인 접근법은 불평형의 위치에 초점을 맞추고 먼저 그 점에서 생기는 상 전압 그리고/또는 전류에 대한 3개의 제약(constraint)을 나타낸다. 이 제약은 그 다음 그 점에서의 전압과 전류의 대칭분 사이의 관계로 변환된다. 보통, 이 관계식은 그 다음 계통의 평형 부분의 상분 등가회로(sequence equivalent circuit) 사이의 접속으로 나타내어질 수 있다.

10.7 PRACTICAL WINDINGS AND SPACE HARMONICS

이 장의 해석은 지금까지 정현 분포 권선의 가정을 기초로 하였다. 가장 좋은 경우조차, 슬롯의 수가 한정되기 때문에 이 이상화에 절충이 이루어져야 한다. 정현 분포 권선에 대한 한가지 근사화가 그림 5.3 (a)에서 보여졌다. 이 동심 권선(동심권, concentric winding)은 비교적 적은 수의 슬롯으로 소형기에서 특히 유용하다. 더 큰 기계의 경우, 모든 코일이 형상과 권수가 동일하다면 코일의 제작과 설치가 크게 단순화된다. 이것이 엄격한 제한으로 나타날 수 있기는 하지만, 도체의 각도 분포가 정현과는 거리가 먼 동일한 코일 상 권선(identical-coil phase winding)에 의해 생성될 수 있는 근사적으로 정현인 자계를 찾아야 할 것이다.

먼저 각 상(phase)이 단지 N [turn]의 한개의 집중 코일(concentrated coil)을 가지

는 3상 권선의 극단의 경우를 고려한다. 이것이 그리기에 편리함을 위하여 회전자 권선으로써 그림 10.31 (a)에서 보여져 있다. 상 a에 대한 공극을 가로지르는 기자력 분포가 그림 10.31 (b)에서 보여져 있다. 이 직사각 파(rectangular wave)는 각도 공간 고조파의 푸리에 급수로써 표현될 수 있다:

$$\mathcal{F}_{a\theta} = \frac{2}{\pi} N i_a \left[\sin\theta + \frac{\sin 3\theta}{3} + \frac{\sin 5\theta}{5} + \cdots \right] \qquad [\mathrm{A}] \tag{10.123}$$

$i_a = \hat{i} \sin\omega t$라면, 상 a의 기자력은

$$\mathcal{F}_{a\theta} = \frac{2}{\pi} N\hat{i} \sum_{h=1}^{h=\infty} \sin\omega t \frac{\sin h\theta}{h} \qquad [\mathrm{A}] \tag{10.124}$$

로써 표현될 수 있다. 여기서 h는 공간 고조파의 차수(order)를 나타내는 기수(홀수, odd number)이다. 상 b와 c가 각도 공간에서 상 a에 관하여 $2\pi/3$와 $4\pi/3$ [rad] 이격되어 있으며 상 b와 c에서의 전류가 위상각(phase angle)에서 같은 각도만큼 뒤진다면, 총(total) 기자력은

$$\begin{aligned}\mathcal{F}_{\theta} = \frac{2N\hat{i}}{\pi} \sum_{h=1}^{h=\infty} \frac{1}{h} \Big[&\sin\omega t \sin h\theta + \sin\left(\omega t - \frac{2\pi}{3}\right) \sin h\left(\theta - \frac{2\pi}{3}\right) \\ &+ \sin\left(\omega t - \frac{4\pi}{3}\right) \sin h\left(\theta - \frac{4\pi}{3}\right) \Big] \qquad [\mathrm{A}]\end{aligned} \tag{10.125}$$

일 것이다. 약간의 조작 후에, $h = 1$에 대한 기본파 공간 분포가

$$\mathcal{F}_{1\theta} = \frac{3N\hat{i}}{\pi} \cos(\omega t - \theta) \qquad [\mathrm{A}] \tag{10.126}$$

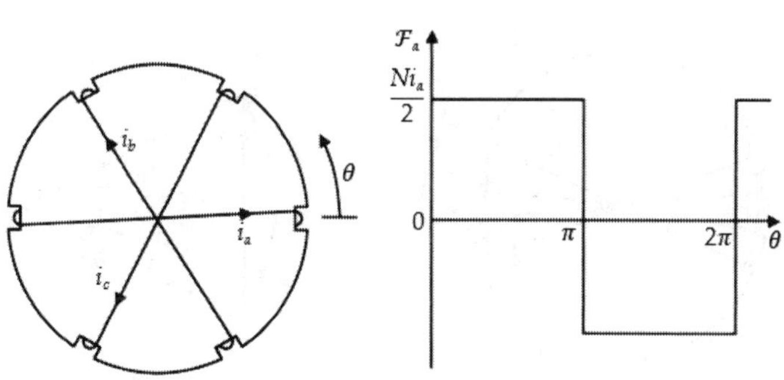

Figure 10.31 (a) Concentrated winding of N turns per phase and (b) magnetomotive force distribution for phase a.

으로 찾아진다. 이것과 식 (5.9)의 비교는 N [turn]의 집중권이 정현 분포 $(4/\pi)N$ [turn]이 만들 것과 같은 기본파 회전 자계를 생성함을 보인다. 이것은 요구되는 권수(number of turns)에서의 상당한 절감과 대응하는 권선 저항에서의 감소를 나타낸다.

여러 고조파 항 중에서, 3으로 나누어지는 h인 차수의 모든 고조파는 합(sum)이 0이다. 다른 고조파의 경우에는,

$$\begin{aligned} \mathcal{F}_{h\theta} &= \frac{3N\hat{i}}{\pi h}\cos(\omega t - h\theta) \qquad [\mathrm{A}] \qquad \text{for} \quad \frac{h-1}{3} = \text{integer} \\ \mathcal{F}_{h\theta} &= \frac{3N\hat{i}}{\pi h}\cos(\omega t + h\theta) \qquad [\mathrm{A}] \qquad \text{for} \quad \frac{h+1}{3} = \text{integer} \end{aligned} \tag{10.127}$$

이다. 고조파 기자력의 크기는 고조파 차수 h에 역으로 비례하는 것으로 보여진다. 이 고조파는, 특히 낮은 차수에서, 단지 집중권만 사용되었다면 전동기 성능에 상당한 효과를 가질 것이다.

실제로는, 2극기의 한 상에 대하여 그림 10.32 (a)에서 보여진 바와 같이, 기계의 각 변(each side) 위의 60° 상대(band)에 걸친 슬롯에 분포된 c개의 코일 내에 N [turn]의 각 상 권선을 배치하는 것이 보통이다. 이 코일의 각각은 식 (10.123)에서와 같은 기수 고조파의 푸리에 급수로 표현될 수 있는 직사각 형태의 기자력을 생성한다. 연속되는 코일 사이의 공간 위상 이격(space phase displacement)은 $\alpha = 2\pi/s = \pi/3c$이다. 여기서 s는 2극기에서의 총(total) 슬롯 수이다. 그림 10. 32 (b)의 기하학적 구조로부터, 각 코일의 기본파 공간 벡터는 각도 α에 걸친 원의 현(chord of circle)을 이루는 한편 총(total) 기자력 벡터는 각도 $c\alpha$에 걸친 현(chord)임에 유의하라. 결과는 권선에 의해 생성되는 기본파 기자력 자계가 집중권에 대해 분포계수(distribution factor) k_{1d}에 의해 줄어든다는 것이다. 여기서

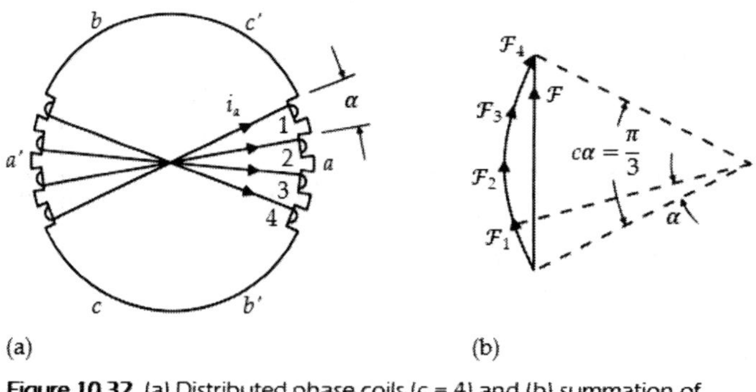

Figure 10.32 (a) Distributed phase coils (c = 4) and (b) summation of fundamental space vectors of coil magnetomotive forces.

$$k_{1d} = \frac{\sin(c\alpha/2)}{c\sin(\alpha/2)} = \frac{0.5}{c\sin(\pi/6c)} \tag{10.128}$$

이다. N [turn]의 분포권(distributed winding)은 그러므로 $k_{1d}N$ [turn]의 집중권 또는 N_e [turn]의 정현 분포 권선에서와 같은 공간 기본파를 생성한다. 여기서

$$N_e = \frac{4}{\pi} k_{1d} N \qquad \text{[turn]} \tag{10.129}$$

이다. 3상 권선의 경우, k_{1d}는 $c > 1$에 대하여 0.966과 0.955 사이이다.

원하지 않는 공간 고조파의 공간 벡터는 h차 공간 고조파에 대하여 서로 각도 $h\alpha$만큼 이격되어 있다. 따라서, h차 고조파에 대한 분포 계수는

$$k_{hd} = \frac{\sin(hc\alpha/2)}{c\sin(h\alpha/2)} = \frac{\sin(h\pi/6)}{c\sin(h\pi/6c)} \tag{10.130}$$

이다. 이 고조파 분포 계수는 항상 단위 값(unity, 1)보다 작으며 수 c의 적절한 선택에 의해 어떤 공간 고조파에 대해 작게 만들어질 수 있다.

하나 또는 더 많은 공간 고조파를 최소화하는 효과적인 수단은 2극기에 대하여 π [rad] (또는 p-극기에 대하여 $2\pi/p$ [rad]) 보다 작게 걸치는(span) 코일을 사용하는 것이다. s-슬롯, 2극기의 경우, 코일의 간격(span)은 β가 $2\pi/s$ [rad]의 배수인 $\pi - \beta$로 만들어질 수 있다. 이것은 **단절권**(*short pitching*)으로 알려져 있다. 보통은, 각 코일의 한 변(one side)은 슬롯의 하부 절반(bottom half) 내에 위치되는 한편 다른 변은 슬롯의 상부 절반(top half) 내에 위치된다. 예를 들어, 코일 간격(coil span)은 모든 상부 코일 변을 한 개 슬롯만큼 전위시킴으로써 한 개 슬롯만큼 짧아질 수 있다. 그것의 한 가지 효과는 h차 공간 벡터에 대한 기자력이 단절 계수(pitch factor) k_{hp}에 의해 줄어든다는 것이다. 여기서

$$k_{hp} = \cos\frac{h\beta}{2} \tag{10.131}$$

이다. 다른 효과는 단부 결선(end connection)의 길이와 그러므로 권선의 질량과 손실을 줄이는 것이다. 각도 β의 적당한 선택에 의해, 특별한 고조파에 대한 단절 계수가 작거나 심지어 0과 같게 만들어질 수 있다. 예를 들어, 모든 5차 고조파 기자력은 $\beta = \pi/5$ 또는 30°로 만듦으로써 소거될 수 있다. 2극, 36슬롯 기계에서는, 이것은 각 코일이 3슬롯만큼 짧은 간격을 포함할 것이다. 기본파 기자력에 대한 이것의 효과는 $\cos(\pi/12) = 0.966$이기 때문에 비교적 작을 것이다.

분포 및 단절권인 코일의 효과는 단일 권선 계수(winding factor) k_{hw}로 결합될

수 있다. 여기서 차수 h의 고조파에 대하여

$$k_{hw} = k_{hd}k_{hp} \tag{10.132}$$

이다. 분포 및 단절권으로 된 N [turn]의 상 권선은 그러면 정현 분포된 등가 기본파 권수

$$N_{se} = \frac{4}{\pi}k_{1w}N \qquad \text{[turn]} \tag{10.133}$$

을 가진다.

p-극기에서는, 특별한 상의 모든 코일이 보통은 직렬로 연결된다. 각 상 권선의 단부(end)는 둘 다 단자로 꺼내어진다. 더 일반적으로 유도기의 경우, 권선은 성형(star) 또는 델타(delta, Δ)로 연결되며 단지 3개의 단자만이 꺼내어진다.

기자력의 공간 고조파는 토크를 생성하기 위하여 농형 권선과 쇄교할 수 있는 공극 자속을 생성할 수 있다. 일반적으로, 이 토크 성분은 바람직하지 않으며 최소화되어야 할 것이다. 이 성분의 성질은 식 (10.126)과 (10.127)의 기자력 표현식의 조사에 의해 그려질 수 있다. 2극기의 경우, 기본파 기자력 성분의 정(양)의 최대값은 각도

$$\theta_1 = \omega_s t \qquad \text{[rad]} \tag{10.134}$$

에서 생긴다. 여기서 ω_s는 고정자 주파수이다. 2극기에서의 h차 공간 고조파는 $2h$개의 자극을 생성한다. 식 (10.127)로부터, 이 고조파 자극 중 하나에 대한 최대 정(양) 값은 각도

$$\theta_h = \pm\frac{\omega_s t}{h} \qquad \text{[rad]} \tag{10.135}$$

에서 생긴다. 따라서, 이 고조파 자계는 기본파 자계의 각속도의 $1/h$에서 회전한다. 그것의 동기 속도는 기본파 동기 속도의 $1/h$이다. 5차 공간 고조파 자계는 기본파 자계와 반대 방향으로 회전하는 한편 7차 고조파는 기본파와 같은 방향으로 회전한다. 유도기에 대한 속도-토크 관계에 미치는 효과가 엉성하게 설계된 권선에 대해 어느 정도 과장된 형태로 그림 10.33에서 보여져 있다. 7차 고조파 토크의 효과 중 한가지는 정지로부터 가속되는 것이 기대되었을 기계 부하가 대략 동기 속도의 7분의 1의 속도에서 묶일 수 있다는 것이다.

기자력의 공간 고조파의 더 나아간 효과는 그들이 고정자 권선과는 쇄교하지만 회전자 권선과는 쇄교하지 않는 자속을 생성할 수 있다는 것이다. 이것은, 정의(def-

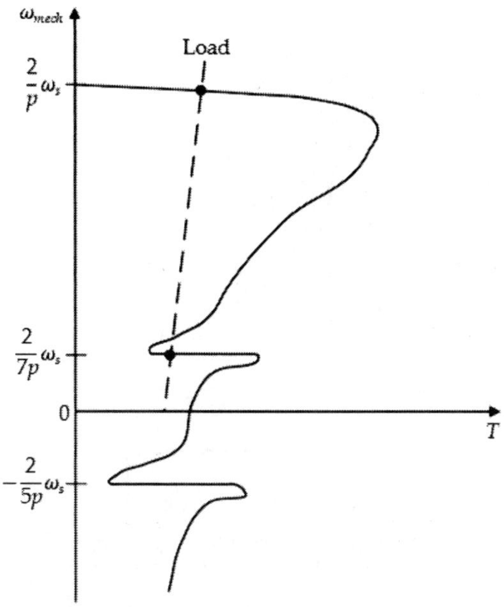

Figure 10.33 Speed-torque relation with large 5th and 7th space harmonic effects.

inition)에 의해, 누설 자속이며 그것은 고정자 전류에 비례한다. 그것은 전동기의 총(total) 누설 인덕턴스에 기여하여, 최대 토크 능력을 줄이고 고정자 역률을 감소시킨다.

10.8 LINEAR INDUCTION MOTORS

어떤 응용에서는, 일반적으로 전동기와 관련된 회전 운동과 대비하여 **선형** 또는 **병진 운동**(*linear* or *translational motion*)이 원해진다. 예로는 전기 버스 또는 기차 같은 차량의 추진(propulsion)이다. 추진은 구동 차륜에 치아(기어, gear)를 통하여 결합된 회전기에 의해 제공될 수 있는 한편 차륜과 선로(트랙, track) 사이의 마찰에 종속하지 않는 구동 계통은 상당한 이점이 있다. 급한 경사로를 젖거나 얼은 날씨에도 올라갈 수 있다. 제동은 최소한의 차륜 마모로 이루어질 수 있으며 더 신뢰성있게 만들어질 수 있다.

선형 유도전동기(linear induction motor)의 주된 성질은 그림 19.34 (a)에서 보여진 원통형 기계의 전개(evolution)에 의해 인식될 수 있다. 이 기계의 회전자는 알루미늄 또는 구리 도체를 둘러싸는 철심으로 이루어진다. 원통형 기계의 파선 축(dashed axis)을 따라 절단되고 펼쳐진다고 가정한다. 고정자였던 부분은 그림 10.34 (b)의 선형 유도전동기의 2극 1차(two-pole primary)로 된다. 이 1차는 전형적으

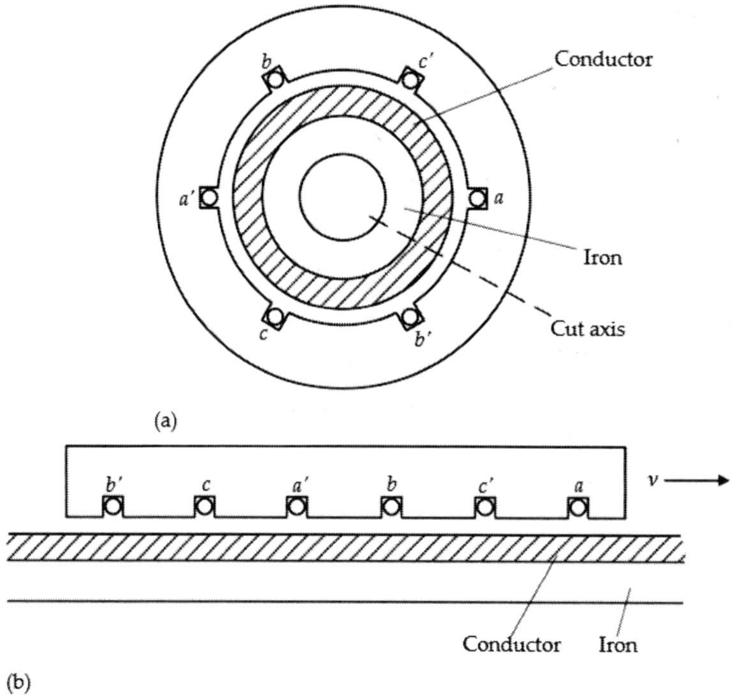

Figure 10.34 (a) Rotating induction machine and (b) linear induction machine.

로 차량의 바닥(bottom)에 부착될 수 있다. 회전자는, 보통 1차보다 어느 정도 더 넓으며, 전형적으로 노반(노상, road bed)에 부착되는, 도체-철판(conductor-iron sheet)으로 된다. 이 배치의 경우, 전력은 선로(레일, rail) 또는 가공선(overhead wire)에 있는 집전자(collector)를 통하여 차량으로 전달되어야(conveyed) 한다. 견인(traction) 응용을 위한 그 대신의 배열은 트랙을 따라 구간(interval)에 위치된 1차 부분과 함께 차량의 밑바닥(underside)에 있는 도체-철판으로 마련된다.

각주파수 ω_s인 3상 전원이 정현적으로 분포된 1차 권선에 연결된다면, 정현 자속밀도 파가 공극을 가로질러 2차 도체-철판에 생성될 것이다. 상순이 *a-b-c*라면, 이 파는

$$v_s = \frac{z\omega_s}{2\pi} = zf_s \qquad [\mathrm{m/s}] \tag{10.136}$$

의 속도로 그림 10.34 (b)에서 왼쪽으로 이동할 것이다. 여기서 z는 2극 1차 부분의 파장(wavelength)이며 f_s는 [Hz]로 나타낸 1차 주파수이다. 이 이동파(진행파, traveling wave) 자속밀도는 2차 도체판 내에, 크기가 파의 동기 속도(synchronous wave velocity) v_s와 2차에 대한 1차의 상대 속도(relative velocity) v의 차이에 비례할, 정현적으로 분포되는 전압을 유도할 것이다. 도체판을 가로지르는 결과적인 전류밀

도는 2차에는 왼쪽으로 그리고 1차에는 오른쪽으로 작용하는 추력(thrust)을 생성하도록 자속밀도와 상호작용할 것이다. 따라서, 이상적으로, 추력은 $(v_s - v)$에 비례할 것으로 예측된다.

개념적으로, 선형 유도전동기는, 그림 10.29에서와 같이, 회전형 유도기에 대해 전개되었던 등가회로와 같은 형태(configuration)로 나타내어질 수 있다. 상사(analogy)에 의해, 추력 F는 이상적으로

$$F = \frac{air\ gap\ power}{v_s} \qquad [\mathrm{N}] \tag{10.137}$$

로 주어진다고 예측된다.

실제로, 선형 전동기(linear motor)는 여러가지 면에서 회전기와 다르다. 1차에서의 극수는 더 이상 2의 배수일 필요가 없다. 전형적으로, 5, 6, 7, 또는 8극을 가진 1차가 구성된다; 분수 극수(fractional poles) 역시 가능하다.

선형 유도전동기의 1차는 그것의 전단부(leading edge)로 들어가는 새로운 2차 도체를 가지며 그것의 후단부(lagging edge)에서 떠나는 2차 도체를 가진다. 렌츠의 법칙(Lentz's law)에 의해, 입구 영역(entry region)에서의 2차 전류는 공극 자속의 증가를 방해하도록 작용한다. 그 결과, 입구단(entry edge)에 가까운 첫번째 하나 또는 두 개의 자극에 대한 평균 공극 자속밀도가 기계 내의 그 뒤의 자극 아래에서보다 상당히 더 낮을 수 있다. 또한, 같은 렌츠의 법칙에 의해, 출구단(exit edge) 가까이에서의 자속밀도를 유지하려는 경향으로, 전류가 2차 도체 내에서 지속된다. 이 전류는 대응하는 추력의 발생없이 저항손을 생성한다. 그러므로, 이 단부 효과(end effect)는 선형 전동기가 식 (10.137)의 이상적인 관계식으로부터 예측될 것보다 더 낮은 추력과 더 낮은 효율을 가지는 원인이 된다. 이 효과는 당연히 높은 속도에서 더 강하다.

대형 선형 전동기는 운송(transportation), 자재 운반 관리(materials handling), 압출 공정(extrusion process), 그리고 액체 급속(liquid metal)의 펌핑(pumping)에 사용되었다. 소형 선형 전동기는, 예를 들어, 미닫이문 폐색기(sliding door closer)와 커튼 개폐기(curtain puller)로 사용된다. 전형적인 속도-추력 곡선이 그림 10.35에서 보여져 있다. 최대 추력은 보통 소형 전동기의 경우에는 정지 상태 부근에서 생기며 5 [kN/m²]정도이다.

PROBLEMS

10.1 460 [V], 1770 [rpm] 권선형 회전자 유도전동기가, 모두 고정자 권수로 환산된,

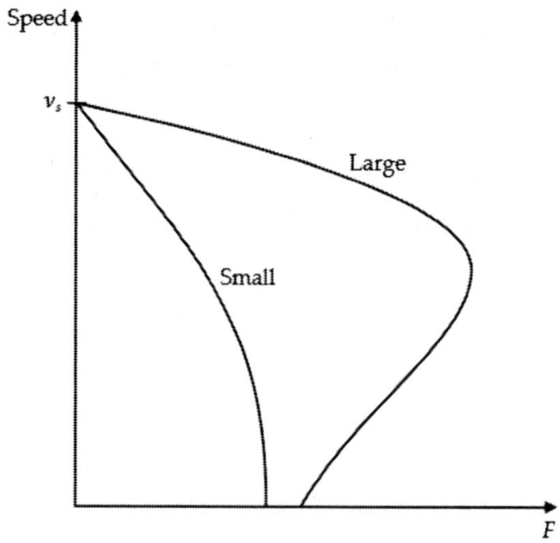

Figure 10.35 Typical speed-thrust relations for large and small linear induction motors.

다음의 매개변수를 가진다:

$R_s = 0.225$	[Ω],	$L_{ls} = 1.89$	[mH],
$R_r = 0.45$	[Ω],	$L_{lr} = 1.89$	[mH],
$L_m = 73.7$	[mH],	$N_{se}/N_{re} = 1.88$	

(a) 회전자 회로가 단락된 기계에 대한 과도 Γ-모델 등가회로를 전개하라.

(b) 0.3 [Ω/phase]의 평형 3상 저항기(resistor)가 회전자 단자에 연결되었다고 가정한다. 적절한 과도 Γ-모델을 전개하라.

(10.1.1 절)

10.2 문제 10.1의 기계에 대하여, 회전자 회로가 개방 회로로 되었다. 460 [V rms] (L-L)의 3상, 60 [Hz] 정현 전원이 상 a에서의 전압이 최대 정(양)인 순간에 고정자 단자에 인가된다.

(a) 고정자 전류 공간 벡터에 대한 표현식을 유도하라.

(b) 적어도 한 주기에 대하여 3개의 고정자 상 전류 파형을 그려라.

(10.1.1 절)

10.3 문제 10.1에서 주어진 자료(data)를 가진 유도기가 단락된 회전자 권선을 가진다. 460 [V], 60 [Hz] 전원이 시간 $t = 0$에 고정자 단자에 인가된다. 기계에 의해 생성되는 첨두 과도 토크를 추정하고 첫 몇 주기에 대한 이 토크를 그려라. 자화 인덕턴스의 효과는 무시될 수 있다.

(10.1.2 절)

10.4 3상, 4극, 60 [Hz] 권선형 회전자 유도기가 위상 전이기(phase shifter)로 사용된다. 누설 리액턴스는 0.16 [Ω/phase]이며 자화 리액턴스는 2.1 [Ω/phase]이다. 권선 저항은 무시될 수 있다. 유효 고정자-회전자 비(stator-to-rotor ratio)(비 γ를 포함한)는 1 : 0.8이다. 고정자는 230 [V] (L-L), 3상 전원에 연결된다. 회전자는 대응하는 고정자 상 권선과의 정렬(alignment)로부터 15 [mech. deg] 만큼 자계 회전의 방향으로 이격된다. 내부 전압 (L-N) 페이서와 회전자 단자에서 보여진 것으로 단상 테브난 등가회로(single-phase Thévenin equivalent circuit)의 내부 임피던스 [Ω/phase]를 결정하라.

(10.1.3 절)

10.5 3상 권선형 회전자 유도기가 선 주파수(line frequency)에서 가변 3상 전압의 전원을 제공하는 유도 전압조정기(induction regulator)로 운전될 수 있다. 권선의 접속이 그림 10.36에서 보여져 있다. 3개의 고정자 상 권선의 6개 단자가 모두 이 결선을 위하여 이용할 수 있어야 한다. 고정자 [turn]으로 환산된, 다음의 매개변수를 가지는 기계를 고려한다: $L_L = 5.3$ [mH], $L_M = 40$ [mH], R_R과 R_s는 무시할 수 있으며, $\gamma N_{se}/N_{re} = 1.2$. 그림 10.36에 있는 계통의 회전자측(rotor side)(또는 왼쪽측(left side))은 220 [V] (L-L), 3상, 60 [Hz] 전원에 연결된다.

(a) 개방 회로에서 상당(per phase) 실효치 출력 전압의 최대와 최소 값을 결정하라.

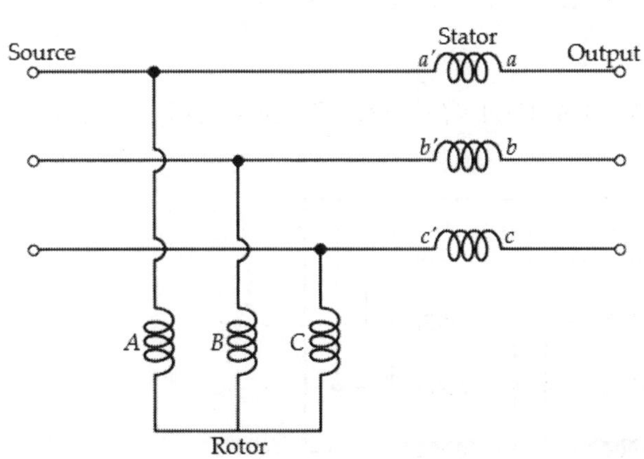

Figure 10.36 Induction regulator connection for Problem 10.5.

(b) 전압조정기의 상당 내부 임피던스를 결정하라.

(10.1.3 절)

10.6 2극, 60 [Hz] 권선형 회전자 전동기가 0.2 [Ω/phase]의 누설 리액턴스와 2.0 [Ω/phase]의 자화 리액턴스를 가진다. 권선의 저항은 무시할 수 있으며 유효 권수비 $\gamma N_{se}/N_{re}$는 단위 값(unity, 1)이다. 기계는 그림 10.37에서 보여진 바와 같이 정지 권선을 연결함으로써 가변 3상 유도성 부하로 이용할 수 있다.

(a) 회전자 각도 β의 함수로써 기계의 상당(per phase) 임피던스에 대한 표현식을 유도하라.

(b) 부하가 3상, 115 [V] (L-L), 60 [Hz] 전원으로부터 25 [kVA]를 취한다면 각도 β는 얼마가 되어야 할 것인가?

(10.1.3 절)

10.7 3상, 6극, 권선형 회전자 유도기가 가변 주파수 전원으로 사용된다. 이 목적을 위하여, 고정자는 60 [Hz], 440 [V] (L-L), 3상 전원에 연결되며 기계는 원동기(prime mover)에 의해 가변 속도로 구동된다. 회전자가 정지해 있을 때, 개방 회로인 회전자 단자에서의 선간 전압은 220 [V] (L-L)이다.

(a) 20에서 150 [Hz]의 주파수 범위를 주기 위해 요구되는 속도 범위를 결정하라.

(b) 대응하는 개방 회로 출력 전압(L-L)의 범위를 결정하라.

(c) 이상적인 기계로 가정하여, 회전자 회로에 내주는 전력이 20 [kW]일 때 문제 (a)의 주파수 한계 둘 다에서의 (i) 고정자 전원과 (ii) 구동 기계에 공급되거나 흡수되는 전력을 결정하라.

(10.1.3 절)

10.8 3상, 6극, 440 [V], 60 [Hz] 유도전동기가 모두 고정자측으로 환산된 다음의 상

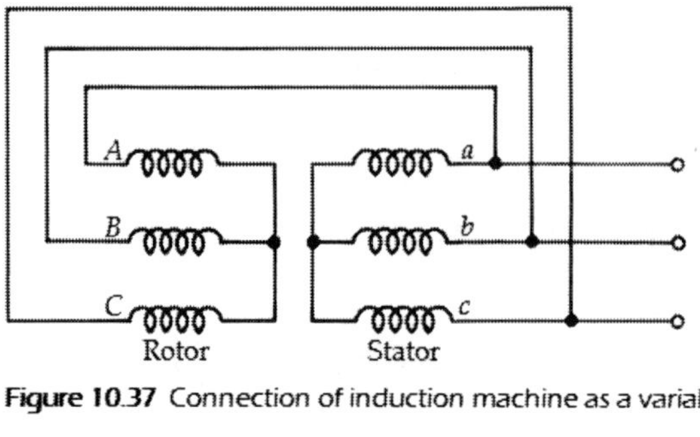

Figure 10.37 Connection of induction machine as a variable inductor for Problem 10.6.

당(per phase) 등가회로 매개변수를 가진다:

$R_s = 0 \quad [\Omega], \qquad L_L = 6.27 \quad [\text{mH}],$
$R_R = 0.318 \quad [\Omega], \qquad L_M = 103 \quad [\text{mH}]$

회전손은 무시할 수 있으며, 회전자 저항은 주파수에 무관하다고 간주된다. 정격 전압과 주파수의 전원에 연결되었을 때, 다음을 결정하라:

(a) 기동 토크,
(b) 최대 또는 항복(breakdown) 토크,
(c) 항복 토크가 생길 때의 속도,
(d) 동기 속도에 가까운 운전에 대한 속도 변화 단위당(per unit of speed change) 토크,
(e) 전동기가 속도의 [rad/s]당 2 [N·m]의 토크를 요구하는 부하를 구동할 때의 근사 속도, 그리고
(f) 문제 (e)의 조건에 대한 회전자 주파수.

(10.1.3 절)

10.9 3상, 6극, 220 [V], 60 [Hz] 권선형 회전자 유도전동기가 1.25의 등가 고정자-회전자 비(stator-to-rotor ratio) $\gamma N_{se} : N_{re}$를 가진다. 기계는 이상적이라고 간주될 수 있다. 각 상에 병렬로 2200 [μF] 커패시턴스가 있는 3 [Ω] 저항의 평형 와이 결선 부하(balanced wye-connected load)가 회전자 단자에 연결된다. 기계가 정격 전압과 주파수로 350 [rpm]에서 회전할 때, 다음을 결정하라:

(a) 고정자 단자에서 보여지는 상당(per phase) 유효 임피던스,
(b) 전원에 의해 내놓아지는 총(total) 전력,
(c) 회전자 회로로 내놓아지는 전력,
(d) 기계 동력, 그리고
(e) 축 토크.

(10.1.3 절)

10.10 600과 625 [rpm] 사이의 속도에서 1 [MW]의 기계 동력을 발생하는 수차 터빈(water-wheel turbine)이 3상, 12극 유도발전기를 구동한다. 발전기의 고정자 권선은 4000 [V] (L-L), 60 [Hz], 3상 배전 계통에 연결된다. 유도기의 자화 리액턴스는 33 [Ω/phase], 누설 리액턴스는 3 [Ω/phase], 그리고 고정자에서 보여지는 회전자 저항은 0.5 [Ω/phase]이다. 고정자 권선의 저항은 무시할 수

있을 정도로 작으며, 발전기에서의 다른 손실은 무시될 수 있다.

(a) 발전기가 전기 계통에 1 [MW]를 내놓을 때 터빈의 속도를 결정하라.

(b) 단자 역률을 단위 값(unity, 1)으로 하기 위해 요구될 고정자 단자에 와이(wye)로 결선된 상당(per phase) 커패시턴스의 값은 얼마인가?

(10.1.3 절)

10.11 비교의 목적으로, 유도전동기의 매개변수는 보통 기계의 정격의 단위법(per unit)으로 가장 잘 표현된다. 60 [Hz], 6극, 440 [V] (L-L), 12.1 [A], 1170 [rpm], 7.5 [kW] 유도기가 0.15 [Ω]의 고정자 저항, 4.3 [Ω]의 누설 리액턴스, 48 [Ω]의 자화 리액턴스, 그리고 0.4 [Ω]의 유효 회전자 저항을 가진다.

(a) 전압(L-L), 상 전류, 임피던스, 주파수, 동기 속도, 상당 전력, 총 피상 전력, 그리고 토크의 기저 값(base value)을 결정하라.

(b) 등가회로 매개변수의 단위법 값을 결정하라.

(c) 정격 부하 조건 하에서의 속도와 출력 토크의 단위법 값을 결정하라.

(d) 기저 토크에 대한 정격 토크의 비(ratio)는 얼마인가?

(10.1.3 절)

10.12 가변속 구동이 3상, 전자 인버터(electronic inverter)로부터 가변 주파수에서 제어 가능한 크기의 3상, 정현에 가까운 전압이 공급되는 농형 유도전동기로 이루어진다. 전동기는 460 [V] (L-L), 60 [Hz], 100 [kW], 1770 [rpm], 140 [A]의 정격을 가진다. 기계 부하는 속도의 [rad/s]당 3 [N·m]의 토크를 요구한다. 고정자 저항, 누설 인덕턴스, 그리고 손실은 무시될 수 있다.

(a) 1200 [rpm]의 속도에서 부하를 구동하기 위해서는, 인버터 출력의 실효치 전압(L-L)과 주파수는 얼마가 되어야 할 것인가?

(b) 전동기의 자화 인덕턴스가 2.5 [pu]라면, 문제 (a)의 조건에 대한 전원 역률은 얼마일 것인가?

(10.2.1 절)

10.13 3상, 4극, 220 [V], 60 [Hz] 농형 유도전동기가 다음의 등가회로 매개변수를 가진다:

$R_s = 0$ [Ω], $X_L = 0.6$ [Ω],
$R_R = 0.3$ [Ω], $X_M = 15$ [Ω]

전동기는 가변 주파수로 거의 정현인, 가변 상 전압을 제공하는 인버터로부터 공급된다. 전원 주파수에 대한 전원 전압의 비(ratio)는 기계 정격에 적절한 값으로 일정하게 유지된다.

(a) 60, 20, 그리고 3 [Hz]의 인버터 주파수에서 계통에 대한 속도-토크 곡선을 그려라.
(b) 100 [rpm]의 속도에서 150 [N·m]의 일정한 토크를 요구하는 부하를 구동하기 위한 인버터 주파수를 추정하라.
(c) 문제 (b)의 운전 조건에 대해 요구되는 전원 전압을 결정하라.

(10.2.1 절)

10.14 유도전동기의 정격이 2300 [V] (L-L), 3상, 60 [Hz], 1770 [rpm], 150 [A]이다. 그것의 무부하 전류는 50 [A]이다. 고정자 저항, 누설 인덕턴스, 그리고 회전손은 무시될 수 있다.

(a) 전동기에 대한 등가회로를 그리고 그 매개변수의 값을 주어라.
(b) 전동기가 단순한 전압원 인버터, 제어 정류기, 그리고 2300 [V] (L-L), 60 [Hz], 3상 전원으로부터 공급된다고 가정한다. 전동기가 정격 고정자 쇄교 자속으로 운전될 수 있는 최대 무부하 속도를 찾아라.

(10.2.1 절)

10.15 유도전동기가 다음의 정격을 가진다: 4.6 [kV] (L-L), 60 [Hz], 6극, 10 [MW], 1192 [rpm]. 그것은 1000 [rpm]의 속도에서 75 [kN·m]의 토크를 요구하는 압축기(compressor)를 구동한다. 3상, 상 제어(phase-controlled) 정류기로부터 공급되는 단순한 인버터가 사용된다. 이용할 수 있는 설비 전원은 4.6 [kV] (L-L), 3상, 그리고 60 [Hz]이다. 어떤 합리적인 가정으로, 다음을 추정하라:

(a) 인버터의 요구되는 주파수,
(b) 요구되는 직류 링크 전압, 그리고
(c) 정류기의 지연각.

(10.2.1 절)

10.16 냉장고 압축기(refrigerator compressor)가 500에서 3000 [rpm]의 범위에 걸쳐 가변속으로 구동된다. 요구되는 기계 동력은 최대 속도에서 2 [kW]이다. 230 [V], 60 [Hz] 단상 설비 전원을 이용할 수 있다. 3상 4극 농형 유도전동기에 공급하기 위하여 제어 브릿지 정류기와 단순한 전압 인버터를 사용하는 것

이 제안된다. 정격 부하에서, 전동기의 회전자 주파수는 고정자 주파수의 5 [%]로 가정될 수 있다. 고정자 저항, 누설 인덕턴스, 그리고 회전손은 무시될 수 있다.

(a) 전동기에 대한 전격 전압의 적절한 값을 특정하라.
(b) 자화 전류가 0.5 [pu]라고 가정하여 전동기의 정격 상 전류를 추정하라.
(c) 인버터의 최대 주파수를 결정하라.
(d) 압축기 토크가 속도에 무관하다고 가정하여, 최대 속도 조건에 대한 정류기의 지연각을 결정하라.

(10.2.1 절)

10.17 가변속 구동이 제어 정류기와 단순한 전압원 인버터로부터 공급되는 460 [V] (L-L), 4극, 60 [Hz], 50 [kW], 1770 [rpm] 유도전동기로 이루어진다. 전원은 460 [V] (L-L), 3상, 그리고 60 [Hz]이다.

(a) 정격 고정자 전압과 주파수로 전동기의 무부하 전류는 24 [A]이다. 회전자 손실을 제외한 모든 손실은 무시될 수 있으며 누설 인덕턴스는 무시될 수 있다. 이 전동기가 정격 토크를 내놓을 때 기본파 고정자 전류와 역률을 추정하라.
(b) 이 전동기에 대한 기동 전류는 제조자에 의해 600 [A]로 기록되었다. 전동기가 1200 [rpm]에서 정격 토크를 제공할 때 5차와 7차 고조파 고정자 전류를 추정하라.
(c) 고정자 전류에서의 5차와 7차 고조파 때문에 전동기 토크가 정격 저하되는(derated) 인자는 얼마인가?
(d) 문제 (b)에서 찾아진 5차 고조파 전류와 정격 기본파 쇄교 자속의 상호 작용에 기인하는 6차 고조파 토크를 찾아라.

(10.2.2 절)

10.18 460 [V] (L-L), 60 [Hz], 1770 [rpm] 유도전동기가, 모두 고정자 [turn]으로 환산된, T-형 등가회로에 대한 다음의 매개변수를 가진다:

$$R_s = 0.18 \quad [\Omega], \qquad L_{ls} = 1.89 \quad [\text{mH}],$$
$$R_r = 0.22 \quad [\Omega], \qquad L_{lr} = 1.89 \quad [\text{mH}],$$
$$L_m = 33.7 \quad [\text{mH}]$$

(a) 역 Γ-형의 전동기에 대한 과도 등가회로(그림 10.20에서와 같은)를 전개

하라.

(b) 이 전동기가 그림 10.22에서 보여진 계통을 사용하여 전류원 인버터로부터 공급된다고 가정한다. 고정자 전류가 50 [A]이며 회전자 주파수는 전동기의 정격 운전에 대한 값에서 유지될 때, 생성되는 토크를 결정하라.

(c) 문제 (b)에서의 토크가 왜 속도에 무관한지를 설명하라.

(10.3 절)

10.19 D 등급, 4극, 3상 농형 유도전동기의 정격이 415 [V] (L-L), 50 [Hz], 20 [A]이다. 그것은 가변 전압 제어기(variable-voltage controller)를 통하여 3상, 415 [V], 50 [Hz] 전원으로부터 공급된다. 전동기는 동력이 속도의 3승에 비례하는 팬(fan)을 구동한다. [pu]로 나타낸 전동기 매개변수는 $L_M = 2.5$ 그리고 $R_R = 0.1$이다. 매개변수 L_L과 R_s는 물론 회전손은 무시될 수 있다.

(a) 전동기에 인가된 정격 전압으로, 정성 상태 상 전류는 15 [A]이다. 이 조건에 대한 팬의 속도를 추정하라.

(b) 1200 [rpm]의 속도에서 팬을 운전하기 위해 요구되는 기본파 전압 성분(L-L)의 실효 값을 결정하라.

(c) 문제 (b)의 조건의 경우, 전동기는 그것의 고정자 전류 정격 이내에서 운전하는가?

(10.4 절)

10.20 팬(fan)이 1100 [rpm]의 정격 속도에서 20 [kW]의 동력을 요구한다. 그것은 그림 10.25에서 보여진 계통을 사용하여 회전자 전력 회생에 맞추어진 권선형 회전자 유도전동기에 의해 구동된다. 이용할 수 있는 전원은 460 [V] (L-L), 60 [Hz], 3상이다. 전동기는 이상적인 것으로 고려될 수 있다.

(a) 전동기에 대한 적절한 극수를 선택하라.

(b) 팬이 750 [rpm]의 최저 속도를 가질 때, 유효 권수비 N_{se}/N_{re}에 대한 적절한 값을 결정하라. 인버터의 점호각은 170°를 초과해서는 안될 것이다.

(c) 팬을 정격 속도에서 운전하기 위해서는, 인버터의 점호각은 얼마이어야 할 것인가?

(d) 정격 속도에서, 직류 링크 전류의 값을 결정하라.

(e) 전동기의 자화 전류가 정격을 기저로 하여 0.4 [pu]로 가정된다 하고, 팬이 정격 속도에서 구동할 때 전동기의 고정자 전류를 추정하라.

(10.5 절)

10.21 3상, 220 [V] (L-L), 400 [Hz], 2극 유도기가 8 [mH]의 누설 인덕턴스와 4 [Ω/phase]의 회전자 저항을 가진다. 고정자 저항과 자화 전류는 무시될 수 있다. 단상, 220 [V], 400 [Hz] 전원이 두 개의 고정자 단자 사이에 연결되고 세번째 단자는 개방 회로로 남겨져 있다고 가정한다.

(a) 상분 회로망(sequence network)의 적절한 상호 연결을 보이는 등가회로를 그려라.

(b) 전동기 속도의 함수로써 전원 전류에 대한 표현식을 유도하라. 정지 상태에서의 전류를 구하라.

(c) 속도의 함수로써 전동기 토크에 대한 표현식을 유도하고 그것을 사용하여 절반의 동기 속도에서의 토크를 구하라.

(10.6 절)

10.22 3상 6극기 고정자가 36슬롯을 가진다. 각 코일은 10 [turn]을 가진다. 각 코일은 1슬롯 단절권이다.

(a) 상당(per phase) 유효 권수를 결정하라.

(b) 5차 고조파에 대한 권선 계수를 구하라.

(10.7 절)

10.23 선형 유도전동기가 480 [mm]의 파장과 5극을 가진다. 그것은 다음의 매개변수를 가진 등가회로로 모델링될 수 있다:

R_s = *negligible*, $L_L = 1.2$ [mH],
$R_R = 0.28$ [Ω], $L_M = 6$ [mH]

(a) 20 [Hz] 전원에서 운전할 때 전동기의 동기 속도를 결정하라.

(b) 전동기가 300 [V] (L-L), 40 [Hz] 전원에서 운전되며 속도가 45 [km/h] 일 때 추력, 기계 동력, 입력 전류, 그리고 역률을 결정하라.

(10.8 절)

GENERAL REFERENCES

Adkins, B. and Harley, R. G., *The General Theory of AC Machines*, John Wiley and Sons, New York, 1975.

Alger, P. L., *Induction Machines–Their Behavior and Uses*, 2nd ed., Gordon and Breach,

New York, 1970.

Bose, B. K., *Power Electronics and AC Drives*, Prentice-Hall, Englewood Cliffs, New Jersey, 1986.

de Jong, H. C. J., *AC Motor Design with Conventional and Converter Supplies*, Clarendon Press, Oxford, 1976.

Dewan, S. B., Slemon, G. R. and Straughen, A., *Power Semiconductor Drives*, John Wiley and Sons, New York, 1984.

Dubey, G. K., *Power Electronics and AC Drives*, Prentice-Hall, Englewood Cliffs, New Jersey, 1986.

IEEE, *IEEE Standard Test Procedures for Polyphase Induction Motors and Generators, IEEE Standard 112*, Institute of Electrical and Electronics Engineers, New York, 1984.

Kovacs, K. P., *Transient Phenomena in Electrical Machines*, Elseviers, Amsterdam, and Publishing House of the Hungarian Academy of Science, 1984.

Krause, P. C., *Analysis of Electric Machinery*, McGraw-Hill, New York, 1986.

Laithwaite, E. R., *Induction Machines for Special Purposes*, George Newness, London, 1966.

Levi, E., *Polyphase Motors*, John Wiley and Sons, New York, 1984.

Nasar, S. A. and Boldea, I., *Linear Motion Electric Machines*, Wiley Interscience, New York, 1976.

Veinott, C. G., *Theory and Design of Small Induction Motors*, McGraw-Hill, New York, 1957.

Yamamura, S., *AC Motors for High Performance Applications*, Marcel Dekker, New York, 1986.

Yamamura, S., *Theory of Linear Induction Motors*, 2nd ed., University of Tokyo Press, Tokyo, 1978.

11 SYNCHRONOUS GENERATORS, MOTORS, AND DRIVES

동기기는 그들의 정상 상태 기계 속도 ω_{mech}와 전원 주파수 ω_s 사이의 직접 연결로 특성지어진다. p-극기의 경우, $\omega_{mech} = (2/p)\omega_s$ [rad/s]이다. 동기기 운전의 몇 가지 기본 개념이 6장에서 소개되었다. 이 장은 그것의 과도 및 정상 상태 성질을 예측하는 능력을 조성한다는 관점으로 동기기의 모델링을 더 상세하게 조사한다. 이것은 응용의 중요한 영역에서 특히 중요한 특별한 운전 성질의 논의로 이루어질 것이다.

동기기의 주된 응용 영역은 전력 송전과 배전 회로망에 3상 전력을 공급하기 위한 발전기로써 이다. 이러한 발전기에 대한 적절한 해석 모델의 준비는, 계통에서 연속적으로 일어나는 외란에도 불구하고, 신뢰성있고, 연속적이며 거의 일정한 전압과 주파수의 전력을 광범위한 수요자에게 공급하는 것과 관련된 전력 계통 공학자에게, 지극히 중요한 것이다.

50 또는 60 [Hz] 전력 계통에서의 사용을 위한 동기발전기는 1000 [MVA]보다 더 큰 정격을 가질 수 있다. 더 큰 정격이 일반적으로 더 경제적이지만 보통 한 기계가 계통의 전체 용량의 대략 10 [%]보다 더 크면 신뢰성의 관점에서 유리하지 않다. 증기(steam) 또는 가스 터빈(gas turbine)에 의해 구동되는 그러한 발전기는, 약간은 4극, 1500 또는 1800 [rpm] 기계 역시 사용되기는 하지만, 보통 3000 또는 3600 [rpm]에서 운전하는 2극을 가진 원통형 회전자 구조(cylindrical-rotor construction)이다. 경유 기관(디젤 엔진, diesel engine)에 의해 구동되는 발전기는 원격지(remote location)에서 종종 사용되며 전형적으로 4 또는 6극을 가진다. 저수두 수차(low-head waterwheel turbine)는 보통 60에서 300 [rpm]의 범위에서 최적 속도(optimal speed)를 가진다. 이러한 수차와의 사용을 위한 동기발전기는 보통 20에서 120개의 극이 있는 철극(돌극) 회전자(salient-pole rotor)를 가진다. 충동 수차(임펄스 터빈, impulse turbine)은 종종 고수두 수력 발전소(high-head hydraulic site)에서 사용되며, 최고 3600 [rpm]까지의 중간 속도를 가진다. 항공기(aircraft)에서 400 [Hz] 전원을 제공하는 것과 같은 특별한 발전기는 24000 [rpm]까지의 속도에서 운전한다.

동기기에 대한 다른 응용 영역은, 가끔은 일정한 속도에서이지만 더 자주는 가변 속도에서 운전하는, 전기 구동(electric drive)에 있다. 이러한 구동은 전력 정격에서 매우 작은 값으로부터 매우 큰 값까지 변동한다. 전형적인 응용 영역은 로봇

공학(robotics), 공작 기계(machine tool) 구동, 디스크 구동(disk drive), 선박 추진(ship propulsion), 그리고 송유관 펌프(pipeline pump) 등을 포함한다. 여러가지 형태의 동기전동기는 모두 구동 응용에 사용될 수 있다: 원통형 또는 철극 회전자를 가진 권선 자계(wound field), 영구자석, 자기저항(릴럭턴스, reluctance), 또는 히스테리시스(hysteresis). 각각은 특별한 응용에서 이점을 가진다.

권선 자계 동기전동기는 같은 전력 정격의 농형 전동기보다 더 크고, 더 복잡하며, 그리고 더 비싸다. 하지만, 그들은 앞서거나 용량성인(capacitive) 역률에서 운전될 수 있기 때문에, 특히 대형 구동(large drive)에서, 매력적이다. 영구자석 전동기는 경제적이고, 효율적이며, 좋은 과도 응답의 능력이 있다. 그들은 저전력 구동(low-power drive)에서 광범위하게 사용되지만, 전력 범위가 더 큰 전력 정격으로 끊임없이 확장되고 있다. 릴럭턴스 기계는 구조의 단순성과 낮은 비용의 이점을 가진다; 그들은 증가하고 있는 범위의 구동 응용에서 사용되고 있다.

11.1 MODELING OF SYNCHRONOUS MACHINES

동기기가 대형 발전기로 사용되든 작은 구동 전동기로 사용되든, 그 성능의 예측은 적절한 해석 모델을 갖는 것에 좌우된다. 정상 상태에 대해 적당한 기본 등가회로가 6.2절에서 전개되었다. 이제 주의는 정상 상태 조건은 물론 과도에 대해 사용될 수 있으며 자기 비선형성과 철극성(돌극성, saliency)을 나타낼 수 있는 모델의 전개에 초점을 맞춘다.

11.1.1 Cylindrical-Rotor Machines

먼저, 그림 11.1에서 보여진 바와 같이, 3상 고정자 권선과 단일 계자 권선(single field winding)이 있는 원통형 회전자를 가진 동기기를 고려한다. 목적은 등가회로 모델

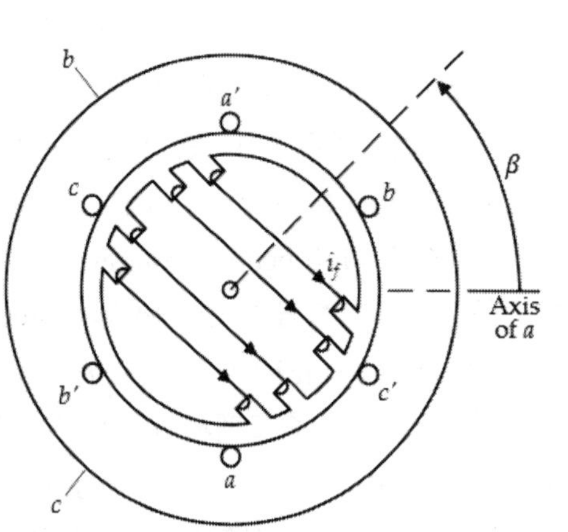

Figure 11.1 Winding relations for cylindrical-rotor, two-pole synchronous machine.

과 이로부터 이 기계의 과도 거동이 예측될 수 있는 수반 방정식(accompanying equation)을 전개하는 것이다.

10.1절에서는, 과도 모델이 유도기에 대하여 전개되었다. 원통형 회전자 동기기의 구조는, 동기기는 그것의 회전자에 단일 분포 권선 만을 가진다는 것을 제외하고는, 유도기의 구조와 비슷하다. 그러므로, 10.1절의 해석의 대부분을 적용할 수 있다. 순시(instantaneous) 고정자 전류는, 식 (10.10)으로부터, 고정자 기준 좌표계(stator reference frame)에서 공간 벡터

$$\vec{i}_s = i_a + j\frac{i_b - i_c}{\sqrt{3}} \qquad [A] \tag{11.1}$$

에 의해 나타내어질 수 있다.

동기기의 회전자는 계자 전류 i_f를 운반하는 등가 정현 분포 권수 N_{fe}를 가진 단일 권선을 내포한다. 유도전동기 해석에서는, 모든 공간 벡터량이 고정자 상 a의 축으로 환산되었다. 동기기의 경우에 있어서는, 계자 권선의 축의 동일성(identity)을 유지하는 것이 필요하다. 다른 한편으로, 주된 관심은 일반적으로 고정자 변수에 있다. 그러므로, 보통 모든 회전자 변수를 고정자의 등가 권수 N_{se}로 환산하는 것이 편리하다. 2극 회전자의 N_{fe} [turn] 내에서의 계자 전류 i_f는 $N_{fe}i_f/2$의 공극 기자력을 생성한다. 식 (5.15) 또는 (10.17)로부터, N_{se} [turn/phase]의 3상 권선 내에서의 벡터 전류 $\vec{i}$는 $3N_{se}\vec{i}/4$의 공극 기자력을 생성한다. 따라서, 고정자 권수의 항이지만 계자 축으로 환산된 계자 전류의 효과는 전류 공간 벡터

$$\vec{i}_F = \frac{2}{3}\frac{N_{fe}}{N_{se}} i_f \epsilon^{j0} \qquad [A] \tag{11.2}$$

에 의해 나타내어질 수 있다.

회전자 축이 기준으로 사용된다면, 모든 고정자 변수는 이제 이 기준 좌표계로 환산되어야 한다. 회전자 축으로부터 보여지는 것으로서, 고정자 상 a의 축은 $-\beta$의 각도이다. 따라서, 고정자 쇄교 자속 $\vec{\lambda}_s$는

$$\vec{\lambda}_s' = \lambda_s \epsilon^{-j\beta} \qquad [Wb] \tag{11.3}$$

에 의해 회전자 기준 공간 벡터 $\vec{\lambda}_s'$로 변환될 수 있으며 비슷한 표현식이 식 (11.1)의 고정자 전류 벡터 $\vec{i}_s$를

$$\vec{i}_s' = i_s \epsilon^{-j\beta} \qquad [A] \tag{11.4}$$

로 변환한다. 기계는 이제 그림 11.2 (a)의 쇄교 자속 모델로 나타내어질 수 있다. 자화 인덕턴스 L_m은 식 (5.50)과 (10.20)에서 유도기에 대해 전개된 것과 같다. 고정자 누설 인덕턴스는 L_{ls}이며, L_{lF}는 N_{se} [turn]으로 환산된 계자 권선의 등가 누설 인덕턴스이다.

전압-전류 모델을 전개하기 위하여, 고정자 기준 좌표계에서의 고정자 전압 관계식으로 출발한다:

$$\vec{v}_s = R_s\vec{i}_s + p\vec{\lambda}_s \qquad [\mathrm{V}] \tag{11.5}$$

이것을 변환된 변수 $\vec{v}_s{}'$와 $\vec{i}_s{}'$의 항으로 표현하면, 2극기의 속도가 $p\beta = \omega_o$이기 때문에,

$$\begin{aligned}\vec{v}_s{}' &= v_s\epsilon^{-j\beta} \\ &= R_s\vec{i}_s{}'\epsilon^{j\beta}\epsilon^{-j\beta} + \left(p\vec{\lambda}_s{}'\epsilon^{j\beta}\right)\epsilon^{-j\beta} \\ &= R_s\vec{i}_s{}' + (p + j\omega_o)\vec{\lambda}_s{}' \qquad [\mathrm{V}]\end{aligned} \tag{11.6}$$

을 준다. 기계는 이제 그림 11.2 (b)의 과도 등가회로 모델로 나타내어질 수 있다. 이 회로에서는, 등가 계자 전압 v_F는 권수비에 의해 실제 계자 전압 v_f와 관련된다:

$$v_F = \frac{N_{se}}{N_{fe}}v_f \qquad [\mathrm{V}] \tag{11.7}$$

일정한 계자 전류와 쇄교 자속으로, 계자 전압 v_f는

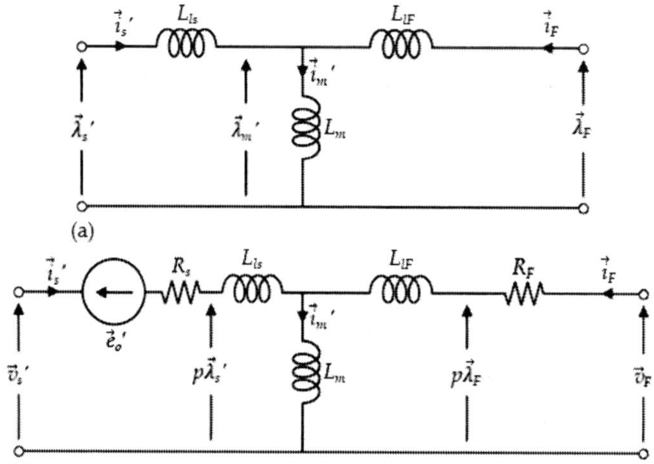

Figure 11.2 (a) Flux linkage-current equivalent circuit and (b) voltage-current equivalent circuit.

$$v_f = R_f i_f \qquad [\mathrm{V}] \tag{11.8}$$

에 의해 계자 저항 R_f와 관련된다. 따라서, 등가 계자 저항 R_F는

$$R_F = \frac{v_F}{i_F} = \frac{3R_f}{2}\left(\frac{N_{se}}{N_{fe}}\right)^2 \qquad [\Omega] \tag{11.9}$$

에 의해 저항 R_f와 관련된다. 그림 11.2 (b)에서 전원 전압 $\vec{e}_o{}'$는

$$\vec{e}_o{}' = j\omega_o\vec{\lambda}_s{}' \qquad [\mathrm{V}] \tag{11.10}$$

으로 주어진다. 즉, 그것은 속도 ω_o에서 회전하는 고정자 쇄교 자속 $\vec{\lambda}_s{}'$를 통하여 유기되는 전압이다.

기계의 순시 기계 동력은 식 (10.43)과의 상사(analogy)에 의해

$$p_o = \frac{3}{2}\mathcal{R}e(\vec{e}_o{}'^* \vec{i}_s{}') \qquad [\mathrm{W}] \tag{11.11}$$

로 주어진다. 따라서, 순시 토크는

$$\begin{aligned} T &= \frac{p_o}{\omega_{mech}} \\ &= \frac{3p}{4\omega_o}\mathcal{R}e(\vec{e}_o{}'^* \vec{i}_s{}') \\ &= \frac{3p}{4}\mathcal{I}m(\vec{\lambda}_s{}'^* \vec{i}_s{}') \qquad [\mathrm{N{\cdot}m}] \end{aligned} \tag{11.12}$$

이다.

과도 해석에 있어서의 이 회로의 사용의 예로서, 일정한 속도 ω_o로 움직이는 기계에서 직류 전압 V_f가 시간 $t = 0$에 계자에 인가될 때 개방 회로 고정자의 상 전압을 결정하는 것을 고려한다. 회전자 각도는

$$\beta = \beta_o + \omega_o t \qquad [\mathrm{rad}] \tag{11.13}$$

이다. 식 (11.10)으로부터, 고정자 [turn]으로 환산된 등가 계자 전압은

$$\vec{v}_F = \left(\frac{N_{se}}{N_{fe}}\right) V_f \epsilon^{j0} \qquad [\mathrm{V}] \tag{11.14}$$

이다. 그림 11.2 (b)의 등가회로로부터, $\vec{i}_s{}' = 0$으로,

$$\begin{aligned}\vec{i}_F &= \frac{\vec{v}_F}{R_F + p(L_{lF} + L_m)} \\ &= \frac{V_F}{R_F}\left(1 - \epsilon^{-t/\tau_F}\right)\epsilon^{j0} \qquad [\text{A}]\end{aligned} \tag{11.15}$$

이다. 여기서 $\tau_F = (L_{lF} + L_m)/R_F$는, 일반적으로 **개방 회로 시정수**(*open-circuit time constant*)라 일컬어지는, 개방 회로 고정자인 경우의 계자 시정수(field time constant)이다. 회전자 축으로 환산된 고정자 전압 벡터는, 식 (11.6)으로부터,

$$\begin{aligned}\vec{v}_s{}' &= (p + j\omega_o)\vec{\lambda}_s{}' \\ &= (p + j\omega_o)L_m\vec{i}_F \\ &= L_m\frac{V_F}{R_F}\left[\frac{\epsilon^{-t/\tau_F}}{\tau_F} + j\omega_o\left(1 - \epsilon^{-t/\tau_F}\right)\right] \qquad [\text{V}]\end{aligned} \tag{11.16}$$

이다. 이 표현식의 실수부(real part)는 계자 전압원의 적용에 의해 고정자 내에 유도되는 전압이다. 두번째 직각 항(second quadrature term)은 회전에 의해 유기되는 전압이다. 정격 속도에서 대부분의 대형 동기기에서는, $\omega_o \gg 1/\tau_F$이며, $\vec{v}_s{}'$의 실수부는 종종 무시될 수 있다. 그 자신의 기준 좌표계 내에서 고정자 전압 공간 벡터는 그러면

$$\vec{v}_s = \vec{v}_s{}'\epsilon^{j\beta} = \vec{v}_s{}'\epsilon^{j(\beta_o + \omega_o t)} \qquad [\text{V}] \tag{11.17}$$

로 주어진다. 개별 상 전압은 이제 $\vec{v}_s$를 a, b, 그리고 c축 위로 분해함으로써 찾아질 수 있다. 그림 11.3은 시간 축 위에서의 $\vec{\lambda}_s{}', p\vec{\lambda}_s{}'$, 그리고 상 전압 v_a의 전형적인 도표(graph)를 보인다.

정상 상태 운전의 경우, 실제 고정자 전압과 전류 페이서를 보전하는, 고정자로 환산된 모델을 갖는 것이 가장 편리하다. 식 (11.2)에서 회전자 전류의 공간 벡터 $\vec{i}_F$는, 정상 상태에서 2극기의 경우 $\omega_o = \omega_s$이기 때문에, 표현식

$$\vec{i}_f{}' = \vec{i}_F\epsilon^{j\beta} = \frac{2}{3}\frac{N_{fe}}{N_{se}}i_f\,\epsilon^{j(\omega_s t + \beta_o)} \qquad [\text{A}] \tag{11.18}$$

의 사용에 의해 고정자 기준 좌표계 내에서 벡터 $\vec{i}_f{}'$로 변환될 수 있다. 이 교류 전류원은 이제 페이서

$$\vec{I}_f = \frac{\sqrt{2}}{3}\frac{N_{fe}}{N_{se}}i_f\,\epsilon^{j\beta_o} = n_f i_f \angle\beta_o \qquad [\text{A}] \tag{11.19}$$

에 의해 나타내어질 수 있다. 각도 $\epsilon^{j\beta}$를 통한 비슷한 변환이 모든 기계 변수에 적

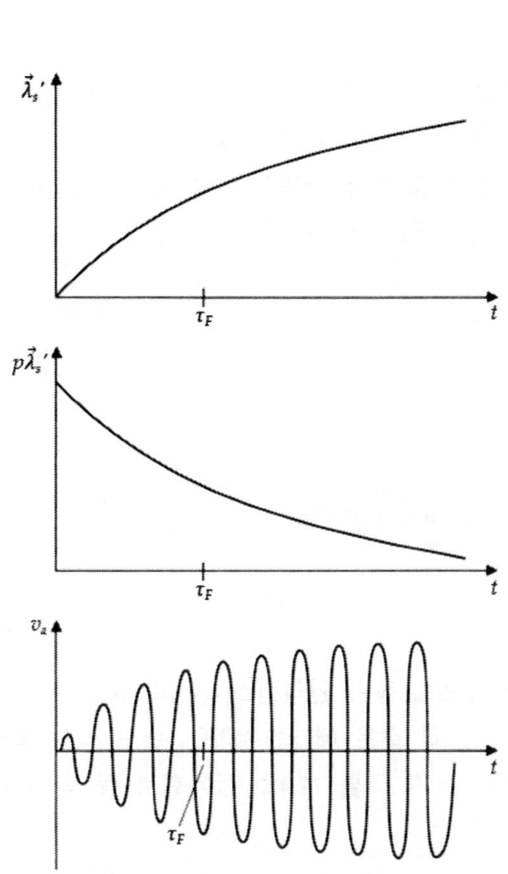

Figure 11.3 Flux linkage $\vec{\lambda}_s'$, its time rate of change $p\vec{\lambda}_s'$, and the phase-a voltage with step field voltage and open-circuited stator.

용될 수 있어서, 그림 11.4(a)의 정상 상태 등가회로로 귀결한다. 회전자 지로(branch)

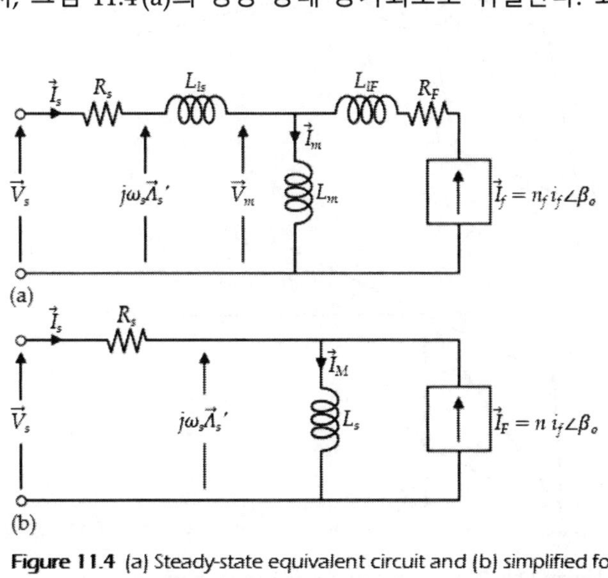

Figure 11.4 (a) Steady-state equivalent circuit and (b) simplified form.

의 매개변수 L_{lF}와 R_F는 이 회로 내에서 존속되지만, 그들이 전류원에 직렬이기 때문에 기계의 단자 거동에는 아무런 효과도 가지지 않는다.

그림 11.4 (a)의 회로는, 그림 11.4 (b)에서 보여진 바와 같이, 노튼의 정리(Norton's theorem)의 사용에 의해 더 간략하게 될 수 있다. 여기서

$$\begin{aligned} \vec{I}_F &= \frac{L_m}{L_{ls}+L_m}\vec{I}_f \\ &= \frac{L_m}{L_s} n_f i_f \angle\beta_o \\ &= n i_f \angle\beta_o \qquad \text{[A]} \end{aligned} \tag{11.20}$$

이며, n은 유효 전류비(effective current ratio)이다:

$$n = \frac{L_m}{L_s} n_f$$

양(quantity) $L_s = L_{ls} + L_m$는 일반적으로 **동기 인덕턴스**(*synchronous inductance*)로 알려져 있으며 6장에서의 인덕턴스 L_M과 같은 매개변수이다. 어느 정도 용량성 전류를 가진 동기전동기에 대한 페이서도가 그림 11.4의 등가회로 둘 다에 대하여 그림 11.5에서 보여져 있다.

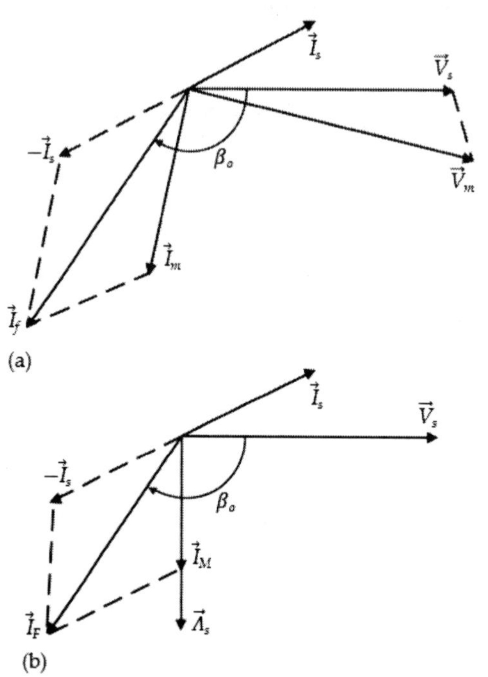

Figure 11.5 Phasor diagram for synchronous motor using (a) circuit of Fig. 11.4 (a) and (b) circuit of Fig. 11.4 (b).

정상 상태 토크에 대한 표현식은 식 (11.12)의 사용에 의해 얻어질 수 있다. 정상 상태에서는, 고정자 전압이 종종 알려진다. 그러므로, 보통 고정자 전압 페이서 $\vec{V}_s$를 기준으로 사용하고 그것의 각도를 0으로 부여하는 것이 편리하다. 고정자 저항을 무시하면, 고정자 쇄교 자속 페이서는

$$\vec{\Lambda}_s = \frac{\vec{V}_s}{j\omega_s} \qquad [\text{Wb}] \tag{11.21}$$

이다. 그림 11.4 (b)의 회로로부터, 고정자 전류는

$$\vec{I}_s = \vec{I}_M - \vec{I}_F = \frac{\vec{V}_s}{j\omega_s L_s} - \vec{I}_F \qquad [\text{A}] \tag{11.22}$$

이다. 따라서, 페이서 양(phasor quantity)이 실효 값임에 유의하면, 식 (11.12)와 (11.19)로부터, 토크는

$$\begin{aligned} T &= \frac{3p}{2} Im(\vec{\Lambda}_s{}^* \vec{I}_s) \\ &= -\frac{3p}{2}\frac{V_s}{\omega_s} I_F \cos\beta_o \\ &= -\frac{3p}{2}\Lambda_s n i_f \cos\beta_o \qquad [\text{N·m}] \end{aligned} \tag{11.23}$$

이다.

이 토크 표현식은 동기기의 중심 요소(central feature)를 강조한다. 즉, 그것은 정상 상태에서 교류 전류원으로 작용한다. 일정한 교류 전압과 일정한 주파수의 전원에 접속되었을 때에는, 그림 6.3에서 보여진 바와 같이, 각도 β_o가 $-\pi/2$일 때 0의 토크가 생긴다. 이 조건에서는, 계자 전류 페이서 $\vec{I}_F$가 고정자 쇄교 자속 $\vec{\Lambda}_s$와 공선적이다(colinear). 회전 방향에서의 토크는 이 교류 전류원 $\vec{I}_F$의 각도 β_o가 지연될 때 전동기로서 생성된다. 발전기로서는, 이 전류원의 각도가 $-\pi/2$를 지나서 앞서며, 회전 방향과 반대인 토크를 생성한다.

11.1.2 Representation of Magnetic Saturation

원통형 회전자 동기기에서의 자기 포화 효과의 모델링은 10.1.4절에서 유도기에 대대 전개되었던 것과 많은 양상이 같다. 거기서 논의된 바와 같이, 고정자 치(stator teeth)와 계철(yoke)에 의해 요구되는 기자력은 고정자 쇄교 자속 $\vec{\Lambda}_s$에 종속되며, 그림 11.6의 쇄교 자속-전류 모델에서 보여진 바와 같이, 비선형 인덕턴스 L_{ty}에 의해 나타내어질 수 있다. 비슷하게, 회전자 치와 철심에 의해 요구되는 기자력은 회

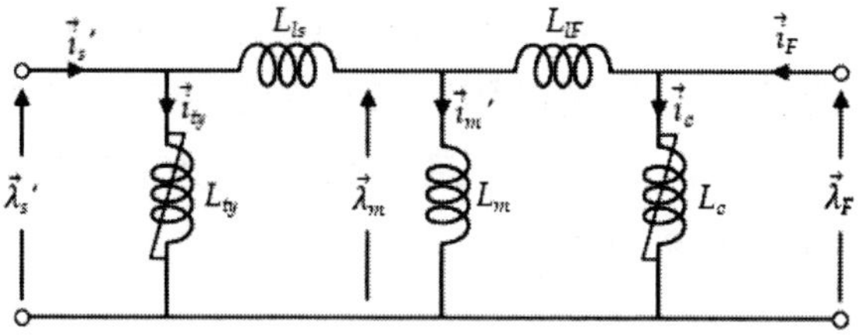

Figure 11.6 Flux linkage-current circuit including magnetic saturation.

전자 쇄교 자속 $\vec{\Lambda}_F$에 종속되며 그림 11.6에서 비선형 인덕턴스 L_c에 의해 나타내어질 수 있다.

이러한 다소 복잡한 포화 기계의 모델은 포화의 대부분이 회전자 또는 고정자 내에서 생길 때 간략화될 수 있다. 대부분의 운전 조건의 경우, 동기기에서는 여자(excitation)가 계자 전류에 의해 마련되기 때문에 회전자 쇄교 자속이 고정자 쇄교 자속보다 더 크다. 그림 11.6에서 인덕턴스 L_{ty}를 통하는 전류 성분 i_{ty}가 무시될 수 있다고 가정한다. 남아있는 회로는 10.3절에서 전개된 역-Γ 변환의 사용에 의해 은 정확도의 손실없이 간략화될 수 있다. 결과가 그림 11.7의 과도 전압-전류 회로에 통합되어 보여져 있다. 식 (10.86)에서 (10.90)과의 상사(analogy)에 의해, 변환에 포함되는 관계식은

$$\gamma = \frac{L_m}{L_m + L_{lF}} \tag{11.24}$$

$$\vec{\lambda}_F' = \gamma\vec{\lambda}_F; \quad \vec{I}_F' = \frac{\vec{I}_F}{\gamma} \tag{11.25}$$

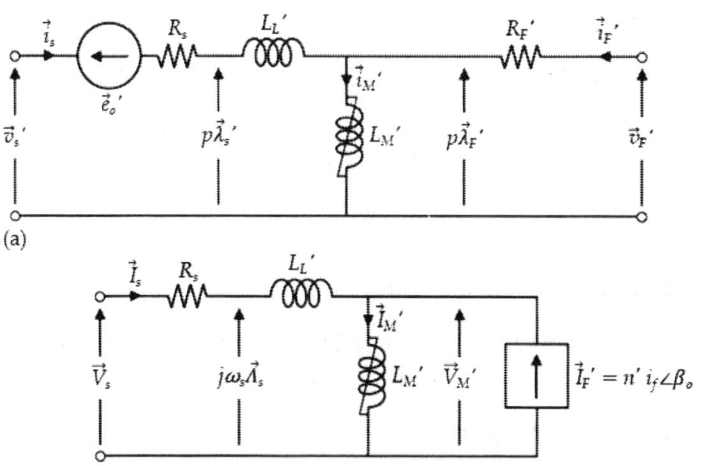

Figure 11.7 Equivalent circuits including rotor saturation: (a) transient and (b) steady-state.

$$L_L' = L_{ls} + \gamma L_{lF} \tag{11.26}$$

$$R_F' = \gamma^2 R_F \tag{11.27}$$

그리고

$$L_M' = \gamma L_m \parallel \gamma^2 L_c \tag{11.28}$$

이다. 여기서 기호 ∥는 "병렬인(in parallel with)"을 의미한다. 대응하는 정상 상태 등가회로가 그림 11.7 (b)에서 보여져 있다.

고정자와 회전자 둘 다에서 상당한 포화가 있는 상황에서는, 식 (11.26)에서 주어진 것보다 어느 정도 더 작은 누설 인덕턴스 L_L'의 값을 삽입하여, 그림 11.7의 등가회로가 여전히 근사화로써 사용될 수 있다. 고정자에서 완전히 포화가 일어난 극단적인 상황에서는, 누설 인덕턴스의 적절한 값이 0으로 접근한다.

11.1.3 Modeling of Saliency

고속, 터빈 구동발전기는 일반적으로 그림 11.1에서 단면으로 보여진 구조를 가진다. 이것은 보통 회전자 슬롯의 존재가 회전자 권선 축에서의 자속에 대하여 그것에 수직인 축보다 어느 정도 더 낮은 자기저항 경로를 생성하기는 하지만 자기적으로 원통형 회전자로 고려될 수 있다. 따라서, 이 기계 마저도 약간의 회전자 철극성(돌극성, rotor saliency)을 가진다. 저속 수차 구동 발전기는 전형적으로, 그림 6.6에서 보여진 바와 같이, 각 자극 주위에 집중 계자 권선(concentrated field winding)을 가진 많은 철극(돌극, salient pole)을 가진다.

철극기(돌극기, salient-pole machine)에 대한 해석적 모델을 전개하기 위하여, 그림 11.8 (a)의 2극 단면을 고려한다. 고정자는 원통형이며 정현적으로 분포된다고 가정될 상 권선을 갖고 있다. 계자 권선이 여자될 때, 그것은 그림 11.8 (b)에서 보여진 형태의 비정현 자속밀도 분포를 생성한다. 이 파(wave)의 기본파 공간 성분만이 정현적으로 분포된 고정자 권선과 결합한다. 그러므로, 계자 N_f [turn]에서의 계자 전류 i_f와 같은 기본파 자속밀도를 생성하는 등가 고정자 N_{se} [turn]에서의 전류 벡터 $\vec{i}_F$의 값이 있다. 첨두 값을 사용한 과도 공간 벡터 모델에 대한 유효 전류비(effective current ratio)는

$$\vec{i}_F = \sqrt{2} n_f i_f \epsilon^{j0} \qquad \text{[A]} \tag{11.29}$$

이다.

철극기에 대한 자연 기준축(natural reference axis)은, 일반적으로 **직축(*d*-축**, *direct axis, d-axis*)이라 일컬어지는, 회전자 축이다. 회전자는 직축에 수직으로(at right angles) 다른 대칭축을 가지며 따라서 그것은 **횡축**(*q*-**축**, *quadrature axis, q-axis*)으로 알려져 있다.

고정자 기준 좌표계에서, 고정자 상 변수는 $\vec{v}_s$, $\vec{\lambda}_s$, 그리고 $\vec{i}_s$로 표현될 수 있다. 철극기의 경우, 그들은

$$\vec{\lambda}_s{}' = \vec{\lambda}_s \epsilon^{-j\beta} = \lambda_{sd} + j\lambda_{sq} \qquad [\text{Wb}] \tag{11.30}$$

$$\vec{i}_s{}' = \vec{i}_s \epsilon^{-j\beta} = i_{sd} + ji_{sq} \qquad [\text{A}] \tag{11.31}$$

그리고

$$\vec{v}_s{}' = \vec{v}_s \epsilon^{-j\beta} = v_{sd} + jv_{sq} \qquad [\text{V}] \tag{11.32}$$

에 의해 회전자 기준 좌표계로 변환된다. 식 (11.6)으로부터, 이 변환된 변수는

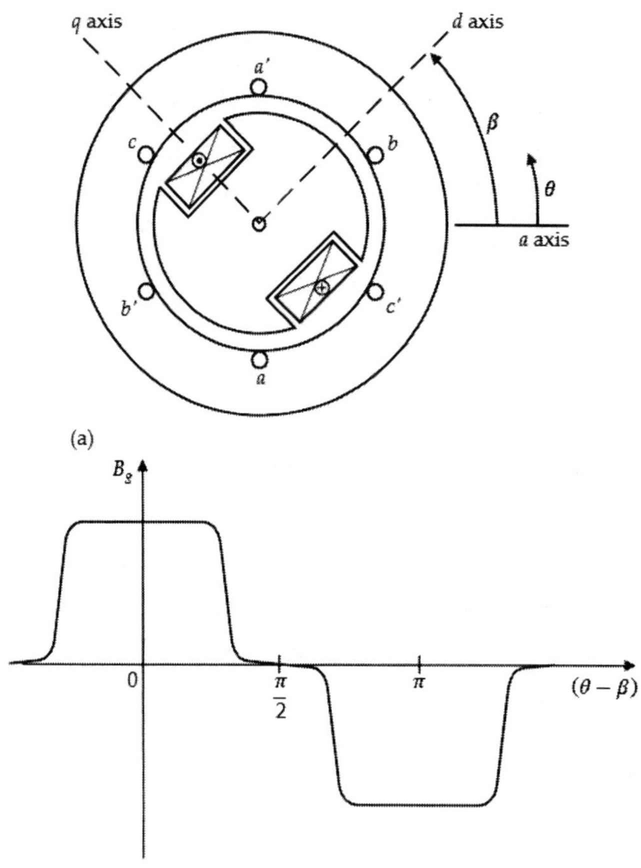

Figure 11.8 (a) Cross section of a salient-pole machine and (b) air-gap flux density due to field current.

$$\vec{v}_s{}' = R_s\vec{i}_s{}' + (p + j\omega_o)\vec{\lambda}_s{}' \qquad [\text{V}] \tag{11.33}$$

에 의해 관련된다.

직축과 횡축의 직교성(orthogonality) 때문에, 그리고 자기 포화가 없다는 가정으로, 한 축에서의 전류는 다른 축에 쇄교 자속을 생성하지 않는다. 고정자와 계자(N_{se} [turn]으로 변환된)의 쇄교 자속은 직축에서의 자화 인덕턴스 L_{md} 그리고 누설 인덕턴스 L_{ls}와 L_{lF}에 의해 직축 고정자 전류 그리고 계자 전류에 관련된다. 횡축 자화 인덕턴스 L_{mq}는 횡축에서의 큰 유효 공극 때문에 L_{md}보다 더 작은 값을 가진다. 이 축에서의 고정자 누설 인덕턴스는 원주 방향으로 향하는 공극 자속에 대한 더 높은 자기저항 때문에 때때로 더 낮은 값이 적절할 수 있는데도 불구하고 보통 직축에서와 같은 값으로 가정된다. 전체(overall) 쇄교 자속-전류 관계식은

$$\begin{bmatrix} \lambda_{sd} \\ \lambda_{sq} \\ \lambda_F \end{bmatrix} = \begin{bmatrix} L_{ls} + L_{md} & 0 & L_{md} \\ 0 & L_{ls} + L_{mq} & 0 \\ L_{md} & 0 & L_{lF} + L_{md} \end{bmatrix} \begin{bmatrix} i_{sd} \\ i_{sq} \\ i_F \end{bmatrix} \qquad [\text{Wb}] \tag{11.34}$$

와 같이 행렬형(matrix form)으로 또는 그림 11.9의 독립 쇄교 자속 회로의 쌍(pair)으로 표현될 수 있다.

철극기에 대한 단자 전압 관계식은 이제 식 (11.34)를 (10.33)에 대입함으로써 유도될 수 있어서

$$\begin{bmatrix} v_{sd} \\ v_{sq} \\ v_F \end{bmatrix} = \begin{bmatrix} R_s + L_d p & -L_q\omega_o & L_{md}\, p \\ L_d\omega_o & R_s + L_q p & L_{md}\omega_o \\ L_{md}\, p & 0 & R_F + L_F p \end{bmatrix} \begin{bmatrix} i_{sd} \\ i_{sq} \\ i_F \end{bmatrix} \qquad [\text{V}] \tag{11.35}$$

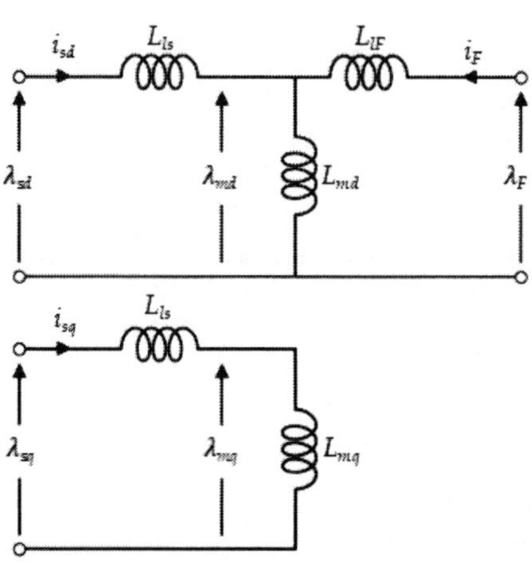

Figure 11.9 Flux linkage-current circuits for the direct and quadrature axes.

를 준다. 여기서 $L_d = L_{ls} + L_{md}$, $L_q = L_{ls} + L_{mq}$, 그리고 $L_F = L_{lF} + L_{md}$이다. 이 관계식은 그림 11.10의 등가 전압-전류 회로의 쌍으로 나타내어질 수 있다. 이 두 선형 회로 사이의 유일한 연결(coupling)은 유기 전압 $\omega_o\lambda_{sd}$와 $-\omega_o\lambda_{sq}$에서만 생긴다. 이것은 두 축에서의 정지 쇄교 자속을 통하여 각속도 ω_o로 회전하는, 회전자 기준 좌표계로 변환된, 고정자 권선의 효과로 그려질 수 있다.

동기발전기와 전동기는, 그림 11.11에서 보여진 바와 같이, 종종 자극면(pole face) 위의 슬롯 내에 있는 단락된 제동 권선(shorted damper winding)이 설비된다. 성층 철심이 아닌(unlaminated) 원통형 회전자를 가진 발전기에서는, 도전성 강(conducting steel)이 단락 제동 권선과 등가이다. 이 제동 권선은, 뒤에 11.3절에서 논의될 바와 같이, 동기 속도 부근에서 기계적 진동을 감쇠시키도록 작용한다. 철극기에서는, 제동 권선의 단부 결선(end connection)이 보통 기계 주위에 연속이다. 따라서, 제동 권선은 직축과 횡축 둘 다에 작용하지만 같지는 않다. 정상 상태에서는, 이 제동 권선의 쇄교 자속이 일정하며 그 전류는 0이다. 하지만, 과도 조건에서는, 제동 권선 쇄교 자속이 단락 권선 내에 전류를 유도하도록 변할 수 있다; 따라서, 제동 권선의 효과가 기계의 과도 전압-전류 모델에 포함되어야 할 것이다.

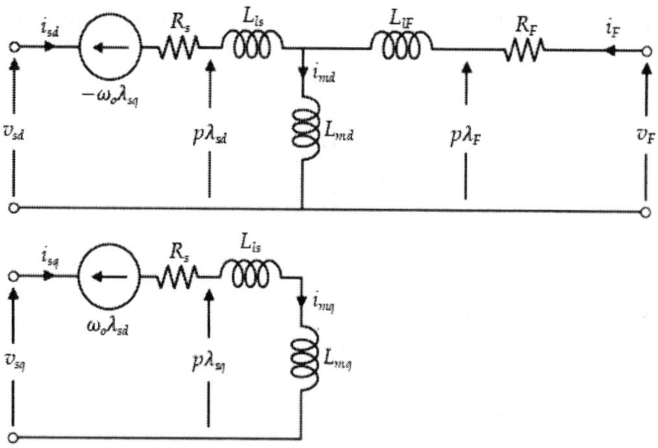

Figure 11.10 Direct and quadrature axis equivalent circuits for a synchronous machine.

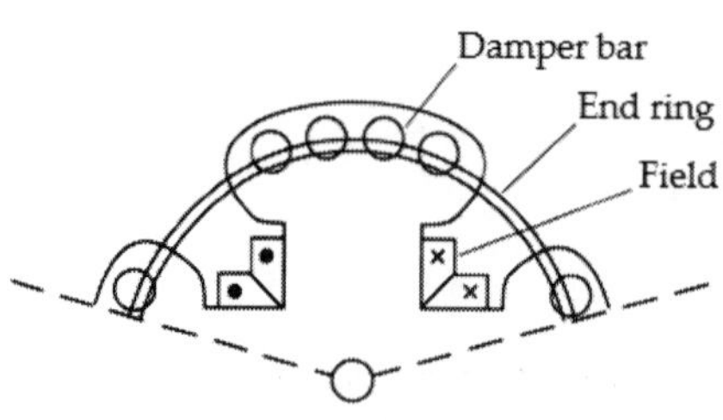

Figure 11.11 Section of a six-pole salient rotor with damper winding.

두 축에서의 제동 권선을 하첨자 kd와 kq로 나타내자. 이 권선은 고정자와 계자 전류에 의해 생성되는 자속과 쇄교할 것이며 또한 그 자신의 전류에 기인하는 누설 자속을 가질 것이다. 그들은, 그림 11.12에서 보여진 바와 같이, 과도 모델에 포함될 수 있다. 여기서, L_{lkd}와 L_{lkq} 및 R_{kd}와 R_{kq}는 모두 등가 고정자 N_{se} [turn]으로 환산된 제동 권선의 누설 인덕턴스 및 그들의 유효 저항이다. 계자 누설 인덕턴스 L_{lF}는 이제 계자와는 쇄교하지만 직축 제동 권선 또는 고정자와는 쇄교하지 않는 자속을 나타낸다. 인덕턴스 L_{mkd}는 계자와 직축 제동 권선 둘 다와 쇄교하지만 고정자와는 쇄교하지 않는 자속의 성분을 나타낸다. 어떤 모델에서는, 이 마지막 인덕턴스가 생략된다.

어떤 대형 동기기에서는, 제동 권선의 유효 누설 인덕턴스와 저항이 제동 권선 내에 유도되는 전류의 주파수에 의해 상당한 영향을 미칠 수 있다. 이 효과는 10.1.5절에서 유도기의 2중 농형(double-cage) 또는 심구 봉 회전자(deep-bar rotor)에 대해 전개된 것과 같은 방식으로 등가회로 모델 내에 포함될 수 있다.

자기 포화의 효과는 11.1.2절에서 원통형 회전자 기계에 대해 논의된 것과 매우 같은 방식으로 그림 11.10과 11.12의 회로 모델에 포함될 수 있다. 횡축은 그것의 큰 유효 공극 때문에 선형 쇄교 자속-전류 관계를 갖는 것으로 종종 가정된다. 직축에서의 고정자와 계자 구조 내에서의 포화는 그러면 그림 11.6에서와 비슷하게 적절한 비선형 요소(소자)의 삽입으로 나타내어질 수 있다. 어떤 상황에서는, 횡축 포화가 없다고 하는 가정이, 부하 조건 하에서는, 포화가 고정자와 회전자의 순 기자력(net mmf)에 기인하여 자극의 한쪽 끝(one of pole tip)으로 집중되려 하기 때문에, 충분히 정확하지 않을 수 있다.

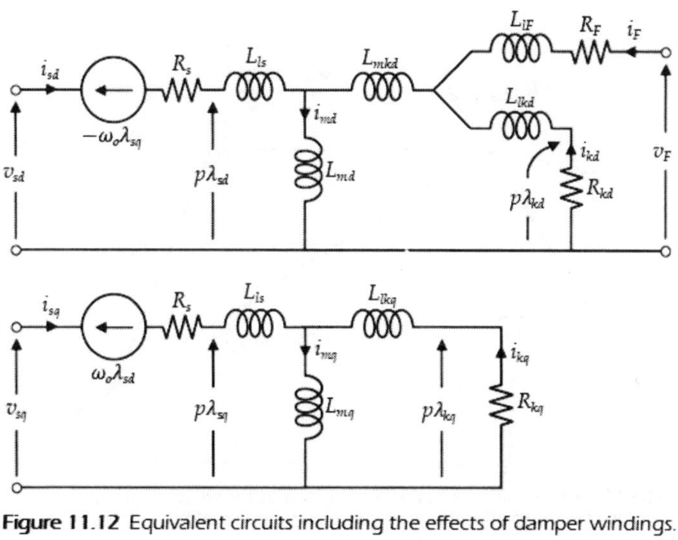

Figure 11.12 Equivalent circuits including the effects of damper windings.

철극기의 과도 토크는 식 (11.30)과 (11.31)을 사용하여 식 (11.12)의 전개에 의해 유도될 수 있다:

$$
\begin{aligned}
T &= \frac{3p}{4} Im(\vec{\lambda}_s'^* \vec{i}_s') \\
&= \frac{3p}{4} Im[(\lambda_{sd} - j\lambda_{sq})(i_{sd} + ji_{sq})] \\
&= \frac{3p}{4}(\lambda_{sd} i_{sq} - \lambda_{sq} i_{sd}) \qquad [\mathrm{N{\cdot}m}]
\end{aligned}
\tag{11.36}
$$

정상 상태에서는, 그림 11.10 또는 11.12의 등가회로 내에서의 모든 변수가 상수이며 인덕턴스를 가로지르는 전압은 0이다. 정상 상태 해석에서는, 고정자 전압과 전류는 종종 알려지며 요구되는 계자 전류와 부하각(load angle) β_o를 찾는 것이 요망된다. 원통형 회전자 기계에서는 임의로 기준 각도(reference angle)를 선택할 수 있는 것 대신으로, 철극기에 대한 기준은 직축 또는 계자 축(field axis)이어야 한다. 이것은 다음과 같이 찾아질 수 있다.

간단을 위하여, 그림 11.13 (a)와 (b)의 단순화된 축 회로(simplified axis circuit)를 사용하자. 여기서 $\omega_o = \omega_s$ 그리고 $i_f' = i_F L_{md}/L_d$이다. 고정자 저항 강하는 간단을 위

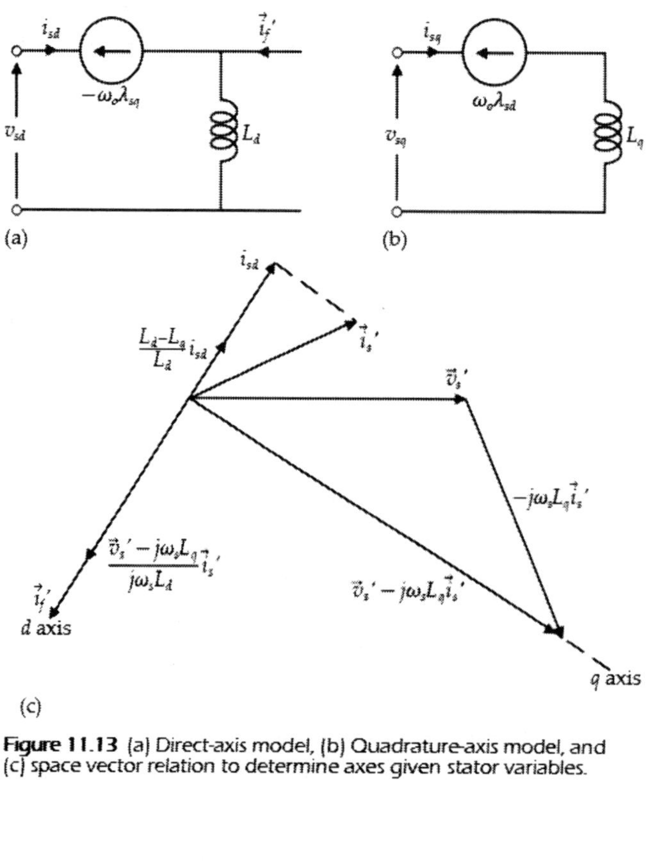

Figure 11.13 (a) Direct-axis model, (b) Quadrature-axis model, and (c) space vector relation to determine axes given stator variables.

하여 무시되었다. 고정자 전압 공간 벡터는

$$\begin{aligned}\vec{v}_s' &= v_{sd} + jv_{sq} \\ &= -\omega_s L_q i_{sq} + j\omega_s L_d i_{sd} + j\omega_s L_d i_f' \\ &= j\omega_s L_q \vec{i}_s' + j\omega_s (L_d - L_q) i_{sd} + j\omega_s L_d \vec{i}_f' \qquad [\mathrm{V}]\end{aligned} \tag{11.37}$$

로 표현될 수 있다. 주어진 부하 조건에 대하여 주어진 $\vec{v}_s'$와 $\vec{i}_s'$로, 계자 전류는

$$\vec{i}_f' = \frac{\vec{v}_s' - j\omega_s L_q \vec{i}_s'}{j\omega_s L_d} - \left(\frac{L_d - L_q}{L_d}\right) i_{sd} \qquad [\mathrm{A}] \tag{11.38}$$

로 주어진다. 식 (11.38)의 조사는 모든 항이 실수(real)여야 함을 보인다. 따라서, 벡터 $\vec{v}_s' - j\omega_s L_q \vec{i}_s'$는, 그림 11.13 (c)의 벡터도에서 보여진 바와 같이, 횡축에 놓여야 한다. 이제 정해진 직축과 횡축의 위치로, 전류 성분 i_{sd}가 $\vec{i}_s'$의 사영(projection)에 의해 찾아질 수 있으며 계자 전류가 구해진다.

정상 상태에서의 원통형 회전자 기계의 토크는 식 (11.23)에서 기술된 바와 같이 계자 전류와 부하각의 여현(cosine)에 비례한다. 비슷한 항이 철극기에 대한 토크 표현식에서 예측될 것이다. 하지만, 낮은 자기저항의 직축이 공극 자속과 정렬하려는 경향 때문에 부가적인 항이 예측될 것이다. 이 항을 유도하기 위하여, 3상 릴럭턴스 기계(three-phase reluctance machine), 즉, 계자 권선이 없는 철극기를 고려하자. 그림 11.14에서 보여진 바와 같이, 회전자의 직축이 전압 페이서와 각도 β_o일 때

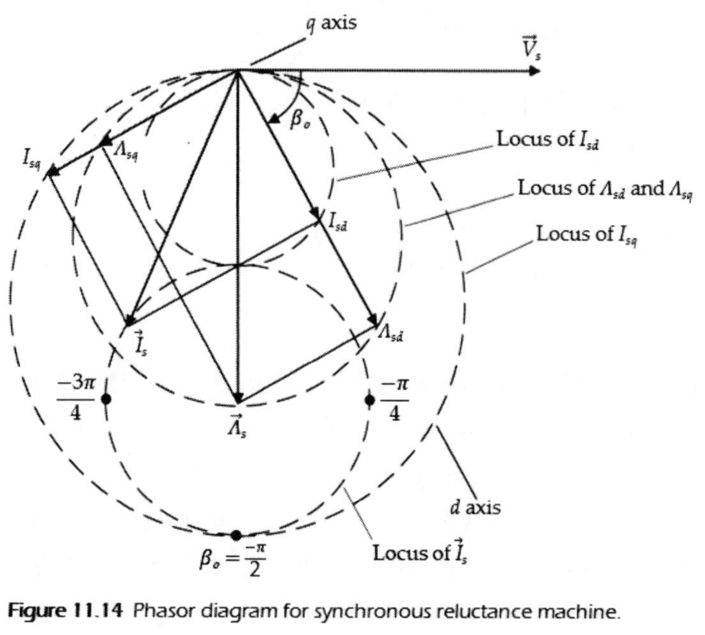

Figure 11.14 Phasor diagram for synchronous reluctance machine.

전압 $\vec{V}_s = V_s\angle 0°$가 고정자 권선에 인가된다고 가정한다. 고정자 저항을 무시하면, 고정자 쇄교 자속 Λ_s는 고정자 전압보다 각도 $\pi/2$만큼 뒤질 것이다. 이 쇄교 자속은, 하나는 직축을 따르는 Λ_{sd}와 하나는 횡축을 따르는 Λ_{sq}의, 2개의 페이서의 합으로 고려될 수 있다. 직축을 따르는 성분 Λ_{sd}는, 직축 인덕턴스 L_d에 역으로 비례하는, 자화 전류의 성분 I_{sd}를 요구할 것인 한편, 성분 Λ_{sq}는 횡축 전류 $I_{sq} = \Lambda_{sq}/L_q$를 요구할 것이다. 총(total) 고정자 전류 $\vec{I}_s$는 이 두 전류 성분의 합일 것이다.

이 성분들이, 발전 동작을 하는 경우로서, 회전자 직축이 고정자 쇄교 자속보다 앞서는 조건에 대하여, 그림 11.14의 페이서도에서 보여져 있다. 고정자로 들어가는 고정자 전류가 부(음)의 실수 성분(negative real component)을 가짐에 유의하라. 각도 β_o가 바뀜에 따라, 모든 페이서 성분은 보여진 원형 궤적(circular loci)을 따른다.

그림 11.14로부터, 고정자 쇄교 자속은

$$\vec{\Lambda}_s = \Lambda_s \sin\beta_o \angle\beta_o - \Lambda_s \cos\beta_o \angle(\beta_o + \pi/2) \qquad \text{[Wb]} \tag{11.39}$$

로 표현될 수 있다. 고정자 전류는 그러면

$$\begin{aligned}\vec{I}_s &= \Lambda_s\left[\frac{-\sin\beta_o\left(\cos\beta_o + j\sin\beta_o\right)}{L_d} - \frac{j\cos\beta_o\left(\cos\beta_o + j\sin\beta_o\right)}{L_q}\right]\\ &= \Lambda_s\left[\frac{-j}{L_d} + \left(\frac{L_d - L_q}{L_d L_q}\right)\left(\sin\beta_o\cos\beta_o - j\cos^2\beta_o\right)\right]\\ &= \Lambda_s\left[\frac{-j}{L_d} + \frac{L_d - L_q}{L_d L_q}\left(\frac{1}{\tan\beta_o + j}\right)\right] \qquad \text{[A]}\end{aligned} \tag{11.40}$$

으로 주어진다. 고정자 전압 $\vec{V}_s$와 리액턴스 $X_d = \omega_s L_d$ 그리고 $X_q = \omega_s L_q$의 항으로 표현된, 고정자 전류는

$$\vec{I}_s = \vec{V}_s\left[\frac{1}{jX_d} + \frac{X_d - X_q}{X_d X_q\left(\tan\beta_o + j\right)}\right] \qquad \text{[A]} \tag{11.41}$$

이다.

그러므로, 동기 릴럭턴스 기계는 유도기에서와 비슷한 형태를 가지는 그림 11.15 (a)의 정상 상태 등가회로에 의해 나타내어질 수 있다. 각도 β_o가 $-\pi/2$일 때, 즉, 고정자 자속과 정렬되었을 때(in line)에는, 임피던스의 저항분(resistive part)이 무한대(infinite)이다. 각도 β_o가 $-\pi/4$로 앞설 때에는, 저항이 그것과 직렬로 있는 리액턴스와 크기가 같은 부(음)의 값을 가진다. 이것은 발전기로서 최대 전력 출력에 대한 조건이다. 각도 β_o의 $-3\pi/4$의 지연(retardation)은 전동기로서 최대 전력 입력

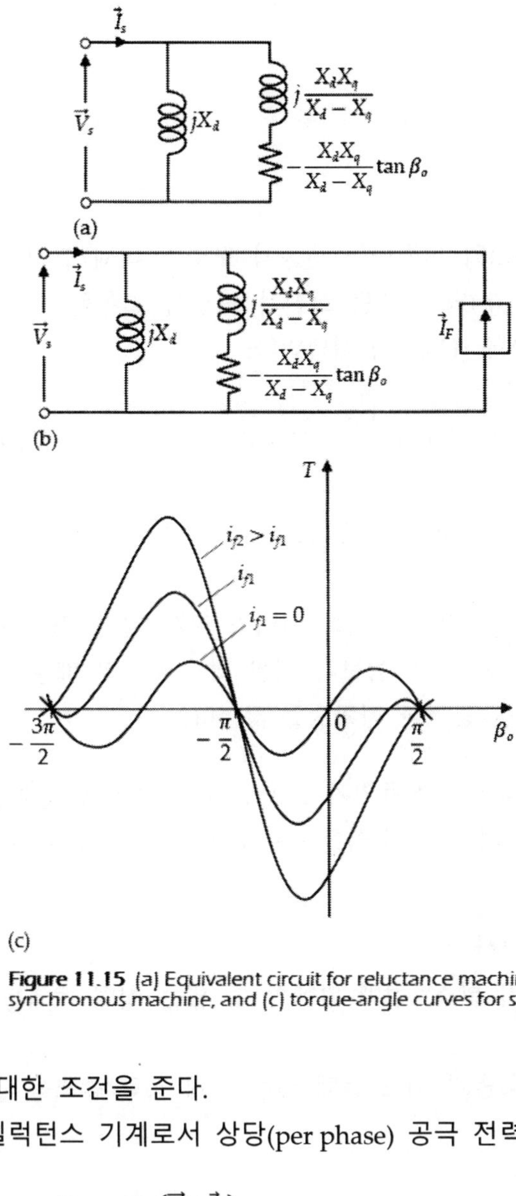

Figure 11.15 (a) Equivalent circuit for reluctance machine, (b) equivalent circuit for salient-pole synchronous machine, and (c) torque-angle curves for salient-pole synchronous machine.

에 대한 조건을 준다.

릴럭턴스 기계로서 상당(per phase) 공극 전력은

$$\begin{aligned} P_g &= \mathcal{R}e\left(\vec{V}_s{}^* \vec{I}_s\right) \\ &= \mathcal{R}e\left[\frac{X_d - X_q}{X_d X_q} \frac{V_s^2}{(\tan\beta_o + j)}\right] \\ &= \frac{X_d - X_q}{2X_d X_q} V_s^2 \sin 2\beta_o \qquad [\mathrm{W}] \end{aligned} \tag{11.42}$$

이다. 토크는 그러므로

$$T = \frac{3P_g}{\omega_{mech}} = \frac{3p}{2\omega_s}\left(\frac{X_d - X_q}{2X_d X_q}\right) V_s^2 \sin 2\beta_o \qquad [\text{N·m}] \tag{11.43}$$

이다.

철극 동기기의 경우, 그림 11.15 (a)의 릴럭턴스 전동기 모델이 이제 그림 11.15 (b)의 모델을 생성하도록 그림 11.4 (b)의 원통형 회전자 모델과 결합될 수 있다. 철극기의 총(total) 토크는 식 (11.23)과 (11.43)의 결합이다:

$$T = \frac{3p}{2\omega_s}\left[\frac{X_d - X_q}{2X_d X_q} V_s^2 \sin 2\beta_o - V_s I_F' \cos\beta_o\right] \qquad [\text{N·m}] \tag{11.44}$$

토크-각도(부하각) 곡선(torque-angle curve)이 그림 11.15 (c)에 계자 전류의 3가지 값에 대하여 보여져 있다.

많은 동기기에서는, 직축과 횡축 인덕턴스 사이의 차이가 크지 않다. 계자 전류를 포함하는 토크 항은 전형적으로 릴럭턴스 항보다 훨씬 더 크다. 이 때문에, 철극성을 무시한 정상 상태 해석이 종종 충분한 정확도를 갖는다.

EXAMPLE 11.1 6극, 60 [Hz], 3상 릴럭턴스 전동기가 220 [V] (L-L) 전원에 연결되었다. 그것의 직축 리액턴스는 15 [Ω]이며 횡축 리액턴스는 3 [Ω]이다. 고정자 저항과 회전손은 무시될 수 있다.

(a) 전동기에 대한 등가회로를 전개하라.
(b) 전동기가 동기를 잃어버리기(동기 탈조) 전에 발생할 수 있는 최대 토크를 결정하라.
(c) 전동기가 운전할 수 있는 최대 역률과 이 조건에 대한 기계 동력 출력을 결정하라.

Solution

(a) 그림 11.15 (a)의 등가회로에 대한 매개변수는

$$X_d = 15 \quad [\Omega]; \qquad X_q = 3 \quad [\Omega]$$

$$\frac{X_d X_q}{X_d - X_q} = \frac{15 \times 3}{15 - 3} = 3.75 \qquad [\Omega]$$

$$V_s = \frac{220}{\sqrt{3}}\angle 0° = 127\angle 0°$$

(b) 식 (11.42)로부터, 최대 토크는 $\beta_o = -3\pi/4$에서 생기며 그 값은 다음과 같다:

$$\widehat{T} = \frac{3 \times 6 \times 127^2}{2\pi \times 60 \times 2 \times 3.75} = 102.7 \qquad [\text{N·m}]$$

(c) 최대 역률은, 그림 11.16에서 보여진 바와 같이, 페이서 $\vec{I}_s$가 그 궤적에 접선일 때 생긴다. 식 (11.14)로부터, 직각 삼각형(right-angle triangle)의 치수(dimension)는

$$0a = \frac{V_s}{2}\left(\frac{1}{X_q} + \frac{1}{X_d}\right) = \frac{V_s}{2}\frac{X_d + X_q}{X_d X_q}$$

$$ab = \frac{V_s}{2}\left(\frac{1}{X_q} - \frac{1}{X_d}\right) = \frac{V_s}{2}\frac{X_d - X_q}{X_d X_q}$$

따라서, 최대 역률은

$$\cos\phi = \frac{ab}{0a} = \frac{X_d - X_q}{X_d + X_q} = \frac{12}{18} = 0.67$$

이 조건에 대하여, 고정자 전류는

$$I_s = 0a\sin\phi = \frac{127}{2}\frac{18}{15 \times 3}\left(1 - 0.67^2\right)^{1/2} = 18.93 \qquad [\text{A}]$$

그리고 기계 동력은

$$P_{mech} = 3V_s I_s \cos\phi = 3 \times 127 \times 18.93 \times 0.67 = 4.81 \qquad [\text{kW}]$$

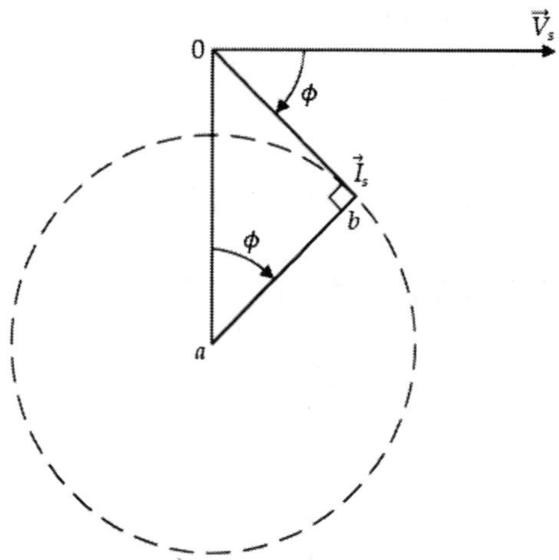

Figure 11.16 Maximum power factor condition for synchronous reluctance motor.

EXAMPLE 11.2 철극 동기발전기의 정격이 100 [MVA], 13.8 [kV], 60 [Hz], 그리고 180 [rpm]이다. 그것의 직축 리액턴스는 2.38 [Ω]이며 횡축 리액턴스는 1.44 [Ω]이다. 900 [A]의 계자 전류가 무부하에서 정격 고정자 전압을 생성하기 위해 요구된다.

(a) 발전기가 부하에 정격 전압에서 역률 0.9 유도성인 90 [MW]의 전력을 공급한다. 요구되는 계자 전류와 부하각을 결정하라.
(b) 1500 [A]의 계자 전류와 13.8 [kV]의 고정자 전압으로, 부하각이 −60°일 때 고정자 전력과 역률을 결정하라.

Solution
(a) 정격 고정자 전압은

$$V_s = \frac{13800}{\sqrt{3}}\angle 0° = 7970\angle 0° \qquad [V]$$

무부하에서, $i_f = 900$ [A]로, 그림 11.15 (b)의 등가회로에서 계자 전류원은

$$I_F = \frac{V_s}{X_d} = \frac{7970}{2.38} = 3348 \qquad [A]$$

따라서, 고정자 전류에 대한 유효 계자 전류비는

$$n = \frac{I_F}{i_f} = \frac{3348}{900} = 3.72$$

주어진 부하에 대해, 기계로 향해 들어가는 고정자 전류는

$$I_s = \frac{90\times 10^6}{3\times 7970\times 0.9}\angle \cos^{-1} 0.9 = 4184\angle 154.2° \qquad [A]$$

기계 축을 찾기 위하여, 식 (11.38)로부터,

$$\vec{V}_s - jX_q\vec{I}_s = 7970\angle 0° - j1.33\times 4184\angle 154.2° = 11560\angle 25.7° \qquad [V]$$

이것은 25.7°에서 횡축과 −64.3°에서 직축을 확립한다. 그러면,

$$i_{sd} = 4184\cos(154.2° + 64.3°) = -3274 \qquad [A]$$

등가 계자 전류는, 식 (11.38)로부터,

$$I_F = \frac{11560}{2.38} - \left(\frac{2.38 - 1.33}{2.38}\right)(-3274) = 4857 + 1444 = 6301 \qquad [A]$$

따라서, 계자 전류는

$$i_f = \frac{6301}{3.72} = 1694 \qquad [A]$$

각도 β_o는 $-64.3°$이다.

(b) 식 (11.41)로부터, 고정자 전류는

$$\vec{I}_s = 7970\angle 0° \left[\frac{1}{j2.38} + \frac{2.38 - 1.33}{2.38 \times 1.33(\tan(-60°) + j0)} - I_F\angle\beta_o\right]$$
$$= 4018\angle 168.2° \qquad [A]$$

발전기 출력 전력은

$$P_s = -3\,\mathcal{R}e(\vec{V}_s{}^* \vec{I}_s) = -3 \times 4018 \times 7970 \cos 168.2° = 94 \qquad [MW]$$

역률은

$$pf = |\cos 168.2°| = 0.98$$

11.1.4 Measurement of Parameters

원통형 회전자 동기기의 등가회로 모델이 그림 11.17 (a)에서 보여져 있다. 이 모델의 매개변수는, 비선형 인덕턴스를 포함하여, 기계에서 이루어지는 측정의 조합으로부터 유도될 수 있다. 권선의 저항 R_s와 R_f는 직류 전류로 측정될 수 있다. 기계가 속도 $\omega_o = \omega_s$ [elec. rad/s]에서 발전기로 구동된다고 가정한다. 고정자 개방 회로로, 그림 11.17 (b)에서 보여진 개방 회로 포화 곡선(open-circuit saturation curve)을 얻기 위해, 고정자 상 전압(phase voltage)이 계자 전류의 변동에 따라 측정될 수 있다. 실제로는, 보통 선 전압(line voltage)이 측정하기 더 쉬울 것이며 또한 더 적절할 수 있다. 상 전압은 선 전압을 $\sqrt{3}$으로 나눈 것과 같다. 다음으로, 발전기가 실행할 수 있는 한 순 유도성(purely inductive)인 평형 부하를 갖고 있는 것으로 가정한다. 계자 전류의 여러가지 값에서, 이 부하가 정격 고정자 전류 I_{sb}를 취하도록 조정되고 고정자 상 전압이 측정된다. 결과는 그림 11.17 (b)의 0-역률 유도 부하 곡선(zero-power-factor inductive load curve)이다.

0역률 부하 조건에 대한 페이서도가 그림 11.17 (c)에서 보여져 있다. 고정자 저항을 가로지르는 전압 강하는, 부분적으로는 작기 때문에 그리고 또 부분적으로는 그것이 다른 전압 페이서와 직각 방향이기 때문에, 일반적으로 무시될 수 있다. 그림 11.17 (a)의 회로 모델이 정확하다면, 그림 11.17 (b)에 있는 두 곡선은 둘 다 자화

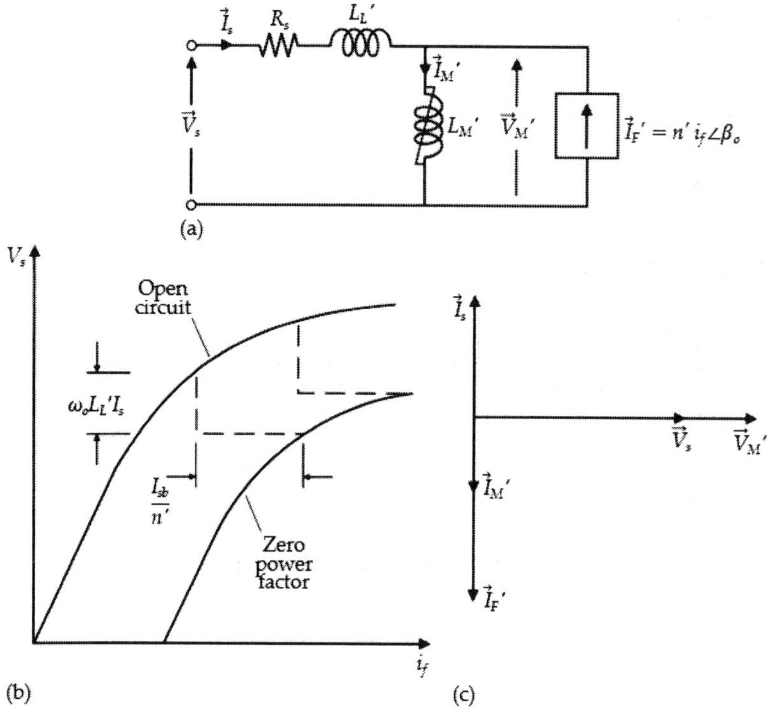

Figure 11.17 (a) Equivalent circuit parameters, (b) open circuit and inductive load test curve, and (c) phasor diagram.

지로에 기인하는 같은 비선형성을 겪기 때문에 같은 비선형 형상을 가져야 할 것이다. 개방 회로 곡선은 $V_M' = V_s$와 고정자 전류에 대한 유효 계자 전류비 n'로 나누어진 자화 전류 I_M' 사이의 크기 관계의 직접 측정(direct measure)이다. 크기 I_{sb}의 유도성 고정자 전류로,

$$V_M' = V_s + \omega_s L_L' I_{sb} \qquad [\text{V}] \tag{11.45}$$

그리고

$$I_F' = I_M' + I_{sb} = n' i_f \qquad [\text{A}] \tag{11.46}$$

이다. 따라서, 0-역률 곡선은 개방 회로 곡선과 형상은 동일해야 할 것이지만, 보여진 바와 같이, 아래로 양(amount) $\omega_s L_L' I_{sb}$만큼 아래로 그리고 양 I_{sb}/n'만큼 오른쪽으로 추이된다(shifted). 이 변위(displacement)는 한 곡선의 투명 복사(transparent copy)를 그리고(sketch) 다른 곡선에 가장 잘 맞는 것을 얻기 위해 추이함으로써 가장 잘 결정될 수 있다. 복사된 곡선의 원점(origin)으로부터의 변위는 그러면 ω_s와 I_{sb}가 알려져 있기 때문에 매개변수 L_L'와 n'를 준다. 개방 회로 곡선은 이제 비

선형 인덕턴스 L_M'를 묘사하기 위해 $\Lambda_s = V_s/\omega_s$와 $I_M' = n'i_f$으로 눈금이 다시 조정된다(rescaled).

2개의 곡선이 완전히 일치하지 않으면, 그것은 상당한 고정자 포화의 존재에 기인하는 그림 11.17 (a)의 등가회로 모델의 불완전성(imperfection)의 표시이다. 하지만, 가장 좋은 적합은 대부분의 목적에 대한 충분한 정확도의 절충 모델(compromise model)을 생성할 것이다.

이 측정은 유효 회전자 저항 R_F'를 제외한 그림 11.7 (a)의 과도 등가회로에 대한 모든 매개변수를 제공한다. 식 (11.9), (11.19) 및 (11.17), 그리고 R_f의 측정된 값으로부터, R_F'는

$$R_F' = \frac{R_f}{3(n')^2} \qquad [\Omega] \tag{11.47}$$

로 유도될 수 있다.

철극기의 경우, 위의 측정은 직축 매개변수를 준다. 기계가 주파수 ω_s에서 작은 고정자 전압 V_s를 가진 3상 전원에 연결되고, 기계가 ω_s보다 조금 더 낮거나 높은 속도 ω_o에서 구동된다면, 횡축 인덕턴스 L_q와 직축 인덕턴스 L_d의 비포화(불포화) 값(unsaturated value)이 측정될 수 있다. 고정자 자속은 직축과 횡축을 차례로 쓸고 지나갈 것이며, 충분히 느린 비율로 제동 권선과 계자 권선에 무시할 수 있는 전류를 생성할 것이다. 실효치 고정자 전류는 직축과 횡축이 고정자 자속과 정렬함에 따라 $I_{s(\min)}$과 $I_{s(\max)}$ 사이에서 변화할 것이다. 그러면

$$L_d = \frac{V_s}{\omega_s I_{s(\min)}} \quad \text{and} \quad L_q = \frac{V_s}{\omega_s I_{s(\max)}} \qquad [\text{H}] \tag{11.48}$$

이다.

11.2 ELECTRICAL TRANSIENT PERFORMANCE

일정 전압 계통에 연결된 동기발전기 또는 전동기의 계자 전류의 조정은 역률의 제어를 제공한다. 독립된(freestanding) 동기발전기에서는, 그것이 또한 고정자 전압의 제어를 제공한다. 그러므로, 계자 공급 전압에서의 변화에 어떻게 기계가 빠르게 응답하는지를 아는 것이 중요하다. 보호 계통(protection system)이 적당하게 설계될 수 있도록, 단락 회로와 같은, 고정자 단자에서의 갑작스러운 변화 후에 어떤 고정자 전류가 흐르는지를 아는 것 또한 중요하다. 이 절은 몇 가지 이러한 전기적인 과도 상황을 검토한다.

원통형 회전자 동기기에 대한 선형(linear) 과도 등가회로가 11.1절에서 전개되었으며 그림 11.2 (b)에서 보여졌다. 그 절은 그림 11.3에서 보여진 바와 같은, 계단 계자 전압의 적용에 뒤따르는 개방 회로 고정자 전압의 포락선(envelope)의 지수적 상승(exponential rise)을 보이는 예를 내포한다. 이 과도에 관련된 개방 회로 계자 시정수 τ_F는 일반적으로 대형 동기기의 경우 3에서 10 [s]의 범위에 있다. 그것은 기계 크기(size)의 감소에 따라 감소하며 소형 실험실용 기계의 경우에는 0.1 [s]보다 작을 수도 있다.

고정자가 단락되었을 때 계자에 직류 전압이 연결되는 것을 고려하자. 이것은 어느 정도 실제적이지 않은 상황인 한편, 과도 거동의 더 나아간 상황에 대한 통찰을 준다. 간단을 위하여, 고정자 저항은 무시될 것이다. $t = 0$ 이전에는, 고정자 쇄교 자속 $\vec{\lambda}_s$는 0이다. $t = 0$ 이후에는, 고정자 전압 $\vec{v}_s$가 0이기 때문에 이 쇄교 자속이 계속하여 0이다. 이 변수가 회전자 기준 좌표계로 변환될 때, 그 대응하는 변수 역시 0이다. 결과는 $\vec{v}_s{}' = 0$과 $\vec{\lambda}_s{}' = 0$인 그림 11.18 (a)의 등가회로이다.

계단 직류 전압 V_f가 계자 권선에 인가되었을 때, 그림 11.18 (a)의 과도 모델에서의 대응하는 변수는

$$\vec{v}_F = \left(\frac{N_{se}}{N_{fe}}\right) V_f \qquad [\text{V}] \tag{11.49}$$

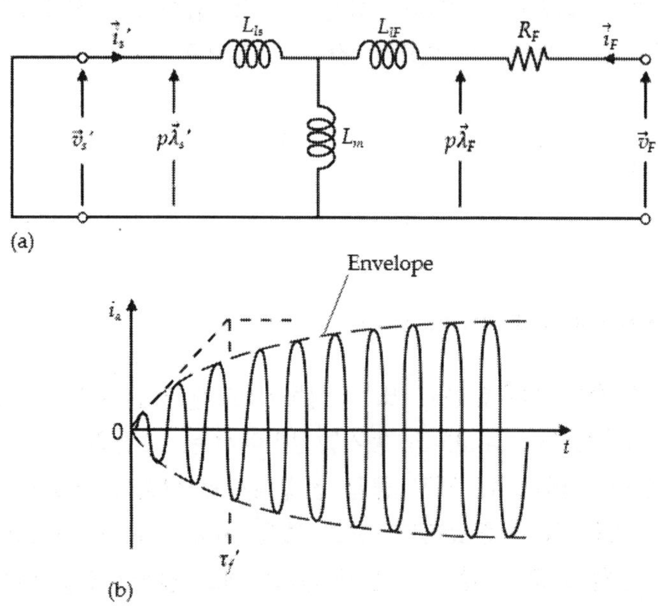

Figure 11.18 (a) Equivalent circuit for machine with stator short circuited and (b) transient current in phase a.

이다. 계자 전류는 그러면

$$\vec{v}_F = R_F\vec{i}_F + L_F{}'p\vec{i}_F \qquad [\text{V}] \tag{11.50}$$

에 의해 이 전압과 관련된다. 여기서

$$L_F{}' = L_{lF} + \frac{L_{ls}L_m}{L_{ls} + L_m} \qquad [\text{H}] \tag{11.51}$$

이다. 이 표현식으로부터 전류에 대한 해(solution)는

$$\vec{i}_F = \frac{\vec{v}_F}{R_F}\left(1 - \epsilon^{-t/\tau_f{}'}\right) \qquad [\text{A}] \tag{11.52}$$

이다. 여기서

$$\tau_f{}' = \frac{L_F{}'}{R_F} \qquad [\text{s}] \tag{11.53}$$

이다. 단락 고정자를 가진 계자 회로 시정수 $\tau_f{}'$는 전력 계통 서적에서 기계의 **과도 시정수**(*transient time constant*)로 알려져 있다. 그것의 값은 일반적으로 대형 동기기의 경우 0.5에서 3 [s]의 범위에 있다.

계자 전류 $\vec{i}_F$는 그림 11.18 (a)에서 인덕턴스 L_{ls}와 L_m 사이에서, 그것의 크기의 역비례로 나뉜다. 따라서,

$$\begin{aligned}\vec{i}_s{}' &= -\frac{L_m}{L_{ls} + L_m}\vec{i}_F \\ &= -\frac{L_m}{L_{ls} + L_m}\frac{\vec{v}_F}{R_F}\left(1 - \epsilon^{-t/\tau_f{}'}\right) \qquad [\text{A}]\end{aligned} \tag{11.54}$$

이다. 실제 고정자 전류 벡터는 이제

$$\vec{i}_s = \vec{i}_s{}'\epsilon^{j\beta} \qquad [\text{A}] \tag{11.55}$$

로 유도될 수 있다. 여기서 $\beta = \beta_o = \omega_s t$이다. 개별 상 전류는 그러면 $\vec{i}_s$를 상 축(phase axis)으로 분해함으로써 찾아진다. 과도 상 전류가 작은 과도 시정수로 비교적 소형 동기기에 대해 그림 11.18 (b)에서 보여져 있다. 전형적으로, 60 [Hz] 기계는 1.5 [s]의 시정수 내에서 전류의 90 [cycle]을 가질 것이다.

이제 초기적으로 무부하이며 계자 전류 $i_f = v_f/R_f$로 여자되는 동기기를 고려하자. 3상 단락 회로가 시간 $t = 0$에서 고정자 단자 또는 그 가까이에서 일어난다고

가정한다. 고정자 전류의 최대 값에 대한 지식은 고정자 권선의 기계적 지주(브레이싱, bracing)에 있어서 또한 기계가 연결될 수 있는 전력 계통에서의 회로 차단기(circuit breaker)의 명세(specification)에 있어서 중요하다.

계자의 쇄교 자속 $\vec{\lambda}_F$는 순간적으로(instantaneously) 변화할 수 없다. 단락된 고정자로, 그것의 변화율은 수 초(several seconds)의 값을 가질 수 있는 시정수 τ_f'에 의해 지배된다. 다수의 상황에서는, 단락 회로 후의 비교적 짧은 시간에 일어나는 사건(event)에 관심이 있다. 예를 들어, 회로 차단기는 전형적으로 단락 회로에 뒤따라 공급 주파수의 3에서 8 [cycle] 내에 동작한다. 그러한 짧은 시간 주기의 경우, 계자 쇄교 자속 $\vec{\lambda}_F$는 $t = 0$ 이전에 가졌던 값에서 일정하게 유지된다고 가정하는 것이 합당하다.

그림 11.18 (a)의 회로에서 관련성이 있는 모든 변수가 고정자 기준 좌표계로 변환되었다고 가정한다. 결과는 일정한 계자 쇄교 자속 벡터 $\vec{\lambda}_F$가 주파수 ω_s에서 페이서

$$\vec{V}_F = j\omega_s \vec{\lambda}_F / \sqrt{2} \qquad [\text{V}] \tag{11.56}$$

으로 나타내어지는 교류 전원 전압을 생성하는 것으로 고려되는 그림 11.19 (a)의 등가회로이다. 이제 테브난 정리의 사용에 의해 그림 11.19 (b)의 회로를 주도록 이 회로를 간략화하는 것이 편리하다. 여기서

$$\vec{V}' = \frac{L_m}{L_{lF} + L_m} \vec{V}_F \qquad [\text{V}] \tag{11.57}$$

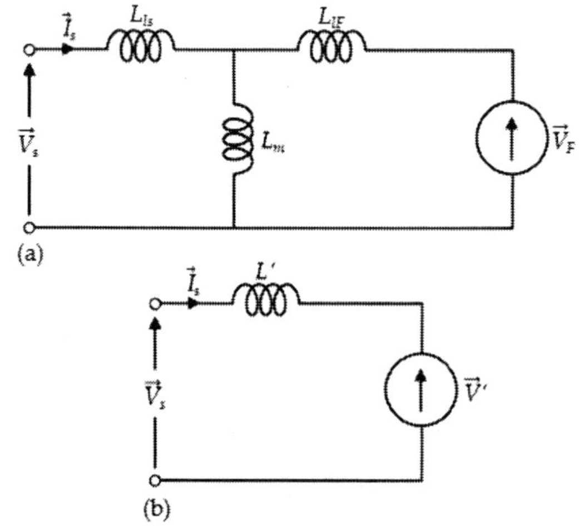

Figure 11.19 (a) Equivalent circuit with constant flux linkage in the field and (b) simplified circuit.

그리고

$$L' = L_{ls} + \frac{L_{lF}L_m}{L_{lF} + L_m} \qquad [\text{H}] \tag{11.58}$$

이다. 매개변수 L'는 과도 인덕턴스(transient inductance)라 일컬어진다. 대형 동기기의 경우, 그것의 값은 전형적으로, 기계 정격을 기저로 하여, 0.15에서 0.5 [pu]의 범위에 있다. 양(quantity) $\vec{V}'$는 이 과도 인덕턴스의 역전압(역기전력, voltage back)이다. 그것의 값은 단락 회로가 적용되기 전의 개방 회로 고정자에서의 전압과 같다. 과도 리액턴스를 이 전압으로 나누면 단락 회로 후의 고정자 전류 페이서를 바로 준다:

$$\vec{I}_s = \frac{\vec{V}'}{j\omega_s L'} \qquad [\text{A}] \tag{11.59}$$

고정자 전류는 식 (11.59)의 값에서는 남아있지 않지만 그것의 정상 상태 값을 향하여 식 (11.53)의 과도 시정수 $\tau_f{}'$에 의해 지배되는 비율로 감쇠한다:

$$\vec{I}_{ss} = \frac{L_m}{L_{ls} + L_m}\frac{\vec{v}_F}{\sqrt{2}R_F} \qquad [\text{A}] \tag{11.60}$$

따라서, 고정자 상 전류의 교류 성분은

$$\vec{I}_s = \vec{I}_{ss} + \left(\frac{\vec{V}'}{j\omega_s L'} - \vec{I}_{ss}\right)\epsilon^{-t/\tau_f{}'} \qquad [\text{A}] \tag{11.61}$$

이다.

고정자 쇄교 자속이 단락 회로 이전의 값으로부터 0으로 순간적으로 변화할 수 없으며 고정자 상 전류는 새로운 유한한 값으로 바로 도약할 수 없기 때문에 고정자 전류의 부가적인 과도 성분이 있어야 한다. 고정자 저항이 0이었다면, 고정자 쇄교 자속은 바로 $t = 0$ 이전의 값에서 각 상 권선 내에 일정하게 남아있을 것이었다. 고정자 권선의 이 단방향(unidirectional) 초기 쇄교 자속은 고정자 또는 **전기자 시정수**(stator or *armature time constant*) τ_a로 0을 향하여 지수적으로 감쇠한다. 이 시정수는 일정한 쇄교 자속 $\vec{\lambda}_F$로 고정자 단자에서 보여진 상당(per phase) 인덕턴스 L'를 상당 고정자 저항으로 나눈 것과 같다. 즉,

$$\tau_a = \frac{L'}{R_s} \qquad [\text{s}] \tag{11.62}$$

이다. 이 시정수의 값은 전형적으로 대형 동기발전기의 경우 0.1에서 0.4 [s]의 범위에 있다.

3상 단락 회로에 따르는 고정자 상 전류의 전형적인 조합이 그림 11.20에서 보여져 있다. 이 경우의 초기에 개방된 기계에 대하여 모든 전류는 0에서 출발한다. 교류 전류의 바깥 포락선은 식 (11.61)에 의해 지배되며 시정수 τ_a로 단방향 과도(unidirectional transient)에 대하여 대칭이다. τ_a와 $\tau_f{}'$ 둘 다 교류 전류의 반 주기(half-period)에 비하여 큰 보통의 경우에서는, 하나의 상(phase)에서의 단락 회로 전류의 첨두 값은, 교류 성분의 첨두 값의 2배인,

$$\hat{i}_s = 2\sqrt{2}\frac{V'}{\omega_s L'} \qquad [\text{A}] \tag{11.63}$$

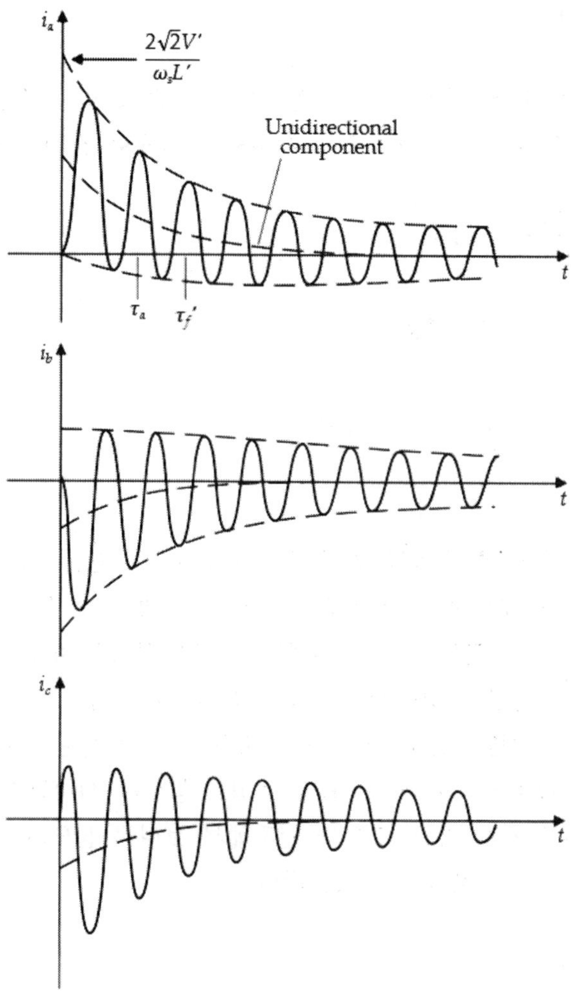

Figure 11.20 Stator phase currents following a three-phase short circuit.

에 접근할 수 있다.

고정자 권선 내에서 시정수 τ_a의 단방향 과도 전류가 회전자 기준 좌표계로 변환된다면, 결과는 변환된 고정자 전류 $\vec{i}_s'$ 내에서의 그리고 따라서 게다가 계자 전류 벡터 $\vec{i}_F$ 내에서의 기본파 주파수 ω_s의 감쇠 진동 항(decaying oscillating term)이다. 고정자 단락 회로에 뒤따르는 계자 전류 i_f가 그림 11.21에 시간의 함수로써 보여져 있다. 그것의 평균 값은 식 (11.52)에서 주어진 지수 항이다. 실제 전류는 그것의 초기 값 V_f/R_f에서 시작하며 같은 값으로 지수적으로 감쇠한다. 시간 $t = 0$을 통한 전류의 연속성은 시정수 τ_a와 주파수 ω_s의 진동 항에 의해 유지된다.

그림 11.19의 등가회로는 단락 회로 해석 뿐만 아니라 부하에서의 켬(switching on)과 같은 운전 조건에서의 변화 후에 짧게 일어나는 여러가지 사건의 검토에 사용될 수 있다. 이러한 상황의 해석에 있어서 첫번째 단계는 변화에 앞선(prior to the change) 변수의 결정이다. 특히, 쇄교 자속 $\vec{\lambda}_F$의 초기 값이 구해져야 한다. 정밀한 해석에서는, 그것이 계자 권선 전류의 작용에 의해 $t = 0$을 통하여 일정하게 유지되는 직축 또는 계자 축에서의 이 벡터의 성분 λ_{Fd}일 뿐이다. 많은 해석에서는, 총(total) 벡터 $\vec{\lambda}_F$가 회전자가 3상 계자 권선의 전 조합(full set)을 내포한다면 생겼을 것과 같은 일정한 값을 유지한다고 가정하면 충분히 정확하다.

이 절에서 여기까지는, 제동 권선의 가능한 효과는 무시하였다. 운전 조건의 어떤 변화에 곧바로 따라서, 제동 권선의 쇄교 자속 역시 일정하게 유지되어야 한다. 그림 11.12의 d-와 q-축 등가회로에서, 쇄교 자속 λ_{kd}, λ_{kq}, 그리고 λ_F는 모두 시간 $t = 0$을 통하여 연속일 것이다. 어떠한 돌극성도 무시된다면, 즉, $L_{md} = L_{mq} = L_m$, $L_{lkq} = L_{lkd} = L_{lk}$, 그리고 $R_{kd} = R_{kq} = R_k$라면, 변화에 곧바로 따르는 기본파 주파수 조건은 그림 11.22 (a)의 회로에 의해 나타내어질 수 있다. 이것은

$$L'' = L_{ls} + L_m \parallel (L_{mk} + L_{lF} \parallel L_{lk}) \quad \text{[H]} \tag{11.64}$$

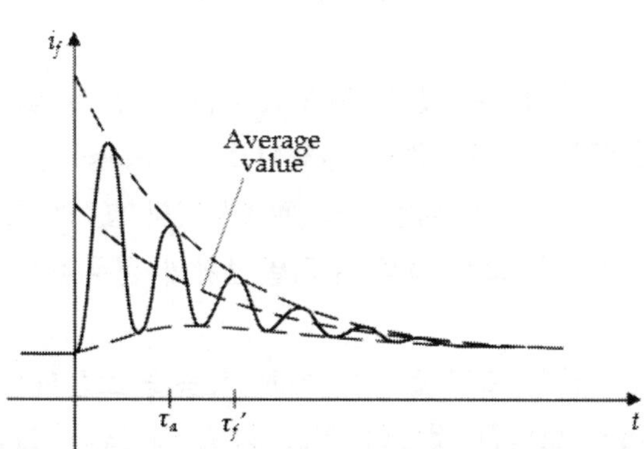

Figure 11.21 Field current following three-phase short circuit on the stator.

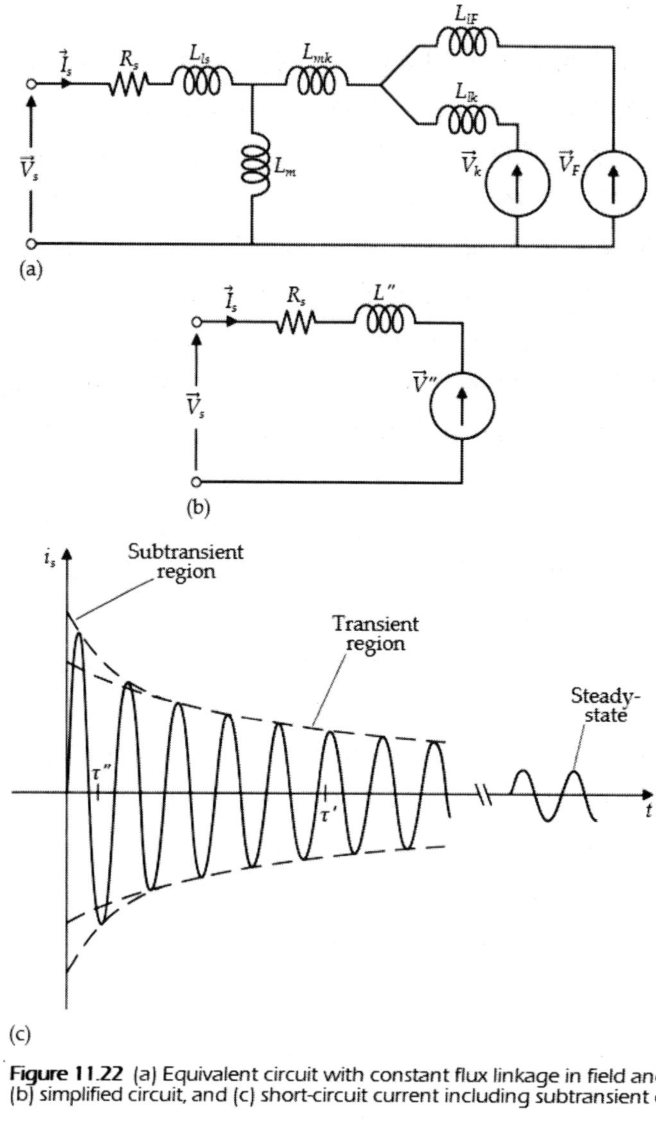

Figure 11.22 (a) Equivalent circuit with constant flux linkage in field and damper, (b) simplified circuit, and (c) short-circuit current including subtransient component.

인 그림 11.22 (b)의 형태로 간략화될 수 있다. 이 양(quantity) L''는 일반적으로 전력 계통 서적에서 **차과도 인덕턴스**(**초기 과도 인덕턴스**, *subtransient inductance*)로 알려져 있으며 $\vec{V}''$는 차과도 리액턴스의 역전압의 페이서이다. L''의 값은 과도 인덕턴스 L'보다 어느 정도 더 작으며 보통 대형 동기발전기의 경우 0.1에서 0.4 [pu]의 범위에 있다.

$t = 0$ 이후 첫 몇 주기 동안, 단락 회로 전류는 쇄교 자속을 보전하는 제동 권선의 효과 때문에 그림 11.20에서 보여진 것보다 어느 정도 더 크다. 그림 11.22 (c)에서 보여진 전류의 이 부가적인 성분은 제동 권선으로부터 보여지는 계통 인덕턴

스를 제동 권선 저항으로 나눈 것과 같은 값인 시정수 τ''에서 감쇠한다. 철극성 없이,

$$\tau'' = \frac{1}{R_k}[L_{lk} + L_{lF} \parallel (L_{mk} + L_{ls} \parallel L_m)] \qquad [\mathrm{s}] \tag{11.65}$$

이다. 이 차과도 시정수는 비교적 작으며, 전형적으로 대형 발전기의 경우 0.01에서 0.05 [s]이다. 대략 $3\tau''$의 시간 후에, 제동 (권선) 전류는 무시될 수 있으며 그림 11.19의 과도 회로가 사용될 수 있다. 하지만, 시정수 τ''는 고정자 단락 회로 전류를 결정하고 속응 회로 차단기(fast-acting circuit breaker)에 의해 차단되는 전류를 결정하는데 있어서 유효할 정도로 충분히 길다.

동기기의 과도 및 차과도 매개변수는 보통은 단락 회로를 적용하고 상 전류를 기록함으로써 측정된다. 그 대신으로, 고정자 임피던스가 정지 상태에서 주파수의 함수로써 측정될 수 있다.

실제적으로 중요한 상황은 기계 단자에 연결된 유도전동기의 기동에서 일어나는 것과 같은 큰 유도성 부하일 때 발전기의 고정자 전압에서의 과도 강하(transient drop)의 결정이다. 이 부하가 상당(per phase) 유도성 리액턴스 X_e로 근사화될 수 있다고 가정한다. 차과도 효과와 고정자 저항을 무시하면, 부하가 연결된 바로 뒤의 고정자 전압 페이서는

$$\vec{V}_s = \frac{X_e}{X_e + X'}\vec{V}' \qquad [\mathrm{V}] \tag{11.66}$$

이다. 여기서 $X' = \omega_s L'$이며 $\vec{V}'$는 부하가 연결되기 전의 개방 회로 고정자 전압이다. 계자 전압이 일정하게 남아있었다면, 고정자 전압은 시정수 τ에서, 그림 11.4 (b)와 식 (11.20)으로부터,

$$\vec{V}_{ss} = \frac{X_e X_s}{X_e + X_s} n \frac{V_f}{R_f} \qquad [\mathrm{V}] \tag{11.67}$$

인 정상 상태 값 $\vec{V}_{ss}$로 감쇠할 것이다. 시정수 τ는 τ'와 τ_f 사이의 중간에 있는 값이며,

$$\tau = \frac{X_e + X'}{X_e + X_s}\tau_f \qquad [\mathrm{s}] \tag{11.68}$$

임이 보여질 수 있다.

그림 11.23은 부하의 연결 후에 고정자 전압 크기가 시간에 따라 어떻게 바뀔 수

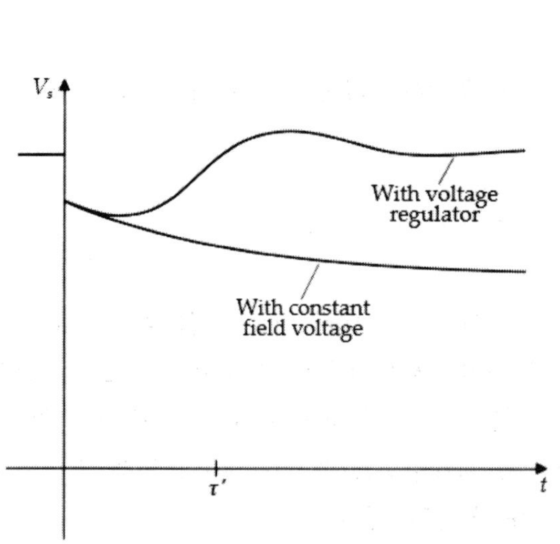

Figure 11.23 Stator voltage following the sudden application of an inductive load.

있는 지를 보인다. 고정자 전압이 원래의 값으로 회복된다면, 전압 조정기(voltage regulator)의 어떤 형태가 사용되어야 한다. 그림 11.2와 11.7의 등가회로는 전압 조정기 동작의 과도 검토에 대해 편리한 형태의 것이다. 지금 막 고려된 단순한 유도성 부하로, 계자 전류 $\vec{i}_F$는 식 (11.68)로부터 τ를 사용하여

$$\vec{i}_F = \frac{\vec{v}_F}{R_F(1 + s\tau)} \qquad [A] \tag{11.69}$$

에 의해 계자 전압 $\vec{v}_F$와 관련된다. 계자 전압에서의 빠른 증가로 뒤따라지는 고정자 전압에서의 초기 강하의 빠른 검출은 그림 11.23에서 보여진 형태의 고정자 전압 응답을 제공한다.

11.3 ELECTROMECHANICAL TRANSIENT PERFORMANCE

동기기 문제의 중요한 종류는 운전 조건에서의 갑작스러운 변화 후에 연결된 계통과 동기로 남아있기 위한 기계의 능력 예측과 관련된 것이다. 전동기의 경우, 외란(disturbance)이 기계 부하의 갑작스러운 변화 또는 몇 주기(a few [cycle])의 전원의 상실로부터 생길 수 있다. 발전기의 경우에는, 기계로부터의 전력 출력의 상실로 귀결하는 가장 심각한 외란은 전력 계통에서의 단락 회로로부터 생긴다.

회전기의 동적 거동(dynamic behavior)은 미분 방정식

$$J\frac{d\omega_{mech}}{dt} = T - T_{shaft} \qquad [N \cdot m] \tag{11.70}$$

으로 반영된다. 여기서 T는 회전 방향으로 기계에 의해 발생되는 토크이며 T_{shaft}는

전동기의 경우 기계 부하 또는 발전기의 경우 원동기(prime mover)에 의해 축에 인가되는 토크이다.

외란에 뒤따라 동기가 유지된다면, [elec. rad]으로 순시 속도 $\omega_o = \omega_{mech}\, p/2$는 그것의 동기 값 ω_s로부터 감지할 수 있을 정도로 변할 수 없다. 동기기와 그것에 부착된 기계 계통의 큰 관성 때문에, 전원의 한 주기(a cycle) 동안의 속도에서의 변화는 비교적 작다. 따라서, 기계적 진동 동안에, 계통의 전기적인 부분은 종종 페이서법(phasor method)의 사용으로 해석된다. 11.2절로부터, 일정 교류 전압 전력 계통에 연결된 동기기는 식 (11.53)의 과도 시정수 $\tau_f{}'$에서 전기적인 운전 조건에서의 변화에 응답한다는 것에 주목한다. 대형 동기기로, 이 시정수는 지속 시간이 수 초(several seconds)일 수 있는 한편 기계적 진동은 일반적으로 0.25에서 1.5 [s]의 범위 내에 있는 주기(period)를 갖는 것으로 찾아진다. 충분한 정확도의 해(solution)는 종종 계자 쇄교 자속이, 기계적 진동의 적어도 첫 주기 동안에 일정하게 남아있는다는, 따라서 그림 11.19의 과도 등가회로 모델의 사용을 허용한다는 가정에 의해 얻어질 수 있다. 이 접근법은 전기-기계적 과도 해석(electromechanical transient analysis)에 포함된 기본 원리를 검토하는 것을 허용한다. 더 큰 정확도가 요구될 때에는, 계통 미분 방정식의 전체 조합(full set)이 해를 얻기 위해 적분된다.

2극기의 경우, 어떤 순시에서의 회전자의 위치는 각도 β로 표시된다:

$$\beta = \omega_s t + \beta_o \qquad [\text{rad}] \tag{11.71}$$

보통, 기준으로서, $\vec{V}_s = V_s\angle 0°$를 만드는, 고정자 전압의 위상각(phase angle)을 사용하는 것이 편리하다. 그림 11.4 (a)에서 등가 계자 전류 $\vec{I}_f$는 그러면 위상각 β_o를 가진다. 그림 11.19 (a)에서 전원 전압 $\vec{V}_F$는 계자 권선의 일정 자속 λ_F로부터 생긴다. 엄밀히 말하면, 그것은 외란의 순간을 통하여 일정하게 남아있는 직축 또는 계자축을 따르는 쇄교 자속 벡터 $\vec{\lambda}_F$의 성분 λ_{Fd}일 뿐이다. 고정자 기준 좌표계에서는, 쇄교 자속 $\vec{\lambda}_{Fd}$가 각도 β_o를 가질 것이며, 그림 11.19 (a)의 등가회로에서 대응하는 전압은,

$$\vec{V}_F = j\omega_s \vec{\lambda}_{Fd}/\sqrt{2} \qquad [\text{V}] \tag{11.72}$$

이기 때문에, 위상각 $\beta_o + \pi/2$를 가질 것이다. 그림 11.19 (b)의 간략화된 회로에서 전원 전압 $\vec{V}'$는 이제

$$\vec{V}' = V'\angle(\beta_o + \pi/2) = V'\angle\delta \qquad [\text{V}] \tag{11.73}$$

으로 표현될 수 있다. 여기서, 편의를 위하여, δ는 β_o보다 90° 앞선다.

이 과도 모드 내에 있을 때 기계에 의해 생성되는 토크는

$$\begin{aligned} T &= \frac{3P_g}{\omega_{mech}} \\ &= \frac{3p}{2\omega_s}\mathcal{R}e(\vec{V}'^*\vec{I}_s) = \frac{3p}{2\omega_s}\mathcal{R}e\left[\vec{V}'^*\left(\frac{\vec{V}_s - \vec{V}'}{j\omega_s L'}\right)\right] \\ &= -\frac{3p}{2\omega_s}\frac{V'V_s}{\omega_s L'}\sin\delta \qquad [\text{N·m}] \end{aligned} \tag{11.74}$$

로 표현될 수 있다. 식 (11.71)에서 ω_s가 일정한 것으로 고려하며 회전자 각 위치의 측도(measure of rotor angular position)인 δ가 시간에 따라 변하는 것을 허용한다고 가정한다. p-극기의 경우에는, 기계 속도는 그러면

$$\omega_{mech} = \frac{2}{p}\frac{d\beta}{dt} = \frac{2}{p}\omega_s + \frac{2}{p}\frac{d\delta}{dt} \qquad [\text{rad/s}] \tag{11.75}$$

로 주어진다. 식 (11.70)의 가속도는 그러면

$$\frac{d\omega_{mech}}{dt} = \frac{2}{p}\frac{d^2\delta}{dt^2} \qquad [\text{rad/s}^2] \tag{11.76}$$

으로 주어진다.

전기-기계적 과도의 첫번째 예로서, 일정한 전압 $\vec{V}_s$를 가진 전원에 연결된 동기 전동기를 고려한다. $t = 0$에서, 기계적 토크가 T_1으로부터 T_2로 갑자기 증가되었다고 가정한다. $t = 0$ 이전에는, 기계에서의 기계적 손실을 무시하면, 그림 11.24에서 보여진 운전 조건은 $T = T_1$ 그리고 $\delta = \delta_1$이다. 부하가 T_2로 증가되었을 때, 회전자

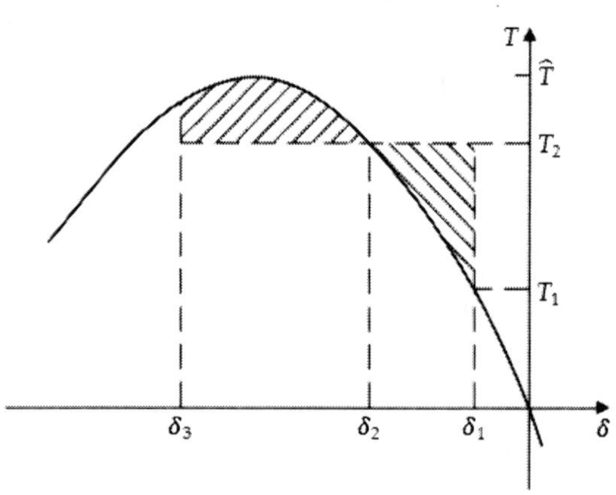

Figure 11.24 Equi-area method of determining the stability of a synchronous machine.

는 전동기에 의해 생성되는 토크가 T_2와 같은 $\delta = \delta_2$를 향하여 감속한다. 이 감속 동안에, 운동 에너지(kinetic energy)가 관성 J로부터 없어진다(removed). 이 운동 에너지에서의 변화 ΔW_k는 기계 계통에서의 순(net) 토크를, 가로지르는 기계 각도 $\delta(2/p)$에 걸쳐, 적분한 것과 같다. 즉,

$$\Delta W_k = \frac{2}{p}\int_{\delta_1}^{\delta_2} (T - T_2)\, d\delta \qquad [\mathrm{J}] \tag{11.77}$$

이다.

각도 $\delta = \delta_2$에서는, 기계의 속도가 동기 속도보다 어느 정도 작을 것이다; 그러므로, 각도 δ는 감소를 계속할 것이다. 하지만, 전동기에 의해 생성되는 토크가 이제는 T_2보다 더 크다. 순(net) 토크는 기계를 가속하도록 작용하며 잃어버린 운동 에너지를 회복한다. 속도는 출발 이후의 운동 에너지의 총(total) 변화가 0인, 즉,

$$\Delta W_k = \frac{2}{p}\int_{\delta_1}^{\delta_3} (T - T_2)\, d\delta = 0 \qquad [\mathrm{J}] \tag{11.78}$$

인 $\delta = \delta_3$에서 다시 동기 값에 도달한다. 식 (11.78)은

$$\int_{\delta_1}^{\delta_2} (T - T_2)\, d\delta + \int_{\delta_2}^{\delta_3} (T - T_2)\, d\delta = 0 \qquad [\mathrm{J}] \tag{11.79}$$

와 같이 다시 적어질 수 있다. 그림 11.24에서, 이 조건은, 식 (11.79)의 2개의 적분을 나타낸, 2개의 빗금친 면적(slashed area)이 같을 때 나타난다. 이 조건이 만나질 수 있을 때, 기계는 동기로 남아있다.

$\delta = \delta_3$에서, 기계는 가속되는 중이다. 각도가 다시 δ_2에 도달하였을 때, 속도는 동기 값보다 위일 것이다; 따라서, 각도는 δ_2를 지나갈 것이다(swing). 어떤 제동 토크의 결핍에서는, 각도가 다시 그것의 초기 값 δ_1에 도달할 것이며 진동(oscillation)이 반복될 것이다. 실제로는, 진동이 제동 권선에 의해 결국 멈춰지며, $\delta = \delta_2$의 정상 상태 조건에 도달된다.

초기 토크 T_1은 줄어들었지만 최종 부하 토크 T_2는 바뀌지 않은 조금 다른 상황을 고려하는 것으로 가정한다. 그림 11.25에 보여진 바와 같이, 부하 토크 선(load torque line)과 T-δ 곡선 사이의 면적 A로 나타내어진 에너지는 $\delta = \pi - \delta_2$에서 얻을 수 있는 면적 B가 면적 A보다 작기 때문에 $\delta = \pi - \delta_2$에서 가속이 끝나는 시간에 의해 회복될 수 없다. 따라서, 각도 δ는 계속하여 감소할 것이며 기계는 정지 상태(standstill)로 간다고 예측될 수 있다.

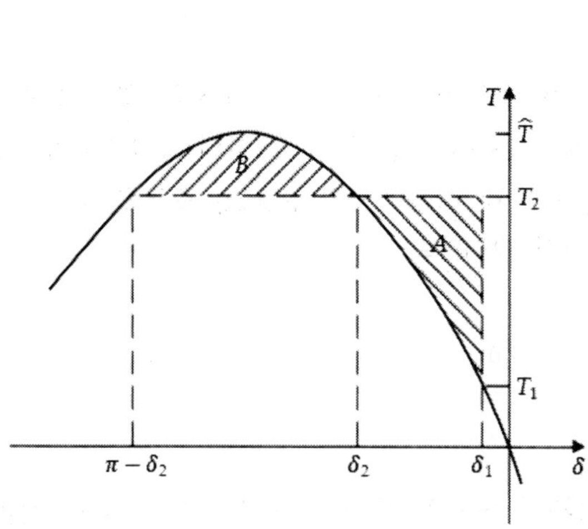

Figure 11.25 Situation where synchronism is lost: Area B < Area A.

이 도식적(graphical) 또는 등면적 접근법(equal-area approach)은 간단한 전기-기계적 과도에 대한 이해를 얻는데 유용하다. 하지만, 그것은 시간의 함수로써 회전자 각도 δ를 주지 않으며 그러므로 특정한 시간에서 일어나는 계통 변화의 연속(sequence)을 포함하는 상황에 대해서는 적절하지 않다. 그러한 연속의 예로서, 다수의 다른 발전기와 부하를 내포하는 전력 계통에 연결된 발전기를 고려한다. 단락 회로 이전에, 발전기는 계통에 전력을 내놓으며 그것의 원동기로부터 축 토크 $T_{shaft} = T$를 가진다. 단락 회로는, 단자 가까이의 3상 단락에 대하여 0이 가능하게, 고정자 전압을 줄이는 효과를 가진다. 식 (11.74)로부터, 이것은 기계에 의해 생성되는 토크를 줄일 것이다. 원동기 토크는, 하지만, 작용을 계속하며, 기계는 가속될 것이다. 일반적으로 0.5로부터 0.15 [s]의, 짧은 시간 내에, 전력 계통의 계전기(relay)가 단락 회로를 검출하고 위치를 찾아낼 것이며 적절한 차단기가 계통의 결함이 있는 부분을 분리할 것이다.

이 사건의 연속 동안에, 각도 δ는 방정식

$$J\frac{2}{p}\frac{d^2\delta}{dt^2} = T - T_{shaft} \qquad [\text{N·m}] \tag{11.80}$$

의 풀이(해, solution)에 의해 구해질 수 있다. 여기서 토크 항은 보통 둘 다 부(음, negative)이다. 토크 T가 각도 δ의 비선형 함수임에 따라, 해는 일반적으로 수치 적분(numerical integration)에 의해 얻어진다. 적분의 각 시간 단계(time step)에서, 토크 T는 동기기 그리고 그것이 연결된 계통의 적절한 등가회로 모델의 사용에 의해 결정된다. 적분은 각도 δ가 정상 상태 값으로 회복될 것인지 또는 원동기에 의해 가속되는 것을 계속할지가 결정될 때까지 수행된다.

그림 11.26은 연결된 전력 계통에서의 단락 회로에 뒤따르는 발전기에 대한 δ의

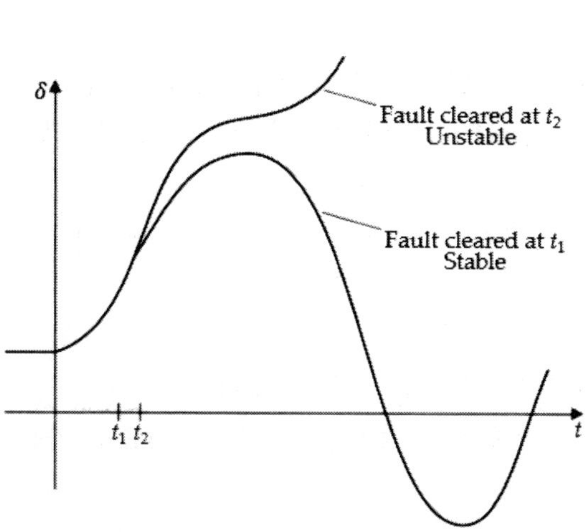

Figure 11.26 Variation of rotor angle of synchronous generator after short-circuit on power system.

전형적인 곡선을 시간의 함수로 보인다. 발전기가 동기에 남아있을 수 있는 능력은 회로 차단기가 동작하기 위해 요구되는 시간에 종속됨에 주목한다.

외란이 작다면, 각도 δ에서의 변화도 역시 작다. 토크-각도(부하각) 관계는 그러면, 그림 11.27 (a)에서 보여진 바와 같이, 근사화

$$\sin\delta = \sin\delta_1 + \cos\delta_1\,(\delta - \delta_1) \tag{11.81}$$

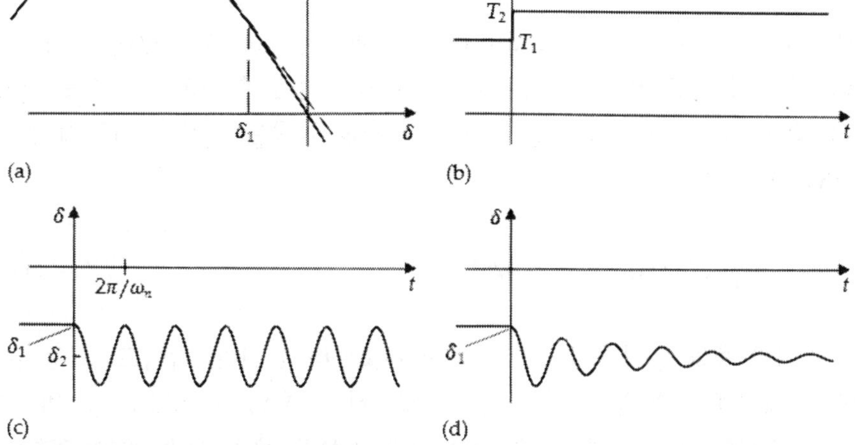

Figure 11.27 (a) Linearization of torque-angle relation about $\delta = \delta_1$, (b) step change of load torque on synchronous motor, (c) undamped oscillation of rotor angle δ, and (d) damped oscillation of rotor angle δ.

의 사용에 의해 δ_1로부터 벗어나는 δ에서의 작은 이탈(excursion)에 대하여 선형화될 수 있다. 이 근사화의 식 (11.74)로의 삽입은 식 (11.80)을 형태

$$J\frac{2}{p}\frac{d^2\delta}{dt^2} = -\widehat{T}\sin\delta_1 - \widehat{T}\cos\delta_1\,(\delta - \delta_1) - T_{shaft} \qquad [\text{N·m}] \qquad (11.82)$$

로 변환한다.

그림 11.27 (b)에서 보여진 바와 같이, 축 토크가 $t = 0$에서 T_1로부터 T_2로 작은 증분(small increment)으로 변화된 전동기를 고려하는 것으로 가정한다. $t = 0$ 이후, 계통은 선형 미분 방정식

$$J\frac{2}{p}\frac{d^2\delta}{dt^2} + \left(\widehat{T}\cos\delta_1\right)\delta = (T_1 - T_2) + \left(\widehat{T}\cos\delta_1\right)\delta_1 \qquad [\text{N·m}] \qquad (11.83)$$

에 의해 기술된다. 방정식에 대한 해(solution)는

$$\delta = \delta_1 + \frac{T_1 - T_2}{\widehat{T}\cos\delta_1}(1 - \cos\omega_n t) \qquad [\text{rad}] \qquad (11.84)$$

이다. 각도 δ는, 그림 11.27 (c)에서 보여진 바와 같이, 평균 값 δ_2 근처에서 진동한다. 진동의 각속도는

$$\omega_n = \left[\frac{\widehat{T}\cos\delta_1}{2J/p}\right]^{1/2} \qquad [\text{rad/s}] \qquad (11.85)$$

이다. 사실상, 제동 작용(damping action)은 그림 11.27 (d)에서 보여진 것과 같이 이 진동이 감쇠하는 원인일 것이다. 약간의 제동 작용은 부하에서의 속도 종속 토크로부터 올 수 있는 한편, 대부분의 중요한 제동 작용은 속도가 그것의 동기 값에서 벗어남에 따라, 즉,

$$\omega_{mech} = \frac{2}{p}(\omega_s + \omega_n) \qquad [\text{rad/s}] \qquad (11.86)$$

에 따라 기계의 제동 권선에서 유기되는 전류로부터 생긴다. 각속도 ω_n은 유도기에 대한 관계식에서 논의된 바와 같이 회전자 전류의 각주파수 ω_r의 부(음, negative)의 값이다. 유효 저항 R_k의 회전자와 고정자 쇄교 자속 Λ_s에 대하여, 진동에 기인하는 제동 토크(damping torque)는 식 (10.66)으로부터

$$T_d \approx \frac{3p}{2}\frac{\Lambda_s^2 \omega_r}{R_k} = \widehat{T}_d \omega_r = -\widehat{T}_d \omega_n = -\widehat{T}_d \frac{d\delta}{dt} \qquad [\mathrm{N \cdot m}] \tag{11.87}$$

로 표현될 수 있다. 이 토크가 포함된다면, 동기기의 동적 거동은 미분 방정식

$$J\frac{2}{p}\frac{d^2\delta}{dt^2} + \widehat{T}_d \frac{d\delta}{dt} = T - T_{shaft} \qquad [\mathrm{N \cdot m}] \tag{11.88}$$

에 의해 나타내어질 수 있다.

상당한 크기의 지속적인 기계적 진동이 주기적으로(periodically) 변하는 축 토크를 가지는 동기기에서 생길 수 있다. 예로는, 특히 한 기통(one cylinder)이 점화되지 않는(misfiring), 다기통 왕복 기관(multicylinder reciprocating engine)에 의해 구동되는 발전기일 것이다. 더 나아간 예는 전동기 구동 왕복 압축기(reciprocating compressor)일 것이다. 교란 토크(perturbing torque)의 주파수가 기계의 자연 주파수(natural frequency) ω_n과 근사적으로 같다면 심각한 기계적 진동이 생길 수 있다.

11.4 PERMANENT-MAGNET SYNCHRONOUS MOTORS

인버터로부터 공급되는 영구자석 전동기는, 특히 네오디뮴-철-붕소(Nd-Fe-B)와 사마륨-코발트(Sa-Co) 자석 물질의 도입에 따라, 광범위한 속도 응용에 있어서의 적용에 대해 점점 매력적으로 되었다. 대부분의 응용은 저- 및 중간-동력 수준(low- and medium-power level)의 경우이지만 범위가 계속 확대되고 있다. 영구자석 전동기는 같은 외형 크기(frame size)의 유도기가 생성할 수 있는 것보다 더 큰 정상상태 및 과도 토크를 생성할 수 있다; 그들은 또한 더 높은 효율을 가질 수 있다.

영구자석 기계는 6.6절에서 간단하게 소개되었다. 이 절은 영구자석 기계의 몇 가지 일반적인 형태와 그들의 과도 및 정상 상태 성질의 더 상세한 묘사를 포함할 것이다.

11.4.1 Machines with Surface-Mounted Magnets

영구자석 기계의 일반적인 형태가 그림 11.18에서 단면으로 보여져 있다. 소형 전동기는 전형적으로 이러한 2극 구조를 가진다. 더 큰 정격의 경우에는, 4극 또는 더 많은 극수가 더 일반적이다. 고정자는, 유도기에서의 그것과 비슷한, 3상 분포 권선을 내포한다. 회전자는 강 철심(steel core) 위에 장착된 반경 방향으로 배향된(radially directed) 영구자석을 가진다. 회전자와 고정자 사이의 공극은 기계적 고려가 형편에 맞게 허용되는 만큼 작게 만들어진다.

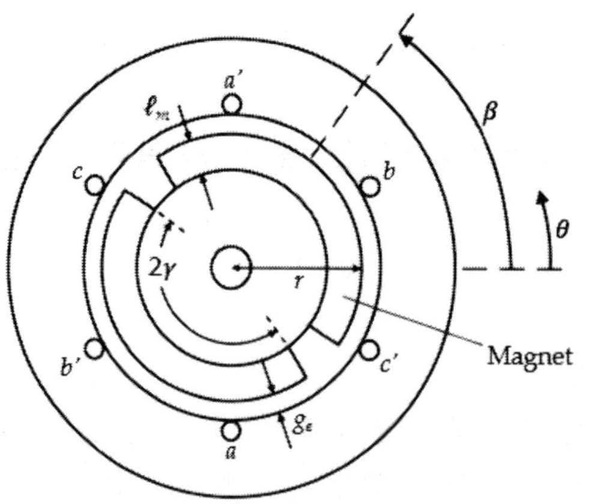

Figure 11.28 Cross section of permanent-magnet machine.

대부분의 전동기에서의 사용을 위한 영구자석 물질은 본질적으로 그림 1.18에서 보여진 형태의 선형 감자 특성(linear demagnetization characteristic)을 가진다. 자석 자속밀도 B_m이 임계 값(critical value) B_D보다 더 큰 한, 특성은 관계식

$$B_m = B_r + \mu_r \mu_0 H_m \qquad [\mathrm{T}] \tag{11.89}$$

에 의해 표현될 수 있다. 여기서 B_r은 잔류 자속밀도(residual flux density)(Nd 자석의 경우 대략 1.1 [T] 그리고 페라이트 자석의 경우 대략 0.35 [T]인)이며, μ_r은 보통 대략 1.05, 즉, 공기보다 약간 더 큰, 반동 비투자율(relative recoil permeability)이다. 그림 11.28의 공극을 가로지르는 경로에 대한 주회 법칙(circuital Law)의 적용은, 고정자와 회전자에서의 이상적인 철(iron)의 가정으로,

$$\ell_m H_m + g_e \frac{B_g}{\mu_0} = 0 \qquad [\mathrm{A}] \tag{11.90}$$

을 준다. 여기서 ℓ_m은 자석의 반경 방향 길이이며 g_e는 공극의 유효 길이이다. 자속 연속성은 자석 자속밀도 B_m이 공극 자속밀도 B_g와 같을 것을 요구한다. 식 (11.89)와 (11.90)의 결합은 관계식

$$B_g = \frac{\ell_m}{\ell_m + \mu_r g_e} B_r \qquad [\mathrm{T}] \tag{11.91}$$

을 준다.

고정자에서 사용된 강판 적층(steel lamination)은 대략 1.8 [T]의 유용한(useful) 최대 자속밀도를 가진다. 치(teeth)와 슬롯의 폭이 대략 같다면 공극에서의 평균 자속밀도는 그러면 대략 0.9 [T]일 수 있다. Nd 자석으로, 이것은 대략 5 [mm]의

반경 방향 길이의 자석과 대략 1 [mm]의 유효 공극으로 이루어질 수 있다. $B_r \approx 0.85$ [T]인 Sa-Co 자석으로는, 고정자 치가 고정자 슬롯보다 어느 정도 더 좁게 만들어질 것이다. 페라이트 물질로는, 공극 자속밀도가 일반적으로 0.3 [T]보다 작으며, 매우 좁은 고정자 치가 사용된다.

이제 영구자석 기계에 대한 등가회로 모델을 전개하자. 길이 ℓ_m의 회전자 자석은 일정한 기자력 $\ell_m B_r / \mu_r \mu_0$로 자석 바깥 둘레 주위에 위치된 코일과 등가인 것으로 고려될 수 있다. 이 기자력은 자석의 각도 폭(angular width) 2γ에 걸쳐 작용한다. 그림 6.8에서 보여진 바와 같이, 이 기자력의 기본파 공간 성분의 첨두 값은 회전자의 각도 축 β를 따르는 방향인

$$\hat{\mathcal{F}} = \frac{4}{\pi} \frac{\ell_m B_r}{\mu_r \mu_0} \sin\gamma \qquad \text{[A]} \tag{11.92}$$

이다. 따라서, 식 (6.24)를 사용하여, 고정자로부터 보여지는 자석을 나타내는 전류 공간 벡터는

$$\vec{i}_F = \frac{4\vec{\mathcal{F}}}{3N_{se}} = \frac{16}{3\pi} \frac{\ell_m B_r \sin\gamma}{\mu_r \mu_0 N_{se}} \epsilon^{j\beta} \qquad \text{[A]} \tag{11.93}$$

이다. 여기서 $\beta = \beta_o + \omega_s t$ [rad]이다.

자석 기자력은 자석과 고정자 치 사이의 실제 공극 더하기 자석의 길이로 이루어지는 경로에 작용한다. 실제로는, 이것은, 자석 물질의 비투자율이 거의 단위 값(unity, 1)이기 때문에, $(g_e + \ell_m)$의 강-강 공극(steel-to-steel gap)과 등가인 것으로 고려될 수 있다. 식 (5.22)로부터, 고정자에서 보여지는 자화 인덕턴스는

$$L_m = \frac{3\pi}{8} {N_{se}}^2 \frac{\mu_0 \ell r}{g_e + \ell_m} \qquad \text{[H]} \tag{11.94}$$

이다. 여기서 ℓ은 회전자의 축 방향 길이이며 r은 그것의 외반경(outer radius)이다. 큰 강-강 공극 때문에, 영구자석 기계의 자화 인덕턴스는, 유도기에 대한 2에서 5 [pu]의 범위와 대비하여, 정격을 기저로 하여 전형적으로 0.25에서 0.4 [pu]의 범위에 있는, 비교적 작은 값이다.

자석 물질의 거의 단위 값인 비투자율 때문에, 표면 장착 영구자석 기계(surface-mounted permanent-magnet machine)는 철극성을 거의 나타내지 않는다. 고정자 누설 인덕턴스는 본질적으로 유도기의 경우와 같다. 즉, 전형적으로 0.1에서 0.15 [pu]의 범위에 있다. 자석 물질은 상당히 높은 저항률을 가지며 회전자는 아주 작은 제동 권선 효과를 제공한다. 따라서, 기계는 고정자 기준 좌표계에서 그림 11.

29 (a)의 과도 등가회로에 의해 적절하게 나타내어질 수 있다. 권선형 회전자를 가진 동기기와 대비하여, 영구자석 기계 모델은 과도 동안에도 일정한 크기의 회전자 전류원 $\vec{i}_r(\vec{i}_F)$을 내포한다.

인덕턴스 L_{ls}와 L_m 둘 다 일정하기 때문에, 그리 11.29 (a)의 회로는 노튼의 정리를 사용하여 그림 11.29 (b)의 회로를 주도록 간략화될 수 있다. 여기서

$$L_M = L_{ls} + L_m \qquad [\text{H}] \tag{11.95}$$

$$\vec{i}_f{}' = \frac{L_m}{L_M}\vec{i}_F \qquad [\text{A}] \tag{11.96}$$

이다. 그림 11.29의 등가회로는 주파수 $\omega_s = \omega_o$에서 정상 상태 해석을 위하여 사용될 수 있다. 페이서 변수 $\vec{V}_s, \vec{I}_s, \vec{\Lambda}_s, \vec{\Lambda}_m, \vec{I}_F$, 그리고 $\vec{I}_f{}'$가 그들의 대응하는 공간 벡터에 대해 치환될 수 있다

영구자석 물질을 감자(demagnetization)로부터 보호하기 위해서는, 자석 물질 내의 어떤 점(point)에서도 자속밀도가 그림 1.18의 B-H 특성에서 밝혀진 임계 값 B_D 아래로 줄어들지 않아야 할 것이다. 이 자속밀도 B_D는 Nd 자석의 경우 정(양) 또는 부(음)일 수 있으며, 온도의 증가에 따라 증가한다. 페라이트의 경우에는, 그 값이 온도에 따라 감소한다. Sa-Co의 경우에는, B_D가 큰 부(음)의 값이다. 고정자 전류에 의해 생성되는 공극 자속밀도는, 식 (5.17)의 적응(adaptation)에 의해,

$$\hat{B}_s = \frac{3N_{se}\mu_r\mu_0}{4(\ell_m + \mu_r g_e)}\hat{i}_s \qquad [\text{T}] \tag{11.97}$$

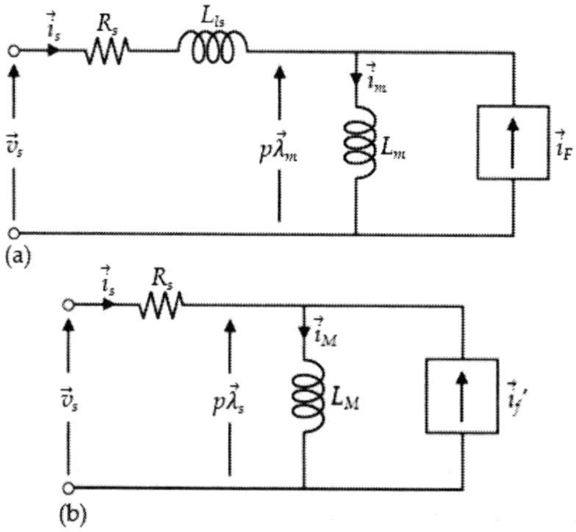

Figure 11.29 (a) Transient equivalent circuit for surface-mounted permanent-magnet machine and (b) simplified form.

로 주어진다. 자석에 의해 생성되는 자속밀도의 첨두 값은 식 (11.91)에서 주어진 값 B_g를 가진다. 자석 보호를 위한 기준(criterion)은

$$B_D < B_g - \widehat{B}_s \qquad [\mathrm{T}] \tag{11.98}$$

이다. 순시 고정자 전류의 허용할 수 있는 최대 값(maximum tolerable value)은 그러므로

$$\begin{aligned} \hat{i}_s &= \frac{4(\ell_m + \mu_r g_e)}{3N_{se}\mu_r\mu_0}\left[\frac{\ell_m B_r}{\ell_m + \mu_r g_e} - B_D\right] \\ &= \frac{4}{3N_{se}\mu_r\mu_0}\left[\ell_m B_r - (\ell_m + \mu_r g_e)B_D\right] \qquad [\mathrm{A}] \end{aligned} \tag{11.99}$$

이다.

자석에서의 주된 위험은 고정자 단자에서의 3상 단락 회로로부터 생긴다. 단락 회로가 생긴 순간에서 유효 회전자 전원 전류가

$$\vec{i}_F = \hat{i}_F \epsilon^{j\omega_s t} \qquad [\mathrm{A}] \tag{11.100}$$

으로 표현된다고 가정한다. 단락 회로 고정자 전류는 그러면

$$\begin{aligned} \vec{i}_s &= \frac{-j\omega_s L_m}{R_s + j\omega_s(L_{ls} + L_m)}\hat{i}_F\left(\epsilon^{j\omega_s t} - \epsilon^{-t/\tau_s}\right) \\ &\approx -\frac{L_m}{L_{ls} + L_m}\hat{i}_F\left(\epsilon^{j\omega_s t} - \epsilon^{-t/\tau_s}\right) \qquad [\mathrm{A}] \end{aligned} \tag{11.101}$$

로 주어진다. 여기서 $\tau_s = (L_{ls} + L_m)/R_s$ 이다. 이 고정자 전류 과도의 첨두 크기는 근사적으로 전류의 회전 공간 벡터(rotating space vector)가 고정자 시정수 τ_s에서 감쇠하는 고정 전류 벡터(fixed-current vector)와 정렬될 때인 $\omega_s t = \pi$에서 생길 것이다. 소형기에서는, 이 시정수가 종종 기본파 주파수의 반 주기에 비해 작다. 대형기에서는, 그것이 수 주기(several period)와 같을 수 있다. 어떤 경우에는, 기계가 단락 회로에서 첨두 고정자 전류를 식 (11.99)에서 주어진 값으로 제한하기 위하여 충분한 누설 인덕턴스를 갖도록 설계되어야 한다.

인버터 전원으로부터 영구자석 전동기를 운전할 때, 인버터 용량의 가장 좋은 사용을 만들기 위하여 고정자 전압과 동상인(in phase) 크거나 작은 고정자 전류를 갖는 것이 바람직하다. 그러한 운전 조건에 대한 페이서도가 그림 11.30에서 보여져 있다. 영구자석 기계에서 자화 전류의 비교적 높은 값 때문에, 단위 역률에 대한 고정자 전압과 등가 회전자 전류 사이의 각도 β_o의 크기는 바로 90°보다 더 크

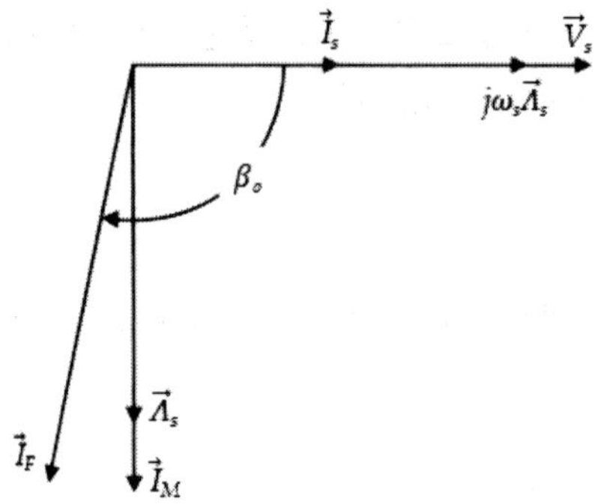

Figure 11.30 Phasor diagram for motor operating at unity power factor.

다. 고정자 전류의 위상각은 각도 β_0와 고정자 전압 크기 둘 다에 꽤 민감하다.

영구자석 전동기 설계에 있어서 한 가지 관심사는 고정자 치와 회전자 자석의 상호작용으로부터 생기는 코깅 토크(cogging torque)의 저감이다. 자석으로부터 보여지는 자기저항을 회전 동안에 가능한 한 일정하게 유지하도록 하기 위해 자석 폭과 형상의 신중한 선택이 요구된다. 어떤 설계에서는, 고정자 슬롯이 사구로 된다(skewed). 그 대신의 설계는 치(teeth)가 없는 고정자를 가진다. 연속 고정자 권선의 조합은 원통형 계철과 공극 사이의 틈(gap) 내에 맞추어진다. 이 형태의 전동기는 사실상 토크 맥동(torque ripple)이 없다.

11.4.2 Machines with Inset Magnets

회전자 구조의 그 대신의 형태는 그림 11.31에서 보여진 삽입 자석 배열(inset magnet arrangement)이다. 이것에서는, 강 부분(steel section)이 공극을 향해 돌출되도록 자석이 강 회전자(steel rotor) 내에 설치된다. 이 기계에서의 자석의 동작은 본질

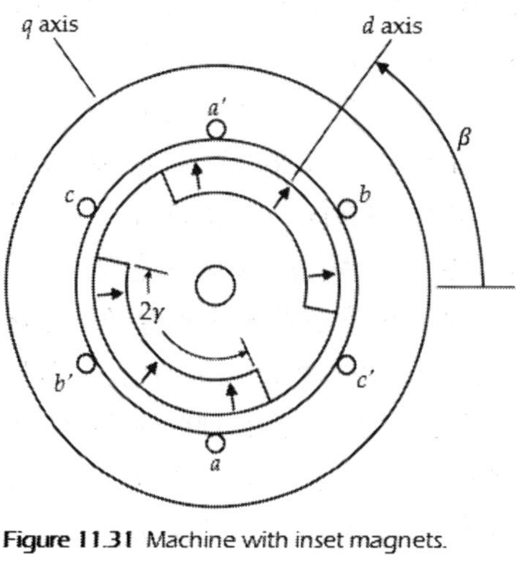

Figure 11.31 Machine with inset magnets.

적으로 11.4.1절의 표면 장착 자석 기계에서와 같지만, 자기 계통이 돌극성이다. 자석 물질의 비투자율은 거의 단위 값이며, 직축 또는 자석 축(magnet axis)에서의 강-강 공극(steel-to-steel air gap)은 횡축에서 보다 훨씬 더 크다.

과도 해석의 경우, 이 기계는 그림 11.10으로부터 적응된 그림 11.32의 등가회로의 쌍(pair)으로 나타내어질 수 있다. 고정자 권수로 환산된 등가 자석 전류 i_F는 식 (11.93)에서 표면 장착 자석에 대해 유도된 것과 같다. 횡축 자화 인덕턴스 L_{mq}는 횡축 원호(quadrature axis arc)의 많은 부분에 걸친 작은 유효 공극 때문에 유도기에서의 그것과 크기가 필적할 것이다. 직축 자화 인덕턴스 L_{md}는 사실상 L_{mq}보다 작을 것이며 근사적으로 식 (11.94)로 주어진 것과 같은 값일 것이다. 따라서, 이 기계는 11.1.3절에서 철극 동기기에서 만났던 성질과 반대되는 철극성을 가진다.

정상 상태 해석의 경우, 그림 11.15 (b)의 등가회로가 개념적으로 유용하다. 이 경우에는, $X_d < X_q$이기 때문에, 이 회로에서의 직렬 리액턴스(series reactance)는 부(음)이다. 토크와 회전자 각도 사이의 대응하는 관계가 그림 11.33에서 보여져 있다. 같은 자석 원호(magnet arc) 2γ의 경우, 삽입 자석을 가진 전동기의 첨두 토크는 표면 장착형의 그것보다 어느 정도 더 크다. 부가적인 이점은 제한된 전압의 인버터로 높은 속도에서 운전하기 위하여 삽입 자석 기계의 순(net) 자속이 약화될(weakened) 수 있다는 점이다. 이 자속 약화는 자석의 각 변(each side)에서 반대 방향의 자속밀도를 생성하는 고정자 전류의 직축 성분의 사용에 의해 이루어진다.

11.4.3 Machines with Circumferential Magnets

페라이트 자석은 낮은 비용 때문에 많은 영구자석 기계를 위해 택해진다. 페라이트

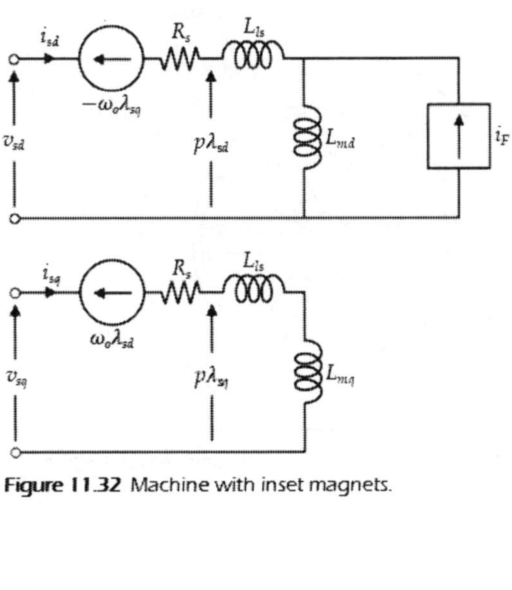

Figure 11.32 Machine with inset magnets.

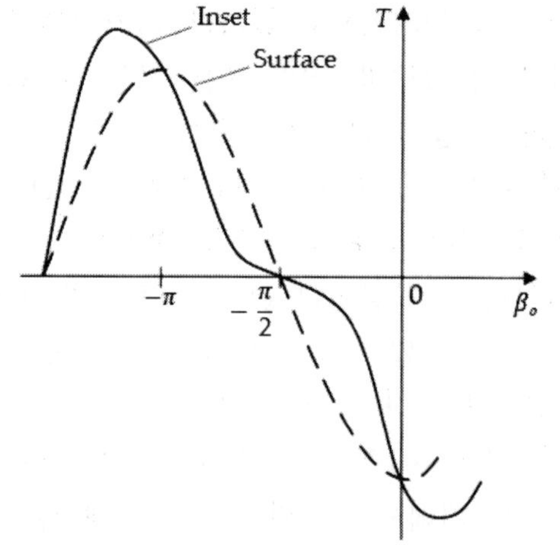

Figure 11.33 Torque-angle relation for inset-magnet machine with surface-mounted magnet machine for comparison.

자석이 그림 11.28에서 보여진 바와 같이 반경 방향으로 배향된 표면 장착에 사용되었을 때, 공극 자속밀도는 비교적 낮다. 공극 자속밀도는, 그림 11.34에서 보여진 바와 같이, 강 자극 원호(steel pole arc) 사이에 끼워넣어진(sandwiched) 원주 방향으로 배향된 페라이트 자석의 배치에 의해 충분히(substantially) 증가될 수 있다.

공극 자속밀도 B_g와 자석 자속밀도 B_m 사이의 관계는 한 극에 대한 공극 자속이 2개의 인접 자석으로부터의 자속과 같다는 것에 유의함으로써 유도될 수 있다. 따라서,

$$B_g\left[\frac{2\pi r - p\ell_m}{p}\right] = 2w_m B_m \tag{11.102}$$

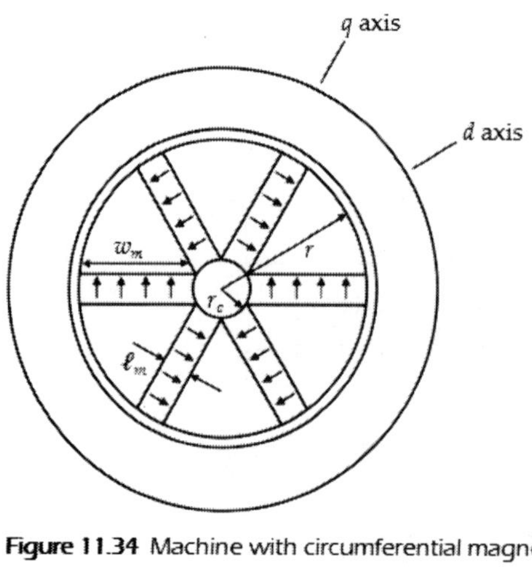

Figure 11.34 Machine with circumferential magnets.

이다. 자석의 최대 가능한 폭 w_m은 반경 r_c의 비자성 철심(nonmagnetic core)이 자석과 딱 닿을 때, 즉, $r_c = p\ell_m/2\pi$일 때 생긴다. 따라서,

$$w_m = r - r_c = r - p\ell_m/2\pi \qquad [\mathrm{m}] \tag{11.103}$$

이다. 식 (11.102)와 (11.103)을 결합하면

$$B_g = \frac{p}{\pi} B_m \qquad [\mathrm{T}] \tag{11.104}$$

를 준다. 대략 0.25에서 0.3 [T]의 작동 자속밀도를 가진 페라이트 자석으로, 자극 수는 보통 원하는 공극 자속밀도를 이루기 위하여 8개 또는 더 많게 설계된다.

이 형태의 기계에서는, 직축은 강 자극(steel pole)에 중심을 두는 한편 횡축은 자석의 단부(edge)에 중심을 둔다. 직축 자속은 인접 자극으로 지나는 곳에 있는 자석을 통하여 긴 유효 공극 ℓ_m들을 만나는 한편, 횡축 자속은 자극의 강(steel) 내에서 완전히 그것의 회전자 경로를 완성할 수 있다. 그러므로, 이 기계는 $L_{md} < L_{mq}$로서 자기적으로 철극성이다. 그림 11.32의 과도 등가회로가 해석을 위해 적절하다. 토크-각도(부하각) 관계는 그림 11.33의 것과 비슷하다.

일정 주파수 전원으로 기동하는 능력을 요구하는 영구자석 전동기는, 속도 ω_o가 동기속도 ω_s보다 작을 때 유도전동기 동작을 마련하기 위하여 회전자 표면 주위의 슬롯 또는 구멍 내에 농형(squirrel cage)이 만들어지는 것을 제외하고는, 그림 11.34의 것과 비슷한 회전자 구조로 만들어진다. 기계가 동기로 들어갈 때까지 농형(cage)은 제동 권선으로서 작용한다.

11.4.4 Hysteresis Motors

영구자석 전동기의 특별한 형태는 회전자가 전형적으로 중앙 철심(central core)에 걸쳐 장착된 영구자석 물질의 환(링, ring)으로 이루어진 히스테리시스 전동기(hysteresis motor)이다. 이 중앙 철심이 고투자율 강(high-permeability steel)으로 만들어졌을 때, 자석 물질은 반경 방향으로 향하는 자속밀도를 가진다. 중앙 철심이 비자성(nonmagnetic)이라면, 공극으로부터의 자속은 자석 원호(magnet arc) 주위의 원주 방향이 된다.

이 절에서 먼저 논의된 영구자석 기계와 대비하여, 이 기계에 대한 자석 물질은 동작점(operating point)이 고정자 기자력에 의해 B-H 특성의 주위를 순환할 수 있는(can be cycled) 것으로 선택된다. 전형적인 B-H 루프가 그림 11.35 (a)에서 보여져 있다. 고정자 기자력 $\vec{\mathcal{F}}_s$가 기계 주위를 회전함에 따라, 공극 자속밀도는 그림 11.35 (b)에서 보여진 공간파(space wave) B_θ를 가진다. 그러므로, 이 자속밀도의 기본

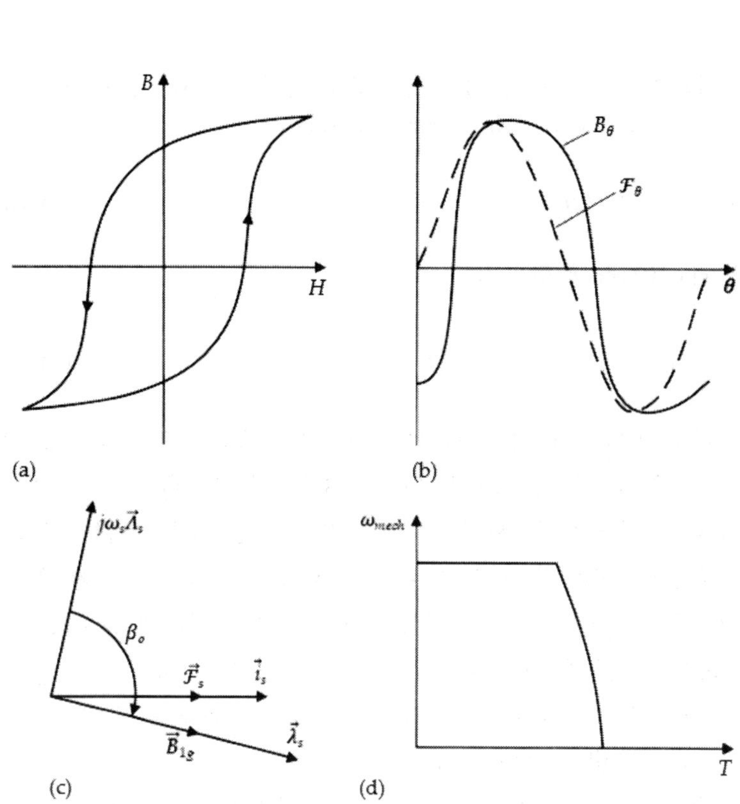

Figure 11.35 Hysteresis motor: (a) B-H loop, (b) space waves of stator mmf and gap flux density, (c) vector diagram, and (d) speed-torque relation.

파 성분 $\vec{B}_{1g}$와 그것의 대응하는 고정자 쇄교 자속 $\vec{\lambda}_s$는, 그림 11.35 (c)에서 보여진 바와 같이, 고정자 전류 벡터 $\vec{i}_s$보다 뒤진다. 기계는 토크

$$T = \frac{3p}{4} Im(\vec{\lambda}_s * \vec{i}_s) \qquad [\text{N}\cdot\text{m}] \qquad (11.105)$$

를 생성한다.

B-H 루프의 모양이 회전자 주파수 $\omega_r = \omega_s - \omega_o$에 독립이라고 가정된다면, 그림 11.35 (b)의 공간파는 어떤 주파수에든 적용되며 토크는 $\omega_o < \omega_s$이기만 하면 회전자 속도 ω_o에 독립일 것이다. 대부분의 히스테리시스 전동기에 사용되는 물질은 철(iron, Fe), 니켈(nickel, Ni), 코발트(cobalt, Co), 바나듐(vanadium, V), 그리고 다른 금속의 합금(alloy)이며, 약간의 부가적인 유도전동기 토크를 제공하기 위한 충분한 도전율을 가진다. 동기속도에 도달되었을 때에는, 토크가 다른 동기기에서와 같이 각도 β_o에 종속한다. 전형적인 속도-토크 관계가 그림 11.35 (d)에서 보여져 있다.

히스테리시스 전동기는, 예를 들어, 테이프 구동(tape drive)과 축음기 전동기(phonograph motor)에서 요구되는 것과 같은, 매우 매끄러우며 맥동이 없는 토크를

제공한다. 고정자 전류는 동기속도까지의 전체 속도 범위에 대해 거의 일정하다. 그들의 낮은 효율은 용도를 낮은 전력 응용으로 제한한다. 그들은 종종 시간 조정(시한) 전동기(timing motor)에 사용된다.

11.5 VARIABLE-FREQUENCY SYNCHRONOUS MOTOR DRIVES

속도 제어가 8.4와 8.5절에서 기술된 어떤 가변 주파수 인버터 또는 사이클로콘버터로부터 공급되는 동기전동기를 사용하여 얻어질 수 있다. 많은 점에서, 포함되는 원리는 10.2와 10.3절에서 유도전동기 구동에 관련하여 논의된 것과 비슷하다.

동기기에 대한 고정자 주파수와 기계적 속도 사이의 유일한 관계 때문에, 정확한 속도 제어가 달성될 수 있다. 또한, 권선형 회전자 기계에서 계자 전류를 조정할 수 있는 능력 때문에, 유도기에 의한 것보다 역률 같은 운전 성질에 대한 더 다수의 제어가 가능하다. 다른 한편으로, 동기기는 특별한 제어 수단(measure)이 취해지지 않으면 과도 조건 하에서 동기를 잃어버리는 것(동기 탈조)을 겪는다.

동기전동기 구동에 대한 두 가지 운전 모드가 있다: (a) 고정자 주파수, 전압 그리고/또는 전류가 직접 제어되는 개루프(open loop), 그리고 (b) 주파수가 보통 회전자 위치 센서로부터 얻어지는 정보에 의해 지배되는 폐루프(closed loop).

11.5.1 Open-Loop Drive Systems

전형적인 개루프 속도 제어 계통에 대한 블록도(block diagram)가 그림 11.36에서 보여져 있다. 제어 정류기가 가변 직류 전압을, 다음에 동기전동기에 공급하는, 인

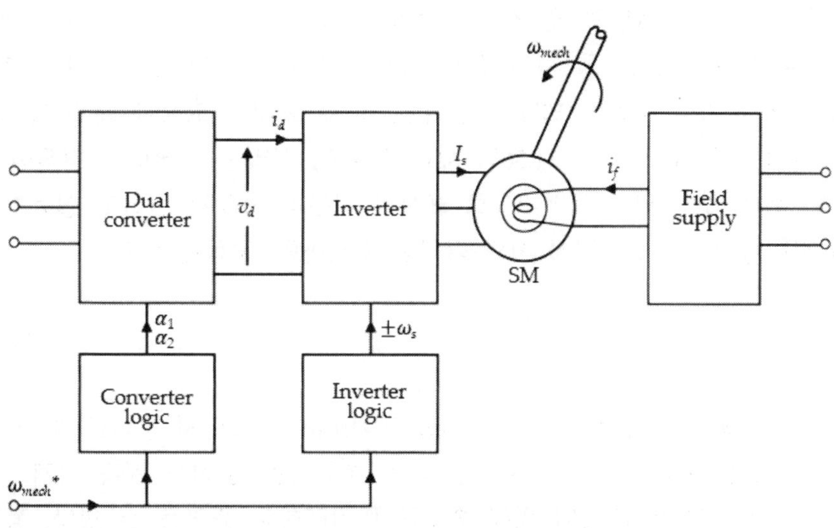

Figure 11.36 Synchronous motor drive operating in open loop.

버터에 링크를 통하여 공급한다. 이것의 가장 간단한 형태에서는, 인버터의 주파수와 직류 링크 전압 둘 다가 요구 속도 ω_{mech}*에 비례하도록 만들어진다. 정상 상태에서, p-극 기계에 대한 기계적 속도는

$$\omega_{mech} = \frac{2}{p}\omega_s \qquad \text{[rad/s]} \tag{11.106}$$

이다. 인버터의 주파수 ω_s가 수정 발진기(crystal oscillator)에 의해 매우 정확하게 제어될 수 있기 때문에, 상응하여 정상 상태 전동기 속도의 정확한 제어가 달성될 수 있다.

계자 전류 i_f를 가진 권선형 회전자 동기기의 경우, 정상 상태 토크는, 식 (11.23)으로부터,

$$T = -\frac{3p}{2}\Lambda_s n i_f \cos\beta_o \qquad \text{[N·m]} \tag{11.107}$$

이다. 여기서 Λ_s는 고정자 쇄교 자속의 실효치, n은 유효 전류비, 그리고 β_o는 고정자 유도 전압과 계자 축 사이의 각도이다. 기계는 정상 상태에서, 예를 들어 고정자 전압이

$$\vec{V}_s = R_s\vec{I}_s + j\omega_s\vec{\Lambda}_s \qquad \text{[V]} \tag{11.108}$$

로 보여지는 것으로부터, 그림 11.4 (b)의 등가회로에 의해 나타내어질 수 있다. 구동 계통의 정상 상태 운전 범위는 몇 가지 정격에 종속된다. 전동기의 경우에는, 이것이, 각각이 냉각 계통의 열 소산 성질(heat dissipation property)에 종속되는, 고정자 전류와 계자 전류 둘 다의 정격 값을 포함할 것이다. 또한, 강 적층(steel lamination)의 자기적 성질에 의해 제한되는, Λ_{sb}로 표시된 고정자 쇄교 자속의 정격 값도 포함할 것이다. 그림 11.36의 제어 정류기, 전압원 인버터의 경우에는, 링크 전압의 최대 값 $\hat{v}_d$와 따라서 V_{sb}로 표시된 기본파 고정자 전압의 실효치의 최대 값일 것이다. 따라서, 고정자 저항 강하를 무시하면, 구동은 속도

$$\omega_{sb} = \frac{V_{sb}}{\Lambda_{sb}} \qquad \text{[rad/s]} \tag{11.109}$$

까지 전(full) 쇄교 자속에서 그리고 그러므로 전(full) 토크에서 운전할 수 있다.

일정한 고정자 전압으로 고속 운전을 하는 경우에는, 권선형 계자 기계의 쇄교 자속 Λ_s가 계자 전류의 저감에 의해 속도에 반비례하여 줄어들 수 있다. 정격 고정자 전류로, 이용할 수 있는 정상 상태 토크는 쇄교 자속에 비례할 것이며 따라

서 속도에 역으로 비례할 것이다. 이용할 수 있는 기계 동력은 그러면 구동의 최대 속도까지 일정할 것이다. 직류 전압 링크가 2중 콘버터로부터 공급된다면, 구동은 그림 11.37에서 표시된 것과 같이 4개의 상한 모두에서 운전할 수 있을 것이다. 반대 방향 속도는 상순(phase sequence)의 역전에 의해 이루어진다.

ω_{sb} 아래의 많은 속도 범위에 걸쳐, 주파수 또는 속도에 직접 비례하는 고정자 전압을 만드는 것이 만족스럽다. 매우 낮은 속도에서의 운전의 경우에는, 고정자 전압 강하에 대한 부가적인 보상이 요구된다.

8.5절에서 묘사된 것과 같은 단순한 전압원 인버터가 사용된다면, 고정자 전류에 상당한 고조파 성분이 있을 것이다. 이들은 10.2.2절에서 유도전동기 구동에서 묘사된 것과 비슷한 6차, 12차, 그리고 더 높은 차수 고조파 토크의 원인이 될 것이다. 저속에서의 매끄러운 운전을 위해서는, 더 정현에 가까운 전압 파형을 갖는 펄스폭 변조 인버터(pulse-width-modulated inverter)를 사용하는 것이 필요하다.

동기전동기에 대한 전형적인 페이서도가 그림 11.38에서 보여져 있다. 고정자 전류가 계자 전류의 조정에 의해 어느 정도 앞서거나 용량성(capacitive)으로 만들어

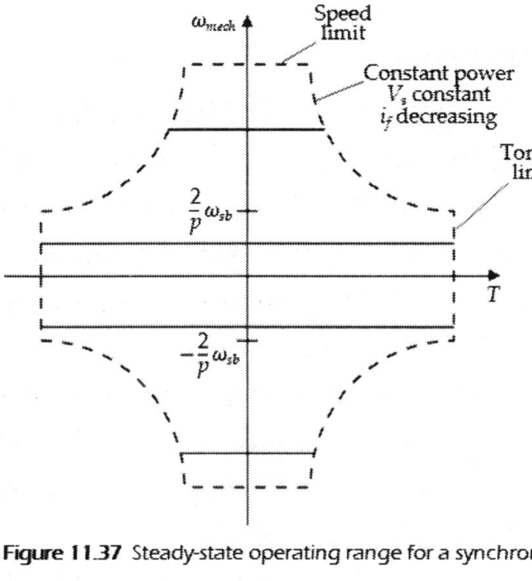

Figure 11.37 Steady-state operating range for a synchronous motor drive.

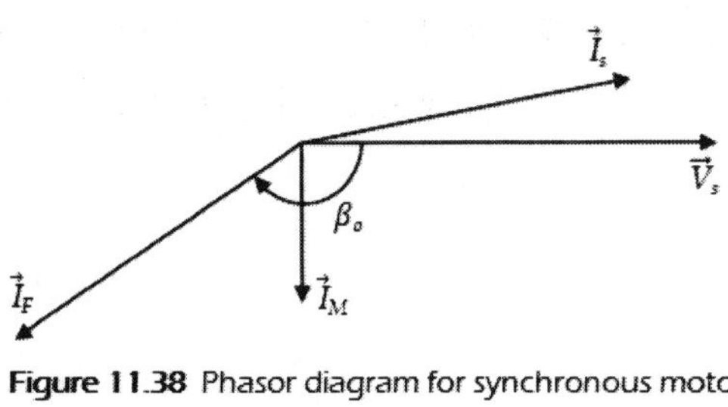

Figure 11.38 Phasor diagram for synchronous motor with large magnetizing inductance.

진다면 인버터에서의 스위치는 자연 정류될(naturally commutated) 것이다. 이 양상은 높은 주파수에서 대형 반도체 스위치(large semiconductor switch)의 꺼짐(소호) 능력(turn-off capability)의 한계 때문에 대전력 구동(large power drive)에서 종종 활용된다.

개루프 계통에서는, 부하 토크에서의 변화에 회전자 각도 β_o 자체를 맞춘다. 전동기의 자화 전류가 고정자 전류보다 상당히 작다면, 그림 11.38에서 보여지는 바와 같이, 각도 β_o가 여현(cosine)이 값 −1에 접근하는 큰 부(음)의 값을 가진다. 따라서, 전(full) 토크와 계자 전류의 일정한 값에서 운전할 때, 부하가 증가된다면 이용할 수 있는 정상 상태 토크의 매우 작은 여유(margin)가 있을 수 있다. 즉, 동기를 잃어버릴(동기 탈조할) 위험이 있다. 이 때문에, 개루프 구동은 유도전동기의 경우보다 더 작은, 즉, 보통 1 [pu]보다 작은, 자화 인덕턴스를 가지는 동기전동기를 사용한다.

개루프 구동은, 그렇지 않으면 불안정과 동기 탈조를 생성할 수 있는 상당한 과도 외란이 없는, 예측 가능한 정상 토크를 제공하는 부하에만 채용된다. 그들은 또한 속도와 주파수가 매우 느리게 변화되는 상황에 한정된다.

11.5.2 Self-Controlled Drive Systems

개루프 동기전동기 구동의 주된 단점은 부하 토크에서의 과도 또는 인버터 주파수의 너무 빠른 변화에 따라 동기를 잃어버리기 쉽다는 것이다. 이 한계는 인버터 스위칭 동작을 결정하기 위하여 전동기 축의 위치를 사용함으로써 극복될 수 있다. 그림 11.39에서 블록도의 형태로 보여진 이 자기 제어 계통(self-controlled system)은 그것의 회전자 축에 장착된 각 위치 센서(angular position sensor)를 가진다. 이 센서로부터의 신호는 제어 논리 회로(로직)(control logic)에서 처리되며 인버터의 스위치를 동작시키기 위해 사용된다. 단순한 전압원 인버터가 사용된다면, 그러면 회전자 위치의 미리 결정된 값에서 주기당(per cycle) 6번의 스위칭 동작이 생긴다. 이것은 식 (11.107)의 토크 표현식에서 각도 β_o와 양(quantity) $\cos\beta_o$를 순시 속도와 무관하게 일정하게 유지하도록 하는 것을 허용한다.

자기 제어 구동 계통에서는, 속도가 이제는 더 이상 독립적으로 결정되지 않는다. 예를 들어, 계자 전류 i_f뿐만 아니라, 고정자 전압 크기 V_s가 일정하게 유지된다면, 고정자 쇄교 자속 Λ_s는 속도 또는 주파수에 역으로 비례할 것이다. 식 (11.107)의 토크 표현식으로부터, 결과가

$$T\omega_{mech} = -3V_s n i_f \cos\beta_o \qquad [\mathrm{W}] \tag{11.110}$$

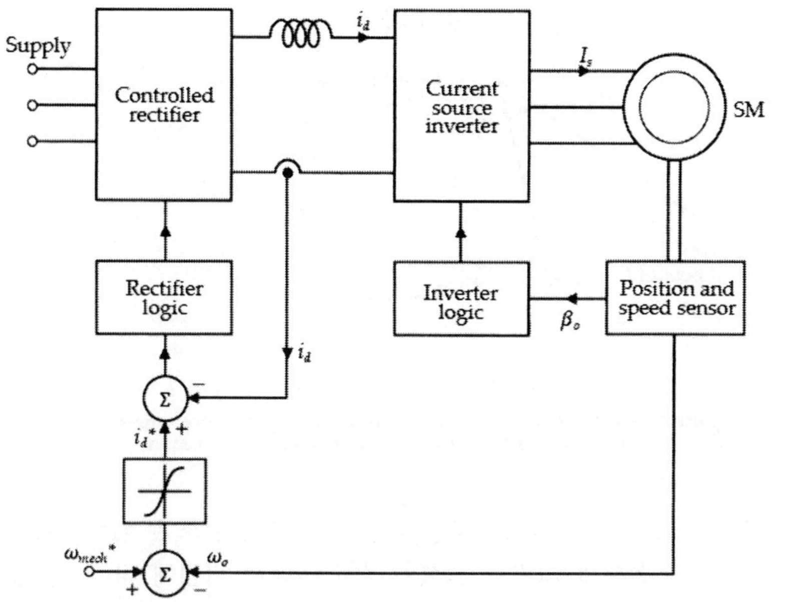

Figure 11.39 Speed control system using synchronous motor with shaft position sensor.

인 일정 동력(전력) 특성일 것이라는 것이 보여진다. 부하 토크에서의 증가는, 전동기에 의해 생성되는 토크의 증가로, 고정자 쇄교 자속에서의 증가로 귀결할 속도와 그러므로 주파수에서의 감소로 귀결할 것이다. 운전은 그러면 직권 정류자기(series commutator machine)의 운전과 어느 정도 비슷할 것이다.

속도 제어 계통을 산출하기 위하여, 위치 센서 또는 회전 속도계(tachometer)로부터 유도된 속도가 인버터에 대한 입력을 제어하기 위해 사용된다. 전압원 또는 전류원 인버터 어느 것이든 사용될 수 있다; 뒤의 것이 그림 11.39의 계통에서 보여져 있다. 이 계통은 고정자 전류의 크기 I_s를 제어하는 한편 위치 센서와 논리회로는 이 전류의 각도를 제어한다. 고정자 전류 제어를 가진 동기전동기에 대한 전형적인 페이서도가 그림 11.40에서 보여져 있다. 그림 11.4 (b)의 등가회로로부터

$$\vec{\Lambda}_s = L_s(\vec{I}_s + \vec{I}_F) \qquad [\text{Wb}] \tag{11.111}$$

이다. 토크는 이제

$$\begin{aligned} T &= -\frac{3p}{2} Im(\vec{\Lambda}_s{}^* \vec{I}_s) \\ &= -\frac{3p}{2} L_M I_s n i_f \sin\delta \qquad [\text{N·m}] \end{aligned} \tag{11.112}$$

와 같이 유도될 수 있다. 여기서 δ는 $\vec{I}_s$에 대한 $\vec{I}_F$의 각도이다. 따라서, 일정한 계자

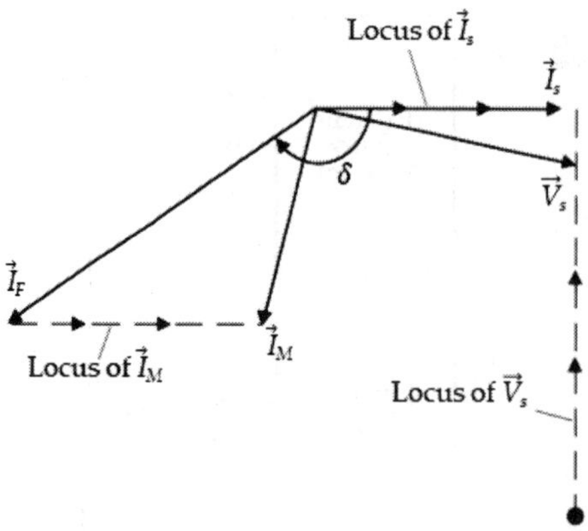

Figure 11.40 Phasor diagram for current-driven synchronous motor with constant angle δ showing loci as stator current is increased.

전류 i_f와 일정한 각도 δ로, 토크는 고정자 전류와 따라서 또한 링크 전류 i_d에 직접 비례한다. 고정자 전류의 크기가 일정한 각도 δ에서 바뀜에 따라, 순(net) 자화 전류 I_M과 고정자 전압 V_s는 그림 11.40에서 보여진 궤적을 따른다. 고정자 전류가 감소함에 따라, 자화 전류와 고정자 전압은, 모든 계자 전류가 자화를 위해 사용되는, $I_s = 0$이 될 때까지 증가한다.

축 위치 감지는 여러 방식으로 이루어질 수 있다. 주기당(per cycle) 6번의 스위칭 동작이 요구되는 계통의 경우, 그림 11.41에서 그려진 센서 계통을 2극 전동기에 대해 적용할 수 있다. 3개의 근접 검출기(proximity detector)가 서로 $\pi/3$ [rad] 떨어져 있다. 회전자에 장착된 셔터(rotor-mounted shutter)의 존재(presence) 또는 부재(absence)를 가리키는 3개의 신호는 그러면 회전에 있어서의 6개의 60°의 간격을 유일하게 정의한다. p-극기의 경우에는, 검출기가 서로 $\pi/3$ [elec. rad] 떨어져 있으며 셔터는 $p/2$개의 큰 직경 부채꼴(large-diameter sector)을 가진다. 검출기로부터의

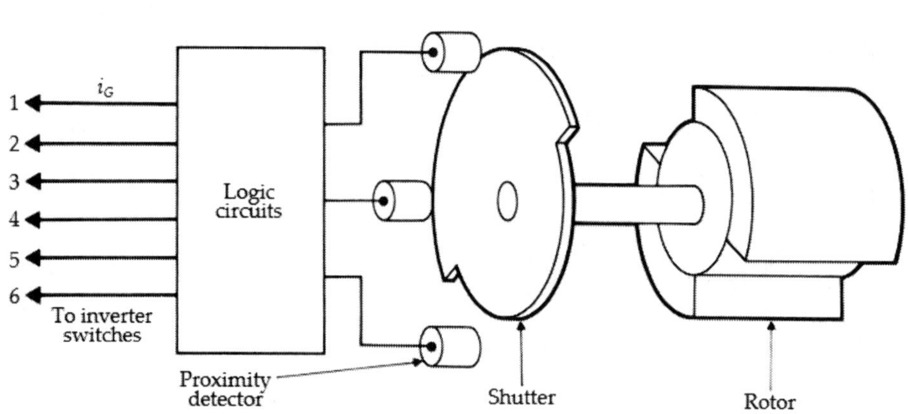

Figure 11.41 Rotor shaft-position encoder.

신호는 인버터 스위치를 동작시키기 위해 사용될 수 있다. 역전된 속도로 검출기 신호의 순서가 역전되기 때문에 회전 방향 둘 다에서 동작이 가능함에 유의하라. 자기(magnetic) 또는 광학(optical) 근접 검출기 어느 것이든 사용될 수 있다.

더 정밀한 위치 측정의 경우에는, 각각이 교대로 불투명(opaque) 및 투명한(clear) 부분을 갖는 동심 광학 환(링)(concentric optical ring)의 조합으로 이루어진 센서가 가장 빈번하게 채용된다. 광학 검출기로, 각 링은 각 위치 정보(angular position information)에 있어서 1 [bit]를 준다. 즉, 예를 들어, 10개의 링은 각각 0.35°의 위치 지시를 준다. 축 위치 센서를 사용하여, 동기전동기는 정확한 위치 제어에 사용될 수 있다. 11.1절에서 전개된 등가회로 모델이 그러한 계통의 과도 해석을 위해 사용될 수 있다.

낮은 전력(동력) 수준에서는, 구동의 지배적인 형태가 6.7절에서 소개된 전자적으로 스위칭되는(electronically switched) 영구자석 전동기이다. 이러한 구동을 위한 전동기는, 거의 정현적인 분포 대신, 그림 6.8 (a)에서 보여진 바와 같이, 고정자 권선이 균일한 도체 분포를 가져, 이 장의 앞에서 고려된 것과는 다르다. 토크는 직사각형(rectangular) 고정자 전류 분포와 자석으로부터의 직사각형 자속밀도의 상호작용에 의해 생성된다. 그러한 스위칭된 영구자석 전동기(switched permanent-magnet motor)를 사용하는 전형적인 위치 제어 계통이 그림 11.42에서 보여져 있다. 축에 있는 위치 센서는 회전자 각도 β를 나타내는 신호를 생성한다. 이것은 요구 각도 β^*와 비교되며, 그 차이가 전류의 요구 값 i_d^*를 생성하기 위해 사용된다. 이것은 그 다음에 직류 전압 전원으로부터의 링크 전류 i_d의 측정된 값과 비교되며, 그 차이가, 작은 크기의 폭(small-magnitude band) 내에서 원하는 링크 전류를 유지하도록 하는 방식으로 스위치를 활성화하기 위하여, 스위칭 논리 회로(switching logic)에서 처리된다. 덧붙여, 위치 센서 신호는 링크 전류가 회전자 각도 원호(rotor angle arc)에 대응하는 직렬인 2개의 고정자 권선을 통하여 운반되도록 하는 적절한 동작 스위치(operating switch)의 쌍(pair)을 선택하기 위해 사용된다.

이 형태의 기계에 대한 링크 전류의 함수로 나타낸 토크, 속도의 함수로 나타낸 유기 전압, 그리고 토크의 함수로 나타낸 속도에 대한 표현식은 식 (6.26), (6.27), 그리고 (6.28)에서 주어져 있다. 그러한 구동의 운전 특성은 정류자 전동기에서의 특성과 비슷하다.

11.6 SWITCHED RELUCTANCE MOTOR DRIVES

적절한 제어 전력 변환기(controlled power converter)와 릴럭턴스 전동기(reluctance

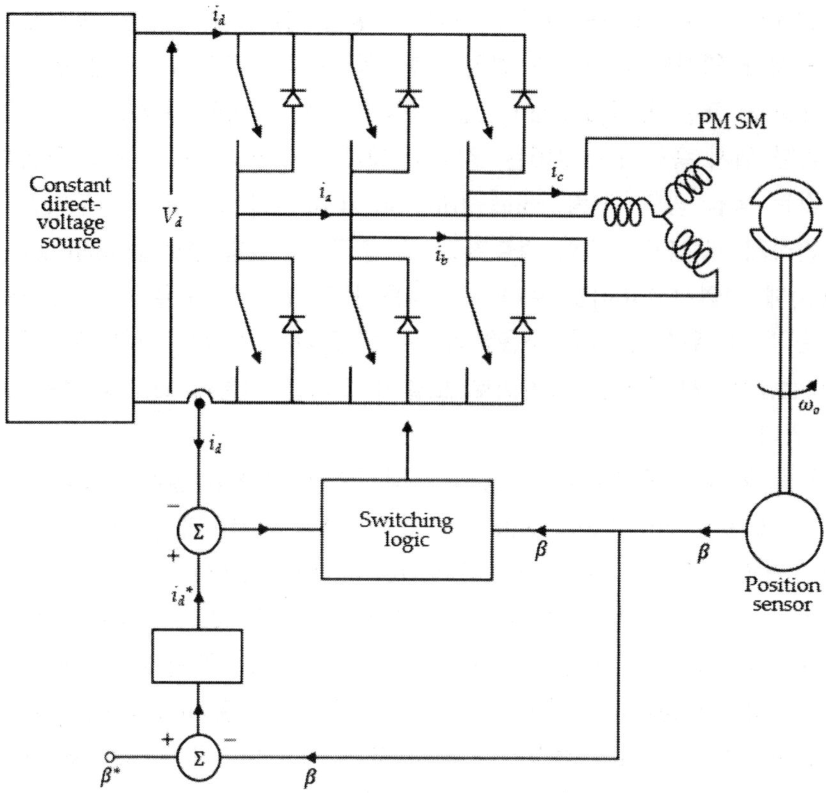

Figure 11.42 Position control system using switched permanent-magnet motor.

motor)의 결합은 다수의 매력적인 양상을 가지는 구동을 제공한다: 전동기와 변환기 둘 다의 단순성(simplicity), 투박함(ruggedness), 넓은 속도 범위, 그리고 작은 회전자 관성. 전형적인 릴럭턴스 기계의 단면이 그림 11.43 (a)에서 보여져 있다. 고정자는, 각각 집중 코일이 있는 6개의 철극을 가진다. 회전자는 권선이 없는 4개의 철극을 가진다. 반대 극에 있는 고정자 코일은 직렬로 연결된다. 그림 11.43 (a)의 기계에서 전류 i_a가 상 a 권선을 통하여 지나갈 때, 회전자 자극의 2개는 고정자 자극의 여자된 쌍(pair)에 정렬하도록 회전한다. 이제 전류가 상 b의 권선으로 절환되면, 반시계 방향 회전을 계속하려는 토크가 있을 것이다.

3개의 고정자 권선 상(phase)은 그림 11.43 (b)에서 보여진 전력 변환기로부터 공급될 수 있다. 이상적으로는, 어떤 순간에 단지 한 개의 상(phase)만이 전류를 운반한다. 릴럭턴스 전동기에서는 전류의 방향은 토크 생성에 대해서 중요하지 않다.

상 전류의 제곱과 각도에 대한 인덕턴스의 변화율에 비례하는 토크를 제공하는, 3.7절에서의 릴럭턴스 전동기에 대한 소개는 이상적인 고정자와 회전자 철(iron)의 간략화한 가정을 기초로 하였다(식 (3.45)).

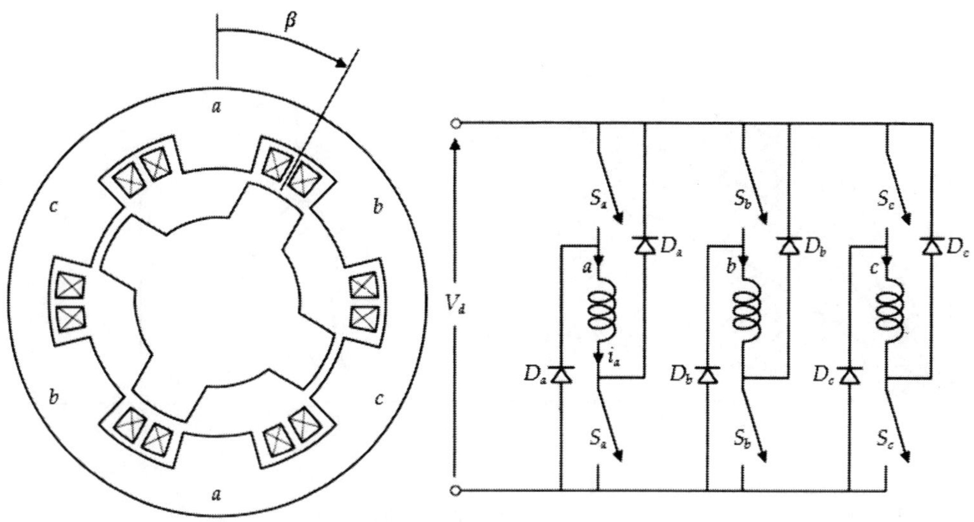

Figure 11.43 (a) Reluctance motor and (b) power converter.

릴럭턴스 전동기가 자기적으로 선형인 범위에서 운전된다면, 그것의 이용할 수 있는 토크는 비교적 작다. 실제로는, 토크를 증가시키기 위하여 여자된 자극이 상당한 포화 영역 내에서 구동되도록 전동기가 운전된다. 그러므로, 전동기 운전 특성의 예측은 7.8절에서 소개된 개념의 사용을 요구한다. 식 (7.72)와의 상사(analogy)로, 일정한 상 전류에 의한 토크는 회전자 각도 β에 관한 자계의 수반 에너지의 변화율로써 유도될 수 있다:

$$T = \left.\frac{\partial W_m'}{\partial \beta}\right|_{i=constant} \qquad [\text{N·m}] \tag{11.113}$$

그림 11.43 (a)에서 단지 코일 a에만 전류 i_a가 흐른다고 가정한다. 이 상 회로(phase circuit)의 쇄교 자속 λ_a가 회전자의 몇 가지 각 위치에 대하여 i_a의 함수로써 그림 11.44 (a)에서 보여져 있다. 그림 11.43 (a)에서 $\beta = -\pi/6$에 대하여 보여진 바와 같이 2개의 회전자 자극이 상 a와 b 사이의 선(line)을 따라 위치되었을 때, 고정자 [A]당 쇄교 자속은 낮으며 λ_a-i_a 관계는 거의 선형이다. 회전자 자극이 $\beta = 0$에서 상-a 자극에 정렬되었을 때에는, 그들이 고도로 포화되며 λ_a-i_a 관계는 비선형이다. 식 (7.70)으로부터, 어떤 회전자 위치 β에서 수반 에너지 $W_{a\beta}'$는

$$W_{a\beta}' = \int_0^{\hat{i}_a} \lambda_a \, di_a \qquad [\text{J}] \tag{11.114}$$

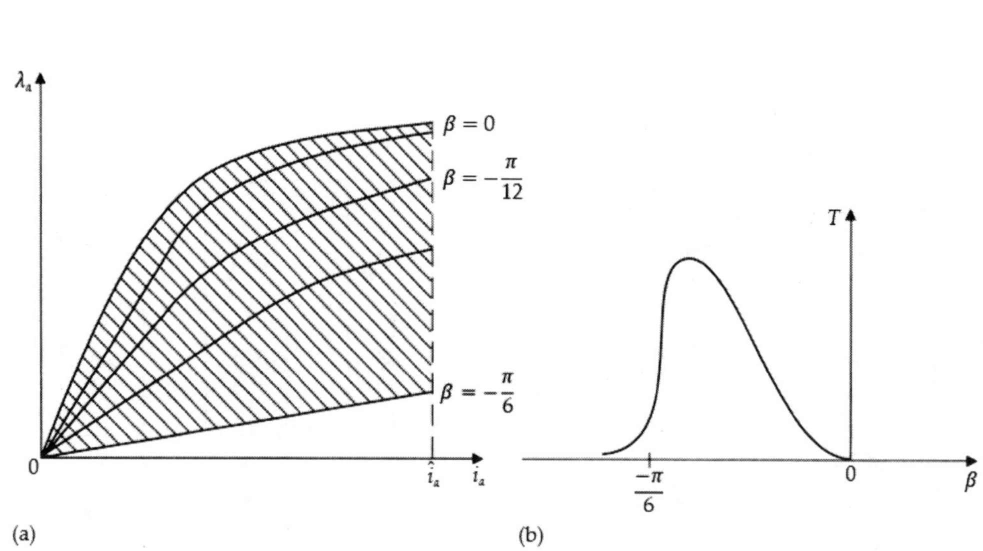

Figure 11.44 (a) Flux linkage-current curves for several rotor positions and (b) typical torque-angle relation with constant phase current.

로 정의된다. 즉, 그림 11.44 (a)에서 β의 적절한 값에 대한 λ_a-i_a 곡선과 전류 $\hat{i}_a$까지의 i_a 축 사이의 면적과 같다. 그러므로, 토크는 다수의 각 위치 β에 대하여 식 (11. 114)의 수반 에너지를 구하고 β에서의 각 증분(increment)에 걸친 평균 토크를 얻기 위하여 식 (11.113)에서 이 값들 사이의 차이를 사용함으로써 찾아질 수 있다. 일정한 상 전류 i_a에 대한 전형적인 토크-각도(부하각) 관계가 그림 11.44 (b)에서 보여져 있다.

그림 11.43 (a)에서의 기계의 경우, 상 a로부터의 토크는 $\beta = -\pi/6$으로부터 $\beta = 0$까지의 회전자의 회전을 책임진다. 그 다음 상 b가 여자되면, 회전자는 $\beta = \pi/6$를 향하여 회전할 것이다. 따라서, 순서(상순, sequence) a-b-c로 상 코일을 여자하는 것은 범위 $\beta = -\pi/6$에서 $\beta = \pi/3$까지에 걸친, 즉, 회전의 4분의 1에 걸친 정방향(positive direction)에서의 회전을 생성한다. 각 고정자 상이 4개의 회전자 자극에 따라 4번 여자되면 1회전을 완성한다. 역회전은 상순을 a-c-b로 역전함으로써 이루어진다.

고정자 자극 p_s와 회전자 자극 p_r의 여러가지 결합이 스위치드 릴럭턴스 전동기에서 유용하게 사용될 수 있다. 그림 11.43 (a)에서의 기계는 보통 6/4 기계로 표시된다. 회전자가 어떤 상에서의 전류에 기인한 토크가 0이 되는 위치가 아닐 것을 보장하기 위하여, 비(ratio) p_s/p_r 또는 그것의 역(inverse)은 정수(integer)가 아니어야 할 것이다. $p_s/2$ 고정자 상 각각은 회전당(per revolution) p_r번 여자된다. 한 상(a phase)에서의 전류가 각변위(angular displacement) π/p_s에 걸쳐 일정하게 유지된다면, 이 구간에 걸쳐 한 기계적 일은, 식 (11.113)으로부터,

$$W_{mech} = W_{(\beta=0)}' - W_{(\beta=-\pi/p_s)}' \qquad [\mathrm{J}] \tag{11.115}$$

일 것이다. 그것은 그림 11.44 (a)에서 전체 빗금친 면적(slashed area)으로 나타내어질 것이다. 평균 토크는

$$\overline{T} = \frac{W_{mech}}{\Delta\beta} = \frac{W_{mech}p_s}{\pi} \qquad [\mathrm{N \cdot m}] \tag{11.116}$$

일 것이다.

릴럭턴스 전동기 설계에 있어서는, 자극 폭의 선택이 결정적으로 중요하다. 더 넓은 자극으로는, 더 큰 최대 쇄교 자속이 이루어질 수 있으며 그림 11.44 (a)에서 $\beta = 0$에서의 수반 에너지의 값이 더 크다. 하지만, 더 좁은 자극으로는, 회전자 위치 $\beta = \pm\pi/p_s$일 때 더 작은 쇄교 자속일 것이다. 식 (11.114)의 수반 에너지 항에서의 차이를 최대로 하는 최적 폭(optimal width)이 있다. 또한 기계적 한계에 모순이 없는 최소 공극의 사용이 그림 11.44 (a)에서 λ_a-i_a 곡선의 비포화 부분(unsaturated part)의 최대 기울기를 생성하며, 따라서 이 회전자 각도에서의 수반 에너지의 최소화에 기여한다는 것에 주목할 수 있다.

그림 11.43 (b)의 전력 변환기는 고정자 상 각각에서의 전류의 개별 제어를 제공한다. 일정 링크 전압 V_d는 정류기 또는 다른 직류 전압원으로부터 마련된다. 근접 센서의 조합은 고정자에 관련된 회전자 자극의 위치의 정보를 제공한다. 고정자 전류의 달성할 수 있는 펄스의 전형적인 파형이 그림 11.45에서 보여져 있다. 상 a의 2개의 스위치 S_a가 자극 단부(pole edge)를 검출하는 센서에 의해 회전자 각도 $\beta = -\pi/p_s$에서 점호된다(켜진다, turned on). 이 각도에서, 상 a의 인덕턴스는 낮으며 합리적으로 선형이다. 전류는 시정수 $\tau = L/R$에서 값 V_d/R로 상승한다. 여기서 R은 전원을 포함한 회로의 유효 저항이다. 전원 전류이기도 한, 상 전류가 원

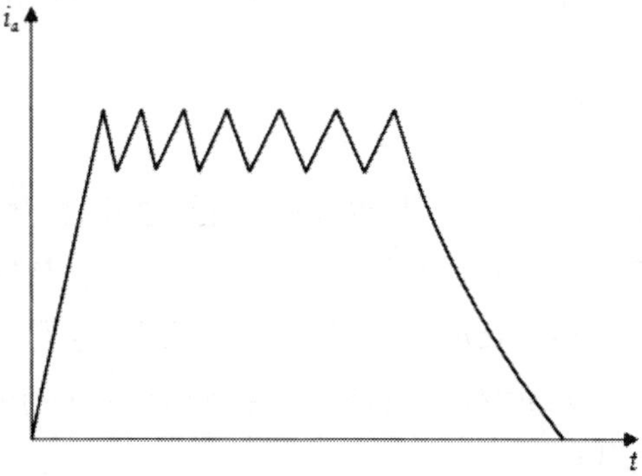

Figure 11.45 Phase current waveform.

하는 값에 도달하였을 때, 스위치 S_a는 소호된다(꺼진다, turned off). 상 전류는 다이오드 D_a를 통하여 흐름을 계속한다. 상 권선은 이제 전압 $-V_d$의 전원에 연결된다. 따라서, 전류는 본질적으로 같은 시정수에서 값 $-V_d/R$을 향하여 감쇠한다. 스위치 S_a는 그러면 전류 i_a를 원하는 값 부근의 작은 폭(small band)에서 제한하도록 하는 방식으로 운전된다. 회전자가 $\beta = 0$을 향하여 움직임에 따라, 상(phase)의 유효 인덕턴스는 증가하며 또한 비선형으로 된다. 스위치 S_a가 가까이에서 소호될 때, 이것이 최대 인덕턴스의 위치이기 때문에 상 전류는 비교적 긴 시정수에서 감쇠한다. 자계에 저장된 에너지는 링크 전원으로 되돌려지거나 저항에서 소산된다 (dissipated).

스위치드 릴럭턴스 전동기 구동의 바람직하지 않은 양상 중 한 가지는 $p_s p_r/2$의 기본 주파수에 초당 회전수(revolutions per second)로 나타낸 회전자 속도가 곱해진 주파수에서의 토크의 맥동(ripple)이다. 이 맥동은 많은 인자(factor)에 의해 기인된다: 그림 11.44 (a)에서 보여진 바와 같은 각 위치에 대한 수반 에너지의 변화율의 불균일성(nonuniformity), 상(phase)에서의 전류의 확립의 지연(delay), 그리고 그림 11.45에서 보여진 바와 같은 펄스의 끝에서의 전류의 비교적 긴 감쇠. 이 마지막 인자는 회전자 자극이 고정자 자극으로부터 멀어지는 한편 여전히 자속을 운반하는 것과 같은 순시 토크의 역전을 생성할 수 있다. 이 맥동 토크의 최소화는 완전한 구동 계통에 대한 비선형 동적 관계의 상세한 고려를 요구한다. 토크 맥동을 줄이기 위해 취해질 수 있는 한 가지 기준(measure)은 전류를 어느 정도 일찍 켜고 마지막 전류 감쇠를 어느 정도 일찍 시작하도록 하는 것이다. 또한, 전류 윤곽(프로파일)(current profile)을 각 상 주기(phase period) 동안에 토크를 더 거의 일정하게 만들도록 모양 짓게 할 수 있다.

영구자석 전동기를 넘어서는 스위치드 릴럭턴스 전동기의 이점은, 고정자 단락 회로가 생겼을 때, 고정자 전류가 빠르게 감쇠한다는 것이다. 영구자석 전동기에서는, 기계가 회전을 계속하는 한 단락 회로 전류가 지속된다.

11.7 STEPPER MOTOR DRIVES

스텝 전동기(stepper motor)는 그것에 인가된 공급 전류의 각 펄스에 응답하여 특정한 각도를 회전하도록 설계된 전동기이다. 그것의 응용 분야는 지배적으로 디스크 구동에서의 녹음 헤드(recording head), 수치 제어 공작 기계, 인쇄기(프린터, printer)와 타자기(typewriter)에서의 용지 구동(paper drive)같은 위치 결정 장치 (positioning device)에 있다.

많은 형태의 스텝 전동기가 있는 한편, 그들은, 한 가지는 릴럭턴스 회전자를 가진 것과 다른 한 가지는 영구자석 회전자를 가진, 두 가지 기본적인 형태로 분류될 수 있다. 그림 11.43 (a)에서 보여진 릴럭턴스 기계는 앞의 형태의 기본적인 예이다. 상(phase) $a, b,$ 그리고 c에 순차적으로 인가된 전류 펄스는 각각 $\pi/12$ [rad] 또는 30°의 회전을 생성한다. 더 자주, 1°보다 더 작은 스텝 크기(step size)가 원해진다. 전형적인 스텝 전동기의 예가 그림 11.46에서 단면으로 보여져 있다. 이 기계는 32개의 회전자 치(rotor teeth) 또는 자극(pole)을 가진다. 6개의 고정자 자극의 각각은 3개의 치를 가진다. 그림 11.46에서 보여진 바와 같이, 회전자 치는 고정자 상 a에서의 전류에 의해 상 a 고정자 치와 정렬되어 있다. 회전자에서의 치의 수(number of teeth)는 상 b 자극의 치가 인접 회전자 치보다 앞서도록 선택되었다. 치와 슬롯 폭이 같은 경우, 앞섬은 치폭(tooth width)의 3분의 2이다. 상 a에서의 전류의 제거에 뒤따르는 상 b에의 전류 펄스의 인가는 각도 $\Delta\beta$의 정(양, positive) 또는 반시계 방향 회전을 생성한다. 여기서

$$\Delta\beta = \frac{360}{2 \times 32} \times \frac{2}{3} = 3.75° \tag{11.117}$$

이다. 일반적으로, 이 형태의 기계에 대한 회전당 스텝 수(number of steps per revolution)는 $p_s p_r/2$이다. 예를 들어, $p_s = 6$ 그리고 $p_r = 32$에 대해서는 96이다.

릴럭턴스 형 스텝 전동기의 다른 형태는, 한 더미(스택, stack)가 그림 11.47에서 전형적인 기계에 대해 보여진, 다중 더미 배치(multistack configuration)을 가진다. 각 스택에서는, 회전자와 고정자가 같은 수의 치를 가진다. 인접 고정자 치는 상 전

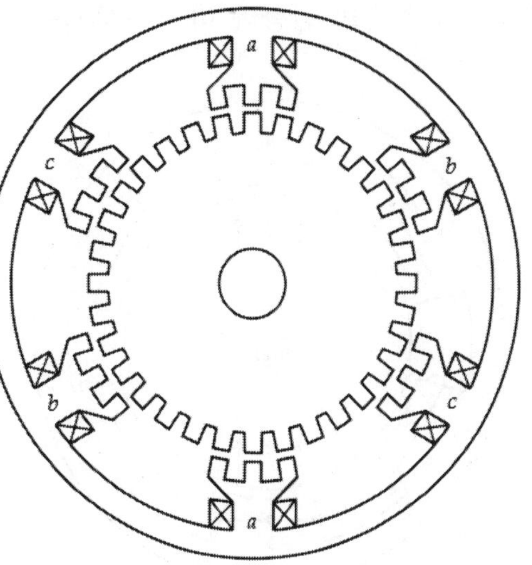

Figure 11.46 Reluctance-type stepper motor.

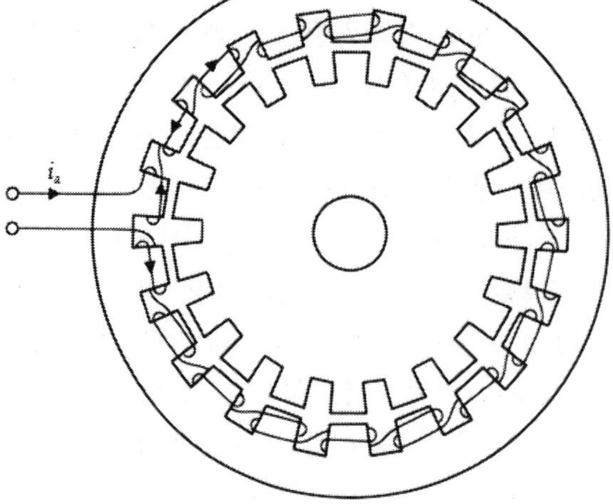

Figure 11.47 One phase of a multistack reluctance-type stepper motor.

류를 운반하는 권선에 의해 생성되는 같으며 반대 방향인 기자력을 가진다. 같은 축 위에는, n개의 비슷한 스택이 있다. 이들 각각은 치 또는 극 간격(pole pitch)을 n으로 나눈 만큼 이웃과 순차적으로 이격된 고정자 또는 회전자를 가지며, 각각은 상 전류에 의해 여자된다. 이 간단한 구조를 사용하여, 회전당 스텝 수는 np_r과 같게 만들어진다. 3-스택 구조가 일반적인 한편, 더 많은 수의 스택이 더 작은 스텝 크기를 얻기 위해 사용될 수 있다.

영구자석 스텝 전동기의 간단한 예가 그림 11.48에서 보여져 있다. 원통형 자석 회전자는 여자된 고정자 상(stator phase)과 정렬하려는 경향이 있다. 릴럭턴스 형 스텝 전동기와 대비하여, 상 전류의 방향이 이 기계에서는 중요하다. 차례 차례로

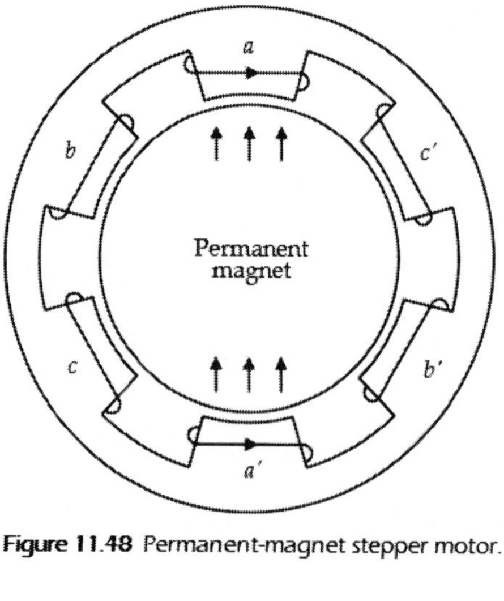

Figure 11.48 Permanent-magnet stepper motor.

상 a, b, 그리고 c의 여자는 순방향(forward direction)의 60° 스텝을 생성한다. 이 형태의 기계의 이점은 상 전류가 제거되었을 때 회전자가 그것의 마지막 위치에 남아있으려는 경향이 있다는 것이다. 릴럭턴스 기계의 경우에는 그것의 위치를 유지하기 위해서는 계속적인 상 전류가 요구된다.

스텝 전동기 구동은 계수형(디지털) 제어 계통(digital control system)에서의 사용의 경우에 특히 적합하다. 보통, 기계 부하는 인가되는 펄스의 수를 셈으로써 간단히 원하는 각도에 위치될 수 있다. 앞선 장에서 논의된 위치 제어 계통과 대비하여, 대부분의 적용에 있어서 회전자 위치 센서가 요구되지 않는다. 스텝 전동기의 각 위치(angular position)가 바뀔 수 있는 최대 비율(maximum rate)은 11.3절에서 동기기에 대해 묘사된 것과 많이 같은 방식으로 고정자와 동기로 남아있을 수 있는 회전자의 능력에 의해 지배된다.

PROBLEMS

11.1 모두 고정자 권수로 환산된 3상, 440 [V] (L-L), 1200 [rpm], 60 [Hz], 10 [kVA] 권선형 회전자 기계의 매개변수는 다음과 같다:

$$R_s = R_r = 0.4 \quad [\Omega]; \qquad L_m = 127 \quad [\text{mH}]$$
$$L_{ls} = L_{lr} = 7.43 \quad [\text{mH}]; \qquad N_{se}/N_{re} = 0.65$$

이 기계는 동기발전기로 사용된다. 직류 계자 전류가, 상 A에서 들어가며 상 B와 C가 함께 연결된 단자에서 나오는, 회전자 회로에 공급된다.

(a) 모든 리액턴스, 저항, 그리고 전류비(current ratio)의 값이 삽입된, 그림 11.4 (a)에서와 같은, T-형의 정상 상태 등가회로를 그려라.

(b) 기계가 정격 속도에서 구동될 때 개방 회로에서 정격 단자 전압을 생성하기 위해 요구되는 계자 전류를 결정하라.

(c) 기계가 정격 단자 전압과 주파수에서 평형 저항 부하에 10 [kW]의 전력을 공급한다고 가정한다. 요구되는 계자 전류와 회전자 각도를 결정하라. **(11.1.1 절)**

11.2 문제 11.1에서의 기계의 정상 상태 해석은, 그림 10.8에서 유도기에 대해 보여졌던 바와 같이, Γ-형 등가회로의 사용에 의해 어느 정도 간략화될 수 있다.

(a) 이 등가회로에 대한 매개변수의 값을 결정하라.

(b) 이 모델을 사용하여 문제 11.1의 (b)와 (c)를 반복하고 결과가 T-모델을 사용하여 얻어진 것과 같다는 것을 납득하라.

(11.1.1 절)

11.3 동기기에 대한 다른 그 대신의 등가회로는 그림 11.7 (b)에서 보여진 것과 같은 역-Γ 형이다. 문제 11.1에서 권선형 회전자에 대해 주어진 매개변수를 사용하여,

(a) 정상 상태 역-Γ 모델에 대한 매개변수의 값을 결정하라.

(b) 이 모델을 사용하여 문제 11.1의 (b)와 (c)를 반복하고 다시 결과가 문제 11.1과 11.2에서 얻어진 것과 같다는 것을 납득하라.

(11.1.2 절)

11.4 매개변수가 문제 11.1에서 주어진 것과 같은 기계가 동기전동기로 사용된다고 가정한다. 그것의 고정자 단자는 440 [V] (L-L), 60 [Hz], 3상 전원에 연결된다. 계자 회로는 무시할 수 있는 내부 저항을 가지는 12 [V] 배터리에 연결된다. 고정자 저항은 무시될 수 있다.

(a) 문제 11.1, 11.2, 그리고 11.3으로부터 정상 상태 등가회로의 가장 적절한 형태를 선택하고, 이 전동기에 의해 생성되는 토크의 값을 회전자 각도 β_o의 함수로써 유도하기 위하여 그것을 사용하라.

(b) 부하 토크가 문제 (a)에서 찾아진 최대 값을 막 초과할 때까지 차례로 증가된다고 가정한다. 배터리는 0을 제외한 모든 주파수에서 단락회로로서 나타난다는 것에 주목하면, 부하가 이제 유도기로서 동작하는 기계로 구동될 속도는 근사적으로 얼마인가?

(11.1.1 절)

11.5 440 [V], 10 [kVA], 60 [Hz] 권선형 회전자 기계의 매개변수와 계자 연결이 문제 11.1에서 주어져 있다.

(a) 그림 11.2 (b)에서 보여진 T-형의 과도 등가회로를 그리고, 그것의 순시 전류비 n_f의 값을 유도하라.

(b) 기계가 개방 회로로 된 고정자 단자로 정격 속도에서 발전기로 구동된다고 가정한다. 무시할 수 있는 내부 저항의 직류 전압원이 회전자 계자 회로에 시간 0에서 연결된다. 계자 전류가 그것의 정상 상태 값을 향하여 상승할 시정수는 얼마인가?

(c) 직류 전압원이 0.5 [Ω]의 내부 저항을 가진다고 가정하여 문제 (b)를 반복

하라.

(d) 발전기가 정격 전압과 주파수로 본질적으로 0 역률에서 10 [kVA]를 요구하는 3상 유도용량기(인덕터, inductor) 부하를 짊어진다고 가정한다. 문제 (b)에서의 계자 전원이 시간 0에서 연결된다면, 고정자 단자 전압이 그것의 최종 실효 값의 95 [%]에 도달하기 위해 요구되는 시간은 근사적으로 얼마일 것인가? 고정자 저항의 효과는 무시될 수 있다.

(e) 문제 (d)의 조건에 대하여 시간의 함수로써 고정자 전류 공간 벡터의 파형을 그려라.

(f) 문제 (e)에서와 같은 조건에 대하여 대략 1 [s]의 시정수에 대하여 시간의 함수로써 3개의 고정자 상 전류의 파형을 그려라.

(11.1.1 절)

11.6 그림 11.7 (b)에서 보여진 역-Γ 형의 과도 등가회로를 사용하여 문제 11.5를 반복하라. 결과가 문제 11.5에서 얻어진 것과 같다는 것을 확인하라.

(11.1.2 절)

11.7 개방 회로로 된 고정자 단자로 정격 속도에서 구동되는 4.6 [kV] (L-L), 3상, 60 [Hz], 3 [MVA] 동기발전기가 다음과 같은 고정자 전압 V_s (L-L)-계자 전류 i_f 자료를 주었다:

i_f [A]	0	20	30	40	60	80	100	120
V_s [V]	50	1450	2200	2850	4080	4900	5400	5850

이 기계 내에서 모든 상당한 포화는 회전자 내에서 일어난다고 가정하자. 그림 11.7의 등가회로 모델이 그러므로 적절하다. 이 회로에서, 인덕턴스 L_L'는 2.45 [mH/phase], 실효치 고정자 전류에 대한 계자 전류에 관련된 비(ratio) n'는 15.1이다. 2개의 고정자 단자 사이에서 측정된 저항은 0.07 [Ω]이다. 발전기가 정격 전압과 0.9 역률 유도성 또는 지상(lagging)으로 2.5 [MW]의 부하를 공급한다고 가정하여, 요구되는 계자 전류 i_f와 부하각 β_o를 결정하라.

(11.1.2 절)

11.8 철극형 동기전동기의 정격이 10 [MW], 13.8 [kV] (L-L), 60 [Hz], 그리고 720 [rpm]이다. 직축 리액턴스는 24 [Ω]이며 횡축 리액턴스는 13 [Ω]이다. 고정자 저항과 회전손은 무시될 수 있다. 210 [A]의 계자 전류가 무부하에서 정격 단자 전압을 생성하기 위해 요구된다.

(a) 계자 전류가 340 [A]이며 각도 β_o가 $-115°$일 때 토크를 결정하라.

(b) 전동기가 340 [A]의 계자 전류로 동기를 잃어버리기 전에 공급할 수 있는 최대 정상 상태 토크를 추정하라.

(11.1.3 절)

11.9 4극, 550 [V] (L-L), 60 [Hz], 3상 릴럭턴스 전동기가 그것의 고정자 단자에서 보여진 것으로서 8.0 [Ω]의 직축 리액턴스와 3.0 [Ω]의 횡축 리액턴스를 가진다. 고정자 저항과 회전손은 무시될 수 있다.

(a) 정격 전압과 주파수의 전원에 연결되었을 때 이 전동기가 생성할 수 있는 최대 축 토크를 결정하라.

(b) 이 기계의 역률이 비교적 낮기 때문에, 그것의 최대 역률 조건에서 운전하는 것이 바람직하다. 이 최대 역률의 값과 이 조건에 대한 동력 출력을 결정하라.

(11.1.3 절)

11.10 철극형 동기발전기가 1.0 [pu]의 직축 리액턴스와 0.6 [pu]의 횡축 리액턴스를 가진다. 발전기는 1.0 [pu]의 단자 전압에서 0.8의 지상 역률로 부하에 1.0 [pu]의 전류를 공급하며 운전된다.

(a) 이 조건에 대한 기계의 각도 β_o를 결정하라.

(b) 이 조건에 대하여 요구되는 계자 전류를 결정하라.

(11.1.3 절)

11.11 전력 계통에서 조정할 수 있는 용량성(capacitive) 또는 유도성(inductive) 부하로 동작하는 동기 리액터(synchronous reactor)로서 철극형 동기기의 사용을 고려한다. 동기기는 직축과 횡축 리액턴스 X_d와 X_q를 가지며 무시할 수 있는 손실과 무시할 수 있는 기계 부하를 가진다고 가정한다. 그것은 일정한 상당(per phase) 전압 V_s인 전력 계통에 연결된다.

(a) 계자 전류가 0으로 줄어든다고 가정한다. 상당 복소 전력이

$$\vec{S}_s = -j\frac{V_s^2}{X_d} \qquad \text{[VA]}$$

로 주어짐을 보여라.

(b) 계자 전류가 0으로부터 증가됨에 따라, 유도 부하는 감소된다. 그것이 계

자 전류의 값

$$i_f = \frac{V_s}{nX_d} \qquad [A]$$

에서 0으로 됨을 보여라.

(c) 큰 유도성 부하가 때때로 계통 전압을 제어하기 위하여 긴 송전선로를 가진 전력 계통에서 요구된다. 유도성 부하를 문제 (a)에서 얻어진 값을 넘어서 증가시키기 위하여, 계자 전류의 방향의 역전을 고려한다. 회전자는 $-\pi/2$로부터의 회전자 각도 β_o의 이탈이 복원 토크를 생성하는 한 동기에 남아있을 것이다. 계자 전류가

$$i_f = -\frac{X_d - X_q}{X_d X_q}\frac{V_s}{n} \qquad [A]$$

로 줄어들 때까지 기계가 동기에 남아있을 수 있음을 보여라.

(d) 문제 (c)의 조건의 경우, 상당 복소 전력이

$$\vec{S} = -j\frac{V_s^2}{X_q} \qquad [VA]$$

임을 보여라.

(11.1.3 절)

11.12 4.6 [kV] (L-L), 3상, 3 [MVA] 원통형 회전자 동기기가 그것의 매개변수를 결정하기 위하여 60 [Hz] 가변 전압으로 그리고 기계 부하 없이 시험되었다. 시험은 (i) 거의 0의 고정자 전류와 (ii) 용량성 또는 과여자(overexcited) 정격 회전자 전류에서 이루어졌다. 결과는 다음과 같았다:

Field current [A]	Stator (L-L) Voltage [V] (i)	(ii)
20	1450	
30	2200	0
40	2850	750
60	4080	2140
80	4900	3350
100	5400	4200
120	5850	4800

(a) 이 기계에 대하여 역-Γ형 등가회로에 대한 누설 인덕턴스 L_L'와 전류비 n'를 결정하라.
(b) 실효치 자화 전류 I_M'에 대한 실효치 자화 쇄교 자속 Λ_M'와 관련된 도표(graph)를 그려라.
(c) 기계가 0.8 역률 진상(leading)에서 정격 부하로 전동기로서 동작하기 위해 요구되는 계자 전류를 결정하라.

(11.1.4 절)

11.13 문제 11.12에서 기술된 기계가 동기 리액터로 사용되는 것으로 가정한다. 그것은 기계 부하를 가지지 않으며 손실은 무시될 수 있다. 그것이 4.0 [kV] (L-L)의 전압을 가진 3상, 50 [Hz] 전력 계통에 연결된다. 기계가 계통에서 2.5 [MVA] 용량성 부하로 작용할 때 요구되는 계자 전류는 얼마인가?

(11.1.4 절)

11.14 문제 11.1에서 주어진 매개변수를 가진 권선형 회전자 기계가 동기발전기로 사용된다. 계자 회로는 상 A에서 들어가며 상 B와 C가 함께 연결된 단자에서 나오는 직류 전류로 연결된다.

(a) 모든 매개변수의 값을 삽입하여, 역-Γ형의 과도 등가회로를 그려라.
(b) 개방 회로 계자 시정수, 즉, 고정자가 개방 회로인 시정수, τ_f를 결정하라.
(c) 과도 시정수, 즉, 고정자가 단락 회로이며 R_s가 무시된 시정수, τ'를 결정하라.
(d) 전기자 시정수 τ_a를 결정하라.
(e) 발전기가 초기에 단위(unity, 1) 역률에서 정격 부하를 공급한다고 가정한다. 3상 단락 회로가 시간 0에서 생긴다. 단락 회로에 따르는 고정자 전류 공간 벡터를 유도하라. 어떤 상에서 흐를 최대 단락 회로 전류를 추정하라.

(11.2 절)

11.15 철극, 60 [Hz] 동기발전기가 정격의 [pu]로 표현된 다음의 매개변수를 가진다:

$$X_d = 1.25; \qquad X_q = 0.7; \qquad X_d' = 0.3; \qquad X_d'' = X_q'' = 0.17$$

그것의 시정수는:

$$\tau_f = 6.25; \qquad \tau' = 1.5; \qquad \tau'' = 0.045; \qquad \tau_a = 0.15 \qquad [s]$$

모든 저항과 인덕턴스의 [pu] 값을 포함하여, 그리고 어떤 가정으로 만들어졌는지를 언급하여, 이 발전기에 대한 Γ-형 직축 및 횡축 등가회로를 전개하라.

(11.2 절)

11.16 동기전동기가 0.9 [pu]의 동기 리액턴스와 0.35 [pu]의 과도 리액턴스를 가진다. 그것의 고정자 저항은 무시될 수 있으며, 자기적으로 선형인 것으로 고려될 수 있다. 전동기는 초기에 계자 전류를 1.0 [pu]의 개방 회로 전압을 생성하는 값으로 조정함으로써 1.0 [pu] 전압의 평형 전원에 동기화되어 있다.

(a) 변화하지 않고 남겨진 계자 전류로, 부하 토크가 단계적으로 인가된다. 동기를 잃어버림이 없이 인가될 수 있는 최대 [pu] 토크를 찾아라.

(b) 과도 시정수가 크다고 가정하자. 동기를 잃어버림이 없이 초기 동기화 후에 갑자기 인가될 수 있는 최대 토크를 추정하라. 이 토크는 과도 시정수보다 훨씬 주기에 대해 인가될 것이라고 가정될 수 있다.

(c) 부하 토크는 1.0 [pu]로 단계적으로 증가하며 계자 전류는 단위 값(unity, 1)의 입력 역률을 주도록 조정된다고 가정한다. 근사적으로 얼마나 많은 부가적인 토크가 동기를 잃어버림이 없이 더해질 수 있는가?

(11.3 절)

11.17 4.5 [MW], 1000 [rpm] 동기전동기가 13.2 [kV] (L-L), 3상, 50 [Hz] 배전선로로부터 공급된다. 전동기는 14 [Ω]의 과도 리액턴스를 가지며, 과도 시정수는 긴 것으로 고려될 수 있다. 고정자 저항은 무시될 수 있다. 전동기와 기계 부하의 결합 극 관성 모멘트는 5000 [kg·m^2]이다. 초기에, 전동기는 부하에 5000 [kW]의 기계 동력을 공급하며, 계자 전류는 고정자 단자에서 단위 역률을 얻도록 조정되었다. 번개(lightning)가 배전선로에 일시적인 섬락(flashover)을 일으킬 때, 전동기를 선로에 연결하는 회로 차단기가 장애(fault)를 제거하고(cear) 재폐로하는(reclose) 것을 허용하기 위하여 0.3 [s]의 주기 동안 열린다.

(a) 장애가 일어나기 전의 전동기에 대한 토크-각도(부하각) 관계를 유도하라.

(b) 초기 회전자 각도를 결정하라.

(c) 전원 없이 0.3 [s] 동안 운전한 후의 회전자 각도를 결정하라.

(d) 부하 토크가 변화하지 않고 남아있는다고 가정하면, 전동기는 재폐로(re-closure) 후에 동기로 남아있을 것인가?

(11.3 절)

11.18 2극, 1000 [MVA], 50 [Hz], 16 [kV] (L-L) 동기발전기가 정격 속도에 이르고, 계자 전류는 정격 단자 전압을 주도록 조정되며, 그것이 무시할 수 있는 임피던스를 가지는 것으로 가정될 수 있는 16 [kV] 전력 계통에 동기화된다. 발전기의 과도 리액턴스는 정격을 기저로 하여 0.4 [pu]이다. 발전기에서의 손실은 무시될 수 있다. 발전기와 그것의 구동 터빈의 극 관성 모멘트는 10^4 [kg·m^2]이다.

(a) 터빈 토크의 작은 계단 증분(small-step increment)의 적용에 따르는 속도 진동의 각속도를 결정하라.

(b) 이 발전기가 전력 계통에 연결되고 단락 계자 회로로 운전될 때, 동기 속도의 0.990 [pu]의 속도에서 15 [MW]의 전력 출력을 생성하는 유도발전기로 동작한다. 문제 (a)의 조건에 대하여, 각속도와 증분 토크 변화에 따르는 속도 진동의 비제동률(relative damping factor)을 결정하라.

(c) 터빈 판(밸브)(turbine valve)에서 제어 치차(control gear)의 부적당한 설계 때문에, 터빈 토크 T는 평균 토크에 부가되는 진동 항을 내포한다. 즉,

$$T = 5 + 3\sin t \qquad [\text{kN·m}]$$

이다. 회전자 각도 β_o에서의 진동의 첨두-첨두 값(peak-to-peak value)을 결정하라. 문제 (b)의 제동 효과를 포함하라.

(11.3 절)

11.19 2극 항공기 전동기가 상당(per phase) 정현 분포 24 [turn]인 3상 고정자 권선을 가진다. 회전자는 그림 11.28에서 보여진 것과 같이 배열된 영구자석의 쌍(pair)을 가진다. 자석 물질은 1.15 [T]의 잔류 자속밀도와 1.05의 반동 비투자율(relative recoil permeability)인 그림 1.18에서 보여진 형태의 감자 곡선을 가지는 Nd-Fe-B이다. 회전자 반경은 40 [mm]이며 길이는 60 [mm]이다. 공극 길이는 0.5 [mm]이며 자석의 반경 방향 두께는 5 [mm]이다. 자석은 회전자 표면의 3분의 2를 덮는다.

(a) 각 자석 위의 평균 공극 자속밀도를 결정하라.

(b) 공극 자속밀도의 기본파 공간 성분의 실효 값을 결정하라.

(c) 이 전동기에 대한 정상 상태 등가회로에 대한 등가 전류원과 자화 인덕턴스를 유도하라.

(d) 이 전동기가 24000 [rpm]에서 회전한다면, 상당(per phase) 개방 회로 단자 전압은 얼마인가?

(e) 감자를 예방하기 위하여 자석 물질은 항상 0보다 큰 자속밀도를 가져야 한다고 가정한다. 이 기계에 안전하게 공급될 수 있는 고정자 전류의 가장 큰 실효 값은 얼마인가?

(f) 문제 (e)의 고정자 전류와 400 [Hz]의 전원 주파수로, 기계에 의해 생성되는 기계 동력과 토크는 얼마인가? 손실은 무시될 수 있다.

(11.4.1 절)

11.20 8극 영구자석 전동기가 그림 11.34에서 보여진 바와 같이 배열된 원주 방향 자석으로 구성되었다. 영구자석 물질은 0.35 [T]의 잔류 자속밀도와 1.06의 증분 비투자율인 페라이트이다. 자석의 두께는 8 [mm]이다. 회전자 반경은 25 [mm]이며 유효 공극 길이는 0.5 [mm]이다. 자석은 그들의 두께에 대하여 가능한 최대 폭을 가진다.

(a) 철 자극 위의 공극에서의 평균 자속밀도를 결정하라.

(b) 공극 자속밀도의 기본파 성분의 실효 값을 결정하라.

(11.4.3 절)

11.21 히스테리시스 전동기의 토크 생성 능력을 평가하는 방법은 동기보다 낮은 속도에서 운전할 때 히스테리시스 손실로 소산되는(dissipated) 전력을 결정하는 것이다. 이 손실 전력으로부터, 공극 전력과 따라서 토크가 추정될 수 있다. 추정 값은 무시된 손실 인자 때문에 실제로 이루어질 수 있는 것보다 더 클 것이다. 고체 철심(solid iron core)에 장착된 반경 20 [mm], 길이 40 [mm], 그리고 두께 5 [mm]의 영구자석 물질의 원통 환(cylindrical-ring)으로 이루어진 회전자를 가진 2극, 400 [Hz], 3상 전동기를 고려한다. 영구자석 물질은 $B_r = 1.2$ [T] 그리고 $H_c = 10$ [kA/m]로 그림 1.17에서 보여진 이상화된 모델로 근사화될 수 있는 히스테리시스 루프를 가진다. 고정자 전압과 전류는 회전자에 대한 자계의 각 회전에 대하여 루프 주위의 완전한 순환을 영구자석 물질의 전(whole) 체적에 일으킬 수 있을 정도로 충분하다고 가정한

다. 와류손은 무시될 수 있다.

(a) 정지 상태에서 회전자에서의 히스테리시스 손실을 결정하라.
(b) 이 히스테리시스 효과에 기인한 토크를 결정하라.
(c) 동기 값 아래의 속도에서는 토크가 회전자 속도에 무관함을 보여라.
(d) 정격 주파수에서 운전할 때 전동기가 생성할 수 있는 최대 기계 동력을 결정하라.

(11.4.4 절)

11.22 375 [kW], 720 [rpm], 2300 [V], 60 [Hz], 3상 동기전동기가 30 [mH]의 자화 인덕턴스를 가진다. 15 [A]의 계자 전류가 무부하로 정격 속도에서 구동될 때 정격 단자 전압을 생성한다. 전동기는 제어 가능한, 거의 정현인 전압과 가변 주파수를 가진 인버터로부터 공급된다. 기계 부하는

$$T_L = 0.75\omega_{mech}{}^2 \qquad [\mathrm{N \cdot m}]$$

의 토크를 요구하는 펌프(pump)이다. 전동기에서의 손실은 무시될 수 있다.

(a) 720 [rpm]의 속도에서 구동할 때, 인버터는 정격 쇄교 자속을 주도록 조정되며 계자 전류는 단위(unity, 1) 역률을 주도록 조정된다. 고정자 쇄교 자속(rms), 고정자 전류, 그리고 계자 전류를 결정하라.
(b) 고정자 쇄교 자속과 계자 전류는 문제 (a)에서 찾아진 것과 같은 값을 유지하며, 속도가 240 [rpm] 으로 줄어들었다고 가정한다. 고정자 전압, 고정자 전류, 그리고 역률을 결정하라.
(c) 문제 (b)에서 단위 역률을 이루기 위해서는 계자 전류가 어떤 값으로 줄어들어야 할 것인가?

(11.4.1 절)

11.23 동기전동기가 다음의 정격을 가진다: 4.16 [kV] (L-L) , 3상, 6극, 60 [Hz], 10 [MW], L_M = 12.75 [mH] . 모든 손실은 무시될 수 있다. 정격 속도에서 개방 회로 발전기로 운전될 때 50 [A]의 계자 전류가 정격 단자 전압을 생성한다. 전동기가 1000 [rpm]의 속도에서 75 [kN·m]의 토크를 요구하는 압축기를 구동한다. 전동기는 제어 정류기로부터 공급되는 단순한 전압원 인버터로부터 공급된다. 인버터의 자연 전류(natural commutation)를 제공하기 위하여, 전동기의 기본파 역률은 0.95 진상으로 된다. 직류 링크 전압, 주파수, 그리고

계자 전류의 요구되는 값을 결정하라.

(11.5.1 절)

11.24 그림 11.36의 계통에서 보여진 바와 같이, 구동이 제어 정류기로부터 공급되는 단순한 전압원 인버터에 의해 공급되는 동기전동기로 이루어진다. 전동기 정격은 75 [kW], 1200 [rpm], 440 [V] (L-L), 60 [Hz], 3상이다. 정격 주파수에서 그것의 자화 리액턴스는 2.2 [Ω]이며, 손실은 무시할 수 있다. 계자 전류비 n은 12이다. 이용할 수 있는 설비 전원은 460 [V] (L-L), 60 [Hz], 그리고 3상이다.

(a) 이 구동이 토크의 정격 값을 제공할 수 있는 전동기 속도의 최대 값을 결정하라.
(b) 단위 역률 운전을 가정하여, 문제 (a)의 조건에 대하여 요구되는 계자 전류를 결정하라.
(c) 속도가 2700 [rpm]으로 증가되었다고 가정한다. 전동기의 정격 고정자 전류가 초과되지 않는다면, 이 속도에서 이용할 수 있는 최대 토크와 기계 동력은 얼마인가?
(d) 문제 (c)의 조건의 경우 계자 전류는 얼마가 되어야 할 것인가?
(e) 300 [rpm]의 속도에서 정격 토크를 제공하기 위해서는 정류기의 점호각(firing angle)은 얼마가 되어야 할 것인가?

(11.5.1 절)

11.25 그림 11.43 (a)에서 보여진 형태의 스위치드 릴럭턴스 전동기가 4개의 회전자 자극과 6개의 고정자 자극을 가진다. 모든 자극은 30°의 원호 폭(arc width)이다. 전형적인 고정자 상(phase)에 대한 쇄교 자속-전류 관계가 그림 11.49에서 최대 그리고 최소 자기저항 회전자 위치에 대하여 이상화된 형태로 보여져 있다.

(a) 그림 11.43 (b)의 형태의 전력 변환기에서 이상적인 스위칭 동작을 가정하여, 4 [A]의 전원 전류로 이 전동기에 의해 생성될 수 있는 평균 토크를 찾아라.
(b) 손실을 무시하면, 300 [rad/s]의 속도에서 문제 (a)의 토크를 제공하기 위해 요구될 전원 전압은 얼마일 것인가?

(11.6 절)

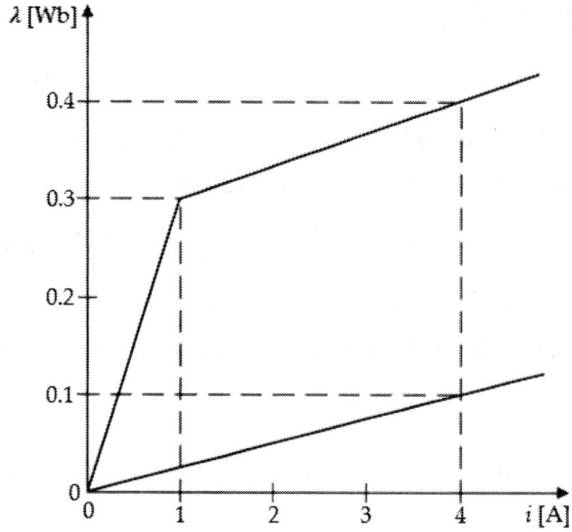

Figure 11.49 Flux linkage-current relations for switched reluctance motor of Problem 11.25.

11.26 스위치드 릴럭턴스 전동기 구동이 그림 11.43 (a)에서 보여진 배치의 전동기와 그림 11.43 (b)에서 보여진 바와 같은 구동 회로를 가진다. 직렬인 2개의 코일로 이루어진 각 상 권선은 10 [Ω]의 저항을 가진다. 회전자 자극이 고정자 자극과 정렬되었을 때, 상(phase) 인덕턴스는 20 [mH]이다. 회전자 자극이 상(phase) 사이에 있을 때에는, 인덕턴스가 3 [mH]이다. 직류 전원 전압은 48 [V]이다.

(a) 상(phase)이 켜진(switched on) 후 상 전류가 최종 값의 95 [%]에 도달하기 위해 요구되는 시간을 추정하라.

(b) 합리적으로 낮은 회전자 속도를 가정하여, 자극이 상(phase)에 정렬된 순간에 각 상에 저장되는 에너지를 결정하라.

(c) 상(phase) 스위치가 정렬의 순간에 꺼졌다면(turned off), 상 전류가 0으로 감쇠하기 위해 요구되는 시간은 얼마인가?

(d) 전원으로 되돌려지는 상(phase) 내에서의 저장 에너지의 비율(proportion)을 결정하라.

(11.6 절)

11.27 2°의 스텝 크기를 갖는 스텝 전동기가 요구된다. 그림 11.46과 11.47에서 그려진 스텝 전동기 구조를 고려하여 이 스텝 크기를 달성하기 위한 고정자와 회전자 자극의 수에 대한 몇 가지 적절한 결합과 스택의 수를 결정하라.

(11.7 절)

GENERAL REFERENCES

Acarnley, P. P., *Stepping Motors: A Guide to Modern Theory and Practice*, 2nd ed., Peregrinus, London, 1982.

Dewan, S. B., Slemon, G. R. and Straughen, A., *Power Semiconductor Drives*, John Wiley and Sons, New York, 1984.

Gross, C. A., *Power System Analysis*, John Wiley and Sons, New York, 1976.

Kenjo, T., *Stepping Motors and Their Microprocessor Controls*, Clarendon Press, Oxford, 1984.

Krause, P. C., *Analysis of Electric Machinery*, McGraw-Hill, New York, 1986.

Laithwaite, E. R., *Induction Machines for Special Purposes*, George Newness, London, 1966.

Levi, E., *Polyphase Motors*, John Wiley and Sons, New York, 1984.

Miller, T. J. E., *Brushless Permanent-Magnet and Reluctance Motor Drives*, Clarendon Press, Oxford, 1989.

Stevenson, W. D., *Elements of Power System Analysis*, 3rd ed., McGraw-Hill, New York, 1977.

Walker, J. H., *Large Synchronous Machines*, Clarendon Press, Oxford, 1981.

APPENDICES

APPENDIX A SI UNIT EQUIVALENTS

Property	*SI Unit*	*Equivalents*
Length	1 meter [m]	3.281 feet [ft] 39.37 inches [in.]
Angle	1 radian [rad]	57.30 degrees [deg]
Mass	1 kilogram [kg]	2.205 pounds [lb] 35.27 ounces [oz] 0.0685 slugs [slug]
Force	1 newton [N]	0.2248 pounds [lbf] 7.233 poundals [pdl] 10^5 dynes [dyne] 102 grams forces [gram force]
Torque	1 newton-meter [N·m]	0.7376 pound-feet [lbf·ft]
Moment of inertia	1 kilogram-meter^2 [kg·m^2]	23.7 pound-square feet [lb·ft^2] 5.46×10^4 ounce-square inches [oz·in.^{2}] 0.738 slug-square feet [slug·ft^2] 10^7 gram-square centimeters [g·cm^2]
Energy	1 joule [J]	1 watt-second [W·s] 0.7376 foot-pounds [ft·lb] 2.778×10^{-7} kilowatt-hours [kW·h] 0.2388 calories [cal] 9.48×10^{-4} British thermal units [BTU] 10^7 ergs [erg]
Power	1 watt [W]	1 joule per second [J/s] 0.7376 foot-pounds per second [ft·lb/s] 1.341×10^{-3} horsepowers [hp] 3.412 BTU per hour [BTU/h]
Resistivity	1 ohm-meter [Ω·m]	10^8 micro-ohm centimeters [μΩ·cm] 6.015×10^8 ohm-circular mils per feet
Magnetic flux	1 weber [Wb]	10^8 maxwells or lines [Mx] 10^5 kilolines [kMx]
Magnetic flux density	1 tesla [T]	1 weber per square meter [Wb/m^2] 10^4 gausses [Gauss] 64.52 kilolines per square inch [kMx/in.^{2}]
Magnetomotive force	1 ampere (turn) [A]	1.257 gilberts [Gilbert]
Magnetic field intensity	1 ampere per meter [A/m]	2.54×10^{-2} amperes per inch [A/in.] 1.257×10^{-2} oersteds [Oe]
Frequency	1 hertz [Hz]	1 cycle per second [cycle/s or cps]

APPENDIX B PHYSICAL CONSTANTS

Quantity	*Symbol*	*Value*	*Unit*
Magnetic constant	μ_0	$4\pi \times 10^{-7}$	[N/A^2] or [H/m]
Electric constant	ϵ_0	8.854×10^{-12}	[$C^2/N \cdot m^2$] or [F/m]
Acceleration of gravity	g	9.807	[m/s^2]
Electron mass	m_e	9.1×10^{-31}	[kg]
Proton mass	m_p	1.67×10^{-27}	[kg]
Quantum of charge	Q_e	1.603×10^{-19}	[C]
Bohr magneton	p_b	9.27×10^{-24}	[$A \cdot m^2$]

APPENDIX C RESISTIVITY AND TEMPERATURE COEFFICIENT OF RESISTIVITY OF SOME CONDUCTIVE MATERIALS

Material	ρ_{20} [Ω·m]	α_{20} [°C^{-1}]
Copper (annealed)	1.72×10^{-8}	3.93×10^{-3}
Copper (hard drawn)	1.78×10^{-8}	3.82×10^{-3}
Aluminum	2.7×10^{-8}	3.9×10^{-3}
Sodium	4.65×10^{-8}	5.4×10^{-3}
Nickel	7.8×10^{-8}	5.4×10^{-3}
Lead	2.2×10^{-7}	4.0×10^{-3}
Tungsten	5.5×10^{-8}	4.5×10^{-3}
Iron	9.8×10^{-8}	6.5×10^{-3}
Mercury	9.58×10^{-7}	8.9×10^{-4}

APPENDIX D WIRE TABLE

Gauge No. (B & S)	*Diameter*		*Gauge No. (B & S)*	*Diameter*	
	Millimeters	*Inches*		*Millimeters*	*Inches*
0	8.252	0.3249			
1	7.348	0.2893	21	0.724	0.0285
2	6.543	0.2576	22	0.643	0.0253
3	5.827	0.2294	23	0.574	0.0226
4	5.189	0.2043	24	0.511	0.0201
5	4.620	0.1819	25	0.455	0.0179
6	4.115	0.1620	26	0.404	0.0159
7	3.665	0.1443	27	0.361	0.0142
8	3.264	0.1285	28	0.320	0.0126
9	2.906	0.1144	29	0.287	0.0113
10	2.588	0.1019	30	0.255	0.01003
11	2.304	0.0907	31	0.227	0.00893
12	2.052	0.0808	32	0.202	0.00795
13	1.829	0.0720	33	0.180	0.00708
14	1.628	0.0641	34	0.160	0.00630
15	1.450	0.0571	35	0.142	0.00559
16	1.290	0.0508	36	0.127	0.00500
17	1.151	0.0453	37	0.114	0.00449
18	1.024	0.0403	38	0.102	0.00402
19	0.912	0.0359	39	0.089	0.00350
20	0.813	0.0320	40	0.079	0.00311

ANSWERS TO PROBLEMS

Chapter 1

1.1 a) 80 [μT], b) 320 [μT]. **1.2** a) 6630, 3980 [A/m], b) 2.554 [μWb], c) 6.385, 6.25 [mT]. **1.3** 255 [V]. **1.4** a) 4.89×10^8 [A/Wb], b) 38.71 [Ω]. **1.5** a) 1620, b) 2.37 [mm], 2.17 [Ω]. **1.6** a) 15.54 [J/m^3], b) 1.6 [mJ]. **1.7** a) 0.329 [H], b) 0.0533 [J]. **1.8** a) 0.64 [T], b) 1.41 [T]. **1.9** a) 1.51 [T], b) 60 [kA/m]. **1.10** a) 1.56 [A], b) 3180, 1.64 [H]. **1.11** a) 43.5 [V], b) 67.5 [mA], c) 43.6 [V]. **1.12** 8 [V]. **1.13** a) 40.3 [J/m^3], b) 0.22 [J], c) 4.4 [W], d) 193. **1.14** a) 379 [W], b) 251 [W]. **1.15** a) 2.93 [ms], b) 0.55 [A]. **1.16** a) 500 [V], b) 0.095, 0.0713, 0.0596 [A]. **1.17** 0.0191, 0.0064, 0.0038 [A]. **1.18** 122 [Ω], 53 [Ω], 224 [V]. **1.19** 1.74 [A]. **1.20** 0.95 [mWb]. **1.21** a) 1.42 [mm], b) 0.33 [A]. **1.22** 48.9 [mm], 4.2 [mm]. **1.23** a) 0.34×10^7, 11.9×10^7 [A/m], b) 23.2 [mH], c) 23.6 [mH], 1.4 [%]. **1.24** a) 0.212, 0.292, 0.159 [MA/m], b) 0.102, 0.0716 [Wb].

Chapter 2

2.1 b) 3. **2.2** a) 575 [V], 17.39 [A], 43.48 [A], b) 5.29 [Ω]. **2.3** 2.88∠25.84° [Ω]. **2.4** b) 3.6 [H], 540 [Ω], 4.17 [μF]. **2.5** a) 7.5, b) 177, 23.6 [V], 4.69, 35.2 [A]. **2.6** 11.18. **2.7** a) 13.75, 2.2 [Ω], c) 110 [V], d) 0.098. **2.8** 0.075 [H]. **2.9** a) 0.932 [Ω], 0.78 [H], b) 64.72 [Ω], 0.49 [H]. **2.10** a) 5.5 [A], b) 177 [W], c) 39.8 [Ω], 0.127 [H], 226 [Ω]. **2.11** 0.44 [m^2]. **2.12** 337 [kVA]. **2.13** a) 2300 [V], 87 [A], 26.45 [Ω], 70.2 [mH], b) 0.0117, 0.068, 48.28, c) 0.0207, 0.0197. **2.14** 0.865 [Ω], 1337 [Ω], 1936 [Ω], 2.27 [Ω]. **2.15** a) B, b) $3212. **2.16** a) 0.59, 0.967, b) 0.962. **2.17** 0.0387. **2.18** a) 0.976, b) 0.0389. **2.19** a) 0.0895, b) 11.17.

Chapter 3

3.1 a) 51 [μA]. **3.2** 853 [N] out. **3.3** 419 [N/m]. **3.5** 780 [N]. **3.6** b) No, c) Yes, d) 55.9 [N]. **3.7** 14.26 [N]. **3.8** a) 0.38 [N·m], b) 1.19 [V], c) 47.8 [W]. **3.9** 18.9 [mV]. **3.10** a) 0.96 [V], b) 0.16 [MN/m^2] or [MPa], c) 1.06 [V], d) 2120 [W]. **3.11** 1.41 [MW]. **3.13** a) 11.88 [V], b) 12.56 [kA], c) 149.1 [kW]. **3.14** Yes. **3.15** a) 50 [Hz], b) 123.1 [V]. **3.16** c) 0.795 [A]. **3.17** a) 0.329 [H], b) 0.18 [N], c) 5.33 [N]. **3.18** b) 6.28 [N], c) 6280 [Pa] or [N/m^2]. **3.19** b) 853 [N], c) 64.1 [N]. **3.20** a) 503 [N], b) 758 [N], c) 537 [N], 732 [N]. **3.21** a) 4.19 [mm], b) 5730 [N], c) 581 [kg], d) 9.3 [m/s^2]. **3.22** 11.6 [N]. **3.23** b) 3.53 [mm], c) 8.9 [J], d) 1.91 [J]. **3.24** b) 1.43 [rad], 0.085 [V]. **3.25** a) 4.77 [A], b) 0.915 [N·m], c) 1.44 [J]. **3.26** b) 0.597 [A], c) 3.75 [N·m/A]. **3.27** a) $0.0275 \cos 377t$, b) ±377 [rad/s], c) 14.35 [N·m], d) 5.41 [kW]. **3.28** a) 314, 157 [rad/s], b) 0.375, 0.5 [N·m], c) 117.8, 78.5 [W].

Chapter 4

4.1 7.85 [mWb/A]. **4.2** 4.2 [mm]. **4.3** a) 13.6 [mWb], b) 12.6 [mWb] and 1.11 [A]. **4.4** a) 141.3, b) 469 [V], c) 149.2 [N·m]. **4.5** a) 0.114 [Wb], b) 47.9 [kN·m]. **4.6** 82.6 [rad/s]. **4.7** a) 450 [V], b) 859 [N·m], c) 90 [kW]. **4.8** a) 60 [Ω], 34.7 [H], 0.6 [Ω], 0.72 [N·m/A^2]. **4.9**

61.8 [N·m]. **4.10** 154.8 [V]. **4.11** 57.1 [rad/s]. **4.12** a) 117.3 [A], b) 168 [N·m]. **4.13** 279.9 [rad/s]. **4.14** a) 2.7, b) 166.7 [A], c) 1.35. **4.15** a) 287.5 [V], 6.25 [kW], b) 460 [V], 5 [kW]. **4.16** 0.23, 0.11 [Ω]. **4.17** a) 2.01, b) 3.51 [Ω]. **4.18** a) 273.5 [N·m], b) 148.3 [rad/s]. **4.19** 10 [%]. **4.20** 207.1 [W]. **4.21** 2.2, 3.1 [A]. **4.22** 91 [V].

Chapter 5

5.1 a) 230.7 [V], b) 1.31 [H], c) 0.56 [A]. **5.2** 14 [N·m]. **5.3** a) 3.66 [mm], b) 2.43 [Ω], c) 18.14 [rad/s], d) 3.55 [kW]. **5.4** b) 181.9 [rad/s], c) 23.5 [A]. **5.5** a) 39.9 [N·m], b) 39.9 [N·m], c) 76.1 [rad/s]. **5.6** 68.23 [A], 0.94. **5.7** 1.47 [A], 0.83, 3.71 [N·m], 436.7 [W]. **5.8** 0.87, 2.6 [A]. **5.9** a) 0.66 [Ω], 84 [mH], 4.7 [mH], 0.384 [Ω], b) 290 [N·m], c) 147.5 [rad/s]. **5.10** 9.98 [N·m], 476 [rad/s]. **5.11** a) 156.4 [V], 21.3 [Hz], b) 136.9 [V], 18.67 [Hz], c) 3.52 [kW]. **5.12** 310 [V], 40.68 [Hz]. **5.13** a) 747.7 [W], b) 0.872, c) 4.54 [N·m]. **5.14** 0.22. **5.15** a) 76.3 [N·m], 110 [rad/s], b) 41.92, 47.06 [N·m]. **5.16** 110, 100.5, 43.9 [N·m].

Chapter 6

6.1 6, 40, 1200 [rpm]; 4, 26, 1800 [rpm]. **6.2** a) 0.135 [H], 0.833, b) 2.62. **6.3** a) 16.85 [A], b) 9.04 [A], 0, c) 85.1 [N·m], d)14.9 [A]. **6.4** a) 16.85 [A], b) 85.1 [N·m]. **6.5** a) 3.485 [Ω], 3.092, b) 707 [A], c) 3092 [A]. **6.6** a) 15.6 [A], −106°, b) 17.91 [A], −101.1°. **6.7** 20.6°. **6.8** a) 32.8 [A], −110°, b) 11.52 [kN·m], 869 [kW]. **6.9** 335 [kVA]. **6.10** a) 6.14 [kN·m], b) 8.28 [kN·m]. **6.11** a) 104.9 [V], b) 1.21. **6.12** a) 3.04 [Ω], 11.93, b) 0.79, c) 8.07 [mH], 0.79. **6.13** a) 9.0 [A], b) 17.2 [kVA], 9.71 [A]. **6.14** 117.8 [V] (L-N). **6.15** 82.5 [V], 1257 [rad/s]. **6.16** a) 0.092 [N·m], b) 0.96 [A], c) 107. **6.17** 316.8 [rad/s].

Chapter 7

7.1 c) 4.52 [H], e) 8.4 [V]. **7.2** b) 830 [Ω], c) 64.4 [Ω]. **7.3** b) 63.3 [V], 494 [A], c) 15.65 [kW], d) No. **7.4** 9.6 [Ω], 21.7 [mH], 72.4 [mH], 16 [Ω]. **7.5** b) 420 [W]. **7.6** b) 211 [μF]. **7.7** a) 230, b) 4.2 [mm], c) 430. **7.9** 0.206 [mH]. **7.10** $k^2, k^2, k^4, k^3, k, k^3, k^{-1}, k^3, k, k^{-1}, k, k, k, k^{-1}, k$. **7.11** a) 34.9 [mm], b) 3.99 [A/mm^2], c) 3645, d) 1.02 [mm]. **7.12** a) 90, 392, b) 1.035 [kVA], c) 26.2 [W], d) 30 [W], e) 0.946. **7.13** 65.9 [mm], 2706, 150. **7.14** 21 [mm], 1.05×10^{-4} [m^3]. **7.15** a) 0.0909, b) 15.2 [Hz], 14.6 [kHz]. **7.16** 8.86 [A], 5.21. **7.17** Δ/Y: 220, 190.5, 15.74, 18.18, 1.15, 0.87; Y/Δ: 381, 110, 9.09, 10.5, 3.46, 0.29. **7.18** 1328 [V], 6.02 [A], 69.6 [A]. **7.19** a) 15.8, 424.4 [kV], 2110, 78.5 [A], b) 17.33 [kV]. **7.20** 17.32 [MVA]. **7.21** b) $1.058\angle 19.1°$. **7.22** c) No. **7.23** c) Yes. **7.24** a) 125, 83.3 [A], b) 200 [kVA]. **7.25** 98, 108 [mm]. **7.26** a) 160, b) 32.2 [Ω], c) 0.187 [%], d) 0.124°, e) High. **7.27** 2429 [N]. **7.28** a) 16 [J], b) 10.2 [N·m], c) 1.7 [N·m]. **7.29** 18.4 [N·m].

Chapter 8

8.1 a) 17.15°, b) 0.86. **8.2** a) 90, 31.27°, b) 0, 0.82, c) 5.88 [kVA]. **8.3** 31.8°. **8.4** 3.47 [mH]. **8.5** 158.3°. **8.6** a) 51.8, 48.9°, b) 12.3 [A], c) 0.627. **8.7** 1.02 [mH]. **8.8** a) 0.1 [ms], b) 570 [V], c) 7.5, 150 [A], d) 6.0 [A]. **8.9** 0.27 [ms]. **8.10** a) −1.65 [V], b) 0.86 [ms]. **8.11** a) 428.8, 247.6 [V], b) 449.1, 259.3 [V]. **8.12** 130. **8.13** a) 659.2 [V], b) 61.8 [V], c) 883 [V].

Chapter 9

9.1 a) 7.5, b) 4.82 [kg·m^2], 0.89 [N·m·s], c) 87.7 [kW]. **9.2** a) 4905 [N], 33.3 [rad/s], 400 [rad/s], 122.6 [N·m], 49.05 [kW], b) 9255, 33.3, 400, 231.4, 92.55, c) −6924, −13.33, −160, −173.1, 27.7. **9.3** 24.82 [kN], 1.42 [kN·m]. **9.4** a) 2.01 [N·m/A], b) 0.091 [N·m·s], c) 122 [V], d) 3.22 [Ω]. **9.5** a) 2.47, b) 61.8 [N·m], c) 4.49 [N·m/A^2]. **9.6** a) 3.38 [s], b) 144 [Ω]. **9.7** a) 9.0 [F], b) 0.602 [Ω], c) 0.376 [s]. **9.8** 138 [rad/s], b) 115.6 [rad/s]. **9.9** a) 0.114 [s], b) $17.24(1-\epsilon^{-t/0.114})$, $233(1-\epsilon^{-t/0.114})$, c) 0.0754, 0.0193 [s]. **9.10** a) 47.2 [V], b) 61.1°, c) 82.2. **9.11** 18.9 [s]. **9.12** 8.07 [s]. **9.13** 72.1 [s^{-1}], 137 [rad/s]. **9.14** b) 114, c) 0.15 [s]. **9.15** a) 174 [N·m], b) 0.21, c) 0.934. **9.16** a) 0.62, b) 0.53. **9.17** b) 600 [V], 327 [A], 196.2 [kW], c) 218, 109 [A]. **9.18** 3.16 [mH], 4720 [μF]. **9.19** a) 5.3 [N·m], b) 85.9 [rad/s]. **9.20** b) 17.22 [kW], 28.7 [A], c)21.42, d) 2.54, 1.27. **9.21** a) 25.04°, b) 0.82, c) 56.4 [rad/s], d) 13.8 [A]. **9.22** a) 53.6°, b) 101.3°, c) 0.57, d) No. **9.23** a) 61.1, b) 310 [V], c) 200 [A], d) 175 [A]. **9.24** a) 12.87 [Ω], b) 29.4 [Ω]. **9.25** 118.9 [rad/s], 33.6 [A]. **9.26** a) 244.4 [rad/s], b) 0.76, c) 334.4 [rad/s].

Chapter 10

10.1 a) 3.93 [mH], 75.5 [mH], 0.473 [Ω], b) 1.12 [Ω]. **10.2** a) $13.18\epsilon^{-j1.56}(\epsilon^{j377t}-\epsilon^{-t/0.34})$ [A]. **10.3** 750 [N·m]. **10.4** 101.6∠−30°, j0.102 [Ω]. **10.5** a) 0.262 [V], b) j1.76 [Ω]. **10.6** b) 30.6°. **10.7** a) 800, −1800 [rpm], b) 73.3, 550 [V], c) 60, 40 [kW], 8, 12 [kW]. **10.8** a) 86.1 [N·m], b) 325.8 [N·m], c) 1038 [rpm], d) 4843, e) 119.6 [rad/s], f) 2.89 [Hz]. **10.9** a) 3.27∠−60.43°, b) 7.32 [kW], c) 5.18 [kW], d) 2.14 [kW], e) 58.3 [N·m]. **10.10** a) 618.8 [rpm], b) 110.7 [μF]. **10.11** a) 254 [V], 12.1 [A], 21 [Ω], 60 [Hz], 125.7 [rad/s], 3073 [VA], 9221 [VA], 73.36 [N·m], b) 0.007, 0.205, 2.29, 0.019, c) 0.975, 0.835. **10.12** a) 310 [V], 40.68 [Hz], b) 0.84. **10.13** b) 14-16 [Hz], c) 30-34 [V]. **10.14** a) 0.07 [H], 0.156 [Ω], b) 198.5 [rad/s]. **10.15** a) 50.36 [Hz], b) 4955 [V], c) 37.1°. **10.16** a) 161.5 [V], b) 8.7 [A], c) 105.3 [Hz], d) 78°. **10.17** a) 68.23 [A], 0.94, b) 24.1, 12, 3 [A], c) 0.92, d) 101.8 [N·m]. **10.18** b) 239 [N·m]. **10.19** a) 1405 [rpm], b) 199 [V], c) Yes. **10.20** a) 6, b) 0.381, c) 102.6°, d) 48.6 [A]. **10.21** b) 5.39 [A], c) 0.06 [N·m]. **10.22** a) 142.6, b) 0.067. **10.23** a) 9.6 [m/s], b) 5170 [N], 54.6 [kW], 266 [A], 0.713.

Chapter 11

11.1 b) 4.87 [A], c) 13.7 [A], −21.3°. **11.2** a) 50.7 [Ω], 1.03. **11.3** a) 5.45 [Ω], 45.3 [Ω], 1.15. **11.4** a) $-52.7\cos\beta_o$, b) 123.7 [rad/s]. **11.5** a) 1.089, b) 0.336 [s], c) 0.25 [s], d) 0.357 [s]. **11.7** 75.3 [A], −67.5°. **11.8** a) 106 [kN·m], b) 189 [N·m]. **11.9** a) 167 [N·m], b) 0.455, 28.1 [kW]. **11.10** a) −70.56°, b) 1.77.. **11.12** a) 2.44 [mH], 15.1, c) 105.5 [A]. **11.13** 122.9 [A]. **11.14** a) 0.4 [Ω], 14.44 [mH], 120.1 [mH], 0.357 [Ω], b) 0.338 [s], c) 0.0361, d) 0.036 [s], e) 117 [A]. **11.15** *d*: 0.003, 1.25, 0.395, 0.0007, 0.392, 0.026; *q*: 0.003, 0.7, 0.225, 0.015. **11.16** a) 1.11, b) 2.05, c) 1.4. **11.17** b) −0.312 [rad], c) −1.17 [rad], d) Yes. **11.18** a) 8.14 [rad/s], b) 8.12 [rad/s], 0.065, c) 0.01 [rad]. **11.19** a) 1.041 [T], b) 0.81, c) 188.8 [A], 372 [μH], d) 176.5 [V], e) 171.2 [A], f) 90.65 [kW], 36 [N·m]. **11.20** a) 0.667 [T], b) 0.48 [T]. **11.21** a) 482.6 [W], b) 0.192 [N·m], d) 482.6 [W]. **11.22** a) 3.522 [Wb], 80.64 [A], 18.2, b) 442.5 [V], 26.29 [A], 0.34, c) 15.04 [A]. **11.23** 4440 [V], 312 [rad/s], 160.5 [A]. **11.24** a) 138.3 [rad/s], b) 12.64 [A], c) 291.8 [N·m], 82.5 [kW], d) 9.46 [A], e) 76.86°. **11.25** a) 1.91 [N·m], b) 143 [V]. **11.26** a) 0.6 [ms], b) 230 [mJ], c) 1.4 [ms], d) 60 [%]. **11.27** For Fig. 11.46: 6 & 60, 8 & 45, 4 & 90; For Fig. 11.47: 2 & 90, 3 & 60, 4 & 45.

INDEX

가

나

다

아

차

카

타

파

하

G

I

M

P

S

기타